"모아교육그룹이 함께 만들어갑니다!"

소방기술사 / 소방시설관리사 / 소방설비기사 / 소방설비산업기사 / 소방실무 / 소방안전관리자 / 화재감식평가(산업)기사

전기안전기술사 / 건축전기설비기술사 / 발송배전기술사 / 전기응용기술사 / 정보통신기술사 / 전기기능장 / 전기기사 / 전기산업기사 / 전기기능사

화공안전기술사 / 산업안전기사 / 에너지관리기사 / 에너지관리산업기사 / 에너지관리기능사 / 공조냉동기계기사 / 공조냉동기계산업기사 / 공조냉동기계기능사

건축기계설비기술사 / 건축설비기사 / 건축설비산업기사 / 가스기사 / 가스산업기사 / 가스기능사 / 위험물기능장 / 위험물산업기사 / 위험물기능사

건설안전기사 / 대기환경기사 / 식품안전기사 / 산업위생관리기사 / 승강기기능사 / 설비보전기사 / 설비보전기능사

NEXT 모아 합격자 FESTIVAL
그 영광의 주인공은 바로 당신입니다!

업계 최대 규모 합격자 모임 실제 현장
(서울 마곡 코엑스)

기술자격증은 모아바 에서 시작하세요!

기록적인 성장
1648%
*2017년 vs 2024년 매출 기준

경이로운 수강생 증가
760%
*2018년 vs 2025년 1, 2월 수강인원 기준

강의 만족도
99%
*2024년, 2025년 모아바 합격수기 평가 점수 변환 기준

압도적인 합격률
79%
*2024년 소방시설관리사 2차 합격률

수강상담 & 학습문의

모아바 고객센터
02.2068.2852

평일 10:00~19:00
(점심 12:00~13:00)
(주말/공휴일 휴무)

모아소방전기학원 × 모아바

모아
설비보전 기사 필기

핵심이론 + 과년도 문제풀이

모아합격전략연구소

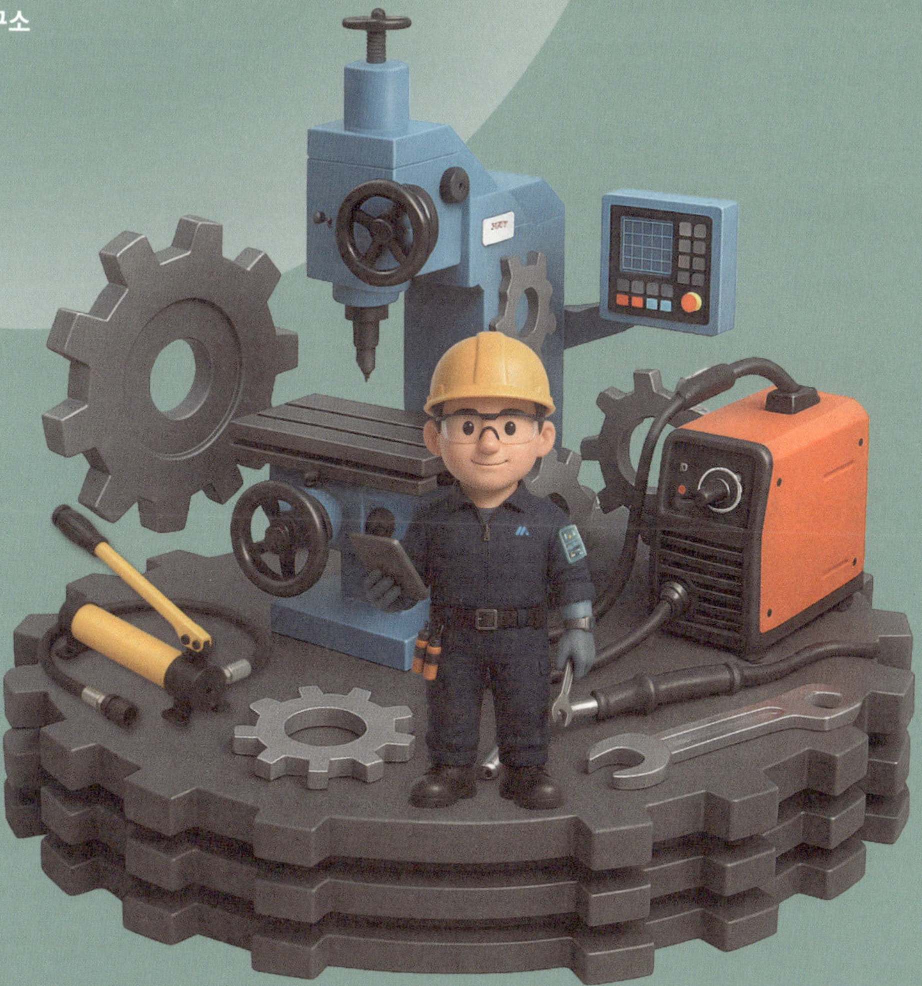

2026년 설비보전기사시험 한눈에 보기

[왜 설비보전기사인가?]

기계가 세상을 움직이는 시대, 그 중심에는 언제나 설비를 이해하는 사람이 있습니다. 기술은 발전하고 공정은 복잡해지지만 기계를 안정적으로 운용하고 문제를 예측하며, 생산라인의 흐름을 지켜내는 사람의 가치는 결코 줄어들지 않습니다. 설비보전기사는 단순한 자격증이 아니라 기계설비유지관리자 자격을 얻을 수 있는 특별한 자격증입니다. 또한 산업 현장의 신뢰를 구축하고, 기계의 생명주기를 연장하며, 예방과 개선을 통해 효율을 극대화하는 전문가의 증표입니다. 설비를 이해하는 사람만이 미래의 산업을 움직일 수 있습니다. 그 여정의 출발점에 설비보전기사가 있습니다.

[시험과목 및 검정방법]

설비보전기사

구분	필기	실기
시험과목	• 공유압 및 자동제어 • 기계설비 일반 • 용접 및 안전관리 • 설비진단 및 관리	설비보전 심화 실무
검정방법	객관식 4지 택일형 과목당 20문항(과목당 30분)	필답형(40점) 1시간 + 작업형(공압 20점, 유압 20점, 용접 20점) 2시간 40분
합격기준	100점을 만점으로 하여 과목당 40점 이상, 전과목 평균 60점 이상	100점을 만점으로 하여 60점 이상(단, 작업형 과제 중 실격 사항에 해당할 경우 전체 실격)

[2026년 시험일정]

필기시험

회별	원서접수 (휴일 제외)	시험시행
제1회	1.12(월) ~ 1.15(목)	1.30(금) ~ 3.3(화)
제2회	4.20(월) ~ 4.23(목)	5.9(토) ~ 5.29(금)
제3회	7.20(월) ~ 7.23(목)	8.7(금) ~ 9.1(화)

실기시험

회별	원서접수 (휴일 제외)	시험시행
제1회	3.23(월) ~ 3.26(목)	4.18(토) ~ 5.6(수)
제2회	6.22(월) ~ 6.25(목)	7.18(토) ~ 8.5(수)
제3회	9.21(월) ~ 9.23(수)	10.24(토) ~ 11.13(금)

※ 정확한 시험일정과 관련된 정보는 한국산업인력공단(Q-Net)에서 확인하시길 바랍니다.(* 실기 3회차 원서접수 9.28(월) 추가)

과목별 학습전략

공유압 및 자동제어

- 공유압과 관련해서는 공기압과 유압의 차이점을 이해합니다.
- 자동제어와 관련해서는 이론적으로 깊게 파고들기보다는 기본개념 위주로 학습합니다.
- 법칙과 공식은 키워드 중심으로 학습합니다.

☑ **비전공자**는 이렇게 접근하세요!
- 다 이해되지 않더라도 이론내용을 쭉 읽어보면서 감을 잡으세요.
- 계산문제는 잘 출제되지 않으니 키워드 중심으로 암기하세요.

용접 및 안전관리

- 용접의 종류별 특징을 파악합니다.
- 역률과 효율 관련해서는 계산문제가 출제되므로 공식을 정확하게 암기합니다.
- 안전관리 부분에서는 법과 관련된 문제가 출제되므로 암기 위주로 접근합니다.

☑ **비전공자**는 이렇게 접근하세요!
- 용접 관련해서는 기본개념과 용어 정의를 집중해서 학습하세요.
- 안전관리 파트는 법에 나온 내용이므로 내용을 깊게 이해하기보다는 암기 위주로 접근하세요.

기계설비 일반

- 공차 관련해서는 신유형 문제가 출제되므로 대비가 필요합니다.
- 치수공차, 표면거칠기, 기하공차 관련해서는 개념 이해가 필요합니다.
- 기계장치 보전과 관련된 내용은 기존 기출문제 위주로 학습합니다.

☑ **비전공자**는 이렇게 접근하세요!
- 기계설비와 관련된 용어 이해부터 학습을 시작하세요.
- 자주 나오는 문제 위주로 공부해서 점수를 획득하세요.

설비진단 및 관리

- 기출문제에서 반복적으로 출제되는 문제에 집중하는 전략이 필요합니다.
- 소음과 진동 관련해서는 기본 용어에 대한 이해가 필요합니다.
- 윤활관리는 윤활유가 갖추어야 할 조건이 무엇인지 생각해보면 쉽게 접근할 수 있습니다.

☑ **비전공자**는 이렇게 접근하세요!
- 다른 과목에 비해서는 신유형 문제가 적게 출제되므로 기출문제 위주로 학습하세요.
- 소음과 진동 관련해서는 기본 개념과 공식을 정확하게 이해하고 암기하세요.

이 책의 활용방법

Step 01. 학습 준비

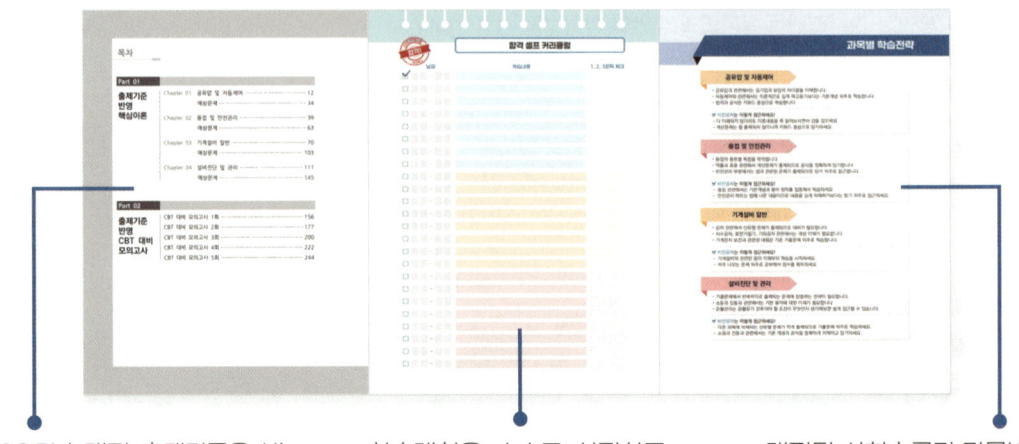

2025년 개편 출제기준을 반영한 구성으로, 과목별 학습흐름과 범위를 한눈에 파악할 수 있습니다.

학습계획을 스스로 설정하고, 정해진 분량을 체크하며 학습 루틴을 형성할 수 있도록 도와주는 맞춤형 진도표입니다.

개편된 시험흐름과 과목별 학습전략을 통해 수험 방향을 빠르게 설정할 수 있습니다.

Step 02. 효율적인 이론 학습

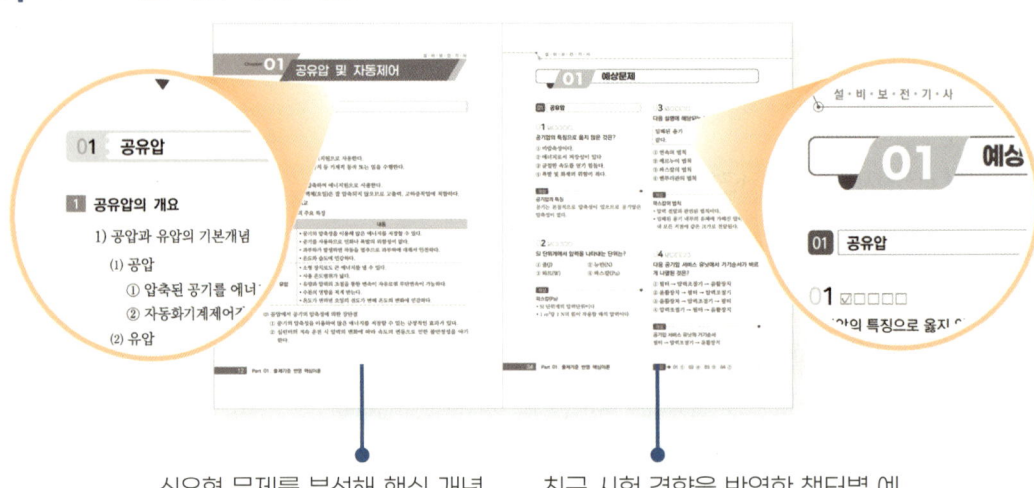

신유형 문제를 분석해 핵심 개념과 필수 이론만을 압축 구성하여 효율적 학습과 실전 대응을 돕습니다.

최근 시험 경향을 반영한 챕터별 예상문제를 수록해 실전 대비와 학습 효율을 높였습니다.

Step 03. CBT 대비 모의고사

Step 04. 과년도 기출문제

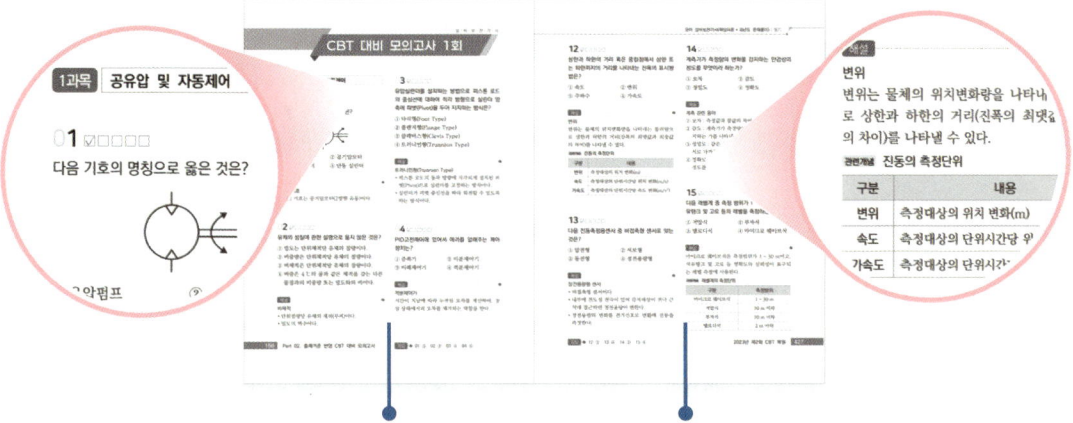

개편된 시험과목에 맞춘 실전형 모의고사로, 시험에 대비한 실전 감각과 문제해결력을 미리 키울 수 있습니다.

반복 학습을 통해 실제 시험에서 안정적으로 점수를 확보하고, 관련 개념까지 함께 점검하며 학습 효과를 높였습니다.

[추천! 2개월 초단기 로드맵 - 하루 3시간 기준]

설비보전기사

주차	학습목표	주요 내용
1~2주차	전과목 구조 파악 + 기초 개념 정리	• 과목별 핵심이론 학습 • 기초 용어 정리 • 출제기준 변경사항 파악
3~5주차	CBT 대비 모의고사로 변경된 출제기준 파악	• CBT 대비 모의고사 5회 풀이 • CBT 대비 모의고사 오답분석 • 자주 틀리는 부분 핵심이론 복습
6~7주차	기출 반복 + 약점 집중 보완	• 과년도 기출문제 풀이 • 과년도 기출문제 3회 반복 풀이 • 과년도 기출문제 오답분석
8~9주차	전체 복습으로 학습 마무리	• CBT 대비 모의고사 복습 + 핵심이론 복습 • 과년도 기출문제 복습

합격자가 인정한 이 책의 가치

처음의 도전 앞에서는 누구나 두렵고 막막함을 느끼기 마련입니다.
하지만 차근차근 앞으로 나아가다보면 그 과정은 결국 합격으로 이어지게 됩니다.
그 여정 속에서 이 책이 끝까지 함께하며 든든한 동반자가 되어 드리겠습니다.

비전공자도 충분히 따라갈 수 있는 책이라 추천합니다!

"비전공자로서 공부를 시작할 때 가장 막막했던 부분은 생소한 개념을 이해하는 일이었습니다. 그런데 이 책은 2025년 변경된 출제기준과 CBT 신유형을 반영해 핵심 이론을 정리하고, 바로 뒤에 예상문제를 배치해 학습 내용을 즉시 적용할 수 있었습니다. 앞으로 공부를 이어가는 데 든든한 교재라고 느꼈습니다."

이○○ (비전공자)

2개월 로드맵을 따르니 진도가 막힘 없이 나갔어요!

"하루 공부 시간이 넉넉하지 않아 학습 진도를 맞출 수 있을지 불안했지만, 이 책의 2개월 초단기 로드맵이 큰 힘이 되었습니다. 주중에는 이론과 예제를, 주말에는 기출과 오답을 정리하며 꾸준히 따라가다 보니 자신감이 붙었습니다. 직장인이 시험을 준비할 때 든든한 학습 파트너가 되어 주는 교재라고 느꼈습니다."

차○○ (직장인)

실전 대비에 확실한 도움을 주는 교재입니다!

"재도전 준비를 시작할 때 걱정이 컸지만, 이 책의 CBT 대비 모의고사 5회가 큰 힘이 되었습니다. 변경된 출제기준을 반영한 신유형 문제를 기반으로 한 CBT 대비 모의고사 덕분에 합격하는 데 걸리는 시간이 단축됐습니다. 같은 길을 걷는 분들뿐만 아니라 모두에게 꼭 추천하고 싶은 책입니다."

정○○ (재도전자)

체계적인 학습 방향을 잡기에 딱 좋은 교재였습니다!

"전공 지식은 있었지만 방대한 범위를 어떻게 체계화할지 막막했습니다. 이 책은 과목별 핵심이 잘 압축되어 있어 짧은 시간에도 효율적으로 정리할 수 있었고, 챕터별 예제도 큰 도움이 되었습니다. 체계적으로 준비하려는 수험생에게 확실한 방향을 제시해주는 책이라고 생각합니다."

배○○ (전공자)

목차

Part 01
출제기준 반영 핵심이론

Chapter 01 공유압 및 자동제어 ·············· 12
　　　　　　예상문제 ···························· 34

Chapter 02 용접 및 안전관리 ·················· 39
　　　　　　예상문제 ···························· 63

Chapter 03 기계설비 일반 ······················· 70
　　　　　　예상문제 ··························· 103

Chapter 04 설비진단 및 관리 ················· 111
　　　　　　예상문제 ··························· 145

Part 02
출제기준 반영 CBT 대비 모의고사

CBT 대비 모의고사 1회 ························ 156
CBT 대비 모의고사 2회 ························ 177
CBT 대비 모의고사 3회 ························ 200
CBT 대비 모의고사 4회 ························ 222
CBT 대비 모의고사 5회 ························ 244

Part 03

과년도 기출문제

2025년 제1회 CBT 복원 ·· 270
2025년 제2회 CBT 복원 ·· 291
2025년 제3회 CBT 복원 ·· 313

2024년 제1회 CBT 복원 ·· 336
2024년 제2회 CBT 복원 ·· 358
2024년 제3회 CBT 복원 ·· 380

2023년 제1회 CBT 복원 ·· 401
2023년 제2회 CBT 복원 ·· 424
2023년 제3회 CBT 복원 ·· 446

2022년 제1회 ··· 470
2022년 제2회 ··· 494
2022년 제3회 CBT 복원 ·· 519

2021년 제1회 ··· 543
2021년 제2회 ··· 573
2021년 제3회 ··· 603

Part 01
출제기준 반영 핵심이론

> **세부구성**

| CHAPTER 01 | 공유압 및 자동제어
| CHAPTER 02 | 용접 및 안전관리
| CHAPTER 03 | 기계설비 일반
| CHAPTER 04 | 설비진단 및 관리

▶ 핵심이론 구성

설비보전기사 필기시험은 2025년도에 큰 폭으로 개정되었습니다.
2과목 용접 및 안전관리 과목은 이전에 출제되지 않았던 신유형 문제가 대부분 출제되었고, 3과목 기계설비 일반 과목에서도 도면해석 관련 내용 위주로 신유형 문제가 많이 출제되었습니다.
이 교재에서는 2025년도에 변경된 출제기준과 CBT시험에서 출제된 신유형 문제를 기반으로 하여 시험에 자주 나오고 필수적인 개념을 압축하여 이론을 구성하였고, 관련 예상문제를 이론 뒤에 수록하였습니다.

▶ 출제기준 변경비교

2022 ~ 2024년 출제기준

구분	주요항목
설비진단 및 계측	설비진동 및 소음, 계측
설비관리	설비관리계획, 종합적 설비관리, 윤활관리의 기초. 윤활방법과 시험, 현장윤활
기계일반 및 기계보전	기계일반, 기계보전, 산업안전
공유압 및 자동화	공유압, 자동화

2025년 이후 출제기준

구분	주요항목
공유압 및 자동제어	공유압, 전기전자장치조립, 센서활용기술, 모터제어, 공정제어
용접 및 안전관리 신유형 출제	용접일반이론, 용접시공, 비파괴검사, 안전관리
기계설비 일반 신유형 출제	도면해독, 기본측정기 사용, 기계가공법, 기계재료, 기계구동장치조립, 기계장치 보전
설비진단 및 관리	설비진동 및 소음, 설비관리계획, 종합적 설비관리, 윤활관리의 기초, 윤활방법과 시험, 현장윤활

Chapter 01 공유압 및 자동제어

01 공유압

1 공유압의 개요

1) 공압과 유압의 기본개념

　(1) 공압

　　① 압축된 공기를 에너지원으로 사용한다.

　　② 자동화기계제어장치 등 기계적 동작 또는 일을 수행한다.

　(2) 유압

　　① 액체(오일)를 압축하여 에너지원으로 사용한다.

　　② 공기에 비해 액체(오일)는 잘 압축되지 않으므로 고출력, 고하중작업에 적합하다.

2) 공압과 유압의 비교

　(1) 공압과 유압의 주요 특징

구분	내용
공압	• 공기의 압축성을 이용해 많은 에너지를 저장할 수 있다. • 공기를 사용하므로 인화나 폭발의 위험성이 없다. • 과부하가 발생하면 작동을 멈추므로 과부하에 대해서 안전하다. • 온도와 습도에 민감하다.
유압	• 소형 장치로도 큰 에너지를 낼 수 있다. • 사용 온도범위가 넓다. • 유량과 압력의 조절을 통한 변속이 자유로워 무단변속이 가능하다. • 수분의 영향을 적게 받는다. • 온도가 변하면 오일의 점도가 변해 온도의 변화에 민감하다.

　(2) 공압에서 공기의 압축성에 의한 장단점

　　① 공기의 압축성을 이용하여 많은 에너지를 저장할 수 있는 긍정적인 효과가 있다.

　　② 실린더의 저속 운전 시 압력의 변화에 따라 속도의 변동으로 인한 불안정성을 야기한다.

2 공유압 관련 기본용어 및 법칙

1) 공유압 관련 기본용어

 (1) 압력

  ① 단위압력당 가해지는 힘으로 단위는 파스칼(Pa)이다.
  ② 절대압력은 완전한 진공 상태를 0으로 하여 측정한 압력이다.
  ③ 게이지압력은 대기압을 0으로 하여 측정한 압력이다.
  ④ 압력을 P, 면적을 A, 힘을 F로 나타낼 때 관계식

  $$P = \frac{F}{A} \rightarrow F = P \times A$$

 (2) 동력

  ① 공유압에서 동력은 일률을 나타낸다.
  ② 일률은 단위시간당 한 일의 양을 의미하며 단위는 W로 표시한다.

2) 공유압 관련 기본법칙

 (1) 파스칼의 법칙

  ① 압력 전달과 관련된 법칙이다.
  ② 밀폐된 용기 내부의 비압축성 유체에 가해진 압력은 유체 내 모든 지점에 같은 크기로 전달된다.

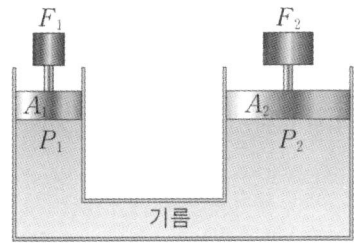

$$P_1 = P_2, \rightarrow \frac{F_1}{A_1} = \frac{F_2}{A_2}$$

 (2) 연속의 법칙

  ① 질량보존의 법칙을 유체의 흐름에 적용한 것이다.
  ② 비압축성 유체가 관 내를 흐를 때 유량이 일정할 경우 유체의 속도는 단면적에 반비례한다.

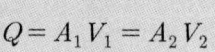
- Q : 유량
- A : 단면적
- V : 유속

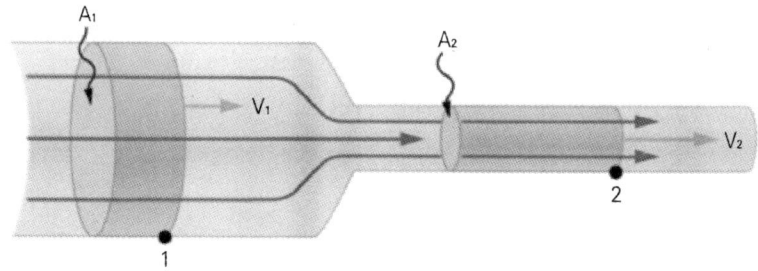

(3) 베르누이 정리
① 점성이 없는 비압축성 유체의 흐름에서 에너지의 보존을 설명하는 법칙이다.
② 유체의 압력, 속도, 위치에너지의 합은 항상 일정하다는 법칙이다.

$$\frac{P}{\gamma}+\frac{V^2}{2g}+Z= 일정$$

- $\dfrac{P}{\gamma}$: 압력에너지
- $\dfrac{V^2}{2g}$: 속도에너지
- Z : 위치에너지

(4) 보일 - 샤를의 법칙
① 보일의 법칙 : 기체의 온도를 일정하게 유지하면서 압력 및 체적(부피)이 변할 때 압력과 체적은 서로 반비례한다.
② 샤를의 법칙 : 기체의 압력을 일정하게 유지하면서 온도 및 체적(부피)이 변할 때 온도와 부피는 서로 비례한다.

(5) 달시 - 바이스바하식
곧고 긴 유압관의 유동에 의한 압력손실($\triangle P$)을 구하는 식이다.

$$\triangle P = f \times \frac{L}{D} \times \frac{V^2}{2g}$$

(6) 레이놀즈수
① 유체의 흐름을 판별하는 무차원수이다.
② 레이놀즈수에 따라 층류와 난류로 구분한다.

3 공유압 관련 기기

1) 공기압 관련 기기

　⑴ 공기압 발생장치의 기기순서
　　① 공기압축기 : 공기를 압축한다.
　　② 냉각기 : 압축과정에서 발생한 열을 제거하여 공기를 냉각시킨다.
　　③ 저장탱크 : 압축된 공기를 저장한다.
　　④ 에어드라이어 : 저장탱크에 저장된 공기에서 수분을 제거한다.
　　⑤ 공압 조정 유닛 : 압축공기의 압력과 품질을 조절한다.

　⑵ 공기압 서비스 유닛
　　① 공기압시스템에서 압축공기의 품질을 관리하기 위해 설치하는 기기이다.
　　② 기기순서 : 필터 → 압력조절기 → 윤활장치

　⑶ 공기정화기기의 종류 및 특징
　　① 루브리케이터(윤활기) : 압축공기의 흐름에 따라 자동으로 윤활유을 분사하여 마찰과 마모를 줄여준다.
　　② 스트레이너(여과기) : 공기 속에 포함된 입자, 녹, 먼지 등 이물질을 분리하는 기기로 주로 펌프의 흡입 측에 설치한다.
　　③ 에어브리더 : 필터의 일종으로 공기 중의 수분이나 이물질을 제거하는 기기이다.

　⑷ 자주 출제되는 공기압 관련 기기

구분	내용
축압기 (어큐뮬레이터)	• 압력에너지를 저장했다가 필요할 때 방출하는 장치이다. • 맥동흡수, 충격완화, 압력보상 등의 목적으로 사용한다. • 축압기의 봉입가스로는 주로 질소를 사용한다.
공기 냉각기	• 공기압축기 토출부 직후에 설치한다. • 압축기에서 나온 뜨거운 압축공기를 냉각시켜 수증기의 약 60% 정도를 제거한다. • 공랭식은 방열판과 팬으로 공기를 식히는 것이고, 수랭식은 물을 이용해 열을 식히는 방식이다. • 수랭식이 공랭식에 비해 열 교환(냉각) 효율이 더 높으며, 교환할 수 있는 열량도 크다.
진공패드	• 진공 발생기를 통해 패드 내부의 압력을 대기압보다 낮춘다. • 물체가 패드에 붙게 되어 물체를 이동하는 데 사용한다.

구분	내용
공기압모터	• 압축공기의 에너지를 기계적 회전에너지로 변환하는 장치이다. • 구조가 비교적 단순하다. • 전기모터에 비해 폭발 위험이 있거나 습한 환경에서도 사용할 수 있다. • 과부하가 걸리는 경우 모터가 정지하므로 과부하에 대하여 안정하다.
스테핑모터	• 입력신호(펄스)에 따라 일정한 각도만큼 단계적으로 회전하는 제어용 모터이다. • 정지 시 홀딩토크가 존재한다. • 홀딩토크란 모터가 멈춰있을 때 축을 돌리려는 외력에 저항하는 힘으로 정지 중에도 모터가 위치를 정확하게 유지할 수 있도록 하는 것이다.

(5) 공기압 관련 밸브

① 급속배기밸브 : 공기압실린더에서 배기 시 공기가 빠르게 빠져나가도록 하여, 실린더의 복귀 등 이동속도를 향상시키는 역할을 한다.

② 교축밸브 : 회로의 유량을 조절하는 역할을 한다.

③ 속도제어밸브 : 실린더의 속도제어를 위한 밸브로 방향제어밸브와 실린더의 중간에 설치한다.

④ 체크밸브 : 유체의 흐름을 한 방향으로만 흐르게 하는 역류방지용 밸브이다.

⑤ 2압밸브(AND밸브) : 두 개의 입구와 한 개의 출구가 있는 밸브 중에서 두 개의 입구에 모두 압력이 작용해야만 출력이 발생하는 밸브이다.

⑥ 셔틀밸브(OR밸브) : 두 개의 입구 중 어느 하나에만 입력이 있어도 신호가 출구로 나가게 되는 밸브이다.

⑦ 릴리프밸브(안전밸브) : 압축기 내부 또는 시스템 내의 압력이 미리 정해진 안전 한계치(설정압력)를 초과할 경우 자동으로 열려 배기조절을 한다.

⑧ 감압밸브 : 2차 측의 압력을 일정하게 하는 밸브로 공급압력보다 사용압력이 낮아야 하는 경우에 유체의 압력을 줄여주어 장비 및 배관의 파손을 방지한다.

(6) 릴리프밸브와 감압밸브의 비교

구분	릴리프밸브	감압밸브
평상시 상태	닫혀 있다.	열려 있다.
제어형태	입구 측의 압력으로 제어한다.	출구 측의 압력을 제어한다.
압력계 설치위치	입구 측에 설치한다.	출구 측에 설치한다.

(7) 방향전환밸브
　① 오픈센터형 : 중립 위치에서 모든 포트가 열려 있다.
　② 텐덤센터형 : 중립 위치에서 2개의 포트가 열려 있다.
　③ 세미오픈센터형 : 중립 위치에서 모든 포트 사이가 부분적으로 연결되는 구조로 오픈센터형과 클로즈드센터형의 중간적인 형태이다.
　④ 클로즈드센터형 : 중립 위치에서 모든 포트가 닫혀 있다.

2) 유압 관련 기기
　(1) 유압모터
　　① 유압에너지를 회전운동으로 변환하는 기기이다.
　　② 유압모터의 토크 계산식

$$T = \frac{qP}{2\pi}$$

- T : 유압모터의 출력 토크(kgf·cm)
- q : 유압모터의 1회전당 배출량(cm³/rev)
- P : 작동유의 압력(kgf/cm²)

　(2) 유압실린더
　　① 유압으로 피스톤을 움직여 힘을 전달하는 기기이다.
　　② 실린더 선정 시 로드 크기(피스톤 로드의 직경)가 중요하다.
　　③ 유압실린더의 좌굴하중을 고려한 안전계수는 2.5 ~ 3.5를 적용한다.
　　④ 추력 계산 공식

$$F = P \times A$$

- F : 실린더의 추력(kgf)
- P : 압력(kgf/cm²)
- A : 단면적(cm²)

　(3) 자주 출제되는 유압실린더

구분	내용
로드리스 실린더	실린더 튜브 내에 자석이 설치되어 있고 실린더 외부에도 환형의 자석이 설치되어 자력 커플링으로 결속된 환형의 몸체가 실린더 튜브를 따라 이송할 수 있는 실린더이다.
텔레스코프형 다단실린더	다단 튜브형 로드를 가지고 있어 긴 행정거리를 얻을 수 있지만 정밀한 위치제어는 어려운 실린더이다.
격판 실린더	피스톤 대신 격판(다이어프램)을 사용해 밀폐하고 압력에 의해 왕복운동을 하는 실린더이다.

구분	내용
양 로드 실린더	피스톤 로드가 양쪽에 있어 전진할 때와 후진할 때 피스톤의 단면적이 같기 때문에 두 방향 모두 같은 추력을 낼 수 있는 실린더이다.
타이로드형 실린더	봉타입의 지지대가 있는 실린더이다.
요동형 실린더	출력축이 일정 각도 내에서 왕복 회전운동하는 실린더로 자동문의 개폐, 볼밸브의 자동개폐 등에 활용되며 베인형 실린더, 피스톤형 실린더, 스크루형 실린더 등이 있다.

(4) 실린더의 설치형식에 따른 분류
  ① 다리형(Foot Type) : 가장 일반적인 형태로 실린더를 고정하기 위한 발이 달려 있는 형태이다.
  ② 플랜지형(Flange Type) : 한쪽 방향을 플랜지로 고정하는 형태이다.
  ③ 클레비스형(Clevis Type) : 클레비스 브래킷을 이용하여 고정하는 형태이다.
  ④ 트러니언형(Trunnion Type) : 피스톤 로드의 직각 방향으로 피벗(Pivot)을 설치하는 방식으로 피벗의 설치로 인해 실린더의 요동이 감쇠된다.

4 공유압회로

1) 공유압 관련 기호

유압펌프	유압펌프 (1방향 유동)	공기압모터	공기압모터 (2방향 유동)

단동 실린더	복동 실린더	공기탱크	어큐뮬레이터

전동기	원동기	릴리프밸브	감압밸브
(M)	[M]	(기호)	(기호)
압력계	유면계	온도계	유량계
(기호)	(기호)	(기호)	(기호)

2) 공유압 관련 회로의 종류

(1) 미터인회로

실린더의 입구 측 유량을 조절하여 속도를 제어하는 회로이다.

(2) 미터아웃회로

실린더의 출구 측 유량을 조절하여 속도를 제어하는 회로이다.

(3) 로크회로

실린더를 임의의 위치에 고정시킬 때 사용하는 회로이다.

(4) 재생회로

① 유량조절밸브를 사용하지 않고 실린더의 속도를 조절하는 방식이다.

② 피스톤이 전진할 때 펌프의 송출 유량과 실린더 로드 측의 배출유량이 합류하여 유입되므로 실린더의 전진속도가 빨라지는 회로이다.

(5) 블리드오프회로

① 유압실린더에서 실린더 입구 측에 분기된 바이패스 라인(병렬관로)에 유량제어밸브를 설치한다.

② 실린더 입구 측의 불필요한 압유를 배출시켜 작동효율을 증진시킨 속도제어회로이다.

(6) 카운터밸런스회로

① 시스템이 외부의 중력에 따라 원하지 않는 움직임이 발생하지 않도록 제어하는 회로이다.

② 회로에 배압을 형성시켜 중력에 의한 자연낙하로 인한 기기의 파손을 방지한다.

(7) 브레이크회로
  ① 유압모터가 관성에 의해 계속 회전하는 관성펌프작용을 방지한다.
  ② 모터의 관성에 의한 역회전을 제어하여 시스템을 보호한다.
3) 공유압 관련 회로의 종류
  (1) a접점
    ① 평상시에는 떨어져 있다가(개방 상태) 작동하면 붙는(폐쇄 상태) 접점이다.
    ② 스위치가 동작하지 않을 때에는 회로가 열려 있어서 전류가 흐르지 않다가 동작 시 닫혀서 전류가 흐른다.
  (2) b접점
    ① 평상시에는 붙어(폐쇄 상태) 있다가 작동하면 떨어지는(개방 상태) 접점이다.
    ② 스위치가 동작하지 않을 때에는 회로가 닫혀 있어서 전류가 흐르다가 동작 시 떨어져서 전류가 흐르지 않는다.
  (3) c접점
    ① a접점과 b접점이 혼합된 형태로 한쪽은 a접점, 다른 한쪽은 b접점으로 되어 있다.
    ② 여러 개의 회로를 선택적으로 제어할 때 사용한다.

02 자동제어

1 전기·전자장치 조립

1) 전기 관련 기본개념
  (1) 기본단위 및 용어 정의
    ① 암페어(A) : 전류의 세기를 나타내는 단위이다.
    ② 볼트(V) : 전압의 세기를 나타내는 단위이다.
    ③ 쿨롱(C) : 전기의 기본이 되는 전하량(전기량)을 나타내는 단위이다.
    ④ 줄(J) : 에너지 또는 일의 크기를 나타내는 단위이다.
    ⑤ 옴(ohm) : 저항을 나타내는 단위이다.

(2) 옴의 법칙

전압(V), 전류(I), 저항(R) 사이의 관계를 나타내는 법칙이다.

$$V = I \times R$$

- V : 전압(V)
- I : 전류(A)
- R : 저항(ohm)

(3) 저항

① 부하에 전기에너지를 공급하기 위해서는 도체를 통해 전원에서 부하까지 전류가 흘러야 하는데 전류의 흐름을 방해하는 성질을 저항이라고 한다.

② 저항에는 도체저항(전류가 전선을 흐를 때의 저항), 부하저항(전류가 저항을 흐를 때의 저항), 전원 저항(입력단에서 나타나는 전원 측 저항)이 있다.

2) 전기 관련 장치

(1) 변압기의 기본개념

① 전기에너지의 전압을 높이거나 낮추는 데 사용한다.
② 철심과 1차 권선, 2차 권선으로 이루어져 있다.
③ 변압기의 전압은 권수비(2차 권수에 대한 1차 권수의 비)에 비례한다.
④ 입력에 대한 출력량의 비를 변압기 효율이라고 하며 출력이 클수록 효율이 좋다.

(2) 수동소자와 능동소자

구분	내용
수동소자	공급된 전기에너지를 소비, 축적, 통과시킨다. 예 저항, 인덕터, 커패시터
능동소자	입력신호에 따라 증폭, 신호변환 등을 통해 전기에너지를 변환시킨다. 예 OP - AMP

(3) 절연종이

① 전기적 절연특성을 갖는 종이이다.
② 전기기기에서 전기가 새어 나가는 것을 방지하고 부품 간의 전기적 접촉을 차단하기 위해 사용되는 재료이다.
③ 3상 유도전동기 내의 코일과 철심 사이에 완전한 절연을 하기 위해 사용된다.

2 센서활용기술

1) 센서

    (1) 센서의 개념과 기본용어

        ① 센서는 환경의 변화(물리적, 화학적 신호 등)를 감지하고, 이를 필요한 형태(전기적 신호 등)로 변환해 출력하는 장치이다.
        ② 응답시간 : 센서가 입력의 변화에 반응하여 최종값의 일정비율까지 도달하는 데 걸리는 시간으로 응답시간이 빠를수록 센서가 환경 변화에 빠르게 반응한다는 것이다.
        ③ 공칭동작거리 : 물체가 검출면에 접근하여 출력(ON)이 동작하는 지점의 물체 표면과 검출면 사이의 거리로 센서의 성능을 나타내는 값이다.
        ④ 응차거리(히스테리시스) : 물체가 검출면에 접근하여 출력이 ON된 다음, 다시 물체가 멀어지면서 출력이 OFF로 복귀하는 두 지점 사이의 거리이다.

    (2) 접촉식 센서

        ① 검출 대상과 직접 접촉하여 정보를 감지하는 센서이다.
        ② 리밋스위치(Limit Switch) : 특정 위치에 도달한 물체가 액추에이터(레버, 롤러 등)를 물리적으로 누르면 내부 접점이 열리거나 닫혀 제어시스템에 전기신호를 전달한다.

    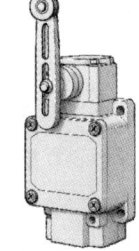
    [리밋스위치]

    (3) 비접촉식 센서

        ① 광전센서 : 적외선, 자외선, 레이저, 가시광선 등의 빛을 이용하여 물체를 감지하는 센서로 응답속도가 빠르고, 분해능이 높은 검출이 가능하다.
        ② 유도형 센서 : 전자기장을 사용하여 금속재료 감지용으로 사용하는 센서로 전력 소모가 적고, 감지 물체의 온도 상승이 없다.

    (4) 압력센서

        ① 압전형 센서 : 물리적 압력이 가해지면 물체 내부에서 전하가 생성되는 압전효과를 이용하는 것으로 진동, 가속 등 빠르고 작은 변화를 감지하는 데 사용된다.
        ② 정전용량형 센서 : 두 개의 전극 사이에 존재하는 정전용량의 차이를 측정하는 것으로 비금속 물체도 측정할 수 있다.
        ③ 스트레인게이지형 센서 : 강체의 표면이나 구조물에 부착하여 변형률을 전기신호로 변환하는 것으로 구조물의 미세한 변형이나 압력 등의 물리량을 측정한다.

2) 신호변환 및 응답
   (1) 센서에서 신호변환방식

구분	내용
변조식 변환	입력신호의 크기나 형태를 변조하여 전기적 신호로 변환한다.
직동식 변환	입력신호의 크기에 따라 전류나 전압의 크기를 직접 변환한다.
펄스신호식 변환	입력신호의 변화에 따라 펄스의 크기 및 주파수를 변환한다.

   (2) 탄성의 변화를 이용한 신호변환
      ① 외력에 의한 탄성변형(모양의 변화)을 이용하여 물리적인 값을 측정한다.
      ② 벨로스식, 부르동관식, 다이어프램식 압력계가 탄성의 변화를 이용한 압력계이다.
   (3) 푸리에 변환
      ① 푸리에 변환이란 시간 또는 공간에서 정의된 신호나 함수를 주파수를 가진 정현파의 합으로 분해하여 신호가 어떤 주파수 성분으로 구성되어 있는지 분석하는 방법이다.
      ② 항상 양부호의 주파수 성분이 나타난다.
      ③ 시간대역이나 주파수 대역에서 유한한 신호는 다른 대역(주파수나 시간)에서 무한한 폭을 갖는다.
      ④ 어떤 대역에서 주기성을 갖는 규칙적인 신호라 할지라도 다른 대역에서는 불규칙한 신호로 나타날 수 있다.
   (4) 과도응답
      ① 과도응답이란 시스템에 입력신호가 가해졌을 때 출력이 정상 상태에 도달하기 전까지 나타나는 비정상적인 응답이다.
      ② 과도응답특성을 파악하기 위해서는 계단신호, 임펄스신호, 정현파신호를 사용한다.
   (5) 주파수 필터의 종류
      ① 저역통과필터 : 설정 주파수 이하만 통과시킨다.
      ② 고역통과필터 : 설정 주파수 이상만 통과시킨다.
      ③ 대역통과필터 : 설정 대역 주파수만 통과시킨다.
      ④ 대역소거필터 : 설정 대역 주파수를 제외한 성분만 통과시킨다.

3 모터제어

1) 공압모터와 유압모터의 특징 비교

   (1) 공압모터의 특징
      ① 배기음이 크다.
      ② 에너지 변환효율이 낮다.
      ③ 시동과 정지 시 충격 발생이 없다.
      ④ 부하에 의한 회전수 변동이 크다.

   (2) 유압모터의 특징
      ① 펌프에서 공급되는 유압유(작동유)의 압력을 기계적인 회전에너지로 변환한다.
      ② 제어성이 우수하고, 과부하 방지기능이 있다.
      ③ 높은 힘의 전달이 가능하다.
      ④ 기어모터, 베인모터, 피스톤모터 등이 해당된다.

2) 서보모터(Servo Motor)

   (1) 서보모터의 개념

      일반모터와 달리 제어회로와 센서가 함께 내장되어 있어, 입력신호에 따라 정확히 지정된 각도나 위치로 움직이고 멈출 수 있는 모터이다.

   (2) 서보모터의 전동기 및 제어장치 구비조건
      ① 전자석신호를 받아 정확한 위치, 각도, 토크를 제어할 수 있는 모터이다.
      ② 토크리플이란 모터가 회전할 때 출력되는 토크가 주기적으로 변동하는 현상으로 서보모터는 토크리플이 작아야 한다.

4 공정제어

1) 제어의 기초이론

   (1) 제어 관련 용어 정의
      ① 제어 : 원하는 목적에 적합하도록 대상에 필요한 조작을 가하는 것이다.
      ② 제어량 : 속도, 위치, 방향 등 제어를 실행하기 위한 수치적인 값이다.
      ③ 외란 : 자동제어시스템에서 상태를 변화시키는 외부의 변동요인이다.
      ④ 조절부 : 제어장치가 작동을 하는 데 필요한 신호를 만드는 부분이다.
      ⑤ 작동부 : 제어신호를 받아 실제로 기계를 움직이는 부분이다.
      ⑥ 시정수(τ) : 출력이 최종값의 63 %가 되기까지의 시간이다.

(2) 제어방식에 따른 제어계의 구분

구분	내용
폐회로제어 (Close-loop Control)	• 시스템의 출력(실제 값)을 기준 값(설정값)과 비교하여 오차를 계산하고, 그 오차를 줄이기 위해 제어동작을 수행한다. • 폐회로제어에서는 피드백신호가 필수적으로 사용된다.
개회로제어 (Open-loop Control)	• 입력신호에 따라 제어명령을 내리되, 실제 결과(피드백)를 감지하지 않고 동작하는 방식이다. • PLC가 솔레노이드밸브를 단순히 On/Off로 작동시키는 경우, 밸브가 제대로 동작했는지에 대한 피드백 없이 명령만 내리는 경우는 대표적인 개회로제어 예시이다.

(3) 정보표시의 형태에 따른 제어계의 구분

① 2진제어계 : 신호가 유/무, ON/OFF 같은 2가지 상태만 가지는 제어계이다.

② 디지털제어계 : 신호처리나 제어가 불연속적인 디지털신호(0, 1)로 이루어지는 제어계로 정보는 이진수 형태로 저장 및 전송된다.

③ 아날로그제어계 : 온도, 속도 등 연속적인 아날로그신호로 이루어지는 제어계이다.

(4) 제어방식의 종류

① ON/OFF제어 : 목표치에 도달하기까지는 동작(ON)하고, 목표치에 도달하면 동작을 멈추는(OFF) 제어이다.

② 비례제어(Proportional) : 현재의 오차값에 비례하여 제어신호를 생성하는 것으로 P제어라고도 한다.

③ 적분제어(Integral) : 과거의 오차를 누적해서 제어신호를 생성(정상 상태에서 남아 있는 잔류오차를 없애 줌)하는 것으로 I제어라고도 한다.

④ 미분제어(Derivation) : 외란에 빠르게 반응할 수 있는 제어로 오차의 변화율에 따라 제어신호를 생성하며 D제어라고도 한다.

⑤ PID제어 : P(비례), I(적분), D(미분)의 3항 동작을 조합시킨 제어방식으로 산업 전반에서 널리 사용된다.

2) 시퀀스회로

(1) 시퀀스회로의 정의

미리 정해진 순서에 따라 동일한 유압원을 이용하여 여러 가지 기계 조작을 순차적으로 수행하는 회로이다.

(2) 시퀀스회로의 구분
　① 논리종속 시퀀스제어 : 논리조건이 만족될 때마다 다음 단계로 진행하는 제어이다.
　② 동기종속 시퀀스제어 : 각 단계가 특정기준신호(동기화신호)가 발생해야 다음 단계로 넘어가는 제어이다.
　③ 시간종속 시퀀스제어 : 일정한 시간이 경과함에 따라 다음 단계로 넘어가는 제어이다.
　④ 위치종속 시퀀스제어 : 리밋스위치나 센서 등을 이용하여 전 단계의 작업완료 여부를 확인한 후 다음 단계로 넘어가는 제어이다.

(3) 시퀀스제어의 대표적인 동작기술방식
　① 논리회로 : 입력값에 대한 논리연산을 수행하여 출력값을 얻는 회로이다.
　② 플로우차트 : 프로세스순서를 간단한 기호와 도형으로 도식화한 것이다.
　③ 동작선도 : 동작순서를 선의 고저로 표현한 것이다.
　④ 디시전 테이블 : 조건과 그에 대응하는 조작을 매트릭스형으로 표시하는 표이다.
　⑤ 변위 – 단계선도 : 스텝에 따른 작동순서를 한눈에 파악할 수 있는 선도이다.

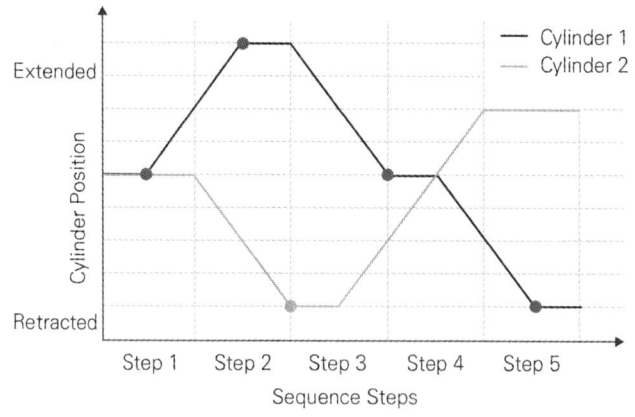

[변위 – 단계선도 예시]

(4) 캐스케이드회로
　① 한 회로의 출력신호가 바로 다음 회로의 입력신호로 작동해 연속적인 동작이 이루어지는 회로이다.
　② 제어에 특수한 장치나 밸브를 사용하지 않고 일반적으로 이용되는 밸브를 사용한다.
　③ 작동 시퀀스가 복잡하게 되면 제어그룹의 개수가 많아지게 되어 배선이 복잡하고, 제어회로의 작성도 어렵게 된다.
　④ 작동에 방향성이 없는 리밋스위치를 이용하고, 리밋스위치가 순서에 따라 작동되어야만 제어신호가 출력되기 때문에 높은 신뢰성을 보장할 수 있다.

⑤ 캐스케이드밸브가 많아지게 되면 제어에너지의 압력 상승이 발생되어 제어에 걸리는 스위칭 시간이 길어진다.

3) 기능성회로

(1) 동작논리 기반회로

① 인터록회로 : 하나의 장치가 닫혀 있으면 다른 장치는 동작하지 않는 회로로 주로 설비와 작업자의 안전을 목적으로 한다.

② 자기유지회로 : 시동신호(푸시버튼)를 주면 장치가 계속 동작하도록 릴레이 자신의 접점을 이용해 동작 상태를 유지시키는 회로이다.

(2) 보호 및 안전을 위한 회로

① 카운터밸런스회로 : 배압을 발생시켜 중력에 의한 낙하를 제어하기 위한 회로이다.

② 언로드회로 : 펌프가 필요한 압력만 공급하고, 필요하지 않을 때에는 언로드밸브를 통해 압력이 회수시키는 회로이다.

4) 자동화

(1) 자동화장치의 기본적인 구성

① 센서 : 물리적 환경 변화를 감지하여 전기적 신호로 변환한다.

② 시그널 프로세서 : 입력되는 제어신호를 분석·처리하여 필요한 제어명령을 내린다.

③ 액추에이터 : 시그널 프로세서로부터 받은 신호를 이용하여 직접 설비를 움직인다.

(2) 자동화 관련 용어

① FA(Factory Automation) : 공장 자동화로 제품의 생산부터 가공, 조립, 출하까지 모든 공정을 자동화하여 생산시스템을 효율적으로 관리하고 제어하는 것이다.

② FMS(Flexible Manufacturing System) : 다양한 제품을 빠르게 전환하면서 생산할 수 있도록 설계된 유연성이 뛰어난 자동화 생산시스템으로 다품종 소량 생산에 적합하다.

(3) 핸들링(Handling)

① 물체를 운반, 조정, 배치하는 이송작업이다.

② 물체의 외관을 변화시키지는 않기 때문에 가공작업과는 구분된다.

(4) 로봇의 제어방식

① 서보레디(SVRDY : Servo Ready) : 서보시스템에서 안전하게 시스템을 제어할 수 있는 준비가 된 상황이다.

② 매뉴얼 데이터 입력(MDI : Manual Data Input)방식 : 이미 정의된 위치 데이터를 수동 키(Key)조작에 의해 직접 입력하는 방식이다.

③ 티칭 플레이 백(TPB : Teaching Play Back)방식 : 위치 데이터를 서보 오프(Servo Off)상태에서 수동 조작하여 위치를 확인한 후 입력하는 방식이다.

④ 포인트 투 포인트(PTP : Point To Point) : 로봇이 지정된 시작점과 목표점의 위치로만 이동하며 중간 경로는 신경쓰지 않는 방식이다.

(5) 로봇의 감지장치

① 물체의 위치는 외계 조건이다.

② 가속도와 회전력은 내계 조건이다.

③ 촉각센서는 물체의 형상과 접촉 여부를 감지한다.

(6) 무인 반송차(AGV)

① 부품 및 자재를 작업자가 직접 이동시키지 않고 스스로 목적지까지 이동시킬 수 있는 자동화된 차량이다.

② 레이아웃의 자유도가 크다.

③ 컴퓨터와의 통신이 가능하다.

④ 정지, 정밀도를 확보할 수 있다.

⑤ 충돌, 추돌의 회피 등 자기제어가 가능하다.

(7) 무인 반송차(AGV)의 제어방식별 구분

① 자기유도방식 : 자기 테이프나 와이어를 바닥에 깔고 경로를 따라 주행한다.

② 광학유도방식 : 바닥의 섹션이나 라인을 카메라 또는 센서로 인식해 주행한다.

③ 전자기 유도형 : 바닥의 전자기신호를 인식하여 이동 경로를 설정한다.

④ 레이저반사기방식 : 레이저반사기를 이용해 경로를 탐색한다.

(8) 네트워크 구성형태

① 성형(Star) : 중앙 컴퓨터를 중심으로 여러 컴퓨터가 연결된 구조로 중앙 컴퓨터가 고장이 있으면 전체 시스템이 정지된다.

② 환형(Ring) : 서로 이웃한 컴퓨터와 터미널을 연결시킨 네트워크 구성형태로 통신회선 장애가 있으면 시스템이 정지된다.

③ 망형(Mesh) : 모든 기기들이 1 : 1로 연결되어 있다.

④ 트리형(Tree) : 나뭇가지 형상으로 연결되어 분산작업에 주로 쓰인다.

(9) PLC(Programmable Logic Controller) 시퀀스회로

① 프로그래밍이 가능한 논리제어기로 설비의 센서에서 수신한 데이터에 기반하여 설정되어 있는 명령을 시행하는 산업용 컴퓨터이다.

② PLC에서 램프, 부저, 솔레노이드밸브는 출력신호를 받아 동작하는 출력장치이고, 리밋스위치는 입력신호로 사용하는 장치이다.

5) 계측일반 및 계측제어

 (1) 계측에 사용하는 단위

  ① dB : 소음의 크기를 나타내는 단위이다.
  ② Hz : 주파수를 나타내는 단위로 단위 시간당 진동의 횟수를 의미하므로 cycle/sec 로도 나타낼 수 있다.
  ③ ppm : 백만분의 일을 나타내는 단위로 주로 농도를 표현할 때 사용한다.
  ④ poise : 유체의 점성도를 나타내는 단위이다.
  ⑤ cc/rev : 유압펌프의 1회전당 토출량을 나타내는 단위이다.

 (2) 계측기의 동작특성

구분	내용
정특성	• 정특성은 계측기의 입력이 시간적으로 변하지 않을 때의 특성이다. • 감도, 직선성, 히스테리시스 오차 등이 해당된다.
동특성	• 동특성은 입력이 시간에 따라 변할 때 계측기가 그 변화에 얼마나 신속하게 대응하는지를 나타내는 특성이다. • 시간지연, 과도특성 등이 해당된다.

 (3) 계측 관련 물리현상

  ① 슈테판-볼츠만효과 : 모든 물체는 절대온도의 네제곱에 비례하는 에너지를 방출한다.
  ② 제백효과 : 서로 다른 금속을 접합하여 양 접합부에 온도차를 주면 회로 내에서 열기전력이 발생한다.
  ③ 펠티에효과 : 서로 다른 두 종류의 금속을 접속한 후 전류를 흐르게 하면 열의 발생 및 흡수가 일어난다.
  ④ 톰슨효과 : 같은 금속체 내에서 온도차가 있을 때 전류를 흐르게 하면 열의 발생 및 흡수가 일어난다.

 (4) 회전수 계측방법

  ① 광전식 검출법 : 회전체에 반사테이프를 부착하고 LED를 광원으로 이용하여 반사광을 검출한 후 신호로 변환시켜 회전수를 측정한다.
  ② 전자식 검출법 : 자속 밀도의 변화를 이용하여 전압신호를 검출하는 방식으로 극저속에서는 출력전압의 감소로 검출이 불가능하다.
  ③ 자기식 검출법 : 회전축이나 회전체에 일정한 간격으로 자석을 설치하고, 센서로 회전이 일어날 때 자석의 자기장 변화를 감지하여, 회전수를 계측한다.
  ④ 회전식 검출법 : 센서나 휠 등의 측정장치가 직접 회전하는 물체에 접촉하여 회전수를 측정한다.

(5) 회전각도 계측방법
　① 싱크로(Synchro) : 코일 간의 전자유도현상을 이용한 것으로 발신기와 수신기로 구성되어 있고 회전각도 변위를 전기신호로 변환하여 회전체를 검출한다.
　② 리졸버(Resolver) : 1차 권선에 교류를 인가한 후 2차 권선에 발생한 후 생기는 유도전압을 측정하여 회전각을 정밀하게 검출한다.
　③ 퍼텐쇼미터(Potentiometer) : 회전축의 변화에 따라 달라지는 저항값을 측정한다.
　④ 앱솔루트 인코더(Absolute Encoder) : 축의 회전에 따라 절대적인 위치를 읽을 수 있는 여러 개의 센서를 이용하여 회전각도를 계측한다.

(6) 에일리어싱(Aliasing, 계단현상)현상
　① 신호 처리에서 연속적인 신호를 샘플링할 때 샘플링 속도가 불충분하여 원래 신호와 전혀 다른 주파수를 가진 신호로 왜곡되어 나타내는 현상이다.
　② 에일리어싱현상을 방지하기 위해서는 샘플링 주파수를 신호의 최대 주파수의 두 배 이상으로 설정해야 한다.

(7) 안티 - 에일리어싱(Anti - Aliasing)
　① 신호 처리의 샘플링과정 중 발생할 수 있는 에일리어싱현상을 방지하는 기술이다.
　② 샘플링 전에 저역 통과필터를 사용하여 설정 주파수보다 낮은 주파수만 통과시킨다.

6) 계측기기

(1) 서미스터 온도센서
　열용량이 적어 작은 온도 변화에도 급격한 저항의 변화가 발생하는 성질을 이용한 온도센서로 다음과 같은 종류가 있다.
　① PTC(Positive Temperature Coefficient) : 온도가 상승하면 저항치가 상승한다.
　② NTC(Negative Temperature Coefficient) : 온도가 상승하면 저항치가 하강한다.
　③ CTR(Critical Temperature Resistor) : 특정 온도에서 저항치가 급격히 변한다.

(2) 열전온도계
　① 서로 다른 금속을 접합하여 양 접합부에 온도차를 주면 회로 내에서 열기전력이 발생하므로, 이 전압을 측정하면 온도를 알 수 있다.
　② 온도차에 의해 이종 금속 접점에서 발생하는 기전력현상은 제벡효과이다.
　③ 구리와 콘스탄탄의 이종재를 결합하여 200 ~ 300 ℃ 정도의 저온용으로 사용한다.
　④ 백금로듐과 백금의 이종재를 결합하면 1000 ℃ 이상에서도 사용할 수 있다.

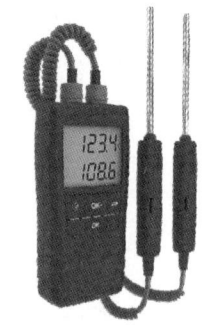

[열전온도계]

(3) 스트레인게이지
    ① 물체의 변형(스트레인)을 전기 저항의 변화로 감지하여 측정하는 센서이다.
    ② 기계 표면에 부착하여 응력이나 변형이 발생할 때 저항값의 변화를 측정하고, 이 값을 통해 재료의 변형 정도와 응력을 파악한다.

(4) 와전류형 변위센서
    ① 고속 회전기의 축진동, 회전수, 위치 측정 등에 사용되는 센서로 주로 터빈 축의 회전 상태를 확인할 때 사용한다.
    ② 회전수, 축의 팽창량, 축의 중심 변화 등을 측정할 수 있다.

(5) 정전용량형 센서
    ① 압력을 받으면 정전용량이 달라지는 성질을 이용한 것으로 압력과 변위를 모두 측정할 수 있다.
    ② 정전용량형 센서는 금속과 비금속 물체 모두 측정이 가능하다.
    ③ 마주보는 두 전극 사이의 정전용량(C) 계산식

$$C = \frac{\varepsilon A}{d}$$

- C : 정전용량(F)
- ε : 진공의 유전율
- A : 면적(m^2)
- d : 두 전극 사이의 거리(m)

(6) 영구자석형 속도센서
    ① 진동측정용 센서로 주로 사용된다.
    ② 감도가 안정적이고, 출력 임피던스가 낮다.
    ③ 다른 센서에 비해 크기가 크므로 자체 질량의 영향을 받는다.
    ④ 외부 자기장의 영향을 받아 오차가 발생할 수 있으므로 변압기 등 자기장이 강한 장소에서는 사용이 제한된다.

(7) 가동 코일형 센서
    ① 영구자석의 자기장 내에 코일이 있는 구조로 극히 적은 전류만으로도 지침이 최대 눈금까지 표시될 수 있을 만큼 민감하다.
    ② 감도와 정확도가 뛰어나 전압계, 속도 측정에 많이 사용된다.
    ③ 자석 사이에서 코일이 움직일 때 코일의 속도에 따라 기전력이 발생하는 패러데이의 전자유도 법칙을 이용한 것이다.

(8) 면적식 유량계
   ① 위로 갈수록 넓어지는 형태로 된 관에 플로트(부자)가 들어 있고, 유체의 흐름에 따른 부자의 위치로 유량을 측정한다.
   ② 압력손실이 적다.
   ③ 기체, 액체 모두 유량을 측정할 수 있고 부식성 액체도 유량을 측정할 수 있다.
   ④ 액체 중에 기포가 들어가면 오차가 발생하므로 기포빼기가 필요하다.
   ⑤ 로터미터가 대표적인 면적식 유량계이다.

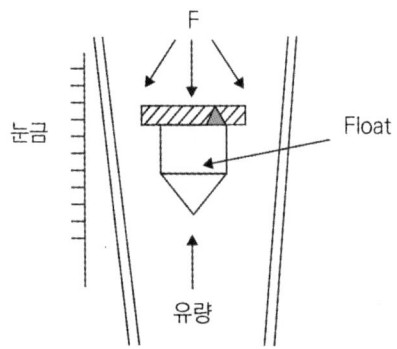

(9) 차압식 유량계
   ① 배관 내에 단면적을 변화시키는 장치를 설치한 후 그 전후의 압력 차이를 이용해 유량을 측정한다.
   ② 오리피스(Orifice) : 유체에서 유량을 조절하거나 측정하기 위해 배관 내에 설치한 작은 구멍으로 구조가 비교적 간단하고 압력손실이 크다.
   ③ 벤추리미터 : 배관의 중간에 축소부를 만들고 그 부분과 전단 사이의 압력 차이를 측정한다.
   ④ 플로우 노즐 : 오리피스와 벤추리미터의 장점을 결합한 것으로 정확도가 높다.

(10) 용적식 유량계
   ① 유체의 흐름에 따라 회전하는 회전자를 이용하여 유량을 직접 측정한다.
   ② 유체의 점도와 밀도에 대한 영향을 적게 받고, 정밀도가 높다.
   ③ 회전 디스크 유량계, 회전 날개 유량계, 로브 임펠러 유량계가 해당된다.

(11) 터빈식 유량계
   ① 관을 통과하는 유체의 속도에 의해 터빈(날개)이 회전하고, 회전속도를 측정해 유량을 계산한다.
   ② 용적식 유량계에 비해 압력손실이 작고, 소형이며 제작비용이 싸다.
   ③ 고온·저온·고압의 액체나 식품약품 등의 특수유체의 유량 측정에 사용된다.

⑫ 와류식 유량계
  ① 유체가 흐르는 관로에 와류(소용돌이)를 발생시키는 막대의 뒤쪽 센서부에서 발생하는 열을 측정하여 유량을 측정한다.
  ② 특별한 제한 없이 기체·액체의 체적유량을 측정할 수 있다.
⑬ 레벨계
  ① 레벨계의 종류별 측정범위

구분	측정범위
마이크로 웨이브식	1 ~ 30 m
저압식	10 m 이하
부자식	10 m 이하
멜로디식	2 m 이하

  ② 초음파식 레벨계의 특징
    ㉠ 비접촉식 측정이 가능하다.
    ㉡ 소형, 경량이고 설치 및 운전이 간단하다.
    ㉢ 기동부가 없고, 점검 및 보수가 가능하다.
    ㉣ 온도가 달라지면 초음파의 전파속도가 변해 측정결과에 영향을 미치므로 정확한 측정을 위해서는 온도 보정이 필요하다.

01 예상문제

01 공유압

01 ☑☐☐☐☐
공기압의 특징으로 옳지 않은 것은?

① 비압축성이다.
② 에너지로서 저장성이 있다
③ 균일한 속도를 얻기 힘들다.
④ 폭발 및 화재의 위험이 적다.

해설

공기압의 특징
공기는 본질적으로 압축성이 있으므로 공기압은 압축성이 있다.

02 ☑☐☐☐☐
SI 단위계에서 압력을 나타내는 단위는?

① 줄(J)   ② 뉴턴(N)
③ 와트(W)   ④ 파스칼(Pa)

해설

파스칼(Pa)
- SI 단위계의 압력단위이다.
- $1\ m^2$당 $1\ N$의 힘이 작용할 때의 압력이다.

03 ☑☐☐☐☐
다음 설명에 해당되는 법칙은?

> 밀폐된 용기 내에 있는 유체의 압력은 모두 같다.

① 연속의 법칙
② 베르누이의 법칙
③ 파스칼의 법칙
④ 벤투리관의 법칙

해설

파스칼의 법칙
- 압력 전달과 관련된 법칙이다.
- 밀폐된 용기 내부의 유체에 가해진 압력은 유체 내 모든 지점에 같은 크기로 전달된다.

04 ☑☐☐☐☐
다음 공기압 서비스 유닛에서 기기순서가 바르게 나열된 것은?

① 필터 → 압력조절기 → 윤활장치
② 윤활장치 → 필터 → 압력조절기
③ 윤활장치 → 압력조절기 → 필터
④ 압력조절기 → 필터 → 윤활장치

해설

공기압 서비스 유닛의 기기순서
필터 → 압력조절기 → 윤활장치

정답 01 ① 02 ④ 03 ③ 04 ①

05 ☑☐☐☐☐

축압기의 사용목적이 아닌 것은?

① 누유방지
② 맥동흡수
③ 압력보상
④ 유압에너지 축적

해설

축압기
- 유압시스템에서 압력에너지를 저장했다가 필요할 때 방출하는 장치이다.
- 맥동흡수, 충격완화, 압력보상 등의 목적으로 사용한다.

06 ☑☐☐☐☐

두 개의 입구와 한 개의 출구가 있는 밸브로 두 개의 입구에 압력이 모두 작용해야 출력이 발생하는 밸브는?

① 스톱(Stop)밸브
② 체크(Check)밸브
③ 2압(Two Pressure)밸브
④ 급속배기(Quick Exhaust)밸브

해설

2압(Two Pressure)밸브
- 두 개의 입구와 한 개의 출구가 있는 밸브 중에서 두 개의 입구에 모두 압력이 작용해야만 출력이 발생하는 밸브이다.
- AND동작을 하므로 "AND밸브"라고도 불린다.

07 ☑☐☐☐☐

일반적으로 유압실린더에서 좌굴하중을 고려한 안전계수는?

① 0.5 ~ 1   ② 1.5 ~ 2
③ 2.5 ~ 3.5   ④ 7 ~ 10

해설

유압실린더의 안전계수
유압실린더의 로드 크기는 좌굴하중과 밀접한 관련이 있다.
유압실린더의 좌굴하중을 고려한 안전계수는 2.5 ~ 3.5를 적용한다.

08 ☑☐☐☐☐

공기압모터의 기호는?

① 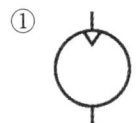   ②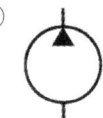

③ 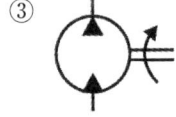   ④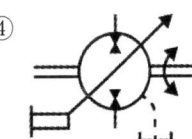

해설

공유압 관련 기호
① 공기압모터
② 유압펌프
③ 1방향 흐름 회전(정용량형)
④ 2방향 흐름 회전(가변용량형)

02 자동제어

09 ☑☐☐☐☐
전기의 기본이 되는 전하량의 단위는?

① 줄[J] ② 볼트[V]
③ 쿨롱[C] ④ 암페어[A]

해설

전기 관련 단위
① 줄[J] : 에너지 또는 일의 단위이다.
② 볼트[V] : 전압의 단위이다.
③ 쿨롱[C] : 전하량의 단위이다.
④ 암페어[A] : 전류의 단위이다.

10 ☑☐☐☐☐
전기회로에서 수동소자가 아닌 것은?

① 저항 ② 인덕터
③ 커패시터 ④ OP-AMP

해설

수동소자와 능동소자의 구분

구분	내용
수동소자	공급된 전기에너지를 소비, 축적, 통과시킨다. 예 저항, 인덕터, 커패시터
능동소자	입력신호에 따라 증폭, 신호 변환 등을 통해 전기에너지를 변환시킨다. 예 OP-AMP

11 ☑☐☐☐☐
압력을 측정하기 위한 센서가 아닌 것은?

① 압전형 센서
② 초음파형 센서
③ 정전용량형 센서
④ 스트레인게이지형 센서

해설

센서의 종류
초음파형 센서는 일반적으로 유량, 위치를 감지하는 데 사용되며 압력 측정으로는 사용되지 않는다.

12 ☑☐☐☐☐
센서에서 입력된 신호를 전기적 신호로 변환하는 방법에 해당하지 않는 것은?

① 변조식 변환
② 전류식 변환
③ 직동식 변환
④ 펄스신호식 변환

해설

신호를 전기적 신호로 변환하는 방법
- 변조식 변환
- 직동식 변환
- 펄스신호식 변환

정답 09 ③ 10 ④ 11 ② 12 ②

13

푸리에(Fourier) 변환의 특징으로 틀린 것은?

① FFT분석에서는 항상 양부호(Positive)의 주파수 성분이 나타난다.
② 충격신호와 같은 임펄스신호(Impulse Signal)는 푸리에 변환이 불가능하다.
③ 시간대역이나 주파수 대역에서 유한한 신호는 다른 대역(주파수나 시간)에서 무한한 폭을 갖는다.
④ 어떤 대역에서 주기성을 갖는 규칙적인 신호라 할지라도 다른 대역에서는 불규칙한 신호로 나타날 수 있다.

해설
푸리에 변환
충격신호와 같은 임펄스 함수는 푸리에 변환이 가장 간단하게 정의된다.

14

공압모터의 특징이 아닌 것은?

① 배기음이 크다.
② 제어성이 우수하다.
③ 에너지 변환효율이 낮다.
④ 부하에 의해 회전수 변동이 크다.

해설
공압모터
공압모터는 공기의 압축성 때문에 제어성이 오히려 좋지 않다.

15

다음 제어의 용어 중 제어장치에 속하며 목푯값에 의한 신호와 검출부로부터 얻어진 신호에 의해 제어장치가 소정의 작동을 하는 데 필요한 신호를 만들어서 조작부에 보내주는 부분을 뜻하는 것은?

① 외란 ② 조절부
③ 작동부 ④ 제어량

해설
제어의 용어
① 외란 : 제어계에 영향을 주는 시스템 외부의 변동요인이다.
② 조절부 : 제어장치가 소정의 작동을 하는 데 필요한 신호를 만드는 부분이다.
③ 작동부 : 제어신호를 받아 실제로 기계를 움직이는 부분이다.
④ 제어량 : 제어장치의 출력으로서 실제로 만들어지는 물리적 또는 전기적 값이다.

16

조절계의 제어동작에서 입력에 비례하는 크기의 출력을 내는 제어방식은?

① 비례제어 ② 적분제어
③ 미분제어 ④ ON - OFF제어

해설
비례제어
- 조절계의 제어동작에서 입력에 비례하는 크기의 출력을 내는 제어방식이다.
- P제어라고 부르기도 한다.

정답 13 ② 14 ② 15 ② 16 ①

17 ☑□□□□

자동화의 종류 중 다품종 생산을 위한 유연성 생산시스템을 나타내는 용어는?

① FA　　　② CIM
③ FMS　　④ IMS

해설

FMS(Flexible Manufacturing System)
- 다양한 제품을 빠르게 전환하면서 생산할 수 있도록 설계된 유연성이 뛰어난 자동화 생산시스템이다.
- 다품종 소량 생산에 적합하다.

18 ☑□□□□

서로 이웃한 컴퓨터와 터미널을 연결시킨 네트워크 구성형태이며, 통신회선 장애가 있거나 하나의 제어기라도 고장이 있을 경우 모든 시스템이 정지될 수 있는 네트워크는?

① 성형(Star)　　② 환형(Ring)
③ 망형(Mesh)　　④ 트리형(Tree)

해설

환형(Ring)
서로 이웃한 컴퓨터와 터미널을 연결시킨 네트워크 구성형태로 통신회선 장애가 있으면 시스템이 정지된다.

19 ☑□□□□

회전체에 반사테이프를 부착하고 초점 조정이 용이한 적색 가시광의 LED를 광원으로 이용하여 그 반사광을 검출한 후 신호를 변환시켜 회전주기의 역수로 회전수를 구하는 회전계는?

① 광전식 회전계　　② 자기식 회전계
③ 전자식 회전계　　④ 접촉식 회전계

해설

광전식 검출법
회전체에 반사테이프를 부착하고 LED를 광원으로 이용하여 반사광을 검출한 후 신호로 변환시켜 회전수를 측정한다.

20 ☑□□□□

면적식 유량계의 특징으로 틀린 것은?

① 압력손실이 적다.
② 기체 유량을 측정할 수 없다.
③ 부식성 액체의 측정이 가능하다.
④ 액체 중에 기포가 들어가면 오차가 생기므로 기포빼기가 필요하다.

해설

면적식 유량계
- 위로 갈수록 넓어지는 형태로 된 관에 플로트(부자)가 들어 있고, 유체의 흐름에 따른 부자의 위치로 유량을 측정한다.
- 기체, 액체 모두 유량을 측정할 수 있다.

정답 17 ③　18 ②　19 ①　20 ②

Chapter 02 용접 및 안전관리

01 용접

1 용접일반이론

1) 용접의 개요

　(1) 용접의 구분

　　① 기계적 접합 : 나사, 볼트, 핀, 리벳 등을 이용한 접합이다.

　　② 야금학적 접합

　　　㉠ 융접 : 접합하고자 하는 물체를 가열, 용융시키고 접하는 방법으로 가스용접, 아크용접, 테르밋 용접이 있다.

　　　㉡ 압접 : 접합부를 적당한 온도로 가열 후 압력을 주어 접합하는 방법이다.

　　　㉢ 납접 : 납을 녹여서 접합시키는 방법이다.

　(2) 용접 관련 용어 정의

　　① 모재(Base Metal) : 용접의 대상이 되는 주요재료 또는 접합되는 부재이다.

　　② 용가재(Filler Material) : 모재의 이음 틈을 채우기 위해 추가되는 금속재료로 주로 용접봉이 해당된다.

　　③ 슬래그(Slag) : 용접봉 피복이나 플럭스 등이 아크의 열에 의해 녹아 생기는 비금속성 물질로, 용접풀 표면을 덮어 대기 중 산화 등 불순물 혼입을 방지하지만 용접 후에는 제거해야 하는 찌꺼기이다.

　　④ 용착금속(Deposited Metal) : 용접과정에서 모재와 용가재가 융합되어 이음부에 실제로 형성된 금속 부분으로, 용접비드라고도 한다.

　　⑤ 용입(Penetration) : 용접 시 모재 내부로 열이 전달되어, 모재 일부까지 용융되어 금속 접합이나 강도를 생성하는 깊이 혹은 범위이다.

　　⑥ 용접입열(Heat Input) : 용접부에 전달되는 총열량을 의미하며, 이는 용접전류, 전압, 용접속도에 의해 결정되고, 용접부의 조직과 성질에 큰 영향을 미친다.

　　⑦ 취성(Brittleness) : 금속이나 합금이 외부 힘에 의해 변형이 거의 없이 파괴되는 성질이다.

　　⑧ 연성(Ductility) : 금속재료가 외부의 인장 하중을 받을 때 쉽게 늘어나거나 변형되고, 파손되기 전에 상당한 소성변형을 견딜 수 있는 성질이다.

(3) 용접 시 예열을 하는 이유
① 용접부와 인접된 모재의 수축응력을 감소시켜 균열의 발생을 억제한다.
② 냉각속도를 느리게 하여 모재의 취성을 방지한다.
③ 용착금속의 수소 성분이 나갈 수 있도록 하여 비드 밑 균열을 방지한다.

(4) 용접의 특징
① 자재가 절약되고 작업공정수가 감소된다.
② 기밀, 수밀성을 유지할 수 있다.
③ 접합시간이 단축된다.
④ 용접부의 결함검사가 어렵다.
⑤ 용접 후 잔류응력에 의한 변형이 발생할 수 있다.
⑥ 용접사의 양심에 따라 제품의 품질이 달라질 수 있다.

(5) 용접의 검사
① 용접 전 검사 : 용접설비, 용접봉, 모재, 시공조건 등
② 용접 중 검사 : 각 층의 융합 상태, 슬래그 섞임, 균열, 비드 겉모양, 변형 상태 등
③ 용접 후 검사 : 후열처리방법, 교정작업의 점검, 변형, 결함, 치수 등

2) 용접 관련 시험방법

(1) 노취취성시험
① 용접부재료의 노취(구멍, 균열과 같은 구조적 결함)가 있는 상태에서의 충격에 대한 취성(깨짐의 성질)을 평가하는 시험이다.
② 샤르피 충격시험, 슈나트시험, 티퍼시험, 반데어비인시험, 카안인열시험, 로버트슨시험 등이 있다.

(2) 용접연성시험
① 용접부가 늘어나는 성질과 관련된 것으로 변형을 견디는 정도를 평가하는 시험이다.
② 코머렐시험, 킨젤시험, T굽힘시험 등이 있다.

(3) 용접터짐(균열)시험
① 용접부의 누설 여부를 평가하여 균열에 얼마나 취약한지 측정하는 시험이다.
② 리하이형 구속균열시험, 피스코균열시험, 바텔비드밑터짐시험 등이 있다.

2 피복금속아크용접

1) 기본원리

   (1) 용접방법

   ① 피복재를 입힌 용접봉과 모재 사이에 전기 아크를 발생시키고, 이로 인해 발생하는 열을 이용하여 용접하는 방법이다.

   ② 아크의 열은 최고 6000 ℃까지 발생하여 용접봉과 모재를 녹인다.

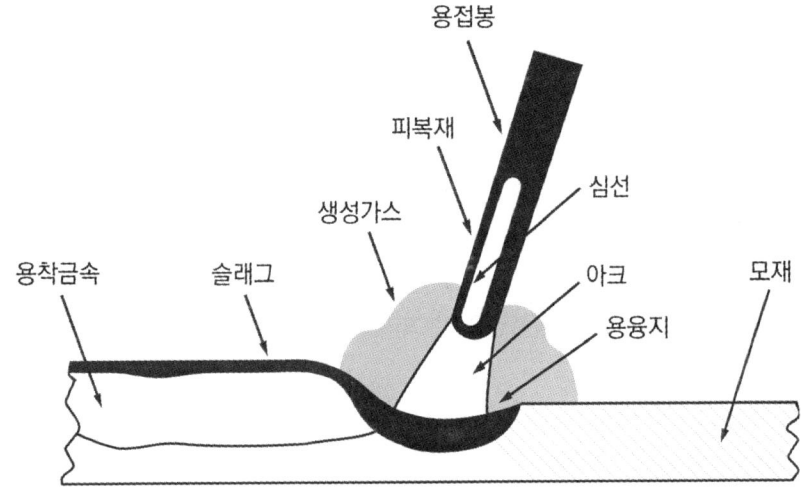

2) 직류 용접의 극성

   (1) 정극성

   ① 모재를 양극(+), 용접봉을 음극(-)에 연결하여 사용한다.

   ② 아크열의 70 %가 모재 쪽에 집중되어 모재의 용입이 깊고, 비드폭이 좁으며, 용접봉의 용융이 느리다.

   ③ 용접봉 소모가 적고, 후판작업이나 일반적인 용접에 주로 사용된다.

   (2) 역극성

   ① 모재를 음극(-), 용접봉을 양극(+)에 연결하여 사용한다.

   ② 아크열의 70 %가 전극(용접봉)에 집중되어 모재의 용입이 얕고, 비드폭이 넓으며, 용접봉의 용융속도가 빠르다.

   ③ 용접봉 소모가 많고, 박판, 주철, 비철금속 등의 용접에 유리하다.

3) 용접 관련 특성
   ⑴ 아크쏠림 방지방법
   아크쏠림이란 아크용접 중 아크가 한쪽으로 치우쳐 정상적인 용접라인에서 벗어나는 현상이다.
   ① 직류 용접기 대신 교류 용접기를 사용한다.
   ② 아크길이를 짧은 상태로 유지한다.
   ③ 접지점을 용접부로 부터 멀리한다.
   ④ 용접 시작부분이나 끝부분에 동일 소재의 앤드탭(보조판)을 사용한다.
   ⑤ 용접선이 긴 경우에는 전진법 대신 후퇴법을 사용한다.
   ⑵ 수하특성
   수하특성이란 부하전류가 증가하면 단자전압이 낮아지는 특성으로, 아크용접 등에서 아크의 안정성을 유지하는 중요한 요소이다.
   ⑶ 정전압특성
   부하전류가 변해도 단자전압의 변화가 거의 발생하는 않는 특성이다.
   ⑷ 크레이터
   아크를 끊을 때 발생하는 오목한 부분으로 균열, 부식과 같은 결함의 원인이 된다.
   ⑸ 교류 및 직류 아크용접기의 특성 비교
   ① 교류 아크용접기가 직류 아크용접기에 비해 감전 위험성이 높다.
   ② 아크의 안정성은 교류 용접기에 비해 직류 용접기가 더 우수하다.
   ③ 무부하전압은 직류 아크용접기에 비해 교류 아크용접기가 높다.

4) 용접 관련 계산공식
   ⑴ 역률
   유효전력과 피상전력과의 비를 역률이라고 한다.

   $$역률 = \frac{유효전력(kW)}{피상전력(kVA)} = \cos\theta$$

   ⑵ 효율
   아크출력과 소비전력의 비율을 백분율로 나타낸 것을 효율이라고 한다.

   $$효율(\%) = \frac{아크출력}{소비전력} \times 100$$

(3) 용접입열(H)

외부에서 용접모재에 주어지는 열량으로 용접입열이 부족하면 용입불량 등이 발생한다.

$$H = \frac{60EI}{V}$$

- H : 용접입열(J/cm)
- E : 아크전압(V)
- I : 아크전류(I)
- V : 용접속도(cm/min)

(4) 퓨즈의 용량

$$\text{퓨즈의 용량} = \frac{1\text{차 입력}(VA)}{\text{전원전압}(V)}$$

(5) 아크용접기의 사용률

$$\text{사용률}(\%) = \frac{\text{아크발생 시간}}{\text{아크발생 시간} + \text{아크 중지시간}} \times 100$$

5) 아크용접봉

(1) 개요

피복아크용접봉의 내부에는 심선이 있고, 심선을 피복제가 둘러싸고 있다.

(2) 피복제의 역할

① 전기 절연작용을 하고 아크를 안정시킨다.
② 비드의 파형을 곱게 하고 슬래그 제거를 쉽게 한다.
③ 용융금속의 용적을 미세화하고 용착효율을 높여 준다.
④ 용융금속의 응고와 냉각속도를 지연시켜 준다.
⑤ 대기 중 공기의 침입을 방지하고 용융금속을 보호한다.
⑥ 용착금속에 필요한 원소(탄소, 니켈 등)를 첨가하여 강도를 증진시킨다.

(3) 운봉법

① 직선비드 : 용접봉을 용접 진행방향으로 70~80° 기울여 사용하는 것으로 박판용접 및 홈용접의 백 비드 형성 시 사용한다.
② 위빙비드 : 용접봉을 좌우로 흔들면서 진행하는 것으로 운풍 폭은 심선지름의 2~3배 정도로 하고, 위빙피치는 5~6 mm가 되게 한다.

6) 용접자세 및 용접봉 표시기호

(1) 용접자세 및 기호
① 아래보기(Flat Position) : 위에서 아래로 용접하는 방식으로 F로 표기한다.
② 수평(Horizontal Position) : 수평 방향으로 용접하는 방식으로 H로 표기한다.
③ 수직(Vertical Position) : 수직 방향으로 용접하는 방식으로 V로 표기한다.
④ 위보기(Overhead Position) : 용접자가 모재의 아래에서 위로 향하여 용접하는 방식으로 OH로 표기한다.

(2) 용접봉 표시기호(KSD기호)
① 용접봉기호는 E43□△로 나타낸다.
② 용접봉기호의 의미

구분	내용
□	피복제의 종류
△	용접자세 0, 1 : 전자세(아래보기, 수직, 수평, 위보기 자세) 2 : 아래보기 및 수평필릿용접, 3 : 아래보기, 4 : 전자세 또는 특정자세의 용접
43	용착금속의 최저 인장강도(kg/mm^2)
E	전극봉(Electric Arc Welding)의 첫 글자

3 서브머지드아크용접(Submerged Arc Welding)

1) 기본개념 및 장단점

(1) 기본개념
분말 플럭스(용제) 아래에서 아크가 형성되어 금속을 융합하는 자동화 용접방식이다.

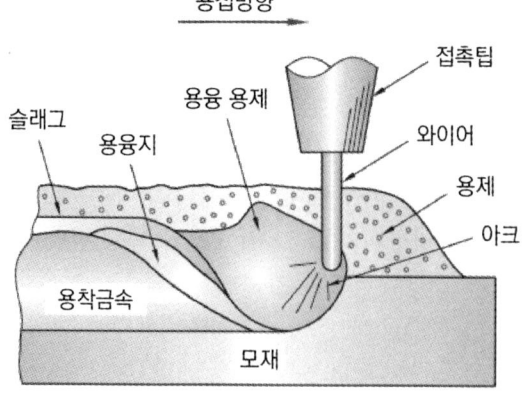

(2) 장점
　① 고품질 : 균일한 조건에서 작업이 진행되므로 제품의 기계적 성질과 화학적 성분의 신뢰도가 높으며, 대기와 차폐되어 산화나 질소 혼입의 위험이 적다.
　② 고효율 : 열에너지 손실이 적고 용접속도가 일반용접보다 10 ~ 20배 빠르다.
　③ 작업환경 개선 : 아크와 용접 흄이 외부에 노출되지 않아 가스 발생량이 적다.
　④ 재료 소모 감소 : 플럭스 덕분에 용접홈이 적어지고, 변형이 줄어들어 용접재료 소모도 감소한다.
　⑤ 자동화 가능 : 자동화가 가능하여 대형 구조물이나 연속용접에 적합하다.

(3) 단점
　① 설비 비용 증가 : 자동화 및 기계식 공정이므로 초기 설비비가 많이 필요하다.
　② 작업조건 제한 : 주로 하향, 수평용접에만 적용가능하다.
　③ 얇은 금속, 소구경 파이프 제한 : 열입이 커서 얇은 금속이나 소구경 파이프에는 부적합하고, 1.8 mm 이하 판재는 용접이 어렵다.
　④ 시야 제한 : 플럭스에 아크가 묻혀 있어 용접 진행 상태를 육안으로 확인하기 어렵다.
　⑤ 홈 가공 정밀도 필요 : 홈(그루브) 가공 및 베벨링이 다른 용접방법에 비해 더 정밀하게 요구된다.

2) 다전극방식 기준의 분류방식

구분	내용
탠덤식	전극을 모재 진행 방향으로 일직선상(직렬)으로 배열하여 용접하는 방식이다.
횡병렬식	전극을 모재에 대해 평행하게 가로로 나란히 배치하는 방식이다.
횡직렬식	여러 전극을 모재에 대해 직각 방향으로 직렬로 배열하는 방식이다.

4 산소 – 아세틸렌가스용접

1) 기본원리

(1) 방식

① 아세틸렌가스와 산소(공기)를 호스와 호환되는 토치에 각각 공급하여 혼합·연소시킨 후 발생되는 고온의 화염을 이용해 용접하는 방식이다.

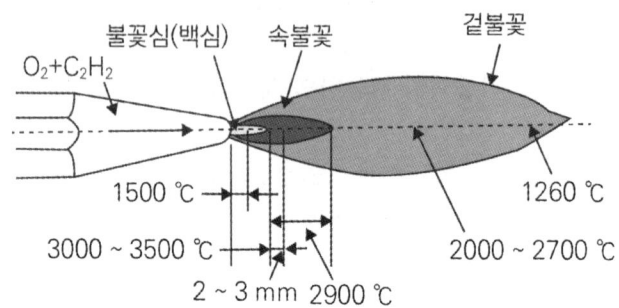

② 아세틸렌의 압력은 산소압력의 10 % 정도 수준인 0.1 ~ 0.4 kgf/cm²로 조정하고 산소의 압력은 3 ~ 4 kgf/cm²로 조정한다.

③ 그을음을 방지하기 위하여 아세틸렌밸브를 개방한 후 산소밸브를 조금씩 열어 점화라이터를 이용하여 점화한다.

④ 점화된 후 밸브를 조절하여 작업에 맞는 불꽃으로 조절한다.

(2) 불꽃의 종류

① 중성불꽃
  ㉠ 산소와 아세틸렌이 거의 동일하게 혼합된 상태로, 가장 균형 잡힌 불꽃이다.
  ㉡ 온도는 약 3100 ~ 3240 ℃이다.
  ㉢ 용접 금속에 산화나 탄화 영향을 주지 않는다.

② 탄화불꽃
  ㉠ 아세틸렌의 공급량이 산소보다 많아 불완전 연소가 일어나는 상태이다.
  ㉡ 온도는 약 2900 ~ 3140 ℃이다.
  ㉢ 환원성을 띠는 불꽃으로, 탄소가 금속에 침투(침탄)할 수 있다.

③ 산화불꽃
  ㉠ 산소의 공급량이 아세틸렌보다 많을 때 나타나는 불꽃이다.
  ㉡ 온도는 약 3470 ℃로 가장 높다.
  ㉢ 산화막이 쉽게 생겨 금속 표면이 산화될 수 있다.

(3) 위험현상
    ① 역류 : 용접 토치 팁이 막히거나 내부에 이물질이 끼었을 때 고압의 산소가 저압의 아세틸렌(연료 가스) 쪽으로 거꾸로 흐르는 현상으로 폭발이 발생할 수 있다.
    ② 역화 : 불꽃이 토치 내부로 빨려 들어가서 꺼지거나 잠시 사라졌다가 다시 불꽃이 나타나는 현상으로 장비가 손상될 수 있다.
    ③ 인화 : 토치 팁이 순간적으로 막혀, 분출 가스가 불량해지면서 불꽃이 혼합실(인젝터)까지 밀려들어가는 현상으로 대형 폭발 및 화재사고가 발생할 수 있다.

5 저항용접

1) 기본원리 및 특징

    (1) 기본원리

    모재의 접촉면에 다량의 전류를 흐르게 하여 발생하는 저항열로 접합부를 가열되었을 경우 압력을 가해 접합하는 용접법이다.

    (2) 저항용접의 특징
    ① 대전류가 필요하고 설비가 복잡하다.
    ② 용접사의 기능과 용접품질이 관계가 없고, 용접부위가 깨끗하다.
    ③ 짧은 시간에 대량생산이 가능하다.
    ④ 이종 금속의 접합은 불가능하다.

    (3) 겹치기 저항용접과 맞대기 저항용접의 구분

구분	내용
겹치기 저항용접	• 두 금속판을 겹쳐 서로 겹친 부위에 전극을 대고 전류를 흘려 저항열로 금속을 녹여 접합한다. • 점용접(Spot Welding), 돌기용접(Projection Welding), 심용접(Seam Welding) 등이 있다. • 접합부위가 겹치므로 구조적으로 견고하다. • 자동차, 항공기 제조 등에서 판재 결합에 주로 사용한다. • 작업속도가 빠르고 열변형 및 잔류응력이 적다.

구분	내용
맞대기 저항용접	• 두 금속봉, 판의 단면을 맞대어 직접 접합한다. • 업셋맞대기용접(Upset Butt Welding), 플래시맞대기용접(Flash Butt Welding) 등이 있다. • 업셋방식은 접합면에 산화물이 잔류할 수 있다. • 플래시방식은 용접강도가 크고 이질재료의 접합도 가능하다. • 주로 긴 파이프, 레일 등의 연결에 사용한다.

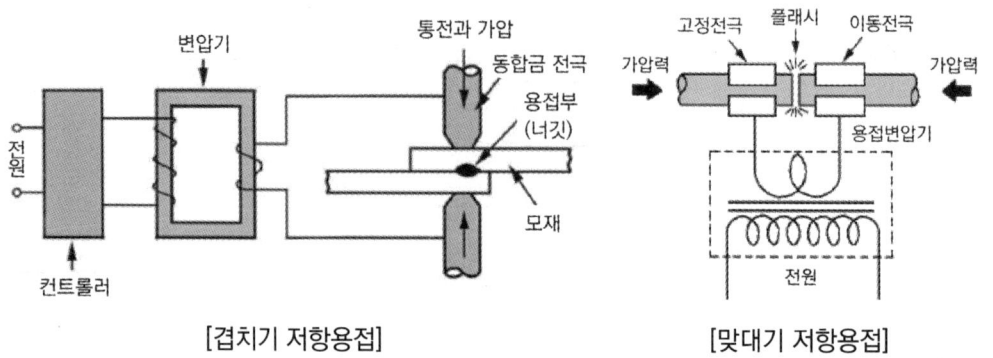

[겹치기 저항용접] [맞대기 저항용접]

6 기타용접방법

1) 불활성 가스용접

(1) 기본개념

용접부의 산화를 방지하기 위해 용착금속과 모재에 영향을 주지 않는 아르곤(Ar), 네온(Ne), 헬륨(He) 등 불활성 가스를 분출시켜 그 속에서 아크를 발생시켜 용접하는 것이다.

(2) 종류

① TIG용접(Tungsten Inert Gas Arc Welding) : 비소모성 텅스텐 전극을 통해 아크를 발생시켜 용접하는 방법으로 낮은 전류에서도 아크 발생이 쉽다.

② MIG용접(Metal Inert Gas Arc Welding) : 연속적으로 공급되는 금속 와이어(소모성 전극)를 이용하여 전기 아크와 함께 금속을 녹여 접합하는 용접방식이다.

③ 아르곤 아크용접 : 보호가스로 아르곤을 사용하고 비소모성 텅스텐 전극과 모재 사이에 아크를 점화하여, 아크열로 모재를 녹이고 용융 풀을 형성한 뒤 두 재료를 결합한다.

(3) 특징
   ① 산화·질화 방지 : 불활성 가스(아르곤, 헬륨 등)를 사용하여 대기 중 산소와 질소가 용융금속과 반응하는 것을 막아 높은 용접품질을 얻을 수 있다.
   ② 고품질 및 정밀용접 : 정밀도와 제어성이 뛰어나며, 깨끗하고 스패터(결함)가 적어 얇은 소재, 특수금속(알루미늄, 스테인리스, 마그네슘 등)의 용접이 가능하다.
   ③ 청정작업 : 용제를 사용하지 않아 슬래그가 발생하지 않는다.
   ④ 전자세용접 가능 : 모든 방향(전자세)에서 용접이 가능하다.
   ⑤ 열 집중도와 변형 감소 : 열 집중도가 높아 용접 효율이 뛰어나고, 열영향부가 적어 소재 변형 및 변질을 최소화할 수 있다.

2) 탄산가스(CO_2)아크용접

   (1) 기본개념
   불활성 가스 대신에 탄산가스를 노즐에서 분출시켜 아크열로 접합하는 방법이다.

   (2) 특징
   ① 연강이나 저합금강의 용접에 주로 사용한다.
   ② 용입이 깊고 용착속도가 빠르다.
   ③ 보호가스로 사용하는 탄산가스의 가격이 저렴하고 소비량이 적어 경제적이다.
   ④ 용착금속 중 수소 함유량이 적어 수소로 인한 결함이 거의 없다.

3) 기타용접방법

   (1) 테르밋용접(Thermit Welding)
   ① 알루미늄 분말과 금속 산화물(주로 산화철)을 1 : 3의 중량비로 혼합한 물질에서 발생하는 화학 반응열을 통해 생성된 고온의 용융금속을 사용해 용접하는 방식이다.
   ② 용접 후 변형이 적고 용접시간이 짧아 철도 레인, 주조품, 단조품 등의 용접에 적당하다.

   (2) 일렉트로슬래그용접
   ① 초기에는 아크열로 슬래그를 만들지만, 슬래그층이 형성되면 이후는 아크가 꺼지고 전류가 슬래그를 통과하면서 발생하는 저항열에 의해 모재와 용접 와이어를 녹인다.
   ② 용융된 슬래그 풀은 약 1600 ~ 2000 ℃의 고온으로, 용융금속을 보호하며 산소·질소 함유량이 적고 결함(슬래그 혼입, 기공 등)이 거의 없다.
   ③ 주로 판재 두께가 30 mm 이상인 고강도·중탄소강 등에 사용되며, 수직 및 후판용접에서 가장 고효율적이다.

(3) 전자빔용접
   ① 고진공의 용기 중에서 전자빔을 사용하여 용접하는 것으로 TIG용접보다 좁고 깊은 용입이 가능하다.
   ② 얇은 판에서 두꺼운 판까지 광범위한 용접이 가능하고, 이종 금속의 용접도 가능하다.

(4) 플라즈마용접
   ① 매우 높은 온도에서 원자에서 전자가 분리되어 양이온과 자유전자가 혼재된 상태를 플라즈마라고 한다.
   ② 플라즈마용접은 플라즈마 상태의 가스를 활용해 집중적인 아크 열원을 만들어 금속을 녹이는 고급용접기술이다.
   ③ 플라즈마용접을 활용하면 미세용접 및 고품질용접이 가능하다.

(5) 스터드용접
   금속 볼트, 핀, 너트 등의 스터드를 금속 판재 등 모재에 직접 용접해 고정하는 자동 아크용접법이다.

(6) 원자수소용접
   두 텅스텐 전극 사이에 아크를 발생시키고 그 사이에 수소가스를 공급하면 수소가 원자 상태로 되었다가 다시 분자 상태로 환원될 때 높은 열이 발생한다. 이 열을 이용하여 용접하는 것을 원자수소용접이라고 한다.

7 용접결함

1) 용접결함은 크게 구조상의 결함, 치수상의 결함, 성능상의 결함으로 구분할 수 있다.

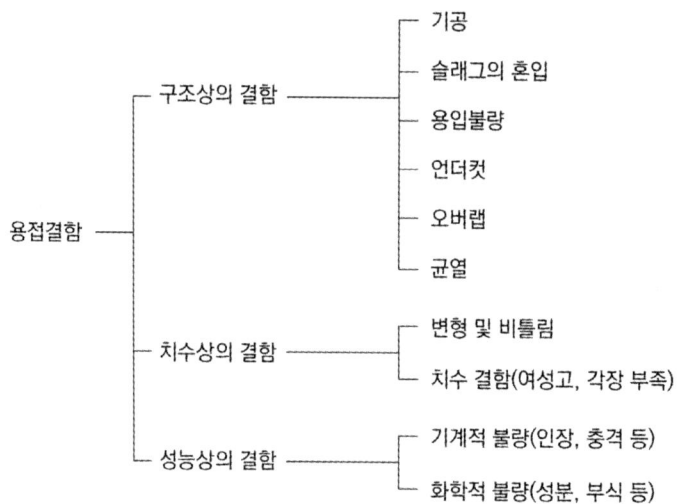

(1) 구조상의 결함
  ① 기공(Blow Hole) : 용접과정 중에 발생한 가스가 표면으로 빠져나가지 못하고 용착금속 내에 갇혀 있는 것이다.
  ② 슬래그 혼입(Slag Inclusion) : 용접부 내부나 표면에 슬래그(비금속 불순물)가 남아 혼입된 상태로 선형 또는 층을 이루는 형태로 보인다.
  ③ 용입 불량(Lack of Penetration) : 접합부(맞대기이음)에서 용접봉이 완전히 뿌리(루트)까지 침투하지 못해 빈 공간이 남는 것이다.

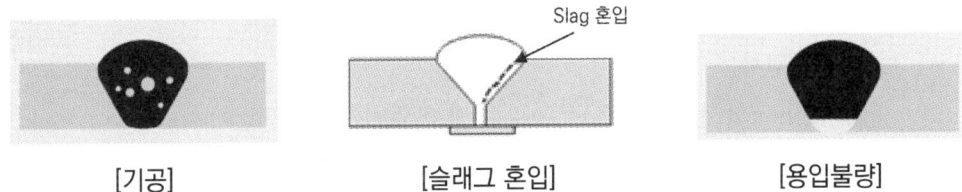

[기공]   [슬래그 혼입]   [용입불량]

  ④ 언더컷(Undercot) : 모재(기본금속)의 가장자리 부분이 파이고 홈처럼 움푹 들어간 것이다.
  ⑤ 오버랩(Overlap) : 용접된 금속이 모재(기본금속)와 강하게 융합되지 않은 채, 주로 용접비드 또는 루트부의 금속이 모재 표면 위로 겹쳐 올라오는 것이다.
  ⑥ 균열(Crack) : 내부 또는 표면에 발생하는 선형의 틈이나 파열로 저온균열과 고온균열로 구분할 수 있다.
    ㉠ 저온균열(Cold Cracks) : 금속이 대기의 온도까지 식은 후 발생하는 균열로 용접 후 시간이 지난 뒤에 발생하며 수소가 중요한 영향을 끼친다.
    ㉡ 고온균열(Hot Cracks) : 용접물이 응고되는 과정 중 높은 온도에서 발생되는 결함으로 아크 마무리 시 용융지점을 완전히 채우지 않은 경우에 주로 발생한다.

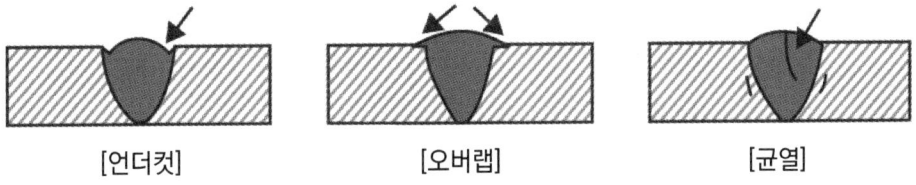

[언더컷]   [오버랩]   [균열]

(2) 치수상의 결함
  ① 변형 및 비틀림 : 용접작업 시 용접의 형상, 용접방법 및 모재의 영향으로 인해 변형이 생기는 것을 말한다.
  ② 치수결함 및 형상결함 : 용접부를 국부적으로 가열 후 급랭시켜 용착금속의 수축과 변형, 잔류응력 등으로 생기는 결함으로 후열 처리를 통해 결함을 방지할 수 있다.

02 비파괴검사

1 비파괴검사의 개요

1) 비파괴검사의 정의와 장단점

   (1) 비파괴검사의 정의

   검사 대상체를 파괴하지 않은 상태에서 자체 그대로 두고 재료의 표면결함이나 내부결함 등을 검사하는 방법이다.

   (2) 비파괴검사의 장점

   ① 검사 대상체의 손상이나 파괴 없이 시험이 가능하다.
   ② 현장에서 검사 대상체를 사용하는 중에 시험이 가능하다.
   ③ 하나의 검사 대상체로 여러 종류의 비파괴검사를 할 수 있다.

   (3) 비파괴검사의 단점

   ① 검사결과를 해석하기 위해서 숙련된 작업자가 필요하다.
   ② 검사결과가 정량적으로 수치가 나오지 않으므로 정보 해석이 까다롭고 전문적이다.
   ③ 대체로 비파괴시험장비가 고가인 경우가 많으므로 초기 투자비용과 유지비용이 많이 든다.
   ④ 일부방식은 표면에만 국한되어 내부의 깊은 결함은 정확하게 찾지 못한다.

2 비파괴검사의 종류별 특징

1) 외관검사(VT : Visual Test)

   (1) 원리 및 활용범위

   ① 육안이나 확대경, 내시경 등을 이용하여 결함을 시각적으로 검사하는 것이다.
   ② 표면결함(균열, 기공, 변형)을 검사한다.

   (2) 특징

   ① 검사방법이 간단하고 빠르며 비용이 저렴하다.
   ② 내부결함은 검사할 수 없다.
   ③ 검사를 실시하는 사람의 숙련도에 따라 검사결과가 달라진다.

2) 누설탐상검사(LT : Leak Test)

   (1) 원리 및 활용범위

   ① 검사 대상체에 기체나 액체를 압입한 후 압력 차를 이용하여 누설 여부를 확인한다.
   ② 탱크, 배관, 압력용기, 저장탱크 등을 검사한다.

(2) 특징
　① 누설위치를 직접 확인할 수 있다.
　② 미세한 누설은 검출하는 데 한계가 있다.
　③ 검사과정에서 사용하는 기체나 액체로 인해 환경오염의 우려가 있다.

3) 액체침투탐상검사(PT : Penetrant Test)
　(1) 원리 및 활용범위
　　① 침투액이 결함 내에 충분히 스며들도록 시간을 둔 후, 표면의 과잉 침투액을 세척하거나 제거한다.
　　② 현상제를 도포하면 결함 속에 남아 있던 침투액이 표면으로 끌려 나와 시각적으로 결함이 확대 표시되므로 육안으로 결함을 관찰·확인할 수 있다.
　　③ 비자성체, 용접부 등의 결함을 검사한다.
　(2) 특징
　　① 장비가 간단하고 다양한 재료에 적용이 가능하다.
　　② 표면결함만 탐지가 가능하다.
　　③ 검사를 하기 위해 표면의 전처리과정이 필요하다.

4) 자분탐상검사(MT : Magnetic Test)
　(1) 원리 및 활용범위
　　① 자성을 가진 재료에 자장을 걸면 균열 부위에 자분이 모이는 원리를 이용한다.
　　② 용접부, 주물, 기계부품 등의 검사에 활용한다.
　(2) 특징
　　① 검사속도가 빠르고 결함의 위치를 쉽게 확인할 수 있다.
　　② 표면과 표면 근처의 결함(균열, 홈집 등)을 민감하게 검출할 수 있지만 내부의 깊은 결함에는 적합하지 않다.
　　③ 강자성체(철, 니켈, 코발트 등의 재료)에 한해 적용이 가능하며 비자성 재료에는 사용할 수 없다.

5) 방사선투과검사(RT : Radiographic Test)
　(1) 원리 및 활용범위
　　① X선 또는 감마선을 재료에 투과시켜 필름 또는 디지털 장비로 내부의 결함을 확인한다.
　　② 주조품, 용접부, 두꺼운 재료 등의 검사에 활용한다.

(2) 특징
① 내부결함을 시각화하여 직접 확인할 수 있다.
② 방사선을 취급하므로 위험성이 있다.
③ 고가의 장비와 숙련된 전문가가 필요하다.
④ 시험체의 형상이 복잡하거나 두께가 두꺼울 경우 검출 한계가 있어 깊은 내부결함은 탐지하기 어렵다.

6) 초음파탐상검사(UT : Ultrasonic Test)
(1) 원리 및 활용범위
① 검사체에 초음파를 주사한 후 표시되는 화면을 보고 결함을 판독한다.
② 압력용기, 배관, 용접부, 두꺼운 재료 등을 검사한다.

(2) 특징
① 깊은 내부결함을 탐지할 수 있다.
② 내부결함의 두께를 측정할 수 있다.
③ 고가의 장비와 숙련된 전문가가 필요하다.
④ 복잡한 형상은 검사를 하는 데 한계가 있다.
⑤ 숙련된 전문가가 검사해야 정확한 결과를 얻을 수 있다.

7) 와전류탐상검사(ET : Eddy Test)
(1) 원리 및 활용범위
① 금속 표면에 교류를 유도해 발생하는 와전류 변화를 감지해 결함을 탐지한다.
② 항공기 부품, 열교환기 튜브 등을 검사한다.

(2) 특징
① 대표적인 비접촉식 검사이다.
② 검사속도가 빠르고 자동화가 가능하다.
③ 비전도성 재료는 검사할 수 없다.
④ 표면과 표면 근처의 결함만 검사할 수 있다.

8) 음향방출검사(AET : Acoustic Emission Test)
(1) 원리 및 활용범위
① 재료가 응력이나 압력을 받을 때 내부에서 발생하는 초음파신호를 감지해 결함이나 이상 상태를 평가한다.
② 대형 구조물, 압력용기 등을 검사한다.

(2) 특징

① 실시간으로 결함 발생 및 진행 상태를 감지할 수 있다.

② 구조물 전체를 모니터링 할 수 있다.

③ 소음의 간섭에 따라 결과치에 영향을 줄 수 있다.

④ 결과를 해석하는 데 난이도가 높다.

9) 검사의 목적에 따른 비파괴검사법

검사목적	적절한 검사법
표면의 결함검사	육안검사, 자분탐상검사, 침투탐상검사
내부의 결함검사	초음파탐상검사, 방사선투과검사
누설 결함검사	누설탐상검사
비접촉검사	와전류탐상검사
실시간 모니터링검사	음향방출검사

03 안전관리

1 산업안전관리 관련 기본이론

1) 산업재해의 원인

(1) 직접원인

원인	내용
인적 원인 (불안전한 행동)	• 불안전한 행동 : 작업자의 실수, 안전수칙 미준수, 위험한 장소 접근, 보호구 미착용 등 • 심리적·사회적 요인 : 우울감, 집단적인 갈등, 교육 및 훈련 미흡
물적 원인 (불안전한 상태)	• 불안전한 상태 : 기계, 설비 등의 작업환경 결함으로 인해 발생하는 위험요소 • 물리적 환경요인 : 조명, 온도, 소음, 분진 등 작업장 환경의 유해요소

(2) 간접원인

① 기술적 원인 : 표준작업 절차의 부재, 기계장치의 설계 불량 등

② 교육적 원인 : 안전교육 미흡 등 작업자의 인식 부족

③ 신체적 원인 : 피로, 질병, 과로 등의 신체능력 저하로 인한 원인

④ 정신적 원인 : 직장 및 작업장 내에서 발생하는 스트레스·불안·집중력 저하
⑤ 작업관리상 원인 : 감독 미흡, 작업지시의 불명확, 교대근무 스케줄 관리 오류

2) 산업재해 예방의 4원칙

원칙	내용
예방가능의 원칙	사전에 과학적인 대책을 수립하면 산업재해는 예방할 수 있다.
손실우연의 원칙	산업재해 발생 시 손실의 유무와 크기는 당시의 상황에 따라 우연적으로 달라진다.
대책선정의 원칙	사고의 원인이나 불안전 요소가 발견되면 이에 대한 적절한 안전대책을 선정하고 실시해야 한다.
원인연계의 원칙	산업재해에는 반드시 원인이 있으며 여러 원인이 복합적으로 연결되어 사고를 발생시킨다.

3) 하인리히이론

(1) 1 : 29 : 300 법칙

① 산업재해를 분석한 결과 중대재해 1건이 발생하기 전에 경미한 상해 29건, 무상해 사고(아차사고) 300건이 발생한다는 법칙이다.
② 중대재해가 갑자기 발생하는 것이 아니라 작은 사고가 누적될 때 발생한다는 점이다.

(2) 도미노이론

① 산업재해는 다음과 같은 5단계 구조로 이루어져 있다.

> 사회적 환경 및 유전적 요소 → 개인적 결함 → 불안전한 행동과 불안전한 상태 → 사고 → 상해

② 불안전한 행동과 불안전한 상태와 같이 중요한 요인을 제거하면 상해가 발생하지 않는다.

4) PDCA 사이클(안전관리 4 - Cycle)

(1) 개요

산업안전관리에서 지속적인 개선과 예방을 위해 사용하는 관리방법론으로, '계획(Plan) - 실행(Do) - 검토(Check) - 개선(Action)'의 4단계를 반복한다.

(2) 세부단계

① 계획(Plan) : 목표를 설정하고 달성계획을 수립한다.
② 실행(Do) : 수립한 계획에 따라 실행한다.
③ 검토(Check) : 실행결과를 평가 및 검토한다.
④ 개선(Action) : 검토결과를 기반으로 한 개선조치를 확립하고 실시한다.

5) 인간에러의 배후요인(4M)

원칙	내용
인간(Man)	본인 외의 직장동료에게 느끼는 인간관계, 스트레스 등으로 인해 발생하는 에러이다.
설비(Machine)	기계나 설비의 결함, 안전장치 미비, 설계상의 불량 등으로 발생하는 에러이다.
매체(Media)	작업정보, 작업방법, 작업환경 등의 요인으로 발생하는 에러이다.
관리(Management)	관리조직의 결함, 안전관리 규정의 계획의 미흡 등으로 발생하는 에러이다.

2 산업안전보건법령

1) 산업안전보건법 관련 주요기준

(1) 산업안전법의 용어 정의

① 산업재해 : 노무를 제공하는 사람이 업무에 관계되는 건설물·설비·원재료·가스·증기·분진 등에 의하거나 작업 또는 그 밖의 업무로 인하여 사망 또는 부상하거나 질병에 걸리는 것이다.
② 중대재해 : 산업재해 중 사망 등 재해 정도가 심하거나 다수의 재해자가 발생한 경우로서 다음에 해당되는 재해이다.
　㉠ 사망자가 1명 이상 발생한 재해
　㉡ 3개월 이상의 요양이 필요한 부상자가 동시에 2명 이상 발생한 재해
　㉢ 부상자 또는 직업성 질병자가 동시에 10명 이상 발생한 재해
③ 근로자 : 근로기준법에 따른 근로자이다.
④ 사업주 : 근로자를 사용하여 사업을 하는 자이다.
⑤ 근로자대표 : 근로자의 과반수로 조직된 노동조합이 있는 경우에는 그 노동조합을, 근로자의 과반수로 조직된 노동조합이 없는 경우에는 근로자의 과반수를 대표하는 자이다.
⑥ 안전보건진단 : 산업재해를 예방하기 위하여 잠재적 위험성을 발견하고 그 개선대책을 수립할 목적으로 조사·평가하는 것이다.

⑦ 작업환경측정 : 작업환경 실태를 파악하기 위하여 해당 근로자 또는 작업장에 대하여 사업주가 유해인자에 대한 측정계획을 수립한 후 시료(試料)를 채취하고 분석·평가하는 것이다.

(2) 공정안전보고서

① 사업주는 사업장에 유해하거나 위험한 설비가 있는 경우 중대산업사고를 예방하기 위하여 공정안전보고서를 작성하고 고용노동부장관에게 제출하여 심사를 받아야 한다.

② 사업주는 공정안전보고서를 작성할 때 산업안전보건위원회의 심의를 거쳐야 한다. 다만 산업안전보건위원회가 설치되어 있지 아니한 사업장의 경우에는 근로자대표의 의견을 들어야 한다.

③ 공정안전보고서에는 공정안전자료, 공정위험성 평가서, 안전운전계획, 비상조치계획 등이 포함되어야 한다.

④ 사업주는 유해하거나 위험한 설비의 설치·이전 또는 주요 구조부분의 변경공사의 착공일 30일 전까지 공정안전보고서를 2부 작성하여 한국산업안전보건공단에 제출해야 한다.

⑤ 한국산업안전보건공단은 공정안전보고서를 제출받은 경우에는 제출받은 날부터 30일 이내에 심사하여 1부를 사업주에게 송부하고, 그 내용을 지방고용노동관서의 장에게 보고해야 한다.

(3) 안전보건표지

① 특정한 행위에 대한 금지, 위험에 대한 경고, 보호구 착용 등에 대한 지시, 비상구 등에 대한 안내를 포함해 산업현장에서 사고와 재해를 예방하는 데 사용된다.

② 색채기준

색채	용도	사용 예시
빨간색	금지	정지신호, 소화설비 및 그 장소, 유해행위의 금지
	경고	화학물질 취급장소에서의 유해·위험경고
노란색	경고	화학물질 취급장소에서의 유해·위험경고 이외의 위험경고, 주의표지 또는 기계방호물
파란색	지시	특정 행위의 지시 및 사실의 고지
녹색	안내	비상구 및 피난소, 사람 또는 차량의 통행표지

[출입금지]   [보행금지]   [방사성 물질 경고]   [고압전기경고]

[보안경 착용]   [방독마스크 착용]   [녹십자 표시]   [응급구호 표지]

2) 보호구

　(1) 안전모의 종류

　　① AB종 : 물체의 낙하 또는 비래 및 추락에 의한 위험을 방지 또는 경감시키기 위한 것이다.

　　② AE종 : 물체의 낙하 또는 비래에 의한 위험을 방지 또는 경감하고, 머리부위 감전에 의한 위험을 방지하기 위한 것이다.

　　③ ABE종 : 물체의 낙하 또는 비래 및 추락에 의한 위험을 방지 또는 경감하고, 머리부위 감전에 의한 위험을 방지하기 위한 것이다.

　(2) 안전화의 종류

　　① 가죽제 안전화 : 물체의 낙하, 충격 또는 날카로운 물체에 의한 찔림 위험으로부터 발을 보호하기 위한 것이다.

　　② 고무제 안전화 : 물체의 낙하, 충격 또는 날카로운 물체에 의한 찔림 위험으로부터 발을 보호하고 내수성을 겸한 것이다.

　　③ 정전기안전화 : 물체의 낙하, 충격 또는 날카로운 물체에 의한 찔림 위험으로부터 발을 보호하고 정전기의 인체대전을 방지하기 위한 것이다.

　　④ 발등안전화 : 물체의 낙하, 충격 또는 날카로운 물체에 의한 찔림 위험으로부터 발 및 발등을 보호하기 위한 것이다.

　　⑤ 절연화 : 물체의 낙하, 충격 또는 날카로운 물체에 의한 찔림 위험으로부터 발을 보호하고 저압의 전기에 의한 감전을 방지하기 위한 것이다.

⑥ 절연장화 : 고압에 의한 감전을 방지 및 방수를 겸한 것이다.
⑦ 화학물질용 안전화 : 물체의 낙하, 충격 또는 날카로운 물체에 의한 찔림 위험으로부터 발을 보호하고 화학물질로부터 유해위험을 방지하기 위한 것이다.

(3) 방진마스크의 등급

등급	사용장소
특급	• 베릴륨 등과 같이 독성이 강한 물질들을 함유한 분진 등 발생장소 • 석면 취급장소
1급	• 특급마스크 착용장소를 제외한 분진 등 발생장소 • 금속흄 등과 같이 열적으로 생기는 분진 등 발생장소 • 기계적으로 생기는 분진 등 발생장소(규소 등과 같이 2급 방진마스크를 착용하여도 무방한 경우는 제외)
2급	특급 및 1급 마스크 착용장소를 제외한 분진 등 발생장소

(4) 송기마스크를 착용해야 하는 경우
① 유기화합물을 넣었던 탱크 내부에서의 세척 및 페인트칠 업무
② 유기화합물 취급 특별장소에서 유기화합물을 취급하는 업무

3) 아세틸렌용접장치작업 관련 기준
(1) 압력의 제한
사업주는 아세틸렌용접장치를 사용하여 금속의 용접·용단 또는 가열작업을 하는 경우에는 게이지압력이 127 kPa을 초과하는 압력의 아세틸렌을 발생시켜 사용해서는 아니된다.

(2) 발생기실의 설치장소
① 발생기실은 건물의 최상층에 위치하여야 하며, 화기를 사용하는 설비로부터 3 m를 초과하는 장소에 설치하여야 한다.
② 발생기실을 옥외에 설치한 경우에는 그 개구부를 다른 건축물로부터 1.5 m 이상 떨어지도록 하여야 한다.

(3) 발생기실의 구조
① 벽은 불연성 재료로 하고 철근 콘크리트 또는 그 밖에 이와 같은 수준이거나 그 이상의 강도를 가진 구조로 할 것
② 지붕과 천장에는 얇은 철판이나 가벼운 불연성 재료를 사용할 것
③ 바닥면적의 16분의 1 이상의 단면적을 가진 배기통을 옥상으로 돌출시키고 그 개구부를 창이나 출입구로부터 1.5 m 이상 떨어지도록 할 것

④ 출입구의 문은 불연성 재료로 하고 두께 1.5 mm 이상의 철판이나 그 밖에 그 이상의 강도를 가진 구조로 할 것
⑤ 벽과 발생기 사이에는 발생기의 조정 또는 카바이드 공급 등의 작업을 방해하지 않도록 간격을 확보할 것

(4) 아세틸렌용접장치의 관리
① 발생기의 종류, 형식, 제작업체명, 매 시 평균 가스발생량 및 1회 카바이드 공급량을 발생기실 내의 보기 쉬운 장소에 게시할 것
② 발생기에서 5 m 이내 또는 발생기실에서 3 m 이내의 장소에서는 흡연, 화기의 사용 또는 불꽃이 발생할 위험한 행위를 금지시킬 것
③ 도관에는 산소용과 아세틸렌용의 혼동을 방지하기 위한 조치를 할 것
④ 아세틸렌용접장치의 설치장소에는 소화기 한 대 이상을 갖출 것

4) 가스집합용접장치

(1) 가스집합장치의 위험방지
① 사업주는 가스집합장치에 대해서는 화기를 사용하는 설비로부터 5 m 이상 떨어진 장소에 설치하여야 한다.
② 사업주는 가스집합장치를 설치하는 경우에는 전용의 방(가스장치실)에 설치하여야 한다.
③ 사업주는 가스장치실에서 가스집합장치의 가스용기를 교환하는 작업을 할 때 가스장치실의 부속설비 또는 다른 가스용기에 충격을 줄 우려가 있는 경우에는 고무판 등을 설치하는 등 충격방지 조치를 하여야 한다.

(2) 구리의 사용제한
사업주는 용해 아세틸렌의 가스집합용접장치의 배관 및 부속기구는 구리나 구리 함유량이 70 % 이상인 합금을 사용해서는 아니 된다.

(3) 가스집합용접장치의 관리
① 사용하는 가스의 명칭 및 최대가스저장량을 가스장치실의 보기 쉬운 장소에 게시할 것
② 가스집합장치로부터 5 m 이내의 장소에서는 흡연, 화기의 사용 또는 불꽃을 발생할 우려가 있는 행위를 금지할 것
③ 도관에는 산소용과의 혼동을 방지하기 위한 조치를 할 것
④ 해당 작업을 행하는 근로자에게 보안경과 안전장갑을 착용시킬 것

5) 기계와 설비의 안전관리

(1) 산소 - 아세틸렌가스용접에서 산소용기의 취급 시 주의사항
① 산소용기를 운반할 때에는 밸브를 닫고 캡을 씌워서 이동한다.
② 산소용기는 세워서 보관하고 사용해야 한다.
③ 통풍이 잘 되고 직사광선이 없는 곳에 보관한다.
④ 기름이 묻는 손이나 장갑을 끼고 취급하지 않는다.

(2) 보일러의 압력방출장치
① 사업주는 보일러의 안전한 가동을 위하여 보일러 규격에 맞는 압력방출장치를 1개 또는 2개 이상 설치하고 최고사용압력 이하에서 작동되도록 하여야 한다.
② 압력방출장치가 2개 이상 설치된 경우에는 최고사용압력 이하에서 1개가 작동되고, 다른 압력방출장치는 최고사용압력 1.05배 이하에서 작동되도록 부착하여야 한다.
③ 압력방출장치는 매년 1회 이상 교정을 받은 압력계를 이용하여 설정압력에서 압력방출장치가 적정하게 작동하는지를 검사한 후 납으로 봉인하여 사용하여야 한다.

(3) 크레인의 안전장치
① 과부하방지장치 : 정격하중을 초과(정격하중의 1.1배 이상)할 경우 자동적으로 상승이 정지되면서 경보음이 발생한다.
② 권과방지장치 : 훅이 정해진 위치 이상으로 올라가면 자동으로 동력을 차단하고 작동을 정지시킨다.
③ 비상정지장치 : 예상치 못한 위험상황, 오작동, 사고가 발생한 경우 모든 제어회로와 동력원을 차단하여 작동을 멈추게 한다.
④ 후크 해지장치 : 크레인의 후크(갈고리)에서 와이어로프, 체인 등이 이탈하는 것을 방지하기 위한 장치이다.

02 예상문제

01 용접

01 ☑☐☐☐☐

다음에 제시된 용접방법 중 융접법에 속하지 않는 것은?

① 초음파용접
② 스터드용접
③ 산소 – 아세틸렌용접
④ 일렉트로슬래그용접

해설

초음파용접
- 압력(기계적 진동)을 가해 접합하는 방식으로 금속이나 플라스틱 접합에 사용한다.
- 압력을 이용하므로 융접이 아니라 압접법에 해당된다.

02 ☑☐☐☐☐

다음 중 용접을 실시하기 전에 예열을 하는 목적으로 가장 거리가 먼 것은?

① 용접작업성을 향상시키기 위해
② 용접부의 수축 변형 및 잔류응력을 경감시키기 위해
③ 용접금속 및 열 영향부의 인성을 향상시키기 위해
④ 고탄소강이나 합금강 열 영향부의 경도를 높게 하기 위해

해설

예열의 목적
용접을 하기 전에 예열을 하면 경화를 방지(경도를 낮춤)하고 인성이 증가된다.

03 ☑☐☐☐☐

다음 중 기계적 이음과 비교한 용접이음의 장점에 해당되지 않는 것은?

① 공정 수가 줄어든다.
② 재료가 절약된다.
③ 성능과 수명이 향상된다.
④ 모재의 재질변화에 대한 영향이 적다.

해설

용접이음
용접을 하면 고온이 발생하기 때문에 모재의 조직 변화(경화 또는 연화)가 발생한다.

04 ☑☐☐☐☐

용접 시에 구조물을 고정시켜 주는 줄 지그가 갖추어야 할 요건으로 틀린 것은?

① 물체의 고정과 탈부착이 복잡해야 한다.
② 변형을 막아주기 위해 구조물을 견고하게 잡아주어야 한다.
③ 용접위치를 유리한 용접 자세로 쉽게 움직일 수 있어야 한다.
④ 물체를 튼튼하게 고정시킬 크기와 힘이 있어야 한다.

정답 ● 01 ① 02 ④ 03 ④ 04 ①

해설

지그의 선정
지그는 물체의 고정과 탈부착이 간단하고 쉬워야 작업효율성이 높아진다.

05 ☑□□□□
테르밋용접법의 특징으로 옳은 것은?
① 전기가 필요하다.
② 용접작업 후 변형이 작다.
③ 용접작업과정이 복잡하다.
④ 용접기구가 복잡하여 이동하기 어렵다.

해설

테르밋용접법
- 알루미늄과 산화철 혼합 시 발생하는 고온의 열을 이용한 용접법이다.
- 전기가 필요하지 않다.
- 용접작업 후 변형이 작아 품질이 좋게 유지된다.

06 ☑□□□□
다음 중 TIG용접에서 사용하는 전극봉의 재료는 무엇인가?
① 알루미늄   ② 텅스텐
③ 스테인리스   ④ 강철

해설

TIG용접
전극봉으로 텅스텐을 사용하여 아크를 발생시키고, 아르곤이나 헬륨 같은 불활성 가스를 사용하여 용접부를 보호한다.

07 ☑□□□□
다음 중 일반적인 기준에서 불활성 가스아크용접에 해당되지 않는 것은?
① MIG 아크용접
② 캐스케이드 아크용접
③ 아르곤 아크용접
④ TIG 아크용접

해설

불활성 가스아크용접
① MIG 아크용접 : 금속 불활성 가스아크용접으로 불활성 가스(아르곤 등)를 사용한다.
② 캐스케이드 아크용접 : 계단 형태로 층을 쌓아 용접하는 것으로 불활성 가스아크용접에는 해당되지 않는다.
③ 아르곤 아크용접 : 불활성 가스(아르곤)를 사용하는 대표적인 용접법이며 TIG, MIG 모두 사용된다.
④ TIG 아크용접 : 텅스텐 불활성 가스아크용접법으로 불활성 가스(아르곤 등)를 사용한다.

08 ☑□□□□
산소 - 아세틸렌 불꽃의 최고 온도(℃) 범위로 가장 가까운 것은?
① 2000 ~ 2500 ℃   ② 3000 ~ 3500 ℃
③ 4000 ~ 4500 ℃   ④ 5000 ~ 5500 ℃

해설

산소 - 아세틸렌 불꽃
산소 - 아세틸렌 불꽃은 최대 3500 ℃까지 도달할 수 있다.

정답 05 ② 06 ② 07 ② 08 ②

09 ☑☐☐☐☐

교류 및 직류 아크용접기의 특성을 비교한 내용으로 틀린 것은?

① 교류 아크용접기는 자기쏠림을 방지할 수 있다.
② 교류 아크용접기가 직류 아크용접기보다 감전 위험성이 높다.
③ 아크의 안정성은 교류 용접기가 직류 용접기보다 우수하다.
④ 무부하전압은 직류 아크용접기에 비하여 교류 아크용접기가 높다.

해설

교류 및 직류 아크용접기의 특성
아크의 안정성은 직류 용접기가 교류 용접기보다 우수하다.

10 ☑☐☐☐☐

다음 중 탄산가스(CO_2)아크용접에 가장 적합한 금속은 무엇인가?

① 연강   ② 알루미늄
③ 스테인리스강   ④ 구리와 그 합금

해설

탄산가스(CO_2)아크용접에 적합한 금속
- 탄산가스아크용접은 고온의 아크 환경에서 산화반응이 강하게 일어나기 때문에, 용접금속 표면에 산화막이 쉽게 생긴다.
- 산화환경에 견딜 수 있고, 결함 없이 용접할 수 있는 금속이 연강(저탄소강)이다.

11 ☑☐☐☐☐

용접방법 중 아크열을 이용하지 않고 와이어와 용융 슬래그 사이에 통전된 전류의 저항열을 이용하여 용접하는 것은?

① 테르밋용접
② 전자빔용접
③ 초음파용접
④ 일렉트로슬래그용접

해설

일렉트로슬래그용접
아크열을 이용하지 않고, 와이어와 용융 슬래그 사이에 흐르는 전류의 저항열로 용접을 진행하는 특수 용접법이다.

12 ☑☐☐☐☐

다음 중 높은 진공 속에서 충격열을 이용하여 용융하는 용접법은 무엇인가?

① 펄스용접
② 퍼커션용접
③ 전자빔용접
④ 고주파용접

해설

전자빔용접
높은 진공 속에서 적열된 필라멘트에서 방출된 전자를 접합부에 조사하여 그 충격열을 이용해 용융하는 용접법이다.

정답 09 ③ 10 ① 11 ④ 12 ③

13 ☑□□□□

200 V용 아크용접기의 1차 입력이 15 kVA일 때 퓨즈의 용량으로 알맞은 것은?

① 65 A ② 75 A
③ 90 A ④ 100 A

해설

퓨즈의 용량

$$\text{퓨즈의 용량} = \frac{1차 입력}{전원전압} = \frac{15 \times 1000}{200} = 75A$$

14 ☑□□□□

아크전류가 200 A, 아크전압이 25 V, 용접속도가 15 cm/min인 경우 용접길이 1 cm당 발생하는 전기적 에너지는?

① 10000 J/cm ② 15000 J/cm
③ 20000 J/cm ④ 25000 J/cm

해설

용접길이 1 cm당 발생하는 전기적 에너지(H)

$$H = \frac{60EI}{V} = \frac{60 \times 25 \times 200}{15} = 20000 J/cm$$

E : 아크전압(V)
I : 아크전류(I)
V : 용접속도(cm/min)

15 ☑□□□□

용접의 변 끝을 따라 모재가 파이고 용착금속이 채워지지 않고 층으로 남아 있는 부분을 무엇이라고 하는가?

① 언더컷 ② 피트
③ 슬래그 ④ 오버랩

해설

언더컷
용접 단의 변 끝에서 모재가 녹아서 홈(파임)이 생기지만 용착금속이 그 홈을 채우지 못해 결함으로 남는 상태이다.

16 ☑□□□□

다음 중 아크용접에서 아크를 중단시켰을 때 중단된 부분이 납작하게 파인 모습으로 남는 용접결함은 무엇이라고 하는가?

① 스패터 ② 오버랩
③ 크레이터 ④ 슬래그 섞임

해설

크레이터
- 아크를 중단할 때 용접비드의 끝부분이 오목하거나 납작하게 파인 부분이다.
- 크레이터가 남으면 응력집중에 의해 균열이 발생할 수 있어, 보완이 필요하다.

정답 13 ② 14 ③ 15 ① 16 ③

02 비파괴검사

17 ☑☐☐☐☐
다음 중 비파괴검사법에 해당하지 않는 것은?

① 자분탐상검사 ② 침투탐상검사
③ 초음파탐상검사 ④ 파괴검사

해설
비파괴검사법
비파괴검사법은 시험체를 손상시키지 않는 것이 핵심으로 파괴검사는 비파괴검사법에 해당되지 않는다.

18 ☑☐☐☐☐
다음 중 초음파탐상시험(UT)의 원리에 가장 적합한 설명은?

① 표면 개방 결함에 침투제가 스며들고, 결함 내 침투액을 표면으로 끌어올려 결함을 표시한다.
② 강자성체 내부에 자장을 인가하고, 누설자계에 자분이 모이는 현상을 이용한다.
③ 고주파 음파를 시험체에 주입하고, 반사된 음파를 분석해 내부 결함을 찾아낸다.
④ 시험체에 방사선을 투과시켜 필름이나 디지털 이미지로 내부 결함을 시각화한다.

해설
비파괴검사법
① 침투탐상검사에 해당된다.
② 자분탐상검사에 해당된다.
③ 초음파탐상검사에 해당된다.
④ 방사선투과검사에 해당된다.

19 ☑☐☐☐☐
다음 중 검사 대상체의 내부와 외부의 압력 차를 이용하여 결함을 탐상하는 비파괴검사방법에 해당되는 것은?

① 누설검사 ② 초음파탐상검사
③ 와류탐상검사 ④ 자분탐상검사

해설
누설검사
• 검사 대상체에 기체나 액체를 압입한 후 압력차를 이용하여 누설 여부를 확인한다.
• 탱크, 배관, 압력용기, 저장탱크 등을 검사하는 데 주로 사용한다.

20 ☑☐☐☐☐
다음 중 자분탐상시험에 대한 설명으로 틀린 것은 무엇인가?

① 강자성체에 적용된다.
② 표면 및 근표면 결함 검출이 가능하다.
③ 누설자계를 이용한다.
④ 비자성체의 결함에 효과적이다.

해설
자분탐상시험
• 자성을 가진 재료에 자장을 걸면 균열 부위에 자분이 모이는 원리를 이용한다.
• 비자성체는 검사하기 어렵다.

정답 17 ④ 18 ③ 19 ① 20 ④

03 안전관리

21 ☑☐☐☐☐
산업재해 예방의 4원칙 중 "재해발생에는 반드시 원인이 있다"라는 원칙은 무엇인가?

① 대책선정의 원칙
② 손실우연의 원칙
③ 예방가능의 원칙
④ 원인연계의 원칙

해설
원인연계의 법칙
산업재해에는 반드시 원인이 있으며 여러 원인이 복합적으로 연결되어 사고를 발생시킨다.

22 ☑☐☐☐☐
다음 중 PDCA 사이클을 올바른 순서대로 나열한 것은 무엇인가?

① 검토 → 개선 → 계획 → 실행
② 검토 → 계획 → 개선 → 실행
③ 계획 → 실행 → 검토 → 개선
④ 계획 → 검토 → 실행 → 개선

해설
PDCA 사이클
산업안전관리에서 지속적인 개선과 예방을 위해 사용하는 관리방법론으로, '계획(Plan) - 실행(Do) - 검토(Check) - 개선(Action)'의 4단계를 반복한다.

23 ☑☐☐☐☐
다음 중 물체의 낙하 또는 비래 및 추락에 의한 위험을 방지 또는 경감하고, 머리부위 감전에 의한 위험을 방지하기 위한 안전모의 종류는 무엇인가?

① A종
② AB종
③ AE종
④ ABE종

해설
ABE종 안전모
물체의 낙하 또는 비래 및 추락에 의한 위험을 방지 또는 경감하고, 머리부위 감전에 의한 위험을 방지하기 위한 것이다.

24 ☑☐☐☐☐
다음 중 산업안전보건법에서 규정하는 중대재해가 아닌 것은?

① 사망자가 2명 발생한 경우
② 부상자가 동시에 10명 이상 발생한 경우
③ 직업성 질병자가 동시에 5명 발생한 경우
④ 3개월 이상의 요양을 요하는 부상자가 동시에 2명 발생한 경우

해설
중대재해
- 사망자가 1명 이상 발생한 재해
- 3개월 이상의 요양이 필요한 부상자가 동시에 2명 이상 발생한 재해
- 부상자 또는 직업성 질병자가 동시에 10명 이상 발생한 재해

정답 21 ④ 22 ③ 23 ④ 24 ③

25

산업안전보건법에 정해진 규정에 따라 유해·위험설비의 설치·이전 또는 주요 구조부분의 변경공사 시 공정안전보고서를 제출해야 하는 시기로 옳은 것은?

① 공사완료 전까지
② 공사 후 시운전 익일까지
③ 설비가 가동한 뒤 30일 이내
④ 공사의 착공일 30일 전까지

해설

공정안전보고서
사업주는 유해하거나 위험한 설비의 설치·이전 또는 주요 구조부분의 변경공사의 착공일 30일 전까지 공정안전보고서를 2부 작성하여 한국산업안전보건공단에 제출해야 한다.

26

다음 중 금속흄과 같이 열적 혹은 기계적인 분진 발생장소에서 착용해야 하는 방진마스크의 등급은?

① 특급   ② 1급
③ 2급   ④ 3급

해설

1급 방진마스크 착용장소
- 금속흄 등과 같이 열적으로 생기는 분진 등 발생장소
- 기계적으로 생기는 분진 등 발생장소

27

아세틸렌용접작업을 시행하기 위해 아세틸렌 발생기실을 건물의 최상층에 설치한 경우 화기를 사용하는 설비로부터 몇 m를 초과하는 장소에 설치해야 하는가?

① 1 m   ② 2 m
③ 3 m   ④ 4 m

해설

아세틸렌 발생기실의 설치장소
발생기실은 건물의 최상층에 위치하여야 하며, 화기를 사용하는 설비로부터 3 m를 초과하는 장소에 설치하여야 한다.

28

다음과 같은 작업을 하는 경우 착용해야 할 마스크는 무엇인가?

| 유기화합물을 넣었던 탱크 내부에서의 세척 및 페인트칠 업무 |

① 방진마스크   ② 송기마스크
③ 절연장화   ④ 가죽제 안전화

해설

송기마스크 착용장소
유기화합물의 증기가 발산할 우려가 있는 탱크 내부에서 세척이나 페인트칠을 할 때에는 외부의 신선한 공기를 공급받을 수 있는 송기마스크를 착용하고 작업해야 한다.

정답 25 ④ 26 ② 27 ③ 28 ②

Chapter 03 기계설비 일반

01 도면해독

1 치수공차

1) 치수공차 개요

(1) 용어 정의
① 구멍 : 원통형 내측 부위이다.
② 축 : 원통형 외측 부위이다.
③ 끼워맞춤 : 구멍과 축을 결합할 때 생기는 틈새나 맞춤 상태이다.
④ 기준치수 : 치수공차를 정할 때 기준이 되는 치수로 도면에 표시되는 치수이다.
　예 ∅64±0.03으로 표시한 경우 ∅64가 기준치수이다.
⑤ 실치수 : 가공이 끝난 후 실제로 측정되는 부품의 치수이다.
⑥ 허용한계치수 : 실치수가 가질 수 있는 허용범위의 최댓값과 최솟값이다.
⑦ 치수허용차 : 허용한계치수와 기준치수의 차이이다.
　㉠ 위치수 허용차 : 최대 허용치수와 기준치수의 차이이다.
　㉡ 아래치수 허용차 : 최소 허용치수와 기준치수의 차이이다.
⑧ 치수공차 : 최대 허용치수와 최소 허용치수의 차이이다.

> [예시]
>
> 축의 지름을 $30^{+0.021}_{-0.012}$로 표시할 때 치수공차는?
> - 최대허용치수 = 기준치수 + 위치수 허용차 = 30.021 mm
> - 최소허용치수 = 기준치수 + 아래치수 허용차 = 29.988 mm
> - 치수공차 = 최대허용치수 - 최소허용치수 = 30.021 - 29.988 = 0.033 mm

(2) 기본공차
① 기본공차는 허용 가능한 오차범위를 표준화해 정리한 공차의 한 종류이다.
② 기본공차(IT 기본공차)는 총 20등급(IT01 ~ IT18, 일부 특정 등급 포함)으로 구분한다.
③ 치수공차는 부품의 중요한 부위 등 특정치수에 개별적인 오차를 부여하는 것이고 기본공차는 특별히 지정되지 않는 치수 전체에 표준에 따라 일괄적으로 적용하는 공차이다.

④ 기본공차의 등급(ISO)

용도	게이지 제작	끼워맞춤	기타
구멍	IT1 ~ IT5급	IT6 ~ IT10급	IT11 ~ IT18급
축	IT1 ~ IT4급	IT5 ~ IT9급	IT10 ~ IT18급

2) 끼워맞춤 공차

(1) 기본개념 및 종류

① 끼워맞춤 공차란 구멍과 축 같은 두 부품의 결합에서 얼마만큼 헐겁게 또는 빡빡하게 맞는지를 공차(허용치수 범위)로 관리하는 개념이다.

② 틈새 : 구멍의 치수가 축의 치수보다 커서 부품 사이에 남는 여유공간이다.

③ 죔새 : 축의 치수가 구멍의 치수보다 커서 두 부품이 조립 전에도 맞닿는 양이다.

(2) 종류

① 헐거운 끼워맞춤 : 구멍의 최소치수가 축의 최대치수보다 커서 틈새가 생기는 방식으로 조립하면 상대적으로 자유롭게 움직일 수 있다. 예 피스톤 - 피스톤링

② 억지 끼워맞춤 : 강한 압력이나 열팽창으로 조립하여 축의 최소치수가 구멍의 최대치수보다 커서 분해가 거의 불가능하다. 예 자동차 엔진 실린더

③ 중간 끼워맞춤 : 틈새와 죔새가 모두 발생할 수 있다. 축과 구멍의 실치수 조합에 따라 상태가 달라져서 틈쇄와 죔새가 모두 발생할 수 있다. 예 베어링 - 축, 키 - 축

(3) 끼워맞춤방식의 구분

① 구멍기준식 : 기준이 되는 구멍(H7) 정한 뒤 여기에 여러 종류의 축을 조합하여 원하는 끼워맞춤을 얻는 방식이다.

② 축기준식 : 기준이 되는 축(h6)을 정한 뒤 여기에 여러 종류의 구멍을 조합하여 원하는 끼워맞춤을 얻는 방식이다.

③ 구멍기준식방식이 표준화가 용이하고, 설계와 생산효율이 뛰어나 현장에서 많이 사용한다.

[예시]
- ⌀50H7 g6 : 구멍기준식 헐거운 끼워맞춤
- ⌀50H7 k6 : 구멍기준식 중간 끼워맞춤
- ⌀40H7 p6 : 구멍기준식 억지 끼워맞춤

④ 상용하는 구멍기준 끼워맞춤(KS B 0401)

기준 구멍	축의 공차역 클래스													
	헐거운 끼워맞춤						중간 끼워맞춤			억지 끼워맞춤					
H6					g5	h5	js5	k5	m5					
				f6	g6	h6	js6	k6	m6	n6	p6			
H7				f6	g6	h6	js6	k6	m6	n6	p6	r6	s6	t6	u6	x6
			e7	f7		h7	js7							
H8				f7		h7								
			e8	f8		h8								
		d9	e9											
H9		d8	e8			h8								
	c9	d9	e9			h9								
H10	b9	c9	d9											

⑤ 상용하는 축기준 끼워맞춤(KS B 0401)

기준축	구멍의 공차역 클래스													
	헐거운 끼워맞춤						중간 끼워맞춤			억지 끼워맞춤					
h5						H6	JS6	K6	M6	N6	P6			
h6					F6	G6	H6	JS6	K6	M6	N6	P6			
h7					F7	G7	H7	JS7	K7	M7	N7	P7	R7	S7	T7	U7	X7
				E7	F7		H7								
					F8		H8								
h8			D8	E8	F8		H8								
			D9	E9			H9								
			D8	E8			H8								
h9		C9	D9	E9			H9								
	B10	C10	D10												

2 표면거칠기

1) 표면거칠기의 개념 및 종류

   (1) 표면거칠기의 개념

   표면거칠기는 부품의 실제 표면을 미세하게 관찰했을 때 나타나는 크고 작은 요철, 즉 불규칙적인 봉우리와 골짜기의 상태이다.

   (2) 표면거칠기의 종류

   ① 중심선 평균 거칠기(R_a) : 측정 구간(기준 길이)의 중심선에서 위쪽과 아래쪽 전체 면적의 합을 구했을 때 측정 점들의 절댓값을 평균한 값이다.

   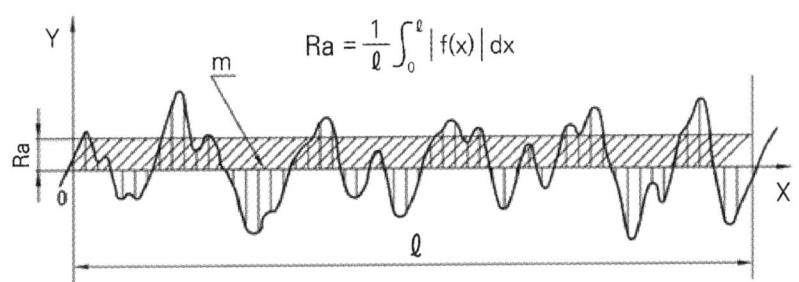

   ② 최대높이 거칠기(R_y) : 지정된 측정 길이 내에서 가장 높은 봉우리와 가장 낮은 골짜기 사이의 높이 차로 표면에서 발생할 수 있는 최대 거칠기의 크기이다.

   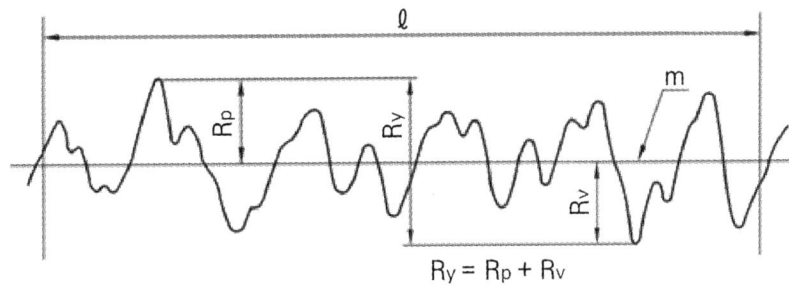

   ③ 10점 평균 거칠기(R_z) : 기준 길이 내에서 가장 높은 5개의 봉우리의 높이와 가장 낮은 5개의 골바닥의 깊이의 각각의 평균값의 차이로 나타낸 거칠기의 크기이다.

   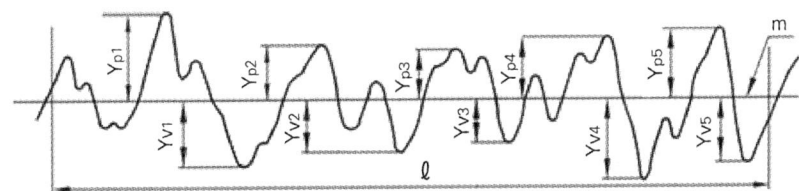

2) 표면거칠기의 표시방법
    (1) 기본원리
        표면거칠기 표시는 기본적으로 중심선 평균 거칠기(R_a)로 표시한다.
    (2) 지시기호에 의한 표면거칠기
        ① 표시방법

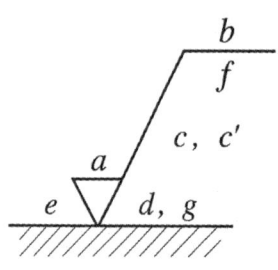

a : 중심선 평균거칠기의 값
b : 가공방법
c : 컷오프값
c' : 기준길이
d : 줄무늬 방향의 기호
e : 다듬질(거칠기) 값
f : 중심선 평균거칠기 이외의 표면거칠기의 값
g : 표면파상도

② 표시예시

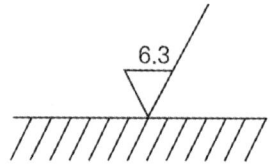

③ 가공에 의한 줄무늬 방향기호

기호	의미
=	줄무늬 방향이 기호를 기입한 그림의 투상면에 평행
⊥	줄무늬 방향이 기호를 기입한 그림의 투상면에 직각
X	가공으로 생긴 선이 2방향으로 교차함
M	가공으로 생긴 선이 여러 방면으로 교차함
C	가공으로 생긴 선이 동심원을 이룸
R	가공으로 생긴 선이 방사선 모양을 이룸

(3) 표면거칠기기호

기호	의미
∇	절삭가공 및 기타 가공을 하지 않은 부분을 나타낸다.
w∇	밀링, 선반, 드릴 등으로 일반적인 절삭가공만 하고, 끼워맞춤은 없는 표면을 나타낸다.
x∇	가공된 부분이 끼워맞춤만 있고, 마찰운동을 하지 않는 표면을 나타낸다.
y∇	끼워맞춤과 마찰이 있고 회전운동이나 직선 왕복운동을 등을 하는 표면을 나타낸다.
z∇	정밀가공이 요구되는 가공표면으로 높은 정밀도를 요구하는 표면을 나타낸다.

3 기하공차

1) 기하공차의 개념 및 종류

   (1) 기하공차의 개념

   ① 기계부품의 치수와 더불어 모양(형상), 위치, 방향, 흔들림 등에 허용되는 오차의 범위를 규정하는 표준이다.

   ② 단순한 치수공차(길이, 폭 등)만을 제한하는 것이 아니라, 부품 표면의 평면도, 직진도, 원통도, 평행도 등과 같은 다양한 형상 요소에 대한 허용범위를 정의한다.

(2) 기하공차의 종류와 기호

기하공차의 종류		기호	설명
모양공차 (형상공차)	진직도	—	직선부분이 이상직선으로부터 어긋남의 크기
	평면도	▱	평면부분이 이상평면으로부터 어긋남의 크기
	진원도	○	원형부분이 이상원으로부터 어긋남의 크기
	원통도	⌭	원통부분이 이상원통으로부터 어긋남의 크기
	선의 윤곽도	⌒	선의 윤곽이 정해진 윤곽으로부터 어긋나는 크기
	면의 윤곽도	⌓	면의 윤곽이 정해진 윤곽으로부터 어긋나는 크기
자세공차	평행도	∥	기준이 되는 직선이나 평면에 대해 대상 직선이나 평면이 어느 정도 평행한지 규정하는 공차
	직각도	⊥	기준에 대해 대상 형체가 얼마나 정확하게 직각을 이루고 있는지를 규정하는 공차
	경사도	∠	기준에 대해 대상 형체가 임의의 각도로 기울어져 있어야 함을 규정하는 공차
위치공차	위치도	⊕	기준에 대해 정확한 위치로부터 어긋나는 크기를 규정하는 공차
	동심도 (동축도)	◎	기준축선으로부터 어긋나는 크기를 규정하는 공차
	대칭도	≡	기준축선 또는 기준평면의 대칭위치로부터 어긋남의 크기를 규정하는 공차
흔들림 공차	원주 흔들림	↗	기준축을 따라 회전시켰을 때 한 바퀴 회전 시 측정한 진폭이 공차값 이내에 드는지를 규정함
	온 흔들림	↗↗	기준축을 따라 회전시켰을 때 부품 전체 표면의 모든 점이 공차값 이내에 드는지를 규정함

2) 기하공차의 표시형식

(1) | ⌭ | 0.002 | A |

원통 표면의 모든 점이 원통면에서 0.002 mm 이내로 벗어나야 하며, 데이텀 A이다.

(2) | ∥ | 0.01 | A |
　　|　 | 0.006/200 | |

기준길이 200 mm에 대하여 0.006 mm, 전체 길이에 대하여 0.01 mm 이내의 평행오차가 발생해야 한다.

(3) | ○ | 0.01 | |
　　| ∥ | 0.06 | B |

두 가지 공차를 지시하고 있다.
해당 표면은 원 형태에서 오차가 0.01 mm 이내여야 한다.
해당 표면은 데이텀 B와 평행하면서 그 오차가 0.06 mm 이내여야 한다.

02 기본측정기 사용

1 측정기 개요

1) 측정의 정의

(1) 측정

길이, 넓이, 부피, 무게, 온도 등 물리적인 양을 특정한 도구를 이용하여 측정하고, 이를 수치로 나타내는 것이다.

(2) 아베의 원리

① 길이를 측정할 때 측정할 물체와 측정기구를 일직선상으로 배치해 오차를 줄이는 것이다.

② 외측 마이크로미터, 나사 마이크로미터 등이 아베의 원리를 만족한다.

(3) 측정의 분류

구분	측정방법	측정기의 종류
직접측정	측정 대상을 알맞은 측정기구를 이용하여 직접 측정한다.	마이크로미터, 버니어캘리퍼스 등
비교측정	측정 대상을 표준치수와 비교하여 측정한다.	다이얼게이지, 게이지 블록, 옵티미터 등
간접측정	측정 대상을 1차적으로 측정한 후 기하학적으로 계산하여 측정값을 계산한다.	사인바에 의한 각도측정

(4) 직접측정의 특징
① 직관적이고 간단하며 즉각적인 결과와 높은 정확도를 제공한다.
② 측정기기의 정밀도에 따라 오차가 발생할 수 있다.
③ 측정 시 환경조건(온도, 습도 등)에 영향을 받는다.
④ 비접촉이 필요한 경우 사용이 제한된다.
⑤ 양이 적고 종류가 많은 제품을 측정하기에 적합하다.

(5) 비교측정의 특징
① 다양한 항목에 활용이 가능하다.
② 자동화와 원격 조작에 적합하다.
③ 측정범위가 좁은 편이고 치수를 직접 읽을 수는 없다.
④ 양이 많고 종류가 적은 제품을 측정하기에 적합하다.

(6) 측정오차의 종류
① 개인오차(Personal Error) : 측정하는 사람의 측정기술, 의사판단 등에 의해 발생하는 오차이다.
② 과실오차(Mistake Error) : 측정하는 사람의 미숙, 부주의로 인해 발생하는 오차이다.
③ 이론오차(Theroretical Error) : 정확한 측정기, 측정법을 사용하지 않아 발생하는 오차로 계통적 오차라고도 한다.
④ 환경오차(Environmenetal Error) : 주위의 온도나 압력, 측정기의 측정환경 등의 환경에 따라 발생하는 오차이다.

2) 주요 측정기의 종류
(1) 버니어캘리퍼스
① 고정되어 있는 어미자와 움직이는 아들자의 눈금을 이용하여 길이를 측정한다.
② 외측, 내측, 깊이 등의 측정에 사용된다.

(2) 마이크로미터
　① 정밀한 피치를 가진 나사 스핀들을 측정수단으로 한다.
　② 외측용, 내측용, 깊이용 마이크로미터가 있다.
(3) 다니얼게이지
　① 측정자의 직선 또는 원호 운동을 기계적으로 측정하여 움직임을 지침으로 나타낸다.
　② 회전체 축의 정렬, 축의 흔들림 등을 측정한다.

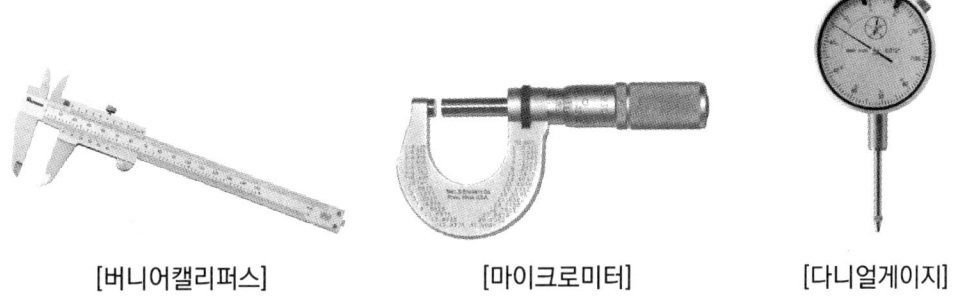

[버니어캘리퍼스]　　　[마이크로미터]　　　[다니얼게이지]

(4) 게이지블록
　① 길이 측정의 표준이 되는 대표적인 비교측정기이다.
　② KS 규격에서 게이지 블록의 교정등급은 K급, 0급, 1급, 2급으로 구분한다.
(5) 한계게이지
　① 규정된 허용 공차 범위 내에서 합격과 불합격을 판정하는 데 사용되는 게이지이다.
　② 한 개의 치수마다 한 개의 게이지가 필요하다.

03 기계가공법

1 공작기계의 종류 및 용도

1) 기계가공 관련 기본 용어

　(1) 절삭가공
　　① 절삭공구와 가공물의 상대적 운동에 의해 칩(절삭편)을 발생시켜 재료의 불필요한 부분을 제거하고 필요한 형상으로 만드는 가공이다.
　　② 선반, 밀링, 드릴링, 연삭 가공 등이 해당된다.

(2) 비절삭가공
① 비절삭가공은 재료를 제거하지 않고 변형, 결합 혹은 주입하여 원하는 형상으로 만드는 방식입니다.
② 단조, 압출, 프레스, 주조, 용접 등이 해당된다.

(3) 운동방향에 따른 절삭가공
① 선반가공 : 공작물을 회전시키고 공구가 직선운동을 하며 가공하는 작업이다.
② 밀링가공 : 공구를 회전시키고 공작물이 이송운동을 하며 가공하는 작업이다.
③ 원통 연삭가공 : 공작물을 회전시키고 공구가 회전운동을 하며 가공하는 작업이다.
④ 플레이너 가공 : 공작물을 고정한 테이블이 왕복운동을 하며 평삭 가공하는 작업이다.

2) CNC 공작기계
(1) 기본개념
① 수치제어 공작기계로 수치와 기호로 구성된 정보를 해당 공작기계에 입력하여 자동으로 가공하는 기계를 NC 공작기계라고 한다.
② NC장치부에 컴퓨터(Computer) 기능을 결합시켜 NC 프로그램의 저장, 수정, 편집 등을 자유롭게 할 수 있도록 한 것을 CNC 공작기계라고 한다.

(2) CNC 공작기계의 특징
① 균일한 가공품을 얻을 수 있다.
② 인건비가 절감되고 생산성이 증가된다.
③ 공구의 관리비가 감소한다.
④ 복잡한 제품을 가공할 수 있다.

2 기계가공 관련 기본개념

1) 절삭유
(1) 칩의 발생
절삭작업 시 여러 형태의 칩이 발생하는 데 유동형 칩, 전단형 칩, 열단형 칩, 균열형 칩 등으로 분류한다.

(2) 절삭유의 사용목적
① 청정작용 : 칩을 제거한다.
② 방청작용 : 가공장비와 가공물이 녹 스는 것을 방지한다.
③ 냉각작용 : 공구와 가공물을 냉각한다.
④ 윤활작용 : 칩과 공구 사이의 윤활작용을 한다.

2) 구성인선(Built - Up Edge)
    (1) 기본개념
        구성인선은 금속절삭과정 중 공구에 가공물의 칩 일부가 달라붙어 마치 새로운 날이 형성되는 것과 비슷한 현상이 발생하는 것이다.
    (2) 구성인선 방지방법
        ① 절삭깊이를 작게 한다.
        ② 공구의 경사각을 크게 한다.
        ③ 절삭공구의 인선을 날카롭게 한다.
        ④ 절삭속도, 이송속도를 빠르게 한다.
        ⑤ 윤활성이 높은 절삭유를 사용한다.

3) 금긋기작업

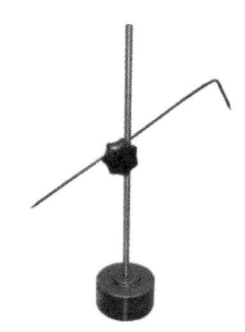

[서피스게이지]

    (1) 서피스게이지
        밑받침이 달린 기둥에 금긋기 바늘이 달린 모양으로 공작물에 평행한 선을 긋거나 평행면의 검사용으로 사용한다.
    (2) 금긋기작업 시 유의사항
        ① 선은 가늘고 선명하게 한 번에 긋는다.
        ② 기준면과 기준선을 설정하고 금긋기 순서를 결정한다.
        ③ 금긋기 선을 불필요하게 깊게 그어 혼동이 일어나지 않도록 한다.
        ④ 금긋기가 끝나면 도면과 일치 여부를 확인한 후 다음 공정으로 넘어간다.

3) 줄(File) 작업
    (1) 줄작업의 개념
        금속, 나무 등을 수작업으로 다듬질 할 때 사용하는 수공구로 공작물의 표면을 가공하고 다듬는 작업을 한다.
    (2) 줄작업 시 주의사항
        ① 줄의 사용순서는 황목(가장 거친 날) → 중목 → 세목 → 유목(가장 고운 날) 순서로 한다.
        ② 눈으로 항상 가공물을 바라보며 작업하고 줄을 당길 때에는 가공물에 지나친 압력을 주지 않도록 주의한다.
        ③ 공작물과 작업환경에 맞는 적절한 줄의 종류와 작업방법을 선택한다.

(3) 줄의 작업방법

구분	작업방법
직진법	줄을 직선으로 밀며 가공하는 것으로 주로 좁은 평면을 다듬는 경우에 사용한다.
사진법	줄을 일정한 각도로 움직이며 가공하는 것으로 주로 넓은 평면을 다듬는 경우에 사용한다.
병진법 (횡진법)	줄을 옆으로 움직이며 가공하는 것으로 주로 폭이 좁고 길이가 긴 공작물을 가공할 때 사용한다.

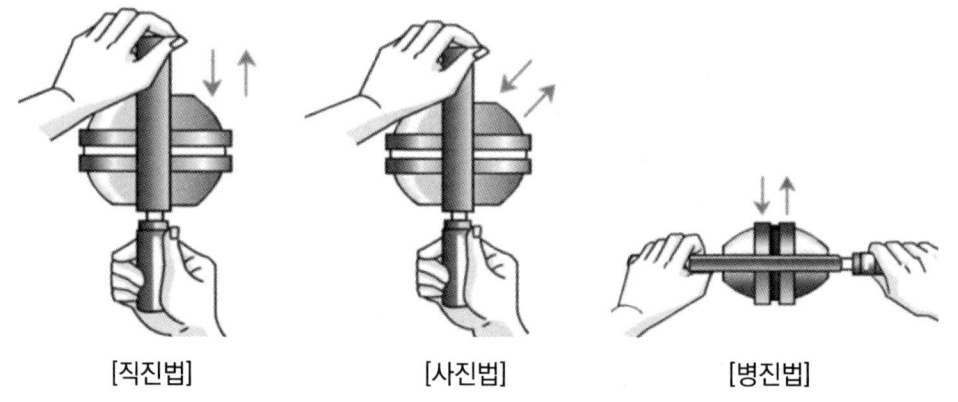

[직진법]　　　　[사진법]　　　　[병진법]

3 절삭가공의 종류 및 특징

1) 선반가공

　(1) 가공방식

　　① 선반가공이란 공작물(가공대상재료)을 회전시키면서 고정된 절삭공구를 접촉시켜 불필요한 부분을 절삭하여 원하는 형태로 만드는 절삭가공방식이다.

　　② 외경가공, 내경가공, 나사탭가공, 절단가공 등이 있다.

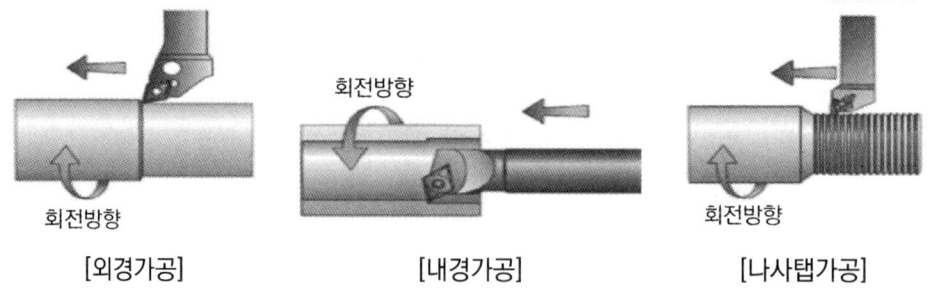

[외경가공]　　　　[내경가공]　　　　[나사탭가공]

(2) 널링(Knurling)가공

공작물의 외면에 미끄럼 방지를 위한 목적으로 만들어지는 교차선 모양의 패턴을 만드는 것으로 주로 선반가공을 활용한다.

(3) 선반의 구조와 명칭

① 주축대 : 주로 선반의 좌측에 고정되어 있어 공작물을 고정시키고 회전운동을 부여하는 역할을 한다.

② 심압대 : 주로 주축대의 반대편에 위치하며, 길이가 긴 공작물의 한쪽 끝을 지지하거나 드릴 등의 절삭공구를 고정하는 데 사용된다.

③ 왕복대 : 베드 위를 가로·세로로 이동할 수 있는 부분으로, 위에 공구 이송대가 장착되어 바이트(절삭공구)를 주축대로 접근시키면서 절삭작업을 수행한다.

④ 베드 : 선반의 몸체로 모든 주요 부품(주축대, 왕복대, 심압대, 다리 등)이 장착된다.

⑤ 다리 : 베드의 하부를 지지하여 전체 선반을 견고하게 바닥에 설치하는 부분이다.

⑥ 척(Chuck)과 조(Jaw) : 척(Chuck)은 주축대의 끝에 장착되어 공작물을 고정하는 부품으로 가공 중에 공작물을 단단하게 잡아주는 역할을 하고 보통 3~4개의 조(Jaw)로 되어 있다.

[널링가공 모습]

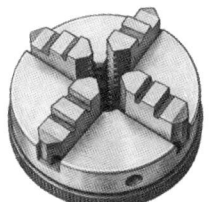
[척(Chuck)]

2) 밀링가공

(1) 가공방식

회전하는 절삭공구(밀링커터)를 사용하여 금속이나 수지 등 다양한 재료를 원하는 형태로 정밀하게 절삭하는 기계 가공방법이다.

(2) 밀링머신의 종류

① 니형 밀링머신(Knee Type Milling Machine) : 작업대가 상하로 움직이는 밀링머신으로 현장에서 가장 널리 사용된다.

② 생산형 밀링머신 : 대량생산에 최적화된 밀링머신이다.

③ 특수 밀링머신 : 금형 제작에 사용된다.

④ 나사 밀링머신 : 나사의 가공에 사용된다.

3) 연삭기

(1) 가공방식

고속으로 회전하는 연삭숫돌로 공작물의 표면을 깎아내는 가공이다.

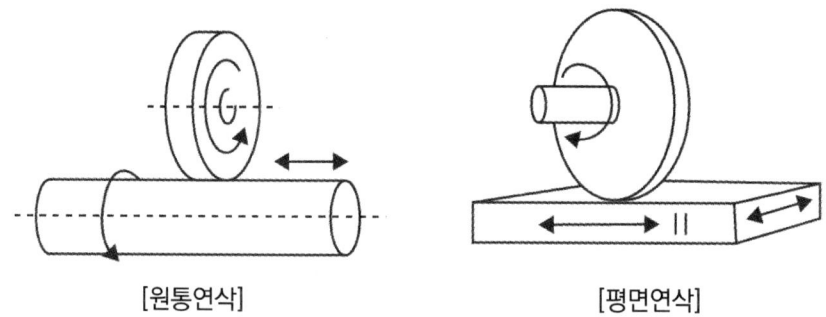

[원통연삭]   [평면연삭]

(2) 연삭숫돌의 자생작용

① 연삭 시 숫돌의 마모된 입자가 탈락되고 새로운 입자가 나타나는 현상이다.
② 숫돌입자의 마멸 → 파쇄 → 탈락 → 생성의 과정을 되풀이하는 현상이다.

(3) 연삭숫돌의 연삭성 회복작업

① 드레싱(Dressing) : 숫돌, 팁, 휠 등의 표면을 깎아서 예리한 날을 가진 입자가 표면에 나타나게 하여 새롭고 날카로운 부분을 회복시켜 연삭숫돌의 연삭성을 회복시킨다.
② 트루잉(Truing) : 연삭숫돌이 사용되면서 형상이 변형되거나 표면이 불균일해진 경우, 이를 정확한 원래 형태로 성형하여 연삭작업의 정밀도와 효율을 높이는 것이다.

4) 래핑(Lapping)

(1) 가공방식

공작물의 표면을 매끄럽고 평평하게 다듬기 위한 가공법으로 랩제(Lapping Powder)를 공작물과 랩 사이에 두고 운동을 시켜 표면을 가공한다.

(2) 래핑의 특징

① 게이지 블록, 렌즈처럼 고정도 마감이 필요한 표면을 아주 미세하게 깎아 매끄럽게 만들 수 있어 정밀도가 높은 제품을 가공할 수 있다.
② 비교적 가공이 간단하고 대량생산이 가능하지만 정밀도가 높은 작업에 적용할 경우 품질관리를 병행해야 한다.
③ 작업 중에 랩제(Lapping Powder)를 사용하기 때문에 먼지가 발생할 수 있고, 가공면에 랩제가 잔류할 수 있다.

04 기계재료

1 기계재료의 개요

1) 기계재료의 분류

　(1) 금속재료

　　① 철강재료는 탄소의 함유량에 따라 분류한다.

　　　㉠ 순철 : 탄소 약 0.02 % 이하

　　　㉡ 강(강철) : 탄소 함유량 약 0.02 ~ 2.14 %

　　　㉢ 주철 : 탄소 함유량 약 2.14 ~ 6.67 %

　　② 비철금속재료

　　　㉠ 철(Fe) 또는 철을 주성분으로 한 합금이 아닌 모든 금속을 의미한다.

　　　㉡ 알루미늄, 구리, 아연, 니켈, 주석, 납, 티타늄 등 다양한 금속과 이들을 기본으로 한 합금(황동, 청동 등)이 비철금속에 포함된다.

　　　㉢ 경량화와 내식성 요구가 있는 산업분야에 다양하게 사용된다.

　(2) 비금속재료

　　① 무기질재료 : 유리, 시멘트, 석회 등

　　② 유기질재료 : 플라스틱, 목재, 고무, 가죽 등

　(3) 준금속재료

　　① 완전한 금속의 특징을 가지고 있지 못한 금속이다.

　　② 규소(Si), 붕소(B), 게르마늄(Ge), 비소(As) 등이 있다.

2) 마모 관련 용어

　(1) 기본용어

　　① 내노화성 : 기계를 사용하는 시간이 경과함에 따라 발생하는 열화에 견디는 성질이다.

　　② 내마모성 : 기계가 마찰이나 외부 충격으로부터 잘 견디는 성질이다.

　(2) 표면피로

　　부식, 침식, 충격 등에 의해 금속표면에 균열이 발생하는 현상이다.

　　① 초기 피칭(Initial Pitting) : 표면에 작은 홈이 생기는 현상으로 비교적 심각하지 않은 표면피로 현상이다.

　　② 파괴적 피칭(Destructive Pitting) : 표면에 크고 넓은 홈이 생기는 현상으로 복구가 어려우며 심각한 표면피로 현상이다.

③ 스폴링(Spalling) : 표면 금속이 조각으로 떨어져 나가는 현상으로 표면에 넓은 손상이 발생된 것이다.

2 기계재료의 물성 및 재료시험

1) 금속재료의 기계적 성질

(1) 연성과 전성
① 연성은 금속재료를 길고 가늘게 늘릴 수 있는 성질이다.
② 전성은 금속재료를 넓게 펼 수 있는 성질이다.

(2) 피로
① 피로는 반복적으로 하중을 가할 경우 재료가 파괴되는 현상이다.
② 응력과 반복횟수를 나타내어 피로한도를 구하는 곡선을 S - N 곡선이라고 한다.

(3) 크리프
고온 상태에서 일정하중을 계속해서 가했을 때 재료가 시간의 경과에 따라 변형이 증가되는 현상이다.

(4) 마멸
마찰에 의해 표면이 부서져서 떨어져 나가는 현상이다.

(5) 취성
재료가 외력에 의해 영구 변형 없이 파괴되거나 극히 일부만 변형된 뒤 급격히 파괴되는 성질이다.
① 청열취성 : 200 ~ 300 ℃ 범위에서 저탄소강이 인장강도는 증가하지만 연성(신장률)은 저하하여 취성이 커지는 현상이다.
② 저온취성 : 실온 이하 저온에서 강 등이 취약해지며, 변형 없이 쉽게 부서지는 현상이다.
③ 상온취성 : 인(P) 성분이 많은 탄소강이 상온에서 인성이 저하되어 연신율 및 충격치가 감소하는 성질이다.
④ 적열취성 : 황(S)이 많은 탄소강이 약 950 ℃ 내외 고온에서 인성이 저하되어 결정립계가 약해지는 현상이다.

2) 재료시험

구분	측정내용
경도시험	재료가 외부의 힘에 대해 변형 등에 저항하는 정도를 측정한다.
인장시험	재료에 인장(잡아당기는) 힘을 가하여 파단될 때까지 재료의 기계적 특성을 측정하는 가장 기본적인 시험방법이다.
크리프시험	고온하에서 재료에 일정한 응력을 가할 때 생기는 변형량의 시간적 변화를 측정한다.

3 **열처리**

1) 열처리의 목적과 종류

   (1) 열처리의 목적

   재료의 성질을 변화시켜 강도, 경도, 연성 등을 향상시키고 조직을 안정화시킬 목적으로 금속을 가열하거나 냉각시키는 것이다.

   (2) 담금질(Quenching)

   ① 재료를 고온으로 가열했다가 급랭시키면 재질이 경화되어 강도 및 경도가 증가한다.
   ② 판재보다는 구형의 냉각속도가 빠르다.
   ③ 담금질로 인한 경도는 재료의 탄소 함유량에 따라 달라진다.
   ④ 냉각액의 온도는 물은 차게(20 ℃ 정도), 기름은 뜨겁게(80 ℃ 정도) 해야 한다.

   (3) 뜨임(Tempering)

   담금질로 인해 높아진 금속의 경도와 취성을 조절하여 인성과 연성을 높이기 위해 변태점(약 723 ℃) 이하의 온도에서 재료를 가열한 뒤 냉각시킨다.

   (4) 불림(Normalizing)

   재료의 미세조직 형성과 기계적인 성질을 균일하게 하기 위해 재결정 온도 이상으로 가열한 뒤, 대기 중에서 냉각시킨다.

   (5) 풀림(Annealing)

   재료의 내부 응력을 제거하기 위해 적당한 온도로 가열할 뒤 노 안에서 서서히 냉각시킨다.

(6) 심랭처리와 항온 열처리
　① 심랭처리 : 담금질 직후 잔류 오스테나이트를 없애기 위해 0 ℃ 이하로 냉각하여 오스테나이트를 마르텐사이트로 변태시키는 열처리방법이다.
　② 항온 열처리 : 냉각 중 일정한 온도를 유지하며 변태를 개시하고 완료할 때까지 유지시키는 열처리방법이다.

2) 표면경화법

(1) 표면경화법의 목적 및 분류
　① 재료의 표면에만 경도를 부여하고 내부에는 연성과 인성을 지니게 하는 열처리방법으로 표면의 경도를 크게 해줄 수 있는 축, 기어 등과 같은 부분에 적용한다.
　② 표면경화법은 화학적 표면경화법(침탄법, 질화법, 금속침투법)과 물리적 표면경화법(고주파경화법, 화염경화법)으로 분류된다.

(2) 침탄법
저탄소강(탄소 함유량 0.2 % 이하) 표면에 탄소를 침투시켜 표면층만 고탄소강으로 만든 뒤, 담금질 및 뜨임 처리로 표면 경도와 내마모성을 높인다.

(3) 질화법
　① 금속재료(강재)의 표면에 질소를 침투시켜 경도와 내마모성을 크게 높이는 표면경화 열처리방법이다.
　② 질화 후에 열처리가 필요 없다.
　③ 질화층을 깊게 하기 위해서는 긴 시간이 걸린다.

(4) 금속침투법
금속침투법이란 금속의 표면에 다른 금속 또는 원소를 침투·확산시켜 표면의 경도, 내마모성, 내식성, 내열성 등의 성질을 향상시키는 화학적 표면경화법이다.
　① 세라다이징(Sheradizing) : 아연(Zn) 침투, 부식 방지 목적으로 사용한다.
　② 크로마이징(Chromizing) : 크롬(Cr) 침투, 내마모·내식·내열성 향상을 위해 사용한다.
　③ 칼로라이징(Calorizing) : 알루미늄(Al) 침투, 표면의 내열성 부여를 위해 사용한다.
　④ 보로나이징(Boronizing) : 붕소(B) 침투, 표면 경도와 내마모성 향상을 위해 사용한다.
　⑤ 실리코나이징(Siliconizing) : 실리콘(Si) 침투, 고온 내식성과 경도 향상을 위해 사용한다.

05　기계구동장치 조립

1 조립작업계획에서 확인해야 할 사항

구분	확인해야 할 사항
조립도에서 확인해야 할 사항	• 기계 구성 부품의 종류와 명칭 • 조립제품의 크기 및 조립 상태 • 제품의 수량 • 납기와 납품주기
부품도 목록에서 확인해야 할 사항	• 부품의 치수와 치수공차 • 표면거칠기 • 형상 정밀도 • 부품의 수량 • 부품의 가공방법

2 조립공구 및 측정공구

구분	확인해야 할 사항
조립공구	• 드라이버 : 비교적 작은 볼트 머리를 조이거나 풀 때 사용한다. • L형 육각 렌치 : 볼트 머리 홀더가 있는 볼트를 풀거나 조일 때 사용한다. • 로크 렌치 : 일정한 토크의 체결력으로 나사를 조일 때 사용한다. • 플라이어 : 소형 수도관, 가스관 등의 배관공사에 사용한다. • 플러 : 기어나 베어링 등의 축이나 실린더에서 빼내는 공구이다.
측정공구	• 버니어캘리퍼스 : 외경·내경·깊이 등 다양한 치수를 손쉽게 측정하는 대표적인 길이 측정기이다. • 마이크로미터 : 주로 외경(내경, 깊이) 등 소형·정밀 부품의 치수를 고정밀로 측정한다. • 실린더게이지 : 구멍의 내경 등 원통부의 내부치수를 측정한다. • 하이트게이지 : 정반(Surface Plate) 위에 놓인 측정 대상의 높이나 위치를 기준선에서 정확히 측정한다.

06 기계장치 보전

1 체결용 기계요소

1) 나사(Screw)

(1) 나사 각 부의 명칭

① 바깥지름 : 수나사의 산 봉우리에 접하는 가상의 원통의 지름이다.
② 골지름 : 수나사의 골 밑에 접하는 가상적인 원통의 지름이다.
③ 유효지름(피치지름) : 나사산의 두께와 골의 간격이 같은 가상적인 원통의 지름이다.
④ 피치 : 서로 이웃한 나사산 사이의 거리이다.

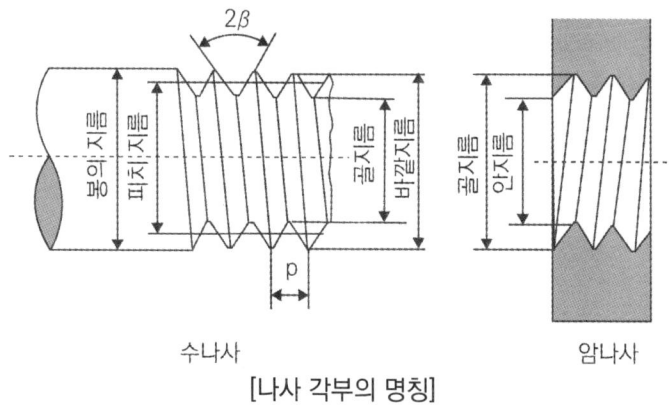

[나사 각부의 명칭]

(2) 유니파이 나사

① 유니파이 나사는 미국, 영국, 캐나다가 협정하여 만든 나사로 인치계 나사이다.
② 미국(America), 영국(Britain), 캐나다(Canada)의 앞 글자를 따서 ABC 나사라고도 한다.
③ UNC(Unified National Coarse) : 유니파이 보통 나사
④ UNF(Unified National Fine) : 유니파이 가는 나사

(3) 와셔

와셔는 나사나 볼트 조립 시 부품 사이에 끼워지는 부품으로, 하중을 분산시키고 표면 손상, 열화, 풀림 방지의 역할을 한다.

① 평와셔 : 가장 일반적인 와셔의 형태로 압력 분산의 역할을 한다.
② 스프링(Spring)와셔 : 스프링 형상의 와셔로 탄성을 통해 나사의 풀림을 방지한다.
③ 이붙이(Toothed Lock)와셔 : 회전을 방지하기 위한 이(Tooth)가 있는 형태이다.

④ 혀붙이(Tongued)와셔 : 둥근 와셔의 일부가 돌출된 형상으로 회전을 방지하는 형태이다.
⑤ 폴(Pawl)와셔 : 너트의 이완방지를 위해 와셔를 굽히거나 구멍을 만들어 고정한다.
⑥ 사각(Square)와셔 : 너트의 볼록한 부분을 평행하게 하거나 부품 사이를 없애는 형태이다.

 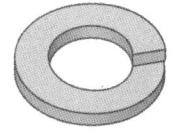  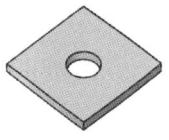

[평와셔]   [스프링와셔]   [이붙이와셔]   [사각와셔]

2) 핀(Pin)

　(1) 핀의 사용목적

　　두 개 이상의 부품을 결합하는 데 사용되는 체결용 기계요소로 기계부품 조립 시 부품의 위치 결정 및 볼트, 너트의 이완방지 등을 목적으로 사용한다.

　(2) 핀의 종류

　　① 평행핀 : 기계부품을 조립할 때 사용하거나 안내 위치를 결정할 때 사용한다.
　　② 테이퍼핀 : 작은 쪽 지름으로 주축을 고정할 때 사용한다.
　　③ 분할핀 : 너트의 풀림방지나 바퀴가 축에서 빠지는 것을 방지하기 위해 사용한다.
　　④ 스프링핀 : 탄성을 이용해 물체를 고정하는 데 사용한다.

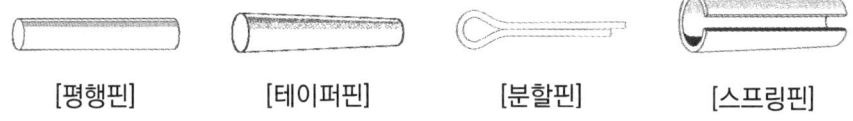

[평행핀]   [테이퍼핀]   [분할핀]   [스프링핀]

3) 키(Key)

　(1) 키의 사용목적

　　키는 회전축과 풀리와 같이 동력을 전달하는 기계요소를 고정하기 위해 사용한다.

(2) 키의 종류

구분	설명	모양
성크키(묻힘키)	축과 보스 양쪽에 키 홈이 있는 형태로 가장 많이 사용한다.	
새들키(안장키)	축은 가공하지 않고 보스에만 키 홈(기울기 1/100)을 만든다.	
평키(납작키)	축의 표면을 평평하게 가공하고 보스 쪽의 키 홈에 끼워 고정한다.	

(3) 키 맞춤을 할 때 주의사항
① 키는 측면에 힘을 많이 받으므로 폭과 치수의 마무리가 중요하다.
② 키는 충분한 강도를 가진 규격품을 사용해야 한다.
③ 키를 맞추기 전에 축과 보스의 끼워맞춤이 불량한 상태인 경우 키 맞춤을 하는 것은 의미가 없다.

4) 코터(Cotter)

(1) 코터의 개념
두께가 같고 폭이 구배 또는 테이퍼로 되어 있는 일종의 쐐기이다.

(2) 코터의 사용
인장 또는 압축력이 축방향으로 작용하는 축과 축, 피스톤과 피스톤 등을 연결하는 데 사용하는 체결용 기계요소이다.

5) 리벳이음(Riveting)

(1) 리벳이음의 개념
리벳이음은 금속판이나 형강 등에 구멍을 뚫고 리벳을 끼운 뒤 머리를 만들어 영구적으로 체결하는 기계적 결합방식이다.

(2) 리벳이음의 사용목적
① 구조용 리벳 : 강도를 가지기 위해 사용한다. 예 구조물, 교량
② 저압용 리벳 : 기밀과 수밀을 가지기 위해 사용한다. 예 저압용 탱크
③ 보일러용 리벳 : 강도 및 기밀을 가지기 위해 사용한다. 예 보일러, 고압용기

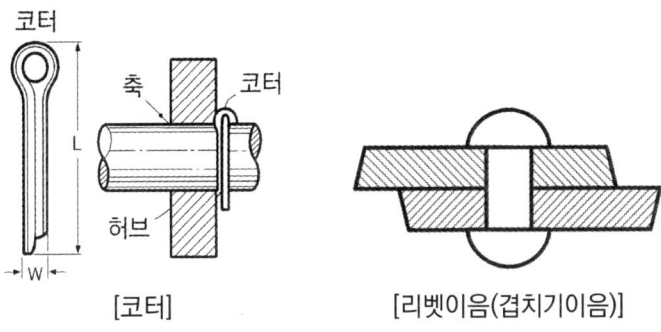

[코터] [리벳이음(겹치기이음)]

2 축 기계요소

1) 축(Shaft)

(1) 축의 개념

축은 베어링에 의해 지지되고 강도, 휨, 그 밖의 기계적 요건을 구비하여 회전 및 왕복운동을 하는 것이다.

(2) 축의 형상에 따른 분류

① 직선축 : 일반적으로 쓰이는 직선 모양의 축이다.

② 크랭크축 : 주로 내연기관에서 쓰이는 축으로 직선 왕복운동을 회전운동으로 변환시키는 데 사용한다.

2) 베어링(Bearing)

(1) 베어링의 개념

베어링은 회전 또는 왕복운동을 하는 축을 지지하여 마찰을 줄이고, 안정적으로 움직일 수 있도록 하는 기계요소이다.

(2) 구름 베어링과 미끄럼 베어링의 특징 비교

구분	내용	모양
구름 베어링	• 축과 베어링 사이에 볼과 비슷한 전동체가 삽입되어 있다. • 구름 접촉으로 마찰이 적고 고속회전에 적합하다. • 설치와 조립이 힘들고 특수강을 사용하여 정밀가공해야 한다. • 소음이 발생하기 쉽고 충격에 약하다. • 규격품이 많아 교환과 선택이 용이하다.	

구분	내용	모양
미끄럼 베어링	• 축과 베어링 내부 면이 직접 접촉하여 미끄럼 마찰이 발생한다. • 윤활유에 의해 유막이 형성되어 마찰이 감소된다. • 충격에 견디는 힘이 강하다. • 구조가 간단하고 가격이 저렴하다.	

(3) 구름 베어링의 호칭법
① 첫 번째 숫자 : 형식번호
② 두 번째 숫자 : 치수기호(폭기호 + 지름기호)
③ 세 번째 숫자와 네 번째 숫자 : 안지름기호
④ 다섯 번째 이후의 기호 : 베어링의 등급기호, 실드기호, 틈새기호 등

[예시]
6312 Z NR
60 : 베어링의 계열 번호(단열 깊은 홈 볼 베어링)
12 : 안지름 번호(내경 60 mm, 12 × 5 = 60 mm)
Z : 한 쪽에 실드가 붙어있음
NR : 멈춤링이 붙어있음

3) 커플링(Coupling)
(1) 커플링의 개념
커플링이란 두 개의 축(원동축과 종동축)을 연결하여 동력을 전달하는 기계요소로, 운전 중에는 결합을 끊을 수 없는 영구적인 축이음방식이다.
(2) 커플링의 종류
① 두 축이 동일선상에 있는 경우 : 고정 커플링
② 두 축이 정확한 일직선상에 있지 않을 때 : 플렉시블 커플링
③ 두 축이 평행하는 경우 : 올덤 커플링
④ 두 축이 교차하는 경우 : 유니버설 조인트

3 전동용 기계요소

1) 기어(Gear)

   (1) 두 축이 평행한 기어

   ① 스퍼(Spur)기어 : 평기어라고도 하며 가장 기본적인 형태이다.
   ② 헬리컬(Helical)기어 : 이 끝이 나선형인 원통기어이다.
   ③ 내접(Internal)기어 : 큰 기어 속에 작은 기어가 접하여 회전한다.

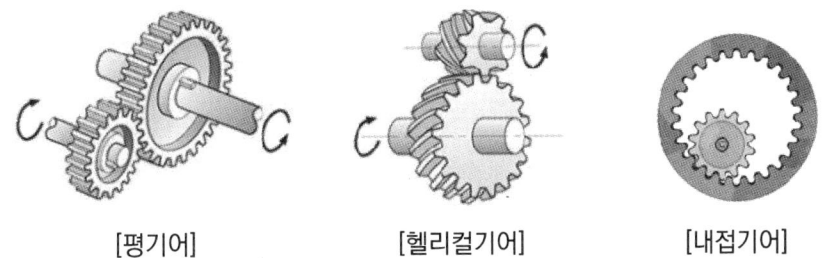

[평기어]　　　　　[헬리컬기어]　　　　　[내접기어]

   (2) 기타 기어

   ① 베벨(Straight Bevel)기어 : 두 축이 교차하는 기어로, 동력전달용으로 주로 사용한다.
   ② 웜(Worm)기어 : 축이 평행하지도 교차하지도 않는 기어로 큰 감속비를 얻을 수 있다.

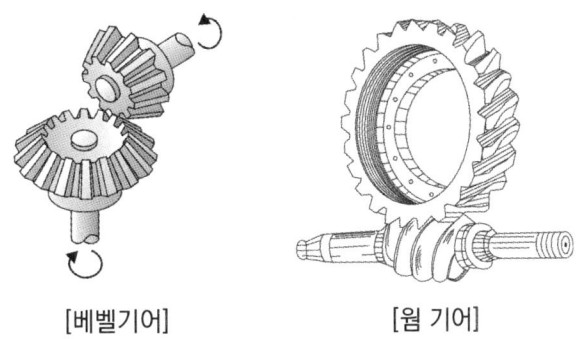

[베벨기어]　　　　　[웜 기어]

   (3) 기어의 파손현상

   ① 피팅(Pitting) : 기어의 치면(이빨 표면)에 반복적으로 주기적 하중이 작용할 때 금속 표면 또는 바로 밑에서 피로현상으로 작은 홈이나 공동이 발생하는 현상이다.
   ② 스코어링(Scoring) : 기어 치면의 윤활막이 파괴되어 금속과 금속이 직접 접촉하면서 치면이 마찰과 열에 의해 용융되어 뜯겨나가는 상태이다.
   ③ 이의 절손(Tooth Breakage) : 기어 이빨(치)의 전체 또는 일부분이 과도한 하중, 충격, 굽힘응력, 피로에 의해 물리적으로 부러지거나 깨지는 현상이다.
   ④ 리징(Ridding) : 치면에 미세한 융기(ridge)나 물결 형상의 변형이 발생하는 현상이다.

2) 벨트(Belt)

　(1) 벨트의 개념 및 종류

　　① 벨트는 동력전달기구 중 하나로 회전하는 축과 축 사이에서 동력을 전달하는 띠 형태의 구조물이다.

　　② 벨트의 단면 형상에 따라 평벨트, V벨트, 타이밍벨트로 분류한다.

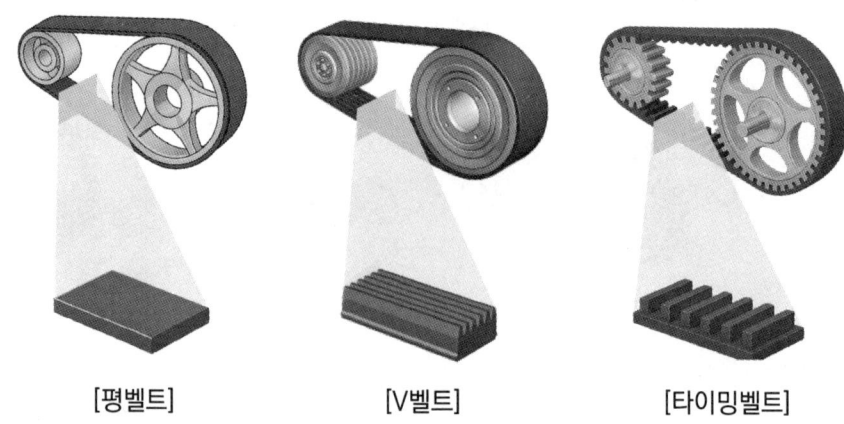

[평벨트]　　　　　[V벨트]　　　　　[타이밍벨트]

　(2) V벨트 전동장치의 특징

　　① 이음매가 없어 소음과 진동이 작다.

　　② 지름이 작은 풀리에도 사용할 수 있다.

　　③ 동력전달 효율이 좋다.

　　④ 홈의 양면에 밀착되는 형태로 마찰력이 평벨트보다 크다.

　(3) 타이밍벨트

　　① 내연기관 엔진에서 크랭크축과 캠샤프트의 회전을 동기화하여 엔진밸브가 피스톤 위치에 맞춰 정확한 타이밍에 열리고 닫히게 하는 부품이다.

　　② 4행정 사이클(흡입 - 압축 - 폭발 - 배기) 진행 중 적정한 타이밍을 맞추는 데 필요한 부품이다.

4 제어용 기계요소

1) 브레이크(Brake)

　(1) 브레이크와 클러치의 구분

　　① 브레이크는 회전하는 부품(바퀴)의 속도를 감속하거나 정지시키는 장치이다.

　　② 클러치는 동력을 전달 혹은 차단하는 스위치 역할을 하는 장치이다.

(2) 브레이크의 종류
① 원판 브레이크 : 회전하는 원판(디스크)에 패드를 양쪽에서 압착시켜 마찰력으로 제동하는 방식이다.
② 밴드 브레이크 : 회전하는 브레이크 드럼 바깥을 강철 밴드가 감싸고, 밴드의 한쪽 끝을 레버로 당겨 밴드를 드럼에 밀착시켜 제동하는 방식이다.
③ 블록 브레이크 : 브레이크 드럼에 단일 또는 복수의 브레이크 블록을 밀어넣어 마찰로 제동하는 방식이다.
④ 나사 브레이크 : 나사 기구를 이용해 마찰 부품을 밀착시켜 제동하는 방식이다.

2) 스프링(Spring)

(1) 스프링의 용도
① 완충용 : 차량용 현가장치, 승강기의 완충 스프링 등
② 축적에너지 이용 : 기계용 스프링, 시계의 태엽 등
③ 복원성 이용 : 밸브 스프링, 조속기의 스프링 등
④ 하중조절 : 스프링와셔

(2) 스프링의 형상에 따른 분류
스프링은 코일 스프링, 판 스프링, 스파이럴 스프링, 토션 바 스프링 등이 있다.

5 관계 기계요소

1) 배관

(1) 배관의 도시법
① 관 내 흐름의 방향은 관을 표시하는 선에 붙인 화살표의 방향으로 표시한다.
② 관은 원칙적으로 1줄의 실선으로 도시하고, 같은 도면에서는 같은 굵기로 나타낸다.
③ 부득이하게 관을 파단하여 나타낼 경우 파단선으로 표시한다.

(2) 배관의 부식방지대책
① 가급적 동일계의 배관재를 선정한다.
② 배관 내 유속을 1.5 m/s 이하로 제어한다.
③ 배관 내에 약제를 투입하여 용존산소를 제어한다.
④ 50 ℃ 이상의 온수는 부식을 촉진시키므로 50 ℃ 이하의 온도를 유지한다.

2) 관이음의 종류

구분	내용
용접이음	관과 관을 용접하여 결합하는 것으로 고온, 고압의 배관을 이음해도 누설의 염려가 적다.
플랜지이음	나사이음방법으로 부착하고 관경이 비교적 클 경우, 내압이 높을 경우에 사용하며 분해조립이 편리하다.
플레어이음	관의 선단부를 원추형(나팔형)으로 넓혀 이음 본체의 원뿔면에 슬리브와 너트로 체결하여 연결한다.
신축이음	관이나 구조물에서 온도 변화, 재료의 수축이나 팽창 등으로 인해 발생하는 길이 변화(팽창·수축)를 안전하게 흡수하여 구조물이나 배관의 파손, 균열, 변형을 방지하기 위해 설치하는 이음장치이다.
유니언이음	두 개의 관을 연결하여, 필요 시 분해할 수 있도록 만든 이음방식이다.

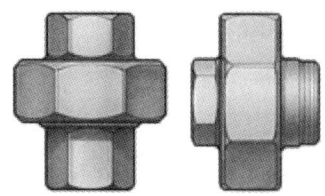

[유니언]

6 기계장치 보전방법

1) 펌프

(1) 공동현상 또는 캐비테이션(Caviation)

① 발생조건 : 유동하는 유체의 정압이 유체의 증기압보다 낮아질 경우 기포가 발생하고 그 기포가 성장하여 공동부를 만드는 현상이다.

② 발생되는 현상
  ㉠ 소음과 진동이 발생한다.
  ㉡ 유동깃에 침식현상이 발생한다.
  ㉢ 양정이 낮아지고 효율이 감소한다.

③ 방지대책
  ㉠ 펌프의 회전수를 감소시킨다.
  ㉡ 단흡입펌프보다는 양흡입펌프를 사용한다.
  ㉢ 펌프의 설치위치를 낮춘다.

(2) 수격현상(Water Hammer)
  ① 발생조건 : 배관 내의 유체의 유속이 급격하게 변할 때 압력 충격파가 발생하는 것이다.
  ② 방지대책
    ㉠ 플라이휠(Fly Wheel)을 설치하여 갑작스러운 속도 변화를 방지한다.
    ㉡ 조압수조(Surge Tank)를 설치하여 적정압력을 유지한다.
    ㉢ 송출구 근처에 송출밸브를 설치한다.
(3) 맥동현상(Surging)
  ① 개념 : 맥동현상이란 유량과 양정이 주기적으로 변하는 것이다.
  ② 방지대책
    ㉠ 관로 속의 공기나 가스를 배출시켜 유체의 저항을 감소시킨다.
    ㉡ 펌프의 임펠러, 베인, 안내깃의 치수가 형상을 변경에 맥동현상 발생을 줄인다.
    ㉢ 펌프의 유량이나 회전수를 변화시켜 운전점을 맥동영역에서 벗어나도록 조정한다.

2) 송풍기
  (1) 송풍기의 주요 구성품
    송풍기는 본체, 전동기(모터), 케이싱, 임펠러, 축, 베어링 등으로 구분된다.
  (2) 송풍기의 운전 중 점검사항
    ① 운전할 때 온도는 70 ℃ 이하로 한다.
    ② 베어링의 진동 및 윤활유의 적정 여부를 점검한다.
    ③ 베어링의 온도는 주위의 공기 온도보다 40 ℃ 이상 높지 않게 한다.
    ④ 미끄럼 베어링의 오일 링 회전의 정상 여부를 점검한다.
  (3) 플래핑(Flapping)현상
    벨트 전동방식에서 축중심 간 거리가 길거나 고속 회전 시 벨트가 파도치듯 위아래로 흔들리며 '파닥파닥' 소리를 내는 현상이다.
  (4) 송풍기의 풍량조절방법
    ① 임펠러의 피치(날개 각도)를 조절하여 풍량을 조절한다.
    ② 송풍기의 회전수를 조절하여 풍량을 조절한다.
    ③ 흡입구 댐퍼의 공기 유입량을 조절하여 풍량을 조절한다.

3) 압축기
   (1) 압축방식에 따른 압축기의 구분
      ① 용적형 압축기 : 실린더 또는 케이싱 내 부피를 감소시켜 기체를 압송하는 방식이다.
         ㉠ 왕복식 압축기 : 피스톤의 왕복운동에 의해 공기를 압축시키는 방식으로 고압을 발생시킨다.
         ㉡ 회전식 압축기 : 회전하는 기계장치(스크류, 모터 등)에 의해 공기를 압축하는 형태로 베인형, 스크롤형, 루트 블루워형 등이 있다.
         ㉢ 나사식 압축기 : 두 개의 나사가 서로 맞물려 회전하면서 공기를 압축하는 형태이다.
      ② 터보형 압축기 : 임펠러 등의 회전부품의 회전으로 압축하는 방식이다.
         ㉠ 축류 압축기 : 회전축과 평행한 방향으로 흐르면서 점진적으로 압축한다.
         ㉡ 원심식 압축기 : 임펠러의 회전운동으로 공기를 압축하는 형태로 중·저압에 적합하다.
   (2) 구조에 따른 압축기의 구분
      ① 스크류형 압축기 : 두 개의 맞물린 회전식 스크류(로터)가 회전하면서 공기를 점진적으로 압축하는 회전형 용적식 압축기이다.
      ② 스크롤형 압축기 : 두 개의 나선형 스크롤(하나는 고정, 하나는 회전)이 서로 맞물리며 공기를 점차 압축한다.
      ③ 베인형 압축기 : 원통형 케이싱 내부에 베인(날개)이 장착된 로터가 회전하며, 공기실의 부피가 줄어들면서 압축하는 방식이다.
      ④ 왕복 피스톤형 압축기 : 실린더 내부의 피스톤이 왕복운동하며 흡입·배출밸브를 통해 공기를 압축하는 대표적 용적식 압축기이다.
   (3) 애프터쿨러(After Cooler)
      ① 압축기는 공기를 압축하는 과정에서 온도가 상승하는데, 고온의 압축공기는 수증기량이 많아 배관, 드라이어, 기계 등에 부식이나 결빙, 고장 원인이 될 수 있다.
      ② 애프터쿨러는 압축기 토출 직후 공기를 냉각시켜 수분을 응축시키고 배출하여 기계설비의 부하와 고장을 줄여준다.

4) 감속기

　(1) 웜기어(Worm Gear)

　　① 감속기에 사용하는 대표적인 기어이다.

　　② 자체 잠금기능이 있어 역전방지가 가능하다.

　　③ 기어가 부드럽게 맞물리는 형태로 소음이 적다.

　　④ 작은 용량으로 큰 감속비를 얻을 수 있다.

　　⑤ 이닿기 면을 웜의 중심에서 출구 쪽으로 약간 어긋나게 설치하여 윤활유의 공급을 원활하게 한다.

　(2) 유성기어(Planetary Gear) 감속기

　　① 내부의 기어들이 행성처럼 동심원으로 배열되어 동력을 효율적으로 감속하고 토크를 증가시키는 감속기이다.

　　② 발생하는 마찰은 주로 미끄럼 마찰(치면마찰)이다.

　　③ 소형이고, 높은 구동효율과 감속효율을 가진다.

　　④ 무단변속기와 조합하면 큰 감속비를 얻을 수 있다.

　(3) 무단변속기

　　① 기어의 고정된 단수가 없이 입력과 출력 사이의 변속비(감속비)를 연속적으로 조절할 수 있는 변속 및 감속장치이다.

　　② 체인식 무단변속기의 변속조작은 회전 중이 아니면 할 수 없다.

　　③ 마찰 바퀴식 무단변속기는 운전 중 변속조작이 가능하다.

　　④ 벨트식 무단변속기는 유욕식이 아니므로 윤활불량을 일으키기 쉽다.

　　⑤ 구동계통의 오염으로 인한 윤활불량에 유의해야 한다.

　(4) 감속기에 사용하는 평기어 언더컷방지법

　　① 기어의 이 높이를 낮게 한다.

　　② 압력각을 20° 이상으로 증가시킨다.

5) 전동기 관련 주요 고장현상

구분	고장현상
전동기 과열	• 과부하 운전 또는 빈번한 기동, 정지의 반복 • 냉각불충분 또는 베어링부의 발열
전동기 내 베어링의 발열	• 윤활제의 부족 또는 적절하지 않은 윤활제 사용 • 베어링 자체의 조립 불량
축 고장 시 설계불량	• 재질불량 • 치수강도의 부족 • 형상구조의 불량
전동기기능불능현상	• 단선 • 기계적인 과부하 • 서멀릴레이 작동
3상 유도전동기의 저속 회전	• 과부하 • 베어링의 불량 • 축받이의 불량
3상 유도전동기에서 1상이 단선	• 슬립 증가 • 부하전류 증가 • 토크의 현저한 감소
전동기 회전 중 진동 발생	• 베어링의 손상 • 커플링, 풀리의 이완 • 로터와 스테이터의 접촉

03 예상문제

01 도면해독

01 ☑ ☐ ☐ ☐ ☐

다음 중 기준치수에 대한 설명으로 가장 알맞은 것은?

① 실제로 가공된 기계부품의 치수
② 실제 치수에 대해 허용되는 한계치수
③ 최대 허용치수와 최소 허용치수의 차이
④ 허용 한계치수의 기준이 되는 값으로 호칭치수

해설

기준치수
기준치수란 공차(허용 한계치수)의 기준이 되는 도면상에 표시된 치수로 호칭치수를 의미한다.

02 ☑ ☐ ☐ ☐ ☐

IT 기본공차는 몇 등급으로 구분되는가?

① 12 ② 15
③ 20 ④ 24

해설

IT 기본공차
기본공차(IT기본공차)는 총 20등급(IT01 ~ IT18까지, 일부 특정등급 포함)으로 구분한다.

03 ☑ ☐ ☐ ☐ ☐

구멍의 최소 허용치수보다 축의 최대 허용치수가 작은 끼워맞춤을 무엇이라고 하는가?

① 헐거운 끼워맞춤
② 억지 끼워맞춤
③ 구멍 끼워맞춤
④ 중간 끼워맞춤

해설

헐거운 끼워맞춤
축의 최대 허용치수보다 구멍의 최소 허용치수가 커서 조립 시 틈새가 생기는 경우이다.

04 ☑ ☐ ☐ ☐ ☐

다음과 같이 끼워맞춤을 표기했을 때 어떤 끼워맞춤을 의미하는가?

50H7m6

① 구멍기준식 중간 끼워맞춤
② 구멍기준식 억지 끼워맞춤
③ 구멍기준식 헐거운 끼워맞춤
④ 축기준식 억지 끼워맞춤

해설

구멍기준 끼워맞춤
- H6 ~ H10 : 구멍기준식
- b ~ h : 헐거운 끼워맞춤
- js, k, m : 중간 끼워맞춤
- n ~ x : 억지 끼워맞춤

정답 01 ④ 02 ③ 03 ① 04 ①

05

표면거칠기의 종류 중 기준길이의 5번째의 높은 산과 낮은 골을 지나는 두 직선의 간격을 측정하여 평균의 차를 나타낸 것은 무엇인가?

① 중심선 평균 거칠기
② 최대높이 거칠기
③ 10점 평균 거칠기
④ 기준길이 평균 거칠기

해설

10점 평균 거칠기(R_z)

기준길이 내에서 가장 높은 산 5개와 가장 깊은 골 5개의 평균값을 각각 구한 후, 그 평균값의 합(또는 차)으로 계산한다.

06

다음 중 기하공차를 사용하는 이유로 가장 먼 것은?

① 대량생산으로 원가를 절감하기 위해
② 고도의 정밀도를 갖는 제품을 만들기 위해
③ 높은 정확성을 가진 제품을 만들기 위해
④ 치수공차만으로는 제품 간의 호환성을 주기 어렵기 때문에

해설

기하공차의 사용목적
- 기하공차를 사용하는 목적은 제품의 기능보장과 정밀도, 호환성 확보에 있다.
- 대량생산과 기하공차 사용은 큰 관련이 없다.

07

다음 중 온 흔들림 공차를 표시하는 것은?

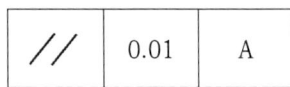

해설

기하공차의 기호
① 경사도기호
② 평면도기호
③ 원주 흔들림기호
④ 온 흔들림기호

08

기하공차에서 다음과 같이 표시되었을 때 A가 의미하는 것은?

| // | 0.01 | A |

① 가공방법
② 데이텀
③ 가공오차
④ 대칭표시

해설

기하공차의 표시형식

해당 표면이 데이텀(A)에 대하여 0.01 mm 이내로 평행해야 한다.

02 기본측정기 사용

09 ☑☐☐☐☐
일반적인 직접측정의 특징과 거리가 가장 먼 것은?

① 기준치수인 표준게이지가 필요하다.
② 측정범위가 다른 측정방법보다 넓다.
③ 측정물의 실제치수를 직접 잴 수 있다.
④ 양이 적고 종류가 많은 제품을 측정하기에 적합하다.

해설

직접측정의 특징
- 직접측정은 측정기를 이용하여 직접 수치를 측정하는 방법이다.
- 간접측정을 할 때 기준치수가 필요하다.

10 ☑☐☐☐☐
아베의 원리를 만족하는 측정기는?

① 블록게이지
② 하이트게이지
③ 버니어캘리퍼스
④ 외측 마이크로미터

해설

아베의 원리
- 측정의 정확도를 높이기 위해 기준눈금과 측정물이 측정방향의 동일 축선(일직선)상에 두는 것이다.
- 외측 마이크로미터는 눈금과 측정위치가 동일 선상에 있어 아베의 원리를 따른다.

11 ☑☐☐☐☐
다음 측정기 중 비교측정기에 속하지 않는 것은?

① 옵티미터
② 미니미터
③ 버니어캘리퍼스
④ 공기 마이크로미터

해설

버니어캘리퍼스
버니어캘리퍼스는 물체의 실제 길이나 두께를 직접 눈금으로 읽어내는 장치로 직접측정기이다.

12 ☑☐☐☐☐
다음 중 한계게이지의 특징으로 틀린 것은?

① 제품의 실제 치수를 읽을 수 없다.
② 조작이 간단하고 경험을 필요로 하지 않는다.
③ 측정치수가 정해지고 한 개의 치수마다 한 개의 게이지가 필요하다.
④ 다량의 제품을 측정하기 어렵고, 양호와 불량의 판정을 쉽게 내릴 수 없다.

해설

한계게이지
- 기계부품이나 제품의 치수가 정해진 한계 내에 드는지를 합격과 불합격으로 판정하는 데 사용되는 측정 도구이다.
- 대량 생산과정에서 사용되며, 비숙련자도 손쉽게 사용할 수 있다.

정답 09 ① 10 ④ 11 ③ 12 ④

03 기계가공법

13 ☑□□□□
다음 중 공작기계의 구비조건이 아닌 것은?

① 가공능력이 좋아야 한다.
② 강성(Rigidity)이 없어야 한다.
③ 기계효율이 좋고, 고장이 적어야 한다.
④ 가공된 제품의 정밀도가 높아야 한다.

해설
공작기계의 구비조건
강성은 힘이 가해졌을 때 물체나 구조물이 변형에 저항하는 능력으로 정밀한 가공을 위해 사용하는 공작기계는 강성이 좋아야 한다.

14 ☑□□□□
구성인선(Built-up Edge)의 방지대책으로 틀린 것은?

① 경사각을 작게 할 것
② 절삭깊이를 적게 할 것
③ 절삭속도를 빠르게 할 것
④ 절삭공구의 인선을 날카롭게 할 것

해설
구성인선(Built-up Edge)
- 절삭가공에서 공구의 절삭날 끝에 가공물의 재료 일부가 달라붙어 실제 절삭날처럼 작용하는 현상이다.
- 경사각을 작게 하면 절삭저항이 증가하여 구성인선이 더 쉽게 발생할 수 있다.

15 ☑□□□□
정반 위에 놓고 이동시키면서 공작물에 평행선을 긋거나 평행면의 검사용을 사용되는 금긋기 공구는?

① 펀치   ② 매직잉크
③ 디바이더   ④ 서피스게이지

해설
서피스게이지
- 밑받침이 달린 기둥에 금긋기 바늘이 달려 있는 모양이다.
- 공작물에 평행선을 긋거나 평행면의 검사용을 사용되는 금긋기 공구이다.

16 ☑□□□□
연삭숫돌의 입자가 무디거나 눈 메움(Loading)이 나타나면 연삭성이 저하하므로 숫돌의 표면을 깎아서 예리한 날을 가진 입자가 표면에 나타나게 하여 연삭성을 회복시키는 작업을 무엇이라 하는가?

① 래핑(Lapping)   ② 트루잉(Truing)
③ 폴리싱(Polishing) ④ 드레싱(Dressing)

해설
연삭숫돌의 연삭성 회복작업
- 드레싱 : 표면에 묻은 이물질이나 무뎌진 입자를 제거해 날카로운 연마 입자가 표면에 드러나도록 하는 것이다.
- 트루잉 : 숫돌의 연삭면을 원래대로 평행하게 성형시켜 연삭성을 회복하는 것이다.

정답 13 ② 14 ① 15 ④ 16 ④

04 기계재료

17 ☑☐☐☐☐
다음 중 비금속재료는 무엇인가?
① Al_2O_3 ② Au
③ Ni   ④ Co

[해설]
재료의 구분
① Al_2O_3 : 산화알루미늄으로 비금속재료이다.
② Au : 금으로 금속재료이다.
③ Ni : 니켈로 금속재료이다.
④ Co : 코발트로 금속재료이다.

18 ☑☐☐☐☐
재료에 일정한 응력을 가할 때 생기는 변형량에 대한 시간적 변화를 무엇이라고 하는가?
① 피로   ② 인장
③ 크리프   ④ 압축

[해설]
크리프
재료에 일정한 하중이나 응력이 작용하는 상태에서 시간의 경과에 따라 변형이 지속적으로 증가하는 현상이다.

19 ☑☐☐☐☐
일반 열처리 중 풀림의 목적과 가장 거리가 먼 것은?
① 강을 연하게 한다.
② 내부 응력을 제거한다.
③ 강의 인성을 증대시킨다.
④ 냉간 가공성을 향상시킨다.

[해설]
풀림(Annealing)
- 특정 온도까지 천천히 가열 후, 노(爐) 속에서 매우 느리게 냉각시킨다.
- 가공성을 향상하고 잔류응력을 제거하여 조직을 안정화시킨다.
- 강의 인성을 증대하는 것은 풀림보다는 뜨임의 목적에 더 가깝다.

20 ☑☐☐☐☐
다음 중 표면경화 열처리방법이 아닌 것은?
① 침탄법   ② 질화법
③ 오스템퍼링   ④ 고주파경화법

[해설]
오스템퍼링
오스템퍼링은 인성과 강도를 부여하기 위한 항온 담금질로 표면만 경화시키는 것이 아니라 전체 조직의 변화를 목표로 한다.

정답 ▶ 17 ① 18 ③ 19 ③ 20 ③

05 기계구동장치조립

21 ☑□□□□
다음 중 조립도에서 확인해야 할 사항으로 가장 거리가 먼 것은?

① 부품의 종류와 명칭
② 조립제품의 크기와 상태
③ 부품의 치수공차와 표면거칠기
④ 납기 및 납품주기

해설

조립도와 부품도에서 확인해야 할 사항
부품의 치수공차와 표면거칠기는 조립도보다는 부품도에서 확인해야 할 사항이다.

22 ☑□□□□
다음 중 조립용 수공구로 볼 수 없는 것은?

① 드라이버   ② 플라이어
③ 렌치   ④ 해머

해설

조립용 수공구
- 조립용 수공구는 드라이버, 플라이어, 렌치처럼 부품을 결합하는 데 사용하는 공구이다.
- 해머는 물체를 파괴하거나 못을 박는 등에 사용하므로 조립용 수공구와는 거리가 멀다.

06 기계장치보전

23 ☑□□□□
나사의 표시방법 중 유니파이 보통 나사를 나타내는 기호는?

① UNF   ② UNC
③ CTC   ④ CTG

해설

유니파이 나사
- UNC(Unified National Coarse) : 유니파이 보통 나사
- UNF(Unified National Fine) : 유니파이 가는 나사

24 ☑□□□□
두께가 같고 폭이 구배 또는 테이퍼로 되어 있는 일종의 쐐기로 인장 또는 압축력이 축방향으로 작용하는 축과 축, 피스톤과 피스톤 등을 연결하는 데 사용하는 체결용 기계요소는?

① 키   ② 핀
③ 볼트   ④ 코터

해설

코터(Cotter)
- 두께가 같고 폭이 구배 또는 테이퍼로 되어 있는 일종의 쐐기이다.
- 인장 또는 압축력이 축방향으로 작용하는 축과 축, 피스톤과 피스톤 등을 연결하는 데 사용하는 체결용 기계요소이다.

정답 21 ③ 22 ④ 23 ② 24 ④

25 ☑□□□□
다음 중 미끄럼 베어링에 대한 설명으로 틀린 것은?

① 구조가 간단하다.
② 수리가 용이하다.
③ 작은 하중에 사용한다.
④ 충격하중에 잘 견딘다.

해설
미끄럼 베어링
- 구조가 간단하고 수리가 용이하다.
- 큰 하중에 사용한다.
- 충격하중에 잘 견딘다.

26 ☑□□□□
기어 전동장치에서 두 축이 평행한 기어는?

① 웜(Worm)기어
② 스큐(Skew)기어
③ 스퍼(Spur)기어
④ 베벨(Bevel)기어

해설
스퍼(Spur)기어
- 축이 평행한 상태에서 동력을 전달하는 원통형 기어이다.
- 가장 널리 사용되는 평행 축 기어이다.

27 ☑□□□□
관 내 압력이 포화증기압 이하로 되어 소음과 진동이 생기고 양수불능의 원인이 되는 현상은?

① 서징   ② 크래킹
③ 수격작용   ④ 캐비테이션

해설
캐비테이션(Cavitation)
- 펌프와 같은 회전기계에서 액체의 압력이 포화증기압 아래로 떨어지면 기포가 형성되고, 이 기포가 붕괴하면서 고주파진동 및 충격음이 발생하는 현상이다.
- 공동현상이라고도 부른다.

28 ☑□□□□
송풍기의 양쪽 벨트 풀리의 축간거리가 멀거나, 고속회전을 할 때 벨트가 위아래로 파도치는 현상은?

① 점핑(Jumping)현상
② 채터링(Chattering)현상
③ 캐비테이션(Cavitation)현상
④ 플래핑(Flapping)현상

해설
플래핑(Flapping)현상
- 송풍기의 양쪽 벨트 풀리의 축간거리가 멀거나, 고속회전을 할 때 벨트가 위아래로 파도치는 현상이다.
- 벨트가 빠른 회전 또는 긴 축간거리에서 파닥파닥 소리를 내며 위아래로 출렁거린다.

정답 ● 25 ③ 26 ③ 27 ④ 28 ④

29

터보형 압축기에 해당하는 것은?

① 나사식 압축기
② 왕복식 압축기
③ 축류식 압축기
④ 회전식 압축기

해설

터보형 압축기
로터의 회전에 의해 압축하는 방식으로 축류식 압축기, 원심식 압축기 등이 해당된다.

30

유성기어 감속기에 대한 설명으로 옳지 않은 것은?

① 작동 시 구름마찰을 한다.
② 윤활 시 1 kW 이하의 소형에는 그리스윤활을 할 수 있고, 그 이상의 것은 유욕윤활방법이 쓰인다.
③ 고정된 내접기어에 유성기어가 맞물려 회전하면서 감속한다.
④ 무단변속기와 조합하여 큰 감속비를 얻을 수 있다.

해설

유성기어 감속기
유성기어 감속기는 여러 개의 기어(행성기어, 태양기어)가 맞물려 돌아가고, 이때 발생하는 마찰은 주로 미끄럼마찰(치면마찰)이다.

31

단상 유도 전동기에서 과열되는 원인으로 옳지 않은 것은?

① 냉각 불충분
② 빈번한 기동
③ 서멀릴레이 작동
④ 과부하(Overload) 운전

해설

서멀릴레이
전동기에 과전류가 흐르거나 과열되는 것을 막아주는 부품으로 전동기가 과열되는 원인이 아니다.

32

축(Shaft)고장의 직접원인 중 설계 불량과 가장 거리가 먼 것은?

① 재질 불량
② 급유 불량
③ 형상구조 불량
④ 치수강도 부족

해설

급유 불량
• 축에 윤활유가 충분히 공급되지 않았을 때 발생하는 고장원인이다.
• 급유 불량은 운영 및 유지보수상의 문제로 설계 자체와는 직접적인 관련이 없다.

Chapter 04 설비진단 및 관리

01 설비진동 및 소음

1 설비진단의 개요

1) 설비진단기술의 정의 및 성격

   (1) 설비진단기술의 정의

   설비진단기술이란 설비의 상태를 정량적으로 파악하여 고장, 열화, 성능 저하 등 이상 유무를 식별하고 신뢰성 또는 성능과 관련된 진단·예측 및 필요한 해결책을 제시하는 기술이다.

   (2) 설비진단기술의 성격

   ① 센서기술 : 설비의 상태를 나타내는 데이터를 검출·수집하는 기술이다.

   ② 해석·평가기술 : 센서로 수집된 데이터를 바탕으로 설비의 이상 유무, 결함의 종류, 열화 상태, 고장위치, 위험도 등을 분석·평가하는 기술이다.

2) 소음진동 개론

   (1) 소음 관련 용어

   ① 소리의 크기 : 음압 또는 음압레벨로 나타낸다.

   ② 데시벨(dB) : 소음의 크기 등을 나타내는 단위이다.

   ③ 흡음 : 소리를 흡수하여 소리의 크기를 줄이는 것이다.

   ④ 차음 : 두 공간 사이에 소리를 전달을 차단하여 소리가 들리지 않게 하는 것이다.

   ⑤ 공명효과 : 외부에서 가해지는 진동주파수와 대상물의 고유진동수가 일치할 때 진폭이 크게 커져 소리가 증폭되는 현상이다.

   ⑥ 가청주파수 : 사람이 귀로 들을 수 있는 음파의 주파수 범위로 약 20 Hz ~ 20000 Hz이다.

   ⑦ 가청음압 : 사람이 귀로 들을 수 있는 음압의 범위로 최저 가청음압은 2×10^{-5} N/m^2(0 dB)이고, 최대 가청음압은 60 Pa(130 dB)이다.

   ⑧ 마스킹효과 : 크고 작은 두 소리를 동시에 들을 때 큰 소리만 듣는 현상이다.

(2) 진동의 분류

① 자유진동 : 외부에서 힘(외란)을 준 후 더 이상은 외부의 힘 없이 계가 자신의 복원력에 의해 스스로 진동하는 현상이다.
② 강제진동 : 외력이 반복적으로 가해져 발생하는 진동이다.
③ 비감쇠진동 : 마찰, 저항 등 에너지 손실요인이 없는 이상적인 진동이다.
④ 감쇠진동 : 마찰, 저항 등 에너지 손실이 발생하는 진동이다.

2 진동 및 측정

1) 진동의 물리적 성질

(1) 진동의 물리량 관련 용어

용어	설명
실횻값	진동의 에너지를 표현하는 값으로 피크값의 약 0.7배($\frac{1}{\sqrt{2}}$배)이다.
평균값	진동량의 평균값이다.
편진폭(피크값)	기준선(중심선 또는 0점)으로부터 진동의 최댓값까지의 거리이다.
양진폭(전진폭)	양(+) 방향의 최댓값과 음(-) 방향의 최댓값 사이의 거리이다.
피크 - 피크값	진동 파형의 최고점과 최저점 사이의 최대 변화량이다.

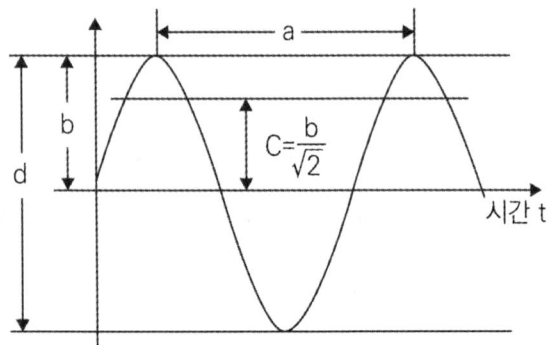

a : 주기, b : 편진폭, c : 실횻값, d : 양진폭

(2) 진동 관련 공식

① 진동수 · 주기 · 각진동수 관계

$$\omega = 2\pi f, \ f = \frac{1}{T}, \ T = \frac{1}{f} = \frac{2\pi}{\omega}$$

- ω : 각진동수(rad/s)
- f : 진동수(Hz)
- T : 주기(s/cycle)

② 진동속도

$$V = 2\pi f D$$

- V : 진동속도(mm/s)
- f : 진동수(Hz)
- D : 진동변위(mm)

③ 진동가속도

$$a = 2\pi f v$$

- a : 진동가속도(m/s^2)
- f : 진동수(Hz)
- v : 진동속도(m/s)

④ 고유진동주파수

$$f = \frac{1}{2\pi}\sqrt{\frac{k}{m}}$$

- f : 진동수(Hz)
- k : 스프링상수
- m : 질량

(3) 진동의 측정단위

구분	내용	단위
변위	측정대상의 위치가 변화한 양이다.	m
속도	측정대상의 단위시간당 위치가 변화한 양이다.	m/s
가속도	측정대상의 단위시간당 속도가 변화한 양이다.	m/s^2

(4) 진동의 4대 요소

① 주기성 : 진동이 일정한 주기로 반복되는 운동이다.
② 진폭 : 진동의 중심에서 최대 변위를 나타내는 것이다.
③ 주파수 : 단위시간당 진동의 횟수로 단위는 Hz이다.
④ 진원(진동체) : 진동이 발생하는 대상이다.

(5) 진동과 주파수의 관계
  ① 높은 주파수일수록 진동이 빠르게 발생한다.
  ② 한 주기 동안에 걸린 시간이 길수록 주파수는 낮다.
  ③ 동일한 질량일 경우 강성이 클수록 주파수는 높다.

(6) 진동의 발생과 소멸에 필요한 3대 요소
  ① 질량 : 질량이 클수록 진동 발생에 많은 힘이 필요하고 진폭도 적어진다.
  ② 강성 : 원래 상태를 유지하는 성질로 재료의 강성이 높으면 저주파 소음방지효과가 커진다.
  ③ 감쇠 : 거리, 시간에 따른 에너지의 손실이다.

2) 진동방지대책

(1) 진동방지법
  ① 진동차단기 : 강성이 충분이 작고 고유진동수가 차단하려는 진동의 최저진동수보다 1/2 이상 작아야 한다.
  ② 기초의 진동을 제어 : 기계 또는 구조물의 기초에 탄성 지지를 설치해서 진동이 전달되지 않도록 한다.
  ③ 2단계 차단기 사용 : 두 개의 차단기를 사용하는 것으로 고주파진동제어에는 효과가 크나 저주파진동제어에서는 역효과가 날 수 있다.
  ④ 거더 이용 : 상부 구조물을 떠받치며 진동에 대한 저항성을 높인다.

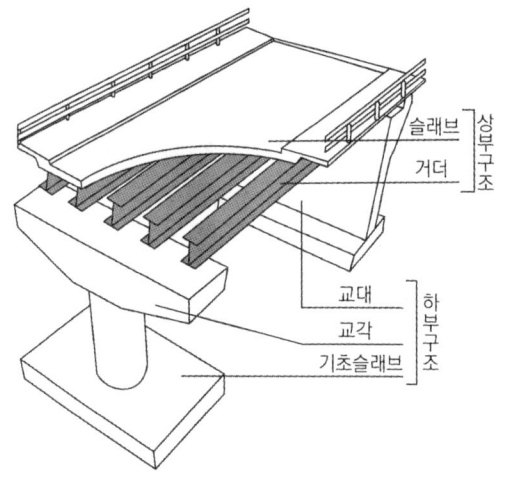

[다리 건설에 사용되는 거더]

(2) 진동측정용센서
  ① 비접촉형 센서 : 정전용량형 근접센서로 진동체와 물리적 접촉 없이 진동을 측정한다.
  ② 접촉형 센서 : 압전형, 서보형, 동전형 센서로 진동체와 직접 접촉하여 진동을 측정한다.

(3) 진동차단기의 요구조건
　① 강성이 충분히 작아서 진동 차단능력이 있어야 한다.
　② 강성은 충분히 작되 걸어준 하중을 충분히 견딜 수 있어야 한다.
　③ 온도, 습도, 화학적 변화 등에 의해 견딜 수 있어야 한다.
　④ 진동체에 질량을 가하여 고유진동수를 낮추면 효과적이다.
　⑤ 스프링형 진동차단기는 강성이 낮아야 하고, 사용하는 스프링은 고유진동수가 가능한 낮아야 한다.
　⑥ 차단하려는 진동의 최저 주파수보다 작은 고유진동수를 가져야 한다.

(4) 진동차단기의 종류
　① 강철 스프링 : 강철로 된 스프링으로 만든 것이다.
　② 공기 스프링 : 공기의 탄성을 이용한 스프링이다.
　③ 고무 스프링 : 탄성이 큰 고무로 만든 스프링으로 감쇠작용이 커서 진동의 흡수에 좋다.

(5) 진동차단기의 동적배율
　① 고무의 동적배율(외부의 진동력에 대해 시스템이 보이는 진폭)은 1 이상이다.
　② 고무의 영률이 커지면 동적배율도 커진다.
　③ 동적 스프링 정수가 커질수록 동적배율이 커진다.
　④ 정적 스프링 정수가 커질수록 동적배율은 작아진다.

(6) 센서의 부착방법과 특징

구분	특징
손 고정	• 부착속도 및 이동이 빠르고 간편하다. • 진동주파수 영역이 좁다. • 손이 떨릴 경우 측정오차가 발생한다.
나사 고정	• 센서를 견고하게 고정할 수 있다. • 먼지, 습기, 온도에 강하며 사용할 수 있는 주파수 영역이 넓다. • 이동 및 고정시간이 길고, 고정 시 드릴, 탭 등의 추가작업이 필요하다.
밀랍 고정	• 사용할 수 있는 주파수 영역이 좁다. • 고온 환경에서는 밀랍이 녹을 수 있어 주변 온도에 제약을 받는다.
마그네틱 고정	마그네틱을 부착할 수 있는 평탄한 면이 필요해서 사용에 제약을 받는다.
에폭시 시멘트 고정	• 영구적으로 가속도계를 기계에 설치하고자 할 때 사용한다. • 드릴이나 탭작업이 불가능한 경우에 사용한다.

3) 회전기기 진단

(1) 언밸런스(Unbalance)

① 기하학적 축과 질량 중심선이 일치하지 않은 상태 또는 질량 중심이 회전축상에 놓여 있지 않은 상태이다.

② 회전주파수의 1 f 성분의 주파수가 나타난다.

③ 언밸런스량과 회전수가 증가할수록 주파수진동레벨이 높게 된다.

(2) 미스얼라인먼트(Misalignment)

① 커플링 등에서 서로의 회전 중심선이 어긋난 상태이다.

② 회전주파수의 2 f 또는 3 f 성분의 주파수가 나타난다.

③ 높은 축진동이 발생한다.

(3) 공진(Resonance)

① 고유진동수와 강제진동수가 일치할 경우 진폭이 갑자기 커지는 현상이다.

② 결함 발생 주파수를 기계의 고유진동수와 다르게 하면 공진이 줄어든다.

③ 기계의 강성과 질량을 바꿔 고유진동수를 변화시키면 공진이 줄어든다.

3 소음 및 측정

1) 소음의 물리적 성질

(1) 음압, 음향 세기, 음향 출력

① 음압 : 음파가 매질 속에서 진행할 때 압력의 변화량이며 단위는 $N/m^2(Pa)$이다.

② 음의 세기 : 소리가 단위면적을 단위시간에 얼마나 많은 에너지로 통과하는지를 나타내는 양으로 단위는 W/m^2이다.

③ 음향 출력(W) : 음원으로부터 단위시간 동안 방출되는 음에너지의 총량이다.

$$W = I \times S$$

- W : 음향출력
- I : 음의 세기
- S : 표면적

(2) 등청감곡선

① 음의 물리적 강약은 음압에 따라 변하지만 사람이 귀로 듣는 음(청감)의 감각적 강약은 음압과 주파수에 따라 변한다.

② 같은 크기로 느끼는 순음을 주파수별로 구하여 그래프로 나타낸 것이 등청감곡선이다.

③ 단위로는 폰(phon)이 사용된다.

(3) 청감보정회로
　① A 보정회로 : 40폰의 등청감곡선을 이용하며 가장 많이 사용된다.
　② B 보정회로 : 70폰의 등청감곡선을 이용한다.
　③ C 보정회로 : 85폰의 등청감곡선을 이용한다.

(4) 음파, 파면, 음선
　① 음파 : 매질의 진동에 따라 에너지를 전달하는 기계적 파동이다.
　② 파면 : 동일한 위상의 진동이 이루어지는 점들을 연결한 곡면 또는 평면이다.
　③ 음선 : 음의 진행방향을 표시하는 선으로 파면에 항상 수직이다.

(5) 주파수와 파장, 음속과의 관계
　① 파장 : 음파의 1주기 거리이다.
　② 주파수 : 음파가 매질을 1초 동안 통과하는 진동횟수이다.
　③ 주파수는 소리의 속도에 비례하고 파장에 반비례한다.

$$f = \frac{v}{\lambda}$$

- f : 주파수(Hz)
- v : 소리의 속도(m/s)
- λ : 파장(m)

2) 소음의 발생원과 특성

(1) 기류음과 고체음의 구분

구분	내용
고체음	• 고체의 진동이나 충격 등으로 전파된다. • 1차 고체음 : 기계 등에서 발생한 진동이 지반이나 건물을 통해 직접 전달되는 것이다. • 2차 고체음 : 1차 고체음으로 인해 벽체나 건물이 진동되고, 그 진동에 의해 전달되는 것이다.
기류음	• 공기의 흐름, 압력 변화 등 유체역학적 작용에 의해 발생한다. • 난류음 : 소리의 주파수와 크기가 불규칙한 것이다. • 맥동음 : 소리의 크기가 주기적으로 커졌다가 작아졌다 하는 것이다.

(2) 음원의 구분

구분	내용
면음원	평면상에 많은 점음원이 분포하는 경우이다. 예 진동하는 커다란 기계의 표면, 운동장의 군중 소음
선음원	동일한 음원이 직선상에 연속적으로 분포하는 경우이다. 예 움직이는 열차, 고속도로의 차량 등
점음원	작은 점에서 구면파를 이루며 방사하는 경우이다. 예 사람의 말소리, 작은 스피커 등

(3) 음파의 구분

구분	내용
구면파	구(원)와 같이 모든 방향으로 동일한 에너지를 방출한다.
평면파	음파의 파면들이 서로 평행하게 방출한다.
발산파	음원으로부터 거리가 멀어질수록 더욱 넓은 면적으로 방출한다.
진행파	음파의 진행방향으로 에너지를 방출한다.

3) 소음 관련 현상

(1) 공명(Resonance)

① 고유진동수와 강제진동수가 일치할 경우 진폭이 크게 증가하는 현상이다.

② 미국의 워싱턴 주에 세워진 현수교가 강풍으로 인해 생긴 진동이 다리의 고유진동수와 일치하면서 진폭이 크게 증가하여 붕괴된 사례가 있다.

(2) 중첩의 원리

① 둘 또는 그 이상의 같은 성질의 파동이 동시에 한 점을 통과할 때 그 점에서의 진폭은 개개의 파동의 진폭을 합한 것과 같다.

② 귀로 다양한 소리(여러 악기의 연주)를 동시에 들으면 각각의 음파가 한 점을 동시에 통과하면서 하나의 합성된 소리가 들린다.

③ 보강간섭은 두 파동이 같은 위상이 만나 중첩될 때 진폭이 커지는 현상이다.

④ 소멸간섭은 두 파동이 반대 위상을 만나 중첩될 때 나타나는 현상으로 합성파의 진폭이 작아지는 현상이다.

(3) 맥놀이
  ① 주파수가 약간 다른 두 개의 음원으로부터 음이 나올 때 발생한다.
  ② 음이 보강간섭과 소멸간섭을 교대로 이루어 어느 순간에 큰 소리가 들리면 다음 순간에는 조용한 소리로 들리는 현상이다.

(4) 도플러효과
  ① 발음원이 이동할 때 그 진행방향 쪽에서는 원래의 음보다는 고음으로, 진행 반대쪽에서는 저음으로 되는 현상이다.
  ② 구급차가 지나갈 때 가까이 올 때는 더 높은 소리로 들리고, 멀어질 때는 더 낮은 소리로 들리는 것이 도플러효과이다.

(5) 마스킹효과
  ① 크고 작은 두 소리를 동시에 들을 때 큰 소리만 듣는 현상이다.
  ② 두 음의 주파수가 비슷할 때 마스킹효과가 매우 커진다.
  ③ 저음이 고음을 잘 마스킹한다.

4) 소음방지대책

(1) 소음방지대책 개요
  ① 소음방지를 위한 방법으로는 흡음, 차음, 소음기 사용 등이 있다.
  ② 일반적으로 부드럽고 가동성 표면을 갖는 재료는 높은 흡음률을 갖는다.
  ③ 직접 소음은 거리가 2배 증가함에 따라 6 dB 감소한다.
  ④ 소음원에 가까운 거리에서는 반사음보다 직접음에 의한 소음이 압도적으로 많다.
  ⑤ 차음벽의 차음효과는 투과율에 의해 결정된다.

(2) 헬름홀츠(Helmholtz) 공명기
  ① 19세기 독일의 헬름홈츠가 고안한 것으로 물체의 용적 혹은 흡음구조 설계 시에 사용한다.
  ② 공진주파수에서 공명기는 입사소음과 180° 위상차를 갖는 소음을 발생시켜 입사소음을 상쇄시킨다.
  ③ 공진주파수 부근에서 소음흡수가 뛰어나고, 다른 주파수 대역에서는 효과가 감소한다.

(3) 흡음형 소음기
  ① 소음기의 내면에 파이버 글라스(유리섬유, Fiber Glass)와 같은 재료를 부착하여 소음을 감소시키는 장치이다.
  ② 공기의 배출로 인해 발생하는 소음을 감쇠시킨다.
  ③ 파이버 글라스 : 용해된 유리를 섬유처럼 가늘게 뽑은 물질로 내열성, 내식성, 내습성이 뛰어나고 반열재, 방음재로 사용된다.

④ 암면 : 석면의 대체제로 단열제, 흡음제로 사용된다.
5) 소음 측정원리 및 기기
　(1) 소음계
　　① 소음레벨(소음의 크기)을 측정하는 기기이다.
　　② 사람의 청감에 대해 보정을 하여 소리의 크기 레벨에 근사한 값으로 측정한다.
　(2) 주파수분석기
　　① 소음신호를 각 주파수 대역으로 나누어, 각각의 대역에 포함된 소음의 강도(음압 레벨)를 평가하는 방법이다.
　　② 옥타브밴드(Octave Band)분석법과 1/3 옥타브밴드분석법이 많이 사용된다.
　　③ 총 소음도는 소음의 모든 주파수 성분을 대수 합산한 값이다.
　　④ 필터분석기는 소음을 주파수 대역별로 분리하여 측정하는 장비이다.

02 설비관리 계획

1 설비관리 개론

1) 설비관리 개요
　(1) 설비관리의 정의
　　① 설비관리란 생산현장의 기계, 설비시스템이 제 성능을 발휘하여 정상적으로 작동할 수 있도록 관리하는 활동으로 설비의 고장이 발생하지 않도록 미리 관리하는 것이다.
　　② 설비관리란 설비의 고장이 발생한 경우 정비작업을 통해 빠르게 복구하는 것이다.
　(2) 설비관리기능의 구분

구분	내용
기술기능	• 설비성능분석 • 설비진단기술 이전 및 개발 • 보전기술 개발 및 매뉴얼 갱신
관리기능	• 보전작업 계획, 조정, 지시 • 유지보수 예산 편성 및 관리 • 보전업무를 위한 외주 관리 • 조직, 인원 배치, 업무분장

구분	내용
실시기능	• 직접적인 보전 및 유지관리 업무 수행 • 생산 현장에서 작업자에 의한 자주보전 실시
지원기능	• 교육 및 훈련, 작업자의 역량 강화 • 예비품의 구매, 이력관리 등 자재 지원 • 각종 기술자료, 매뉴얼 및 작업지침 제공

(3) 시스템의 라이프 사이클 4단계

① 1단계 : 구분단계로 시스템의 구성 및 규격을 결정한다.

② 2단계 : 개발단계로 시스템을 설계하고 개발한다.

③ 3단계 : 운용단계로 시스템을 설치하고 운용한다.

④ 4단계 : 폐기단계로 시스템을 폐기한다.

2) 설비관리의 발전과정

(1) 사후보전(BM : Breakdown Maintenance)

① 성능의 저하 및 고장발생 후에 수리를 실시하는 것이다.

② 셧다운(Shutdown)의 손실이 적고 복구가 간단하며 예비라인이 있어 교체가 가능한 경우에 주로 적용한다.

(2) 예방보전(PM : Preventive Maintenance)

① 설비의 고장을 사전에 방지하고 신뢰성과 안전성을 높이기 위해 일정한 주기나 조건에 따라 정기적인 점검, 정비 등을 실시하는 보전방식이다.

② 예방보전을 체계적으로 수행하려면 보전 요원들의 전문적인 기술 및 기능이 필수적으로 요구된다.

③ 예방보전을 실시하면 보전요원의 기술 및 기능이 자연스럽게 강화된다.

(3) 개량보전(CM : Corrective Maintenance)

설비의 경제성, 신뢰성, 안정성, 보전성 향상을 위해 설비를 지속적으로 개량하여 설비의 체질을 개선하는 보전활동이다.

(4) 보전예방(MP : Maintenance Prevention)

설계단계부터 고장을 예방하는 활동으로 보전이 필요 없는 시스템 설계를 목표로 하는 것이다.

(5) 종합적 생산보전(TPM : Total Productive Maintenance)
① 설비와 관련된 모든 손실을 최소화하여 설비의 총 효율을 극대화하고, 궁극적으로 기업의 생산성을 높이는 것을 목표로 하는 전사적 보전활동이다.
② 예방이나 사후조치가 아니라, 설비 운영의 전 과정에서 비용 효율과 생산성 극대화를 동시에 추구한다.
③ 최고 경영자부터 현장 근로자, 생산, 개발, 영업, 관리 등 전 부문 인력이 함께하는 체계적 생산보전 활동이다.
④ 고장, 불량, 재해 등 낭비와 손실을 사전에 예방하고, 운영 효율성과 설비 가동률을 극대화한다.
⑤ 설비의 유지·보수뿐 아니라 관리, 운영, 직원 교육 등 전사적 협업이 핵심이다.

3) 설비의 목적에 따른 분류

구분	내용
생산설비	기계, 가공장비, 조립라인 등
운송설비	항만설비, 하역장비, 도로, 철도, 컨베이어 등
서비스설비(판매설비)	서비스 스테이션, 서비스 숍 등
유틸리티 설비	발전설비, 보일러, 냉각탑, 수처리시설 등
관리설비	본사의 건물, 지점, 영업소의 건물 등
연구·개발설비	제품이나 기술개발을 위한 연구소, 실험설비, 시험장비 등

2 설비계획

1) 설비계획의 개요

(1) 설비투자의 분류
① 확장 투자 : 사업 확장 및 신제품 생산 등 양적인 확대를 위해 생산설비, 유틸리티 설비 등을 증설하는 투자이다.
② 제품 투자 : 제품의 기능 및 품질을 향상시키기 위한 투자이다.
③ 전략적 투자 : 사업의 장기적인 경쟁력을 확보하기 위한 투자이다.
④ 합리적 투자 : 설비의 갱신이나 개조에 의한 경비절감을 목적으로 하는 투자로 투자기간이 짧고, 투자대비효과가 좋은 편이다.

(2) 설비배치의 형태와 특징

구분	내용
기능별 설비배치	• 유사한 기능을 가진 기계나 설비, 작업공정을 한 곳에 집단적으로 배치한다. • 선반, 드릴, 밀링 등을 같은 종류끼리 한 작업장에 모아두는 것이다. • 다품종 소량생산의 경우에 알맞은 배치형식이다.
제품별 배치	• 제품별로 공정이 일렬로 배치된 방식으로 대량생산에 적합하다. • 자동차 조립, 가전제품 생산라인처럼 흐름 생산(Line Production)에 사용된다. • 같은 설비가 여러 라인에 중복 배치될 수 있어 기계 대수는 많아질 수 있다. • 공정이 표준화되어 작업속도가 빠르고 품질관리가 용이하다. • 제품 변경 시 설비 재배치가 어려워 작업의 융통성이 낮다. • 초기 투자비용이 많이 든다.
제품 고정형 배치	• 제품이 매우 크고 복잡한 경우에 제품이나 공사 구조물을 한 장소에 고정해두고 원자재, 기계설비, 작업자 등을 제품의 생산 장소에 옮겨서 생산하는 방식이다. • 선박 제조업, 건축업, 교량 건설 등 1회의 대규모 사업에 주로 이용한다.
혼합형 배치	여러 설비배치방식이 혼합된 것으로 주로 기능별 배치와 제품별 배치를 혼합한 형태이다.

2) 설비의 신뢰성 및 보전성 관리

(1) 신뢰성

① 신뢰성은 설비가 일정조건 하에서 일정기간 동안 특정기능을 고장 없이 수행할 수 있는 확률이다.

② 고장률(Failure) : 설비의 총 가동시간 중 발생하는 고장횟수를 나태나는 것으로 설비의 신뢰성을 의미한다.

$$고장률 = \frac{고장횟수}{총 가동시간}$$

(2) 평균고장간격(MTBF)과 평균고장시간(MTTF)의 구분

① 평균고장간격(MTBF : Mean Time Between Failures) : 수리 가능한 시스템이나 설비가 고장 없이 작동하는 평균시간이다.

② 평균고장시간(MTTF : Mean Time To Failure) : 수리하지 않는 부품이나 시스템이 정상적으로 작동을 시작한 후 고장이 발생하기까지의 평균시간이다.

(3) 평균수리시간(MTTR)

고장이 발생한 후 정상적으로 동작하기까지의 시간으로 보전성을 의미한다.

$$\text{MTTR} = \frac{1}{\mu} \ (\mu : 수리율)$$

$$\mu = \frac{1}{\text{MTTR}}$$

(4) 유용도(A)

장비나 시스템이 필요할 때 의도된 기능을 수행할 수 있는 상태에 있을 확률이다.

$$A = \frac{\text{MTBF}}{\text{MTBF} + \text{MTTR}}$$

- MTBF : 평균고장간격
  (고장 없이 작동하는 평균시간)
- MTTR : 평균수리시간
  (고장발생 후 정상복구까지의 평균시간)

3) 설비의 경제성 평가

(1) 비용비교법

① 여러 설비의 대안이나 투자안을 비교할 때 각각의 총 비용을 비교하여 경제성을 평가하는 방법이다.

② 연평균 비교법 : 설비의 내구 사용기간 동안 자본 및 운영비용의 현재가치를 연평균하여 여러 대안을 비교하는 경제성 평가방법이다.

③ 평균 이자법 : 설비투자 시 소요되는 총 자본에 대한 연평균 이자비용을 계산하여 경제성을 평가하는 방법이다.

(2) 자본회수법

투자한 자본이 몇 년 만에 회수되는지를 판단하는 것으로 설비의 경제성을 평가하기 위한 방법이다.

(3) MAPI(Machinery & Alied Products Institute)방식

① 미국의 생산성 및 품질센터(MAPI)에서 고안한 방식이다.

② 투자시기의 결정과 투자의 타당성을 취급한다.

③ 주로 신구설비의 교체를 결정할 때 사용한다.

④ 신 MAPI방식은 구 MAPI방식의 단점을 보안한 것으로 자본 배분에 관련된 투자 순위 결정이 주체인 방식이다.

3 설비보전의 계획과 관리

1) 설비보전과 관리시스템

   (1) 설비보전 표준

   ① 정비표준 : 정비 또는 일상보전 조건방법의 표준을 정한 것으로 정비작업 종류에 따라 급유표준, 청소표준, 조정표준 등이 작성된다.

   ② 수리표준 : 고장 발생 시 수리의 순서, 조치방법 등을 정한 표준이다.

   ③ 설비검사 표준 : 설비검사 시 설비별 검사항목, 검사기법 등을 정한 표준이다.

   ④ 설비성능 표준 : 설비별 설계상의 표준성능 및 현재 상태의 기대성능 등을 정한 표준이다.

   (2) 집중보전

   ① 공장 내 모든 보전요원을 한 명의 책임자 아래에 두고 보전활동을 집중적으로 수행하는 것이다.

   ② 모든 보전업무가 한 부서 또는 한 책임자의 지휘 아래 통합적으로 이루어진다.

   ③ 특수기능자의 집중배치, 긴급상황 시 신속한 대처가 가능하다.

   ④ 공장 전체를 대상으로 하므로 현장별로 직접적인 관리·감독은 어렵다.

   (3) 설비열화

   ① 절대적 열화 : 설비가 점차 사용됨에 따라 열화되는 것으로 시간의 경과에 따라 가치가 감소한다.

   ② 기능정지형 열화 : 사용 중에 성능저하는 없지만 돌발고장에 의한 정지가 발생하며 부분적 교환, 및 교체에 의해 복구되는 열화의 형태이다.

   ③ 설비열화의 대책
      ㉠ 열화방지 : 급유, 교환, 청소 등 일상보전
      ㉡ 열화측정 : 상태점검, 검사
      ㉢ 열화회복 : 수리, 복원

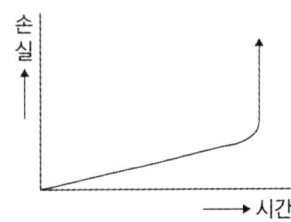

[기능정지형 열화]

2) 공사관리

   (1) 공사의 완급도에 따른 공사의 구분

   ① 계획공사 : 수립된 공정계획에 의해 착공하는 공사이다.

   ② 긴급공사 : 긴급하게 구두 연락으로 인해 즉시 착공하고, 착공 후 전표를 제출하는 공사이다.

   ③ 예비공사 : 전표를 보관하고 있다가 공정에 여유가 있을 때 착공하는 공사이다.

   ④ 준급공사 : 당 계절에 착수하는 공사로 전표를 제출할 여유가 있고 여력표에 남기지 않는다.

(2) PERT기법

① Program Evaluation and Review Technique의 약자로 설비의 공사관리기법이다.
② 각 작업의 소요시간을 분석해 불필요한 대기시간을 없애고, 전체 공정의 최적 일정계획을 수립하는 기법이다.
③ 작업 간의 순서와 의존관계를 명확히 하여 공사의 흐름을 시각화한다.
④ 가장 경제적이고 효율적인 일정관리를 할 수 있게 한다.
⑤ 프로젝트에서 가장 오래 걸리는 경로인 위급경로(Critical Path)를 발견하고 일정 내에 꼭 완료해야 하는 주요작업을 식별한다.

4 보전용 자재관리

1) 보전용 자재관리의 일반적 특징

(1) 보전용 자재의 개념

보전용 자재란 설비의 돌발고장이나 계획된 보전작업(예방·예지·사후보전)을 신속하게 수행하기 위해 창고 등에 미리 비축하는 예비부품, 소모품, 작업용 공구류를 의미한다.

(2) 보전용 자재의 관리상 특징

① 불용자재의 발생 가능성이 크다.
② 자재구입의 품목, 수량, 시기의 계획을 수립하기 어렵다.
③ 연간 사용빈도가 낮으며 소비속도가 늦다.
④ 보전의 기술수준 및 관리수준이 보전자재의 재고량을 좌우한다.

(3) 부품의 대체방식

① 각개대체 : 파손된 부품을 신품으로 대체하는 방식이다.
② 일제대체 : 특정 교체시기가 도달하면 모든 부품을 신품으로 대체하는 방식이다.
③ 개별사전대체 : 일정기간이 되어도 파손되지 않는 부품만을 신품과 대체하는 방식이다.
④ 최적수리주기 대체 : 수리주기분석을 통해 얻은 최적수리주기에 따라 신품으로 대체하는 방식이다.

(4) 상비품

① 설비의 정상가동을 위해 상시 보유하고 있어야 하는 기계부품이다.

② 상비품 품목결정방식 중 상비수방식과 계획구매방식의 비교

구분	내용
상비수 방식	• 항상 일정량의 재고를 확보하는 방식으로 관리수속이 간단하다. • 대량구매를 진행하므로 구입단가가 경제적이다. • 재질변경에 따른 손실이 많다. • 필요 이상으로 재고를 확보해 재고금액이 많아진다.
계획 구매방식	• 장기적인 수요예측과 계획을 바탕으로 자재를 미리 구매하는 방법이다. • 필요할 때마다 계획적으로 구매해야 하므로 관리수속이 복잡해진다. • 계획적으로 구매하여 재고금액 적어진다. • 재고를 많이 보유하지 않으므로 시설변경과 재질변경에 대한 손실이 적다.

2) 자재 발주방식

(1) 정량발주방식

정량발주방식은 일정한 발주량을 정해 놓고, 재고량이 발주점에 이르면 일정 발주량을 발주하는 방식이다.

(2) 정기발주방식

정기발주방식은 일정한 기간을 정해두고 재고량에 관계없이 정해진 기간이 되면 발주하는 방식이다.

(3) 사용고발주방식

사용고발주방식은 사용할 때마다 사용량만큼 보충 발주하여 일정량을 유지하는 방식이다.

(4) 복책법

① 두 용기를 마련해주고, 한쪽이 다 소진되면 나머지 하나를 사용하면서 소진된 용기의 해당 용량만큼 주문한다.

② 주문량과 주문점이 같아지는 특징이 있다.

(5) 포장법

포장법은 발주 단위 또는 주문량만큼 복수로 포장해두고, 포장 단위별로 관리하는 방식이다.

03 종합적 설비관리

1 공장 설비관리

1) 설비분류의 기호법

   (1) 순번식 기호법

   종류와 형태에 관계없이 배치나 구입 순으로 기호를 부여해 표기하는 방식이다.

   (2) 기억식 기호법

   항목의 첫 글자나 그 밖의 문자를 기호로 하여 기억하는 방법이다.
   예 밀링(Milling) 가공을 M, 선반(Lathe) 가공을 L로 표기한다.

   (3) 세구분식 기호법

   연속번호 중에서 일정 범위의 숫자를 하나의 종류에 해당시킨 것이다.
   예 1 ~ 20번은 밀링고정, 21 ~ 30번은 선반공정으로 표기한다.

2) 치공구관리

   (1) 치공구의 개요

   ① 산업현장에서 제품을 생산하기 위해 사용되는 공구류를 통칭하는 용어이다.
   ② 지그, 검사구, 고정구, 금형, 절삭공구 등 각종 공구가 해당된다.
   ③ 치공구를 사용하여 제품의 정밀도를 향상시키고, 좋은 품질을 제품을 대량생산할 수 있다.

   (2) 치공구의 관리기능단계

   ① 계획단계 : 설계 및 표준화, 사양 결정
   ② 조달단계 : 공구의 구입, 제작
   ③ 보전단계 : 공구의 검사, 보관과 공급, 제작 및 수리, 유지관리

2 종합적 생산보전(TPM)

1) 종합적 생산보전의 기본개념

   (1) 설비의 6대 로스

   ① 고장로스 : 설비의 고장 때문에 설비가 멈추면서 생기는 로스이다.
   ② 기종변경로스(준비로스) : 품목 교체, 작업조건 조정, 작업준비 등으로 설비가 정지되는 기간에 발생하는 로스이다.
   ③ 순간정지로스 : 일시적인 문제로 인해 설비가 정지해서 발생하는 로스이다.
   ④ 속도저하로스 : 이론 사이클시간과 실제 가동속도의 차이로 발생하는 로스이다.

⑤ 수율저하로스 : 불량 발생 및 불량으로 인한 수정작업으로 인해 발생하는 로스이다.
⑥ 초기수율로스 : 설비를 가동한 후 양품이 나올 때까지 또는 작업변경 후 안정될 때까지의 로스이다.

(2) 종합적 생산보전의 의의
① 설비의 효율을 최고로 높이기 위한 설비의 라이프 사이클을 대상으로 한 종합적 시스템을 확립한다.
② 설비의 계획, 사용, 보전 등 모든 부분에 걸쳐 전원이 참가하여 동기를 부여하여 관리하는 시스템이다.
③ 소집단의 자주활동에 의하여 생산보전을 추진해나가는 것이다.

(3) 종합적 생산보전의 5가지 주요활동

구분	내용
자주보전	• 작업자가 직접 설비의 점검하여 설비를 스스로 관리한다. • 전구성원이 참여한다.
계획보전	보전 전문가가 조직적인 계획에 따라 보전체계를 구축한다.
교육훈련	설비와 공정에 강한 작업자를 육성한다.
초기관리 또는 MP 설계	설비 도입 및 설계단계에서부터 보전이 쉬운 설비, 설계를 도입한다.
개선활동	6대 로스 근절을 위한 설비 및 업무 개선 활동

(4) TPM과 전통적 관리의 비교
① 종합적 생산보전(TPM) : TPM관리는 개선을 위한 자기동기 부여, 원인추구시스템, 전 직원의 자발적인 참여와 지속적 개선, 협업을 중시한다.
② 전통적 관리 : 전통적 관리는 위계적, 지시적, 터널식 의사소통, 결과(Output) 지향적 성격이 강하다.

2) 만성로스

(1) 만성로스의 특징
① 인간이 해야 할 일을 게을리 한 결과 느리지만 계속해서 발생되는 손실의 경향이다.
② 해결할 수 있음에도 불구하고 방치해서 지속적으로 발생하는 "시간적 손실"이다.
③ 생산현장에서는 항상 어느 정도 범위 내에서 반복적으로 발생한다.
④ 만성로스는 복합적인 원인에 의해 발생하며 한 가지 원인만으로는 설명하기 어렵고, 주로 여러 가지 요인이 조합되어 나타난다.

(2) PM(Phenomena Machanism)분석
　① 만성로스를 규명하고 개선하기 위한 방법이다.
　② 설비나 시스템의 불합리현상을 원리 및 원칙에 따라 물리적 성질과 메커니즘을 밝히는 사고방식이다.
　③ 원인에 대한 대책을 원리 및 원칙을 수립하여 강구하는 분석법이다.
　④ 복합적이고 상호 연관된 요인을 4M(Man, Machine, Material, Method) 관점에서 체계적으로 파악한다.

3) 자주보전 활동
　(1) 자주보전 활동의 개념
　　① 설비를 운전자 스스로 관리함으로써 현장 개선의 일익을 담당하는 것이다.
　　② 작업자가 설비보전 업무도 수행할 수 있어야 한다는 개념이다.
　(2) 자주보전을 위한 작업자의 요구능력
　　① 설비의 이상발견과 개선 능력
　　② 설비의 기능·구조 이해와 이상 원인 발견 능력
　　③ 설비와 품질관계를 이해하고 품질 이상의 예지와 원인 발견 능력
　　④ 수리를 할 수 있는 능력
　(3) 자주보전의 7단계

구분	내용
1단계(초기청소)	청소, 정리정돈 등을 통한 설비의 이상유무를 확인한다.
2단계(곤란개소 대책)	오염 발생원, 청소 곤란개소 식별 및 개선, 오염 차단 대책을 수립(덮개 등)한다.
3단계(기준서 작성)	활동별 기준서 작성, 점검항목, 주기, 방법, 기준 등을 명확하게 정의한다.
4단계(총점검)	담당자의 설비 전체 정밀점검, 기능습득 및 실습교육을 진행한다.
5단계(자주점검)	작업자가 이상 유무를 직접 점검, 이상 발견 시 기록, 보고한다.
6단계(표준화)	자주보전 활동과정의 표준화 및 확립과 자료를 체계적으로 관리한다.
7단계(철저한 자주관리)	담당자가 자주보전 활동을 완전히 몸에 익혀 설비관리와 효율을 극대화한다.

(4) 예지보전(Predictive Maintenance)
① 설비 내부에 숨어 있는 결함이나 열화(성능 저하) 요인이 시간이 지나면서 드러나서 고장이나 기능 저하로 이어지는 현상을 잠재 열화현상이라고 한다.
② 예지보전은 설비의 잠재 열화현상을 파악하기 위해 설비에 모니터링 장비를 설치하여 직접 설비를 감지하는 보전방법이다.

4) 품질개선 활동
(1) 품질개선 관련 활용 도구
① 특성요인도 : 결과에 대한 원인이 어떻게 관계하고 있는지를 한 눈에 볼 수 있도록 생선뼈 형태로 그린 것이다.

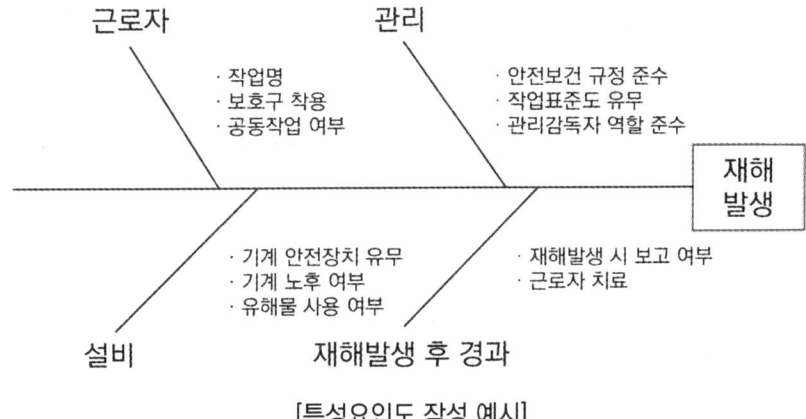

[특성요인도 작성 예시]

② 히스토그램 : 공정에서 취한 계량치 데이터가 여러 개 있을 때 데이터가 어떤 값을 중심으로 어떤 모습으로 산포하고 있는가를 조사할 때 사용하는 것으로 막대그래프와 비슷한 형태로 그린다.
③ 산점도 : 두 개의 짝으로 된 데이터를 그래프 용지 위에 점으로 나타낸 그림이다.
④ 체크시트 : 불량, 결함 등 셀 수 있는 데이터가 분류 항목별로 어느 곳에 집중되어 있는지를 알아보기 위해 만든 그림이나 표이다.
⑤ 관리도 : 공정에 있어서 우연원인에 의한 산포와 이상원인에 의한 산포를 구분하여 공정을 안정 상태로 유지하기 위한 그래프이다.

(2) PDCA 사이클
① P(Plan) → D(Do) → C(Check) → A(Action)의 4단계 사이클로 지속적인 개선을 추구한다.
② 만성적인 문제의 재발방지 정착화방법의 표준화 수립 시 PDCA 사이클을 이용한다.

04 윤활관리

1 윤활관리의 기초

1) 윤활의 기본개념

   (1) 윤활의 정의

   상대운동을 하는 물체를 전단력이 적은 윤활막을 의하여 분리시켜 표면의 손상을 방지하는 것이다.

   (2) 윤활의 구분

구분	내용	마찰계수
유체윤활	두 표면이 충분한 두께의 윤활유막에 의해 완전히 분리된 상태이다.	약 0.002 ~ 0.01로 낮음
혼합윤활	일부는 유체윤활이 적용되지만, 접촉 표면의 일부 돌기들이 간헐적으로 접촉하는 중간 상태이다.	약 0.004 ~ 0.10 정도
경계윤활	윤활유막이 매우 얇아 표면들 사이에서 금속끼리의 접촉이 빈번하게 일어나는 상태이다.	약 0.05 ~ 0.20로 높음

2) 윤활 관련 공학적 용어 정의

   (1) 점도

   ① 점도(Dynamic Viscosity) : 윤활유가 유동할 때 발생하는 내부 저항을 측정하는 값으로 끈적끈적한 정도이다.

   ② 동점도(Kinematic Viscosity) : 윤활유가 잘 흐르는 정도를 나타내는 단위로 유체의 점도를 질량 밀도로 나눈 값이다.

   ③ 점도지수(VI : Viscosity Index) : 온도의 변화에 대한 점도 변화의 비율을 나타내며 일반적으로 점도지수가 높은 윤활유는 열안정성이 높아 다양한 온도에서 성능 저하가 적다.

   $$VI = \frac{L-U}{L-H} \times 100$$

   - U : 측정하려는 오일의 40℃에서의 동점도
   - L : 점도지수가 0인 기준오일의 40℃에서의 동점도
   - H : 점도지수가 100인 기준오일의 40℃에서의 동점도

④ 주도(Penetration) : 그리스의 내부저항력을 파악하는 데 사용되며 주도시험 결과 숫자가 클수록 단단함을 의미한다.
⑤ 유동점 : 윤활유를 냉각시켰을 때 점도가 증가하여 유동성을 잃고 흐르지 않게 되는 최저온도이다.
⑥ 적하점 : 그리스를 가열했을 때 반고체 상태에서 액체 상태로 변해 방울로 떨어지도록 하는 최저의 온도이다.

3) 윤활제
　(1) 윤활제의 원료에 따른 구분
　　① 석유계 윤활유 : 원유를 정제하여 얻은 기유를 기본으로 한 윤활제로 파라핀계, 나프텐계, 혼합계가 있다.
　　② 파라핀계와 나프텐계의 특성 비교

구분	파라핀계	나프텐계
산화저항성	높다.	낮다.
분자량	크다.	작다.
유동점	높다.	낮다.
점도지수	높다.	낮다.
밀도(휘발성)	낮다.	높다.

　　③ 비석유계 윤활유 : 동물계, 식물계가 있다.
　(2) 윤활제의 형태에 따른 구분
　　① 윤활유 : 액체 상태이다.
　　② 그리스 : 반고체 상태이다.
　　③ 고체윤활제 : 고체 상태이다.
　(3) 윤활제의 기능
　　① 밀봉작용 : 내연기관의 피스톤과 실린더 벽 사이에 유막을 형성하여 연소가스가 새는 것을 방지한다.
　　② 마찰감소(감마)작용 : 마찰열로 인한 베어링의 고착 등을 방지하기 위해 유막을 형성하여 마찰력과 마멸을 감소킨다.
　　③ 응력분산작용 : 베어링에 외력이 가해질 때 발생하는 응력을 분산하여 베어링의 마찰면이 일정하지 않은 상황에서 국부적인 고하중이 걸리는 것을 방지한다.
　　④ 냉각작용 : 마찰부에서 발생한 열을 오일 냉각기 등을 이용하여 방출한다.
　　⑤ 청정작용 : 윤활유가 순환함으로써 각종 불순물을 스트레이너 등을 통해 여과시킨다.
　　⑥ 방청작용 : 유막 형성을 통해 수분 및 외부 공기의 혼입을 막아 부식을 방지한다.

(4) 윤활관리의 효과
① 설비의 효율을 향상시킨다.
② 보전 관련 노무비를 감소시킨다.
③ 윤활유의 소비를 감소시킨다.
④ 생산가동 시간을 증가시킨다.
⑤ 기계의 유효수명을 향상시킨다.

(5) 윤활관리의 기본적인 4원칙
① 적유 : 적절한 윤활제를 선정하여 사용한다.
② 적법 : 적법한 급유법을 사용한다.
③ 적기 : 적절한 간격과 시기에 윤활을 실시한다.
④ 적량 : 적정한 양의 윤활제를 사용한다.

(6) 윤활관리기술자의 직무
① 윤활제의 선정 및 취급법을 표준화한다.
② 윤활관계 작업원의 교육 훈련을 담당한다.
③ 급유장치를 설치 및 유지관리하고, 예비품을 관리한다.
④ 윤활대장과 같은 각종 기록을 충실하게 작성한다.
⑤ 윤활관계 사고가 발생하지 않도록 관리하고 문제점을 검토한다.

4) 유압 작동유

(1) 유압 작동유가 갖추어야 할 사항
① 난연성이 있어야 한다.
② 비압축성이고 윤활성이 좋아야 한다.
③ 적당한 체적 탄성계수를 가져야 한다.
④ 전단안정성, 유화안전성이 커야 한다.
⑤ 산화안정성이 좋아야 한다.
⑥ 마모방지성이 좋아야 한다.
⑦ 온도의 변화에 따른 점도 변화가 작아야 한다.
⑧ 부식방지성 및 방청성을 가져야 한다.

(2) 점도가 너무 낮거나 높은 경우 발생할 수 있는 문제점

구분	내용
점도가 너무 낮은 경우	• 내부와 외부의 틈으로 누유가 증대한다. • 기계의 마찰 부분의 마모가 증대한다.
점도가 너무 높은 경우	• 작동유가 비활성이 된다. • 동력 손실이 커진다. • 내부의 마찰이 커지고 온도가 상승한다.

5) 윤활유

　(1) 윤활유가 갖추어야 할 사항

　　① 내하중성이 커야 한다.　　　② 산화 안전성이 좋아야 한다.

　　③ 점도지수가 높아야 한다.　　④ 기포가 적게 발생해야 한다.

　(2) 윤활유의 적정한 점도 선정 시 고려해야 할 사항

　　① 운전속도

　　② 운전온도

　　③ 운전하중

　(3) 윤활유의 구분에 따른 요구 성능

구분	내용
액상윤활유	• 산화안정성 및 내열성이 높아야 한다. • 사용 상태에서 충분한 점도를 가져야 한다. • 화학적으로 불활성이어야 하며 청정하고, 균질해야 한다. • 한계윤활상태에서 견딜 수 있는 유성이 있어야 한다.
압축기의 내부윤활유	• 적정 점도를 가져야 한다. • 생성된 탄소가 연질이어야 한다. • 열, 산화안정성이 우수해야 한다. • 부식방지성이 좋아야 한다. • 금속 표면에 대한 부착성이 있어야 한다.
변압기유	• 내산화성이 높아야 한다. • 절연내력이 높아야 한다. • 점도가 낮고 비열이 커야 한다. • 인화점과 응고점이 높아야 한다.

(4) 베어링윤활의 목적
① 피로수명을 증가시킨다.
② 축의 직접 접촉에 의한 소음을 방지한다.
③ 발생열을 방출하고 베어링의 온도 상승을 억제한다.
④ 베어링의 내부에 이물질이 침입하는 것을 방지한다.
⑤ 마찰 및 마모의 감소를 통한 동력 손실을 방지한다.

6) 윤활유 첨가제
(1) 윤활유 첨가제의 개념
윤활유의 성능을 향상시키기 위해 기유에 첨가하는 화학물질로 유성향상제, 극압제, 녹방지제, 산화방지제, 마모방지제, 청정분산제 등이 있다.

(2) 윤활유 첨가제가 갖추어야 할 조건
① 저장 중 안정성이 좋아야 한다.
② 수용성 물질에 녹지 않아야 한다.
③ 증발이 적어야 한다.
④ 휘발성이 낮아야 한다.
⑤ 냄새 및 활동을 제어할 수 있어야 한다.
⑥ 기유에 대한 용해도가 커야 한다.
⑦ 첨가제 상호 간 반응으로 침전물 등이 생기지 않아야 한다.

(3) 윤활유 첨가제의 종류
① 소포제 : 거품을 억제하는 역할을 한다.
② 청정 분산제 : 금속 표면에 부착되어 있는 슬러지나 탄소 성분을 녹이는 역할을 한다.
③ 유성 향상제 : 윤활성을 높이는 역할을 한다.
④ 유동점 강하제 : 오일의 저온에서의 유동성을 높여주는 역할을 한다.
⑤ 극압제(EP) : 마찰부에 고압과 고하중이 가하질 때 유막이 끊기는 현상을 방지하고 피막을 형성하여 마모를 방지하는 기능을 하고, 황(S), 인(P), 염소(Cl)를 주로 사용한다.
⑥ 점도 지수 향상제 : 옥외에 사용되는 유압시스템에서 온도 변화가 심한 작업 환경의 경우 넓은 온도 범위에 걸쳐서 사용될 수 있도록 유압 작동유에 침가한다.

7) 윤활유 열화
(1) 윤활유 열화의 개념
윤활유의 열화란 윤활유가 사용되는 동안 외부 환경이나 장시간 사용에 의해 물리적·화학적 성질이 변화하여 본래의 성능이 저하되고 수명이 줄어드는 현상이다.

(2) 윤활유가 열화되었을 경우 나타나는 현상
　① 점도가 변한다.
　② 산가가 증가한다.
　③ 색상이 변한다.
　④ 수분이 증가한다.
　⑤ 슬러지가 발생한다.

(3) 윤활유의 열화를 발생시키는 인자의 구분

구분	내용
외부 변화	• 외부에서 불순물이 혼입되어 윤활유 열화가 발생하는 것으로 희석과 유화가 주원인이다. • 희석은 윤활유 중에 연료유나 다량이 수분이 혼입되는 것이다. • 유화는 윤활유에 수분이 혼입되어 유화액을 만드는 것이다.
내부 변화	• 윤활유가 자체적으로 변질한 것으로 내부의 화학적 변화에 해당되는 것으로 산화와 탄화가 주원인이다. • 산화는 윤활유를 사용하는 중에 대기 중의 산소를 흡수하는 것이다. • 탄화는 윤활유가 고온에서 열분해되어 잔류 탄소가 다량으로 생성되는 것이다.

(4) 윤활유가 유화되는 원인
　① 수분과의 접촉이 많은 경우
　② 기름의 산화가 많이 일어났을 경우
　③ 운전조건이 가혹해서 탄화수소분의 변질되었을 경우
　④ 윤활유가 열화하여 이물질이 증가되어 점도가 높아졌을 경우

(5) 윤활유가 탄화되는 원인
　① 고온 표면과 접촉했을 경우
　② 윤활유가 가열되어 분해되었을 경우
　③ 열전도 속도보다 산소와의 반응속도가 늦은 경우

(6) 윤활유의 열화방지대책
　① 장비를 가동하는 중에 적절한 윤활유의 온도를 유지한다.
　② 윤활유 내에 불순물이나 수분이 생기지 않도록 관리 또는 제거한다.
　③ 오일 여과기 및 냉각기를 주기적으로 청소 및 점검하여 최상의 상태를 유지한다.
　④ 산화방지제를 적절하게 사용한다.
　⑤ 새로운 기계를 도입한 경우 충분한 플러싱을 실시한다.

(7) 윤활유의 열화판정법 중 직접법
    ① 산유의 성상을 사전에 명확히 파악한다.
    ② 사용유의 대표적 시료를 채취하여 성상을 조사한다.
    ③ 신유와 사용유의 성상을 비교, 검토한 뒤 관리기준을 정하고 교환한다.

(8) 윤활유의 열화판정법 중 간접법
    ① 손으로 기름을 찍어 보고 점도의 대소, 불순물의 존재 여부를 판단한다.
    ② 냄새를 맡아 기름의 혼입이나 불순물의 함유량을 판단한다.
    ③ 기름을 소량의 증류수로 씻어낸 수분을 취하여 리트머스시험지를 통해 산성 여부를 판단한다.
    ④ 시험관 중에 적당량의 기름을 넣고 그 끝부분을 110℃ 정도로 가열해 물이 튀는 소리를 통해 함유의 수분 존재를 점검한다.
    ⑤ 투명한 2장의 유리판에 기름을 넣고 투시해서 수분, 이물질의 발생 유무를 조사한다.

8) 그리스(Grease)

(1) 그리스의 종류
    ① 나트륨(Na) 그리스 : 내열성이 높아 고온에서 사용(120~232℃ 정도의 적점을 가짐)할 수 있지만, 내수성이 약하므로 수분이 많은 환경에는 부적합하며 리튬 그리스와 혼합 사용을 피해야 한다.
    ② 칼슘(Ca) 그리스 : 내수성이 매우 뛰어나 습기가 많은 환경에 적합하지만 내열성은 낮아 고온에서는 잘 사용하지 않는다.
    ③ 바륨(Ba) 그리스 : 내수성과 내열성이 모두 우수하여, 고온·다습한 조건에서도 잘 견디고, 부식방지효과가 강해 특수설비에 활용된다.
    ④ 알루미늄(Al) 그리스 : 내수성과 접착성이 뛰어나며, 방청(녹방지)용으로 사용되고, 전기적 특성(비전도성)으로 전기기기 부품에 쓰이는 경우도 있다.
    ⑤ 리튬(Li) 그리스 : 내열성과 내수성, 기계적 안정성이 모두 우수해 다양한 설비에 폭넓게 사용한다.

(2) 증주제
    ① 그리스 제조 시 그리스의 특성을 결정하는 원재료이다.
    ② 오일류에 증주제를 첨가하면 반고체 상태의 그리스가 되며 단순비누계, 비(非)비누계, 복합비누계로 구분된다.
    ③ 종류로는 나트륨(Na), 칼슘(Ca), 리튬(Li) 등이 있다.

2 윤활방법과 시험

1) 기름윤활과 그리스윤활의 특징
   (1) 기름윤활(오일윤활)의 특징
      ① 냉각작용이 커서 기계작동 중 발생하는 열을 효과적으로 제거할 수 있다.
      ② 고속회전 및 고온부에 적합해서 기름의 유동성 때문에 고속 및 고온에 적용이 용이하다.
      ③ 기름누설이 발생하기 쉽다.
      ④ 밀봉장치가 비교적 복잡하다.
      ⑤ 교환, 세정, 급유량의 조절이 쉽고 점검이 편리하다.
      ⑥ 오염물, 미세먼지 여과와 분리성이 우수하다.
      ⑦ 고속에서 회전저항이 작다.
   (2) 그리스윤활의 특징
      ① 그리스는 반고체라서 틈새로 새어나가기 어려워 누설이 적고, 밀봉효과가 크다.
      ② 내수성과 밀봉성이 우수해 외부 먼지·이물질 침입방지가 쉽다.
      ③ 급유간격이 길고 장기간 유지 보전이 가능해 보수빈도가 적다.
      ④ 저·중속 영역, 간헐운전, 고하중 조건에 적합하다.
      ⑤ 냉각작용이 작고, 온도 상승제어나 방열성이 떨어진다.
      ⑥ 급유 및 교환, 세정이 어렵고, 이물질 혼입 시 제거가 곤란하다.
      ⑦ 회전 초기에 회전저항이 크다.

2) 윤활급유방법
   (1) 비순환급유법의 개요
      ① 윤활부에 공급된 윤활유가 마찰·윤활 목적을 수행한 뒤 회수하지 않고 폐기되는 방식이다.
      ② 대표적인 방식은 적하급유법, 심지급유법, 손급유법, 패드급유법 등이다.
      ③ 구조가 단순하여 소형 기계나 베어링·크레인 같은 개방형 윤활에 사용한다.
      ④ 냉각효과와 이물질 제거효과는 거의 없다.
   (2) 순환급유법의 개요
      ① 윤활유를 강제 또는 자연적으로 반복회수하여 마찰면에 재공급하는 방식이다.
      ② 대표적인 방식은 유욕급유법, 강제순환식, 중력순환식, 체인급유법 등이다.
      ③ 윤활유가 반복 사용되어 경제적이다.
      ④ 다량의 윤활유를 공급할 수 있다.
      ⑤ 강한 냉각효과가 있다.

⑥ 윤활유 내 이물질 및 산화 생성물을 제거할 수 있다.
⑦ 대형·중요 기계에 사용한다.

(3) 비순환급유법과 순환급유법 비교

구분	비순환급유법	순환급유법
윤활유 처리	한 번 사용 후 폐기한다.	회수·정화 후 재사용한다.
냉각효과	낮다.	크다.
이물질 제거	불가하다.	가능하다.
적용	소형·개방형 기계에 적용한다.	대형·중요장치에 적용한다.
경제성	윤활유가 소모되어 경제성이 낮다.	윤활유를 반복 사용해 경제성이 높다.

3) 그리스윤활

(1) 그리스급유방식의 종류

그리스급유법으로는 손급유법, 그리스컵, 그리스건, 집중 그리스윤활장치 등이 있다.

(2) 그리스 선정 시 주요 고려사항

① 중주제의 종류 및 베이스 오일의 점도
② 윤활개소의 운전조건인 회전수 및 하중
③ 윤활개소의 운전 온도범위 및 물, 약품 등의 접촉 유무와 관련된 환경

4) 윤활의 특성을 평가하는 지표

(1) 적점(Dropping Point)

그리스를 가열했을 때 반고체 상태에서 액체 상태로 변해 떨어지도록 하는 최저온도로 내열성의 판단기준이 되며 그리스의 사용온도가 결정된다.

(2) 이유도(Oil Separation)

① 그리스를 장시간 사용하지 않고 방치해 두거나 사용과정에 오일이 그리스로부터 분리되는 현상으로 윤활의 성능저하를 일으킨다.
② 그리스의 장기간 보존 시 기유와 증주제의 분리정도를 알 수 있다.

(3) 산화안정도(Oxidation Stability)

① 그리스를 수명을 평가하는 지표이다.
② 산소의 존재하에서 산소 흡수로 인한 산소압 강하를 측정하여 내산화성을 평가한다.
③ 산화안정도는 산화되려는 것을 억제하는 성질로 생각할 수 있다.
④ 비금속 증주제를 사용하는 그리스가 금속 증주제를 사용하는 것보다 산화안정도가 뛰어나다.

(4) 중화가(Neutralization Number)

윤활제 등의 제품의 산성 또는 알칼리성을 나타내는 것으로 사용 중 발생한 변화를 알기 위한 지표로 활용된다.

(5) 수세내수도(Water Washout Character)

그리스가 물과 접촉된 경우의 저항성을 의미하며, 그리스를 충전한 볼에어링에 물을 계속적으로 뿜으면서 회전시켜 물에 의해 유출되는 그리스의 양을 측정한다.

5) 윤활유의 채취 및 검사항목

　(1) 시료 채취 시 주의사항

　　① 탱크의 중하부에서 채취한다.

　　② 시료는 가동 중인 설비에서 채취한다.

　　③ 채취개소는 일정한 장소나 지점에서 채취한다.

　　④ 샘플링 라인이나 밸브, 채취기구는 샘플링 전에 충분히 플러싱(Flushing)을 한다.

　(2) 윤활유를 샘플링하여 검사할 때 검사항목

　　① 색상 : 열화에 따라 색상이 검게 변하거나 투명도가 탁해지는 정도를 확인한다.

　　② 수분 : 수분의 혼입 정도를 확인한다.

　　③ 전산가 : 윤활유 내의 산성 물질의 양을 확인한다.

6) 윤활유분석법

　(1) 오일분석법

　　① 베어링 등 금속과 금속이 미끄러져 움직이는 마찰부에서 윤활유 내에 포함된 마모 금속의 양, 형태, 재질 등으로 설비의 상태를 판단하는 방법이다.

　　② 오일분석법은 대표적으로 페토그래피법과 SOAP법이 있다.

　(2) 페토그래피법

　　① 채취한 오일 샘플을 용제로 희석하고 자력을 이용해 검출된 마모 입자의 크기, 형상 등을 분석하여 이상원인을 파악한다.

　　② 오일분석법 중 SOAP법과는 다른 방법이다.

　(3) SOAP법

　　① 윤활유 내 금속 마모입자, 오염물, 첨가제 성분 등을 적외선 분광법, ICP, 원자흡광법 등으로 측정한다.

　　② 설비의 이상부위, 마모정도, 열화상태, 오염도 감별에 이용할 수 있다.

　　③ ICP(Inductively Coupled Plasma)법 : 금속 성분의 발광 스펙트럼을 측정하는 것으로 플라즈마를 이용한 연소방식을 사용한다.

④ 원자흡광법 : 광원으로부터 생성된 전자기 방사선의 고유한 파장을 통해 분석한다.
⑤ 회전전극법 : 전극을 회전시키면서 화학반응을 분석한다.

(4) 윤활유 오염도 측정법
① 중량법 : 1 mL의 윤활유에 함유된 입자의 무게를 측정한다.
② 계수법 : 1 mL의 윤활유에 함유된 입자의 수를 측정한다.
③ 오염지수법 : 윤활유에 함유된 입자의 종류, 크기, 모양을 고려하여 측정한다.

7) 그리스분석법

(1) 적점시험
① 적점시험은 그리스가 온도 상승에 따라 고체에서 액체로 변화하는, 즉 융해하여 적적(방울)이 떨어지는 온도를 측정하는 시험이다.
② 그리스의 내열성을 평가하는 지표로 쓰이며, 적점이 높은 그리스일수록 고온에서 사용이 가능하다.

(2) 산화안정도시험
① 산화안정도시험은 그리스가 고온에서 산화에 의해 얼마나 안정적으로 유지되는가를 평가하는 시험이다.
② 산소의 존재하에서 산소 흡수, 압력 강하 등을 측정하여 그리스의 내산화성을 평가한다.
③ 그리스의 내구성과 수명, 부식성 생성물 발생 경향 등을 판단하는 지표가 된다.

(3) 동판부식시험
① 동판부식시험은 그리스에 함유된 오일 및 첨가물이 장비의 금속 부분, 특히 구리 합금 등에 미치는 부식 영향을 평가하는 시험이다.
② 동판을 그리스에 일정조건으로 침지시킨 후, 동판의 변화(색상, 부식정도 등)를 평가한다.

(4) 주도시험
① 주도시험은 그리스의 단단하기, 즉 '굳기'를 측정하는 시험이다.
② 등급(번호)로 표현되며, 숫자가 작을수록 묽고, 클수록 딱딱하다.
③ 주도시험의 기본조건 : $25 \pm 0.5\,°C$, 60회

3 현장윤활

1) 윤활유과 그리스가 갖추어야 할 조건
    (1) 실린더유가 갖추어야 할 조건
        ① 황산에 의한 부식을 억제하기 위해 산중화성을 가져야 한다.
        ② 고온에서 품질의 변화가 적고, 카본이나 회분 등의 잔류물이 적어야 한다.
        ③ 실린더 라이너의 미끄럼부에 즉시 윤활이 가능하도록 확산성을 가져야 한다.
        ④ 실린더 라이너나 피스톤링의 이상 마모를 방지하는 극압성이나 유막의 유지성을 가져야 한다.
    (2) 미끄럼 베어링에 그리스윤활을 사용할 때 고려해야 할 사항
        ① 고하중, 진동 하중 조건의 미끄럼 베어링에는 주도가 높은 그리스를 사용해야 한다.
        ② 중하중의 경우에는 극압제를 첨가한 그리스를 사용한다.
        ③ 급유하기 편리한 그리스를 선택해야 한다.
        ④ 운전온도에 적정한 점도의 윤활유를 기유로 하여 안정되는 증주제를 사용한 그리스를 선택한다.
    (3) 미끄럼 베어링에서 윤활에 필요한 점성유막을 만들기 위한 조건
        ① 윤활제가 적당한 점도를 가져야 한다.
        ② 이면 간의 유막이 쐐기형으로 되어 있어야 한다.
        ③ 고정면과 운동면 사이에 상대적인 미끄럼이 존재하여야 한다.
    (4) 베어링이 회전할 경우 그리스 충진기준
        ① 베어링 허용 회전수의 50 % 이상으로 회전할 때는 하우징 내부의 축 및 베어링을 제외한 공간용적에 대하여 $\frac{1}{3} \sim \frac{1}{2}$ 정도 충진한다.
        ② $\frac{1}{3}$ 이하로 충진할 경우 윤활효과가 떨어져 발열, 마모가 발생할 수 있다.
        ③ $\frac{1}{2}$ 이상 충진할 경우 그리스가 흘러나와 윤활효율을 저하시킬 수 있다.
    (5) 베어링 체커
        ① 베어링 내 적절한 그리스 양이 충진되어 있는지 여부를 검사하는 측정기이다.
        ② 회전 중 그라운드 잭은 기계의 몸체에 접촉시키고, 입력 잭은 베어링에서 가장 가까운 곳(축)에 접촉시킨다.
        ③ 회전을 정지시키고 사용해야 하고, 동력전달 상태를 알 수 있다.

(6) SAE(Soicety of Automotive Engineers) 규격
  ① SAE는 미국 자동차기술자협회의 약자로 엔지니어링 규격과 표준을 정한다.
  ② 자동차 내연기관용 엔진이나 트랜스미션 및 베어링용 기어유는 SAE 규격을 따른다.
(7) 기어의 윤활방식에 따른 윤활유 사용
  ① 고속기어에는 저점도의 윤활유가 적합하다.
  ② 웜 기어는 미끄럼 속도가 빠르므로 산화안정성이 좋은 순광유가 적합하다.
  ③ 기어는 높은 하중을 받으므로 마찰면의 마모를 방지하기 위해 내하중성이 있는 극압유가 적합하다.
  ④ 하이포이드 기어는 순광유나 불활성 극압 기어유는 권장되지 않고, 활성형 극압 기어유가 적합하다.

2) 기어의 손상

(1) 표면피로에 의한 현상
  ① 박리 : 금속이 얇게 벗겨지는 현상이다.
  ② 초기 피팅 : 피치선을 따라 매우 작은 구멍이나 점들이 생기는 현상이다.
  ③ 파괴적 피팅 : 초기 피팅보다 더 크고 심각한 홈이나 피트가 생기는 것이다.
  ④ 스폴링 : 불규칙한 모양의 금속조각이 큰 면적으로 떨어져 나가는 것이다.

(2) 기어의 손상의 종류
  ① 피팅(Pitting) : 치면 표면에 반복 접촉응력이 가해져 미세균열이 생기고, 이 미세균열에 의해 작은 입자나 점상 박리가 생성되는 표면피로현상이다.
  ② 파단(Breakage) : 과부하, 충격, 반복적인 피로 하중 등으로 기어 이의 전체나 일부가 깨지는 현상이다.
  ③ 스폴링(Spalling) : 피팅보다 더 큰 불규칙한 덩어리나 얕은 홈 형태로 치면이 국부적으로 박리되는 표면피로현상이다.
  ④ 스코어링(Scoring) : 고속·고하중 상태에서 윤활막이 파단되고 금속 표면끼리 직접 마찰하여 표면이 용융되어 심하게 긁히거나 뜯겨나가는 현상이다.
  ⑤ 리징(Ridging) : 기어 치면을 따라 능선(마루) 모양의 소성변형이 생기는 현상이다.
  ⑥ 리플링(Rippling) : 소성유동(재료가 영구적으로 변형되는 현상)에 의해 생기는 파상(물결) 모양의 변형이다.
  ⑦ 절손(Breakage) : 기어의 이가 부분적으로 또는 전체적으로 깨져 나가는 현상이다.

04 예상문제

01 설비진동 및 소음

01 ☑☐☐☐☐

소음의 가청음압과 가청주파수에 대한 설명으로 옳은 것은?

① 최저 가청주파수는 0 Hz이다.
② 최대 가청주파수는 10000 Hz이다.
③ 최대 가청음압은 60 Pa 또는 130 dB이다.
④ 최저 가청음압은 2 × 10^{-3} Pa 또는 0 dB이다.

해설

가청음압과 가청주파수의 범위

구분	범위
가청음압	• 최저 가청음압 : 2 × 10^{-5} Pa(0 dB) • 최대 가청음압 : 60 Pa(130 dB)
가청주파수	20 ~ 20000 Hz

02 ☑☐☐☐☐

외란이 가해진 후에 계가 스스로 진동하고 있을 때 이 진동을 무엇이라 하는가?

① 공진　　　② 강제진동
③ 고유진동　④ 자유진동

해설

자유진동
외부의 힘 없이 계가 자신의 복원력에 의해 스스로 진동하는 현상이다.

03 ☑☐☐☐☐

진동의 크기를 표현하는 방법으로 사용되는 용어의 설명 중 틀린 것은?

① 평균값 : 진동량을 평균한 값이다.
② 피크값 : 진동량 절댓값의 최댓값이다.
③ 실횻값 : 진동에너지를 표현하는 것으로 정현파의 경우는 피크값의 2배이다.
④ 양진폭 : 전진폭이라고도 하며 양의 최댓값에서 부측의 최댓값까지의 값이다.

해설

진동의 크기를 표현하는 방법
실횻값은 진동에너지를 표현하는 데 사용하며 최댓값(피크값)의 0.7배 = $\dfrac{1}{\sqrt{2}}$ 배이다.

정답 01 ③　02 ④　03 ③

04 ☑□□□□

진동방지의 일반적인 방법 중 고주파진동을 방지하는 데 가장 효과적인 것은?

① 기초진동을 제어
② 진동 차단기의 사용
③ 2단계 차단기의 사용
④ 질량이 큰 거더를 사용

> **해설**
>
> 2단계 진동제어
> - 1차 진동제어를 통과한 잔여진동을 반대 방향으로 힘을 가해 추가적으로 억제한다.
> - 고주파진동을 방지하는 데 사용되며 저주파에서는 역효과를 줄 수 있다.

05 ☑□□□□

가속도센서의 고정방법 중 사용할 수 있는 주파수 영역이 넓고 정확도 및 장기적 안정성이 좋으며 먼지, 습기, 온도의 영향이 적은 것은?

① 나사 고정
② 밀랍 고정
③ 마그네틱 고정
④ 에폭시 시멘트 고정

> **해설**
>
> 나사 고정
> - 먼지, 습기, 온도에 강하며 사용할 수 있는 주파수 영역이 넓어 장기적 안정성이 좋다.
> - 이동 및 고정시간이 길고, 고정 시 드릴 등의 추가작업이 필요하다.

06 ☑□□□□

음의 물리적 강약은 음압에 따라 변하지만 사람이 귀로 듣는 음의 감각적 강약은 음압과 주파수에 따라 변한다. 같은 크기로 느끼는 순음을 주파수별로 구하여 나타낸 것을 무엇이라고 하는가?

① 음압도
② 소음 레벨
③ 등청감곡선
④ 음향파워레벨

> **해설**
>
> 등청감곡선
> - 음의 물리적 강약은 음압에 따라 변화하지만 사람이 귀로 듣는 음의 감각적 강약은 음압과 주파수에 따라 변한다.
> - 같은 크기로 느끼는 순음을 주파수별로 구하여 나타낸 것이다.

07 ☑□□□□

다음 중 기류음에 대한 설명으로 옳은 것은?

① 기계 본체의 진동에 의한 소리이다.
② 물체의 진동에 의한 기계적 원인으로 발생한다.
③ 기계의 진동이 지반진동을 수반하여 발생하는 소리이다.
④ 직접적인 공기의 압력변화에 의한 유체역학적 원인에 의해 발생된다.

> **해설**
>
> 기류음
> 기류음은 물체의 진동보다는 공기의 흐름, 압력변화에 따른 유체역학적 작용에 의해 발생한다.

정답 04 ③ 05 ① 06 ③ 07 ④

08 ☑☐☐☐☐

음원이 이동할 경우 음원이 이동하는 방향쪽에서는 원래 음보다 고주파 음으로 들리고, 음이 이동하는 반대쪽에서는 저주파 음으로 들리는 현상을 무엇이라 하는가?

① 보강간섭 ② 마스킹효과
③ 맥놀이효과 ④ 도플러효과

해설

도플러효과
- 발음원이 이동할 때 그 진행방향 쪽에서는 원래의 음보다는 고음으로, 진행 반대쪽에서는 저음으로 되는 현상이다.
- 구급차가 지나갈 때 가까이 올 때는 더 높은 소리로 들리고, 멀어질 때는 더 낮은 소리로 들리는 것이 도플러효과이다.

02 설비관리계획

09 ☑☐☐☐☐

다음 설비관리기능 중 기술기능에 포함되지 않는 것은?

① 설비성능분석
② 보전업무를 위한 외주관리
③ 설비진단기술 이전 및 개발
④ 보전기술 개발 및 매뉴얼 갱신

해설

설비관리기능
②는 관리기능에 해당된다.

10 ☑☐☐☐☐

예방보전의 효과로 틀린 것은?

① 설비의 정확한 상태를 파악한다.
② 고장원인의 정확한 파악이 가능하다.
③ 보전작업의 질적 향상 및 신속성을 가져온다.
④ 설비 갱신기간의 연장에 의한 설비 투자액이 증가한다.

해설

예방보전의 효과
- 예방보전은 설비가 고장나기 전에 계획적으로 점검, 정비, 교환 등의 보전작업을 실시하는 것이다.
- 예방보전을 하면 설비의 갱신주기가 길어져서 설비 투자액이 감소한다.

정답 ● 08 ④ 09 ② 10 ④

11 ☑☐☐☐☐

설비배치의 형태에서 일명 라인(Line)별 배치라고도 하며 공정의 계열에 따라 각 공정에 필요한 기계가 배치되는 형식은?

① 기능별 배치
② 제품별 배치
③ 혼합형 배치
④ 제품 고정형 배치

해설

제품별 배치
- 제품별로 공정이 일렬로 배치된 방식이다.
- 자동차 조립, 가전제품 생산라인처럼 흐름 생산(Line Production)에 사용된다.
- 공정이 표준화되어 작업속도가 빠르고 품질관리가 용이하다.
- 초기 투자비용이 많이 든다.

12 ☑☐☐☐☐

설비배치의 분석기법에 해당되지 않은 것은?

① MTBF분석
② 자재흐름분석
③ 제품수량분석
④ 흐름활동 상호관계분석

해설

설비배치의 분석기법
- 설비배치분석기법으로는 자재흐름분석, 제품수량분석, 흐름활동 상호관계분석이 있다.
- MTBF는 평균고장간격시간으로 시스템과 설비가 고장 난 시간과 다음 고장까지의 기간을 뜻한다.

13 ☑☐☐☐☐

공사의 완급도에 따라 구분할 때 예비적으로 직장이 전표를 보관하고 있다가 한가할 때 착공하는 공사는?

① 계획공사
② 긴급공사
③ 예비공사
④ 준급공사

해설

공사의 구분
① 계획공사 : 수립된 공정계획에 의해 착공하는 공사이다.
② 긴급공사 : 구두연락으로 즉시 착공하고, 착공 후 전표를 제출하는 공사이다.
③ 예비공사 : 전표를 보관하고 있다가 공정에 여유가 있을 때 착공하는 공사이다.
④ 준급공사 : 당 계절에 착수하는 공사로 전표를 제출할 여유가 있고 여력표에 남기지 않는다.

14 ☑☐☐☐☐

재고관리에서 재고가 일정 수준(발주점)에 이르면 일정 발주량을 발주하는 방식은?

① 정량발주방식
② 정기발주방식
③ 정수발주방식
④ 사용고발주방식

해설

정량발주방식
정량발주방식은 일정한 발주량을 정해 놓고, 재고량이 발주점에 이르면 일정 발주량을 발주하는 방식이다.

정답 11 ② 12 ① 13 ③ 14 ①

03 종합적 설비관리

15 ☑□□□□

뜻이 있는 기호법의 대표적인 것으로서 항목의 첫 글자나 그 밖의 문자를 기호로 하는 방법은?

① 순번식 기호법
② 기억식 기호법
③ 세구분식 기호법
④ 삼진분류 기호법

해설

기억식 기호법
- 항목의 첫 글자나 그 밖의 문자를 기호로 하여 기억하는 방법이다.
- 밀링(Milling) 가공을 M, 선반(Lathe) 가공을 L로 표기하는 방법이다.

16 ☑□□□□

지그와 고정구(Jig and Fixture), 금형, 절삭공구, 검사구(Gauge) 등 각종의 공구를 통칭하는 용어는?

① 치공구   ② 계측공구
③ 공작기계   ④ 제작공구

해설

치공구
- 산업현장에서 제품을 생산하기 위해 사용되는 공구류를 통칭하는 용어이다.
- 지그, 검사구, 고정구, 금형, 절삭공구 등 각종 공구가 해당된다.

17 ☑□□□□

만성로스 개선방법 중 설비나 시스템의 불합리 현상을 원리 및 원칙에 따라 물리적 성질과 메커니즘을 밝히는 사고방식은?

① FTA   ② FMEA
③ QM분석   ④ PM분석

해설

PM분석
- 설비나 시스템의 불합리현상을 원리 및 원칙에 따라 물리적 성질과 메커니즘을 밝히는 사고방식이다.
- 복합적이고 상호 연관된 요인을 4M(Man, Machine, Material, Method) 관점에서 체계적으로 파악한다.

18 ☑□□□□

자주보전의 전개단계 중 발생원인·곤란개소 대책은 어느 단계인가?

① 제1단계   ② 제2단계
③ 제3단계   ④ 제4단계

해설

자주보전 7단계
초기청소 → 곤란개소 대책 → 기준서 작성 → 총점검 → 자주점검 → 표준화 → 철저한 자주관리

정답 15 ② 16 ① 17 ④ 18 ②

04 윤활관리

19 ☑☐☐☐☐
일반적인 그리스윤활의 특징으로 틀린 것은?

① 밀봉효과가 크다.
② 냉각효과가 낮다.
③ 이물질 혼합 시 제거가 곤란하다.
④ 내수성이 약하고 적하유출이 많다.

해설

그리스윤활의 특징
- 그리스윤활은 누설이 적고 내수성이 좋다.
- 적하유출은 윤활유가 방울(점적) 형태로 유출되는 것으로 그리스윤활보다는 오일윤활에서 잘 발생한다.

20 ☑☐☐☐☐
다음 중 윤활제를 형태에 따라 분류할 때 대분류가 가장 적절하게 구분된 것은?

① 광유, 합성유, 지방유
② 합성유, 그리스, 고체윤활제
③ 윤활유, 그리스, 고체윤활제
④ 내연기관용 윤활유, 공업용 윤활유, 기타 윤활제

해설

윤활제의 형태에 따라 분류
- 액체 상태 : 윤활유
- 반고체 상태 : 그리스
- 고체 상태 : 고체윤활제

21 ☑☐☐☐☐
그리스중주제에 해당하는 것은?

① Na
② Pbo
③ 흑연
④ 피마자유

해설

그리스중주제
- 그리스를 반고체 상태로 만들어 오일을 잡아주는 물질로 미세한 고체 성분이다.
- Na(나트륨), Ca(칼슘), Ba(바륨), Al(알루미늄)이 해당된다.

22 ☑☐☐☐☐
그리스를 장시간 사용하지 않고 방치해놓거나 사용과정에서 오일이 그리스로부터 이탈되는 현상은?

① 주도
② 이유도
③ 동점도
④ 수세내수도

해설

이유도
그리스를 장시간 방치하거나, 사용 중 오일이 그리스로부터 이탈(분리)되는 현상이다.

정답 19 ④ 20 ③ 21 ① 22 ②

23 ☑☐☐☐☐

그리스시험 중 중화주도의 표준시험온도와 표준혼화회수로 가장 적합한 것은?

① 20 ± 0.5 ℃, 80회
② 25 ± 0.5 ℃, 40회
③ 25 ± 0.5 ℃, 60회
④ 20 ± 0.5 ℃, 100회

해설

중화주도시험
중화주도시험은 그리스를 25 ± 0.5 ℃에서 60회 혼화(믹싱)한 뒤, 콘(원추)을 5초간 낙하시켜 그 침입깊이를 mm의 10배수로 주도 값으로 산출하는 시험이다.

24 ☑☐☐☐☐

극압윤활을 위한 극압제로 사용하지 않는 것은?

① H
② Cl
③ S
④ P

해설

극압제(EP)
- 마찰부에 고압과 고하중이 가하질 때 유막이 끊기는 현상을 방지하고 피막을 형성하여 마모를 방지하는 기능을 한다.
- 황(S), 인(P), 염소(Cl)를 주로 사용한다.

25 ☑☐☐☐☐

다음 윤활방식 중 비순환급유방법이 아닌 것은?

① 손급유법
② 유욕급유법
③ 적하급유법
④ 사이펀급유법

해설

비순환급유방법(전손식급유법)
- 사용한 윤활유를 다시 회수하여 사용하지 않고 1회 사용 후에 바로 폐기하는 것이다.
- 손급유법, 적하급유법, 사이펀급유법이 해당된다.

26 ☑☐☐☐☐

기어용 윤활유의 필요특성에 해당하지 않는 것은?

① 발포성
② 내하중성, 내마모성
③ 열안정성, 산화안정성
④ 적정한 점도유지 및 저온유동성

해설

기어용 윤활유의 필요특성
발포성은 기포를 발생시킬 수 있는 성질로 윤활유는 발포성이 낮아야 한다.

정답 23 ③ 24 ① 25 ② 26 ①

27 ☑☐☐☐☐

베어링 허용회전수의 50 % 이상으로 회전할 때, 하우징 내부의 축 및 베어링을 제외한 공간 용적에 대하여 충진하여야 할 가장 적절한 그리스 양은?

① 100 % 충진한다.
② 1/3 ~ 1/2 정도 충진한다.
③ 1/2 ~ 3/4 정도 충진한다.
④ 신유가 빠져 나올 때까지 충진한다.

해설

충진해야 할 그리스 양
베어링이 허용회전수의 50 % 이상으로 고속 회전하는 경우 충진량은 하우징 내 빈 공간의 1/3 ~ 1/2 수준으로 맞추는 것이 좋다.

28 ☑☐☐☐☐

기어가 회전할 때 발생하는 이의 접촉압력에 의해 최대 전단응력이 발생하여 표면에 가는 균열이 생기고, 그 균열 속에 윤활유가 들어가 고압을 받아 이의 면에 일부가 떨어져 나가는 현상은?

① 피팅 ② 스코어링
③ 이의 절손 ④ 어브레이진

해설

피팅(Pitting)
- 기어가 회전하면 전단응력이 발생하여 표면에 가는 균열이 생긴다.
- 발생한 균열 속에 윤활유가 들어가 고압을 받아 이의 면의 일부가 떨어져 나가는 현상이다.

정답 27 ② 28 ①

Part 02

출제기준 반영 CBT 대비 모의고사

> **세부구성**
>
> | CBT 대비 모의고사 1회 |
> | CBT 대비 모의고사 2회 |
> | CBT 대비 모의고사 3회 |
> | CBT 대비 모의고사 4회 |
> | CBT 대비 모의고사 5회 |

▶ 모의고사 구성

설비보전기사 필기시험은 2025년도에 큰 폭으로 개정되었고, 특히 2과목 용접 및 안전관리, 3과목 기계설비 일반 과목에서 신유형 문제가 많이 출제되었습니다.

1과목 공유압 및 자동제어, 4과목 설비진단 및 관리 과목은 기존 기출문제에서 출제된 비율이 2과목, 3과목보다는 높았지만 2025년도 이전 출제기준으로 다른 과목으로 이동된 경우도 있습니다.

이 교재에서는 2025년도에 변경된 출제기준과 CBT시험에서 출제된 신유형 문제를 기반으로 하여 변경된 출제기준에 맞게 CBT 모의고사 5회를 수록했습니다.

출제기준 변경 전의 기출문제를 푸는 것보다는 변경된 기준에 맞는 기출문제를 푸는 것이 합격하는 데 걸리는 시간이 단축됩니다.

▶ 2025년 이후 출제경향 분석

구분	주요항목	개정사항
공유압 및 자동제어	• 공유압 • 전기전자장치조립 • 센서활용기술 • 모터제어 및 공정제어	출제기준 개편 전 4과목 공유압 자동화 내용과 유사함
용접 및 안전관리	• 용접일반이론 및 용접시공 신유형 출제 • 비파괴검사 및 안전관리 신유형 출제	대부분 새로운 유형의 문제 출제
기계설비 일반	• 도면해독 신유형 출제 • 기본측정기 사용 • 기계가공법 및 기계재료 • 기계구동장치조립 및 기계장치 보전	도면해독(공차 관련) 새로운 문제 출제 출제기준 개편 전 3과목 기계일반 및 기계보전 문제 출제
설비진단 및 관리	• 설비진동 및 소음 • 설비관리계획 및 종합적 설비관리 • 윤활관리의 기초 • 윤활방법과 시험 및 현장윤활	출제기준 개편 전 1과목 설비진단 및 계측, 2과목 설비관리 문제가 함께 출제

1과목: 공유압 및 자동제어

01 ☑☐☐☐☐
다음 기호의 명칭으로 옳은 것은?

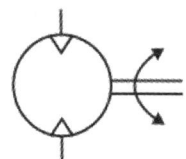

① 유압펌프　② 공기압모터
③ 어큐뮬레이터　④ 단동 실린더

[해설]
공기압기호
주어진 기호는 공기압모터(2방향 유동)이다.

02 ☑☐☐☐☐
유체의 성질에 관한 설명으로 옳지 않은 것은?
① 밀도는 단위체적당 유체의 질량이다.
② 비중량은 단위체적당 유체의 질량이다.
③ 비체적은 단위체적당 유체의 질량이다.
④ 비중은 4℃의 물과 같은 체적을 갖는 다른 물질과의 비중량 또는 밀도와의 비이다.

[해설]
비체적
- 단위질량당 유체의 체적(부피)이다.
- 밀도의 역수이다.

03 ☑☐☐☐☐
유압실린더를 설치하는 방법으로 피스톤 로드의 중심선에 대하여 직각 방향으로 실린더 양측에 피벗(Pivot)을 두어 지지하는 방식은?
① 다리형(Foot Type)
② 플랜지형(Flange Type)
③ 클레비스형(Clevis Type)
④ 트러니언형(Trunnion Type)

[해설]
트러니언형(Trunnion Type)
- 피스톤 로드의 동작 방향에 직각되게 설치된 피벗(Pivot)으로 실린더를 고정하는 방식이다.
- 실린더가 피벗 중심선을 따라 회전할 수 있도록 하는 방식이다.

04 ☑☐☐☐☐
PID고전제어에 있어서 에러를 없애주는 제어장치는?
① 증폭기　② 미분제어기
③ 비례제어기　④ 적분제어기

[해설]
적분제어기
시간이 지남에 따라 누적된 오차를 계산하여, 정상 상태에서의 오차를 제거하는 역할을 한다.

정답 01 ② 02 ③ 03 ④ 04 ④

05

연속적인 물리량인 온도를 측정하는 열전대의 출력신호의 형태는?

① 2진신호 ② 전류신호
③ 디지털신호 ④ 아날로그신호

해설

열전대
- 연속적인 물리량인 온도를 측정할 때, 두 금속의 접합 부분에 생기는 온도차에 의해 발생하는 아주 작은 전압(기전력)을 출력한다.
- 출력신호는 온도에 따라 연속적으로 변하는 아날로그전압신호로 나타낸다.

06

다음 중 1 atm과 같지 않은 것은?

① 1013 kPa ② 760 mmHg
③ 1.0132 bar ④ 10332 kgf/m²

해설

1 atm과 같은 단위
1 atm = 101.325 kPa
      = 101325 Pa
      = 1.1032 bar
      = 10332 kgf/m²
      = 760 mmHg

07

다음 밸브의 제어라인에 부여하는 숫자로 옳은 것은?

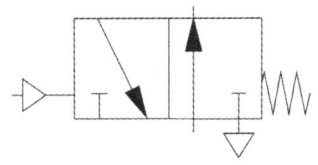

① 1 ② 2
③ 10 ④ 13

해설

밸브의 각 포트에 부여하는 숫자
- 공급라인 : 1번(P)
- 작업라인 : 2, 4, 6번(A, B, C, …)
- 배기라인 : 3, 5, 7번(R, S, T, …)
- 제어라인 : 10, 12, 14번(Z, Y, X, …)

08

유압에너지를 저장할 수 있는 유압기기는?

① 압축기 ② 기름탱크
③ 저장탱크 ④ 어큐뮬레이터

해설

어큐뮬레이터
- 압력을 축적하는 용기로 구조가 간단하고 용도도 유압장치에 많이 활용된다.
- 유압에너지를 축적하고, 압력변동을 흡수하거나 충격 완화, 맥동 저감 등에 사용된다.

정답 05 ④ 06 ① 07 ③ 08 ④

09

유압모터의 관성력으로 인한 펌프작용을 방지하기 위해 필요한 보상회로의 명칭은?

① 브레이크회로
② 유압모터 병렬회로
③ 유압모터 직렬회로
④ 일정토크 구동회로

해설

브레이크회로
- 유압모터가 관성에 의해 계속 회전하면서 유압펌프처럼 작동하는 관성펌프작용을 방지한다.
- 모터의 관성에 의한 역회전을 제어하여 시스템을 보호한다.

10

유압펌프의 압력 선정 시 고려할 사항으로만 짝지어진 것은?

① 가열, 누설, 압력, 추종성
② 누설, 무게, 압력, 크기, 안정성
③ 무게, 압력, 양정, 크기, 난연성
④ 압력, 인화성, 토출량, 공동현상

해설

유압펌프의 압력 선정 시 고려사항
유압펌프의 압력 선정 시 고려할 사항으로는 압력, 유량, 누설, 무게, 크기, 안정성, 가격 등이 있다.

11

제어계에서 가장 많이 이용되는 전자요소는?

① 변복조기
② 가감산기
③ 증폭기
④ 주파수 변환기

해설

증폭기
제어계(특히 자동제어시스템)에서는 미약한 신호를 더 큰 신호로 변환하거나 정확하게 제어하기 위해 증폭기의 사용이 필수적이다.

12

피스톤에 O링을 사용한 실린더에 압력이 존재하면 실린더 배럴과 피스톤의 간극 사이로 O링이 밀려나오는데 이를 방지하는 데 사용하는 패킹은?

① 개스킷
② V 패킹
③ 백업 링
④ 라비란스 실

해설

백업 링
- O링을 보조하기 위해 사용한다.
- 피스톤에 O링을 사용한 실린더에 압력이 존재하면 실린더 배럴과 피스톤의 간극 사이로 O링이 밀려나오는 현상을 방지하기 위해 사용한다.

정답 09 ① 10 ② 11 ③ 12 ③

13

다음 공기압밸브 중 OR 논리를 만족시키는 밸브는?

① 2압밸브
② 셔틀(Shuttle)밸브
③ 파일럿 조작 체크밸브
④ 3/2-way 장상 상태 열림형 밸브

해설

셔틀밸브
- 두 개 이상의 유압회로를 하나의 출구로 연결하여 한 쪽에서 압력이 공급되면 그 압력을 출력포트로 전달하고, 반대쪽 회로는 자동으로 차단한다.
- OR밸브라고도 하며 복수의 신호입력 중 단일 출력을 얻고자 할 때 주로 사용한다.

14

다음 제어방식 중 의미가 다른 하나는?

① 궤환제어
② 개루프제어
③ 폐루프제어
④ 피드백제어

해설

제어방식
- 궤환제어, 폐루프제어, 피드백제어는 모두 피드백을 사용하는 제어방식(폐루프)이다.
- 개루프제어는 피드백 없이, 오로지 입력신호에 따라 동작하는 제어방식으로 나머지와 다르다.

15

기계적 에너지를 공기의 압력에너지로 변환하는 기기는?

① 공기압축기
② 공기압모터
③ 루브리케이터
④ 공기압실린더

해설

공기압축기
공기압축기는 기계적 에너지를 공기의 압력에너지로 변환하는 기기이다.

16

3상 전동기의 과열 원인으로 적절하지 않은 것은?

① 단상 운전
② 과부하 운전
③ 공진현상 발생
④ 코일의 단락 또는 군의 단락

해설

공진현상
- 공진현상은 2개의 진동체의 고유진동수가 같을 때 진동이 커지는 현상이다.
- 공진현상은 과열과는 큰 관계가 없다.

정답 13 ② 14 ② 15 ① 16 ③

17 ☑☐☐☐☐
유압의 특징으로 틀린 것은?

① 온도와 점도에 영향을 받지 않는다.
② 공기압에 비해 큰 힘을 낼 수 있다.
③ 작동체의 속도를 무단변속할 수 있다.
④ 방청과 윤활이 자동적으로 이루어진다.

해설

유압
- 액체(오일)의 압력을 이용해 힘이나 움직임을 전달하는 것이다.
- 비교적 작은 힘으로 큰 힘을 낼 수 있다.
- 유압유(오일)의 점도와 온도에 따라 직접적인 영향을 받는다.

18 ☑☐☐☐☐
조작하고 있는 동안만 열리는 접점으로 조작 전에는 항상 닫혀 있는 접점은?

① a접점　　② b접점
③ c접점　　④ d접점

해설

접점의 종류
① a접점 : 평상시에는 열려 있고 조작하면 닫히는 접점이다.
② b접점 : 평상시에는 닫혀 있고 조작하면 열리는 접점이다.
③ c접점 : a접점과 b접점이 함께 있는 전환접점이다.
④ d접점 : 사용하지 않는 접점이다.

19 ☑☐☐☐☐
다음 중 유압 작동유의 구비조건에 해당되지 않는 것은?

① 윤활성이 좋을 것
② 적당한 점도가 유지될 것
③ 화학적으로 반응이 좋을 것
④ 비압축성일 것

해설

유압 작동유의 구비조건
- 유압 작동유는 화학적으로 안정해야 한다.
- 유압 작동유가 화학적으로 반응이 좋으면 기계 부품을 부식시킬 수 있다.

20 ☑☐☐☐☐
유체의 흐름에서 난류와 층류를 구별할 때 사용하는 것은?

① 점도지수　　② 동점도 계수
③ 레이놀즈수　　④ 체적탄성 계수

해설

레이놀즈수
- 유체의 흐름을 판별하는 무차원수이다.
- 레이놀즈수에 따라 층류와 난류로 구분한다.

정답 ▶ 17 ①　18 ②　19 ③　20 ③

2과목 용접 및 안전관리

21
용접법의 분류 중에서 융접에 속하는 것은?

① 테르밋용접 ② 초음파용접
③ 플래시용접 ④ 심용접

해설
융접
- 융접은 모재를 가열하여 녹이고, 용융 상태에서 접합하는 방식이다.
- 테르밋용접은 알루미늄과 산화철의 반응에서 발생하는 열을 이용하여 모재를 녹여서 접합하므로 융접에 해당된다.

22
다음 중 기계적 이음과 비교한 용접이음의 장점에 해당되지 않는 것은?

① 공정 수가 줄어든다.
② 재료가 절약된다.
③ 성능과 수명이 향상된다.
④ 모재의 재질변화에 대한 영향이 적다.

해설
용접이음
용접을 하면 고온이 발생하기 때문에 모재의 조직 변화(경화 또는 연화)가 발생한다.

23
산소 – 아세틸렌 불꽃의 최고 온도(℃) 범위로 가장 가까운 것은?

① 2000 ~ 2500 ℃
② 3000 ~ 3500 ℃
③ 4000 ~ 4500 ℃
④ 5000 ~ 5500 ℃

해설
산소 – 아세틸렌 불꽃
산소 – 아세틸렌 불꽃은 최대 3500 ℃까지 도달할 수 있다.

24
용접작업용 충전가스인 아르곤(Ar)용기는 어떤 색깔로 나타내는가?

① 녹색 ② 황색
③ 회색 ④ 흰색

해설
기체 보관용 용기의 색깔
① 녹색 : 산소가스용기
② 황색 : 아세틸렌가스용기
③ 회색 : 아르곤, 질소가스용기
④ 흰색 : 암모니아가스용기

정답 21 ① 22 ④ 23 ② 24 ③

25

아크전류가 200 A, 아크전압이 25 V, 용접속도가 15 cm/min인 경우 용접길이 1 cm당 발생하는 전기적 에너지는?

① 10000 J/cm ② 15000 J/cm
③ 20000 J/cm ④ 25000 J/cm

해설

용접길이 1 cm당 발생하는 전기적 에너지(H)

$$H = \frac{60EI}{V} = \frac{60 \times 25 \times 200}{15} = 20000 J/cm$$

E : 아크전압(V)
I : 아크전류(I)
V : 용접속도(cm/min)

26

다음 중 자분탐상시험에 대한 설명으로 틀린 것은 무엇인가?

① 강자성체에 적용된다.
② 표면 및 근표면 결함 검출이 가능하다.
③ 누설자계를 이용한다.
④ 비자성체의 결함에 효과적이다.

해설

자분탐상시험
- 자성을 가진 재료에 자장을 걸면 균열 부위에 자분이 모이는 원리를 이용한다.
- 비자성체는 검사하기 어렵다.

27

다음 중 아크용접에서 아크를 중단시켰을 때 중단된 부분이 납작하게 파여진 모습으로 남는 부분을 무엇이라고 하는가?

① 스패터 ② 오버랩
③ 슬래그 섞임 ④ 크레이터

해설

크레이터
용접 중에 아크를 멈추면 비드 끝에 오목하거나 납작하게 파인 부분이 남게 되며 이를 크레이터라고 한다.

28

TIG용접에서 가스노즐의 크기는 보통 몇 mm의 크기가 사용되는가?

① 1 ~ 3 ② 4 ~ 13
③ 14 ~ 20 ④ 21 ~ 27

해설

TIG용접에서 사용하는 가스노즐
TIG용접 시에는 주로 4 ~ 13 mm 크기의 노즐이 사용된다.

정답 25 ③ 26 ④ 27 ④ 28 ②

29 ☑☐☐☐☐

모재의 열 변형이 거의 없으며 이종금속의 용접이 가능하고 정밀한 용접을 할 수 있으며 비접촉식방식으로 모재에 손상을 주지 않는 용접법은?

① 테르밋용접
② 레이저용접
③ 스터드용접
④ 플라즈마제트아크용접

해설

모재에 손상을 주지 않는 용접
- 레이저용접은 비접촉방식으로 열 변형이 거의 없으며, 이종금속도 정밀하게 용접할 수 있고 모재 손상이 매우 적다.
- 테르밋, 스터드, 플라즈마제트아크용접 등은 고온 접촉방식이므로 모재 변형 및 손상 확률이 높다.

30 ☑☐☐☐☐

탄산가스(CO_2)아크용접에서 탄산가스가 인체에 미치는 영향 중 인체에 치명적인 위험을 끼치는 CO_2(체적 %)의 양은?

① 0.1 % 이상
② 3 % 이상
③ 8 % 이상
④ 15 % 이상

해설

탄산가스(CO_2)의 인체 영향
- 3 ~ 8 % : 호흡 증가, 두통, 어지럼증 발생
- 8 ~ 10 % : 구토, 실신, 호흡곤란 발생
- 15 % 이상 : 인체에 치명적인 영향을 미치므로 노출 시 신속하게 대피해야 한다.

31 ☑☐☐☐☐

다음 중 비파괴검사에 일반적으로 해당되는 내용은 무엇인가?

① 시험 후 재사용할 수 없다.
② 제품의 일부를 절단해야 한다.
③ 시험 후에도 제품을 사용할 수 있다.
④ 제품을 파괴함으로써 시험결과의 정확도를 높인다.

해설

비파괴검사
- 비파괴검사는 재료를 파괴하지 않고, 손상 없이 결함·성능·상태를 평가할 수 있다.
- 검사 후에도 재료의 기능이 유지되어 재사용할 수 있다.

32 ☑☐☐☐☐

다음 중 와류탐상검사의 장점에 해당하지 않는 것은?

① 자동화를 적용할 수 있다.
② 표면과 표면에 가까운 결함에 민감하다.
③ 재료에 접촉하지 않고도 검사할 수 있다.
④ 형상이 복잡한 것도 쉽게 검사할 수 있다.

해설

와류탐상검사
와류탐상검사는 검사체의 규격이 단순하고 표면이 매끄러운 경우 가장 효율적이며, 복잡한 형상에서는 와전류 분포가 왜곡되고 신호 해석이 어려워 검사를 진행하기 어렵다.

정답 29 ② 30 ④ 31 ③ 32 ④

33 ☑☐☐☐☐

다음 중 금속흄과 같이 열적 혹은 기계적인 분진 발생장소에서 착용해야 하는 방진마스크의 등급은?

① 특급   ② 1급
③ 2급   ④ 3급

해설

1급 방진마스크 착용장소
- 금속흄 등과 같이 열적으로 생기는 분진 등 발생장소
- 기계적으로 생기는 분진 등 발생장소

34 ☑☐☐☐☐

다음 중 산업안전보건법에 따른 공정안전보고서에 대한 내용으로 옳은 것은 무엇인가?

① 사업주는 공정안전보고서를 1부 작성하여 공단에 제출해야 한다.
② 공단은 공정안전보고서를 제출받은 경우 제출받은 날로부터 30일 이내에 심사를 해야 한다.
③ 공정안전보고서의 이행 상태의 평가는 소방청장이 한다.
④ 공정안전보고서의 세부내용별 작성기준은 시·도지사가 정하여 고시한다.

해설

공정안전보고서
- 사업주는 공정안전보고서를 2부 작성하여 공사의 착공일 30일 전까지 공단에 제출해야 한다.
- 공단은 공정안전보고서를 제출받은 경우 30일 이내에 심사를 해야 한다.
- 공정안전보고서의 이행 상태의 평가, 작성기준 고시는 고용노동부장관이 정한다.

35 ☑☐☐☐☐

다음 중 산업안전보건법의 목적에 해당되지 않는 것은?

① 산업안전보건기준의 확립
② 근로자의 안전과 보건을 유지·증진
③ 산업재해의 예방과 쾌적한 작업환경 조성
④ 산업안전보건에 관한 정책의 수립 및 실시

해설

산업안전보건법의 목적
산업안전보건법의 목적은 산업안전보건기준 확립, 근로자의 안전과 보건의 유지·증진, 산업재해 예방과 쾌적한 작업환경 조성에 있다.

36 ☑☐☐☐☐

다음 중 PDCA 사이클을 올바른 순서대로 나열한 것은 무엇인가?

① 검토 → 개선 → 계획 → 실행
② 검토 → 계획 → 개선 → 실행
③ 계획 → 실행 → 검토 → 개선
④ 계획 → 검토 → 실행 → 개선

해설

PDCA 사이클
산업안전관리에서 지속적인 개선과 예방을 위해 사용하는 관리방법론으로, '계획(Plan) - 실행(Do) - 검토(Check) - 개선(Action)'의 4단계를 반복한다.

정답 33 ② 34 ② 35 ④ 36 ③

37

다음 중 안전인증 대상 방호장치가 아닌 것은?

① 절연용 방호구
② 전단기 방호장치
③ 압력용기압력방출용 안전밸브
④ 교류 아크용접기용 자동전격방지기

해설

교류 아크용접기용 자동전격방지기
교류 아크용접기용 자동전격방지기, 연삭기 덮개 등은 자율안전확인 대상 방호장치이다.

38

산업재해가 발생한 경우 산업재해조사표를 작성하여 관할 지방고용노동관서의 장에게 제출하여야 하는 기간은 발생일로부터 언제인가?

① 지체없이 제출해야 한다.
② 1주 이내로 제출해야 한다.
③ 2주 이내로 제출해야 한다.
④ 1개월 이내로 제출해야 한다.

해설

산업재해의 발생보고
사업주는 산업재해가 발생한 경우에는 산업재해가 발생한 날부터 1개월 이내에 산업재해조사표를 작성하여 관할 지방고용노동관서의 장에게 제출해야 한다.

39

방독마스크를 선택할 때 가장 주의해야 하는 사항은 무엇인가?

① 기상조건
② 온도조절
③ 얼굴에 대한 압박감
④ 흡수필터가 유해한 대상 가스

해설

방독마스크 선택
방독마스크 선택 시 가장 중요한 요소는 필터(정화통)가 실제 유해가스(혹은 증기)를 효과적으로 제거할 수 있는지 여부이다.

40

산업재해를 예방하기 위하여 잠재적 위험성을 발견하고 그 개선대책을 수립할 목적으로 조사·평가하는 것은 무엇인가?

① 작업환경측정   ② 위험성 평가
③ 안전보건진단   ④ 건강진단

해설

안전보건진단
산업재해 예방 목적, 잠재적 위험성 발견, 개선대책 수립을 위하여 전문기관이 조사·평가하는 공식 절차이다.

정답 37 ④ 38 ④ 39 ④ 40 ③

3과목 기계설비일반

41 ☑□□□□

다음 중 게이지 제작공차에 사용되는 축의 IT 공차의 급수에 해당되는 것은 무엇인가?

① IT1 ~ IT4 ② IT5 ~ IT8
③ IT8 ~ IT12 ④ IT13 ~ IT16

해설

IT 공차의 급수
- IT 공차등급은 IT1부터 IT18까지 총 20등급으로 분류된다.
- 게이지 제작은 높은 정밀도가 요구되어 가장 작은 공차급수(IT1 ~ IT4)가 사용된다.

42 ☑□□□□

구멍의 최소 허용치수보다 축의 최대 허용치수가 작은 끼워맞춤을 무엇이라고 하는가?

① 헐거운 끼워맞춤
② 억지 끼워맞춤
③ 구멍 끼워맞춤
④ 중간 끼워맞춤

해설

헐거운 끼워맞춤
축의 최대 허용치수보다 구멍의 최소 허용치수가 커서 조립 시 틈새가 생기는 경우이다.

43 ☑□□□□

다음 중 가장 고운 다듬면을 나타내는 기호는 무엇인가?

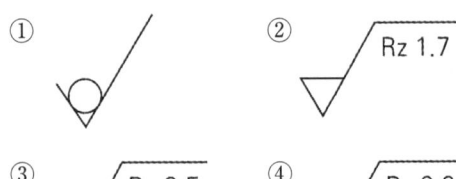
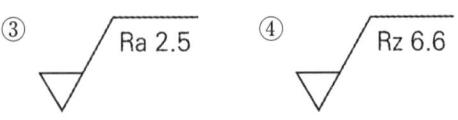

해설

표면거칠기의 표기법
표면거칠기(R_z) 값이 작을수록 더 고운 다듬면임을 나타내므로 ②번이 가장 고운 다듬면이다.
①번 기호는 절삭가공 및 기타 제거가공을 하지 않은 면을 표기하는 방식이다.

44 ☑□□□□

다음과 같은 기하공차가 의미하는 내용으로 틀린 것은?

| ⊥ | 0.009/150 | A |

① ⊥ : 공차의 종류
② 0.009 : 공차값
③ 150 : 전체 길이
④ A : 데이텀(기준점) 문자기호

해설

기하공차 표기
150은 전체길이가 아니라 공차가 적용되는 구간인 지정길이를 나타낸다.

정답 ● 41 ① 42 ① 43 ② 44 ③

45 ☑☐☐☐☐

다음 중 IT 기본공차의 등급이 커질수록 허용공차값은 어떻게 변하는가? (단, 다른 조건은 모두 일정하다)

① 작아진다.　　② 일정하다.
③ 커진다.　　　④ 관계가 없다.

해설

IT 기본공차 등급과 공차값 관계
IT등급은 IT1 ~ IT18 등으로 나뉘며, 숫자가 커질수록 정밀도가 낮아지고, 허용공차값(오차범위)이 커진다.

46 ☑☐☐☐☐

다음 연삭가공법에 해당되지 않는 것은?

① 호닝(Honing)　　② 버핑(Buffing)
③ 래핑(Lapping)　　④ 보링(Boring)

해설

연삭가공법
- 연삭가공법은 연삭숫돌과 같은 연마입자를 고속회전시키면서 공작물의 표면을 매우 매끄럽게 가공하는 방법이다.
- 보링(Boring)은 내경을 확대·가공하는 것으로 절삭가공법이다.

47 ☑☐☐☐☐

일반적인 질화법의 특징으로 틀린 것은?

① 경화에 의한 변형이 크다.
② 질화 후의 열처리가 필요 없다.
③ 침탄법에 비해 경화층이 얇고 조작시간이 길다.
④ 질화층을 깊게 하려면 긴 시간이 걸린다.

해설

질화법
- 표면에 질소를 침투시켜 경도를 높이고 내마모성, 내식성, 피로강도 등을 크게 향상시키는 표면경화방법이다.
- 질화법은 저온에서 진행하므로 열변형이 적고 치수 변화도 거의 없다.
- 질화층을 깊게 하려면 긴 시간이 걸린다.

48 ☑☐☐☐☐

다음 중 터보형 압축기에 해당하는 것은?

① 축류식 압축기　　② 왕복 압축기
③ 회전식 압축기　　④ 나사식 압축기

해설

터보형 압축기
로터의 회전에 의해 압축하는 방식으로 축류식 압축기, 원심식 압축기 등이 해당된다.

정답　45 ③　46 ④　47 ①　48 ①

49 ☑□□□□

운동체와 정지체와의 기계적 접촉에 의해 운동체를 감속 또는 정지시키고, 정지 상태를 유지하는 기능을 가진 요소는?

① 클러치   ② 브레이크
③ 래치 휠   ④ 감속기

해설

브레이크
브레이크는 운동체와 정지체의 기계적 접촉에 의해 운동체를 감속 또는 정지시키고, 정지 상태를 유지하는 기능을 가진 요소이다.

50 ☑□□□□

다음 중 한계게이지의 특징으로 틀린 것은?

① 제품의 실제 치수를 읽을 수 없다.
② 조작이 간단하고 경험을 필요로 하지 않는다.
③ 측정치수가 정해지고 한 개의 치수마다 한 개의 게이지가 필요하다.
④ 다량의 제품을 측정하기 어렵고, 양호와 불량의 판정을 쉽게 내릴 수 없다.

해설

한계게이지
• 기계 부품이나 제품의 치수가 정해진 한계 내에 드는지를 합격과 불합격으로 판정하는 데 사용되는 측정 도구이다.
• 대량 생산과정에서 사용되며, 비숙련자도 손쉽게 사용할 수 있다.

51 ☑□□□□

다음 중 전동기의 과열원인과 가장 거리가 먼 것은?

① 과부하 운전
② 빈번한 기동, 정지
③ 베어링부에서의 발열
④ 로터와 스테이터의 접촉

해설

전동기의 과열원인
로터와 스테이터의 접촉은 과열보다는 기계적인 고장(마모, 동작 불능)과 관련이 있다.

52 ☑□□□□

송풍기의 운전 중 점검사항으로 가장 거리가 먼 것은?

① 베어링의 온도
② 베어링의 진동
③ 윤활유의 적정 여부
④ 임펠러의 부식 여부

해설

송풍기의 운전 중 점검사항
• 송풍기가 운전할 경우 임펠러는 회전 중이므로 임펠러의 부식 여부는 점검할 수 없다.
• 임펠러의 부식 여부는 송풍기의 운전 전에 점검해야 한다.

정답 49 ② 50 ④ 51 ④ 52 ④

53 ☑☐☐☐☐

볼트, 너트의 풀림을 방지하는 여러 가지 방법이 있다. 그중 와셔를 굽히거나, 구멍을 만들어 거기에 끼운 후 고정하는 방법은?

① 폴와셔에 의한 방법
② 스프링와셔에 의한 방법
③ 이붙이와셔에 의한 방법
④ 혀붙이와셔에 의한 방법

해설

와셔의 종류
① 폴와셔 : 너트의 이완방지를 위해 와셔를 굽히거나 구멍을 만들어 고정한다.
② 스프링와셔 : 탄성을 통해 나사의 풀림을 방지한다.
③ 이붙이와셔 : 회전을 방지하기 위한 이(Tooth) 모양의 와셔이다.
④ 혀붙이와셔 : 돌출된 형상부를 굽혀 회전을 방지한다.

54 ☑☐☐☐☐

다음 브레이크재료 중 허용압력이 가장 큰 것은?

① 황동　　　　② 주철
③ 목재　　　　④ 파이버

해설

브레이크재료의 허용압력
- 주철은 철과 탄소의 합금으로 탄소의 함유량이 2.1 % 이상인 금속이다.
- 주철은 높은 허용압력을 가져 보기에 주어진 재료 중에서 허용압력이 가장 크다.

55 ☑☐☐☐☐

관과 관을 연결시키고, 관과 부속 부품과의 연결에 사용되는 요소를 관이음쇠라고 한다. 다음 중 관이음쇠의 기능이 아닌 것은?

① 관로의 연장
② 관로의 분기
③ 관의 상호 운동
④ 관의 온도유지

해설

관이음쇠의 기능
- 배관의 설치에 있어 관로의 연장, 분기, 신축, 상호운동 등의 기능을 한다.
- 관의 온도유지는 관이음쇠와 관련이 없다.

56 ☑☐☐☐☐

담금질 직후 잔류 오스테나이트를 없애기 위해 0 ℃ 이하로 냉각하는 열처리는?

① 뜨임처리　　　② 풀림처리
③ 심랭처리　　　④ 항온 열처리

해설

심랭처리
- 담금질한 강재 내의 잔류 오스테나이트를 마르텐사이트화시키는 작업으로 0 ℃ 이하의 온도에서 냉각시키는 조작이다.
- 경도와 치수안정성, 내마모성 등을 개선하는 목적으로 사용한다.

정답 53 ① 54 ② 55 ④ 56 ③

57 ☑☐☐☐☐

웜기어 감속기에서 웜휠의 이닿기 면을 웜의 중심에서 출구 쪽으로 약간 어긋나게 하는 이유로 가장 적합한 것은?

① 감속비를 높이기 위하여
② 백래쉬를 없애기 위하여
③ 접촉각을 조정하기 위하여
④ 윤활유의 공급이 잘 되게 하기 위하여

해설

웜기어 감속기
웜기어 감속기에서 웜휠의 이닿기 면을 웜의 중심에서 출구 쪽으로 약간 어긋나게 하면 윤활유의 공급이 원활해져 윤활 상태를 유지하기 좋다.

58 ☑☐☐☐☐

너트의 풀림방지용으로 사용되는 와셔로 적당하지 않은 것은?

① 사각와셔   ② 이붙이와셔
③ 스프링와셔   ④ 혀붙이와셔

해설

사각와셔
- 너트의 볼록한 부분을 평평하게 하거나 너트와 부품 사이의 틈을 메운다.
- 너트의 풀림을 방지하는 기능은 없다.

59 ☑☐☐☐☐

다음 중 전동기 기동불능현상의 원인이 아닌 것은?

① 단선   ② 기계적 과부하
③ 서머릴레이 작동 ④ 코일 절연물의 열화

해설

전동기 기동불능현상
코일 절연물의 열화는 전동기의 고장원인이 될 수 있지만 직접적인 기동불능현상으로 보기는 어렵다.

60 ☑☐☐☐☐

관(Pipe)의 플랜지이음에 대한 설명으로 틀린 것은?

① 유체의 압력이 높은 경우 사용된다.
② 관의 지름이 비교적 큰 경우 사용된다.
③ 가끔 분해, 조립할 필요가 있을 때 편리하다.
④ 저압용일 경우 구리, 납, 연강 등을 사용한다.

해설

플랜지이음
- 큰 배관, 고압 배관에 많이 사용된다.
- 볼트, 너트를 풀거나 조여서 쉽게 분해, 조립할 수 있다.

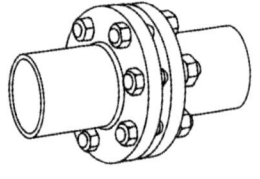

[플랜지이음]

정답 57 ④ 58 ① 59 ④ 60 ④

4과목 설비진단 및 관리

61 ☑☐☐☐☐
다음 중 진동측정용센서와 가장 거리가 먼 것은?

① 변위센서 ② 질량센서
③ 속도센서 ④ 가속도센서

해설

센서의 종류
질량센서는 진동을 측정하기보다는 미세한 질량 변화를 감지하거나 검출하는 센서이다.

관련개념 진동의 측정단위

구분	내용
변위	측정대상의 위치 변화(m)
속도	측정대상의 단위시간당 위치 변화(m/s)
가속도	측정대상의 단위시간당 속도 변화(m/s²)

62 ☑☐☐☐☐
대량생산을 위한 공장 자동화와 같이 기계화도가 높은 생산공정에 제조간접비를 배부하는 방식은?

① 직접재료비법 ② 직접제조비법
③ 기계가동시간법 ④ 직접노무시간법

해설

간접비 배부방식
- 직접재료비법 : 제품별 직접재료비를 기준으로 간접비를 배부한다.
- 직접노무시간법 : 각 제품에 투입된 직접 노무시간을 기준으로 간접비를 배부한다.
- 기계가동시간법 : 기계화도가 높은 생산공정에서 각 제품에 사용된 기계 가동시간을 기준으로 배부하는 방법이다.

63 ☑☐☐☐☐
보전빈도 예측에 영향을 끼치는 요인이 아닌 것은?

① 관리조직의 자신감
② 설비의 고유설계 신뢰도
③ 보전 종류별 설비정지 횟수
④ 보전에 필요한 인력 및 기술수준

해설

보전빈도 예측
- 보전빈도 예측은 설비가 고장이나 성능저하로 인해 언제 보전이 필요한지 미리 예측하고 이에 맞춰 유지보수 계획을 세우는 것이다.
- 관리조직의 자신감은 보전빈도 예측과는 거리가 멀다.

64 ☑☐☐☐☐
다음 중 TPM관리의 특징으로 틀린 것은?

① 사전활동 ② 로스 측정
③ Input 지향 ④ 결과중심시스템

정답 61 ② 62 ③ 63 ① 64 ④

해설

TPM관리와 전통적 관리의 비교
- TPM관리는 개선을 위한 사전활동, 로스 측정, 자기동기 부여, 전 직원의 자발적인 참여와 지속적 개선, 협업을 중시한다.
- 전통적 관리는 위계적, 지시적, 터널식 의사소통, 결과(Output) 지향적 성격이 강하다.

65 ☑ □ □ □

진동진폭의 파라미터로서 진동변위 $D(\mu m)$, 진동속도 $V(mm/s)$, 진동주파수를 $f(Hz)$라 할 때 진동변위와 진동속도 관계를 올바르게 표현한 것은?

① $V = 2\pi f D \times 10^{-3}$
② $V = 2\pi f D$
③ $V = \dfrac{D}{2\pi f} \times 10^{-3}$
④ $V = \dfrac{D}{2\pi f}$

해설

진동속도(V)
진동속도를 구하는 공식은 일반적으로는 아래와 같이 정의되나 문제에 주어진 단위를 맞추어야 한다.
$V = 2\pi f D$
진동속도의 단위가 mm/s이고, 진동변위의 단위가 μm이므로 μm를 mm로 변환해야 한다.
$1\mu m = 10^{-6} m = 10^{-3} mm$
이 문제에서 진동속도 공식은 다음과 같다.
$V = 2\pi f D \times 10^{-3}$

66 ☑ □ □ □

소음의 물리적 성질 중 음파의 종류를 설명한 것으로 틀린 것은?

① 평면파 : 음파의 파면들이 서로 평행한 파
② 발산파 : 음원으로부터 거리가 멀어질수록 더욱 넓은 면적으로 퍼져나가는 파
③ 구면파 : 음원에서 모든 방향으로 동일한 에너지를 방출할 때 발생하는 파
④ 진행파 : 둘 또는 그 이상 음파의 구조적 간섭에 의해 시간적으로 일정하게 음압의 최고와 최저가 반복되는 패턴의 파

해설

음파의 종류

구분	내용
구면파	구(원)과 같이 모든 방향으로 동일한 에너지를 방출한다.
평면파	음파의 파면들이 서로 평행하게 방출한다.
발산파	음원으로부터 거리가 멀어질수록 더욱 넓은 면적으로 방출한다.
진행파	음파의 진행방향으로 에너지를 방출한다.

정답 ● 65 ① 66 ④

67

다음 중 진동의 분류에서 틀리게 설명한 것은?

① 자유진동 : 외부로부터 힘이 가해진 후에 스스로 진동하는 상태
② 강제진동 : 외부로부터 반복적인 힘에 의하여 발생하는 진동
③ 불규칙진동 : 회전부에 생기는 불평형, 커플링부의 중심 어긋남 등이 원인으로 발생하는 진동
④ 선형진동 : 진동하는 계의 모든 기본요소(스프링, 질량, 감쇠기)가 선형 특성일 때 생기는 진동

해설

진동의 분류
- 불규칙진동은 예측이 불가능한 외력(바람, 지진 등)에 의한 진동이다.
- 회전부에 생기는 불평형, 커플링부의 중심 어긋남 등의 원인으로 발생하는 진동은 규칙진동이다.

68

진동의 크기를 표현하는 방법으로 사용되는 용어의 설명 중 틀린 것은?

① 평균값 : 진동량을 평균한 값이다.
② 피크값 : 진동량 절댓값의 최댓값이다.
③ 실횻값 : 진동에너지를 표현하는 것으로 정현파의 경우는 피크값의 2배이다.
④ 양진폭 : 전진폭이라고도 하며 양의 최댓값에서 부측의 최댓값까지의 값이다.

해설

실횻값
실횻값은 진동에너지를 표현하는 데 사용하며 최댓값(피크값)의 0.7배 = $\dfrac{1}{\sqrt{2}}$ 배이다.

관련개념 주진동 관련 용어 정리

용어	설명
실횻값	진동의 에너지를 표현하는 값
평균값	진동량의 평균값
편진폭 (피크값)	기준선(중심선 또는 0점)으로부터 진동의 최댓값까지의 거리
양진폭 (전진폭)	양(+) 방향의 최댓값과 음(-) 방향의 최댓값 사이의 거리
피크 - 피크값	진동 파형의 최고점과 최저점 사이의 최대 변화량

69

다음 중 소음의 물리적 성질을 잘못 표현한 것은?

① 파면 : 파동의 높이가 같은 점들을 연결한 면
② 음선 : 음의 진행방향을 나타내는 선으로 파면에 수직
③ 음파 : 공기 등의 매질을 전파하는 소밀파 (압력파)
④ 파동 : 음에너지의 전달이 매질의 변형운동으로 이루어지는 에너지 전달

해설

파면
파동에서 동일한 위상에 있는 모든 점들을 연결한 면이다.

정답 67 ③ 68 ③ 69 ①

70 ☑☐☐☐☐
종합적 생산보전(TPM)에 관한 내용으로 가장 거리가 먼 것은?

① 사후활동 추구
② 자주보전 능력 향상
③ 불량제로(0), 고장제로(0) 추구
④ LCC(Life Cycle Cost)의 경제성 추구

해설
종합적 생산보전(TPM)
종합적 생산보전활동은 사후활동을 추구하는 것이 아니라 사전활동을 통해 손실을 최소화하는 것이다.

71 ☑☐☐☐☐
설비 프로젝트 분류 중 설비의 갱신이나 개조에 의한 경비절감을 목적으로 하는 투자는?

① 제품 투자
② 확장 투자
③ 전략적 투자
④ 합리적 투자

해설
투자의 종류
① 제품 투자 : 제품의 기능 및 품질을 향상시키기 위한 투자이다.
② 확장 투자 : 사업 확장 및 신제품 생산 등 양적인 확대를 위해 생산설비, 유틸리티 설비 등을 증설하는 투자이다.
③ 전략적 투자 : 사업의 장기적인 경쟁력을 확보하기 위한 투자이다.
④ 합리적 투자 : 설비의 갱신이나 개조에 의한 경비절감을 목적으로 하는 투자이다.

72 ☑☐☐☐☐
설비보전 조직 중 집중보전 조직의 특징으로 틀린 것은?

① 특수기능자는 한층 효과적으로 이용된다.
② 긴급작업, 고장, 새로운 작업을 신속히 처리한다.
③ 공장의 작업요구를 처리하기 위하여 충분한 인원을 동원할 수 있다.
④ 작업의뢰와 완성까지의 시간이 매우 짧고, 작업표준을 위한 시간손실이 적다.

해설
집중보전 조직의 특징
• 모든 보전요원을 한 명의 책임자 아래에 두고 보전활동을 집중적으로 수행한다.
• 작업의뢰에서 완성까지의 시간이 상대적으로 길고, 작업표준을 위한 시간손실이 많다는 점이 가장 큰 단점이다.

73 ☑☐☐☐☐
그리스 선정 시 고려해야 할 사항으로 가장 거리가 먼 것은?

① 그리스제조법 및 급지방법
② 증주제의 종류 및 베이스 오일의 점도
③ 윤활개소의 운전조건인 회전수 및 하중
④ 윤활개소의 운전 온도범위 및 물, 약품 등의 접촉유무와 관련된 환경

해설
그리스 선정 시 고려사항
그리스제조법 및 급지방법은 그리스 선정 시 필수적으로 고려해야 할 사항은 아니다.

74 ☑☐☐☐☐

다음 중 경계윤활에 대한 설명으로 옳은 것은?

① 극압윤활이라고도 한다.
② 마찰계수는 0.01 ~ 0.05 정도이다.
③ 후막윤활로 가장 이상적인 윤활 상태이다.
④ 불완전윤활이라고도 하며, 고하중 저속 상태에서 발생하기 쉽다.

해설

경계윤활
- 불완전윤활, 박막윤활 등으로 불린다.
- 마찰계수는 약 0.05 ~ 0.2로 높은 편이다.
- 가장 이상적인 윤활 상태는 유체윤활로 경계윤활은 이상적인 윤활이 아니다.
- 불완전윤활이라고도 하며, 고하중 저속 상태에서 발생하기 쉽다.

75 ☑☐☐☐☐

다음 윤활유의 급유법 중 윤활유를 미립자 또는 분무 상태로 급유하는 방법으로 여러 개의 다른 마찰면을 동시에 자동적으로 급유할 수 있는 것은?

① 바늘급유법
② 원심급유법
③ 버킷급유법
④ 비말급유법

해설

급유법의 종류
① 바늘급유법 : 일정량의 윤활유을 바늘밸브로 공급하는 것으로 국소적이고 작은 영역에 급유하는 방식이다.
② 원심급유법 : 원심력을 이용해 윤활유를 마찰면에 보내는 방식으로 분무방식에는 적합하지 않다.
③ 버킷급유법 : 버킷을 이용한 수동급유방식으로 자동방식에는 적합하지 않다.
④ 비말급유법 : 윤활유를 분무 또는 미스트 상태로 만들어 공급해서 여러 마찰면에 자동적으로 급유가 가능하다.

76 ☑☐☐☐☐

윤활관리의 경제적 효과로서 맞는 것은?

① 윤활제 소비량의 증가 효과
② 고장으로 인한 생산성 및 기회손실의 증가 효과
③ 설비의 수명감소로 인한 설비투자비용의 절감효과
④ 기계·설비의 유지관리에 필요한 보수비 절감효과

해설

윤활관리의 경제적 효과
윤활관리를 통해 마찰 및 마모를 줄여 설비의 고장 발생빈도를 낮추면 보수비가 절감되고 불필요한 정비나 갑작스러운 고장으로 인한 생산손실을 줄일 수 있다.

77 ☑☐☐☐☐
윤활유의 열화방지를 위한 방법으로 틀린 것은?

① 고온을 가능한 피한다.
② 오일은 혼합 사용한다.
③ 협잡물 혼입 시에는 신속히 제거한다.
④ 신기계 도입 시 충분한 플러싱 후 사용한다.

해설
윤활유의 열화방지를 위한 방법
윤활유는 혼합해서 사용하면 서로 다른 첨가제나 기유 성분 간 반응으로 성능 저하, 점도 변화, 산화 촉진 등이 발생할 수 있어 열화가 더 빨라질 수 있다.

78 ☑☐☐☐☐
윤활유의 점도와 온도의 관계를 지수로 나타내는 실험값으로 옳은 것은?

① 색
② 유동점
③ 점도지수
④ 인화점 및 연소점

해설
점도지수(VI)
온도의 변화에 대한 윤활유의 점도 변화의 비율을 나타내며 일반적으로 점도지수가 높은 윤활유는 열안정성이 높아 다양한 온도에서 성능 저하가 적다.

79 ☑☐☐☐☐
윤활유의 열화원인으로 맞지 않는 것은?

① 질화현상
② 산화현상
③ 유화현상
④ 탄화현상

해설
윤활유의 열화원인
- 산화 : 윤활유가 산소와 반응하는 것이다.
- 유화 : 윤활유에 수분이 포함되는 것이다.
- 탄화 : 고온에서 윤활유가 분해되는 것이다.

80 ☑☐☐☐☐
다음 그리스 중 120~232 ℃ 정도의 적점을 지니고 있으며, 섬유구조로 안정성이 높아 고온특성은 좋은 편이지만, 내수성이 나쁜 특성을 가진 것은?

① 칼슘 그리스
② 바륨 그리스
③ 나트륨 그리스
④ 알루미늄 그리스

해설
나트륨 그리스
- 적점은 120~232 ℃로 높고, 기계적 안정성이 뛰어나 고온특성이 좋다.
- 내수성이 나빠 물과 접촉 시 성능이 급격히 저하된다.

정답 77 ② 78 ③ 79 ① 80 ③

CBT 대비 모의고사 2회

1과목 공유압 및 자동제어

01 ☑☐☐☐☐

일반적인 공압 발생장치의 기기순서로 옳은 것은?

① 공기압축기 → 냉각기 → 저장탱트 → 에어드라이어 → 공압 조정 유닛
② 공기압축기 → 저장탱크 → 에어드라이어 → 후부 냉각기 → 배관 및 공압 조정 유닛
③ 공기압축기 → 어어드라이어 → 저장탱크 → 후부 냉각기 → 배관 및 공압 조정 유닛
④ 공기압축기 → 공압 조정 유닛 → 에어드라이어 → 저장탱크 → 후부 냉각기 → 배관

해설

공압 발생장치의 기기순서
- 공기압축기 : 공기를 압축한다.
- 냉각기 : 압축과정에서 발생한 열을 제거하여 공기를 냉각시킨다.
- 저장탱크 : 압축된 공기를 저장한다.
- 에어드라이어 : 저장탱크에 저장된 공기에서 수분을 제거한다.
- 공압 조정 유닛 : 압축공기의 압력과 품질을 조절한다.

02 ☑☐☐☐☐

실리카겔(SiO_2 : 실리콘 이옥사이드)과 같은 물질을 사용하여 압축공기 속의 수분을 제거하는 방식은?

① 고온건조
② 저온건조
③ 흡수식 건조
④ 흡착식 건조

해설

실리카겔
실리카겔은 물분자를 표면에 흡착하여 수분을 제거하는 흡착제의 한 예로, 압축공기 건조 등에 널리 사용된다.

03 ☑☐☐☐☐

유압실린더에서 피스톤과 실린더 커버가 충돌하여 발생하는 충격의 경감, 실린더 수명연장, 충격파 발생방지를 목적으로 하는 장치는?

① 쿠션장치
② 에어 브리저
③ 피스톤 패킹
④ 더스트 와이퍼

해설

쿠션장치
- 실린더 내부에서 피스톤이 커버 부분에 근접할 때 오일의 유출을 제한하여 속도를 점차적으로 감소시켜 줌으로써 충격을 완화하는 역할을 한다.
- 물리적인 마모나 손상, 소음, 진동 등을 줄여 실린더의 내구성과 효율을 높여준다.

정답 ● 01 ① 02 ④ 03 ①

04 ☑☐☐☐☐

PLC(Programmable Logic Controller)의 출력 인터페이스에 사용할 수 없는 것은?

① 램프(Lamp)
② 릴레이(Relay)
③ 리밋스위치(Limit Switch)
④ 솔레노이드밸브(Solenoid Valve)

해설

PLC(Programmable Logic Controller)
- 기계나 장비의 동작을 제어하고 모니터링 역할을 하는 산업용 컴퓨터이다.
- 램프, 부저, 솔레노이드밸브는 출력신호를 받아 동작하는 출력장치이다.
- 리밋스위치는 입력신호로 사용되는 장치로 PLC에 신호를 보내는 역할을 한다.

05 ☑☐☐☐☐

다음 중 자동화의 장점이 아닌 것은?

① 생산성을 향상시킨다.
② 제품의 품질을 균일하게 한다.
③ 시설 투자비용을 줄일 수 있다.
④ 원가를 절감하여 이익을 극대화할 수 있다.

해설

자동화
자동화를 하면 생산성이 향상되고, 이익을 극대화할 수 있지만 시설 투자비용은 증가할 수 있다.

06 ☑☐☐☐☐

공압모터의 특징이 아닌 것은?

① 배기음이 크다.
② 제어성이 우수하다.
③ 에너지 변환효율이 낮다.
④ 부하에 의해 회전수 변동이 크다.

해설

공압모터
공압모터는 공기의 압축성 때문에 제어성이 오히려 좋지 않다.

관련개념 공압모터의 특징
- 배기음이 크다.
- 에너지 변환효율이 낮다.
- 시동과 정지 시 충격 발생이 없다.
- 부하에 의한 회전수 변동이 크다.

07 ☑☐☐☐☐

공압 실린더의 배기압을 빨리 제거하여 실린더의 전진이나 복귀속도를 빠르게 하기 위한 목적으로 실린더와 최대한 가깝게 설치하여 사용하는 밸브는?

① 급속배기밸브
② 배기교축밸브
③ 압력제어밸브
④ 쿠션조절밸브

해설

급속배기밸브
- 공기압실린더의 배기유로를 직접 대기와 통하게 하여 배기흐름 저항을 줄임으로써 실린더의 동작속도를 빠르게 한다.
- 실린더와 최대한 가깝게 설치해야 한다.

정답 04 ③ 05 ③ 06 ② 07 ①

08 ☑☐☐☐☐

유도전동기의 특성에 대한 설명으로 옳은 것은?

① 회전수는 주파수에 반비례한다.
② 무부하 상태에서 슬립은 1 % 이하이다.
③ 동기속도로 회전할 때 슬립 s는 1이다.
④ 슬립은 회전자 속도가 동기속도에 비해 얼마나 빠른가를 나타낸다.

해설

유도전동기의 특성
① 회전수는 주파수에 비례한다.
② 유도전동기는 무부하 상태에서 슬립이 매우 작으며, 보통 1 % 이하이다.
③ 동기속도로 회전할 때 슬립 s는 0이다.
④ 슬립은 회전자 속도가 동기속도에 비해 얼마나 느린가를 나타낸다.

09 ☑☐☐☐☐

회전식 공기압축기가 아닌 것은?

① 베인형　　② 스크롤형
③ 루트 블로워　　④ 다이어프램형

해설

회전식 공기압축기
- 베인형, 스크롤형, 루트 블로워는 모두 회전식 공기압축기에 속한다.
- 다이어프램형은 왕복동식(피스톤식)에 속하기 때문에 회전식이 아니다.

10 ☑☐☐☐☐

다음 제어의 용어 중 제어장치에 속하며 목푯값에 의한 신호와 검출부로부터 얻어진 신호에 의해 제어장치가 소정의 작동을 하는 데 필요한 신호를 만들어서 조작부에 보내주는 부분을 뜻하는 것은?

① 외란　　② 조절부
③ 작동부　　④ 제어량

해설

제어의 용어
① 외란 : 제어계에 영향을 주는 시스템 외부의 변동요인이다.
② 조절부 : 제어장치가 소정의 작동을 하는 데 필요한 신호를 만드는 부분이다.
③ 작동부 : 제어신호를 받아 실제로 기계를 움직이는 부분이다.
④ 제어량 : 제어장치의 출력으로서 실제로 만들어지는 물리적 또는 전기적 값이다.

11 ☑☐☐☐☐

선형 스텝모터에서 이송거리를 S, 스핀들리드를 h, 회전각이 a일 경우, 이송거리에 대한 식으로 옳은 것은?

① $S = \dfrac{360°}{a} \times h$　　② $S = \dfrac{h}{360°} \times a$

③ $S = \dfrac{h}{360° \times a}$　　④ $S = \dfrac{a}{360° \times h}$

해설

선형 스텝모터에서 이송거리 식
$S = \dfrac{h}{360°} \times a$

12

기체의 온도를 일정하게 유지하면서 압력 및 체적이 변화할 때, 압력과 체적은 서로 반비례한다는 법칙은?

① 보일의 법칙
② 샤를의 법칙
③ 베르누이의 법칙
④ 보일 - 샤를의 법칙

해설

보일의 법칙
기체의 온도를 일정하게 유지하면서 압력 및 체적(부피)이 변할 때 압력과 체적은 서로 반비례한다는 법칙이다.

13

입력신호와 출력신호가 서로 반대의 값으로 되는 논리는?

① OR   ② AND
③ NOT   ④ XOR

해설

NOT 논리회로
NOT는 입력이 1이면 출력은 0, 입력이 0이면 출력은 1로 반대의 값을 출력한다.

14

제어동작이 출력 상태와 무관하게 이루어지는 제어시스템으로써 제어장치로 구성된 각 기기들은 자기에게 정해진 작업만을 수행하며 외란에 의한 오차에 대처할 능력이 없는 제어방식은?

① 디지털제어(Digital Control)
② 아날로그제어(Analog Control)
③ 오픈루프제어(Open Loop Control)
④ 클로즈루프제어(Closed Loop Control)

해설

오픈루프제어(Open Loop Control)
• 제어동작이 출력 상태와 무관하게 입력신호만을 기준으로 동작한다.
• 출력의 변화에 대처할 피드백(Feedback) 기능이 없다.
• 기기가 정해진 명령만 수행하고, 결과에 따라 동작을 보정하지 않는다.

15

공유압장치에서 압력 전달에 관한 것을 설명한 원리는?

① 연속방정식   ② 오일러의 법칙
③ 파스칼의 법칙   ④ 베르누이의 법칙

해설

파스칼의 법칙
• 압력 전달과 관련된 법칙이다.
• 밀폐된 용기 내부의 비압축성 유체에 가해진 압력은 유체 내 모든 지점에 같은 크기로 전달된다는 법칙이다.

정답 12 ① 13 ③ 14 ③ 15 ③

16 ☑☐☐☐☐

진동주파수분석 시 안티-에일리어싱(Anti-Aliasing)에 사용되는 적합한 필터는?

① 시간 윈도 ② 사이드 로브
③ 하이패스 필터 ④ 저역 통과필터

해설

안티-에일리어싱(Anti-Aliasing)
- 신호 처리의 샘플링과정 중 발생할 수 있는 에일리어싱현상을 방지하는 기술이다.
- 샘플링 전에 저역 통과필터를 사용하여 설정 주파수보다 낮은 주파수만 통과시킨다.

17 ☑☐☐☐☐

실린더에 반지름 방향의 하중이 작용할 때 발생하는 현상으로 옳은 것은?

① 실린더의 추력이 증대된다.
② 피스톤 로드 베어링이 빨리 마모된다.
③ 피스톤 컵 패킹의 내구수명이 증대된다.
④ 실린더의 공기 공급포트에서 누설이 증대된다.

해설

실린더에 하중이 작용할 경우
- 실린더에 반지름 방향의 하중이 작용하면, 피스톤 로드와 실린더 내부의 마찰이 커지면서 베어링이 정상적인 하중 분포를 벗어난 힘을 받게 된다.
- 피스톤 로드 베어링이 빨리 마모된다.

18 ☑☐☐☐☐

기계를 사용하여 특정 가공물을 핸들링하고자 할 때 기계적 제한사항이 아닌 것은?

① 모양 ② 색상
③ 재질 ④ 구조적 특성

해설

핸들링 시 기계적 제한사항
색상은 기계의 작동이나 핸들링에 직접적인 영향을 주지 않는다.

19 ☑☐☐☐☐

고속 회전기의 축진동측정, 회전수 측정, 위치 측정 등에 사용되는 진동센서는?

① 동전형 속도센서
② 서보형 가속도센서
③ 압전형 가속도센서
④ 와전류형 변위센서

해설

와전류형 변위센서
- 금속 표면과의 거리를 비접촉식으로 매우 정밀하게 측정할 수 있다.
- 축의 진동, 축의 위치 변화, 회전수 등을 측정할 수 있다.

정답 16 ④ 17 ② 18 ② 19 ④

20 ☑☐☐☐☐

공기 냉각기(애프터쿨러)에 관한 설명으로 틀린 것은?

① 공기압축기 후단, 에어 드라이어 앞단에 설치한다.
② 공랭식은 냉각효과를 높이기 위해 방열판을 설치하며 수랭식에 비해 교환 열량이 크다.
③ 압축기에서 나온 뜨거운 압축공기를 냉각함으로써 수증기의 약 60 % 정도를 제거한다.
④ 공랭식을 사용하면 냉각수를 사용하지 않아도 되므로 보수가 쉽고 유지비가 적게 든다.

해설
공랭식과 수랭식의 비교
- 공랭식은 방열판과 팬으로 공기를 식히는 것이고, 수랭식은 물을 이용해 열을 식히는 방식이다.
- 수랭식이 공랭식에 비해 열 교환(냉각) 효율이 더 높으며, 교환할 수 있는 열량도 더 크다.

2과목 용접 및 안전관리

21 ☑☐☐☐☐

용접법의 분류 중에서 융접에 해당하지 않는 것은?

① 저항용접　　　② 스터드용접
③ 피복아크용접　④ 서브머지드아크용접

해설
저항용접
저항용접은 전류를 흘려 금속의 접합 부분에 발생하는 저항열로 모재를 융접(융해)시키는 방식으로 압접에 해당한다.

22 ☑☐☐☐☐

테르밋용접법의 특징으로 옳은 것은?

① 전기가 필요하다.
② 용접작업 후 변형이 작다.
③ 용접작업의 과정이 복잡하다.
④ 용접형 기구가 복잡하여 이동이 어렵다.

해설
테르밋용접법
- 산화철과 알루미늄 분말의 화학 반응(테르밋 반응)에서 발생하는 고온의 발열(약 2800 ℃)을 이용해 금속을 녹여 접합하는 용접법이다.
- 외부의 전기나 가스를 사용하지 않는다.
- 용접작업이 단순하다
- 용접작업 후에 변형이 작다.
- 용접형 기구가 간단하고 이동이 용이하다.

정답 20 ② 21 ① 22 ②

23

일반적인 아크용접 시 변형과 잔류응력을 경감시키는 방법이 아닌 것은?

① 용접시공에 의한 경감법으로는 대칭법, 후진법을 쓴다.
② 용접 전 변형방지책으로 억제법, 역변형법을 쓴다.
③ 용접 금속부의 변형과 잔류응력을 경감하는 방법으로는 소성법을 쓴다.
④ 모재의 열전도를 억제하여 변형을 방지하는 방법으로는 도열법을 쓴다.

해설
아크용접 시 변형과 잔류응력 경감방법
소성법(소성변형법)은 금속에 힘을 가해 변형시키는 방법으로 변형을 경감시키는 방법보다는 발생한 변형을 교정하거나 수정할 때 사용하는 방법이다.

24

교류 및 직류 아크용접기의 특성을 비교한 내용으로 틀린 것은?

① 교류 아크용접기는 자기쏠림을 방지할 수 있다.
② 교류 아크용접기가 직류 아크용접기보다 감전위험성이 높다.
③ 아크의 안정성은 교류 용접기가 직류 용접기보다 우수하다.
④ 무부하전압은 직류 아크용접기에 비하여 교류 아크용접기가 높다.

해설
교류 및 직류 아크용접기
아크의 안정성은 직류 용접기가 교류 용접기보다 우수하다.

25

다음 중 관이음 중 분리가 가능한 이음과 거리가 가장 먼 것은?

① 나사이음   ② 패킹이음
③ 용접이음   ④ 고무이음

해설
용접이음
용접이음은 파이프 끝을 용접하여 결합하는 것으로 분리하기 어렵다.

관련개념 관이음방법

구분	내용
나사이음	나사를 돌려 체결하는 이음방식이다.
용접이음	파이프 끝을 용접하여 결합하는 방식이다.
패킹이음	배관의 이음부위의 틈을 막아 유체의 누설을 방지하는 이음이다.
고무이음	고무 등의 탄성체를 이용해 이음부위를 연결하는 방식이다.
플랜지이음	배관의 끝에 플랜지를 부착하고 플랜지 사이를 볼트로 단단히 조여 연결한다.

정답 23 ③ 24 ③ 25 ③

26 ☑☐☐☐☐

용접결함의 종류 중 치수상의 결함에 해당되는 것은?

① 기공 ② 변형
③ 융합불량 ④ 슬래그 섞임

해설

치수상의 결함
- 치수상의 결함은 용접부의 외형, 크기, 위치 등 제품의 치수나 형태가 설계와 맞지 않을 때 발생하는 것이다.
- 변형, 치수불량, 형상불량 등이 있다.

27 ☑☐☐☐☐

용접봉의 지름이 9 mm이고, 용접전류가 400 A 이상인 탄소 아크용접을 할 때 사용하기 적합한 차광유리의 차광도 번호는?

① 6 ② 10
③ 11 ④ 14

해설

탄소 아크용접의 차광도
탄소 아크용접은 항상 가장 높은 차광도(번호 14)를 권장하며, 고전류(400 A 이상)는 일반적으로 차광도 번호 14번의 차광유리를 사용한다.

28 ☑☐☐☐☐

다음 중 TIG용접에 대한 설명으로 옳지 않은 것은?

① 장비가 고가이므로 운영비와 설치비가 많이 든다.
② 바람의 영향을 받으므로 용접작업 진행 시 방풍대책이 필요하다.
③ 후판용접에서는 다른 아크용접에 비해 능률이 떨어진다.
④ 다양한 용접자세가 불가능하며 박판용접에 비효율적이다.

해설

TIG용접
박판용접에 적합하고 다양한 용접자세(수직, 수평, 천정 등)가 가능하다.

29 ☑☐☐☐☐

용접으로 인해 발생한 잔류응력을 제거하는 열처리방법으로 가장 적합한 것은?

① 뜨임 ② 풀림
③ 불림 ④ 담금질

해설

풀림(Annealing)
- 금속을 연화(부드럽게)하기 위한 열처리과정이다.
- 특정 온도까지 천천히 가열 후, 노(爐) 속에서 매우 느리게 냉각시킨다.
- 가공성을 향상하고 잔류응력을 제거하여 조직을 안정화시킨다.

정답 ● 26 ② 27 ④ 28 ④ 29 ②

30 ☑☐☐☐☐

검사 대상체의 내부와 외부의 압력 차를 이용하여 결함을 탐상하는 비파괴검사법은?

① 누설검사　　② 와류탐상검사
③ 침투탐상검사　④ 초음파탐상검사

> **해설**
>
> 누설검사(Leak Test)
> - 검사 대상체의 내부와 외부의 압력 차를 이용하여 결함을 탐상하는 비파괴검사법이다.
> - 누설검사는 압력차를 이용해 시험체의 미세 결함이나 균열 부위를 따라 기체나 액체가 새어 나오는 현상을 탐지하는 방법이다.
> - 주로 용기, 배관, 밸브 등에서 누설 여부 확인에 사용된다.

31 ☑☐☐☐☐

다음 비파괴검사법 중 맞대기용접부의 내부 기공을 검출하는 데 가장 적합한 것은?

① 침투탐상검사　② 와류탐상검사
③ 자분탐상검사　④ 방사선투과검사

> **해설**
>
> 방사선투과검사(RT)
> - X선이나 감마선을 시험체에 투과시켜 내부에 존재하는 결함을 탐지하는 비파괴검사법이다.
> - 내부 결함이 필름이나 디지털 이미지로 나타나므로 용접부 내부의 기공을 검출할 때 사용한다.

32 ☑☐☐☐☐

표면에 열린 결함만을 검출할 수 있는 비파괴검사는?

① 자분탐상검사　② 침투탐상검사
③ 방사선투과검사　④ 초음파탐상검사

> **해설**
>
> 침투탐상검사(PT)
> - 검사체의 표면에 침투액을 도포한 후 스며든 결함 부위의 침투액을 확인한다.
> - 표면에 열린 결함만을 검출할 수 있다.
> - 표면을 청소한 뒤에 검사해야 하며 거친 표면 및 다공성 재료는 검사하기 어렵다.

33 ☑☐☐☐☐

산업안전보건법령상 안전보건관리책임자를 두어야 하는 사업장에 해당하지 않는 것은?

① 공사금액 30억 원의 건설업
② 상시근로자 200명의 농업
③ 상시근로자 100명의 식료품 제조업
④ 상시근로자 50명의 전기장비 제조업

> **해설**
>
> 안전보건관리책임자를 두어야 하는 사업장
> 〈산업안전보건법 시행령 별표2〉
>
> | 사업의 종류 | 근로자 수 |
> |---|---|
> | 전기장비 제조업, 식료품 제조업 등 | 50명 이상 |
> | 농업, 어업 등 | 300명 이상 |
>
> 건설업의 경우 공사금액이 20억 원 이상인 경우 안전보건관리책임자를 두어야 한다.

정답　30 ①　31 ④　32 ②　33 ②

34 ☑□□□□
산업안전보건법령상 위험물질의 종류에 해당되지 않는 것은?

① 물반응성 물질
② 폭발성 물질 및 유기과산화물
③ 인화성 가스
④ 금속간화합물

해설

위험물질의 종류
〈안전보건규칙 별표1〉
• 폭발성 물질 및 유기과산화물
• 물반응성 물질 및 인화성 고체
• 산화성 액체 및 산화성 고체
• 인화성 액체   • 인화성 가스
• 부식성 물질   • 급성 독성 물질

35 ☑□□□□
다음 중 중량품을 운반할 때 주의할 점으로 옳지 않은 것은?

① 운반기구를 사용한다.
② 운반차를 이용한다.
③ 운반차는 바퀴가 3개 이상인 것이 안전하다.
④ 다리와 허리에 힘을 주어 물체를 들어서 움직인다.

해설

중량품을 운반할 때 주의할 점
중량품 운반은 사람이 직접 운반하기보다는 기구를 이용해야 하고 부득이하게 사람이 운반할 경우 허리보다는 다리와 복근의 근력을 이용해서 운반하는 것이 좋다.

36 ☑□□□□
다음 중 안전모의 성능시험 종류에 해당되지 않는 것은?

① 외관   ② 내전압성
③ 난연성   ④ 내수성

해설

안전모의 성능시험 종류
• 내관통성
• 충격흡수성
• 내전압성
• 난연성
• 내수성
• 턱끈풀림

37 ☑□□□□
가스용접 시 사용하는 가스집합장치는 화기를 사용하는 설비로부터 얼마의 간격을 유지하여야 하는가?

① 약 5 m 이상   ② 약 4 m 이상
③ 약 3 m 이상   ④ 약 2 m 이상

해설

가스집합장치의 위험방지
사업주는 가스집합장치에 대해서는 화기를 사용하는 설비로부터 5 m 이상 떨어진 장소에 설치하여야 한다.

정답 34 ④ 35 ④ 36 ① 37 ①

38 ☑☐☐☐☐

다음 중 산업안전보건법상 안전인증 대상 기계에 해당되는 것은 무엇인가?

① 리프트 ② 연마기
③ 분쇄기 ④ 힐링

> **해설**
>
> 안전인증 대상 기계
> 〈산업안전보건법 시행령 제74조〉
> - 프레스
> - 전단기 및 절곡기
> - 크레인
> - 리프트
> - 압력용기
> - 롤러기
> - 사출성형기
> - 고소작업대
> - 곤돌라

39 ☑☐☐☐☐

전기기계·기구의 조작부분을 점검하거나 보수하는 경우에는 안전하게 작업할 수 있도록 전기기계·기구로부터 몇 cm 이상의 작업공간을 확보하여야 하는가?

① 30 cm ② 50 cm
③ 70 cm ④ 100 cm

> **해설**
>
> 전기기계·기구 조작 시의 안전조치
> 〈안전보건규칙 제310조〉
> 사업주는 전기기계·기구의 조작부분을 점검하거나 보수하는 경우에는 근로자가 안전하게 작업할 수 있도록 전기 기계·기구로부터 폭 70 cm 이상의 작업공간을 확보하여야 한다.

40 ☑☐☐☐☐

회전하는 롤러 사이에 물리는 것에 해당하는 재해형태는 무엇인가?

① 절단 ② 끼임
③ 압박 ④ 떨어짐

> **해설**
>
> 끼임
> - 회전하는 롤러와 같은 회전체 사이에 신체가 물려 들어가는 사고는 끼임이다.
> - 끼임은 회전부 두 물체 사이에서 일어나는 협착 사고의 대표적 예시이다.

정답 ▶ 38 ① 39 ③ 40 ②

3과목 **기계설비일반**

41 ☑☐☐☐☐
다음 중 온 흔들림 공차를 표시하는 것은?

① ∠ ② ▱
③ ↑ ④ ↗

> **해설**
> 기하공차의 기호
> ① 경사도기호
> ② 평면도기호
> ③ 원주 흔들림기호
> ④ 온 흔들림기호

42 ☑☐☐☐☐
기하공차에서 다음과 같이 표시되었을 때 A가 의미하는 것은?

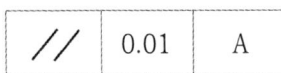

① 가공방법 ② 데이텀(기준면)
③ 가공오차 ④ 대칭표시

> **해설**
> 기하공차의 표시형식
> 해당 표면이 데이텀(A)에 대하여 0.01 mm 이내로 평행해야 한다.

43 ☑☐☐☐☐
어떤 구멍의 치수를 다음과 같이 표현했을 때에 대한 설명으로 틀린 것은?

$$\varnothing 20^{+0.041}_{-0.025}$$

① 기준치수는 ∅20이다.
② 위치수 허용차는 +0.041이다.
③ 최대 허용 한계치수는 ∅20.041이다.
④ 공차는 0.041이다.

> **해설**
> 공차
> 공차 = 최대 허용치수 − 최소 허용치수
> = (20 + 0.041) − (20 − 0.025) = 0.066

44 ☑☐☐☐☐
다음 중 길이를 측정하는 도구가 아닌 것은?

① 마이크로미터 ② 내경퍼스
③ 버니어캘리퍼스 ④ 서피스게이지

> **해설**
> 서피스게이지
> 서피스게이지는 길이를 측정하는 기능은 없고 금긋기 용도 또는 선반작업에서 공작물의 중심 맞추기 용도로 사용한다.

정답 41 ④ 42 ② 43 ④ 44 ④

45 ☑□□□□

다음은 면의 지시기호이다. 이 그림에서 M이 의미하는 것은?

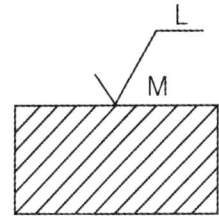

① 밀링가공
② 가공에 의한 무늬결
③ 표면거칠기
④ 선반가공

해설

가공에 의한 줄무늬 방향기호

기호	의미
=	줄무늬 방향이 기호를 기입한 그림의 투상면에 평행
⊥	줄무늬 방향이 기호를 기입한 그림의 투상면에 직각
X	가공으로 생긴 선이 2방향으로 교차함
M	가공으로 생긴 선이 여러 방면으로 교차함
C	가공으로 생긴 선이 동심원을 이룸
R	가공으로 생긴 선이 방사선 모양을 이룸

46 ☑□□□□

파이프의 도시방법에서 유체의 종류 중 공기를 뜻하는 기호는?

① A
② G
③ O
④ S

해설

유체의 종류를 뜻하는 기호
① A : 공기(Air)
② G : 가스(Gas)
③ O : 유류(Oil)
④ S : 수증기(Steam)

47 ☑□□□□

미끄럼을 방지하기 위하여 안쪽 표면에 이가 있는 벨트로서, 정확한 속도가 요구되는 경우에 사용되는 전동벨트는?

① V벨트
② 평벨트
③ 체인벨트
④ 타이밍벨트

해설

타이밍벨트
• 벨트의 안쪽 표면에 이(톱니)가 있어 풀리의 이와 정확하게 맞물려 회전한다.
• 미끄럼이 거의 발생하지 않으며, 요구하는 정확한 속도를 안정적으로 전달할 수 있다.

48

공기의 유량과 압력을 이용한 장치 중 송풍기의 사용압력을 올바르게 나타낸 것은?

① $0.1\ kgf/cm^2$ 이하 ② $0.1 \sim 1\ kgf/cm^2$
③ $1 \sim 10\ kgf/cm^2$ ④ $10\ kgf/cm^2$ 이상

해설

송풍기와 압축기의 사용압력

구분	사용압력
송풍기	$0.1 \sim 1\ kgf/cm^2$
압축기	$1\ kgf/cm^2$ 이상

49

긴 관로나 유체기기의 가까이 설치하여 분해, 정비를 용이하게 할 수 있는 배관이음쇠는?

① 니플(Nipple) ② 엘보(Elbow)
③ 소켓(Socket) ④ 유니언(Union)

해설

유니언(Union)
- 두 배관을 연결시키는 배관이음쇠이다.
- 유체기기 가까이 설치하여 분해, 정비를 용이하게 할 수 있다.

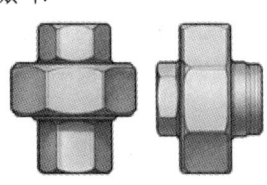

[유니언]

50

일반적인 직접측정의 특징과 거리가 가장 먼 것은?

① 기준치수인 표준게이지가 필요하다.
② 측정범위가 다른 측정방법보다 넓다.
③ 측정물의 실제치수를 직접 잴 수 있다.
④ 양이 적고 종류가 많은 제품을 측정하기에 적합하다.

해설

직접측정
- 직접측정은 측정기를 이용하여 직접 수치를 측정하는 방법이다.
- 간접측정을 할 때 기준치수가 필요하다.

51

구름 베어링의 구성요소 중 회전체 사이에 적절한 간격을 유지하여 마찰을 감소시켜주는 것은?

① 임펠러 ② 마그넷
③ 리테이너 ④ 블레이드

해설

리테이너
볼, 롤러 등의 전동체를 일정한 간격으로 유지하며 무게 중심을 고르게 분포함으로써 마찰을 감소시키는 역할을 한다.

52 ☑☐☐☐☐
유압용펌프에서 진동, 소음의 발생원인으로 거리가 가장 먼 것은?

① 임펠러 파손
② 볼 베어링 손상
③ 캐비테이션 발생
④ 그리스 과다 주입

해설

유압용펌프에서 진동, 소음의 발생원인
그리스가 과다 주입된 경우 열이 외부로 방출되지 못해 설비의 수명이 단축될 수 있지만 진동, 소음의 발생과는 거리가 멀다.

53 ☑☐☐☐☐
송풍기의 운전 중 점검사항에 관한 내용으로 틀린 것은?

① 운전온도는 70 ℃ 이하로 한다.
② 댐퍼의 전폐 상태를 점검한다.
③ 베어링의 진동 및 윤활유의 적정 여부를 점검한다.
④ 베어링의 온도는 주위 공기 온도보다 40 ℃ 이상 높지 않게 한다.

해설

송풍기의 운전 중 점검사항
- 댐퍼의 전폐(완전히 닫은) 상태 점검은 운전 중 점검사항이 아니라 운전 전 점검사항이다.
- 송풍기의 운전 중에 댐퍼가 전폐 상태에 있으면 송풍기가 손상될 수 있다.

54 ☑☐☐☐☐
구름 베어링에 예압을 주는 목적으로 가장 거리가 먼 것은?

① 베어링의 강성을 증가시킨다.
② 전동체 선회 미끄럼을 억제한다.
③ 축의 흔들림에 의한 진동 및 이상음이 방진된다.
④ 전동체의 공전 미끄럼이나 자전 미끄럼을 증가시킨다.

해설

구름 베어링의 예압
- 구름 베어링을 조립하거나 설치할 때 미세하게 압축시키는 것이다.
- 예압을 하면 축흔들림과 진동, 전동체의 불필요한 미끄럼을 억제할 수 있다.

55 ☑☐☐☐☐
다음 강의 손상 중 표면피로에 의한 손상만으로 나열된 것은?

① 압연 항복, 균열, 버닝
② 스폴링, 스코링, 리프링
③ 습동마모, 피닝 항복, 스코링
④ 초기피칭, 파괴적 피칭, 스폴링

해설

표면피로
- 부식, 침식, 충격 등으로 인해 금속표면에 피로균열이 발생하는 현상이다.
- 초기피칭, 파괴적 피칭(급격한 피팅), 스폴링(재료가 떨어져 나가는 것)이 해당된다.

정답 52 ④　53 ②　54 ④　55 ④

56

일반전인 래핑(Lapping)의 특성으로 틀린 것은?

① 가공면은 윤활성 및 내마모성이 좋다.
② 정밀도가 높은 제품을 가공할 수 있다.
③ 가공이 간단하고 대량생산이 가능하다.
④ 먼지의 발생이 없고 가공면에 랩제가 잔류하지 않는다.

해설

래핑(Lapping)
- 공작물의 표면과 랩 사이에 미분말 상태의 연마입자(래핑제)와 윤활제(래핑액)를 넣고, 두 표면 간에 상대운동을 시켜 표면을 매끄럽게 가공하는 것이다.
- 래핑 공정 중에 먼지가 발생할 수 있고, 표면에 래핑제가 잔류할 수 있으므로 별도의 세정공정이 필요하다.

57

다음 중 송풍기의 주요 구성품이 아닌 것은?

① 케이싱　　② 피스톤
③ 임펠러　　④ 축베어링

해설

송풍기의 주요 구성품
- 송풍기의 주요 구성품은 케이싱(본체), 임펠러(회전체), 축베어링(지지 및 회전부품)이다.
- 피스톤은 주로 압축기나 펌프에서 사용하는 구성품이다.

58

구성인선(Built-up Edge)의 방지대책으로 틀린 것은?

① 경사각을 작게 할 것
② 절삭깊이를 적게 할 것
③ 절삭속도를 빠르게 할 것
④ 절삭공구의 인선을 날카롭게 할 것

해설

구성인선(Built-up Edge)
- 절삭가공에서 공구의 절삭날 끝에 가공물의 재료 일부가 달라붙어 실제 절삭날처럼 작용하는 현상이다.
- 경사각을 작게 하면 절삭저항이 증가하여 구성인선이 더 쉽게 발생할 수 있다.

59

나사의 표시법에서 M10-6 H/6 g에 대한 설명으로 맞는 것은?

① 미터 보통나사(M10) 수나사 6 H와 암나사 6 g의 조합
② 미터 보통나사(M10) 암나사 6 H와 수나사 6 g의 조합
③ 미터 관용평행나사(M10) 수나사 6 H와 암나사 6 g의 조합
④ 미터 관용평행나사(M10) 암나사 6 H와 수나사 6 g의 조합

해설

나사의 표시법
M10-6 H/6 g은 미터 보통나사(M10) 암나사 6 H와 수나사 6 g의 조합이다.

정답 56 ④　57 ②　58 ①　59 ②

60 ☑□□□□
벨트식 무단변속기에 관한 설명으로 틀린 것은?

① 구동계통의 오염으로 인한 윤활 불량에 유의한다.
② 가변피치 풀리가 유욕식이므로 정기적인 점검이 필요하다.
③ 벨트와 풀리(Pully)의 접촉위치 변경에 의한 직경비를 이용한다.
④ 무단변속에 사용되는 벨트의 수명은 일반적인 벨트보다 수명이 짧다.

해설
벨트식 무단변속기
벨트식 무단변속기에서 사용하는 가변피치 폴리는 유욕식(부품이 오일에 잠기는 형태)보다는 건식 구조가 많다.

4과목 | 설비진단 및 관리

61 ☑□□□□
진동계의 강제진동에서 외력의 크기를 일정하게 하고 주파수를 변화시키면 계의 고유진동수 부근에서 진동값이 급격히 극대치로 되는 현상은?

① 공진현상
② 강제진동현상
③ 정상진동현상
④ 회전체의 불평형 진동현상

해설
공진현상
물체 자체가 가지고 있는 고유한 진동수인 고유진동수와 일치하는 진동을 가하면 진폭이 크게 증폭되는 현상이다.

62 ☑□□□□
시간의 변화에 대한 진동 변위의 변화율을 나타내며, 기계시스템의 피로 및 노후화와 관련이 있는 것은?

① 변위
② 속도
③ 가속도
④ 주파수

해설
진동의 변수
속도는 시간에 대한 변위를 나타낸 값으로 기계시스템의 피로와 노후화 평가에 가장 널리 사용되는 진동변수이다.

정답 ● 60 ② 61 ① 62 ②

관련개념 진동의 측정단위

구분	내용
변위	측정대상의 위치 변화(m)
속도	측정대상의 단위시간당 위치 변화(m/s)
가속도	측정대상의 단위시간당 속도 변화(m/s^2)

63 ☑☐☐☐

펌프 가동 중 진동과 소음이 심하여 진동분석을 하였다. 분석 결과 축방향에서 높은 진동을 발견하였으며, 펌프의 회전주파수와 2 f(3 f)의 주파수가 탁월하였다. 펌프의 진동과 소음을 줄이는 방법으로 가장 적절한 것은?

① 오일 휠(Oil Whirl)현상을 해소한다.
② 모터와 펌프의 축정렬(Alignment)을 실시한다.
③ 모터의 동력이 약하므로 큰 동력의 모터로 교체한다.
④ 펌프를 분해하고 임펠러의 불균형(Unbalance)을 잡아준다.

해설

미스얼라인먼트(Misalignment, 정렬불량)
- 축방향에서 높은 진동을 발견하였으며, 펌프의 회전주파수와 2 f(3 f)의 주파수가 탁월하다.
- 이 현상을 방지하기 위해서는 축정렬작업을 다시 실시하여야 한다.

64 ☑☐☐☐

펌프에서 캐비테이션이 발생하였을 때, 발생하는 주파수는?

① 고주파 ② 저주파
③ 중주파 ④ 초단파

해설

공동현상(Cavitation)
- 펌프에서 액체의 압력이 포화증기압 아래로 떨어지면 기포가 형성되고, 이 기포가 붕괴하면서 고주파진동 및 충격음이 발생한다.
- 회전기계진동에서 고주파 성분은 베어링 결함이나 공동현상처럼 미세하고 빠른 현상에서 주로 발생된다.

65 ☑☐☐☐

소음계 사용에 관한 설명으로 틀린 것은?

① 소음의 주파수분석에는 옥타브분석기가 활용된다.
② 측정지점에 바람이 많으면, 바람마개(Wind Screen)를 부착한다.
③ 충격성 소음의 경우 소음계의 동특성을 Slow상태로 놓고 측정한다.
④ 측정 시 소음계에서 0.5 m 이상 떨어져 측정자의 인체에서의 반사음을 고려하여야 한다.

해설

소음계 사용
소음계로 소음 측정 시 변동이 적은(일정한) 소음은 Slow에 놓고, 변동이 심한(변화가 빠른 충격성 소음) 소음은 Fast에 놓고 측정한다.

정답 63 ② 64 ① 65 ③

66 ☑☐☐☐☐

진동을 방지하기 위한 방진고무에 관한 설명으로 틀린 것은?

① 천연고무는 오일과 일광에 약하다.
② 부틸고무는 큰 진동 감쇠에 사용한다.
③ 나이트릴 고무는 내수성을 필요로 할 때 사용한다.
④ 네오프렌 고무는 내열성을 필요로 할 때 사용한다.

해설

방진고무
나이트릴 고무는 내유성과 내약품성이 좋아 화학기계 등의 방진고무로 사용된다.

67 ☑☐☐☐☐

설비보전효과를 측정하는 식으로 틀린 것은?

① 제품 단위당 보전비 = $\dfrac{생산량}{생산비}$

② 고장 도수율 = $\dfrac{고장횟수}{부하시간} \times 100$

③ 설비 가동률 = $\dfrac{가동시간}{부하시간} \times 100$

④ 고장 강도율 = $\dfrac{고장정지시간}{부하시간} \times 100$

해설

설비보전효과를 측정하는 식
제품 단위당 보전비 = $\dfrac{보전비}{제품 생산량}$

68 ☑☐☐☐☐

팽창식 체임버의 소음흡수 능력을 결정하는 기본 요소는 면적비이다. 이때의 면적비를 표현하는 식은?

① 면적비 = $\dfrac{팽창식\ 체임버의\ 부피}{연결\ 덕트의\ 단면적}$

② 면적비 = $\dfrac{연결덕트의\ 전체면적}{팽창식\ 체임버의\ 부피}$

③ 면적비 = $\dfrac{팽창식\ 체임버의\ 면적}{연결\ 덕트의\ 단면적}$

④ 면적비 = $\dfrac{연결덕트의\ 길이}{팽창식\ 체임버의\ 단면적}$

해설

팽창식 체임버
- 유체의 압력이나 온도 변화에 따라 체적이 변하는 원리를 이용한 것으로 유체 주입에 따라 팽창과 수축을 반복한다.
- 면적비 = $\dfrac{팽창식\ 체임버의\ 면적}{연결\ 덕트의\ 단면적}$

69 ☑☐☐☐☐

공장 계측관리에서 계측화의 목적이 아닌 것은?

① 자주보전
② 설비보전, 안전관리
③ 공정작업의 기술적 관리
④ 생산공정의 기술적 해석

정답 66 ③ 67 ① 68 ③ 69 ①

해설

계측화의 목적

- 공장 계측관리에서 계측화는 산업현장에서 공정의 제어변수(온도, 압력 등)를 측정하는 장치나 시스템을 체계적으로 설치하고 운영하는 것이다.
- 자주보전은 설비를 사용하는 작업자가 직접 설비의 점검과 보전을 주도하는 활동으로 계측화를 사용할 수는 있지만 계측화의 목적이라고 볼 수는 없다.

70 ☑☐☐☐☐

공사기간을 단축하기 위하여 활용되는 기법이 아닌 것은?

① GT(Group Technology)법
② LP(Linear Programming)법
③ MCX(Minimum Cost Expediting)법
④ SAM(Siemens Approximation Method)법

해설

GT(Group Technology)법
GT법은 다품종 소량생산을 합리적으로 진행하기 위한 생산관리기법으로 공사기간 단축기법이 아니다.

관련개념 공사기간 단축기법

구분	내용
LP	공사비와 공사시간을 1차 방정식으로 만들어 최적의 자원배분을 통해 일정을 단축하는 기법이다.
MCX	작업별 단축비용을 비교하여 전체 공사기간을 단축하는 기법이다.
SAM	각 경로별로 비용대비 단축 가능한 작업을 선정하여 공사기간을 단축하는 기법이다.

71 ☑☐☐☐☐

다음 중 만성로스에 관한 내용으로 가장 거리가 먼 것은?

① 만성로스를 줄이기 위하여 현상의 해석을 철저히 해야 한다.
② 만성로스의 발생형태에는 돌발형과 만성형이 있다.
③ 만성로스의 원인은 한가지로 간단히 해결할 수 있다.
④ 만성로스는 복합원인으로 발생하며, 그 요인의 조합이 그때마다 달라진다.

해설

만성로스

- 인간이 해야 할 일을 게을리 한 결과 느리지만 계속해서 발생되는 손실의 경향이다.
- 해결할 수 있음에도 불구하고 방치해서 지속적으로 발생하는 시간적 손실이다.
- 만성로스는 복합적인 원인에 의해 발생하며 한 가지 원인만으로는 설명하기 어렵고, 주로 여러 가지 요인이 조합되어 나타난다.

72 ☑☐☐☐☐

설비배치의 목적이 아닌 것은?

① 생산량 증가
② 우량품 제조
③ 생산원가 증대
④ 공간의 경제적 사용

정답 70 ① 71 ③ 72 ③

해설

설비배치의 목적
- 생산량 증가
- 생산원가 절감
- 설비비 절감
- 우량품 제조
- 관리·감독의 용이
- 수리·보수의 용이성 확보

73 ☑☐☐☐☐
윤활관리의 주요기능이 아닌 것은?

① 마모방지
② 마찰손실방지
③ 방청작용방지
④ 녹아붙음방지

해설

윤활관리의 주요기능
방청작용은 녹이 스는 것을 방지하는 작용으로 윤활관리를 하는 목적은 방청작용을 일으키기 위함이다.

74 ☑☐☐☐☐
윤활성은 다소 떨어지지만 불연성이란 이점으로 제철소 등의 고온개소 유압작동유로 사용되는 것은?

① EP 작동유
② 고온용 작동유
③ 고점도지수 작동유
④ 수-글리콜계 작동유

해설

수-글리콜계 작동유
제철소 등 고온 개소에서 불연성이 중요한데, 수-글리콜계 유압작동유는 윤활성은 광유계에 비해 다소 떨어지지만 불연성(난연성)이 뛰어나 고온 환경에서 주로 사용된다.

75 ☑☐☐☐☐
베어링의 마찰 면이 일정치 않은 상황에서 국부적인 고하중이 걸릴 때 작용하는 윤활유의 기능은?

① 밀봉작용
② 세정작용
③ 응력분산작용
④ 마찰감소작용

해설

응력분산작용
- 국부적으로 큰 하중이 작용할 경우 윤활유는 유막을 형성하여 하중이 집중되는 부분의 응력을 흡수, 분산시키는 역할을 한다.
- 응력분산작용으로 금속 표면의 피로나 파손을 예방할 수 있다.

정답 73 ③ 74 ④ 75 ③

76

오일을 규정조건으로 가열하여 발생한 증기에 불꽃을 접근시켰을 때 순간적으로 불이 붙는 온도는?

① 인화점   ② 발연점
③ 착화점   ④ 연소점

해설

인화점
인화점은 가열된 오일에서 발생한 증기에 불꽃(점화원)을 접근시켰을 때 불이 붙는 최저온도로 항상 점화원의 존재가 필요하다.

77

윤활유의 성질을 강화하기 위해 첨가하는 첨가제의 일반적인 성질로 틀린 것은?

① 증발이 많아야 한다.
② 기유에 용해도가 좋아야 한다.
③ 다른 첨가제와 잘 조화되어야 한다.
④ 첨가제는 수용성 물질에 녹지 않아야 한다.

해설

윤활유의 첨가제가 갖추어야 할 성질
- 증발이 적어야 한다.
- 기유에 대한 용해도가 우수해야 한다.
- 다른 첨가제와 동시에 사용하는 경우가 있으므로 다른 첨가제와 잘 조화되어야 한다.
- 첨가제가 수분과 반응하거나 쉽게 용해되면 윤활성능이 저하되므로 수용성 물질에 녹지 않아야 한다.

78

미끄럼 베어링급유법 중 적은 급유량으로 윤활이 가능하고 운전속도가 낮을 때 적용되는 방법은?

① 순환식   ② 전손식
③ 유욕식   ④ 분무식

해설

전손식
- 소량의 오일만을 사용해 윤활하고, 사용 후 오일을 회수하지 않고 폐기하는 방식이다.
- 저속 운전 및 중요도가 낮은 부품에 많이 적용된다.
- 유지보수 및 관리가 간단하다.

79

무단변속기에 사용되는 윤활유가 가져야 할 윤활조건 중 가장 거리가 먼 것은?

① 기포가 적을 것
② 내하중성이 클 것
③ 점도지수가 낮을 것
④ 산화안정성이 좋을 것

해설

무단변속기의 윤활유의 조건
- 점도지수가 높아야 저온과 고온 모두에서 안정적인 윤활 성능을 제공한다.
- 점도지수가 낮으면 온도 변화에 따라 윤활유의 점도가 크게 변해, 변속기 보호 성능이 저하되므로 적합하지 않다.

정답 76 ① 77 ① 78 ② 79 ③

80 ☑□□□□

일반적인 그리스윤활의 특징으로 옳지 않은 것은?

① 급유, 교환, 세정 등이 어렵다.
② 초기 회전 시 회전 저항이 크다.
③ 유동성이 좋고, 온도 상승제어가 쉽다.
④ 흡착력이 강하므로 고하중에 잘 견딘다.

해설

일반적인 그리스윤활의 특징
- 급유, 교환, 세정 등이 어렵다.
- 초기회전 시 회전저항이 크다.
- 흡착력이 강해 고하중에 잘 견딘다.
- 유동성이 좋지 않으며, 냉각능력이 약해 온도 상승제어가 어렵다.

정답 80 ③

CBT 대비 모의고사 3회

1과목 공유압 및 자동제어

01 ☑☐☐☐☐

핸들링에 대한 설명으로 틀린 것은?

① 핸들링기능은 가공작업이다.
② 핸들링은 수동이나 기계에 의해 이루어진다.
③ 핸들링은 생산 공정에서 작업물의 광범위한 조정 역할이다.
④ 핸들링은 일반적으로 작업물, 공구, 부품의 조정과 이송이다.

해설

핸들링
- 운반, 조정, 배치, 위치 이동 등의 작업이다.
- 가공은 물질의 형태 또는 구조를 바꾸는 것이므로 핸들링은 가공작업이 아니다.
- 핸들링은 물체의 위치나 배열을 바꾸는 이송작업에 해당된다.

02 ☑☐☐☐☐

전기기계에서 히스테리시스손을 감소시키기 위하여 사용하는 강판은?

① 청동 판
② 황동 판
③ 규소 강판
④ 스테인리스 강판

해설

히스테리시스손
- 자기장의 방향과 자속이 바뀔 때 철심 내부에서 발생하는 에너지의 손실이다.
- 규소 강판은 히스테리시스손을 감소시키고, 발열 감소 및 설비의 효율을 감소시킨다.

03 ☑☐☐☐☐

다음 그림과 같이 회전자가 연속적으로 접촉하여 회전하며 1회전당 토출량은 많으나 토출량의 변동이 큰 특징을 가진 펌프는?

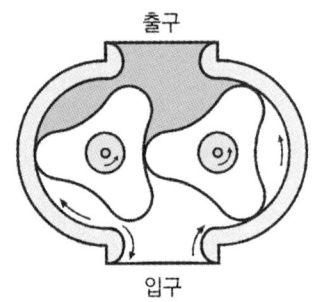

① 로브펌프   ② 스크루펌프
③ 내접기어펌프   ④ 트로코이드펌프

해설

로브펌프
- 용적형 유압펌프 중 회전식의 한 종류이다.
- 회전자가 연속적으로 접촉하여 회전하는 형식으로 1회전당 토출량은 많으나 토출량의 변동이 크다.

정답: 01 ① 02 ③ 03 ①

04 ☑☐☐☐☐

압력을 측정하는 데 있어서 완전 진공 상태를 0으로 기준 삼아 측정하는 압력은?

① 대기압력 ② 절대압력
③ 표준압력 ④ 게이지압력

해설

압력 관련 용어
- 완전한 진공 상태를 0으로 하여 측정한 압력은 절대압력이다.
- 게이지압력은 대기압을 0으로 하여 측정한 압력이다.

05 ☑☐☐☐☐

축압기(Accumulator)의 기능이 아닌 것은?

① 맥동압의 제거   ② 서지압의 흡수
③ 회로압의 증대   ④ 압력에너지 저장

해설

축압기(Accumulator)의 기능
- 맥동압의 제거 : 펌프맥동, 진동, 소음 감소
- 서지압의 흡수 : 서지, 충격, 진동방지
- 압력에너지 저장 : 에너지 축적 및 공급

06 ☑☐☐☐☐

단위질량당 유체의 체적을 무엇이라 하는가?

① 밀도   ② 비중
③ 비중량 ④ 비체적

해설

비체적
- 단위질량당 유체의 체적(부피)이다.
- 밀도의 역수이다.

07 ☑☐☐☐☐

다음 그림과 같이 실린더 튜브 내에 자석이 설치되어 있고 실린더 외부에도 환형의 자석이 설치되어 자력 커플링으로 결속된 환형의 몸체가 실린더 튜브를 따라 이송할 수 있는 실린더는?

① 충격 실린더   ② 탠덤 실린더
③ 로드리스 실린더 ④ 양로드형 실린더

해설

로드리스 실린더
실린더 튜브 내에 자석이 설치되어 있고 실린더 외부에도 환형의 자석이 설치되어 자력 커플링으로 결속된 환형의 몸체가 실린더 튜브를 따라 이송할 수 있는 실린더이다.

08 ☑☐☐☐☐

다음 자동화장치의 기본적인 구성 중 입력되는 제어신호를 분석·처리하여 필요한 제어명령을 내려주는 곳은?

① 센서(Sensor)
② 프로그램(Program)
③ 액추에이터(Actuator)
④ 시그널 프로세서(Signal Processor)

해설

자동화장치의 기본적인 구성
- 센서 : 물리적 환경 변화를 감지하여 전기적 신호로 변환한다.
- 시그널 프로세서 : 입력되는 제어신호를 분석·처리하여 필요한 제어명령을 내린다.
- 액추에이터 : 시그널 프로세서로부터 받은 신호를 이용하여 직접 설비를 움직인다.

09 ☑☐☐☐☐

공기압축기 토출부 직후에 설치하여 공기를 강제적으로 냉각시켜 공기압 관로 중의 수분을 분리·제거하는 기기는?

① 냉각기
② 드레인 분리기
③ 메인 라인 필터
④ 오일 미스트 세퍼레이터

해설

공기 냉각기
- 공기압축기 토출부 직후에 설치하여 공기를 강제적으로 냉각시켜 공기압 관로 중의 수분을 분리·제거하는 기기이다.
- 압축기에서 나온 뜨거운 압축공기를 냉각시켜 수증기의 약 60 % 정도를 제거한다.

10 ☑☐☐☐☐

실린더의 설치 시 요동이 허용되는 방법은?

① 풋형
② 나사형
③ 플랜지형
④ 트러니언형

해설

트러니언형 실린더
양쪽에 축(트러니언 핀)이 달려 있어, 한 평면 내에서 요동(스윙)하는 운동을 허용하도록 설계된 방식이다.

11 ☑☐☐☐☐

다음 설명에 해당되는 논리회로는?

> 입력이 1이면 출력은 0, 입력이 0이면 출력은 1로 반대의 값을 출력한다.

① AND
② NOR
③ NOT
④ NAND

해설

논리회로
① AND : 두 입력이 모두 1일 때만 1을 출력한다.
② NOR : 두 입력이 모두 0일 때만 1일 출력한다.
③ NOT : 입력과 반대되는 값을 출력한다.
④ NAND : 두 입력이 모두 1일 때만 0을 출력한다.

정답 ● 09 ① 10 ④ 11 ③

12

유압모터의 종류가 아닌 것은?

① 기어모터 ② 베인모터
③ 스크루모터 ④ 피스톤모터

해설

유압모터
- 펌프에서 공급되는 유압유(작동유)의 압력을 기계적인 회전에너지로 변환하는 장치이다.
- 기어모터, 베인모터, 피스톤모터 등이 해당된다.
- 스크루모터는 전기모터에 해당된다.

13

다음 설명에 해당되는 법칙은?

> 비압축성 유체가 관 내를 흐를 때 유량이 일정할 경우 유체의 속도는 단면적에 반비례한다.

① 렌츠의 법칙 ② 보일의 법칙
③ 샤를의 법칙 ④ 연속의 법칙

해설

연속의 법칙
- 질량보존의 법칙을 유체의 흐름에 적용한 것이다.
- 비압축성 유체가 관 내를 흐를 때 유량이 일정할 경우 유체의 속도는 단면적에 반비례한다.
- 배관의 단면적, 유체의 속도를 통해 유량을 계산할 수 있다.

14

실린더에 인장하중이 걸리는 경우, 피스톤이 끌리게 되는데 이를 방지하기 위해 인장하중이 걸리는 측에 압력 릴리프밸브를 이용하여 저항을 형성한다. 이러한 목적을 위해 사용되는 밸브는?

① 안전밸브(Safety Valve)
② 브레이크밸브(Brake Valve)
③ 시퀀스밸브(Sequence Valve)
④ 카운터밸런스밸브(Counter Balance Valve)

해설

카운터밸런스밸브
- 실린더에 인장하중이 걸릴 때 피스톤이 끌리지 않도록 인장하중이 걸리는 측에 저항을 형성해 준다.
- 하중에 의해 피스톤이 제어 없이 내려가는 현상이나 추락을 방지하기 위해 유압실린더의 반대측에 설치되어, 압력이 일정 수준 이상일 때만 유체가 흐르도록 제어한다.

15

자동화시스템의 자동화가 적용되는 분야나 산업별로 구분한 것이 아닌 것은?

① OA(Office Automation)
② HA(Home Automation)
③ FA(Factory Automation)
④ LCA(Low Cost Automation)

> **해설**

자동화시스템의 구분
LCA(Low Cost Automation)는 저비용 자동화라는 뜻으로 자동화를 산업 분야로 구분한 것이 아니라 비용 효율성을 중심으로 구분한 것이다.

16 ☑☐☐☐☐

유체의 동력학적 성질을 이용하여 유량 또는 유속을 압력으로 변환하는 차압 검출기구가 아닌 것은?

① 노즐 ② 부르동관
③ 오리피스 ④ 벤투리관

> **해설**

차압 검출기구
- 유체의 유량 또는 유속을 압력 차로 변환하여 측정하는 차압 검출기는 노즐, 오리피스, 벤투리관이다.
- 부르동관은 구부러진 금속관에 압력이 가했을 때 관이 퍼지려는 성질을 이용한 것으로 탄성력에 기초하여 압력을 측정하는 기구이다.

17 ☑☐☐☐☐

공유압의 동력은 무엇을 나타내는가?

① 일 ② 거리
③ 일률 ④ 에너지

> **해설**

공유압의 동력
- 공유압에서 동력은 일률을 나타낸다.
- 일률은 단위시간당 한 일의 양이다.

18 ☑☐☐☐☐

다음 압력제어밸브기호의 명칭은?

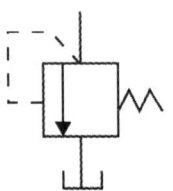

① 분류밸브 ② 릴리프밸브
③ 무부하밸브 ④ 시퀀스밸브

> **해설**

릴리프밸브
②는 외부압력신호에 의해 밸브가 열리고, 설정보다 높은 압력을 배출하는 릴리프밸브의 기호이다.

19 ☑☐☐☐☐

어떤 목적에 적합하도록 되어 있는 대상에 필요한 조작을 가하는 것을 무엇이라 하는가?

① 제어 ② 시스템
③ 자동화 ④ 신호처리

> **해설**

제어(Control)
- 어떤 목적에 적합하도록 대상에 필요한 조작을 능동적으로 가하는 것이다.
- 속도, 위치, 방향 등 제어를 위한 수치를 제어량이라고 한다.

정답 16 ② 17 ③ 18 ② 19 ①

20 ☑☐☐☐☐

다음 공기압 서비스 유닛에서 기기순서가 바르게 나열된 것은?

① 필터 → 압력조절기 → 윤활장치
② 윤활장치 → 필터 → 압력조절기
③ 윤활장치 → 압력조절기 → 필터
④ 압력조절기 → 필터 → 윤활장치

해설

공기압 서비스 유닛의 기기순서
필터 → 압력조절기 → 윤활장치

2과목 용접 및 안전관리

21 ☑☐☐☐☐

일반적인 용접에 대한 특징으로 틀린 것은?

① 저온 취성이 생길 우려가 없다.
② 재질의 변형 및 잔류응력이 발생한다.
③ 품질검사가 곤란하고 변형과 수축이 생긴다.
④ 용접사의 기량에 따라 용접부의 품질이 좌우된다.

해설

용접에 대한 특징
일반적으로 용접은 고온 환경에서 이루어지는데, 용접부가 저온에 노출되면 저온 취성이 발생할 수 있다.

22 ☑☐☐☐☐

200 V용 아크용접기의 1차 입력이 15 kVA일 때 퓨즈의 용량으로 알맞은 것은?

① 65 A   ② 75 A
③ 90 A   ④ 100 A

해설

퓨즈의 용량

$$\text{퓨즈의 용량} = \frac{1\text{차 입력}}{\text{전원전압}}$$

$$= \frac{15 \times 1000}{200} = 75\,\text{A}$$

정답 20 ① 21 ① 22 ②

23 ☑□□□□

일반적인 탄산가스아크용접의 특징으로 틀린 것은?

① 가시 아크이므로 시공이 편리하다.
② 바람의 영향을 받지 않으므로, 방풍장치가 필요 없다.
③ 전류밀도가 높아 용입이 깊고 용접속도를 빠르게 할 수 있다.
④ 용제를 사용하지 않아 슬래그의 혼입이 없고, 용접 후의 처리가 간단하다.

해설

탄산가스아크용접
- 탄산가스아크용접은 보호가스로 이산화탄소를 사용하므로 아크가 공기에 노출되면 가스가 흩어져 보호효과가 감소한다.
- 탄산가스아크용접은 바람의 영향을 많이 받으므로 방풍장치를 설치하거나 실내작업을 해야 한다.

24 ☑□□□□

용접의 분류에서 압접에 속하는 것은?

① 스터드용접
② 피복아크용접
③ 유도가열용접
④ 일렉트로슬래그용접

해설

용접의 분류
- 압접은 두 금속을 녹이지 않고 강한 압력을 가해 접합하는 방식으로 유도가열용접이 대표적이다.
- 스터드용접, 피복아크용접, 일렉트로슬래그용접은 모두 융접(용융접합)이다.

25 ☑□□□□

용접의 변 끝을 따라 모재가 파이고 용착금속이 채워지지 않고 층으로 남아 있는 부분을 무엇이라고 하는가?

① 언더컷   ② 피트
③ 슬래그   ④ 오버랩

해설

언더컷
용접 단의 변 끝에서 모재가 녹아서 홈(파임)이 생기지만 용착금속이 그 홈을 채우지 못해 결함으로 남는 상태이다.

26 ☑□□□□

기계나 설비를 제작할 때 용접이음을 많이 사용하는 이유로 적당하지 않은 것은?

① 자재가 절약된다.
② 공정수가 감소된다.
③ 이음효율이 향상된다.
④ 품질검사가 용이하다.

정답 23 ② 24 ③ 25 ① 26 ④

> [해설]

용접이음
- 두 개 이상의 금속을 열 또는 압력으로 접합하는 방법이다.
- 용접부 내부 결함은 외관검사로는 판단이 어렵고, 비파괴검사를 해야 하므로 다른 방법에 비해 품질검사는 어렵다.

27 ☑☐☐☐☐
일반적인 저항용접의 특징으로 옳은 것은?

① 산화 및 변질 부분이 크다.
② 다른 금속 간의 접합이 용이하다.
③ 대전류를 필요로 하고 설비가 복잡하다.
④ 열손실이 크고, 용접부에 집중열을 가할 수 없다.

> [해설]

저항용접
- 모재 접촉면에 다량의 전류를 흘려 발생하는 저항열로 접합부가 가열되었을 때 가압하여 접합하는 용접방법이다.
- 대전류를 필요로 하고, 설비가 복잡하다.

28 ☑☐☐☐☐
TIG용접으로 스테인리스강을 용접하려고 할 때 가장 적합한 전원극성은?

① 교류전원
② 직류 역극성
③ 직류 정극성
④ 고주파 교류전원

> [해설]

TIG용접의 전원극성
- 스테인리스강 TIG용접에는 직류 정극성이 주로 사용된다.
- 직류 역극성이나 교류전원은 주로 알루미늄이나 특수 목적에 사용된다.

29 ☑☐☐☐☐
다음 중 초음파탐상시험(UT)의 원리에 가장 적합한 설명은?

① 표면 개방 결함에 침투제가 스며들고, 결함 내 침투액을 표면으로 끌어올려 결함을 표시한다.
② 강자성체 내부에 자장을 인가하고, 누설자계에 자분이 모이는 현상을 이용한다.
③ 고주파 음파를 시험체에 주입하고, 반사된 음파를 분석해 내부 결함을 찾아낸다.
④ 시험체에 방사선을 투과시켜 필름이나 디지털 이미지로 내부 결함을 시각화한다.

> [해설]

비파괴검사법
① 침투탐상검사에 해당된다.
② 자분탐상검사에 해당된다.
③ 초음파탐상검사에 해당된다.
④ 방사선투과검사에 해당된다.

30 ☑☐☐☐☐

다음 중 용접균열에 대한 대책에 해당되지 않는 것은?

① 응력이 집중되게 한다.
② 용접시공을 적정하게 한다.
③ 나쁜 강재를 사용하지 않는다.
④ 용접부분에 노치 부분을 만들지 않는다.

해설

용접균열에 대한 대책
응력이 집중되면 용접부에 균열이 발생할 위험이 더 커진다.

31 ☑☐☐☐☐

다음 중 용접결함과 그 원인을 짝지어 놓은 것으로 틀린 것은?

① 언더컷 - 용접전류가 너무 높을 때
② 오버랩 - 용접전류가 너무 낮을 때
③ 용입불량 - 용접속도가 너무 느릴 때
④ 기공 - 용접 중 수소가 많이 있을 때

해설

용입불량(침투불량)
용입불량은 용접속도가 너무 빠를 때 발생하는 경우가 많으며, 용접속도가 느릴 때는 침투가 잘 되어 용입불량이 발생하지 않는다.

32 ☑☐☐☐☐

용접기의 아크발생시간을 6분, 휴식시간을 4분이라고 할 때 용접기의 사용률은 몇 %인가?

① 30 % ② 40 %
③ 50 % ④ 60 %

해설

용접기의 사용률
사용률 (%)
$$= \frac{\text{아크 발생시간}}{\text{아크 발생시간} + \text{아크 중지시간}} \times 100$$
$$= \frac{6}{6+4} \times 100 = 60\%$$

33 ☑☐☐☐☐

다음 중 불활성 가스가 아닌 것은?

① Ar ② He
③ CH_4 ④ Ne

해설

불활성 가스
- 메테인(CH_4)은 천연가스의 주성분으로 연료로도 사용되는 가연성 가스이다.
- 아르곤(Ar), 헬륨(He), 네온(Ne)은 불활성 가스로 용접 시 공기의 접촉을 막기 위해 보호용 가스로 사용된다.

34 ☑□□□□

다음과 같은 작업을 하는 경우 착용해야 할 마스크는 무엇인가?

> 유기화합물을 넣었던 탱크 내부에서의 세척 및 페인트칠 업무

① 방진마스크 ② 송기마스크
③ 절연장화   ④ 가죽제 안전화

해설

송기마스크 착용장소
유기화합물의 증기가 발산할 우려가 있는 탱크 내부에서 세척이나 페인트칠을 할 때에는 외부의 신선한 공기를 공급받을 수 있는 송기마스크를 착용하고 작업해야 한다.

35 ☑□□□□

아세틸렌용접작업을 시행하기 위해 아세틸렌 발생기실을 건물의 최상층에 설치한 경우 화기를 사용하는 설비로부터 몇 m를 초과하는 장소에 설치해야 하는가?

① 1 m   ② 2 m
③ 3 m   ④ 4 m

해설

아세틸렌 발생기실의 설치장소
발생기실은 건물의 최상층에 위치하여야 하며, 화기를 사용하는 설비로부터 3 m를 초과하는 장소에 설치하여야 한다.

36 ☑□□□□

산소-아세틸렌가스용접에서 산소용기의 취급 시 주의사항으로 틀린 것은?

① 산소용기의 운반 시 밸브를 닫고 캡을 씌워서 이동한다.
② 원활한 산소공급을 위하여 산소용기는 눕혀서 사용한다.
③ 통풍이 잘 되고 직사광선이 없는 곳에 보관한다.
④ 기름이 묻은 손이나 장갑을 끼고 취급하지 말 것

해설

산소용기의 취급 시 주의사항
산소용기를 눕혀서 사용하면 압력조절이 제대로 되지 않아 위험성이 있으므로 세워서 사용해야 한다.

37 ☑□□□□

가스용접 시 안전기(Safety Device)를 사용하기 전 확인사항으로 틀린 것은?

① 수면의 높이는 반드시 규정수위를 지킬 것
② 역류 시 물이 외부로 유출되는지 확인할 것
③ 토치를 여러 개 사용해도 되는지 확인할 것
④ 작업진행 중에도 수위를 확인할 것

해설

안전기(Safety Device) 사용 전 확인사항
안전기는 하나의 토치에 하나만 사용해야 하고, 여러 개의 토치가 여러 개인 경우 각각의 토치마다 안전기를 설치해야 한다.

정답 34 ② 35 ③ 36 ② 37 ③

38 ☑☐☐☐☐

연삭작업의 경우 작업시작 전 및 연삭숫돌 교체 후 시험 운전시간으로 옳은 것은?

① 작업시간 전 1분 이상, 연삭숫돌 교체 후 1분 이상
② 작업시간 전 1분 이상, 연삭숫돌 교체 후 2분 이상
③ 작업시간 전 1분 이상, 연삭숫돌 교체 후 3분 이상
④ 작업시간 전 2분 이상, 연삭숫돌 교체 후 5분 이상

해설
연삭숫돌 교체 후 시험 운전시간
연삭숫돌을 사용하는 작업의 경우 작업을 시작하기 전에는 1분 이상, 연삭숫돌을 교체한 후에는 3분 이상 시험운전을 해야 한다.

39 ☑☐☐☐☐

목재 가공용 둥근톱으로 각재를 절단하던 중 절단편이 날아와 몸에 상해를 입힌 경우 기인물과 가해물에 해당되는 것은?

① 기인물 - 둥근톱, 가해물 - 각재
② 기인물 - 절단편, 가해물 - 각재
③ 기인물 - 절단편, 가해물 - 둥근톱
④ 기인물 - 둥근톱, 가해물 - 절단편

해설
기인물과 가해물
- 기인물은 재해를 유발한 직접적인 원인을 가진 기계, 설비로 둥근톱이다.
- 가해물은 근로자에게 실제로 상해를 입힌 물체로 절단편이다.

40 ☑☐☐☐☐

다음 중 화재의 종류가 옳게 연결된 것은?

① A급 화재 - 유류화재
② B급 화재 - 유류화재
③ C급 화재 - 일반화재
④ D급 화재 - 전기화재

해설
화재의 종류

구분	내용
A급 화재	일반화재
B급 화재	유류화재
C급 화재	전기화재
D급 화재	금속화재

정답 ● 38 ③ 39 ④ 40 ②

3과목 기계설비일반

41 ☑☐☐☐☐

기준치수가 30, 최대 허용치수가 29.96, 최소 허용치수가 29.94일 때 아래치수허용차는 얼마인가?

① -0.06
② +0.06
③ -0.04
④ +0.04

해설

아래치수허용차 계산
아래치수허용차 = 최소 허용치수 − 기준치수
= 29.94 − 30 = −0.06 mm

42 ☑☐☐☐☐

다음 중 아래치수허용차가 "0"이 되는 기준구멍은 무엇인가?

① M7
② K7
③ J7
④ H7

해설

H7
H7은 기준치수의 바로 위쪽에만 허용차가 존재하고, 아래쪽(작은 방향)에는 허용차가 없이 0이 되어 최소치수가 기준치수와 일치한다.

43 ☑☐☐☐☐

기하공차의 종류 중 위치공차에 해당되는 것은 무엇인가?

① 원통도 공차
② 면의 윤곽도 공차
③ 대칭도 공차
④ 온 흔들림 공차

해설

기하공차의 종류
① 원통도 공차 : 모양공차이다.
② 면의 윤곽도 공차 : 모양공차이다.
③ 대칭도 공차 : 위치공차이다.
④ 온 흔들림 공차 : 흔들림 공차이다.

44 ☑☐☐☐☐

KS 규격에서 규정된 표면거칠기 표시법이 아닌 것은?

① 최대 높이 거칠기
② 중심선 평균 거칠기
③ 자승 평균 거칠기
④ 10점 평균 거칠기

해설

표면거칠기 표시법
• 최대 높이 거칠기(R_y)
• 중심선 평균 거칠기(R_a)
• 10점 평균 거칠기(R_z)

정답 41 ① 42 ④ 43 ③ 44 ③

45

기하공차의 기호 중 ═ 가 나타내는 것은 무엇인가?

① 대칭도　　② 위치도
③ 경사도　　④ 직각도

해설

기하공차의 기호

구분	기호
대칭도	═
위치도	⊕
경사도	∠
직각도	⊥

46

다음 중 구멍용 한계게이지가 아닌 것은?

① 평게이지　　② 나사게이지
③ 봉게이지　　④ 플러그게이지

해설

구멍용 한계게이지
- 평게이지 : 큰 구멍용 한계게이지
- 봉게이지 : 깊고 큰 구멍용 한계게이지
- 플러그게이지 : 비교적 작은 구멍용 한계게이지

47

아베의 원리를 만족하는 측정기는?

① 블록게이지
② 하이트게이지
③ 버니어캘리퍼스
④ 외측 마이크로미터

해설

아베의 원리
- 측정의 정확도를 높이기 위해 기준 눈금과 측정물을 측정방향기준으로 일직선에 두는 것이다.
- 외측 마이크로미터는 눈금과 측정위치가 동일 선상에 있어 아베의 원리를 따른다.

48

재료에 일정한 응력을 가할 때 생기는 변형량에 대한 시간적 변화를 무엇이라고 하는가?

① 피로　　② 인장
③ 크리프　　④ 압축

해설

크리프
재료에 일정한 하중이나 응력이 작용하는 상태에서 시간의 경과에 따라 변형이 지속적으로 증가하는 현상이다.

정답 45 ① 46 ② 47 ④ 48 ③

49 ☑☐☐☐☐
송풍기의 풍량을 조절하는 방법으로 옳지 않은 것은?

① 가변 피치에 의한 조절
② 송풍기의 회전수를 변화시키는 방법
③ 송풍기 축의 축방향의 신장조절
④ 흡입구 댐퍼에 의한 조절

해설
송풍기의 풍량을 조절하는 방법
- 가변 피치에 의한 조절 : 임펠러 날개의 각도를 바꿔 풍량을 조절하는 방식이다.
- 송풍기의 회전수 변화 : 전동기의 회전수를 조절해서 풍량을 제어하는 방식이다.
- 흡입구 댐퍼에 의한 조절 : 댐퍼를 이용해 유입되는 공기량을 제어한다.

50 ☑☐☐☐☐
축 고장 시 설계불량의 직접 원인이 아닌 것은?

① 재질 불량
② 치수강도 부족
③ 끼워맞춤 불량
④ 형상구조 불량

해설
축 고장 시 설계불량의 직접 원인
축의 끼워맞춤 불량은 축 고장 시 원인이 될 수는 있으나 설계불량으로 보기는 어렵다.

51 ☑☐☐☐☐
와셔를 굽히거나 구멍을 만들어 그곳에 끼운 후 볼트, 너트의 풀림을 방지하는 와셔는?

① 폴(Pawl)와셔
② 고무(Rubber)와셔
③ 스프링(Spring)와셔
④ 중지판(Lock Plate)와셔

해설
와셔의 종류
① 폴와셔 : 너트의 이완방지를 위해 와셔를 굽히거나 구멍을 만들어 고정한다.
② 고무와셔 : 고무의 탄성을 이용해 풀림을 방지한다.
③ 스프링와셔 : 탄성을 통해 나사의 풀림을 방지한다.
④ 중지판와셔 : 와셔나 너트에 중지판을 넣어 체결해 풀림을 방지한다.

52 ☑☐☐☐☐
일반적인 철강재 스프링재료가 갖추어야 할 조건으로 틀린 것은?

① 가공하기 쉬운 재료여야 한다.
② 높은 응력에 견딜 수 있어야 한다.
③ 피로강도와 파괴 인성치가 낮아야 한다.
④ 표면 상태가 양호하고 부식에 강해야 한다.

해설
철강재 스프링재료
스프링재료는 하중 및 충격을 흡수하는 재료로 피로강도와 파괴 인성치가 높아야 한다.

정답 49 ③ 50 ③ 51 ① 52 ③

53 ☑☐☐☐☐
기어에서 이의 간섭에 대한 방지책으로 틀린 것은?

① 압력각을 크게 한다.
② 이 끝을 둥글게 한다.
③ 이의 높이를 크게 한다.
④ 피니언의 이뿌리면을 파낸다.

해설

기어에서 이의 간섭에 대한 방지책
이의 높이를 크게 하면 간섭이 커지기 때문에 이의 간섭을 방지하기 위해서는 이의 높이를 낮게 해야 한다.

54 ☑☐☐☐☐
기어 감속기를 분류할 때 교쇄 축형 감속기에 속하는 것은?

① 스퍼기어
② 헬리컬기어
③ 하이포이드기어
④ 스트레이트 베벨기어

해설

스트레이트 베벨기어
두 축이 서로 교차(90° 정도)하는 구조로 교쇄 축형 감속기에 해당한다.

55 ☑☐☐☐☐
다음 중 금긋기작업 시 유의해야 할 사항으로 틀린 것은?

① 금긋기 선은 깊게 여러 번 그어야 한다.
② 기준면과 기준선을 설정하고 금긋기순서를 결정하여야 한다.
③ 같은 치수의 금긋기 선은 전·후, 좌·우를 구분하지 말고 한 번에 긋는다.
④ 금긋기가 끝나면 도면의 지시대로 되었는지 확인한 후 다음 작업 공정에 들어간다.

해설

금긋기작업 시 유의사항
- 금긋기 선은 가늘고 선명하게, 한 번에 긋는다.
- 기준면과 기준선을 정확하게 설정하고, 금긋기 순서를 미리 결정한다.
- 같은 치수의 금긋기 선은 전·후, 좌·우 구분 없이 한 번에 긋는다.
- 금긋기가 끝난 후 도면과 일치하는지 반드시 확인한 뒤, 다음 공정에 들어간다.
- 금긋기작업 중 공구(금긋기 바늘, 펀치, 캘리퍼스 등)는 정확하게 사용하되, 표면을 손상시키지 않도록 주의한다.

정답 53 ③　54 ④　55 ①

56 ☑☐☐☐☐
압축공기 저장탱크의 안전밸브 역할이 아닌 것은?

① 배출량의 조정
② 2차 압력의 조정
③ 토출압력의 조정
④ 토출정지압력의 조정

[해설]

압축공기 저장탱크의 안전밸브 역할
안전밸브는 설정압력 초과 시 압력을 방출하여 압력을 조정하는 것이 주목적이고, 2차 압력의 조정은 안전밸브의 역할로 거리가 멀다.

57 ☑☐☐☐☐
다음 중 원형 밸브 판의 지름을 축으로 하여 밸브 판을 회전시켜 유량을 조절하는 밸브는?

① 감압밸브   ② 앵글밸브
③ 나비형 밸브   ④ 슬루스밸브

[해설]

나비형 밸브(버터플라이밸브)
- 원형 밸브 판의 지름을 축으로 하여 밸프 판을 회전시켜 유량을 조절하는 밸브이다.
- 완전 차단이 필요한 곳에는 나비형 밸브보다는 게이트밸브를 사용한다.

[나비형 밸브]

58 ☑☐☐☐☐
키 맞춤의 기본적인 주의사항 중 틀린 것은?

① 키는 측면에 힘을 받으므로 폭, 치수의 마무리가 중요하다.
② 키 홈은 축과 보스를 기계가공으로 축심과 완전히 직각으로 깎아낸다.
③ 키의 치수, 재질, 형상, 규격 등을 참조하여 충분한 강도의 규격품을 사용한다.
④ 키를 맞추기 전에 축과 보스의 끼워 맞춤이 불량한 상태인 경우 키 맞춤을 할 필요가 없다.

[해설]

키 맞춤의 기본적인 주의사항
일반적인 기준으로 키 홈은 축심과 평행하게 깎아낸다.

59 ☑☐☐☐☐
수평 배관용으로 사용되며 유체의 역류를 방지하는 밸브로 맞는 것은?

① 스윙체크밸브   ② 글루브체크밸브
③ 나비형 체크밸브   ④ 파일럿조작체크밸브

[해설]

스윙체크밸브
- 유체가 한 방향으로만 흐르도록 하며, 역류를 방지하는 밸브이다.
- 유체가 흐르지 않을 때에는 밸브가 자동으로 닫혀 역류가 발생하지 않게 해준다.
- 수평 배관에 흔히 사용된다.

정답 56 ② 57 ③ 58 ② 59 ①

60 ☑☐☐☐

다음 보기는 V벨트 제품의 호칭을 나타낸 것이다. "2032"가 의미하는 것은?

| 일반용 V벨트 A 80 또는 2032 |

① 명칭
② 종류
③ 호칭번호
④ V벨트의 길이

해설

V벨트의 호칭규격
- A : V벨트의 단면규격으로 M, A, B, C, D, E의 6가지 종류가 있다.
- 80 : V벨트의 길이(inch)
- 2032 : V벨트의 길이(mm)

4과목 설비진단 및 관리

61 ☑☐☐☐

소리의 성분은 크게 세 가지로 분류하며 이것을 음의 3요소라고 한다. 음의 3요소가 아닌 것은?

① 음색
② 공명
③ 음의 높이
④ 음의 세기

해설

음의 3요소
음색, 음의 높이, 음의 세기

62 ☑☐☐☐

고유진동수와 질량 및 강성에 대한 설명 중 옳은 것은?

① 고유진동주파수는 질량과 강성 모두에 비례한다.
② 고유진동주파수는 질량과 강성 모두에 반비례한다.
③ 고유진동주파수는 질량에는 비례하고 강성에는 반비례한다.
④ 고유진동주파수는 질량에는 반비례하고 강성에는 비례한다.

해설

고유진동수와 질량 및 강성의 관계
- 고유진동주파수는 질량에는 반비례하고 강성에는 비례한다.
- 강성이 커질수록 고유진동수는 높아지고 질량이 커질수록 고유진동수는 낮아진다.

정답 60 ④ 61 ② 62 ④

63

진동방지를 위해 사용하는 진동차단기의 기본 요구조건이 아닌 것은?

① 강성이 충분히 커서 차단능력이 있어야 한다.
② 강성은 작되 걸어준 하중을 충분히 견딜 수 있어야 한다.
③ 온도, 습도, 화학적 변화 등에 견딜 수 있어야 한다.
④ 차단하려는 진동의 최저 주파수보다 작은 고유진동수를 가져야 한다.

해설

진동차단기의 기본 요구조건
- 진동차단기는 강성이 작아야 진동의 차단효과가 커진다.
- 강성이 작을수록 진동차단기의 고유진동수가 낮아지며, 이로 인해 주 대상 진동(주로 원하지 않는 진동)의 주파수와 공진현상이 일어나는 범위가 아래로 내려가 진동이 효과적으로 차단된다.

64

다음 중 소음방지를 위한 기본적인 방법이 아닌 것은?

① 흡음   ② 차음
③ 공진   ④ 진동차단

해설

소음방지를 위한 기본적인 방법
소음방지를 위한 방법으로는 흡음, 차음, 진동차단, 소음기 사용 등이 있다.

65

진폭을 표시하는 파라미터와 가장 거리가 먼 것은?

① 변위   ② 질량
③ 속도   ④ 가속도

해설

진동의 측정단위

구분	내용
변위	측정대상의 위치 변화(m)
속도	측정대상의 단위시간당 위치 변화(m/s)
가속도	측정대상의 단위시간당 속도 변화(m/s^2)

66

신규사업의 개발, 현존 사업의 혁신 및 확장에 따른 공장의 증설, 제품의 품종, 설계, 생산 규모를 변경할 경우에 항상 시행하는 것은?

① 예방보전   ② 구매계획
③ 설비계획   ④ 공사관리

해설

설비계획
- 신규사업의 개발, 기존 사업의 혁신 또는 확장, 공장의 증설, 제품의 품종, 설계, 생산 규모를 변경하는 경우에는 항상 설비계획이 수립·변경되어야 한다.
- 예방보전, 구매계획, 공사관리는 설비의 유지보수와 관련이 있다.

정답 63 ① 64 ③ 65 ② 66 ③

67

보전작업 표준을 설정하기 위한 방법 중 실적 기록에 입각하여 작업의 표준시간을 결정하는 방법은?

① 경험법
② MTM법
③ PTS법
④ 실적 자료법

해설

실적 자료법
실제 작업실적(작업기록)에 입각하여 과거의 자료를 분석해 표준시간을 결정하는 가장 직접적인 방법이다.

68

설비관리를 수행할 때 기능적으로 구분하면 관리기능, 기술기능, 실시기능 및 지원기능으로 구분할 수 있다. 이때 기술기능에 해당되지 않는 것은?

① 공급망관리
② 설비성능분석
③ 보전도 향상 연구
④ 설비진단기술 이전 및 개발

해설

공급망관리(SCM)
공급망관리(SCM)는 자재 조달, 생산계획, 재고관리, 물류·유통 등과 같은 기업의 운영관리 측면에 속하며, 일반적으로 설비관리의 관리기능에 해당된다.

69

다음 중 설비의 경제성 평가방법과 가장 거리가 먼 것은?

① 비용비교법
② 평균이자법
③ 연평균비교법
④ MTBF분석법

해설

MTBF
MTBF는 설비의 고장 간 평균시간을 뜻하는 용어로 설비의 신뢰성과 관련이 있다.

관련개념 설비의 경제성 평가방법

구분	내용
비용 비교법	여러 설비의 투자 대안들의 총 비용을 비교하여 투자를 결정한다.
자본 회수법	설비투자에 들어간 자본이 순이익으로 얼마만에 회수되는지를 계산하여 투자를 결정한다.
MAPI법	미국 생산성 및 품질센터(MAPI)에서 고안한 방법이다. 주로 신구 설비의 교체를 결정할 때 사용한다.
현재 가치법	미래의 비용과 수익을 현재가치로 환산한 후 투자를 결정한다.

정답 67 ④ 68 ① 69 ④

70 ☑☐☐☐☐

품질의 불량은 여러 가지 원인에 의하여 발생한다고 볼 수 있다. 불량이 발생하지 않게 하기 위한 활동으로 가장 거리가 먼 것은?

① 설비의 설계개선 및 불량발생 조건 제거
② 인적자원의 교육, 훈련을 통한 다기능공화
③ 원자재 재고의 확보를 통한 자재공급의 안정화
④ 제품, 가공물, 품질특성에 유연하게 대처되는 설비능력 확보

해설

품질의 불량방지대책
원자재 재고의 확보를 통한 자재공급의 안정화는 생산 및 공급체계의 안정성에는 도움을 주나, 품질불량을 예방하는 활동과는 거리가 멀다.

71 ☑☐☐☐☐

프로세스형 설비의 로스에 대한 설명으로 틀린 것은?

① 고장로스는 생산준비, 수주 및 조정에 의한 생산 계획상의 로스이다.
② 공구교환로스는 품목 변화 시 설비공구 등의 교환에 의하여 발생되는 로스이다.
③ 속도저하로스는 이론 사이클시간과 실제 사이클시간과의 차이의 로스이다.
④ 계획정지로스는 연간 보전계획에 의한 예방보전 또는 정기보전에 의한 휴지시간에 의한 로스이다.

해설

고장로스
- 고장로스는 설비 자체의 예기치 않은 고장에 의해 발생되며, 생산준비나 수주, 조정 등의 계획상의 로스와는 구분된다.
- 고장로스는 설비의 가동시간 저하로 직결되는 시간로스이다.

72 ☑☐☐☐☐

다음 그림과 같이 사용 중에 성능저하는 별로 되지 않으나 돌발고장에 의한 정지가 발생하며 부분적 교환, 교체에 의하여 복구되는 열화의 형태는?

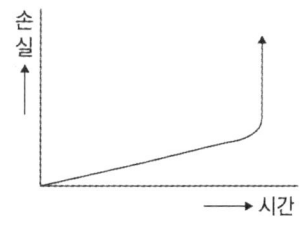

① 기능저하형　② 성능저하형
③ 기능정지형　④ 성능증가형

해설

기능정지형
시간에 따른 손실이 대체로 완만하지만 고장이 발생하여 기능이 정지될 경우 손실이 급증하는 형태로 기능정지형 열화를 그래프로 나타낸 것이다.

73 ☑☐☐☐☐

순환급유를 하는 윤활개소의 유욕조를 관찰해 보니 거품이 많이 발생하였다. 어떤 첨가제가 부족할 때 이러한 현상이 나타나는가?

① 유화제 ② 소포제
③ 부식방지제 ④ 산화방지제

해설

소포제
- 소포제는 윤활유 내에서 거품의 발생을 억제해 주는 역할을 하는 첨가제이다.
- 소포제가 부족하면 윤활유에 거품이 많이 생기고, 이는 윤활성 저하로 이어진다.

74 ☑☐☐☐☐

윤활유의 적정 점도를 선정하려고 할 때 고려사항으로 가장 거리가 먼 것은?

① 운전속도 ② 운전온도
③ 운전하중 ④ 윤활유의 수명

해설

윤활유의 수명
윤활유의 수명은 윤활유의 품질, 사용환경 등 다양한 요인에 영향을 받지만 윤활유의 적정점도 선정과는 거리가 멀다.

75 ☑☐☐☐☐

모양을 유지시키기에 충분한 경도의 그리스를 규정치수로 절단한 후 25 ℃에서의 주도를 무엇이라고 하는가?

① 고형주도 ② 혼화주도
③ 불혼화주도 ④ 1/4주도

해설

고형주도
고형주도는 규정치수로 절단한 그리스(모양을 유지할 수 있을 정도의 경도)를 25 ℃에서 측정한 주도이다.

76 ☑☐☐☐☐

액체윤활에 비해 그리스윤활의 장점으로 옳은 것은?

① 누설이 많다.
② 냉각작용이 크다.
③ 급유 간격이 짧다.
④ 밀봉효과가 좋아 먼지 등의 침입이 적다.

해설

그리스윤활의 특징
- 그리스윤활은 액체윤활에 비해 누설이 적고, 밀봉효과가 있다.
- 외부로부터 먼지나 물 등의 오염물질 침입을 방지하는 장점이 있다.
- 액체윤활에 비해 그리스윤활은 냉각작용이 작고 급유간격이 길다.

정답 73 ② 74 ④ 75 ① 76 ④

77 ☑☐☐☐☐

자동차 내연기관용 엔진이나 트랜스미션 및 베어링용 기어유는 일반적으로 어떤 규격을 사용하는가?

① API(미국석유협회)
② ISO(국제표준화기구)
③ SAE(미국자동차기술자협회)
④ ASME(미국기계기술자협회)

해설

SAE(미국자동차기술자협회)
SAE는 점도 등급(SAE 90, SAE 140 등) 기준으로 자동차용 기어유와 엔진오일을 분류하는 가장 대표적인 규격이다.

78 ☑☐☐☐☐

다음 기어의 손상 중 윤활유의 성능과 가장 관계있는 것은?

① 피팅(Pitting)
② 파단(Breakage)
③ 스폴링(Spalling)
④ 스코어링(Scoring)

해설

스코어링(Scoring)
- 스코어링은 기어의 접촉 표면에 고온과 높은 압력이 발생할 때 윤활유막이 파괴되어 기어에 심각한 손상이 생기는 현상이다.
- 윤활유의 윤활성능이 부족하면 스코어링이 쉽게 발생한다.

79 ☑☐☐☐☐

공압장치의 액추에이터 습동 부분에 윤활제를 공급하는 장치로 옳은 것은?

① 미니메스   ② 오일스톤
③ 에어브리더   ④ 루브리케이터

해설

루브리케이터
루브리케이터는 공압시스템 내에서 액추에이터 등 습동(슬라이딩) 부위에 자동으로 윤활유를 공급하는 장치이다.

80 ☑☐☐☐☐

윤활관리에 있어서 윤활유의 산화(Oxidation)는 윤활유의 수명을 단축하는 결정적인 요인이 된다. 다음 중 윤활유 산화에 직접적인 영향을 미치는 것이 아닌 것은?

① 산소   ② 온도
③ 금속촉매   ④ 동질의 윤활유

해설

윤활유 산화에 영향을 미치는 것
- 동질의(같은 종류의) 윤활유를 사용하는 것은 산화에 거의 영향이 없다.
- 윤활유의 산화는 산소에 의해 일어난다.
- 온도가 높아질수록 산화속도는 증가한다.
- 금속촉매는 산화반응에서 촉매로 작용하여 산화를 촉진시킨다.

정답 77 ③ 78 ④ 79 ④ 80 ④

CBT 대비 모의고사 4회

1과목 공유압 및 자동제어

01 ☑☐☐☐☐

작동 시퀀스의 형태에 따른 분류에 해당하지 않는 것은?

① 기억제어(Memory Control)
② 이벤트제어(Event Control)
③ 프로그램제어(Program Control)
④ 타임스케줄제어(Time Schedule Control)

해설

작동 시퀀스의 형태에 따른 분류
이벤트제어는 특정한 이벤트가 발생한 경우에 필요한 제어로 정해진 순서에 따라 제어되는 작동 시퀀스의 분류와는 거리가 멀다.

02 ☑☐☐☐☐

회전수 계측센서 중 광학식 엔코더의 특징이 아닌 것은?

① 처리회로가 간단하다.
② 진동 및 충격에 약하다.
③ 고분해능화가 용이하다.
④ 디지털신호이므로 노이즈 마진이 작다.

해설

광학식 엔코더
- 회전하는 축의 위치, 각도, 속도 등을 정밀하게 측정하기 위해 사용하는 센서이다.
- 회전방향, 각도, 위치, 속도 정보를 디지털신호로 출력한다.
- 노이즈 마진(외부의 잡음이 신호에 영향을 주더라도 신호가 올바르게 해석될 수 있는 허용한계)이 크다.

03 ☑☐☐☐☐

고무 튜브형 또는 인라인형이라고 하는 어큐뮬레이터에 대한 설명으로 옳은 것은?

① 대용량형 제작이 용이하다.
② 일정한 온도로 유지시킬 수 있다.
③ 스프링특성상 저압용에 사용된다.
④ 배관에 연결하며 맥동방지에 사용된다.

해설

어큐뮬레이터
- 압력을 축적하는 용기로 구조가 간단해 유압장치에 많이 활용된다.
- 유압에너지를 축적하고, 압력변동을 흡수하거나 충격 완화, 맥동 저감 등에 사용된다.

정답 01 ② 02 ④ 03 ④

04 ☑☐☐☐☐

전류 검출용센서로 사용되는 클램프형에 대한 설명으로 옳은 것은?

① 분류 저항기의 전압강하에 따라 전류를 검출하는 것이다.
② 간단한 구조로 직류와 교류를 검출할 수 있다.
③ 피측정 전로와 절연이 되지 않기 때문에 고압전로 등에서는 안정성에 문제가 있다.
④ 전로의 절단 없이 검출하는 방식으로 교류 센서로 많이 사용된다.

해설

클램프형(Current Clamp) 센서
- 전로를 절단하지 않고 전로에 클램프 형식으로 물려 전류를 측정할 수 있다.
- 교류전류 측정에 많이 사용되며, 피측정 전로를 분리하거나 손대지 않아도 안전하고 편리하게 전류를 측정할 수 있다.

05 ☑☐☐☐☐

폐회로제어계에서 설정값과 피드백 변수의 비교 연산결과 발생하는 값은?

① 외란   ② 기준값
③ 목푯값   ④ 제어편차

해설

폐회로제어계
- 출력에 따른 목푯값의 일치 여부를 비교하여 오차를 수정하면서 공정을 수행한다.
- 설정값과 피드백 변수의 비교 연산결과 발생하는 값을 제어편차라고 한다.

06 ☑☐☐☐☐

회전수를 측정하기 위한 방법이 아닌 것은?

① 초음파를 이용한 측정법
② 반사 테이프를 이용한 광학 측정법
③ 자속밀도의 변화를 이용한 전자식 측정법
④ 회전주기를 측정하고 역수로 회전수를 구하는 측정법

해설

초음파
- 초음파는 사람이 들을 수 있는 소리의 한계를 넘어서는 높은 주파수의 음파이다.
- 초음파는 의학, 비파괴검사에는 사용되지만 회전수를 측정에는 사용하지 않는다.

07 ☑☐☐☐☐

일반적으로 유압실린더에서 좌굴하중을 고려한 안전계수는?

① 0.5 ~ 1   ② 1.5 ~ 2
③ 2.5 ~ 3.5   ④ 7 ~ 10

해설

유압실린더의 안전계수
- 유압실린더의 로드 크기는 좌굴하중과 밀접한 관련이 있다.
- 유압실린더의 좌굴하중을 고려한 안전계수는 2.5 ~ 3.5를 적용한다.

정답 04 ④ 05 ④ 06 ① 07 ③

08

계측계의 동작특성 중 정특성이 아닌 것은?

① 감도
② 직선성
③ 시간지연
④ 히스테리스 오차

해설

계측계의 동작특성
① 감도 : 입력 변화에 따른 출력 변화(정특성)
② 직선성 : 입력과 출력이 비례관계에 있는 특성 (정특성)
③ 시간지연 : 입력이 변할 때 계측기가 출력으로 반영되기까지 걸리는 시간(동특성)
④ 히스테리스 오차 : 입력의 변화에 따라 동일한 출력에 도달할 때 경로에 따라 나타나는 오차 (정특성)

관련개념 정특성과 동특성의 구분
- 정특성은 계측기의 입력이 시간적으로 변하지 않을 때의 특성이다.
- 동특성은 입력이 시간에 따라 변할 때 계측기가 그 변화에 얼마나 신속하게 대응하는지를 나타내는 특성이다.

09

다음 중 탄성변형을 이용하는 변환기가 아닌 것은?

① 벨로스
② 스프링
③ 벤투리관
④ 부르동관

해설

탄성변형을 이용하는 변환기
- 벤투리관은 유체가 흐르는 속도와 단면적의 변화에 따른 압력 변화를 이용하여 유량을 계측하는 기구이다.
- 벨로스, 스프링, 부르동관은 모두 외력에 의한 탄성변형(모양의 변화)을 이용하여 물리적인 값을 측정하는 기구이다.

10

가속도센서의 고정방법 중 사용할 수 있는 주파수 영역이 넓고 정확도 및 장기적 안정성이 좋으며 먼지, 습기, 온도의 영향이 적은 것은?

① 나사 고정
② 밀랍 고정
③ 마그네틱 고정
④ 에폭시 시멘트 고정

해설

나사 고정
- 센서를 견고하게 고정할 수 있다.
- 먼지, 습기, 온도에 강하며 사용할 수 있는 주파수 영역이 넓어 장기적 안정성이 좋다.
- 고정 시 드릴 등의 추가작업이 필요하다.

11

공기압모터의 특징으로 틀린 것은?

① 폭발 및 과부하에 안전하다.
② 회전방향을 쉽게 바꿀 수 있다.
③ 속도를 무단으로 조절할 수 있다.
④ 구동 초기에 최고 회전속도를 얻을 수 있다.

정답 08 ③ 09 ③ 10 ① 11 ④

해설

공기압모터
공기압모터는 최고 회전속도를 얻기까지 일정한 시간이 소요된다.

12 ☑☐☐☐☐

미분조절기로서 제어편차의 증가율이 제어변수의 값이 되는 제어방법은?

① D동작
② I동작
③ K동작
④ P동작

해설

미분조절기
미분조절기로서 제어편차의 증가율이 제어변수의 값이 되는 제어방법은 D동작(미분동작)이다.

13 ☑☐☐☐☐

대기압보다 낮은 압력을 이용하여 부품을 흡착하여 이동시키는 데 사용하는 공기압 기구는?

① 진공패드
② 액추에이터
③ 배압 감지기
④ 공기 배리어기

해설

진공패드(Vacuum Pad)
- 진공 발생기를 통해 패드 내부의 압력을 대기압보다 낮추면, 바깥의 높은 기압이 물체를 패드에 붙게 된다.
- 물체가 진공패드에 붙게 되면 물체를 이동시킬 수 있다.

14 ☑☐☐☐☐

제어량이 온도, 압력, 유량, 액면 등과 같은 일반 공업량일 때 발생하는 신호의 형태에 의한 제어는?

① 2진제어
② 논리제어
③ 디지털제어
④ 아날로그제어

해설

아날로그제어
온도, 압력, 유량, 액면 등과 같이 연속적으로 변하는 물리량(일반 공업량)을 입력신호로 하여 처리하는 방식이다.

15 ☑☐☐☐☐

무인 반송차(AGV)의 특징 중 틀린 것은?

① 레이아웃의 자유도가 낮다.
② 컴퓨터와의 통신이 가능하다.
③ 정지, 정밀도를 확보할 수 있다.
④ 충돌, 추돌의 회피 등 자기제어가 가능하다.

해설

무인 반송차(AGV)
- 무인 반송차는 부품 및 자재를 작업자가 직접 이동시키지 않고 스스로 목적지까지 이동시킬 수 있는 자동화된 차량이다.
- 무인 반송차는 경로의 유연성이 높고, 레이아웃 변경에 강한 적응성을 가지고 있다.

정답 12 ① 13 ① 14 ④ 15 ①

16 ☑☐☐☐☐

공압에너지를 저장할 때에는 긍정적인 효과로 나타나지만 실린더의 저속 운전 시 속도의 불안정성을 야기하는 공압의 특성은?

① 배기 시 소음
② 공기의 압축성
③ 과부하에 대한 안정성
④ 압력과 속도의 무단조절성

해설
공기의 압축성에 의한 장단점
- 공기의 압축성을 이용하여 많은 에너지를 저장할 수 있는 긍정적인 효과가 있다.
- 실린더의 저속 운전 시 압력의 변화에 반응하여 속도의 변동으로 인한 불안정성을 야기한다.

17 ☑☐☐☐☐

오리피스(Orifice)에 대한 설명으로 옳은 것은?

① 길이가 단면치수에 비해 비교적 긴 교축이다.
② 유체의 압력강하는 교축부를 통과하는 유체온도에 따라 크게 영향을 받는다.
③ 유체의 압력강하는 교축부를 통과하는 유체점도의 영향을 거의 받지 않는다.
④ 유체의 압력강하는 교축부를 통과하는 유체점도에 따라 크게 영향을 받는다.

해설
오리피스(Orifice)
- 원형판에 구멍을 뚫어 유량을 측정하는 장치로, 흐름을 갑자기 좁혀 차압(압력강하)을 발생시킨다.
- 유체의 압력강하는 온도, 점도보다는 속도, 밀도에 영향을 많이 받는다.

18 ☑☐☐☐☐

전 단계의 작업완료 여부를 리밋스위치 또는 센서를 이용하여 확인한 후 다음 단계의 작업을 수행하는 것으로서 공장자동화(FA)에 많이 이용되는 제어방법은?

① 메모리제어
② 시퀀스제어
③ 파일럿제어
④ 시간에 따른 제어

해설
시퀀스제어
- 순차적인 작업에서 전 단계의 작업완료 여부를 확인한 후 다음 단계의 작업을 수행한다.
- 공장자동화(FA)에 많이 이용된다.

19

자동화 보수관리의 목적으로 틀린 것은?

① 생산성 향상
② 신속한 고장 수리
③ 기계의 사용연수 감소
④ 자동화시스템을 항상 양호한 상태로 유지

해설

자동화 보수관리
자동화 보수관리의 목적은 기계의 사용연수를 증가시키는 것이다.

20

압축공기가 2개의 입구 중 어느 하나에만 입력이 있어도 신호가 출구로 나가게 되는 밸브는?

① 2압밸브
② 셔틀밸브
③ 차단밸브
④ 체크밸브

해설

셔틀밸브
- 두 개 이상의 유압회로를 하나의 출구로 연결하여 한 쪽에서 압력이 공급되면 그 압력을 출력 포트로 전달하고, 반대쪽 회로는 자동으로 차단한다.
- OR밸브라고도 하며 복수의 신호입력 중 단일 출력을 얻고자 할 때 주로 사용한다.

2과목 | 용접 및 안전관리

21

다음과 같이 용접길이를 짧게 나누어 간격을 두면서 용접하는 방법은 무엇인가?

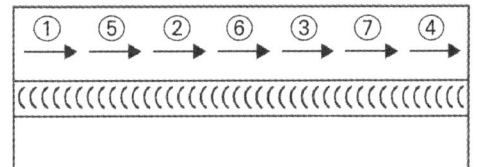

① 전진법
② 후진법
③ 대칭법
④ 스킵법

해설

스킵법
- 스킵법은 긴 용접부를 한 번에 용접하지 않고, 건너뛰어 가며 각 구간을 나누어 짧게 부분용접 하는 방식이다.
- 스킵법을 이용하면 열의 집중을 분산시켜 잔류응력과 변형을 줄일 수 있다.

22

전류가 증가하여도 전압이 일정하게 되는 특성으로 이산화탄소 아크용접장치 등의 아크 발생에 필요한 용접기의 외부특성을 무엇이라고 하는가?

① 상승특성
② 정전압특성
③ 정전류특성
④ 부저항특성

해설

정전압특성
- 전류가 증가해도 아크의 전압이 일정하게 유지되는 용접기 외부특성이다.
- 정전압특성을 이용하면 전압안정성과 아크의 자기제어에 유리하다.

23 ☑☐☐☐☐

피복아크용접봉에서 피복제의 역할에 해당되지 않는 것은?

① 아크를 안정시킨다.
② 슬래그 제거가 쉽다.
③ 전기 절연작용을 한다.
④ 냉각속도를 빠르게 한다.

해설

피복제의 역할
피복제로 인해 형성되는 슬래그는 용접부의 냉각속도를 늦추는 역할을 하여 급랭으로 인한 조직 불균일, 취성 증가 등을 방지한다.

24 ☑☐☐☐☐

가스용접봉을 선택하는 공식으로 맞는 것은? (단, D는 용접봉 지름(mm), T는 판두께(mm)이다)

① $D = \dfrac{T}{2} + 1$ ② $D = \dfrac{T}{2} + 2$

③ $D = \dfrac{T}{2} - 1$ ④ $D = \dfrac{T}{2} - 2$

해설

가스용접봉을 선택하는 공식

$D = \dfrac{T}{2} + 1$

D : 용접봉 지름(mm), T : 판두께(mm)

25 ☑☐☐☐☐

다음 중 용접전류를 결정하는 요소와 가장 관련이 적은 것은?

① 판(모재) 두께   ② 용접봉의 지름
③ 아크길이   ④ 이음의 모양(형상)

해설

용접전류를 결정하는 요소
이음의 형상(맞대기, 겹치기, T형 등)은 용접방법이나 절차 선택에 영향을 주지만, 용접전류의 산정과 직접적인 관계는 없다.

26 ☑☐☐☐☐

연강용 피복아크용접봉 심선을 이루는 물질 중 강의 성질을 좋게 하고 균열이 생기는 것을 방지하기 위해 사용하는 것은?

① 인   ② 황
③ 탄소   ④ 망간

해설

아크용접봉 심선을 이루는 물질
- 망간은 연강용 피복아크용접봉 심선의 주요 합금원소로, 강의 기계적 성질을 향상시키며, 균열을 방지하는 효과가 있다.
- 인과 황은 강의 취성이나 균열을 일으키는 불순물로 가능한 한 배제되어야 한다.

정답 23 ④ 24 ① 25 ④ 26 ④

27 ☑☐☐☐☐

연강용 가스용접봉의 종류 중 GA43에서 43이 의미하는 것은 무엇인가?

① 용착금속의 연신율
② 가스용접봉
③ 용접봉의 최대지름
④ 용착금속의 최소 인장강도

해설

GA43
- G는 가스용접봉을 의미한다.
- A는 용착금속의 연신율을 의미한다.
- 43은 용착금속의 최소 인장강도를 의미한다.

28 ☑☐☐☐☐

다음 중 아크쏠림(Arc Blow)을 방지하는 방법으로 틀린 것은?

① 아크 길이를 길게 한다.
② 접지점을 될 수 있는 대로 용접부에 멀게 한다.
③ 직류 용접으로 하지 않고 교류 용접으로 한다.
④ 용접봉 끝을 아크 쏠림 반대방향으로 기울인다.

해설

아크쏠림(Arc Blow)을 방지하는 방법
아크 길이가 길어지면 자기장의 영향이 커져 아크쏠림이 더 심해지므로 아크쏠림을 방지하기 위해서는 아크 길이를 짧게 유지해야 한다.

29 ☑☐☐☐☐

맞대기용접이음 홈의 종류 중 가장 두꺼운 판의 용접이음에 적용하는 것은 무엇인가?

① V형   ② H형
③ I형   ④ U형

해설

용접 홈 종류에 적용 두께

홈 종류	적용 두께
I형	6 mm 이하의 얇은 판
V형	6 ~ 20 mm 두께에 적용
U형	16 ~ 50 mm 두께에 적용
H형	50 mm 이상 두꺼운 판에 적용

30 ☑☐☐☐☐

다음 중 용접 시 저온균열의 발생에 대한 설명으로 옳은 것은?

① 용융금속의 응고 직후에 일어난다.
② 오스테나이트계 스테인리스강에서 자주 발생한다.
③ 용접금속이 약 300 ℃ 이하로 냉각되었을 때 발생한다.
④ 입자가 충분히 고상화되지 못한 상태에서 응력이 작용할 경우 발생한다.

해설

저온균열의 발생
- 저온균열은 용접직후에는 발생하지 않고 용접부가 300 ℃ 이하로 냉각되었을 때에 발생한다.
- 용접부 내에 수소가 존재하거나 용접부에 높은 잔류응력이 있을 때 주로 발생한다.

정답 27 ④ 28 ① 29 ② 30 ③

31

단조하여 만든 봉 내부에 터짐이 발생한 경우 가장 적합한 검사방법은 무엇인가?

① 침투탐상검사
② 방사선투과검사
③ 초음파탐상검사
④ 와전류탐상검사

해설

내부결함검사방법
① 침투탐상검사 : 표면에 개방된 결함만 검출 가능하다.
② 방사선투과검사 : 내부결함검사가 가능하지만 얇고 단순한 구조에 적합하다.
③ 초음파탐상검사 : 초음파를 이용해 봉과 같이 두꺼운 단조품의 내부결함검사를 할 수 있다.
④ 와전류탐상검사 : 표면 또는 표면 근처의 결함 검사에 사용한다.

32

초음파탐상시험에 일반적으로 사용하는 주파수 범위는 어느 정도인가?

① 1 ~ 25 kHz
② 78 ~ 100 kHz
③ 1 ~ 25 MHz
④ 75 ~ 100 MHz

해설

초음파탐상시험
초음파탐상시험에 일반적으로 사용하는 주파수 범위는 1 ~ 25 MHz이다.

33

다음 중 용접에 관한 안전사항으로 틀린 것은 무엇인가?

① TIG용접 시 차광렌즈는 12 ~ 13번을 사용한다.
② MIG용접 시 피복아크용접보다 1 m가 넘는 거리에서도 공기 중의 산소를 오존으로 바꿀 수 있다.
③ 약 50 mA의 전류는 인체에 큰 위험을 끼치지 않는다.
④ 아크로 인한 염증을 일으켰을 경우 붕산 2 % 수용액으로 눈을 닦는다.

해설

용접에 관한 안전사항
약 50 mA의 전류가 인체에 흐를 경우 심각한 위험에 직면할 수 있으며 생명을 위협받는 상황이 발생할 수 있다.

34

근로자가 상시작업하는 장소에서 정밀작업을 할 때 조도기준은 무엇인가?

① 75 lux 이상
② 150 lux 이상
③ 300 lux 이상
④ 750 lux 이상

해설

작업면의 조도기준
〈안전보건규칙 제8조〉
• 초정밀작업 : 750 lux 이상
• 정밀작업 : 300 lux 이상
• 보통작업 : 150 lux 이상
• 그 밖의 작업 : 75 lux 이상

35 ☑☐☐☐☐

산업안전보건법상 사업주의 의무가 아닌 것은 무엇인가?

① 근로조건의 개선
② 쾌적한 작업환경의 조성
③ 안전 및 보건에 관한 정보를 근로자에게 제공
④ 산업재해에 관한 조사 및 통계의 유지, 관리

해설

사업주와 정부의 의무
산업재해에 관한 조사 및 통계의 유지, 관리는 사업주보다는 정부의 의무에 해당된다.

36 ☑☐☐☐☐

안전관리자를 두어야 하는 사업의 종류는 무엇으로 정하는가?

① 문화체육관광부령
② 보건복지부령
③ 국토교통부령
④ 대통령령

해설

안전관리자를 두어야 하는 사업의 종류
안전관리자를 두어야 하는 사업의 종류와 사업장의 상시근로자 수, 안전관리자의 수·자격·업무·권한·선임방법, 그 밖에 필요한 사항은 대통령령으로 정한다.

37 ☑☐☐☐☐

칩(Chip)의 비산이나 유해물질의 비말 등으로부터 눈을 보호하기 위해 사용하는 보호구는 무엇인가?

① 차광안경
② 방진안경
③ 방진마스크
④ 방독마스크

해설

눈을 보호하는 보호구
- 차광안경 : 유해광선으로 부터 눈을 보호하는 용도로 사용되며, 용접작업 시 착용한다.
- 방진안경 : 분진, 칩(Chip) 비산 등으로부터 눈을 보호하기 위해 사용된다.

38 ☑☐☐☐☐

기계의 원동기·회전축·기어·풀리·플라이 휠·벨트 및 체인 등 근로자가 위험에 처할 우려가 있는 부위에 설치해야 하는 안전장치에 해당되지 않는 것은?

① 덮개
② 슬리브
③ 건널다리
④ 안전블록

해설

원동기·회전축 등의 위험방지
〈안전보건규칙 제87조〉
사업주는 기계의 원동기·회전축·기어·풀리·플라이휠·벨트 및 체인 등 근로자가 위험에 처할 우려가 있는 부위에 덮개·울·슬리브 및 건널다리 등을 설치하여야 한다.

정답 35 ④ 36 ④ 37 ② 38 ④

39

용접작업 중 아크에서 발생한 빛으로 인해 눈에 급성 염증증상이 발생한 경우 우선적으로 조치해야 할 사항은 무엇인가?

① 온수로 씻은 후 이어서 작업한다.
② 소금물로 씻은 후 이어서 작업한다.
③ 냉습포를 눈 위에 얹고 안정을 취한다.
④ 신경쓰지 않고 이어서 작업한다.

해설

눈에 급성 염증증상이 발생한 경우 조치사항
- 아크광선 노출에 의한 급성 각막염은 차가운 찜질(냉습포)이 염증과 통증 완화에 가장 효과적이다.
- 온수, 소금물 등으로 세척하는 것은 2차 손상 위험이 있다.

40

다음 중 도수율을 계산하는 공식은?

① $\dfrac{\text{재해건수}}{\text{연 근로시간 수}} \times 10^6$

② $\dfrac{\text{근로손실일수}}{\text{연 근로시간 수}} \times 1000$

③ $\dfrac{\text{근로손실일수}}{\text{연 근로시간 수}} \times 10^6$

④ $\dfrac{\text{재해건수}}{\text{근로자수}} \times 1000$

해설

도수율
근로자 100만 시간당 산업재해가 발생한 건수를 나타내는 지표이다.

$\dfrac{\text{재해건수}}{\text{연 근로시간 수}} \times 10^6$

3과목 기계설비일반

41

IT 기본공차에서 축의 끼워맞춤 공차에 적용하는 공차의 등급은?

① IT1 ~ IT5
② IT6 ~ IT10
③ IT1 ~ IT4
④ IT5 ~ IT9

해설

기본공차의 등급

용도	게이지 제작	끼워맞춤
구멍	IT1 ~ IT5급	IT6 ~ IT10급
축	IT1 ~ IT4급	IT5 ~ IT9급

42

끼워맞춤에서 최대 쟁새를 구하는 방법은?

① 축의 최대 허용치수 - 구멍의 최소 허용치수
② 구멍의 최소 허용치수 - 축의 최대 허용치수
③ 구멍의 최대 허용치수 - 축의 최소 허용치수
④ 축의 최소 허용치수 - 구멍의 최대 허용치수

해설

최대 쟁새
- 최대 쟁새란 구멍이 가장 작고 축이 가장 클 때 발생하는 값이다.
- 축의 최대 허용치수 - 구멍의 최소 허용치수

43 ☑☐☐☐☐

다음 중 끼워맞춤의 표시방법을 설명한 것으로 틀린 것은?

① ⌀20H7 : 직경이 20인 구멍으로 7등급의 IT 공차를 가진다.
② ⌀20h6 : 직경이 20인 축으로 6등급의 IT 공차를 가진다.
③ ⌀20H7/f6 : 직경이 20인 구멍으로 H7 구멍과 f6급 축이 억지로 결합되어 있다.
④ ⌀20H7/g6 : 직경이 20인 구멍으로 H7 구멍과 g6급 축이 헐겁게 결합되어 있다.

해설

구멍기준 끼워맞춤
- H6 ~ H10 : 구멍기준식
- b ~ h : 헐거운 끼워맞춤
- js, k, m : 중간 끼워맞춤
- n ~ x : 억지 끼워맞춤
- ⌀20H7/f6은 구멍과 축이 헐거운 끼워맞춤으로 되어 있다.

44 ☑☐☐☐☐

다음 중 기하공차 중에서 데이텀(기준면)이 필요없이 단독으로 규제가 가능한 것은?

① 동심도   ② 진원도
③ 평행도   ④ 대칭도

해설

데이텀이 필요없는 공차
- 데이텀이 필요 없는 기하공차는 모양공차로 형상 자체만 규제할 때 사용된다.
- 진직도, 평면도, 진원도, 원통도 등이 대표적으로 데이텀이 필요없는 공차이다.

45 ☑☐☐☐☐

끼워맞춤방식에서 축의 지름이 구멍의 지름보다 큰 경우 두 지름의 차이를 나타내는 용어는 무엇인가?

① 공차   ② 틈새
③ 죔새   ④ 허용차

해설

틈새와 죔새의 구분
- 틈새 : 구멍 지름이 축지름보다 큰 경우 두 지름의 차이이다.
- 죔새 : 축지름이 구멍 지름보다 큰 경우 두 지름의 차이이다.

46 ☑☐☐☐☐

다음 중 조립용 수공구로 볼 수 없는 것은?

① 드라이버   ② 플라이어
③ 렌치   ④ 해머

해설

조립용 수공구
- 조립용 수공구는 드라이버, 플라이어, 렌치처럼 부품을 결합하는 데 사용하는 공구이다.
- 해머는 물체를 파괴하거나 못을 받는 등에 사용하므로 조립용 수공구와는 거리가 멀다.

정답 43 ③ 44 ② 45 ③ 46 ④

47 ☑☐☐☐☐
다음 중 미끄럼 베어링에 대한 설명으로 틀린 것은?

① 구조가 간단하다.
② 수리가 용이하다.
③ 작은 하중에 사용한다.
④ 충격하중에 잘 견딘다.

해설

미끄럼 베어링
- 구조가 간단하고 수리가 용이하다.
- 큰 하중에 사용한다.
- 충격하중에 잘 견딘다.

48 ☑☐☐☐☐
다음 중 감속기를 점검한 결과에 따른 조치방법이 맞게 연결되지 않은 것은?

① 윤활유량이 하한선 아래에 있음 - 오일을 보충한다.
② 진동, 발열, 소음 발생 - 오일을 교환한다.
③ 입력, 출력축의 중심선이 어긋나 있음 - 재조정작업을 한다.
④ 접촉면에 박리현상이 있음 - 수리하거나 교체한다.

해설

감속기 점검
진동, 발열, 소음이 발생할 때는 단순히 오일을 교환하는 것이 아니라, 부품의 이상 여부를 점검해 정비작업을 하거나 손상된 부품을 교체해야 한다.

49 ☑☐☐☐☐
다음 중 관이음의 종류가 아닌 것은?

① 용접이음   ② 신축이음
③ 롤러관이음   ④ 나사형 이음

해설

관이음의 종류
롤러관이음은 일반적으로 관이음의 종류에 해당되지 않는다.

관련개념 관이음방법

구분	내용
나사이음	나사를 돌려 체결하는 이음방식이다.
용접이음	파이프 끝을 용접하여 결합하는 방식이다.
신축이음	배관의 온도 변화 등으로 인한 팽창이나 수축을 흡수하기 위해 설치하는 이음이다.
패킹이음	배관의 이음부위의 틈을 막아 유체의 누설을 방지하는 이음이다.
고무이음	고무 등의 탄성체를 이용해 이음부위를 연결하는 방식이다.
플랜지이음	배관의 끝에 플랜지를 부착하고 플랜지 사이를 볼트로 단단히 조여 연결한다.

정답 47 ③ 48 ② 49 ③

50 ☑☐☐☐☐

기어가 회전할 때 발생하는 이의 접촉압력에 의해 최대 전단응력이 발생하여 표면에 가는 균열이 생기고, 그 균열 속에 윤활유가 들어가 고압을 받아 이의 면의 일부가 떨어져 나가는 현상은?

① 피팅 ② 스코어링
③ 이의 절손 ④ 어브레이진

해설

피팅(Pitting)
- 기어가 회전할 때 발생하는 이의 접촉압력에 의해 최대 전단응력이 발생하여 표면에 가는 균열이 생긴다.
- 발생한 균열 속에 윤활유가 들어가 고압을 받아 이의 면에 일부가 떨어져 나가는 현상이다.

51 ☑☐☐☐☐

펌프와 전동기가 커플링으로 연결되어 있을 때 축의 변형 및 열팽창 등을 고려하여 운전 중에 상호 회전 중심축이 일치하도록 기기를 배열하는 것을 무엇이라 하는가?

① 새그 ② 연마
③ 스프트풋 ④ 얼라인먼트

해설

얼라인먼트(Alignment)
축의 변형 및 열팽창 등을 고려하여 운전 중에 상호 회전 중심축이 일치하도록 기기를 배열하는 것이다.

52 ☑☐☐☐☐

오프셋 링크에서 링크판과 부시를 일체화시킨 것으로, 오프셋 링크와 이음 핀으로 연결되어 있으며, 저속 중용량의 컨베이어, 엘리베이터용으로 사용되는 체인은?

① 롤러체인 ② 부시체인
③ 핀틀체인 ④ 블록체인

해설

핀틀체인
- 오프셋 링크에서 링크판과 부시를 일체화시킨 것이다.
- 오프셋 링크와 이음 핀으로 연결되어 있으며, 저속 중용량의 컨베이어, 엘리베이터용으로 사용되는 체인이다.

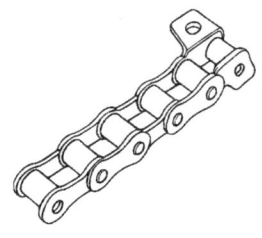

[핀틀체인]

53 ☑☐☐☐☐

다음 측정기 중 비교 측정기에 속하지 않는 것은?

① 옵티미터
② 미니미터
③ 버니어캘리퍼스
④ 공기 마이크로미터

> 해설

측정기의 구분
- 버니어캘리퍼스는 물체의 실제 길이나 두께를 직접 눈금으로 읽어내는 장치로 직접 측정기이다.
- 옵티미터, 미니미터, 공기 마이크로미터는 표준 치수와 측정 대상물의 치수를 비교하여 차이를 측정하는 비교 측정기이다.

54 ☑☐☐☐☐

두 축의 중심선을 일치시키기 어렵거나, 전달 토크의 변동으로 충격을 받거나, 고속회전으로 진동을 일으키는 경우에 충격파진동을 완화시켜 주기 위하여 사용하는 커플링은?

① 머프 커플링
② 클램프 커플링
③ 플렉시블 커플링
④ 마찰 원통 커플링

> 해설

플렉시블 커플링
두 축의 중심선을 일치시키기 어렵거나, 전달토크의 변동으로 충격을 받거나, 고속회전으로 진동을 일으키는 경우에 충격파진동을 완화시켜 주기 위하여 사용하는 커플링이다.

[플렉시블 커플링]

55 ☑☐☐☐☐

웜기어 감속기의 정비 시 웜휠의 이 간섭면을 약간 중심을 어긋나게 해둔다. 그 이유로 옳은 것은?

① 상대적으로 마찰이 많은 웜 보호
② 이물질 제거를 용이하게 하기 위해
③ 원활한 윤활유 공급과 윤활 상태유지
④ 부하 운전 시 웜의 휨 상태를 사전에 고려

> 해설

웜기어 감속기의 정비
웜기어 감속기에서 웜휠의 이 간섭면을 중심에서 출구 쪽으로 약간 어긋나게 하면 윤활유의 공급이 원활해져 윤활 상태를 유지하기 좋다.

56 ☑☐☐☐☐

리밍(Reaming) 작업에 대한 설명으로 옳은 것은?

① 구멍의 내면에 나사를 내는 작업이다.
② 구멍에 나사의 납작머리가 들어갈 부분을 가공하는 것이다.
③ 이미 뚫어져 있는 구멍을 필요한 크기로 넓히는 작업이다.
④ 뚫어져 있는 구멍을 정밀도가 높고, 가공 표면의 표면 거칠기를 좋게 하기 위한 작업이다.

> 해설

리밍(Reaming) 작업
이미 뚫린(드릴링 등 후의) 구멍을 리머라는 공구로 가공하여 구멍의 치수 정확도와 표면 조도를 향상시키는 정밀 가공공정이다.

정답 ● 54 ③ 55 ③ 56 ④

57

다음 기어 중 서로 교차하지도 않고 평행하지도 않은 두 축 사이에 운동을 전달하는 기어는?

① 스퍼기어 ② 나사기어
③ 베벨기어 ④ 내접기어

해설

기어의 종류
① 스퍼기어 : 평행한 축 사이에서 사용한다.
② 나사기어 : 교차하지도 않고 평행하지도 않은 두 축 사이에서 운동을 전달한다.
③ 베벨기어 : 교차하는 축(보통 90° 각도)에서 동력을 전달한다.
④ 내접기어 : 같은 평면 내에서 중심이 다른 축에 사용된다.

58

펌프 운전 시 압력계가 정상보다 높게 나오는 원인으로 틀린 것은?

① 파이프의 막힘
② 안전밸브의 불량
③ 밸브를 너무 막을 때
④ 실양정이 설계 양정보다 낮을 때

해설

펌프의 양정
• 펌프의 양정이란 펌프에서 물을 퍼 올릴 수 있는 높이로 펌프의 운전성능을 의미한다.
• 실양정이 설계 양정보다 낮으면 펌프의 토출압력이 낮아져 압력계가 낮게 나온다.

59

나사의 표시방법 중 유니파이 보통 나사를 나타내는 기호는?

① UNF ② UNC
③ CTC ④ CTG

해설

유니파이 나사
• 미국, 영국, 캐나다가 협정하여 만든 나사로 단위는 인치를 사용한다.
• UNC(Unified National Coarse) : 유니파이 보통 나사
• UNF(Unified National Fine) : 유니파이 가는 나사

60

전동기 과열의 원인과 가장 거리가 먼 것은?

① 단선
② 과부하 운전
③ 빈번한 가동 및 정지
④ 베어링 부에서의 발열

해설

전동기 과열의 원인
단선이 발생되면 전동기의 흐름이 차단되므로 과열이 발생되는 것과는 거리가 멀다.

정답 57 ② 58 ④ 59 ② 60 ①

4과목 설비진단 및 관리

61 ☑☐☐☐☐

진동차단기의 요구조건으로 틀린 것은?

① 강성이 충분히 작아서 차단능력이 있어야 한다.
② 강성은 작되 걸어준 하중을 충분히 견딜 수 있어야 한다.
③ 온도, 습도, 화학적 변화 등에 의해 견딜 수 있어야 한다.
④ 진동 발생 기계에서 외부로 진동이 잘 전달되도록 해야 한다.

해설

진동차단기의 요구조건
진동차단기는 진동을 감쇄, 차단하기 위해 사용하는 것으로 진동 발생 기계에서 외부로 진동이 잘 전달되지 않아야 한다.

62 ☑☐☐☐☐

크고 작은 두 소리를 동시에 들을 때, 큰 소리만 듣고 작은 소리는 듣지 못하는 현상은?

① 음의 반사   ② 마스킹효과
③ 중첩의 원리   ④ 도플러효과

해설

마스킹효과
• 크고 작은 두 소리를 동시에 들을 때 큰 소리만 듣는 현상이다.
• 두 음의 주파수가 비슷할 때 마스킹효과가 매우 커진다.

63 ☑☐☐☐☐

1자유도진동시스템에서 비감쇠일 때 고유진동주파수에 대한 설명으로 옳은 것은? (단, 스프링상수 : k[kgf/mm], 질량 : m[kg]이다)

① 고유진동주파수는 $f = \dfrac{1}{2\pi}\sqrt{\dfrac{m}{k}}$ 으로 나타낸다.
② 고유진동주파수는 시스템의 스프링상수에 비례한다.
③ 고유진동주파수와 강제진동주파수가 일치하면 시스템이 안정된다.
④ 고유진동주파수는 외부로부터 주기적인 힘이 가해짐으로써 발생하는 진동현상이다.

해설

고유진동주파수
① 고유진동주파수는 $f = \dfrac{1}{2\pi}\sqrt{\dfrac{k}{m}}$ 으로 나타낸다.
③ 고유진동주파수와 강제진동주파수가 일치하면 공진이 발생하여 진폭이 커지고, 불안정해진다.
④ 외부로부터 주기적인 힘이 가해짐으로써 발생하는 진동현상은 강제진동이다.

정답 ● 61 ④ 62 ② 63 ②

64

질량 불균형(Unbalance)에 의해 발생하는 진동특성의 설명으로 틀린 것은?

① 회전수가 증가할수록 진동레벨이 높게 나타난다.
② 주기적인 충격피크를 볼 수 있는 파형이 나타난다.
③ 회전 주파수 $1f$ 성분의 분명한 주파수가 나타난다.
④ 질량 불균형에 의한 진동은 수평·수직 방향에 최대의 진폭이 발생한다.

해설

질량 불균형(Unbalance)
- 질량 불균형이란 회전체의 무게 중심이 특정부로 치우쳐 있어 균형이 맞지 않는 상태이다.
- 질량 불균형으로 인한 진동은 주기적인 충격피크가 아니라 연속적이고 사인파에 가까운 형태의 파형이 나타난다.

65

인간의 청감에 대한 보정을 하여 소리의 크기레벨에 근사한 값으로 측정할 수 있는 측정기는?

① 소음계   ② 압력계
③ 가속도센서   ④ 스트레인게이지

해설

소음계
소음계는 인간의 청감에 대한 보정을 실시하여 소리의 크기 레벨에 근사한 값으로 측정할 수 있도록 한 측정기이다.

66

소음을 측정하기 위해 공장에서 준비해야 할 자료가 아닌 것은?

① 공장 배치도   ② 기계 배치도
③ 생산 현황도   ④ 작업 공정도

해설

소음측정 시 준비자료
① 공장 배치도 : 소음 측정위치를 파악하는 데 필요하다.
② 기계 배치도 : 주요 소음원을 파악하고, 소음 측정위치를 파악하는 데 필요하다.
③ 생산 현황도 : 소음 측정보다는 생산량이나 작업스케줄을 관리하기 위해 필요하다.
④ 작업 공정도 : 작업공정의 흐름을 파악하여 소음발생단계를 파악할 수 있다.

67

진동체에 물리량이 주어졌을 때 그 진동체가 갖는 특정한 값을 가진 진동수와 파장만의 진동만이 허용될 때의 진동은?

① 강제진동   ② 고유진동
③ 탄성진동   ④ 흡음진동

해설

고유진동
- 외부에서 힘을 주지 않아도, 그 물체가 갖는 고유한 진동수와 진동 모양에 따라 진동이 나타내는 현상이다.
- 물질의 형상, 질량 등에 의해 결정되며 특정한 값을 가진 진동수와 파장만이 허용된다.

정답 64 ② 65 ① 66 ③ 67 ②

68 ☑□□□□

소음의 가청음압과 가청주파수에 대한 설명으로 옳은 것은?

① 최저 가청주파수는 0 Hz이다.
② 최대 가청주파수는 10000 Hz이다.
③ 최대 가청음압은 60 Pa 또는 130 dB이다.
④ 최저 가청음압은 2 × 10^{-3} Pa 또는 0 dB이다.

해설

가청음압과 가청주파수의 범위
(1) 가청음압
- 인간의 귀가 감지할 수 있는 음압 범위이다.
- 최저 가청음압은 2 × 10^{-5} Pa(0 dB)이고, 최대 가청음압은 60 Pa(130 dB)이다.

(2) 가청주파수
- 인간의 귀가 감지할 수 있는 주파수 범위이다.
- 가청주파수 범위는 20 ~ 20000 Hz이다.

69 ☑□□□□

이론 사이클시간과 실제 사이클시간과의 차이에서 발생하는 로스는?

① 고장로스   ② 조정로스
③ 속도저하로스   ④ 계획정지로스

해설

속도저하로스
설비의 표준(이론) 사이클시간보다 실제생산과정에서 더 오래 걸려서 발생하는 로스는 속도저하로스이다.

70 ☑□□□□

어떤 특정 환경과 운전조건 하에서 어느 주어진 시점 동안 명시된 특정기능을 성공적으로 수행할 수 있는 확률을 무엇이라 하는가?

① 효용성   ② 신뢰성
③ 유용성   ④ 생산성

해설

신뢰성
신뢰성은 설비가 일정조건 하에서 일정기간 동안 특정기능을 고장 없이 수행할 수 있는 확률이다.

71 ☑□□□□

설비배치 계획이 필요한 경우가 아닌 것은?

① 신제품의 제조
② 작업장의 확장
③ 새 공장의 건설
④ 작업자 신규채용

해설

설비배치 계획의 필요성
- 신규사업의 개발
- 사업의 혁신 및 확장에 따른 공장의 신설
- 제품의 품종 변경
- 설계, 생산의 규모변경

72 ☑☐☐☐☐

자주보전을 효과적으로 완성하기 위한 자주보전 전개스텝이 있다. 추진방법의 절차로 옳은 것은?

① 총점검 → 초기청소 → 발생원 곤란개소 대책 → 점검·급유기준작성 → 자주점검 → 자주보전의 시스템화 → 자주관리의 철저
② 초기청소 → 점검·급유기준작성 → 발생원 곤란개소 대책 → 자주점검 → 총점검 → 자주보전의 시스템화 → 자주관리의 철저
③ 총점검 → 초기청소 → 점검·급유기준작성 → 발생원 곤란개소 대책 → 자주점검 → 자주보전의 시스템화 → 자주관리의 철저
④ 초기청소 → 발생원 곤란개소 대책 → 점검·급유기준작성 → 총점검 → 자주점검 → 자주보전의 시스템화 → 자주관리의 철저

해설
자주보전 7단계

구분	단계
1단계	초기청소(청소, 정리정돈)
2단계	곤란개소 대책
3단계	활동별 기준서 작성
4단계	총점검
5단계	자주점검
6단계	자주보전 활동과정의 표준화
7단계	자주관리 철저(자주보전의 생활화)

73 ☑☐☐☐☐

다음 상비품의 발주방식 중 주문량과 주문점을 균등하게 한 것으로 용량이 균등한 두 개의 같은 용량, 용기를 상호적으로 사용하여, 한쪽 용기 내의 물품을 다 소모했을 경우에 용량분의 주문을 하는 것은?

① 복책법　　　　② 포장법
③ 정기발주방식　④ 사용고발주방식

해설
재고관리방식 중 복책법
- 두 용기를 마련해 주고, 한쪽이 다 소진되면 나머지 하나를 사용하면서 소진된 용기의 해당 용량만큼 주문한다.
- 주문량과 주문점이 같아지는 특징이 있다.

74 ☑☐☐☐☐

그리스의 시험방법에 관한 내용이다. ( ) 안에 알맞은 내용은?

> ( )은(는) 반고체 상태에서 그리스가 액체 상태로 전환되는 최초의 온도로서 그리스의 내열성과 사용된 증주제의 종류를 확인하기 위하여 시험한다.

① 점도　　　② 적점
③ 주도　　　④ 이유도

해설
적점(Dropping Point)
그리스가 가열되었을 때 처음으로 액체 방울이 떨어지는 온도로 내열성과 증주제 종류 평가에 사용한다.

정답 72 ④　73 ①　74 ②

75

베어링이나 기어 등에 사용되는 윤활유는 사용 중에 교반에 의해 기포가 생성되며, 이 기포가 마멸이나 윤활유의 열화를 촉진시킨다. 이와 같은 현상을 방지하기 위하여 윤활유에서 요구하는 성질은?

① 점도　　　　　② 소포성
③ 내 하중성　　　④ 청정 분산성

해설

소포성
- 윤활유가 베어링이나 기어 등에서 사용 중 교반에 의해 기포가 생성되면 기포가 윤활유의 마멸과 열화를 촉진시킨다.
- 윤활유가 기포 억제 및 제거할 수 있는 소포성이 있어야 한다.

76

그리스는 증주제의 종류에 따라 대단히 다른 성질을 나타내므로, 사용조건에 따라 그리스의 종류를 결정한 후 적정 주도를 결정한다. 다음 중 일반적으로 수분과의 접촉이 빈번한 곳에서 사용이 부적합한 증주제는?

① Ca　　　② Na
③ Al　　　④ Li

해설

나트륨(Na) 그리스
나트륨 그리스는 섬유 구조로 안정성이 높아 고온에서 사용할 수 있지만 내수성이 좋지 않아 수분과 접촉이 빈번한 곳에서는 사용하기 어렵다.

77

다음 윤활 중 완전윤활 또는 후막윤활이라고도 하며, 가장 이상적인 유막에 의해 마찰면이 완전히 분리되는 것은?

① 경계윤활　　　② 극압윤활
③ 유체윤활　　　④ 혼합윤활

해설

유체윤활(완전윤활)
유체윤활은 가장 이상적인 유막에 의해 마찰면이 완전히 분리되어 금속 간 직접 접촉 없이 마찰과 마모가 최소화되는 상태이다.

78

기름 중에 함유되어 있는 유리유황 및 부식성 물질로 인한 금속의 부식 여부에 관한 시험은?

① 잔류탄소시험　　② 황산회분시험
③ 동판부식시험　　④ 산화안정도시험

해설

동판부식시험
동판부식시험은 그리스에 함유된 오일 및 첨가물이 장비의 금속 부분, 특히 구리 합금 등에 미치는 부식 영향을 평가하는 시험이다.

정답 75 ②　76 ②　77 ③　78 ③

79 ☑☐☐☐☐

나프텐계와 비교한 파라핀계 윤활 기유의 특성으로 틀린 것은?

① 휘발성이 높다.
② 점도지수가 높다.
③ 산화안정성이 높다.
④ 인화점, 발화점이 높다.

해설

파라핀계 윤활 기유의 특성
파라핀계 윤활 기유는 나프텐계 윤활기유에 비해 휘발성이 낮다.

관련개념 파라핀계와 나트텐계 윤활기유의 특성 비교

구분	파라핀계	나프텐계
산화저항성	높다.	낮다.
분자량	크다.	작다.
유동점	높다.	낮다.
점도지수	높다.	낮다.
밀도(휘발성)	낮다.	높다.

80 ☑☐☐☐☐

스퍼 기어, 헬리컬기어, 베벨 기어 등 밀폐식 기어장치의 급유법으로 가장 적합한 것은?

① 손급유
② 순환급유
③ 적하급유
④ 도포급유

해설

밀폐식 기어장치의 급유법
- 밀폐식 기어장치는 고속회전과 높은 하중, 열 발생이 많아 윤활유의 효과적인 냉각과 이물질 제거 및 반복 사용이 중요하다.
- 순환급유방식은 펌프를 통해 윤활유를 연속적으로 순환·공급하여 밀폐식 기어장치의 급유법으로 적합하다.

정답 79 ① 80 ②

CBT 대비 모의고사 5회

1과목 | 공유압 및 자동제어

01 ☑☐☐☐☐

다음 중 전기전자장치의 조립부품 구성과 관련이 없는 요소는?

① 조립 베이스 ② 인덱스 테이블
③ 컨베이어   ④ NC 테이블

해설

전기전자장치의 조립부품
- 조립 베이스, 인덱스 테이블, 컨베이어는 모두 전기전자장치의 조립공정 또는 생산 자동화에서 사용되는 구성요소이다.
- NC 테이블(수치제어 테이블)은 정밀위치제어장치로 조립부품에는 해당되지 않는다.

02 ☑☐☐☐☐

다음 중 감지대상에 따른 센서의 분류에 해당되지 않는 것은?

① 물리량센서   ② 능동형 센서
③ 역학량센서   ④ 화학량센서

해설

센서의 감지대상별 분류
- 물리량센서 : 온도, 저기, 자기 등의 물리량을 감지한다.
- 역학량센서 : 길이, 변위, 압력, 가속도 등의 역학적인 양을 감지한다.
- 화학량센서 : 가스, 습도, 미생물의 양 등의 화학적인 양을 감지한다.

03 ☑☐☐☐☐

다음 중 전류, 전압, 저항과 다른 전기량을 함께 측정할 수 있는 기구로 적합한 것은?

① 리미트 스위치
② 광전 스위치
③ 멀티미터(Multimeter)
④ 오실로스코프

해설

측정기구별 측정값
① 리미트 스위치 : 전기신호의 ON/OFF 상태만 판별한다.
② 광전 스위치 : 자동화형 센서로 물체를 감지하는 데 사용한다.
③ 멀티미터(Multimeter) : 전류, 전압, 저항을 모두 측정한다.
④ 오실로스코프 : 전압신호의 파형을 측정하고, 분석한다.

정답 ● 01 ④ 02 ② 03 ③

04 ☑☐☐☐☐

제어용 기기 중에서 주 회로의 단락사고 등에 의한 과전류로부터 회로를 보호하는 장치로 사용하는 것은?

① 카운터 ② 타이머
③ 배선용 차단기 ④ 릴레이

해설

배선용 차단기
주 회로의 단락사고나 과전류가 발생했을 때 회로를 자동으로 개방하여 전기설비와 회로를 보호하는 역할을 수행한다.

05 ☑☐☐☐☐

다음 중 서보모터의 특성을 설명한 내용으로 옳지 않은 것은?

① 속도응답성이 좋아야 한다.
② 제어성이 좋아야 한다.
③ 빈번한 시동 및 정지운전이 연속적으로 이루어지더라도 기계적 강도가 커야 한다.
④ 관성이 크고, 전기적 또는 기계적 시상수가 커야 한다.

해설

서보모터
- 서보모터는 위치, 속도, 토크 등을 정밀하게 제어한다.
- 관성이 작고 전기적 또는 기계적 시상수가 작아야 정밀제어가 가능하다.

06 ☑☐☐☐☐

진동측정용센서로 사용되는 영구자석형 속도센서의 특징으로 틀린 것은?

① 감도가 안정적이다.
② 출력 임피던스가 낮다.
③ 변압기 등 자장이 강한 장소에서 주로 사용된다.
④ 다른 센서에 비해 크기가 크므로 자체 질량의 영향을 받는다.

해설

영구자석형 속도센서
영구자석형 속도센서는 외부 자기장의 영향을 받아 오차가 발생할 수 있으므로 변압기 등 강한 자장이 발생하는 환경에서는 사용이 제한된다.

07 ☑☐☐☐☐

밸브의 기능상 분류에서 시퀀스밸브는 무엇인가?

① 방향제어 ② 속도제어
③ 압력제어 ④ 유량제어

해설

시퀀스밸브
- 압력제어밸브에 속한다.
- 시퀀스밸브는 액추에이터나 다른 회로가 압력에 의해 순차적으로 동작하도록 제어하는 역할을 수행한다.

정답 04 ③ 05 ④ 06 ③ 07 ③

08 ☑☐☐☐☐

유압펌프가 기름을 토출하지 않아 흡입 쪽을 검사하였다. 검사방법과 가장 거리가 먼 것은?

① 점도의 적정 여부
② 스트레이너의 막힘 여부
③ 오일탱크 내의 오일량 적정량 여부
④ 전동기 축과 펌프 축의 중심 일치 여부

해설

유압펌프검사
전동기 축과 펌프 축의 중심 일치 여부는 펌프의 기계적 결합 상태와 관련된 것으로 기름을 토출하지 않는 것보다는 진동, 소음, 베어링 마모 등과 관련이 있다.

09 ☑☐☐☐☐

3상 유도 전동기가 원래의 속도보다 저속으로 회전할 경우의 원인으로 적절하지 않은 것은?

① 과부하　　② 퓨즈 단락
③ 베어링 불량　④ 축받이의 불량

해설

유도 전동기의 고장 원인
퓨즈가 단락되면 전동기가 저속으로 회전하지 않고 정지된다.

10 ☑☐☐☐☐

공압이 유압에 비해 갖는 장점은?

① 공기의 압축성을 이용하여 많은 에너지를 저장할 수 있다.
② 유압에 비해 큰 압력을 이용하므로 큰 힘을 낼 수 있다.
③ 저속(50 mm/sec 이하)에서 스틱 - 슬립현상이 발생하여 안정된 속도를 얻을 수 있다.
④ 유압보다 공기 중의 수분의 영향을 덜 받는다.

해설

공기의 압축성에 의한 장단점
- 공기의 압축성을 이용하여 많은 에너지를 저장할 수 있는 긍정적인 효과가 있다.
- 실린더의 저속 운전 시 압력의 변화에 반응하여 속도의 변동으로 인한 불안정성을 야기한다.

11 ☑☐☐☐☐

릴레이를 사용한 전기제어회로에서 릴레이 자신의 접점을 통해 전기신호를 자신의 릴레이 코일에 계속 흐르게 하여 릴레이 코일의 여자 상태를 유지하는 회로는?

① 동조회로　　② 비동기회로
③ 인터록회로　④ 자기유지회로

정답 08 ④　09 ②　10 ①　11 ④

해설

자기유지회로
- 시퀀스제어에서 기계나 장치의 동작을 유지하는 역할을 하는 회로이다.
- 입력장치로 모터나 램프를 켜면, 버튼에서 손을 떼더라도 장치가 계속 동작하도록 자기유지기능이 작동한다.
- 릴레이(계전기)가 활성화되면, 릴레이 접점을 통해 전류가 계속 흐르도록 회로가 구성되어 있기 때문이다.

12 ☑☐☐☐☐

실린더를 선정할 때 참고해야 할 사항이 아닌 것은?

① 스트로크
② 유압펌프의 종류
③ 실린더의 작동속도
④ 부하의 크기와 그것을 움직이는 데 필요한 힘

해설

실린더를 선정할 때 참고해야 할 사항
유압펌프의 종류는 실린더의 성능에 영향을 줄 수는 있지만 실린더를 선정할 때 주요 고려사항은 아니다.

13 ☑☐☐☐☐

공압 실린더를 사용한 클램핑장치에서 정전과 같은 비정상 시에 클램프가 풀리지 않도록 하는 방향제어밸브는?

① 판 슬라이드 플로트 위치형 밸브
② 판 슬라이드 올 포트 블록형 밸브
③ 5포트 2위치 스프링 오프셋형 싱글 솔레노이드밸브
④ 5포트 3위치 Exhaust센터형 더블 솔레노이드밸브

해설

공압 실린더를 사용한 클램핑장치
공압 실린더를 사용한 클램핑장치에서 정전과 같은 비정상 시에 클램프가 풀리지 않도록 하는 방향제어밸브는 모든 포트를 차단하여 에어가 빠져나가지 않게 하는 올 포트 블록형 밸브이다.

14 ☑☐☐☐☐

연속의 법칙에 대한 설명으로 틀린 것은?

① 질량보존의 법칙을 유체의 흐름에 적용한 것이다.
② 관 내의 유체는 도중에 생성되거나 손실되지 않는다는 것이다.
③ 점성이 없는 비압축성 유체의 에너지보존법칙을 설명한 것이다.
④ 유량을 구하는 식에서 배관의 단면적이나 유체의 속도를 구할 수 있다.

해설

연속의 법칙과 베르누이 정리
③은 연속의 법칙보다는 베르누이 정리에 해당되는 내용이다.

관련개념 연속의 법칙
- 질량보존의 법칙을 유체의 흐름에 적용한 것이다.
- 비압축성 유체가 관 내를 흐를 때 유량이 일정할 경우 유체의 속도는 단면적에 반비례한다.
- 배관의 단면적, 유체의 속도를 통해 유량을 계산할 수 있다.

15 ☑☐☐☐☐

공기압의 특징으로 옳은 것은?

① 응답성이 우수하다.
② 윤활장치가 필요 없다.
③ 과부하에 대하여 안전하다.
④ 균일한 속도를 얻을 수 있다.

해설

공기압의 특징
① 공기압은 유압보다 응답성이 느리다.
② 공기압도 움직이는 부분이 있으므로 윤활장치가 필요하다.
③ 공기압은 과부하가 발생하면 공기가 압축되면서 작동을 멈추므로 과부하에 대하여 안전하다.
④ 공기는 압축성이 있어 균일한 속도를 얻기 어렵다.

16 ☑☐☐☐☐

어큐뮬레이터 취급 시 주의사항으로 틀린 것은?

① 봉입가스는 불활성 가스 또는 공기압(저압용)을 사용한다.
② 충격 완충용은 가급적 충격이 발생하는 곳에서 멀리 설치한다.
③ 어큐뮬레이터에 부속쇠 등을 용접하거나 가공, 구멍 뚫기 등을 하지 않는다.
④ 펌프와 어큐뮬레이터 사이에 유압유가 펌프로 역류하지 않도록 체크밸브를 설치한다.

해설

어큐뮬레이터 취급 시 주의사항
충격 완충용은 가급적 충격원에서 가까이 설치하여 충격 감쇄효율을 높여야 한다.

17 ☑□□□□
로봇운영방식에 대한 용어 설명 중 틀린 것은?

① 서보레디(SVRDY : Servo Ready) : 아날로그 타입에서 드라이버로 출력하는 속도 명령으로써 최대 ±10 V이다.
② 매뉴얼 데이터 입력(MDI : Manual Data Input)방식 : 이미 정의된 위치 데이터를 수동 키(Key)조작에 의해 직접 입력하는 방식이다.
③ 티칭 플레이 백(TPB : Teaching Play Back) 방식 : 위치 데이터를 서보 오프(Servo Off) 상태에서 수동 조작하여 위치를 확인한 후 입력하는 방식이다.
④ 포인트 투 포인트(PTP : Point To Point) : 직각 좌표 상에서 두 축을 동시에 제어할 때 두 축이 한 점에서 다른 점까지 움직이는 궤적을 원이 되도록 제어하는 방식이다.

해설
로봇운영방식
서보레디(SVRDY)는 전원이 켜지고 이상 유무를 확인한 상태(동작준비 상태)를 의미하며, 속도 명령 ±10 V는 서보레디와 직접적으로 연결되는 설명이 아니다.

18 ☑□□□□
밸브의 오버랩에 대한 설명으로 옳은 것은?

① 방향제어밸브는 일반적으로 제로오버랩을 갖는다.
② 밸브의 작동 시 포지티브 오버랩밸브는 서지압력이 발생할 수 있다.
③ 밸브의 전환 시 모든 연결구가 순간적으로 연결되는 형태가 제로 오버랩이다.
④ 포지티브 오버랩에서 밸브의 전환 시 액추에이터는 부하에 종속된 움직임을 갖는다.

해설
밸브의 오버랩
밸브 전환 시 포지티브 오버랩을 가지는 밸브는 유로가 잠깐 차단되었다가 다시 연결되며, 이 과정에서 유압시스템 내에 서지압(충격압)이 발생할 수 있다.

19 ☑□□□□
압축공기의 소모량에 따라 공기압축기의 운전을 조절하는 방식이 아닌 것은?

① 저속조절 ② 전압조절
③ 무부하조절 ④ ON/OFF조절

해설
공기압축기의 운전을 조절하는 방식
- 공기압축기는 압축공기의 소모량에 따라 저속조절, 무부하조절, ON/OFF조절하여 운전할 수 있다.
- 전압조절은 공기압축기의 운전과는 큰 관계가 없다.

정답 ● 17 ① 18 ② 19 ②

20 ☑☐☐☐

유압모터 중 구조면에서 가장 간단하며 출력토크가 일정하고 정·역회전이 가능하고 토크효율이 약 75 ~ 85 %, 최저 회전수는 150 rpm 정도이며, 정밀 서보기구에는 부적합한 것은?

① 기어모터(Gear Motor)
② 베인모터(Vane Motor)
③ 액시얼피스톤모터(Axial Piston Motor)
④ 레디얼피스톤모터(Radial Piston Motor)

해설

기어모터(Gear Motor)
- 구조가 간단하고, 일정한 토크를 낸다.
- 정·역회전이 가능하다.
- 토크 효율이 75 ~ 85 % 수준이고, 최저 회전수가 150 rpm 정도이다.
- 정밀 서보기구로는 부적하다.

2과목 용접 및 안전관리

21 ☑☐☐☐

피복금속아크용접을 가스용접법과 비교했을 때 장점이 아닌 것은?

① 용접변형이 적다.
② 열의 집중성이 좋다.
③ 용접부의 강도가 크다.
④ 유해광선의 발생이 적다.

해설

피복금속아크용접
고온의 아크를 사용하기 때문에 자외선, 적외선 등 유해광선이 가스용접에 비해 많이 발생한다.

22 ☑☐☐☐

서브머지드아크용접기 중 경량형에 해당되는 것은?

① 900 A   ② 1200 A
③ 2000 A   ④ 4000 A

해설

서브머지드아크용접기의 최대전류기준
- 반자동 용접기 : 900 A
- 경량형 용접기 : 1200 A
- 표준만능형 용접기 : 2000 A
- 대형 용접기 : 4000 A

정답 ▶ 20 ① 21 ④ 22 ②

23 ☑☐☐☐☐

MIG용접에 관한 설명으로 틀린 것은?

① CO_2가스아크용접에 비해 스패터의 발생이 많아 깨끗한 비드를 얻기 힘들다.
② 수동 피복아크용접에 비해 용접속도가 빠르다.
③ 정전압특성 또는 상승특성이 있는 직류 용접기를 사용한다.
④ 전류밀도가 높아 3 mm 이상의 두꺼운 판의 용접에 효율적이다.

해설

MIG용접
- 주로 아르곤을 사용하여 대기 중 산소, 질소와의 반응을 차단한다.
- 탄산가스(CO_2)아크용접에 비해 아르곤 혼합 가스는 금속풀이 불안정하게 튀는 현상을 크게 줄여, 스패터 발생량이 적다.

24 ☑☐☐☐☐

1차 측 입력이 24 kVA인 용접기의 전원이 200 V일 때 가장 적합한 퓨즈의 용량은?

① 100 A   ② 120 A
③ 150 A   ④ 240 A

해설

퓨즈의 용량

$$\text{퓨즈의 용량} = \frac{\text{1차 입력}}{\text{전원전압}}$$

$$= \frac{24 \times 1000}{200} = 120\text{A}$$

25 ☑☐☐☐☐

피복아크용접봉의 피복 배합제 성분 중 고착제에 해당하는 것은?

① 망간   ② 규소철
③ 산화티탄   ④ 규산나트륨

해설

고착제
- 고착제는 용접봉의 심선에 피복제를 단단하게 부착시키기 위해 사용되는 성분이다.
- 고착제로는 규산나트륨, 규산칼륨 등이 주로 사용된다.

26 ☑☐☐☐☐

이산화탄소가스아크용접에서 아크가 불안정할 때의 원인으로 가장 거리가 먼 것은?

① 팁이 마모되어 있다.
② 이음의 형상이 나쁘다.
③ 팁과 모재의 거리가 길다.
④ 와이어의 송급이 불안정하다.

해설

이산화탄소가스아크용접
이음의 형상이 나쁜 것은 용접의 품질이나 비드 형성에 영향을 미치지만 아크의 안정성(아크가 일정하게 유지되는 것)과는 직접적인 관련이 없다.

정답 23 ① 24 ② 25 ④ 26 ②

27

테르밋용접을 진행할 때 알루미늄 분말과 산화철 분말의 중량비로 알맞은 것은?

① 1 : 2
② 1 : 3
③ 1 : 5
④ 1 : 7

해설

테르밋용접
알루미늄 분말과 금속 산화물(주로 산화철)을 1 : 3의 중량비로 혼합한 물질에서 발생하는 화학 반응열을 통해 생성된 고온의 용융금속을 사용해 용접하는 방식이다.

28

레일 및 선박의 프레임 같이 비교적 큰 단면적을 가진 주조나 단조품의 맞대기용접에 적용하기 알맞은 용접방식은?

① 브레이징
② TIG용접
③ MIG용접
④ 테르밋용접

해설

테르밋용접
- 금속 산화물과 알루미늄 분말의 화학반응(테르밋 반응)에서 발생하는 고온의 열을 이용하여 금속을 직접 녹여 접합하는 방식이다.
- 대형 철재 구조물(레일, 선박 프레임 등)의 맞대기용접에 주로 사용된다.

29

다음 중 서브머지드아크용접의 특징으로 거리가 먼 것은?

① 고전류 사용이 가능하다.
② 용융속도가 빨라 능률이 좋다.
③ 기계적 성질(강도, 연신율)이 우수하다.
④ 개선각을 크게 하여 용접패스 수를 줄일 수 있다.

해설

서브머지드아크용접
- 개선각을 작게 해서 용입을 깊게 하고, 패스 수를 줄일 수 있다.
- 개선각이 커지면 비효율적이며, 서브머지드아크용접은 좁은 홈(작은 개선각)을 이용해 경제적이고 신속하게 용접한다.

30

마찰용접의 장점에 해당되지 않는 것은?

① 용접작업시간이 짧다.
② 이종금속의 접합이 가능하다.
③ 치수의 정밀도가 높다.
④ 피용접물의 형상, 길이에 제한이 없다.

해설

마찰용접
회전이 가능한 원형 또는 대칭 부품에 적용이 가능하고, 비정형 부품이나 복잡한 곡면에는 적용이 어렵다.

정답 27 ② 28 ④ 29 ④ 30 ④

31 ☑☐☐☐☐

다음 중 피복아크용접을 할 때 언더컷의 발생 원인으로 거리가 먼 것은?

① 용접전류가 너무 높다.
② 아크의 길이가 너무 길다.
③ 홈 각도 및 루트 간격이 좁다.
④ 적당하지 않은 용접봉을 사용했다.

해설

언더컷의 발생 원인
① 용접전류가 너무 높으면 모재가 과다하게 녹으면서 언더컷이 발생할 수 있다.
② 아크의 길이가 너무 길면 열전달이 잘 이루어지지 않아 언더컷이 발생할 수 있다.
③ 홈 각도 및 루트 간격이 좁으면 언더컷보다는 용입불량이 발생할 수 있다.
④ 부적당하거나 오염된 용접봉은 아크 불안정을 일으켜 언더컷 발생원인이 된다.

32 ☑☐☐☐☐

다음 중 누설탐상시험을 하는 과정에서 결함 검출에 사용되는 매질이 아닌 것은?

① 헬륨   ② 비눗물
③ 수소   ④ 페라이트 분말

해설

누설탐상시험에서 사용되는 매질
• 헬륨과 수소는 고감도 누설시험에서 추적가스로 사용한다.
• 비눗물은 기포누설시험에서 비눗물을 표면에 도포하여 누설 시 발생하는 거품으로 결함을 검출한다.

33 ☑☐☐☐☐

다음 중 방사선투과시험에 대한 설명으로 옳지 않은 것은?

① 내부 결함 검출에 적합하다.
② 판독이 용이하다.
③ 방사선 노출에 대한 위험이 있다.
④ 검사속도가 빠르고 비용이 저렴하다.

해설

방사선투과시험
검사속도가 느리고 비용이 많이 들며 복잡한 형상이나 두꺼운 재료에는 적용하기 어렵다.

34 ☑☐☐☐☐

다음 중 침투탐상시험을 적용할 수 있는 대상으로 거리가 먼 것은?

① 주조품의 표면결함
② 단조품의 균열
③ 용접부의 기공
④ 다공성 재료의 내부 결함

해설

침투탐상시험
• 침투탐상시험은 표면에 열려 있는 결함만을 검출할 수 있으며, 내부에 존재하는 결함을 검출할 수 없다.
• 용접부의 기공은 표면에 개구되어 있는 경우 침투탐상시험으로 검사할 수 있다.

정답 31 ③ 32 ④ 33 ④ 34 ④

35 ☑☐☐☐☐
사업주는 산업재해가 발생한 경우 관련 내용을 정리하여 어디에 보고해야 하는가?

① 보건복지부장관
② 기획재정부장관
③ 관할 행정구역의 장
④ 관할 지방고용노동관서의 장

해설

산업재해의 발생보고
사업주는 산업재해로 사망자가 발생하거나 3일 이상의 휴업이 필요한 부상을 입거나 질병에 걸린 사람이 발생한 경우에는 산업재해가 발생한 날부터 1개월 이내에 산업재해조사표를 작성하여 관할 지방고용노동관서의 장에게 제출해야 한다.

36 ☑☐☐☐☐
다음과 같은 분말소화기 중 A, B, C급 화재에 모두 사용할 수 있는 것은?

① 제1종 분말 소화기
② 제2종 분말 소화기
③ 제3종 분말 소화기
④ 제4종 분말 소화기

해설

제3종 분말 소화기
- 제1인산암모늄($NH_4H_2PO_4$)이 주성분이다.
- A, B, C급 화재에 모두 사용할 수 있다.

37 ☑☐☐☐☐
다음 중 물질안전보건자료(MSDS)가 필요한 이유로 가장 적절한 것은?

① 경영자의 경영권 확보
② 근로자의 알권리 확보
③ 화학물질 제조자의 정보 제공
④ 화학물질 제조상 비밀정보 제공

해설

물질안전보건자료(MSDS)
근로자가 자신이 취급하는 화학물질의 유해성, 위험성, 안전관리방법 등 필수정보를 알 수 있게 하여 산업재해·직업병을 예방할 수 있기 위해 만든 제도이다.

38 ☑☐☐☐☐
사무직이 아니고 판매업무에 직접 종사하는 근로자는 안전보건교육의 정기교육을 매반기 몇 시간 이상 받아야 하는가?

① 3시간   ② 6시간
③ 12시간 ④ 24시간

해설

안전보건교육 중 정기교육 시간
산업안전보건법 시행규칙 별표4
- 사무직 종사 근로자 : 매반기 6시간 이상
- 판매업무에 직접 종사하는 근로자(사무직 제외) : 매반기 6시간 이상
- 판매업무에 직접 종사하는 근로자 외의 근로자(사무직 제외) : 매반기 12시간 이상

정답 35 ④ 36 ③ 37 ② 38 ②

39
다음 중 방독마스크를 사용하기에 적절하지 않은 작업환경은?

① 소방작업을 하는 경우
② 페인트칠을 하는 경우
③ 암모니아 가스가 존재하는 경우
④ 공기 중에 산소가 결핍되어 있는 경우

해설

방독마스크 사용환경
- 방독마스크는 산소 농도가 충분히(18 % 이상) 유지되는 환경에서 유해가스, 증기, 분진 등을 흡착하여 호흡기를 보호한다.
- 산소가 결핍된 환경(산소농도 18 % 미만)에서는 송기마스크를 착용해야 한다.

40
다음 중 유해하거나 위험한 설비에 해당되어 공정안전보고서를 제출해야 하는 대상이 아닌 것은?

① 원유 정제처리업
② 질소질 비료 제조업
③ 농약용 약제 원제 제조업
④ 액화 석유가스의 충전·저장시설

해설

유해하거나 위험한 설비로 보지 않는 경우
차량 등의 운송설비, 액화 석유가스의 충전·저장시설, 가스공급시설은 산업안전보건법상 유해하거나 위험한 설비로 보지 않는다.

3과목 기계설비일반

41
베어링의 안지름기호가 08일 때 베어링의 안지름 수치는?

① 8 mm   ② 16 mm
③ 32 mm   ④ 40 mm

해설

베어링 안지름 번호 규칙
- 안지름 번호가 00 ~ 03 : 각각 10, 12, 15, 17 mm를 의미한다.
- 안지름 번호가 04 이상 : 해당 번호에 5를 곱해서 안지름을 구한다.
- 안지름기호가 08이면 안지름은 40 mm이다.

42
일반적으로 탄소강의 청열취성이 나타나는 온도(℃)는?

① 50 ~ 150   ② 200 ~ 300
③ 400 ~ 500   ④ 600 ~ 700

해설

청열취성
- 청열취성은 탄소강이 200 ~ 300 ℃에서 연신율 등 인성이 저하되는 현상이다.
- 이 온도 범위에서 강의 표면에 청색 산화피막이 형성되어 '청열취성'이라는 명칭이 붙었다.

정답 39 ④ 40 ④ 41 ④ 42 ②

43 ☑☐☐☐☐
다음 그림에 대한 설명으로 가장 올바른 것은?

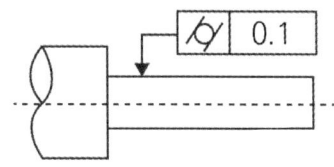

① 대상으로 하고 있는 면은 0.1 mm만큼 떨어진 두 개의 동축 원통면 사이에 있어야 한다.
② 대상으로 하고 있는 원통의 축선은 ø0.1 mm의 원통 안에 있어야 한다.
③ 대상으로 하고 있는 원통의 축선은 0.1 mm만큼 떨어진 두 개의 평행한 평면 사이에 있어야 한다.
④ 대상으로 하고 있는 면은 0.1 mm만큼 떨어진 두 개의 평행한 평면 사이에 있어야 한다.

해설

기하공차 해석

⌭ 은 원통도기호이고, 0.1 표시가 되어 있으므로 부품의 표면이 0.1 mm만큼 떨어진 두 개의 동축 원통면(중심이 일치하는 원통) 사이에 위치해야 한다.

44 ☑☐☐☐☐
기하공차를 나타내는 데 있어서 대상면의 표면은 0.1 mm만큼 떨어진 두 개의 평행한 평면 사이에 있어야 한다는 것을 나타내는 것은?

① | ─ | 0.1 |
② | ▱ | 0.1 |
③ | ⌭ | 0.1 |
④ | ⊥ | 0.1 | A |

해설

기하공차 해석

▱ 은 평면도기호이고, 평면 부분이 이상평면으로부터 어긋남의 크기를 나타낸다.

45 ☑☐☐☐☐
Al을 침투시켜 내식성을 향상시키는 금속침투법은?

① 보로나이징   ② 칼로라이징
③ 세라다이징   ④ 실리코나이징

해설

금속침투법
① 보로나이징 : 붕소(B) 침투, 경도 향상
② 칼로라이징 : 알루미늄(Al) 침투, 내식성 향상
③ 세라다이징 : 아연(Zn) 침투, 내부식성 향상
④ 실리코나이징 : 실리콘(Si) 침투, 내산성 향상

정답 43 ① 44 ② 45 ②

46 ☑□□□□
절삭공구재료가 갖추어야 할 조건으로 틀린 것은?

① 조형성이 좋아야 한다.
② 내마모성이 커야 한다.
③ 고온경도가 높아야 한다.
④ 가공재료와 친화력이 커야 한다.

해설

절삭공구재료가 갖추어야 할 조건
절삭공구재료는 가공재료와 친화력이 적어야 피가공재와의 반응이 발생하지 않아 공구의 수명과 성능을 유지할 수 있다.

47 ☑□□□□
다음과 같이 도면에 지시된 베어링 호칭번호의 설명으로 옳지 않은 것은?

> 6312 Z NR

① 단열 깊은 홈 볼베어링
② 한쪽 실드붙이
③ 베어링 안지름 312 mm
④ 멈춤링 붙이

해설

베어링 호칭번호
- 63 : 단열 깊은 홈 볼베어링
- 12 : 안지름 번호로 04 이상일 경우 5를 곱해야 하므로 안지름은 60 mm이다.
- Z : 한쪽 실드가 붙어 있다는 뜻이다.
- NR : 멈춤링(Groove for Snap Ring)이 붙어 있다는 뜻이다.

48 ☑□□□□
다음 중 체결용 기계요소로 거리가 먼 것은?

① 볼트, 너트　　② 카, 핀, 코터
③ 클러치　　　　④ 리벳

해설

체결용 기계요소
- 두 개 이상의 기계 부품을 결합하거나 고정하기 위해 사용하는 부품으로, 일시적 또는 영구적으로 부품을 연결하는 역할을 한다.
- 클러치는 동력 전달 및 제어장치이다.

49 ☑□□□□
구성인선의 방지대책에 관한 설명 중 틀린 것은?

① 경사각을 작게 한다.
② 절삭깊이를 적게 한다.
③ 절삭속도를 빠르게 한다.
④ 절삭공구의 인선을 예리하게 한다.

해설

구성인선의 방지대책
구성인선을 방지하기 위해서는 경사각을 크게 해서 칩의 흐름을 원활하게 해야 한다.

50 ☑□□□□
다음 중 비금속재료는 무엇인가?

① Al_2O_3　　② Au
③ Ni　　　　④ Co

정답 46 ④　47 ③　48 ③　49 ①　50 ①

해설

재료의 구분
① Al_2O_3 : 산화알루미늄으로 비금속재료이다.
② Au : 금으로 금속재료이다.
③ Ni : 니켈로 금속재료이다.
④ Co : 코발트로 금속재료이다.

51 ☑☐☐☐☐

다음 중 온 흔들림 기하공차의 기호는?

①  ②
③   ④

해설

흔들림 기하공차
- ②는 온 흔들림 기하공차의 표시이다.
- ③은 원주 흔들림 기하공차의 표시이다.

52 ☑☐☐☐☐

게이지 블록 중 표준용(Calibration Grade)으로서 측정기류의 정도검사 등에 사용되는 게이지 등급은?

① 00(AA)급   ② 0(A)급
③ 1(B)급   ④ 2(C)급

해설

게이지 블록의 등급별 용도
- 00(AA)급 : 초정밀 측정 참조용으로 표준기관이나 연구용으로 사용된다.
- 0(A)급 : 표준용으로 측정기류의 정밀도검사 등 교정작업에서 사용된다.
- 1(B)급 : 일반적인 공작측정, 검사용으로 사용된다.
- 2(C)급 : 공작용으로 일반 공작현장에서 치수 확인 등에 사용된다.

53 ☑☐☐☐☐

연삭가공 중 가공표면의 표면 거칠기가 나빠지고 정밀도가 저하되는 떨림현상이 나타나는 원인이 아닌 것은?

① 숫돌의 평형 상태가 불량할 경우
② 숫돌축이 편심되어 있을 경우
③ 숫돌의 결합도가 너무 작을 경우
④ 연삭기 자체에 진동이 있을 경우

해설

연삭가공 중 떨림현상
숫돌의 결합도가 너무 작으면 떨림보다는 숫돌 입자의 탈락, 연삭불량, 입자 분실 등 기타 가공 불량이 주로 발생한다.

54 ☑☐☐☐☐

다음 중 뜨임의 목적과 가장 거리가 먼 것은?

① 인성 부여
② 내마모성의 향상
③ 탄화물의 고용 강화
④ 담금질할 때 생긴 내부응력 감소

정답 51 ② 52 ② 53 ③ 54 ③

해설
탄화물의 고용 강화
탄화물의 고용 강화란 탄화물이 금속 결정 구조에 들어가는 것이다.
뜨임과정을 하면 탄화물이 석출되어 탄소가 빠져 나온다.

관련개념 뜨임의 목적
- 재료에 인성을 부여한다.
- 내마모성을 향상시킨다.
- 내부응력을 감소시킨다.

55 ☑☐☐☐☐
재료의 기준강도(인장강도)가 400 N/mm²이고, 허용응력이 100 N/mm²일 때, 안전율은?

① 0.2　　② 1.0
③ 4.0　　④ 16.0

해설
안전율(S)
$$S = \frac{기준강도}{허용응력} = \frac{400}{100} = 4.0$$

56 ☑☐☐☐☐
관 내 압력이 포화증기압 이하로 되어 소음과 진동이 생기고 양수불능의 원인이 되는 현상은?

① 서징　　② 크래킹
③ 수격작용　　④ 캐비테이션

해설
캐비테이션(Cavitation)
펌프와 같은 회전기계에서 액체의 압력이 포화증기압 아래로 떨어지면 기포가 형성되고, 이 기포가 붕괴하면서 고주파진동 및 충격음이 발생하는 현상이다.

57 ☑☐☐☐☐
담금질에 관한 설명으로 틀린 것은?

① 냉각속도는 판재가 구형보다 빠르다.
② 냉각액을 저어주면 냉각능력이 많이 향상된다.
③ 담금질 경도는 강중의 탄소량에 따라 변화한다.
④ 냉각액의 온도는 물은 차게(20℃ 정도) 기름은 뜨겁게(80℃ 정도) 해야 한다.

해설
담금질
- 재료를 고온으로 가열한 뒤 급격히 냉각시켜 조직과 성질을 변화시키는 것이다.
- 일반적으로 구형이 중심까지 잘 냉각되어 냉각속도가 빠르다.
- 냉각액으로 물을 사용할 경우 약 20℃(상온), 기름은 약 80℃에서 냉각효과가 좋다.

58 ☑☐☐☐☐

배관의 부식을 방지하는 방법으로 적절하지 않은 것은?

① 온수의 온도를 50℃ 이상으로 한다.
② 가급적 동일계의 배관재를 선정한다.
③ 배관 내 유속을 1.5 m/s 이하로 제어한다.
④ 배관 내 약제를 투입하여 용존산소를 제어한다.

해설

배관의 부식을 방지하는 방법
온수의 온도가 높을수록 부식이 더욱 촉진될 수 있으므로 온수는 가급적 낮은 온도로 유지하는 것이 좋다.

59 ☑☐☐☐☐

전동기 본체의 점검항목이 아닌 것은?

① 이음   ② 진동
③ 소손   ④ 발열

해설

전동기 본체의 점검항목
소손은 전동기가 불에 탄 것을 나타내는 용어로 점검항목보다는 결과적인 현상이다.

60 ☑☐☐☐☐

배관의 도시법에 대한 설명으로 틀린 것은?

① 관 내 흐름의 방향은 관을 표시하는 선에 붙인 화살표의 방향으로 표시한다.
② 관은 원칙적으로 1줄의 실선으로 도시하고, 동일 도면 내에서는 같은 굵기의 선을 사용한다.
③ 관은 파단하여 표시하지 않도록 하며, 부득이하게 파단할 경우 2줄의 평행선으로 도시할 수 있다.
④ 표시 항목은 관의 호칭지름, 유체의 종류·상태, 배관계의 식별, 배관계의 시방, 관의 외면에 실시하는 설비·재료 순으로 필요한 것을 글자·글자기호를 사용하여 표시한다.

해설

배관의 도시법
실제로 관이 길거나, 도면에 모두 그리기 곤란한 경우 파단해서 그리며, 파단선(지그재그선, 물결선 등)을 사용해 생략 표시를 한다.

정답 ● 58 ① 59 ③ 60 ③

4과목 | 설비진단 및 관리

61 ☑☐☐☐☐

효율적인 열관리방법에 관한 내용과 가장 거리가 먼 것은?

① 열 설비는 성능유지 및 향상을 위한 관리가 중요하다.
② 연료는 가격이 저렴하고 쉽게 확보할 수 있어야 한다.
③ 설비의 열사용 기준을 정해 열효율 향상을 도모해야 한다.
④ 열관리의 효과를 높이기 위해서는 공장 간부와 일부 관계자 만에 의한 집중관리가 필요하다.

해설

효율적인 열관리방법
열관리의 효과를 높이기 위해서는 일부 관계자뿐만 아니라 구성원 전원의 관심과 관리가 필요하다.

62 ☑☐☐☐☐

선박 제조업, 건축업, 교량건설 등의 1회의 대규모 사업에 주로 이용되는 설비배치방법은?

① 제품별 배치
② 공정별 배치
③ 라인형 배치
④ 제품 고정형 배치

해설

제품 고정형 배치(프로젝트 배치)
- 제품이 매우 크고 복잡한 경우에 제품이나 공사 구조물을 한 장소에 고정해 두고 원자재, 기계 설비, 작업자 등을 제품의 생산 장소에 옮겨서 생산하는 방식이다.
- 선박 제조업, 건축업, 교량 건설 등 1회의 대규모 사업에 주로 이용한다.

63 ☑☐☐☐☐

다음 중 설비의 경제성 평가방법과 가장 거리가 먼 것은?

① 비용비교법
② 평균이자법
③ MTBF분석법
④ 연평균비교법

해설

설비의 경제성 평가방법
① 비용비교법 : 여러 설비의 대안이나 투자안을 비교할 때 각각의 총 비용을 비교하여 경제성을 평가하는 방법이다.
② 평균이자법 : 설비투자 시 소요되는 총 자본에 대한 연평균 이자비용을 계산하여 경제성을 평가하는 방법이다.
③ MTBF : 평균고장간격으로 설비의 신뢰성, 고장간격 등 유지관리와 관련이 있다.
④ 연평균비교법 : 설비의 내구 사용기간 동안 자본 및 운영비용의 현재가치를 연평균하여 여러 대안을 비교하는 경제성 평가방법이다.

정답 61 ④ 62 ④ 63 ③

64 ☑□□□□

품질개선 활동 중 공정에서 취한 계량치 데이터가 여러 개 있을 때 데이터가 어떤 값을 중심으로 어떤 모습으로 산포하고 있는가를 조사하는 데 사용하는 그림은?

① 히스토그램 ② 파레토도
③ 관리도 ④ 산점도

해설

히스토그램
- 분류항목을 한 눈에 알 수 있도록 막대그래프와 유사한 형태로 표시하는 것이다.
- 데이터가 여러 개 있을 때 데이터가 어떤 값을 중심으로 어떤 모습으로 산포하고 있는가를 조사할 때 사용한다.

65 ☑□□□□

만성로스에 관한 설명 중 가장 거리가 먼 것은?

① 만성로스는 잠재하므로 표면화하기 어려운 경향이 있다.
② 만성로스 개선을 위해서는 특징을 충분히 파악하는 것이 중요하다.
③ 만성로스는 원인과 결과의 관계가 불명확하고 복합적 원인인 경우가 많다.
④ 만성로스를 제로(Zero)화하기 위해서는 관리도분석기법의 활용이 가장 바람직하다.

해설

만성로스
- 만성로스는 원인과 결과가 복합적이고 불명확한 경우가 많고, 잠재적이고 표면화하기 어려운 경향이 있다.
- 만성로스를 개선하기 위해서는 관리도분석보다는 설비나 시스템의 불합리현상을 원리 및 원칙에 따라 물리적 성질을 밝히는 사고방식인 PM분석이 바람직하다.

66 ☑□□□□

치공구관리의 기능 중 계획단계에서 행해지는 것으로 가장 적합한 것은?

① 공구의 검사
② 공구의 연구시험
③ 공구의 보관과 대출
④ 공구의 제작 및 수리

해설

치공구관리
①, ③, ④는 보전단계에 해당된다.

관련개념 치공구관리기능단계
- 계획단계 : 설계 및 표준화, 공구의 연구시험, 사양 결정
- 조달단계 : 공구의 구입, 제작
- 보전단계 : 공구의 검사, 보관과 공급, 제작 및 수리, 유지관리(보관과 대출)

정답 64 ① 65 ④ 66 ②

67 ☑☐☐☐☐

공사의 완급도에 따라 구분할 때 예비적으로 직장이 전표를 보관하고 있다가 한가할 때 착공하는 공사는?

① 계획공사 ② 긴급공사
③ 예비공사 ④ 준급공사

해설

공사의 종류
① 계획공사 : 수립된 공정계획에 의해 착공하는 공사이다.
② 긴급공사 : 구두 연락으로 인해 즉시 착공하고, 착공 후 전표를 제출하는 공사이다.
③ 예비공사 : 전표를 보관하고 있다가 공정에 여유가 있을 때 착공하는 공사이다.
④ 준급공사 : 당 계절에 착수하는 공사로 전표를 제출할 여유가 있고 여력표에 남기지 않는다.

68 ☑☐☐☐☐

저주파 차진이 좋으나, 공진 시 전달률이 매우 큰 단점이 있는 방진재는?

① 방진 스프링
② 파이버 글라스
③ 천연고무 패드
④ 네오프랜 마운트

해설

방진 스프링
• 저주파 차진(저주파진동을 차단하는 능력)이 매우 우수하다.
• 공진 상태에서는 전달률(진동이 그대로 전달되는 비율)이 매우 커지는 단점이 있다.

69 ☑☐☐☐☐

소음의 물리적 현상에서 둘 또는 그 이상의 같은 성질의 파동이 동시에 어느 한 점을 통과할 때 그 점에서의 진폭은 개개의 파동의 진폭을 합한 것과 같은 원리는?

① 중첩의 원리 ② 도플러의 원리
③ 청감보정원리 ④ 호이겐스의 원리

해설

중첩의 원리
• 둘 또는 그 이상의 같은 성질의 파동이 동시에 한 점을 통과할 때 그 점에서의 진폭은 개개의 파동의 진폭을 합한 것과 같다.
• 귀로 다양한 소리(여러 악기의 연주)를 동시에 들으면 각각의 음파가 한 점을 동시에 통과하면서 하나의 합성된 소리가 들린다.

70 ☑☐☐☐☐

용어와 기호의 연결이 틀린 것은?

① 등가소음도 - Leq
② 교통소음지수 - TNI
③ 감각소음 레벨 - PNL
④ 음의 세기 레벨 - PWL

해설

음의 세기 레벨
• 음원이 단위시간당 방출하는 총 음향에너지의 크기를 기준 음향과 비교하여 데시벨(dB) 단위로 나타낸 값이다.
• 음의 세기 레벨기호는 SWL이다.

정답 ● 67 ③ 68 ① 69 ① 70 ④

71 ☑□□□□

진동에 관한 설명으로 틀린 것은?

① 어떤 시스템이 외력을 받고 있을 때 야기되는 진동을 강제진동이라 한다.
② 진동계의 기본요소들이 모두 선형적으로 작동할 때 야기되는 진동을 선형진동이라 한다.
③ 진동하는 동안 마찰이나 저항으로 인하여 시스템의 에너지가 손실되지 않는 진동을 감쇠진동이라 한다.
④ 시스템을 외력에 의해 초기교란 후 그 힘을 제거하였을 때 그 시스템이 자유진동을 하는 진동수를 고유진동수라 한다.

해설

감쇠진동과 비감쇠진동의 구분

구분	내용
감쇠진동	진동할 때 마찰력, 저항 등에 의해 에너지가 점점 손실되는 진동이다.
비감쇠진동	마찰력, 저항 등이 작용하지 않는 이상적인 진동으로 에너지 손실이 없다.

72 ☑□□□□

음(소음)의 발생과 특성에 관한 분류 중 옳은 것은?

① 난류음 : 타악기, 스피커음
② 맥동음 : 압축기, 진공펌프, 엔진 배기음
③ 일차 고체음 : 기계 본체의 진동에 의한 소리
④ 이차 고체음 : 기계의 진동에 지반진동을 수반하여 발생하는 소리

해설

음(소음)의 발생과 특성에 따른 분류

- 맥동음은 압력이나 유량이 주기적으로 변화하여 생기는 것으로 압축기, 진공펌프, 엔진 배기음이 대표적이다.
- 난류음은 소리의 주파수와 크기가 불규칙한 것으로 스피커음은 난류음에 해당된다고 볼 수 있으나 타악기의 음은 난류음에 해당되지 않는다.

73 ☑□□□□

윤활유의 성질 중 액체가 유동할 때 나타나는 내부 저항을 의미하는 것은?

① 점도　　　　　② 중화가
③ 동판부식　　　④ 산화안정도

해설

점도
점도는 윤활유의 가장 기본적 특성 중 하나로, 액체가 흐를 때 입자 간 마찰로 인해 발생하는 저항을 나타내는 물리적 성질이다.

74 ☑□□□□

다음 미끄럼 베어링의 급유법 중 베어링 온도가 높아져 온도를 내리고자 할 때 가장 적합한 급유법은?

① 링급유법　　　② 체인급유법
③ 적하식 급유법　④ 순환식 급유법

정답 71 ③　72 ②　73 ①　74 ④

> **해설**

순환식 급유법
- 순환식 급유법은 윤활유를 펌프 등으로 강제 순환시켜 베어링을 지속적으로 세정하고 냉각효과도 크게 기대할 수 있다.
- 베어링 온도 상승 시 온도저감 목적에는 냉각효율이 뛰어난 순환식이 효과적이다.

75 ☑ ☐ ☐ ☐ ☐

오일의 산화, 열화, 이물질 혼입 등으로 인하여 재생작업을 하고자 한다. 다음 중 물리적 재생 방법에 속하는 것은?

① 여과법
② 정치침전법
③ 백토처리법
④ 원심분리방법

> **해설**

백토처리법
- 흡착성이 강한 백토를 이용해 오일 내 오염물이나 산화생성물을 제거하는 방법으로 물리적 재생방법에 속한다.
- 여과법, 정치침전법, 원심분리방법은 기계적 재생법에 해당된다.

76 ☑ ☐ ☐ ☐ ☐

다음 중 석유계 윤활유에 속하지 않는 것은?

① 파라핀계 윤활유
② 동식물계 윤활유
③ 나프텐계 윤활유
④ 혼합계(파라핀 + 나프텐) 윤활유

> **해설**

석유계 윤활유
- 파라핀계, 나프텐계, 혼합계(파라핀 + 나프텐) 윤활유는 모두 원유에서 정제된 석유계 윤활유에 해당한다.
- 동식물계 윤활유는 원유를 이용해 만들지 않기 때문에 비석유계(천연유) 윤활유이다.

77 ☑ ☐ ☐ ☐ ☐

윤활제의 급유법 중 직립형 수력 터빈의 추력 베어링에 많이 사용하는 방법으로 마찰면이 기름 속에 잠겨서 윤활하는 방법은?

① 원심급유법   ② 유욕급유법
③ 칼라급유법   ④ 버킷급유법

> **해설**

유욕급유법
- 베어링의 마찰면이 오일에 잠겨 윤활되는 방식으로, 특히 직립형(수직형) 수력 터빈의 추력 베어링 등에서 널리 사용된다.
- 저·중속 회전이며 구조적으로 오일 속에 베어링을 담글 수 있는 위치에 적합하다.

정답 75 ③ 76 ② 77 ②

78 ☑☐☐☐☐

복동형 왕복압축기의 운전부(외부윤활) 윤활에 대한 설명으로 틀린 것은?

① 산화안정성이 좋아야 한다.
② 녹 발생을 억제할 수 있어야 한다.
③ 터빈유를 사용하는 것이 바람직하다.
④ 지방유를 혼합한 윤활유를 사용하면 좋다.

해설

지방유를 혼합한 윤활유
• 지방유(동물성 또는 식물성 오일)를 혼합한 윤활유는 산화안정성이 떨어지고 왕복압축기의 운전부 윤활유로 적합하지 않다.
• 지방유는 쉽게 산화되어 찌꺼기, 카본 등이 생기기 쉬우므로 윤활유로는 부적절하다.

79 ☑☐☐☐☐

윤활관리기술자가 담당해야 할 직무로 볼 수 없는 것은?

① 윤활유의 제조
② 사용 윤활유의 선정 및 관리
③ 윤활관계 작업원의 교육 훈련
④ 급유장치의 보수 및 예비품 준비

해설

윤활관리기술자가 담당해야 할 직무
윤활관리기술자의 직무는 주로 선정·관리·교육·보수에 해당되며, 윤활유의 제조는 생산공정 및 제조부서의 영역이다.

80 ☑☐☐☐☐

윤활계의 운전과 보전에서 플러싱유를 선택할 때 주의해야 할 사항으로 틀린 것은?

① 방청성이 매우 우수할 것
② 고점도유로 인화점이 낮을 것
③ 고온의 청정 분산성을 가질 것
④ 사용유와 동질의 오일을 사용할 것

해설

플러싱유를 선택할 때 주의해야 할 사항
• 플러싱유는 설비를 세정할 때 사용하므로 이물질 제거와 안전성이 중요하다.
• 저점도유를 사용해야 설비의 세정을 효율적으로 할 수 있고, 인화점이 낮으면 화재 위험성이 커지므로 적절하지 않다.

정답 78 ④ 79 ① 80 ②

Part 03
과년도 기출문제

▶ 세부구성

| 2025 | 제1회 / 제2회 / 제3회
| 2024 | 제1회 / 제2회 / 제3회
| 2023 | 제1회 / 제2회 / 제3회
| 2022 | 제1회 / 제2회 / 제3회
| 2021 | 제1회 / 제2회 / 제3회

▶ 과년도 기출문제 구성

설비보전기사 필기시험은 2022년도에 5과목에서 4과목으로 과목이 통합되면서 한 번 개편되었고, 2025년도에 과목명이 변경되고, 신유형 문제가 출제되면서 다시 한 번 개편되었습니다.

설비보전기사 필기시험은 2020년 이후 두 차례 크게 개편되었으나 과목이 합쳐지거나 출제범위가 넓어지는 형태로 개편되었습니다. 따라서 기존 공개된 기출문제는 합격하기 위해 필수적으로 풀어야 하는 문제입니다.

설비보전기사 필기시험의 최근 5년간(2020 ~ 2024년) 필기 합격률 평균은 약 47.6 %로 출제기준 개편 전 기출문제는 다른 기사급 필기시험에 비해 비교적 쉬운 형태로 출제되었습니다. 따라서 설비보전기사 필기시험을 준비하는 수험생 입장에서는 출제기준 개편 전 기출문제는 반드시 맞혀야 하는 문제로 생각해야 합니다.

▶ 출제기준 변경 비교

2021년 이전	2022 ~ 2024년	2025년 이후
[1과목] 설비진단 및 계측	[1과목] 설비진단 및 계측	[1과목] 공유압 및 자동제어
[2과목] 설비관리	[2과목] 설비관리	[2과목] 용접 및 안전관리
[3과목] 기계일반 및 기계보전	[3과목] 기계일반 및 기계보전	[3과목] 기계설비일반
[4과목] 윤활관리	[4과목] 공유압 및 자동화	[4과목] 설비진단 및 관리
[5과목] 공유압 및 자동화		

2025 제1회 CBT 복원

1과목 공유압 및 자동제어

01 ☑☐☐☐☐
O링의 구비조건으로 틀린 것은?

① 내유성이 좋을 것
② 내마모성이 좋을 것
③ 사용 온도범위가 넓을 것
④ 압축 영구변형이 많을 것

해설
O링
- 액체나 가스가 누출되는 것을 방지하기 위한 밀폐 역할을 한다.
- 내유성과 내마모성이 좋아야 한다.
- 사용 온도범위가 넓어야 한다.
- 압축 영구변형이 적어야 한다.

02 ☑☐☐☐☐
단위 질량당 유체의 체적을 무엇이라 하는가?

① 밀도　　　　② 비중
③ 비체적　　　④ 비중량

해설
비체적
- 단위질량당 유체의 체적(부피)이다.
- 밀도의 역수이다.

03 ☑☐☐☐☐
공기압 및 유압에 관한 설명으로 틀린 것은?

① 공기압은 인화나 폭발의 위험이 없다.
② 공기압은 공기탱크에 에너지를 저장할 수 있다.
③ 유압은 위치제어성이 우수하고, 이송속도도 매우 빠르다.
④ 유압은 가스나 스프링 등을 이용한 축압기에 소량의 에너지 저장이 가능하다.

해설
유압
- 유압은 큰 힘, 정밀한 위치제어에 적합하다.
- 유압은 공기압에 비해 이송속도(빠른 왕복운동 등)에서는 불리하고, 공기압장치가 속도 측면에서 더 유리하다.
- 유압은 시스템 구조상 속도가 제한될 수 있으며, 빠른 동작에 적합하지 않다.

04 ☑☐☐☐☐
압력을 P, 면적을 A, 힘을 F로 나타낼 때 각각의 표현공식으로 옳은 것은?

① $P = \dfrac{A}{F}$　　　② $F = P^2 \times A$

③ $F = P \times A$　　　④ $A = \dfrac{P}{F}$

정답 01 ④　02 ③　03 ③　04 ③

해설

압력 관계식

$$P = \frac{F}{A} \rightarrow F = P \times A$$

05 ☑☐☐☐☐

시퀀스제어방식으로 구성된 공압시스템의 고장발생 시의 대처방법으로 적당하지 않는 것은?

① 운동 - 단계선도를 이용하여 정지된 동작순서를 확인한다.
② 정지된 동작순서의 전후에서 제어신호 상태를 확인한다.
③ 고장원인이 전기계통, 밸브 혹은 실린더인지를 파악한다.
④ 전원과 압축공기의 공급을 먼저 차단하여 안전을 확보한다.

해설

공압시스템의 고장발생 시의 대처방법
- 공압시스템 고장 시에는 먼저 동작순서와 신호상태를 확인하고, 고장의 원인(전기, 밸브, 실린더)을 파악해야 한다.
- 마지막 단계에서 안전확보를 위해 전원과 공기 공급을 차단해야 한다.

06 ☑☐☐☐☐

일반적인 유압 발생장치에서 기름탱크의 용량을 결정하는 기준으로 적절한 것은?

① 펌프 토출량의 3배 이상
② 펌프의 토출량과 같은 크기
③ 스트레이너 유량의 3배 이상
④ 공기청정기 통기용량의 3배 이상

해설

기름탱크의 용량
기름탱크의 용량은 펌프 토출량의 약 3배 이상이 되어야 오일의 냉각, 침전, 공기분리, 오염물 침전 등이 충분히 이루어진다.

07 ☑☐☐☐☐

검출물체가 검출면으로 접근하여 출력이 ON된 다음 다시 물체가 멀어지면서 출력이 OFF로 복귀하는 지점 사이의 거리는?

① 검출거리　　② 설정거리
③ 응차거리　　④ 공칭동작 거리

해설

응차거리(히스테리시스)
물체가 검출면에 접근하여 출력이 ON된 다음, 다시 물체가 멀어지면서 출력이 OFF로 복귀하는 두 지점 사이의 거리이다.

정답　05 ④　06 ①　07 ③

08

어큐뮬레이터 취급 시 주의사항으로 틀린 것은?

① 봉입가스는 불활성 가스 또는 공기압(저압용)을 사용한다.
② 충격 완충용은 가급적 충격이 발생하는 곳에서 멀리 설치한다.
③ 어큐뮬레이터에 부속쇠 등을 용접하거나 가공, 구멍 뚫기 등을 하지 않는다.
④ 펌프와 어큐뮬레이터 사이에 유압유가 펌프로 역류하지 않도록 체크밸브를 설치한다.

해설

어큐뮬레이터 취급 시 주의사항
충격 완충용 어큐뮬레이터는 가급적 충격원에서 가까이 설치하여 충격 감쇄효율을 높여야 한다.

09

다음 중 릴리프밸브를 나타내는 기호는?

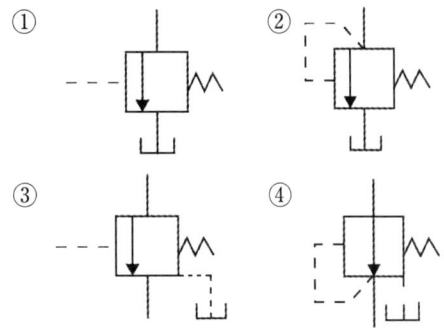

해설

릴리프밸브
• 설정압력을 초과한 압력이 발생하는 경우 배기밸브로 압력을 방출하는 밸브로 안전밸브라고도 한다.
• ② 릴리프밸브의 기호이다.
• ① 무부하밸브, ③ 시퀀스밸브, ④ 감압밸브의 기호이다.

10

다음 중 서미스터 온도센서의 종류에 포함되지 않는 것은?

① GTR   ② PTC
③ NTC   ④ CTR

해설

서미스터 온도센서
• PTC(Positive Temperature Coefficient) : 온도가 상승하면 저항치가 상승한다.
• NTC(Negative Temperature Coefficient) : 온도가 상승하면 저항치가 하강한다.
• CTR(Critical Temperature Resistor) : 특정 온도에서 저항치가 급격히 변한다.

11

공기압 요소의 표시방법 중 숫자를 이용한 방법에서 '2.4'라는 숫자의 의미로 옳은 것은?
(단, 제어대상은 실린더이다)

① 2번 실린더의 전진단에 설치된 요소
② 2번 실린더의 후진단에 설치된 요소
③ 2번 실린더의 전진운동에 관계되는 요소
④ 2번 실린더의 후진운동에 관계되는 요소

> **해설**

공기압 요소의 표시방법
- 2.4는 2번 실린더의 전진운동을 나타낸다.
- 2.2는 2번 실린더의 후진운동을 나타낸다.

> **해설**

분해능
계측기가 측정할 수 있는 최소 단위 또는 미세한 변화의 크기를 의미하며, 수치가 작을수록 더 미세한 변화를 감지할 수 있다.

12 ☑☐☐☐☐

물체가 접근하면 진폭이 감소하는 고주파 LC 발진기에 의해 센서 표면에 전자계를 형성하고 금속만을 감지하는 센서는?

① 광전센서
② 리드 스위치
③ 용량형 센서
④ 유도형 센서

> **해설**

유도형 센서
- 고주파 LC발진기에 의해 센서 표면에 전자계를 형성하고, 근처에 금속이 접근하면 발진기의 진폭이 감소하거나 멈추는 원리를 이용해 금속만을 감지한다.
- 비금속재료에는 반응하지 않고, 금속만을 선택적으로 감지할 수 있다.

14 ☑☐☐☐☐

미리 정해진 순서에 따라 동일한 유압원을 이용하여 여러 가지 기계 조작을 순차적으로 수행하는 회로는?

① 증압회로
② 시퀀스회로
③ 언로드회로
④ 카운터밸런스회로

> **해설**

시퀀스회로
미리 정해진 순서에 따라 동일한 유압원을 이용하여 여러 가지 기계 조작을 순차적으로 수행하는 회로이다.

13 ☑☐☐☐☐

계측기가 미소한 측정량의 변화를 감지할 수 있는 최소 측정량의 크기를 무엇이라고 하는가?

① 정밀도
② 정확도
③ 오차
④ 분해능

15 ☑☐☐☐☐

다음 중 부피, 압력, 온도의 관계를 서술한 것으로 옳지 않은 것은?

① 기체의 부피는 온도에 비례한다.
② 기체의 부피는 압력에 반비례한다.
③ 압력이 일정할 때 기체의 부피는 절대온도에 반비례한다.
④ 온도가 일정할 때 부피가 커지면 압력이 감소한다.

정답 ● 12 ④ 13 ④ 14 ② 15 ③

해설

보일 – 샤를의 법칙
- 기체의 부피는 온도에 비례한다.
- 기체의 부피는 압력에 반비례한다.

16 ☑□□□□

실린더를 임의의 위치에서 고정시킬 수 있도록 밸브의 중립위치에서 모든 포트를 막은 형식의 4/3 way밸브는?

① 오픈센터형
② 탠덤센터형
③ 세미오픈센터형
④ 클로즈드센터형

해설

클로즈드센터형 밸브
- 밸브의 중립 위치에서 모든 포트가 폐쇄되어 유로가 완전히 차단된 형태이다.
- 유압 유체의 흐름을 완전히 막아 실린더나 액추에이터를 임의의 위치에 고정할 수 있다.

17 ☑□□□□

외부의 물리적 변화에 의해 발생하는 스트레인게이지의 신호형태는?

① 저항　　② 전류
③ 전압　　④ 충전량

해설

스트레인게이지
- 물체의 변형(스트레인)을 전기저항의 변화로 감지하여 측정하는 센서이다.
- 기계에 부착하여 응력이나 변형이 발생할 때 저항값의 변화를 측정하고, 이 값을 통해 재료의 변형 정도와 응력을 파악한다.

18 ☑□□□□

용적식 유량계가 아닌 것은?

① 터빈 유량계(Turbine Flow Meter)
② 회전 디스크 유량계(Nutation Disk Flow Meter)
③ 회전 날개 유량계(Rotating Vane Flow Meter)
④ 로브 임펠러 유량계(Lobed Impeller Flow Meter)

해설

터빈 유량계
- 유체의 흐름에 의해 터빈(회전 날개)을 회전시키고, 이 각속도를 측정해서 유량을 산출하는 방식이다.
- 유속에 비례하는 회전수를 기초로 측정하는 것으로 용적식 유량계가 아니고, 속도식 유량계에 해당한다.

정답　16 ④　17 ①　18 ①

19

가동 코일형 속도센서의 측정원리는?

① 연속의 법칙
② 피켓펜스법칙
③ 질량보존의 법칙
④ 패러데이의 전자유도법칙

해설

패러데이의 전자유도법칙
- 자석 사이에서 코일이 움직일 때 코일의 속도에 따라 기전력이 발생한다.
- 가동 코일형 속도센서는 코일에 생기는 전압의 크기가 코일의 속도에 비례한다는 원리를 이용한 것이다.

20

유도형 센서의 특징이 아닌 것은?

① 전력소모가 적다.
② 자석효과가 없다.
③ 감지 물체 안에 온도 상승이 없다.
④ 비금속재료 감지용으로 사용한다.

해설

유도형 센서
- 고주파 LC발진기에 의해 센서 표면에 전자계를 형성하고, 근처에 금속이 접근하면 발진기의 진폭이 감소하거나 멈추는 원리를 이용해 금속만을 감지한다.
- 비금속재료에는 반응하지 않고, 금속만을 선택적으로 감지할 수 있다.

2과목 | 용접 및 안전관리

21

재료를 접합하는 방법을 기계적 접합과 야금적 접합으로 구분할 때 기계적 접합에 해당되는 것은?

① 리벳   ② 용접
③ 압접   ④ 납땜

해설

기계적 접합
리벳, 볼트, 나사, 핀 등을 이용하여 재료를 물리적으로 고정하는 것을 기계적 접합이라고 한다.

22

용접을 진행하는 과정의 모든 열적 요인 중 용접의 품질에 가장 큰 영향을 주는 요소는 무엇인가?

① 용접재료   ② 용접입열
③ 용접 복사열   ④ 주위 온도

해설

용접입열
용접입열은 아크의 전압, 전류 등에 의해 결정되며, 적절하게 제어하지 않으면 과도한 입열로 인해 용접부의 충격강도가 감소하고 균열 및 품질 저하가 발생한다.

정답 19 ④ 20 ④ 21 ① 22 ②

23 ☑□□□□

용접이음부를 예열하는 목적으로 적절하지 않는 것은?

① 모재의 열 영향부와 용착금속의 연화를 방지하고 경화를 증진시킨다.
② 수소의 방출을 용이하게 하여 저온균열을 방지한다.
③ 용접부의 기계적 성질을 향상시키고 경화조직의 석출을 방지시킨다.
④ 온도분포를 완만하게 하여 열응력을 감소시켜 변형과 잔류응력의 발생을 적게 한다.

해설

용접이음부를 예열하는 목적
- 용접부의 냉각속도를 늦춰 확산성 수소의 제거를 돕고 저온균열을 예방한다.
- 열영향부의 경도를 낮추고 인성을 높이며, 바람직하지 않은 경화조직의 형성을 막는다.
- 온도분포를 완만하게 하여 열응력을 감소시켜 변형과 잔류응력을 줄여준다.

24 ☑□□□□

다음 설명에 해당하는 불활성 가스는?

- 무색, 무취이고 독성이 없다.
- 공기 중에서 약 0.94 % 정도를 차지한다.

① 헬륨(He)   ② 네온(Ne)
③ 아르곤(Ar) ④ 크립톤(Kr)

해설

아르곤(Ar)
- 용접과정에서 널리 사용하는 불활성 가스로 공기 중에서 질소, 산소 다음으로 많이 존재하는 불활성 가스이다.
- 헬륨, 네온, 크립톤은 공기 중에서 매우 적은 양을 차지한다.

25 ☑□□□□

TIG용접을 진행했을 때 용접부에 나타나는 결함이 아닌 것은?

① 균열   ② 기공
③ 슬래그 혼입   ④ 비금속 개재물

해설

TIG용접
- TIG용접은 보호가스를 이용하여 금속을 융합하므로 슬래그가 발생하지 않는다.
- 슬래그 혼입은 피복아크용접에서 주로 발생한다.

26 ☑□□□□

CO_2가스아크용접에서 아크전압이 높을 때 나타나는 현상은?

① 비드폭이 넓어진다.
② 아크길이가 짧아진다.
③ 비드높이가 높아진다.
④ 용입깊이가 깊어진다.

정답 23 ① 24 ③ 25 ③ 26 ①

해설

CO_2 가스아크용접
- 전압이 높으면 아크길이가 길어지고 이로 인해 용융금속이 넓게 퍼져 비드폭이 넓어진다.
- 전류가 높을 때 용입깊이가 깊어진다.

27 ☑☐☐☐☐

다음 중 서브머지드아크용접의 특징이 아닌 것은?

① 고전류 사용이 가능하다.
② 아크가 보이지 않아 용접부의 적부를 확인하기 어렵다.
③ 용접길이가 짧을 때 효율이 좋으며 수평 및 위보기자세용접에 주로 이용된다.
④ 일반적으로 비드의 외관이 깨끗하다.

해설

서브머지드아크용접
- 저항열이 적어 고전류를 사용할 수 있다.
- 분말 플럭스 아래에서 아크가 발생되므로 용접부의 적부(정상 여부) 확인이 어렵다.
- 분말 플럭스가 대기와의 접촉을 차단한 상태에서 용접이 진행되어 비드가 깨끗하다.
- 아래보기나 수평자세용접에 주로 사용되며 용접길이가 길어야 효율적이다.

28 ☑☐☐☐☐

교류 아크용접기의 종류가 AWL-130일 때 정격사용률은?

① 30 % ② 40 %
③ 50 % ④ 70 %

해설

정격사용률
- 10분 동안 사용 가능한 아크용접시간의 비율을 나타낸다.
- AWL-130의 정격사용률은 30 %이다.

29 ☑☐☐☐☐

교류 아크용접기의 종류 중 AW-500의 정격부하전압은?

① 20 V ② 30 V
③ 40 V ④ 50 V

해설

AW-500
교류 아크용접기의 대용량 대표 모델로, 정격 2차 전류 500 A, 정격 사용률 60 %, 정격부하전압이 40 V로 규정되어 있다.

30 ☑☐☐☐☐

피복아크용접에서 용접성이 가장 우수한 용접재료는 무엇인가?

① 주철 ② 고탄소강
③ 저탄소강 ④ 니켈강

해설

저탄소강
용접성이 우수하여 피복아크용접에서 구조물, 배관 등을 용접하는 데 가장 많이 사용하는 용접재료이다.

정답 27 ③ 28 ① 29 ③ 30 ③

31 ☑☐☐☐

아크가 발생하는 초기에 용접봉과 모재가 냉각되어 있어 아크가 불안정하기 때문에 아크 발생을 쉽게 하기 위하여 아크 초기에만 용접전류를 크게 하는 장치의 이름은?

① 원격제어장치
② 전격방지장치
③ 핫 스타트장치
④ 고주파 발생장치

해설

핫 스타트장치
용접 초기에만 용접전류를 크게 하여 입열이 부족한 아크의 발생을 쉽게 하고, 아크가 안정적으로 이어지게 한다.

32 ☑☐☐☐

다음과 같은 용접결함 중 구조상의 결함에 해당되는 것은?

① 기공
② 변형
③ 인장강도의 부족
④ 화학적 성질 부족

해설

용접결함의 종류
- 구조상의 결함 : 기공, 슬래그 혼입, 용입불량, 언더컷, 오버랩, 균열 등
- 치수상의 결함 : 변형 및 비틀림, 치수 결함
- 성능성의 결함 : 기계적 불량, 화학적 불량

33 ☑☐☐☐

다음 중 초음파탐상시험의 특징으로 옳지 않은 것은?

① 얇은 재료를 검사하기 적합하다.
② 시험장비가 비교적 저렴하다.
③ 결과를 해석하는 데 전문성이 필요하다.
④ 내부 결함을 고감도로 탐지할 수 있다.

해설

초음파탐상시험
얇은 재료는 초음파신호가 반사되어 판독이 어려울 수 있어 비교적 두꺼운 재료의 내부 결함 검출에 사용된다.

34 ☑☐☐☐

침투탐상시험을 하는 과정에서 현상제를 사용하는 이유로 맞는 것은?

① 침투제를 세정한다.
② 형광작용을 강화한다.
③ 표면의 거칠기를 증가시킨다.
④ 결함 내에 있는 침투제를 끌어올린다.

해설

현상제
- 모세관현상을 이용해서 미세한 균열이나 결함 등으로 침투한 침투제를 현상제의 흡출작용으로 표면 위로 끌어올린다.
- 현상제를 이용하면 육안이나 형광검사로 결함 위치와 크기를 식별할 수 있다.

정답 31 ③ 32 ① 33 ① 34 ④

35

철강재가 200 ~ 300 ℃ 정도에서 상온보다 인장강도와 경도가 증가하지만 연신율이 저하하는 현상을 무엇이라고 하는가?

① 적열취성
② 청열취성
③ 고온취성
④ 크리프취성

해설

취성현상
- 적열취성 : 900 ~ 950 ℃에서 발생하고 가공 시 깨지기 쉬운 상태가 된다.
- 청열취성 : 200 ~ 300 ℃에서 발생하고 인장강도와 경도는 증가하지만 연신율과 인성은 저하된다.
- 고온취성 : 고온에서 금속의 연성이 급격히 저하되는 현상을 의미한다.
- 크리프취성 : 고온에서 장시간 일정 응력을 받았을 때 금속이 영구변형되는 현상이다.

36

피복아크용접 시 안전홀더를 사용하는 이유는 무엇인가?

① 고무장갑 대신 사용한다.
② 유해가스 중독을 방지한다.
③ 용접작업 중 전격을 예방한다.
④ 자외선과 적외선을 차단한다.

해설

안전홀더
피복아크용접작업 시 전격(감전)을 방지하기 위해 용접봉을 물어주는 부분을 제외하고는 절연 처리된 안전홀더를 사용해야 한다.

37

폭발위험이 가장 큰 산소와 아세틸렌가스의 혼합비율은 무엇인가?

① 85 : 15
② 75 : 25
③ 25 : 75
④ 15 : 85

해설

산소와 아세틸렌가스의 혼합비율
산소 85 %와 아세틸렌 15 %가 혼합될 때 가장 폭발위험이 높으므로 실제 작업 시 이러한 혼합비율이 발생하지 않도록 관리해야 한다.

38

내전압성을 가진 안전모는 몇 V의 전압에 견딜 수 있는 것인가?

① 720 V
② 1000 V
③ 5000 V
④ 7000 V

해설

내전압성 안전모
내전압성을 가진 안전모는 7000 V의 전압에 견딜 수 있는 것이다.

정답 35 ② 36 ③ 37 ① 38 ④

39 ☑☐☐☐☐

안전보건표지 중에서 바탕은 노란색이고, 관련 부호 및 그림은 검은색으로 되어 있는 표지는 어떤 표지인가?

① 금지표지 ② 경고표지
③ 지시표지 ④ 안내표지

해설

경고표지
바탕은 노란색이고, 관련 부호 및 그림은 검은색으로 되어 있다.

[고압전기경고]

40 ☑☐☐☐☐

로봇의 운전으로 인한 근로자의 위험을 방지하기 위한 울타리는 몇 m 이상으로 설치해야 하는가?

① 1.3 m ② 1.5 m
③ 1.8 m ④ 2.1 m

해설

로봇의 운전 중 위험방지
〈안전보건규칙 제223조〉
사업주는 로봇의 운전으로 인하여 근로자에게 발생할 수 있는 부상 등의 위험을 방지하기 위하여 높이 1.8 m 이상의 울타리를 설치해야 한다.

3과목 기계설비일반

41 ☑☐☐☐☐

다음과 같은 기하공차에 대한 설명으로 틀린 것은?

| ◎ | ⌀0.01 | A |

① 허용공차가 ⌀0.01 이내이다.
② 문자 'A'는 데이텀을 나타낸다.
③ 기하공차는 원통도를 나타낸다.
④ 지름이 여러 개로 구성된 다단축에 주로 적용하는 기하공차이다.

해설

기하공차의 기호
- ◎는 동심도(동축도)의 기호로 기준 축선으로부터 어긋나는 크기를 규정하는 공차이다.
- ⌀은 원통도를 나타내는 기하공차의 기호이다.

42 ☑☐☐☐☐

구멍의 치수는 $\varnothing 35^{+0.003}_{-0.004}$, 축의 치수는 $\varnothing 35^{+0.001}_{-0.004}$일 때, 최대 틈새(mm)는?

① 0.004 ② 0.005
③ 0.007 ④ 0.009

해설

최대 틈새 계산
- 구멍의 최대 치수 : 35 + 0.003 = 35.003
- 축의 최소 치수 : 35 - 0.004 = 34.996
- 최대 틈새 : 0.007

정답 39 ② 40 ③ 41 ③ 42 ③

43 ☑□□□□

다음 기하공차 중에서 자세공차를 나타내는 것은?

① —
②
③ ○
④ ⊥

해설

기하공차의 기호
① 직진도이고 모양공차이다.
② 평면도이고 모양공차이다.
③ 진원도이고 모양공차이다.
④ 직각도이고 자세공차이다.

44 ☑□□□□

숫돌 입자의 크기를 표시하는 단위는?

① mm
② cm
③ mesh
④ inch

해설

mesh
- mesh는 숫돌 입자의 크기를 표시하는 단위로 1인치(25.4 mm)당 체의 구멍 수를 나타낸다.
- 해당 숫자가 클수록 입자 크기는 작아진다.

45 ☑□□□□

가공에 의한 커터의 줄무늬가 여러 방향일 때 도시하는 기호는?

① =
② X
③ M
④ C

해설

가공에 의한 줄무늬 방향기호

기호	의미
=	줄무늬 방향이 기호를 기입한 그림의 투상면에 평행
⊥	줄무늬 방향이 기호를 기입한 그림의 투상면에 직각
X	가공으로 생긴 선이 2방향으로 교차함
M	가공으로 생긴 선이 여러 방면으로 교차함
C	가공으로 생긴 선이 동심원을 이룸
R	가공으로 생긴 선이 방사선 모양을 이룸

46 ☑□□□□

절삭유의 사용목적이 아닌 것은?

① 공작물 냉각
② 구성인선 발생방지
③ 절삭열에 의한 정밀도 저하
④ 절삭공구의 날 끝의 온도상승방지

해설

절삭유의 사용목적
절삭열에 의한 정밀도 저하는 절삭유를 사용하지 않았을 때 나타나는 현상이다.

47

밀링머신에서 절삭공구를 고정하는 데 사용되는 부속장치가 아닌 것은?

① 아버(Arbor)
② 콜릿(Collet)
③ 새들(Saddle)
④ 어댑터(Adapter)

해설

밀링머신 부속장치
① 아버 : 주축에 커터를 고정하는 장치이다.
② 콜릿 : 자루가 있는 커터를 주축 단에 고정하는 장치이다.
③ 새들 : 밀링머신의 테이블을 움직이게 하는 장치이다.
④ 어댑터 : 다양한 형상의 도구를 한꺼번에 장착하거나 고정하는 장치이다.

48

게이지 블록을 취급할 때 주의사항으로 적절하지 않은 것은?

① 목재작업대나 가죽 위에서 사용할 것
② 먼지가 적고 습한 실내에서 사용할 것
③ 측정면은 깨끗한 천이나 가죽으로 잘 닦을 것
④ 녹이나 돌기의 해를 막기 위하여 사용한 뒤에는 잘 닦아 방청유를 칠해 둘 것

해설

게이지 블록 취급
게이지 블록을 습한 실내에서 사용하면 녹이 발생할 수 있으므로 건조한 환경에서 취급해야 한다.

49

베어링 호칭번호가 6301인 구름 베어링의 안지름은 몇 mm인가?

① 10   ② 11
③ 12   ④ 15

해설

베어링의 호칭번호
- 호칭번호에서 뒤의 두 자리(01)가 안지름을 나타내는 번호이다.
- 00은 10 mm, 01은 12 mm, 02는 15 mm, 03은 17 mm이다.
- 04부터는 5를 곱해서 안지름을 계산한다.

50

구름 베어링에서 실링(Sealing)의 주목적으로 가장 적합한 것은?

① 구름 베어링에 주유를 주입하는 것을 돕는다.
② 구름 베어링의 발열을 방지한다.
③ 윤활유의 유출방지와 유해물의 침입을 방지한다.
④ 축에 구름 베어링을 끼울 때 삽입을 돕는다.

해설

실링(Sealing)의 주목적
실링은 베어링 내부의 윤활유가 외부로 빠져나가는 것을 방지하는 동시에 먼지, 수분 등 외부의 유해물이 베어링 내부로 침입하는 것을 막는 역할을 한다.

51

재료의 제거가공으로 이루어진 상태든 아니든 앞의 제조 공정에서의 결과로 나온 표면 상태가 그대로라는 것을 지시하는 것은?

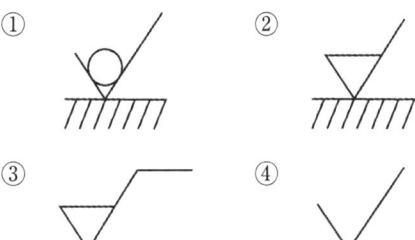

해설

표면거칠기기호
①번 기호는 절삭가공 및 기타가공을 하지 않은 그대로의 표면 상태를 나타낸다.

52

최대 틈새가 0.075 mm이고, 축의 최소 허용치수가 49.950 mm일 때 구멍의 최대 허용치수는?

① 50.074 mm ② 49.875 mm
③ 49.975 mm ④ 50.025 mm

해설

구멍의 최대 허용치수 계산
최대 틈새 = 구멍의 최대 허용치수 - 축의 최소 허용치수
0.075 mm = 구멍의 최대 허용치수 - 49.950 mm
구멍의 최대 허용치수
 = 49.950 mm + 0.075 mm = 50.025 mm

53

베어링기호 608C2P6에서 P6가 뜻하는 것은?

① 정밀도 등급기호 ② 계열기호
③ 안지름 번호   ④ 내부 틈새기호

해설

베어링기호
- P6 : 정밀도 등급기호이다.
- 60 : 계열기호이다.
- 08 : 안지름 번호이다.
- C2 : 내부 틈새번호이다.

54

선반을 설계할 때 고려할 사항으로 틀린 것은?

① 고장이 적고 기계효율이 좋을 것
② 취급이 간단하고 수리가 용이할 것
③ 강력 절삭이 되고 절삭 능률이 클 것
④ 기계적 마모가 높고, 가격이 저렴할 것

해설

선반을 설계할 때 고려할 사항
마모가 심한 선반은 제품의 품질과 신뢰성을 저하시키기 때문에 산업현장에서 사용하기에 적절하지 않다.

정답 51 ① 52 ④ 53 ① 54 ④

55

담금질한 강재의 잔류 오스테나이트를 제거하며, 치수변화 등을 방지하는 목적으로 0℃ 이하에서 열처리하는 방법은?

① 저온뜨임 ② 심냉처리
③ 마템퍼링 ④ 용체화처리

해설

심냉처리

심냉처리는 담금질 후 강재에 남아 있는 잔류 오스테나이트를 제거하고 치수변화 및 조직안정화를 위해 0℃ 이하에서 열처리하는 방법이다.

56

다음 중 축에는 가공을 하지 않고 보스 쪽에만 홈을 가공하여 조립하는 키는?

① 안장키(Saddle Key)
② 납작키(Flat Key)
③ 묻힘키(Sunk Key)
④ 둥근키(Round Key)

해설

새들키(안장키)

축은 가공하지 않고 보스에만 키 홈(기울기 1/100)을 만든다.

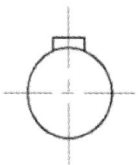

57

기어절삭에서 언더컷을 방지하기 위한 방법으로 옳은 것은?

① 기어의 이 높이를 낮게, 압력각은 작게 한다.
② 기어의 이 높이를 낮게, 압력각은 크게 한다.
③ 기어의 이 높이를 높게, 압력각은 작게 한다.
④ 기어의 이 높이를 높게, 압력각은 크게 한다.

해설

언더컷을 방지하기 위한 방법

• 언더컷은 기어의 이뿌리가 절삭 시 지나치게 파여 강도 저하와 물림률 감소를 초래하는 현상이다.
• 기어의 이 높이를 낮추면 이뿌리 부위 손실이 줄고, 압력각을 크게 하면 기어의 한계 잇수가 낮아져 언더컷이 방지된다.

58

측정공구 중 비교측정에 사용되는 측정기는?

① 측장기
② 옵티미터
③ 마이크로미터
④ 버니어캘리퍼스

해설

비교측정

• 기준이 되는 표준물체와 측정대상을 비교해서 상대적인 차이를 측정하는 방법이다.
• 다이얼게이지, 옵티미터, 게이지블록 등이 해당된다.

정답 ● 55 ② 56 ① 57 ② 58 ②

59 ☑□□□□

압축기 베어링의 사고와 원인 중 이상음의 발생원인이 아닌 것은?

① 오일 냉각 부족
② 기름의 노화 오염
③ 윤활유 종류의 부적합
④ 윤활유의 적정유량유지

해설

압축기 베어링의 이상음 발생원인
윤활유의 적정유량유지는 설비를 정상 상태로 보전하기 위해 필요한 사항으로 베어링의 사고와 이상음 발생과는 관련이 없다.

60 ☑□□□□

펌프에서 발생하는 수격현상에 대한 설명으로 틀린 것은?

① 밸브를 급격히 열거나 닫을 때 발생한다.
② 펌프의 동력이 급속히 차단될 때 나타난다.
③ 관로에서 유속의 급격한 변화에 의한 압력이 상승 또는 하강하는 현상이다.
④ 펌프 내부에서 흡입양정이 높거나 흐름 속도가 국부적으로 빨라져 기포가 발생하거나 유체가 증발한다.

해설

수격현상(Water Hammer)
- 관로 내의 유체가 급격하게 정지하거나 변화될 때 발생하는 압력파동현상이다.
- 관 내 유속이 빨라지면 수격현상이 더 심하게 발생한다.
- ④번 내용은 공동현상에 해당된다.

4과목 | 설비진단 및 관리

61 ☑□□□□

소음방지법 중 흡음에 관련된 내용으로 틀린 것은?

① 직접소음은 거리가 2배 증가함에 따라 6 dB 감소한다.
② 소음원에 가까운 거리에서는 반사음보다 직접음에 의한 소음이 압도적이다.
③ 흡음판은 벽이나 천장에 직접 부착시킬 수 없어, 백스페이스를 두고 연 1회 설치한다.
④ 흡음재의 내구성 부족 시 유공판으로 보호해야 하며 이때 개공률과 구멍의 크기 및 배치가 중요하다.

해설

흡음판(흡음재)
흡음판(흡음재)은 벽이나 천장에 직접 부착이 가능하며, 백스페이스를 둘 필요는 없다.

62 ☑□□□□

기류음은 난류음과 맥동음으로 나눌 수 있다. 다음 중 맥동음을 일으키는 것이 아닌 것은?

① 압축기
② 선풍기
③ 진공펌프
④ 엔진의 배기관

정답 59 ④ 60 ④ 61 ③ 62 ②

해설

맥동음
- 맥동음은 주기적으로 압력변동이 큰 기계류에서 발생하는 소음이다.
- 압축기, 진공펌프, 엔진의 배기관 등에서는 맥동음이 발생한다.
- 선풍기에서는 난류음(공기가 날개를 지날 때 발생하는 난류성 소음)이 발생한다.

63 ☑□□□□

품질보전의 전개순서 중 요인해석(연쇄요인 규명, 불량요인 정리)을 위한 도구에 해당하지 않는 것은?

① FMECA ② PM분석
③ 특성요인도분석 ④ 경제성분석

해설

품질보전의 전개
경제성 분석은 비용, 타당성 등 경제성을 평가하는 도구로 품질문제의 원인 해석과는 거리가 멀다.

관련개념 품질보전의 전개에서 요인해석을 위한 도구

구분	내용
FMECA	제품이나 시스템의 고장형태, 영향, 위험성을 분석하여 불량요인을 규명한다.
PM분석	현상의 원인과 인과관계를 구조적으로 파악한다.
특성요인도 분석	불량의 원인을 구조적으로 시각화하여 분류하고 정리한다.

64 ☑□□□□

음에너지에 의해 매질에는 미세한 압력변화가 생기며, 이 압력변화 부분을 음압이라고 한다. 다음 중 음압(Sound Pressure)의 단위로 옳은 것은?

① m/s ② W
③ N/m^2 ④ m/s^2

해설

음압(Sound Pressure)
- 음압은 음파가 매질에 전달하면서 발생시키는 미세한 압력 변화이다.
- 음압의 단위는 N/m^2이고, 파스칼(Pa)이라고 한다.

65 ☑□□□□

전동기의 진동과 소음에 관한 설명으로 틀린 것은?

① 전동기에서 발생하는 소음은 기계적 소음과 전자기적 소음이 있다.
② 전동기의 회전자에서 발생하는 기계적 진동주파수는 회전속도에 비례한다.
③ 전동기의 회전자에서 질량 불평형이 발생하면 전원주파수의 2배 성분이 높다.
④ 회전수와 전동기 회전자의 고유진동수가 일치할 때 큰 진폭의 진동이 발생한다.

해설

전동기의 진동과 소음
전동기의 회전자에서 질량 불평형이 발생하면 전원주파수의 1배 성분이 주로 높아진다.

정답 63 ④ 64 ③ 65 ③

66

설비투자 결정에서 발생되는 기본문제의 고려 사항이 아닌 것은?

① 대상은 수익 수준에 큰 차이가 없는 조건인 설비교체에 사용한다.
② 자금의 시간적 가치는 현재의 자금이 미래 자금보다 가치가 높아야 한다.
③ 미래의 불확실한 현금수익을 비교적 명백한 현금지출에 관련시켜 평가한다.
④ 투자의 경제적 분석에 있어서 미래의 기대액은 그 금액과 상응되는 현재의 가치로 환산되어야 한다.

해설

설비투자 결정
- 수익 수준에 큰 차이가 없는 조건인 설비교체는 설비투자에 큰 의미가 없다.
- 수익 수준의 개선이 큰 의미가 있을 때 설비교체를 진행한다.

67

설비진단의 개념과 가장 거리가 먼 것은?

① 단순한 점검의 계기화
② 수리 및 개량법의 결정
③ 신뢰성 및 수명의 예측
④ 이상이나 결함의 원인 파악

해설

설비진단
- 설비의 성능을 평가하고 수명을 예측하여 현재 상태를 파악하고 고장원인을 파악하는 것이다.
- 단순한 점검의 계기화와 설비진단과는 거리가 멀다.

68

다음은 설비관리 조직 중에서 어떤 형태의 조직인가?

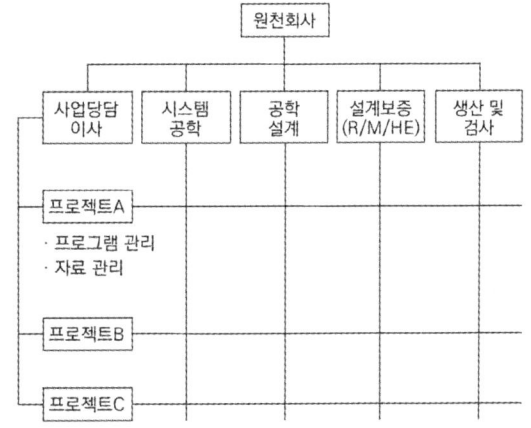

① 설계보증 조직
② 제품중심 조직
③ 기능중심 매트릭스 조직
④ 제품중심 매트릭스 조직

해설

설계보증 조직
문제에 제시된 조직은 프로젝트에 따라 독립된 공학적 분석, 설계, 설계보증, 생산 및 검증을 하는 설계보증 조직이다.

69
진동의 에너지를 표현하는 것에 적합한 값으로, 정현파의 경우 피크값의 $\frac{1}{\sqrt{2}}$ 배인 값은?

① 평균값
② 진동값
③ 실횻값
④ 피크 - 피크

해설

실횻값
- 정현파(사인파)에서 실횻값은 피크값의 $\frac{1}{\sqrt{2}}$ 배이다.
- 진동의 에너지를 표현하는 데 가장 적합한 값이다.

70
오일분석법의 종류가 아닌 것은?

① 회전전극법
② 원자흡광법
③ 저주파흡광법
④ 페로그래피법

해설

오일분석법
- 사용 중인 오일시료를 채취하여 오일의 상태와 설비의 건강 상태를 진단하는 것이다.
- 오일분석법을 기계의 혈액검사라고 하기도 한다.
- 회전전극법, 원자흡광법, 페로그래피법이 오일분석법이다.

71
진동차단기로 이용되는 패드의 재료가 아닌 것은?

① 강철
② 코르크
③ 스펀지 고무
④ 파이버 글라스

해설

진동차단기의 패드재료
- 코르크, 스펀지 고무, 파이버 글라스 등은 진동을 흡수하는 특성 때문에 패드재료로 사용된다.
- 강철은 스프링 등 진동차단기 자체의 구성 요소로 쓰일 수 있지만, 진동을 흡수하는 패드재료로는 적합하지 않다.

72
자주보전을 하기 위한 설비에 강한 작업자의 요구능력 중 수리할 수 있는 능력에 해당되지 않는 것은?

① 오버홀 시 보조할 수 있다.
② 부품의 수명을 알고 교환할 수 있다.
③ 고장의 원인을 추정하고 긴급처리를 할 수 있다.
④ 공장 주변 환경의 중요성을 이해하고, 깨끗하게 청소할 수 있다.

해설

작업자의 수리할 수 있는 능력
④번은 설비보전을 할 때 필요한 일이라고 볼 수는 있지만 수리할 수 있는 능력은 아니다.

정답 69 ③ 70 ③ 71 ① 72 ④

73

시스템을 외부 힘에 의해서 평형 위치로부터 움직였다가 그 외부 힘을 끊었을 때 시스템이 자유진동을 하는 진동수를 무엇이라 하는가?

① 댐핑
② 감쇠진동수
③ 단순진동수
④ 고유진동수

해설

고유진동수
- 시스템이 외부 힘에 의해 평형 위치에서 움직였다가 외부 힘이 제거된 후, 시스템이 자기만의 힘으로 자유롭게 진동할 때의 진동수이다.
- 고유진동수는 시스템의 질량과 강성에 의해 결정된다.

74

윤활유의 점도에 대한 설명으로 틀린 것은?

① 동점도의 단위는 센티스톡[cSt]이다.
② 액체가 유동할 때 나타나는 내부저항이다.
③ 절대점도는 동점도를 밀도로 나눈 것이다.
④ 기계의 윤활 조건이 동일하다면 마찰열, 마찰손실, 기계효율을 좌우한다.

해설

절대점도
절대점도는 동점도에 밀도를 곱한 것이다.

75

다음 중 그리스윤활의 특징으로 틀린 것은?

① 밀봉효과가 크다.
② 내수성이 강하다.
③ 장기간 보전이 가능하다.
④ 이물질 혼합 시 제거가 용이하다.

해설

그리스윤활
- 그리스윤활은 이물질이 혼합되면 오히려 제거가 어렵고, 필터링이나 배출이 어렵다.
- 그리스윤활은 밀봉효과가 커서 외부 이물질 침입을 막고, 내수성이 강하며, 장기간 보존이 가능하다.

76

다음 급유방법 중에 순환급유법에 속하지 않는 것은?

① 비말급유법
② 원심급유법
③ 적하급유법
④ 유륜식급유법

해설

적하급유법
- 저장용기에 오일을 넣어두고, 윤활부에 적하(떨어뜨림)하는 방식이다.
- 엔진, 펌프, 컴프레서에 사용된다.
- 사용된 오일은 회수·재사용하지 않고 그대로 폐기된다.

정답 73 ④ 74 ③ 75 ④ 76 ③

77

다음 중 사용 중인 윤활제의 분석결과 윤활 성능이 떨어지는 경우는?

① 수분이 0.1 vol % 이내이다.
② 마모입자가 10 μm보다 크다.
③ 동점도가 규정치보다 10 % 이내이다.
④ 산성성분(전산가)이 0.3 mgKOH/g 이내이다.

해설

윤활제의 성능
① 수분은 약 0.2 vol % 이하로 관리하므로 0.1 vol % 이내이면 정상범위이다.
② 마모입자가 10 μm를 초과하면 윤활성능 저하가 시작된 것으로 본다.
③ 동점도가 ±10 % 이내이면 정상범위이다.
④ 전산가가 약 0.5 mg을 넘지 않을 경우 정상범위이다.

78

두 개 이상의 물체가 서로 상대운동을 할 때 물체 표면에서 발생하는 과학적 현상으로, 마찰과 마모 및 윤활을 다루는 학문을 무엇이라고 하는가?

① Friction   ② Tribology
③ Lubrication   ④ Maintenance

해설

Tribology
Tribology는 그리스어 'tribos(문지르다)'에서 유래되었으며, 서로 맞닿아 움직이는 물체 표면에서 나타나는 마찰, 마모, 윤활의 원리와 현상, 응용기술을 연구하는 학문이다.

79

추운 지역에서 오일의 사용 유무와 저장 및 공급을 결정할 목적으로 냉각을 시키면서 흐르지 않는 온도점을 찾는 시험방법은?

① 인화점   ② 유동점
③ 아닐린점   ④ 산화안정도

해설

유동점시험
• 유동점은 오일을 점차 냉각시켜 오일이 흐르지 않을 때의 최저온도이다.
• 유동점시험은 시료를 냉각시키면서 3도 간격으로 오일의 유동성을 기록한다.
• 추운 지역에서 오일의 사용, 저장이나 공급이 가능한지를 판단하는 지표이다.

80

윤활유 마모분석방법 중 SOAP분석법의 종류가 아닌 것은?

① ICP법   ② 원자흡광법
③ 회전전극법   ④ 페로그래피법

해설

SOAP분석법
• SOAP분석법의 주요분석방식에는 ICP법, 원자흡광법, 회전전극법 등이 포함된다.
• 페로그래피법은 SOAP분석법이 아니라 별도의 마모입자분석법이다.

정답 77 ② 78 ② 79 ② 80 ④

2025 제2회 CBT 복원

1과목 공유압 및 자동제어

01 ☑☐☐☐☐
다음 중 유압 작동유의 점도가 너무 높을 경우에 대한 설명으로 틀린 것은?

① 작동유의 비활성
② 동력 손실의 증대
③ 기계 마찰부분의 마모 증대
④ 내부마찰의 증대와 온도 상승

해설
유압 작동유의 점도가 미치는 영향
- 점도가 너무 높으면 내부 마찰이 증가하여 온도가 상승되고 동력이 손실된다.
- 점도가 너무 낮을 때 기계 마찰부분의 마모가 증대한다.

02 ☑☐☐☐☐
공압모터의 사용상 주의점과 거리가 먼 것은?

① 고속 회전 및 저온에서 사용 시 결빙에 주의한다.
② 배관 및 밸브는 될 수 있는 한 유효단면적이 큰 것을 사용한다.
③ 모터의 진동 소음문제로 밸브는 가급적 모터에서 먼 곳에 설치한다.
④ 윤활기를 반드시 사용하고 윤활유 공급이 중단되어 소손되지 않도록 주의한다.

해설
공압모터의 사용상 주의점
밸브가 모터 또는 액추에이터 가까이 위치할 경우, 액추에이터의 동작신호가 신속하고 정확하게 밸브에 전달되어 더 빠르고 정밀한 제어가 가능하다.

03 ☑☐☐☐☐
공기압의 특징으로 틀린 것은?

① 제어가 간단하다.
② 에너지의 축적이 용이하다.
③ 액추에이터의 동작속도가 빠르다.
④ 비압축성 에너지로 위치제어성이 좋다.

해설
공기압의 특징
공기압은 압축성 유체이기 때문에, 위치제어의 정밀도가 낮고 정밀위치제어에는 부적합하다.

04 ☑☐☐☐☐
정전용량식 센서에서 마주보는 두 전극 사이의 정전용량(C)을 구하는 식으로 옳은 것은? (단, A는 전극면적, d는 전극 사이의 거리, ε은 유전율이다)

① $C = \dfrac{\varepsilon d}{A}$ ② $C = \dfrac{\varepsilon A}{d}$

③ $C = \dfrac{d}{\varepsilon A}$ ④ $C = \dfrac{A}{\varepsilon d}$

정답 01 ③ 02 ③ 03 ④ 04 ②

해설

정전용량식 센서에서 마주보는 두 전극 사이의 정전용량(C)을 구하는 식

$$C = \frac{\varepsilon A}{d}$$

C : 정전용량(F)
ε : 진공의 유전율, A : 면적(m^2)
d : 두 전극 사이의 거리(m)

05 ☑☐☐☐☐

회전량을 펄스수로 변환하는 데 사용되며 기계적인 아날로그 변화량을 디지털량으로 변환하는 것은?

① 서보모터
② 포토센서
③ 매트 스위치
④ 로터리 인코더

해설

로터리 인코더
회전량과 같은 기계적인 아날로그 변화량을 펄스신호(디지털신호)로 변환하는 센서이다.

06 ☑☐☐☐☐

초음파식 레벨계의 특성으로 틀린 것은?

① 비접촉식 측정이 가능하다.
② 소형 경량이고 설치 및 운전이 간단하다.
③ 가동부가 없고, 점검 및 보수가 가능하다.
④ 온도에 민감하지 않아 온도보정을 필요로 하지 않는다.

해설

초음파식 레벨계
- 탱크, 수처리 시설 등에서 액체나 고체의 높이를 측정하는 데 사용된다.
- 온도가 달라지면 초음파의 전파속도가 변해 측정결과에 영향을 미치므로 정확한 측정을 위해서는 온도보정이 필요하다.

07 ☑☐☐☐☐

열전대의 특징이 아닌 것은?

① 제백효과를 이용한다.
② 열저항을 측정하여 온도를 알 수 있다.
③ 기준접점에 대한 온도와 열기전력을 이용하여 온도를 측정한다.
④ B형은 온도 변화에 대한 열기전력이 매우 작다.

해설

열전대
- 두 종류의 서로 다른 금속을 접합하면 접합점의 온도 차이에 의해 열기전력이 발생하는 제백효과를 이용한 것이다.
- 열전대는 저항이 아니라 열기전력을 측정해 온도를 구하는 센서이다.

정답 ● 05 ④ 06 ④ 07 ②

08 ☑☐☐☐☐

코일 간의 전자유도현상을 이용한 것으로서 발신기와 수신기로 구성되어 있으며, 회전각도 변위를 전기신호로 변환하여 회전체를 검출하는 수신기는?

① 싱크로(Synchro)
② 리졸버(Resolver)
③ 퍼텐쇼미터(Potentiometer)
④ 앱솔루트 인코더(Absolute Encoder)

해설

싱크로(Synchro)
- 코일 간 전자유도원리를 이용하여 각도 변위를 전기신호로 변환한다.
- 발신기와 수신기로 구성되어 있다.
- 회전각도 변위를 전기신호로 변환하여 회전체를 검출한다.

09 ☑☐☐☐☐

다음 중 압력의 단위가 아닌 것은?

① kgf/cm^2
② kPa
③ bar
④ N

해설

압력과 힘의 단위
- kgf/cm^2, kPa, bar는 압력의 단위이다.
- N은 힘의 단위이다.

10 ☑☐☐☐☐

측정하고자 하는 진동 데이터에 1000 Hz의 높은 주파수 성분이 있을 때 에일리어싱 영향을 제거하기 위하여 필요한 샘플링 시간은?

① 0.1 ms
② 0.5 ms
③ 1.0 ms
④ 2.0 ms

해설

에일리어싱(Aliasing, 계단현상) 현상
- 신호 처리에서 샘플링 속도가 불충분하여 원래 신호와 전혀 다른 주파수를 가진 신호로 왜곡되어 나타내는 현상이다.
- 에일리어싱현상을 방지하기 위해서는 샘플링 주파수를 신호의 최대 주파수의 두 배 이상으로 설정해야 한다.
- 1000 Hz의 두배는 2000 Hz이고, 샘플링 시간은 주파수의 역수이다.

$$\frac{1}{2000} = 5 \times 10^{-4} s = 0.5 ms$$

11 ☑☐☐☐☐

핸들링에 대한 설명으로 틀린 것은?

① 핸들링기능은 가공작업이다.
② 핸들링은 수동이나 기계에 의해 이루어진다.
③ 핸들링은 생산 공정에서 작업물의 광범위한 조정 역할이다.
④ 핸들링은 일반적으로 작업물, 공구, 부품의 조정과 이송이다.

정답 08 ① 09 ④ 10 ② 11 ①

해설

핸들링
- 운반, 조정, 배치, 위치 이동 등의 작업이다.
- 가공은 물질의 형태 또는 구조를 바꾸는 것이므로 핸들링은 가공작업이 아니다.
- 핸들링은 물체의 위치나 배열을 바꾸는 이송작업에 해당된다.

12 ☑□□□

무인 반송차의 운송방식 중 자기 테이프나 바닥에 와이어를 깔고 경로를 따라 주행하는 방식은?

① 자기유도방식
② 광학유도방식
③ 전자기 유도형 방식
④ 레이저반사기방식

해설

무인 반송차의 운송방식
- 자기유도방식 : 자기 테이프나 와이어를 바닥에 깔고 경로를 따라 주행한다.
- 광학유도방식 : 바닥의 섹션이나 라인을 카메라 또는 센서로 인식해 주행한다.
- 전자기 유도형 방식 : 바닥의 전자기신호를 인식하여 이동 경로를 설정한다.
- 레이저반사기방식 : 레이저반사기를 이용해 경로를 탐색한다.

13 ☑□□□

시정수 τ의 정의로 옳은 것은?

① 출력이 최종값의 50 %가 되기까지의 시간
② 출력이 최종값의 63 %가 되기까지의 시간
③ 출력이 최종값의 90 %가 되기까지의 시간
④ 출력이 최종값의 10 %에서 90 %까지의 경과시간

해설

시정수
시정수 τ는 출력이 최종값의 63 %가 되기까지의 시간이다.

14 ☑□□□

폐회로제어에 대한 설명으로 옳은 것은?

① 피드백신호가 없다.
② 2진신호를 사용한다.
③ 외란변수의 변화가 작을 때 사용한다.
④ 실제 값과 기준 값의 비교기능이 있다.

해설

폐회로제어
- 시스템의 출력(실제 값)을 기준 값(설정값)과 비교하여 오차를 계산하고, 그 오차를 줄이기 위해 제어동작을 수행한다.
- 폐회로제어에서는 피드백신호가 필수적으로 사용된다.

정답 12 ① 13 ② 14 ④

15 ☑□□□□

신호의 유무, ON/OFF, YES/NO, 1/0 등과 같은 신호를 이용하는 제어계는?

① 2진제어계
② 10진제어계
③ 동기제어계
④ 아날로그제어계

해설

2진제어계
- 제어시스템에서 신호의 유/무, ON/OFF, 1/0, YES/NO 등과 같이 2진신호를 이용하여 제어하는 시스템이다.
- 실린더의 전진과 후진, 모터의 정회전과 역회전, 기기의 기동과 정지 등을 나타내는 데 사용된다.

16 ☑□□□□

다음 중 폐루프시스템의 기본구성이 아닌 것은?

① 제어장치
② 구동기
③ 신호발생기
④ 센서

해설

폐루프시스템의 기본구성
- 입력부(설정값), 센서(검출부), 제어장치, 구동기(조작부)로 구성된다.
- 신호발생기는 시스템의 구성요소가 아니라 입력을 제공하는 장치이다.

17 ☑□□□□

펌프가 소음을 내는 이유로 적절하지 않은 것은?

① 유 중에 기포가 있는 경우
② 흡입관이 막혀 있는 경우
③ 펌프의 회전이 너무 빠른 경우
④ 작동유의 점도가 너무 낮은 경우

해설

펌프가 소음을 내는 이유
작동유의 점도가 낮은 경우 펌프의 효율이 저하될 수 있지만 다른 보기에 비해 소음 발생과는 거리가 멀다.

18 ☑□□□□

다음 중 제어에 관한 정의로 틀린 것은?

① 작은 에너지로 큰 에너지를 조절하기 위한 시스템이다.
② 기계의 재료나 에너지의 유동을 중계하는 것으로 수동인 것이다.
③ 사람이 직접 개입하지 않고 어떤 작업을 수행시키는 것이다.
④ 기계나 설비의 작동을 자동으로 변화시키는 구성성분의 전체이다.

해설

제어에 관한 정의
제어에는 자동적으로 동작하는 자동제어도 포함되며, 사람의 개입 없이 작동시키는 것이 제어의 핵심이다.

19

오리피스(Orifice)에 관한 설명으로 옳은 것은?

① 길이가 단면치수에 비해 비교적 긴 교축이다.
② 유체의 압력 강하는 교축부를 통과하는 유체온도에 따라 크게 영향을 받는다.
③ 유체의 압력강하는 교축부를 통과하는 유체점도의 영향을 거의 받지 않는다.
④ 유체의 압력강하는 교축부를 통과하는 유체점도에 따라 크게 영향을 받는다.

해설

오리피스(Orifice)
- 원형판에 구멍을 뚫어 유량을 측정하는 장치로, 흐름을 갑자기 좁혀 차압(압력강하)을 발생시킨다.
- 유체의 압력강하는 온도, 점도보다는 속도, 밀도에 영향을 많이 받는다.

20

입력이 어떤 정상 상태에서 다른 상태로 변화하였을 때 출력이 정상 상태에 도달할 때까지의 응답을 무엇이라고 하는가?

① 과도응답 ② 스텝응답
③ 램프응답 ④ 임펄스응답

해설

과도응답(Transient Response)
- 입력이 변화하여 시스템 출력이 정상 상태에 도달할 때까지의 모든 변화과정이다.
- 과도응답 동안 출력은 불안정하게 진동하지만 점차 목푯값으로 수렴한다.

2과목 용접 및 안전관리

21

MIG용접에 사용하는 실드가스가 아닌 것은 무엇인가?

① 아르곤 + 헬륨
② 아르곤 + 이산화탄소
③ 아르곤 + 수소
④ 아르곤 + 산소

해설

MIG용접에 사용하는 실드가스
- 아르곤 + 헬륨
- 아르곤 + 이산화탄소
- 아르곤 + 산소

22

100 ~ 300 A의 전류로 아크용접을 할 때 알맞은 차광유리의 차광도 번호는?

① 1 ~ 2   ② 5 ~ 6
③ 7 ~ 9   ④ 10 ~ 12

해설

아크 용접전류별 권장 차광도 번호(KS P 8141)

용접전류(A)	권장 차광도 번호
30 A 미만	5 ~ 6
35 ~ 75 A	7 ~ 8
75 ~ 200 A	9 ~ 11
200 ~ 400 A	12 ~ 13
400 A 이상	14

정답 19 ③ 20 ① 21 ③ 22 ④

23 ☑□□□□
탄산가스아크용접의 일반적인 특징으로 틀린 것은?

① 가시 아크이므로 시공이 편리하다.
② 바람의 영향을 받지 않으므로 방풍장치가 필요 없다.
③ 전류밀도가 높아 용입이 깊고 용접속도를 빠르게 할 수 있다.
④ 용제를 사용하지 않아 슬래그의 혼입이 없고, 용접 후의 처리가 간단하다.

해설

탄산가스아크용접
- 전기로 인한 아크와 보호가스(이산화탄소)로 금속을 녹여 결합하는 방식이다.
- 바람이 보호가스를 날려 버릴 수 있으므로 방풍장치가 필요하다.

24 ☑□□□□
다음 중 용접과 관련된 용어 정의로 틀린 것은 무엇인가?

① 용락 : 모재가 녹은 깊이
② 다공성 : 용착금속 중 기공이 밀집한 정도
③ 모재 : 용접 또는 절단되는 금속
④ 용가제 : 용착부를 만들기 위해서 녹여서 첨가하는 금속

해설

용락
용접금속이 너무 많이 녹아 접합부에 구멍이 생기거나 금속이 떨어져 나가는 현상이다.

25 ☑□□□□
다음 ( ) 안에 들어갈 알맞은 말은?

> 피복아크용접봉의 편심도는 ( ) 이내여야 용접결과가 좋다.

① 1 %   ② 3 %
③ 5 %   ④ 10 %

해설

피복아크용접봉에서 편심도
- 편심도란 피복아크용접봉의 심선이 피복제의 중심에서 얼마나 벗어나 있는지를 수치로 나타낸 값이다.
- 편심도는 3 % 이내로 관리해야 용접결과가 좋다.

26 ☑□□□□
다음 중 용접부에서 방사선투과시험으로 검출하기 어려운 결함은 무엇인가?

① 기공
② 용입불량
③ 슬래그 섞임
④ 라미네이션 균열

해설

방사선투과시험으로 검출하기 어려운 결함
- 방사선투과시험으로는 재료 내의 체적결함(기공, 슬래그 섞임)은 잘 검출할 수 있다.
- 라미네이션 균열은 재료의 판층 내부에 넓게 퍼져 있는 형태로 방사선투과시험으로는 잘 검출되지 않고 초음파탐상시험으로 검출할 수 있다.

정답 23 ② 24 ① 25 ② 26 ④

27

다음 중 저항용접의 일반적인 특징에 해당되는 것은?

① 산화 및 변질부분이 크다.
② 다른 금속 간의 결합이 용이하다.
③ 대전류가 필요하고 설비가 복잡하다.
④ 열손실이 커서 용접부에 집중적인 열을 가할 수 없다.

해설

저항용접의 일반적인 특징
- 산화 및 변질부분이 적다.
- 일반적으로 같은 금속의 결합에 사용된다.
- 대전류가 필요하고 설비가 복잡하다.
- 열손실이 상대적으로 적고 용접부에 집중적으로 열을 가할 수 있다.

28

다음과 같은 맞대기용접이음 홈의 각부 명칭을 잘못 짝지은 것은?

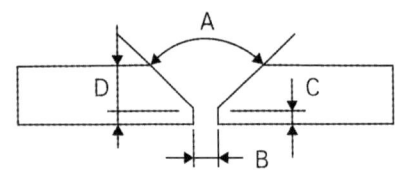

① A - 홈 각도
② B - 루트 간격
③ C - 루트 면
④ D - 홈 길이

해설

용접이음 홈의 각부 명칭
D는 홈 길이가 아니라 홈 깊이를 나타낸다.

29

다음과 같은 설비결함을 가장 쉽게 발견할 수 있는 비파괴검사법은?

> 베어링 결함, 파이프의 누설, 저장탱크 틈새, 공기누설, 왕복동 압축기의 밸브 결함

① 외관검사
② 와전류탐상검사
③ 자분탐상검사
④ 초음파탐상검사

해설

비파괴검사법
① 외관검사 : 눈에 보이는 결함만 확인이 가능하다.
② 와전류탐상검사 : 금속 표면과 표면 근처의 결함만 검사할 수 있다.
③ 자분탐상검사 : 금속 표면과 표면 근처의 결함만 검사할 수 있다.
④ 초음파탐상검사 : 깊은 내부결함을 탐지할 수 있다.

30

다음 중 용접에서 루트균열의 원인이 되는 원소는 무엇인가?

① 산소
② 인
③ 수소
④ 망간

해설

루트균열의 원인이 되는 원소
용접 시 수소가 금속 내부에 침투하면, 냉각과정에서 금속의 연성이 떨어지면서 응력에 의해 루트균열이 발생할 수 있습니다.

정답 27 ③ 28 ④ 29 ④ 30 ③

31
다음 중 크레인에 설치해야 하는 안전장치가 아닌 것은?

① 조정편
② 권과방지장치
③ 비상정지장치
④ 과부하방지장치

해설
크레인에 설치해야 하는 안전장치
- 과부하방지장치
- 권과방지장치
- 비상정지장치 및 제동장치

32
다음 중 용접작업의 전격방지대책에 해당되지 않는 것은?

① 무부하전압이 높은 용접기를 사용한다.
② 작업을 중단하거나 완료 시 전원을 차단한다.
③ 안전홀더 및 완전 절연된 보호구를 착용한다.
④ 습기가 찬 작업복 및 장갑은 착용하지 않는다.

해설
용접작업의 전격방지대책
무부하전압이 높을수록 전격(감전) 위험이 커지므로 무부하전압이 낮은 용접기를 사용해야 한다.

33
다음 중 교류 아크용접기에 설치해야 하는 방호장치는 무엇인가?

① 급정지장치
② 자동 전격방지기
③ 비상정지장치
④ 리밋스위치

해설
자동 전격방지기
자동 전격방지기는 용접기의 아크가 발생하지 않을 때 2차 무부하전압을 25 V 이하로 자동으로 낮춰 감전사고를 방지한다.

34
다음 중 직류 아크용접기의 장점이 아닌 것은?

① 아크가 안정된다.
② 감전의 위험성이 적다.
③ 정극성의 변화가 가능하다.
④ 아크쏠림의 방지가 가능하다.

해설
아크쏠림
- 아크쏠림은 용접 중 아크가 자기장의 영향으로 한쪽 방향으로 휘는 현상이다.
- 아크쏠림은 교류 아크용접기에서는 거의 발생하지 않지만 직류 아크용접기에서 자주 발생된다.

정답 31 ① 32 ① 33 ② 34 ④

35 ☑□□□□

다음과 같은 조건인 교류 용접기를 사용할 때 효율과 역률은 각각 얼마인가?

- 아크전류는 200 A이다.
- 무부하전압은 80 V이다.
- 아크전압은 30 V이다.
- 내부손실은 4 kW이다.

① 효율 60 %, 역률 40 %
② 효율 60 %, 역률 62.5 %
③ 효율 62.5 %, 역률 60 %
④ 효율 62.5 %, 역률 37.5 %

해설

효율과 역률 계산

(1) 효율

$$효율 = \frac{아크출력}{아크출력 + 내부손실} \times 100$$

$$= \frac{200A \times 30V}{(200A \times 30V) + 4000W} \times 100$$

$$= 60\%$$

(2) 역률

$$역률 = \frac{아크출력 + 내부손실}{입력전력} \times 100$$

$$= \frac{(200A \times 30V) + 4000W}{200A \times 80V} \times 100$$

$$= 62.5\%$$

36 ☑□□□□

다음 중 아세틸렌용접장치의 안전조치에 대한 설명으로 틀린 것은?

① 출입구의 문은 불연성 재료로 하고 두께 1.5 mm 이상의 철판이나 그 밖에 그 이상의 강도를 가진 구조로 할 것
② 발생기실은 화기를 사용하는 설비로부터 5 m를 초과하는 장소에 설치할 것
③ 발생기실을 옥외에 설치한 경우에는 그 개구부를 다른 건축물로부터 1.5 m 이상 떨어지도록 할 것
④ 용접작업을 하는 경우에는 게이지압력이 127 kPa을 초과하는 압력의 아세틸렌을 발생시켜 사용하지 않을 것

해설

아세틸렌용접장치 발생기실의 설치장소
발생기실은 건물의 최상층에 위치하여야 하며, 화기를 사용하는 설비로부터 3 m를 초과하는 장소에 설치하여야 한다.

37 ☑□□□□

프레스에서 가장 많이 존재하는 위험요소는?

① 끼임점
② 접선 물림점
③ 물림점
④ 회전 말림점

해설

끼임점
프레스는 금형의 왕복운동과 고정부분 사이에서 손, 팔 등이 끼임(협착)되는 끼임점에 의한 사고가 많이 발생한다.

정답 35 ② 36 ② 37 ①

38

다음 작업 중 보호구로 장갑을 착용해서는 안 되는 것은?

① 고열작업 ② 드릴작업
③ 용접작업 ④ 가스 절단작업

해설

드릴작업

드릴작업과 같이 회전하는 공구로 작업할 때 장갑을 착용하면 회전축에 장갑이 말려 들어가 손가락이 끼이는 사고가 발생할 수 있다.

39

금속의 용접·용단 또는 가열에 사용되는 가스 등의 용기를 취급하는 경우 용기의 온도는 몇 ℃ 이하로 유지해야 하는가?

① 20 ℃ ② 30 ℃
③ 40 ℃ ④ 55 ℃

해설

가스 등의 용기 취급

〈안전보건규칙 제234조〉

사업주는 금속의 용접·용단 또는 가열에 사용되는 가스등의 용기를 취급하는 경우에 용기의 온도를 40 ℃ 이하로 유지해야 한다.

40

다음 중 국소배기장치의 덕트(Duct) 설치기준으로 틀린 것은? (단, 이동식은 제외한다)

① 가능하면 길이는 길게 하고 굴곡부의 수는 적게 한다.
② 접속부의 안쪽은 돌출된 부분이 없도록 한다.
③ 덕트 내부에 오염물질이 쌓이지 않도록 이송속도를 유지한다.
④ 연결부위 등은 외부공기가 들어오지 않도록 한다.

해설

덕트의 설치기준

〈안전보건규칙 제73조〉

- 가능하면 길이는 짧게 하고 굴곡부의 수는 적게 할 것
- 접속부의 안쪽은 돌출된 부분이 없도록 할 것
- 청소구를 설치하는 등 청소하기 쉬운 구조로 할 것
- 덕트 내부에 오염물질이 쌓이지 않도록 이송속도를 유지할 것
- 연결부위 등은 외부 공기가 들어오지 않도록 할 것

정답 ● 38 ② 39 ③ 40 ①

3과목 기계설비일반

41 ☑☐☐☐☐
구멍의 최대치수가 축의 최소치수보다 작은 경우에 해당하는 끼워맞춤 종류는?

① 헐거운 끼워맞춤
② 억지 끼워맞춤
③ 틈새 끼워맞춤
④ 중간 끼워맞춤

해설

억지 끼워맞춤
- 구멍의 최대치수가 축의 최소치수보다 작은 경우이다.
- 항상 죔새가 생기며 압입이나 강제 조립이 필요하다.

42 ☑☐☐☐☐
다음 중 H7 구멍과 가장 억지로 끼워지는 축의 공차는?

① f6   ② h6
③ p6   ④ g6

해설

구멍기준 끼워맞춤
① f6 : 헐거운 끼워맞춤
② h6 : 헐거운 끼워맞춤
③ p6 : 억지 끼워맞춤
④ g6 : 헐거운 끼워맞춤

43 ☑☐☐☐☐
다음 중 위치공차를 나타내는 기호가 아닌 것은?

① ◎   ② ═
③ ↗   ④ ⊕

해설

기하공차의 종류와 기호
① 동심도(동축도)기호로 위치공차이다.
② 대칭도기호로 위치공차이다.
③ 원주 흔들림기호로 흔들림공차이다.
④ 위치도기호로 위치공차이다.

44 ☑☐☐☐☐
가는 1점 쇄선의 용도가 아닌 것은?

① 도형의 중심을 표시하는 데 쓰인다.
② 수면, 유면 등의 위치를 표시하는 데 쓰인다.
③ 중심이 이동한 중심궤적을 표시하는 데 쓰인다.
④ 되풀이하는 도형의 피치를 취하는 기준을 표시하는 데 쓰인다.

해설

가는 1점 쇄선의 용도
- 가는 1점 쇄선은 도형의 중심 표시, 중심이 이동한 중심 궤적 표시, 기준선 등에 사용한다.
- 수면, 유면 등 위치는 일반적으로 가는 실선으로 표시한다.

정답 41 ② 42 ③ 43 ③ 44 ②

45

그림과 같은 기하공차기호에 대한 설명으로 틀린 것은?

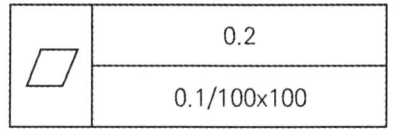

① 평면도 공차를 나타낸다.
② 전체부위에 대해 공차값 0.2 mm를 만족해야 한다.
③ 지정넓이 100 mm × 100 mm에 대해 공차값 0.1 mm를 만족해야 한다.
④ 이 기하공차기호에서는 두 가지 공차조건 중 하나만 만족하면 된다.

해설

기하공차 해석
- 0.2 공차는 전체 표면에 대해 최대 허용 윤곽편차(0.2 mm)를 요구한다.
- 0.1/100 × 100은 지정된 100 mm × 100 mm 부분에서 0.1 mm 공차만 허용된다.
- 전체 구역에는 0.2 mm, 특정 부위에는 0.1 mm를 모두 동시에 만족해야 하고, 지정 구역 내에서는 두 가지 조건이 모두 만족해야 한다.

46

그림과 같은 기호에서 "1.6" 숫자가 의미하는 것은?

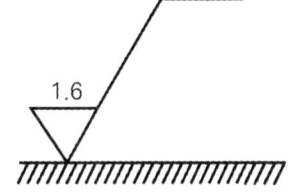

① 컷오프 값
② 기준길이 값
③ 평가길이 표준값
④ 평균 거칠기의 값

해설

기호에서 숫자 "1.6"의 의미
- 그림에서 "1.6" 숫자는 중심선 평균 거칠기(Ra)의 값을 의미한다.
- 단위는 마이크로미터인데 일반적으로 단위 표기는 생략하고 숫자만 나타낸다.

47

도면에 치수를 기입하는 방법을 설명한 것 중 옳지 않은 것은?

① 특별히 명시하지 않는 한, 그 도면에 도시된 대상물의 다듬질 치수를 기입한다.
② 길이의 단위는 mm이고, 도면에는 반드시 단위를 기입한다.
③ 각도의 단위로는 일반적으로 도(°)를 사용하고, 필요한 경우 분(′) 및 초(″)를 병용할 수 있다.
④ 치수는 될 수 있는 대로 주 투상도에 집중해서 기입한다.

해설

도면에 치수를 기입하는 방법
기계제도에서는 길이치수의 기본단위를 mm로 하지만, 도면에는 'mm'라는 단위를 특별한 경우가 아니면 별도로 표기하지 않는다.

48 ☑☐☐☐☐

베어링의 호칭번호가 6026일 때 이 베어링의 안지름은 몇 mm인가?

① 6 ② 60
③ 26 ④ 130

해설

베어링의 호칭번호
- 베어링 호칭번호 6026에서 마지막 두 자리 '26'은 '안지름 번호'이다.
- 안지름 번호가 04를 넘어가면 안지름 번호에 5를 곱해야 한다.
- $26 \times 5 = 130$mm

49 ☑☐☐☐☐

래핑작업에 사용하는 랩제의 종류가 아닌 것은?

① 흑연 ② 산화크롬
③ 탄화규소 ④ 산화알루미나

해설

랩제의 종류
- 랩제는 표면을 미세하게 절삭하는 역할을 하므로 경도가 높은 탄화규소, 산화알루미나, 산화크롬, 다이아몬드 등이 사용된다.
- 흑연은 경도가 낮아 랩제로 사용하기 어렵다.

50 ☑☐☐☐☐

가공으로 생긴 커터의 줄무늬 방향이 기호를 기입한 그림의 투영면에 비스듬하게 2방향으로 교차하는 것을 의미하는 기호는?

① ⊥ ② X
③ C ④ =

해설

가공에 의한 줄무늬 방향기호

기호	의미
=	줄무늬 방향이 기호를 기입한 그림의 투상면에 평행
⊥	줄무늬 방향이 기호를 기입한 그림의 투상면에 직각
X	가공으로 생긴 선이 2방향으로 교차함
M	가공으로 생긴 선이 여러 방면으로 교차함
C	가공으로 생긴 선이 동심원을 이룸
R	가공으로 생긴 선이 방사선 모양을 이룸

51 ☑☐☐☐☐

다음 연삭숫돌기호에 대한 설명이 틀린 것은?

WA 60 K m V

① WA : 연삭숫돌 입자의 종류
② 60 : 입도
③ m : 결합도
④ V : 결합제

정답 48 ④ 49 ① 50 ② 51 ③

해설

연삭숫돌기호
- WA : 연삭숫돌입자의 종류(백색 알루미나)
- 60 : 입도(숫돌 입자의 크기)
- K : 결합도(숫돌 입자가 결합된 강도)
- m : 조직(입자의 밀도)
- V : 결합제(비트리파이드 결합제)

52 ☑☐☐☐☐

연삭작업에서 숫돌 결합제의 구비조건으로 틀린 것은?

① 성형성이 우수해야 한다.
② 열이나 연삭액에 대하여 안정성이 있어야 한다.
③ 필요에 따라 결합 능력을 조절할 수 있어야 한다.
④ 충격에 견뎌야 하므로 기공 없이 치밀해야 한다.

해설

숫돌 결합제의 구비조건
- 숫돌이 지나치게 치밀하면 연삭작업 중 마모된 입자가 쉽게 탈락하지 않아 자가 연마작용이 원활히 이뤄지지 않는다.
- 숫돌에는 일정량이 기공이 있어야 자생작용(입자의 떨어짐과 교환)이 잘 일어나고 연마작업의 효율이 증가한다.

53 ☑☐☐☐☐

파단선에 대한 설명으로 옳은 것은?

① 대상물의 일부분을 가상으로 제외했을 경우의 경계를 나타내는 선
② 기술, 기호 등을 나타내기 위하여 끌어낸 선
③ 반복하여 도형의 피치를 잡는 기준이 되는 선
④ 대상물이 보이지 않는 부분의 형태를 나타낸 선

해설

파단선
- 파단선은 도면에서 대상물의 일부를 가상으로 잘라내거나 제외하여 그 경계를 표현할 때 사용하는 선이다.
- 주로 도면을 간략화하거나 반복되는 부분을 생략해서 표시하기 위해 사용한다.

54 ☑☐☐☐☐

선반작업에서 구성인선(Built-up Edge)의 발생 원인에 해당하는 것은?

① 절삭 깊이를 적게 할 때
② 절삭속도를 느리게 할 때
③ 바이트의 윗면 경사각이 클 때
④ 윤활성이 좋은 절삭유제를 사용할 때

해설

구성인선의 발생 원인
- 구성인선은 절삭작업 중 절삭공구의 날 끝에 가공물 재질의 입자들이 압착되어 쌓이는 현상이다.
- 절삭속도가 느릴 때 가공물의 재질이 칩 형태로 날 끝에 붙는 현상이 심해진다.

정답 ● 52 ④ 53 ① 54 ②

55 ☑ ☐ ☐ ☐ ☐

강을 표준 상태로 하고, 가공조직의 균일화, 결정립의 미세화 등을 목적으로 하는 열처리는?

① 풀림 ② 불림
③ 뜨임 ④ 담금질

해설

불림
- 강을 변태점 이상 온도로 가열한 후, 공기 중에서 냉각하여 조직을 균일하게 하고 결정립을 미세화하는 열처리방법이다.
- 가공으로 인해 생긴 조직의 불균일을 개선해 표준화된 조직을 만드는 과정이다.

56 ☑ ☐ ☐ ☐ ☐

풀림의 목적을 설명한 것 중 틀린 것은?

① 강의 경도가 낮아져서 연화된다.
② 담금질된 강의 취성을 부여한다.
③ 조직이 균일화, 미세화, 표준화된다.
④ 가스 및 불순물의 방출과 확산을 일으키고, 내부응력을 저하시킨다.

해설

풀림
- 풀림(어닐링)은 강의 경도를 낮추고 재료를 연화시켜 가공성을 증대시키며, 조직을 미세화, 균일화, 표준화하고 내부응력을 제거하기 위해 진행한다.
- 강의 취성을 부여하는 것은 담금질에 더 맞는 설명이다.

57 ☑ ☐ ☐ ☐ ☐

다음 중 두 축이 서로 교차하면서 회전력을 전달하는 기어는?

① 스퍼기어(Spur Gear)
② 헬리컬기어(Helical Gear)
③ 래크와 피니언(Rack and Pinion)
④ 스파이럴 베벨기어(Spiral Bevel Gear)

해설

스파이럴 베벨기어
원뿔 모양의 기어로 두 축이 교차하는 구조(보통 90°)에서 회전력을 전달한다. 잇줄이 나선형이어서 소음이 적다.

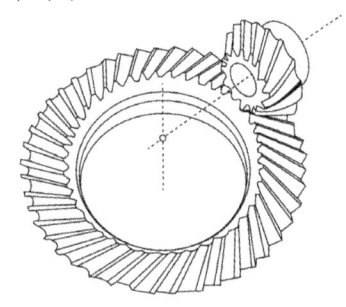

[스파이럴 베벨기어]

58 ☑ ☐ ☐ ☐ ☐

스프링강이 갖추어야 할 특성으로 틀린 것은?

① 탄성한도가 커야 한다.
② 마르텐사이트 조직으로 되어야 한다.
③ 충격 및 피로에 대한 저항력이 커야 한다.
④ 사용 중 영구변형을 일으키지 않아야 한다.

정답 ▶ 55 ② 56 ② 57 ④ 58 ②

> 해설

마르텐사이트 조직
경도는 높으나 취성(외부에서 힘이 가해졌을 때 부러지는 성질)이 커서 스프링강으로는 적절하지 않다.

59 ☑☐☐☐☐

베어링의 열 박음에서 가열끼움을 하려고 할 때 가열방법으로 가장 거리가 먼 것은?

① 수증기로 가열
② 기름으로 가열
③ 액화질소로 가열
④ 가스토치로 가열

> 해설

베어링의 열 박음
- 액화질소는 -196℃ 정도의 낮은 온도이다.
- 액화질소는 가열과는 거리가 멀고 냉각제로 사용한다.

60 ☑☐☐☐☐

다음 강의 손상 중 표면피로에 의한 손상만으로 나열된 것은?

① 압연 항복, 균열, 버닝
② 스폴링, 스코링, 리프링
③ 습동마모, 피닝 항복, 스코링
④ 초기피칭, 파괴적 피칭, 스폴링

> 해설

표면피로
- 부식, 침식, 충격 등으로 인해 금속 표면에 피로 균열이 발생하는 현상이다.
- 초기피칭, 파괴적 피칭(급격한 피팅), 스폴링(재료가 떨어져 나가는 것)이 해당된다.

4과목 설비진단 및 관리

61 ☑☐☐☐☐

강제진동주파수 f와 고유진동주파수 f_n의 주파수비 $R = \dfrac{f}{f_n}$라 할 때 다음 중 고유진동주파수에 대한 진동차단효과가 가장 높은 것은?

① $R = 1$
② $R = \sqrt{2}$
③ $R = 3$
④ $R = 10$

> 해설

진동차단효과
- $R = 1$이면 강제진동주파수와 고유진동주파수가 같아 공진현상이 발생한다.
- R이 클수록 강제진동주파수가 고유진동주파수보다 큰 것을 의미하고, 진동차단효과가 가장 높다.

62 ☑☐☐☐☐

주파수에 관한 설명 중 틀린 것은?

① 주파수의 단위는 Hz이다.
② 주파수는 60초 동안의 사이클수를 말한다.
③ 한 주기 동안에 걸린 시간이 길수록 주파수는 낮다.
④ 동일한 질량의 경우 강성이 클수록 주파수는 높다.

> 해설

주파수
주파수는 1초 동안의 사이클(진동 회수)이다.

정답 ● 59 ③ 60 ④ 61 ④ 62 ②

63 ☑☐☐☐☐

자주보전 전개스텝 7단계 중 제6단계에 속하는 것은?

① 자주점검
② 자주관리의 철저
③ 자주보전의 시스템화
④ 발생원 곤란개소 대책

해설

자주보전 7단계

구분	내용
1단계 초기청소	청소, 정리정돈 등을 통한 설비의 이상유무 확인
2단계 곤란개소 대책	오염 발생원, 청소 곤란개소 식별 및 개선, 오염 차단 대책 수립(덮개 등)
3단계 기준서 작성	활동별 기준서 작성, 점검항목, 주기, 방법, 기준 등을 명확하게 정의
4단계 총점검	담당자의 설비 전체 정밀점검, 기능습득 및 실습교육 진행
5단계 자주점검	작업자가 이상 유무를 직접 점검, 이상 발견 시 기록, 보고
6단계 표준화	자주보전 활동과정의 표준화 및 확립, 자료의 체계적 관리
7단계 철저한 자주관리	담당자가 자주보전 활동을 완전히 몸에 익혀 설비관리와 효율을 극대화함

64 ☑☐☐☐☐

속도로스를 설명한 것으로 옳은 것은?

① 속도로스는 설비의 설계속도와 설비가 실제로 움직이는 속도와의 합이다.
② 속도로스는 설비의 설계속도와 설비가 실제로 움직이는 속도와의 차이다.
③ 속도로스는 설비의 설계속도와 설비가 실제로 움직이는 속도와의 곱이다.
④ 속도로스는 설비의 설계속도를 설비가 실제로 움직이는 속도로 나눈 값이다.

해설

속도로스
속도로스란 설비의 설계속도(이론적 속도)와 설비가 실제로 움직이는 속도(실제 속도)와의 차이이다.

65 ☑☐☐☐☐

품질보전의 전개순서로 적절한 것은?

① 현상분석 → 목표설정 → 요인해석 → 검토 → 실시 → 결과확인 → 표준화
② 현상분석 → 목표설정 → 표준화 → 검토 → 요인해석 → 실시 → 결과 확인
③ 현상분석 → 목표설정 → 표준화 → 요인해석 → 검토 → 실시 → 결과 확인
④ 현상분석 → 요인해석 → 검토 → 실시 → 표준화 → 목표설정 → 결과확인

해설

품질보전의 전개순서
현상분석 → 목표설정 → 요인해석 → 검토 및 실시 → 결과확인 → 표준화

정답 63 ③ 64 ② 65 ①

66 ☑□□□□
설비관리에 대한 설명으로 가장 거리가 먼 것은?

① 설비자산의 효율적 관리
② 끊임없는 설비 자동화율의 극대화
③ 설비의 설계와 연계되는 보전도 향상
④ 사용설비의 보전도유지를 포함한 생산보전 활동

해설

설비관리의 목적
- 설비관리의 목적은 설비의 성능을 안정적으로 유지하여 생산성을 높이는 것이다.
- 설비의 자동화율을 끊임없이 극대화하는 것은 설비관리의 목적에서 벗어난다.

67 ☑□□□□
생산량이 많고 표준화되고 작업의 균형이 유지되며 재료의 흐름이 원활한 경우에 많이 이용되는 설비배치 형태는?

① 갱시스템
② 제품별 배치
③ 기능별 배치
④ 제품 고정형 배치

해설

제품별 배치(라인별 배치)
- 대량생산 및 연속생산시스템에서 주로 사용된다.
- 설비와 작업자가 생산의 순서에 맞게 배치된다.
- 높은 수준의 표준화, 작업의 균형, 재료 흐름의 원활한 경우에 이용된다.

68 ☑□□□□
마멸은 기계부품의 수명을 단축하는 가장 큰 원인 중 하나이다. 다음 중에서 마멸의 설명과 가장 거리가 먼 것은?

① 마찰과 마멸은 동일한 현상이다.
② 마멸은 열적 원인으로도 일어날 수 있다.
③ 마찰은 반드시 마멸을 동반하는 것이 아니다.
④ 마멸은 외력에 의해 물체 표면의 일부가 분리되는 현상이다.

해설

마멸과 마찰의 구분
- 마찰은 두 물체 사이에 상대운동이 있을 때 표면 간에 작용하는 힘이다.
- 마멸은 마찰 등의 원인에 의해 물체 표면이 분리되는 현상이다.

69 ☑□□□□
자본의 효율적 사용을 위해 현재 사용 중인 낡은 기계를 계속 사용하거나 새로운 기계로의 대체 여부를 비교하여 결정하는 방법은?

① QFD　　　　② MAPI
③ 6sigma　　　④ PERT/CPM

해설

MAPI방식
- 기존 설비와 신설비의 비용 및 수익을 종합적으로 비교하여 교체시기를 결정하는 경제성 평가 방법이다.
- 설비의 경제수명, 긴급률(투자수익률) 등을 산출해 자본의 효율적 운용을 도모한다.

정답 66 ② 67 ② 68 ① 69 ②

70
보전작업 표준을 설정하기 위한 방법 중 실적기록에 입각해서 작업의 표준시간을 결정하는 방법은?

① 경험법　　② MTM법
③ PTS법　　④ 실적자료법

해설

실적자료법
실적자료법은 실제 작업실적(과거 데이터)을 바탕으로 표준시간을 산출하는 방식으로, 경험에 의존하는 방법이나 사전에 결정된 시간표준(PTS, MTM)과 구분된다.

71
TPM의 5가지 활동 중 보전이 필요 없는 설비를 설계하여, 가능한 빨리 설비의 안전가동을 위한 활동은 무엇인가?

① 계획 보전 체제의 확립
② 작업자의 자주 보전 체제의 확립
③ 설비의 효율화를 위한 개선 활동
④ MP 설계와 초기 유동관리체제의 확립

해설

MP 설계와 초기 유동관리체제 확립
- 보전이 필요 없는 설비를 설계하여 설비의 신뢰성을 사전에 확보하는 활동이다.
- 이 활동은 고장 및 조정이 최소화된 안전한 설비를 신속히 정상가동 상태로 만드는 것이 주 목적이다.

72
부하가 많을 경우에 각 부하전력의 산술합계를 최대부하로 나눈 것을 무엇이라고 하는가?

① 부하율　　② 수요율
③ 부등률　　④ 설비 이용률

해설

부등률
부등률은 각 부하의 최대전력의 산술합계를 합성 최대부하(동시에 나타나는 계통의 전체 최대부하)로 나눈 값이다.

73
오일분석법 중 채취한 시료유를 연소하여 그때 생긴 금속성분 특유의 발광 또는 흡광현상을 분석하는 것은?

① SOAP법　　② 페로그래피법
③ 클리브랜드법　　④ 스폿테스트법

해설

SOAP법과 페토그래피법 구분
- SOAP법은 시료유를 연소시켜 발생되는 금속성분의 발광 또는 흡광을 분석하여 마모 부위의 성분을 파악하는 방법이다.
- 페로그래피법은 자력을 이용하여 오일 내 마모 입자를 추출, 크기와 형태를 현미경으로 분석하는 방법이다.

정답 70 ④　71 ④　72 ③　73 ①

74

다음 중 기어박스에 기어가 들어 있는 밀폐형 윤활방식으로 적합한 것은?

① 브러시 ② 손급유
③ 유욕급유 ④ 패드급유

해설

윤활방식의 구분
- 유욕급유는 마찰면이 윤활유 속에 잠기는 방식으로, 윤활효과와 냉각효과가 뛰어나 밀폐된 공간에서 장시간 사용할 수 있다.
- 브러시, 손급유 및 패드급유는 주로 개방형이나 경하중용 부품에 사용되며, 밀폐형 기어박스에는 적합하지 않다.

75

일반적인 베어링 윤활의 목적에 대한 설명으로 틀린 것은?

① 금속류의 직접 접촉에 의한 소음을 막는다.
② 윤활유의 사용으로 먼지 또는 이물질의 침입을 방지한다.
③ 베어링의 마모를 막고 윤활유의 냉각효과로 수명을 연장시킨다.
④ 마모를 적게 하여 동력손실을 높이고 마찰에 의한 발열을 증가시킨다.

해설

일반적인 베어링 윤활의 목적
윤활의 목적은 동력손실을 최소화하고 마찰에 의한 발열을 줄이는 데 있다.

76

다음 중 실린더유의 품질조건으로 틀린 것은?

① 황산에 의한 부식의 억제를 위한 산중화성을 가질 것
② 고온에서 품질의 변화가 크고, 카본이나 회분 등의 잔류물이 많을 것
③ 실린더 라이너의 미끄럼부에 즉시 윤활이 가능하도록 확산성을 가질 것
④ 실린더 라이너나 피스톤링의 이상 마모를 방지하는 극압성이나 유막의 유지성을 가질 것

해설

실린더유의 품질조건
적절한 실린더유는 고온에서도 품질변화가 적고, 잔류물이 적어야 윤활과 부식방지, 마모 억제가 가능하다.

77

공기압축기에서 윤활에 큰 영향을 미치는 요소로 맞는 것은?

① 첨가제 ② 열과 물
③ 압력과 용량 ④ 유동점과 인화점

해설

윤활에 영향을 미치는 요인
- 열: 압축공기 온도가 높아질수록 윤활유의 열화, 점도 저하, 카본 생성 등이 심해진다.
- 물: 압축기에 수분이 유입될 경우, 오일의 분해와 기어의 부식, 윤활회로 내 응축수 등이 발생해 윤활에 악영향을 준다.

정답 74 ③ 75 ④ 76 ② 77 ②

78 ☑☐☐☐☐

집중급유장치를 이용하여 그리스윤활을 하려고 한다. 이때 사용되는 그리스의 주도번호는 몇 호 이하인 것이 가장 적합한가? (단, KS 기준을 준용한다)

① 2호 이하 ② 3호 이하
③ 4호 이하 ④ 5호 이하

해설

그리스의 주도번호
- KS 기준 그리스의 주도번호는 000호, 00호, 0호, 1호, 2호, 3호, 4~5호가 있다.
- 숫자가 커질수록 고체화되어 배관급유가 어렵다.
- 집중급유장치로 그리스윤활을 할 때에는 2호 이하가 적합하다.

79 ☑☐☐☐☐

고하중 기어나 극압성이 큰 압연기 등에 사용되는 윤활유로 가장 적합한 것은?

① 웜형 기어유
② 레귤러형 기어유
③ 다목적용 기어유
④ 마일드 EP형 기어유

해설

마일드 EP형 기어유
- 높은 하중, 충격하중, 극압 조건에서 우수한 내마모성을 가진다.
- 극압성 첨가제가 포함되어 있어 기어의 수명과 안전을 지키는 데 적합하다.

80 ☑☐☐☐☐

윤활유의 기유로 사용되는 파라핀계 기유를 설명한 내용 중 틀린 것은?

① 휘발성은 나프텐계 기유보다 낮다.
② 점도지수가 나프텐계 기유보다 낮다.
③ 산화저항성이 나프텐계 기유보다 높다.
④ 인화점, 유동점이 나프텐계 기유보다 높다.

해설

파라핀계 윤활유의 특성
파라핀계 윤활유는 나프텐계 윤활유에 비해 점도지수가 높다.

관련개념 파라핀계와 나트텐계 윤활기유의 특성 비교

구분	파라핀계	나프텐계
산화저항성	높다.	낮다.
분자량	크다.	작다.
유동점	높다.	낮다.
점도지수	높다.	낮다.
밀도(휘발성)	낮다.	높다.

정답 78 ① 79 ④ 80 ②

2025 제3회 CBT 복원

1과목 공유압 및 자동제어

01 ☑☐☐☐☐

공기압작업요소의 설명이 틀린 것은?

① 격판 실린더는 격판에 부착된 피스톤 로드가 미끄럼 실링되어 있다.
② 회전 실린더는 피니언과 랙 등의 구조를 이용하여 회전운동을 할 수 있다.
③ 탠덤 실린더는 2개의 복동 실린더가 1개의 실린더 형태로 된 것이다.
④ 다위치제어 실린더는 2개 또는 그 이상의 복동 실린더로 구성된다.

해설

공기압작업요소
- 격판(다이어프램) 실린더는 피스톤 대신 격판(다이어프램)을 사용해 밀폐하고 압력에 의해 왕복운동을 한다.
- 피스톤 실린더에서 피스톤 로드와 실린더 내부가 미끄럼 실링되어 있다.

02 ☑☐☐☐☐

무인 반송차(AGV)의 특징으로 틀린 것은?

① 보관능력이 향상된다.
② 레이아웃의 자유도가 크다.
③ 정지 정밀도를 확보할 수 있다.
④ 자기 진단과 컴퓨터 교신기능이 있다.

해설

무인 반송차(AGV)의 특징
- 무인 반송차(AGV)는 부품 및 자재를 작업자가 직접 이동시키지 않고 스스로 목적지까지 이동시킬 수 있는 자동화된 차량이다.
- 무인 반송차는 물품을 이동하는 역할을 하기 때문에 보관능력 향상과는 거리가 멀다.

03 ☑☐☐☐☐

다음 중 되먹임제어계의 장점이 아닌 것은?

① 전체 제어는 항상 안정하다.
② 목푯값에 정확하게 도달할 수 있다.
③ 제어계의 특성을 향상시킬 수 있다.
④ 외부 조건변화에 대한 영향을 줄일 수 있다.

해설

되먹임(폐회로)제어계의 특징
- 외부 조건 변화에 대한 영향을 줄이고, 목푯값에 정확하게 도달할 수 있으며, 제어계의 특성을 향상시킬 수 있다.
- 전체 제어가 항상 안정하지는 않고 적용 및 설정에 따라 제어계가 불안정해질 수 있다.

정답 01 ① 02 ① 03 ①

04 ☑☐☐☐☐

다음 중 제어동작 결과 정상오차를 발생시킬 수 있는 제어는?

① 적분제어
② 비례제어
③ 비례적분제어
④ 비례적분미분제어

해설

비례제어(P제어)
입력과 출력의 오차에 비례하여 제어하지만, 오차를 완전히 0으로 만들 수 없으므로 정상오차가 남는다.

05 ☑☐☐☐☐

릴레이를 사용한 전기제어회로에서 릴레이 자신의 접점을 통해 전기신호를 자신의 릴레이 코일에 계속 흐르게 하여 릴레이 코일의 여자상태를 유지하는 회로는?

① 동조회로 ② 비동기회로
③ 인터록회로 ④ 자기유지회로

해설

자기유지회로
- 시퀀스제어에서 기계나 장치의 동작을 유지하는 역할을 하는 회로이다.
- 입력장치로 모터나 램프를 켜면, 버튼에서 손을 떼더라도 장치가 계속 동작하도록 자기유지기능이 작동한다.
- 릴레이(계전기)가 활성화되면, 릴레이 접점을 통해 전류가 계속 흐르도록 회로가 구성되어 있기 때문이다.

06 ☑☐☐☐☐

유공압장치의 전기 시퀀스제어회로를 설계할 때 고려해야 할 사항에 해당되지 않는 것은?

① 설계 전 충분히 대상시스템을 파악한다.
② 설계절차에 따라 순차적으로 진행한다.
③ 비용, 설비관리자의 수준이 고려되어야 한다.
④ 대상시스템의 동작순서는 고려하지 않는다.

해설

시퀀스제어회로 설계 시 고려사항
시퀀스제어회로는 미리 정해진 순서에 따라 각 단계를 진행하는 것이므로 대상시스템의 동작순서를 고려해야 한다.

07 ☑☐☐☐☐

스테핑모터의 특징으로 옳지 않은 것은?

① 정지 시 홀딩토크가 없다.
② 회전속도는 입력 주파수에 비례한다.
③ 회전각도는 입력 펄스의 수에 비례한다.
④ 피드백 루프 없이 속도와 위치제어 응용이 가능하다.

해설

스테핑모터
- 입력신호(펄스)에 따라 일정한 각도만큼 단계적으로 회전하는 제어용 모터이다.
- 정지 시 홀딩토크가 존재한다.
- 홀딩토크란 모터가 멈춰있을 때 축을 돌리려는 외력에 저항하는 힘으로 정지 중에도 모터가 위치를 정확하게 유지할 수 있도록 하는 것이다.

정답 04 ② 05 ④ 06 ④ 07 ①

08 ☑☐☐☐☐

실제의 시간과 관계된 신호에 의하여 제어가 행해지는 제어계는?

① 논리제어계   ② 동기제어계
③ 비동기제어계   ④ 시퀀스제어계

해설

제어계의 구분

구분	내용
ON-OFF 제어	가장 기본적인 제어로 ON/OFF만 동작시킨다.
논리제어	요구되는 입력조건이 만족되면 신호를 출력한다.
동기제어	실제의 시간과 관계된 신호에 의한 제어이다.
비동기제어	시간과 관계없이 입력신호의 변화에 의해서만 행해진다.
시퀀스제어	미리 정해진 순서에 따라 설비를 자동으로 동작시킨다.
폐회로제어	출력값을 기준값과 비교하고 차이가 발생하면 오차를 줄이기 위한 제어를 한다.

09 ☑☐☐☐☐

전기회로에서 수동소자가 아닌 것은?

① 저항   ② 인덕터
③ 커패시터   ④ OP-AMP

해설

수동소자와 능동소자의 구분

구분	내용
수동소자	공급된 전기에너지를 소비, 축적, 통과시킨다. 예 저항, 인덕터, 커패시터
능동소자	입력신호에 따라 증폭, 신호 변환 등을 통해 전기에너지를 변환시킨다. 예 OP-AMP

10 ☑☐☐☐☐

선형제어계의 안정도를 판별하는 방법과 관계가 없는 것은?

① 나이퀴스트 판별법
② 근궤적도
③ 보드선도
④ 과도응답 판별법

해설

과도응답 판별법
- 시스템의 응답특성을 시간적으로 분석하는 방법이다.
- 주로 시스템의 동작특성(과도, 정상 상태 등)을 평가하는 데 사용되며, 안정도 판별에는 이용하지 않는다.

정답 08 ② 09 ④ 10 ④

11 ☑☐☐☐☐

응답이 최초로 목푯값의 50 %에 도달하는 데 소요되는 시간은?

① 상승시간
② 정정시간
③ 지연시간
④ 응답시간

해설

응답특성
- 지연시간 : 응답이 최초로 목푯값의 50 %에 도달하는 데 필요한 시간이다.
- 상승시간 : 응답이 목푯값의 10 %에서 90 %까지 도달하는 데 걸리는 시간이다.
- 정정시간(응답시간) : 응답이 목표치의 오차범위 이내에 정착하는 데 걸리는 시간이다.

12 ☑☐☐☐☐

서로 이웃한 컴퓨터와 터미널을 연결시킨 네트워크 구성형태이며, 통신회선 장애가 있거나 하나의 제어기라도 고장이 있을 때에는 모든 시스템이 정지될 수 있는 네트워크는?

① 성형(Star)
② 환형(Ring)
③ 망형(Mesh)
④ 트리형(Tree)

해설

네트워크의 종류
① 성형(Star) : 중앙 컴퓨터를 중심으로 여러 컴퓨터가 연결된 구조로 중앙 컴퓨터가 고장이 있으면 전체시스템이 정지된다.
② 환형(Ring) : 서로 이웃한 컴퓨터와 터미널을 연결시킨 네트워크 구성형태로 통신회선 장애가 있으면 시스템이 정지된다.
③ 망형(Mesh) : 모든 기기들이 1 : 1로 연결되어 있다.
④ 트리형(Tree) : 나뭇가지 형상으로 연결되어 분산작업에 주로 쓰인다.

13 ☑☐☐☐☐

일반적인 터빈식 유량계의 특징으로 틀린 것은?

① 내구력이 있고 수리가 용이하다.
② 용적식 유량계보다 압력 손실이 작다.
③ 용적식 유량계에 비해서 대형이며, 구조가 복잡하고 비용이 많이 소요된다.
④ 고온·저온·고압의 액체나 식품·약품 등의 특수 유체에 사용된다.

해설

터빈식 유량계의 특징
- 관을 통과하는 유체의 속도에 의해 터빈(날개)가 회전하고, 회전속도를 측정해 유량을 계산한다.
- 용적식 유량계에 비해 소형이며, 제작비용이 싸다.
- 식품, 음료, 약품, 석유화학 등 다양한 분야에 사용된다.

정답 11 ③ 12 ② 13 ③

14 ☑☐☐☐☐

다음 중 200 bar 이상의 고압에 주로 이용되는 유압펌프는?

① 나사펌프　　② 기어펌프
③ 베인펌프　　④ 피스톤펌프

해설

유압펌프의 압력범위별 사용용도
- 피스톤펌프는 높은 압력(200 bar 이상)을 견딜 수 있어 항공기이나 산업용 고압시스템에 사용된다.
- 기어펌프, 나사펌프, 베인펌프는 100~210 bar 이하의 중저압에서 주로 사용된다.

15 ☑☐☐☐☐

어큐뮬레이터 취급 시 주의사항으로 틀린 것은?

① 봉입가스는 불활성 가스 또는 공기압(저압용)을 사용한다.
② 충격 완충용은 가급적 충격이 발생하는 곳에서 멀리 설치한다.
③ 어큐뮬레이터에 부속쇠 등을 용접하거나 가공, 구멍 뚫기 등을 하지 않는다.
④ 펌프와 어큐뮬레이터 사이에 유압유가 펌프로 역류하지 않도록 체크밸브를 설치한다.

해설

어큐뮬레이터 취급 시 주의사항
충격 완충용은 가급적 충격원에서 가까이 설치하여 충격 감쇄효율을 높여야 한다.

16 ☑☐☐☐☐

다음 방향제어밸브의 조작방식 중 기계적 방식이 아닌 것은?

①
②
③
④

해설

방향제어밸브의 조작방식
①은 스프링, ②는 롤러, ④는 플런저방식의 기호로 기계제어방식이다.
③은 솔레노이드방식으로 전기제어방식이다.

17 ☑☐☐☐☐

리드스위치의 일반적인 특성에 해당되지 않는 것은?

① 회로 구성이 복잡하다.
② 소형, 경량이다.
③ 반복정밀도가 높다.
④ 스위칭 시간이 짧다.

해설

리드스위치
- 구조가 단순하여 회로 구성이 간단하다.
- 소형, 경량으로 다양한 곳에 적용할 수 있다.
- 자계에 의해 순간적으로 접점이 붙기 때문에 스위칭 시간이 짧다.

정답　14 ④　15 ②　16 ③　17 ①

18 ☑□□□□

계측기 선정방법을 설명한 것 중 거리가 가장 먼 것은?

① 계측목적에 적합한 것을 선정한다.
② 계측기의 설계자 및 디자이너를 보고 선정한다.
③ 여러 종류의 변수를 측정하기에 적합한 것을 선정한다.
④ 계측대상의 사용조건, 환경조건 등에 대해서 적당한 계측기를 선정한다.

해설

계측기 선정방법
계측기의 설계자 및 디자이너는 계측기 선정에서 중요하게 고려해야 할 요소는 아니다.

19 ☑□□□□

다음 설명에 해당되는 특성은?

> 압력제어밸브의 조정핸들을 조작하여 압력을 설정한 후 압력을 변화시켰다가 다시 핸들을 조작하여 원래의 설정 값에 복귀시켰을 때 최초의 압력값과는 오차가 발생한다.

① 유량특성
② 릴리프특성
③ 압력조절특성
④ 히스테리시스특성

해설

히스테리시스특성
문제에 주어진 내용은 히스테리시스특성에 대한 설명이다.

20 ☑□□□□

공유압장치에서 압력 전달에 관한 것을 설명한 원리는?

① 연속방정식
② 오일러의 법칙
③ 파스칼의 법칙
④ 베르누이의 법칙

해설

파스칼의 법칙
• 압력 전달과 관련된 법칙이다.
• 밀폐된 용기 내부의 비압축성 유체에 가해진 압력은 유체 내 모든 지점에 같은 크기로 전달된다는 법칙이다.

정답 18 ② 19 ④ 20 ③

2과목 용접 및 안전관리

21 ☑□□□□
다음 중 용접작업 전 준비를 위한 점검사항으로 거리가 가장 먼 것은?

① 용접결함의 파악
② 용접설비의 점검
③ 용접봉의 건조 여부
④ 보호구의 착용 여부

해설
용접작업 전 준비를 위한 점검사항
용접결함의 파악은 준비단계가 아니라 용접작업 후 검사(외관검사, 비파괴검사 등)에서 이루어진다.

22 ☑□□□□
다음 중 용접의 장점으로 알맞은 것은?

① 저온취성이 생길 우려가 있다.
② 재질의 변형 및 잔류응력이 존재한다.
③ 기밀성, 수밀성, 유밀성이 우수하다.
④ 용접사에 따라 용접결과가 달라진다.

해설
용접의 장점
- 용접은 기밀성, 수밀성, 유밀성이 뛰어나 액체나 기체가 샐 우려가 적어 산업 분야에서 다양하게 사용된다.
- ①, ②, ④는 용접의 단점에 해당된다.

23 ☑□□□□
정격전류가 200 A, 정격사용률 40 %인 아크용접기로 아크전압 30 V, 아크전류 130 A로 용접작업을 진행했을 때 허용사용률은?

① 75 %   ② 85 %
③ 90 %   ④ 95 %

해설
허용사용률 계산

$$허용사용률 = \frac{정격전류^2}{용접전류^2} \times 정격사용률$$

$$= \frac{200^2}{130^2} \times 0.4$$

$$= 0.9467 = 94.67\%$$

24 ☑□□□□
다음 중 불활성 가스아크용접의 장점이 아닌 것은?

① 피복제나 용제가 필요 없다.
② 열 집중성이 좋아 효율이 좋다.
③ 아크가 안정되고 스패터가 적다.
④ 청정작용이 없어 산화막이 약한 금속의 용접에 적합하다.

해설
불활성 가스아크용접
불활성 가스는 산화나 질화를 방지하여 금속 표면을 깨끗하게 해주기 때문에 산화막이 강한 금속(알루미늄, 마그네슘 등)에 더욱 효과적이다.

정답 21 ① 22 ③ 23 ④ 24 ④

25

다음 중 서브머지드아크용접에서 누설방지용 비드를 사용하는 이유는 무엇인가?

① 크랙을 방지하기 위해서이다.
② 용락을 방지하기 위해서이다.
③ 용접변형을 방지하기 위해서이다.
④ 용접의 공정 수를 줄이기 위해서이다.

해설

서브머지드아크용접
- 루트간격이 0.8 mm보다 넓을 때, 작업 중 용접부에 구멍이 뚫리는 용락이 발생할 수 있다.
- 누설방지용 비드는 용락을 예방하기 위해 추가로 용접해 주는 보조 비드이다.

26

다음 설명에 해당되는 용접방식은?

> 두꺼운 판의 양쪽에 수냉동판을 대고 용융 슬래그 속에서 아크를 발생시킨 후 용융 슬래그의 전기저항열을 이용하여 용접한다.

① 전자빔용접
② 서브머지드아크용접
③ 불활성 가스아크용접
④ 일렉트로슬래그용접

해설

일렉트로슬래그용접
- 양쪽에 냉각용 동판(수냉 동판)을 설치하여, 용융 슬래그와 용융금속 풀의 형태를 유지시키고 빠른 용접이 가능하다.
- 자동화할 수 있고 재료의 변형이 적다.

27

TIG용접에서 모재가 (−)이고 전극이 (+)인 것을 무엇이라고 하는가?

① 정극성   ② 역극성
③ 반극성   ④ 양극성

해설

TIG용접에서 정극성과 역극성의 구분
- 정극성 : 모재가 (+), 전극이 (−)인 경우이다.
- 역극성 : 모재가 (−), 전극이 (+)인 경우이다.

28

다음 중 직류 아크용접에서 역극성의 특징에 해당되지 않는 것은?

① 용입깊이가 얕다.
② 비드 폭이 좁다.
③ 용접봉이 빨리 녹는다.
④ 박판, 주철, 고탄소강 등의 용접에 사용된다.

해설

직류 아크용접에서 정극성과 역극성의 차이

구분	내용
정극성	• 모재용입이 깊다. • 비드 폭이 좁다. • 용접봉 소모가 적다. • 두꺼운 강재에 주로 적용된다.
역극성	• 모재용입이 얕다. • 비드 폭이 넓다. • 용접봉 소모가 많다. • 박판에 주로 적용한다.

정답 25 ② 26 ④ 27 ② 28 ②

29 ☑☐☐☐☐

피복아크용접에서 언더컷이 발생한 경우 방지대책으로 적절한 것은?

① 용접속도를 빠르게 한다.
② 유황 함량을 검사한다.
③ 아크의 길이를 길게 한다.
④ 적절한 용접봉을 선택하여 사용한다.

해설

피복아크용접에서 언더컷 방지대책
- 언더컷은 모재의 가장자리가 파여 홈이 생기고 용착금속이 채워지지 않는 결함이다.
- 용접봉이 용접 조건과 모재에 맞지 않을 경우 언더컷이 발생하기 쉽기 때문에, 규정에 맞는 용접봉을 사용해야 한다.
- 아크의 길이는 짧게 해야 한다.
- 용접속도를 너무 빠르게 하면 언더컷이 잘 발생된다.

30 ☑☐☐☐☐

가스용접에 사용하는 모재의 두께가 6 mm일 때 용접봉의 직경은 얼마인가?

① 1 mm ② 4 mm
③ 7 mm ④ 9 mm

해설

용접봉의 직경 계산

$D = \dfrac{T}{2} + 1 = \dfrac{6}{2} + 1 = 4\,\text{mm}$

D : 용접봉의 직경(mm)
T : 모재의 두께(mm)

31 ☑☐☐☐☐

다음 중 가스용접에서 용제를 사용하는 이유로 거리가 먼 것은?

① 청정작용를 한다.
② 용접봉 심선의 유해성분을 제거한다.
③ 재료 표면의 산화물을 제거한다.
④ 용융금속의 산화와 질화를 방지한다.

해설

가스용접에서 용제를 사용하는 이유
- 용접 중 발생한 불순물과 산화물을 제거하는 청정작용을 한다.
- 재료 표면의 산화물을 제거하여 용접 품질을 높인다.
- 용융금속의 산화와 질화를 방지하여 용착 금속의 성질을 개선한다.

32 ☑☐☐☐☐

다음 중 용접을 진행할 때 용접성을 저해시키며 적열취성을 일으키는 원소는 무엇인가?

① 인   ② 황
③ 구리 ④ 망간

해설

적열취성
- 황(S)이 포함된 철강을 고온으로 가열할 때, 황이 철과 결합해 황화철(FeS)을 생성하면 적열취성이 발생한다.
- 황화철(FeS)은 외력을 받으면 균열이 생기므로 용접성을 저해시킨다.

정답 29 ④ 30 ② 31 ② 32 ②

33 ☑☐☐☐☐
다음 중 와류탐상시험에 사용하는 시험체의 조건으로 적절한 것은?

① 비자성체
② 전도성 금속재료
③ 플라스틱
④ 비전도성 복합재료

해설
와류탐상시험에 사용하는 시험체의 조건
- 와류탐상시험은 전자유도의 원리로 시험체에 와전류를 유도하여 표면 또는 표면 근처의 결함을 검출하는 비파괴검사이다.
- 시험체에 와전류가 흐르려면 전기가 잘 통하는 전도성 금속재료여야 한다.

34 ☑☐☐☐☐
화학물질 및 화학제품 제조업에서 상시근로자가 50인 이상인 경우 의무적으로 설치해야 하는 것은?

① 명예산업안전감독관
② 산업안전보건위원회
③ 중대재해예방본부
④ 보호구관리위원회

해설
산업안전보건위원회
화학물질 제조업, 1차 금속, 자동차, 기타 기계 제조업 등에서 상시근로자 50인 이상이면 산업안전보건위원회를 설치해야 한다.

35 ☑☐☐☐☐
다음 중 방사선투과시험에서 필름의 감광도에 영향을 주는 인자가 아닌 것은?

① 노출시간
② 필름의 종류
③ 방사선의 세기
④ 시험체의 열전도율

해설
필름의 감광도에 영향을 주는 인자
① 노출시간 : 노출시간이 길면 감광도가 높아진다.
② 필름의 종류 : 필름마다 감도의 특성이 달라 감광도에 영향을 준다.
③ 방사선의 세기 : 방사선의 세기가 강할수록 감광도가 높아진다.
④ 시험체의 열전도율 : 방사선의 흡수에는 영향을 줄 수 있지만 필름의 감광도에는 큰 영향을 주지 않는다.

36 ☑☐☐☐☐
다음 중 석면을 취급하는 근로자가 착용해야 하는 보호구로 거리가 먼 것은?

① 보호복
② 보안면
③ 특급 방진마스크
④ 정전기 안전화

해설
석면 취급 시 보호구
석면은 1급 발암물질로 취급 시 보호복, 보안면, 특급 방진마스크를 착용해야 한다.

정답 ● 33 ② 34 ② 35 ④ 36 ④

37

산업안전보건법령상 규정된 관리감독자의 업무에 해당하지 않는 것은?

① 사업장 폐업 절차 신고
② 작업장 정리에 관한 확인·감독
③ 작업복 착용에 관한 교육·지도
④ 유해·위험요인의 파악

해설

관리감독자의 업무
사업장 폐업 절차 신고는 사업주의 경영 관련 행정업무로, 안전보건관리와 직접적으로 연관된 관리감독자의 법적 임무가 아니다.

38

산업안전보건법령상 산업안전보건위원회의 정기회의는 개최주기는?

① 분기마다 실시한다.
② 반기마다 실시한다.
③ 연 1회 이상 실시한다.
④ 필요 시 수시로 실시한다.

해설

산업안전보건위원회의 회의
〈산업안전보건법 시행령 제37조〉
산업안전보건위원회의 정기회의는 분기마다 위원장이 소집하며, 임시회의는 위원장이 필요하다고 인정할 때에 소집한다.

39

다음 중 산업안전보건법령에 따른 근로자의 작업중지에 대한 설명으로 틀린 것은?

① 급박한 위험이 있는 경우 근로자는 작업을 중지하고 대피할 수 있다.
② 작업을 중지하고 대피한 근로자는 해당 사항을 관리자에게 보고할 의무는 없다.
③ 사업주는 작업을 중지하고 대피한 근로자에게 불리한 처후를 하면 안 된다.
④ 관리감독자는 작업중지 후 안전 및 보건에 관하여 필요한 조치를 해야 한다.

해설

근로자의 작업중지
• 산업재해가 발생할 급박한 위험이 있는 경우 근로자는 작업을 중지하고 대피할 수 있다.
• 작업을 중지하고 대피한 근로자는 지체없이 그 사실을 관리감독자 또는 부서의 장에게 보고하여야 한다.

40

다음 중 안전점검표(Check list)에 필수적으로 포함해야 할 사항이 아닌 것은?

① 점검대상   ② 판정기준
③ 점검방법   ④ 점검자의 경력

해설

안전점검표에 포함해야 할 사항
불안전한 상태를 확인하여 조치하기 위한 것으로 점검대상, 점검방법, 판정기준 등이 포함되어야 한다.

정답 37 ① 38 ① 39 ② 40 ④

3과목 기계설비일반

41 ☑☐☐☐
다음 치수 중 치수공차가 0.1이 아닌 것은?

① $50_{\ 0}^{+0.1}$　② 50 ± 0.05
③ $50_{-0.03}^{+0.07}$　④ 50 ± 0.1

해설
치수공차 계산
① 최대치수 : 50 + 0.1 = 50.1
　최소치수 : 50 + 0 = 50
　치수공차 : 50.1 - 50 = 0.1
② 최대치수 : 50 + 0.05 = 50.05
　최소치수 : 50 - 0.05 = 49.95
　치수공차 : 50.05 - 49.95 = 0.1
③ 최대치수 : 50 + 0.07 = 50.07
　최소치수 : 50 - 0.03 = 49.97
　치수공차 : 50.07 - 49.97 = 0.1
④ 최대치수 : 50 + 0.1 = 50.1
　최소치수 : 50 - 0.1 = 49.9
　치수공차 : 50.1 - 49.9 = 0.2

42 ☑☐☐☐
표면거칠기 표기방법 중 중심선 평균 거칠기를 표기하는 기호는 무엇인가?

① R_p　② P_y　③ R_z　④ R_a

해설
표면거칠기의 종류
- 중심선 평균 거칠기(R_a)
- 최대높이 거칠기(R_y)
- 10점 평균 거칠기(R_z)

43 ☑☐☐☐
기준치수가 30, 최대 허용치수가 29.98, 최소 허용치수가 29.95일 때 아래치수 허용차는 얼마인가?

① +0.05　② +0.03
③ -0.05　④ -0.03

해설
아래치수 허용차 계산
아래치수 허용차 = 최소 허용치수 - 기준치수
= 29.95 - 30 = -0.05

44 ☑☐☐☐
데이텀(Datum)에 관한 설명으로 틀린 것은?

① 데이텀을 표시하는 방법은 영어의 소문자를 정사각형으로 둘러싸서 나타낸다.
② 지시선을 연결하여 사용하는 데이텀 삼각기호는 빈틈없이 칠해도 좋고, 칠하지 않아도 좋다.
③ 형체에 지정되는 공차가 데이텀과 관련되는 경우 데이텀은 원칙적으로 데이텀을 지시하는 문자기호에 의하여 나타낸다.
④ 관련 형체에 기하학적 공차를 지시한 때, 그 공차영역을 규제하기 위하여 설정한 이론적으로 정확한 기하학적 기준을 데이텀이라 한다.

해설
데이텀(Datum)
데이텀은 영어의 대문자를 정사각형(박스)으로 둘러싸서 표기하는 것이 원칙이다.

정답 41 ④　42 ④　43 ③　44 ①

45 ☑☐☐☐☐

기하공차 중 단독형체에 관한 것들로만 짝지어진 것은?

① 진직도, 평면도, 경사도
② 진직도, 동축도, 대칭도
③ 평면도, 진원도, 원통도
④ 진직도, 동축도, 경사도

해설

기하공차 중 단독형체에 관한 것
- 단독형체에 적용되는 기하공차는 모양공차이다.
- 단독형체란 데이텀에 의존하지 않고 그 자체로 공차가 적용되는 형체이다.
- 진직도, 평면도, 진원도, 원통도, 선의 윤곽도, 면의 윤곽도가 해당된다.

46 ☑☐☐☐☐

그림과 같이 도면에 기입된 기하공차에 관한 설명으로 옳지 않은 것은?

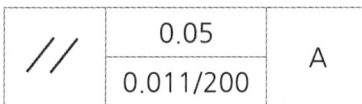

① 제한된 길이에 대한 공차값이 0.011이다.
② 전체 길이에 대한 공차값이 0.05이다.
③ 데이텀을 지시하는 문자기호는 A이다.
④ 공차의 종류는 평면도 공차이다

해설

기하공차 해석
- // 은 자세공차 중 평행도 공차이다.
- ▱ 이 평면도 공차이다.

47 ☑☐☐☐☐

끼워맞춤에서 H6 g6는 무엇을 뜻하는가?

① 축기준 6급 헐거운 끼워맞춤
② 축기준 6급 억지 끼워맞춤
③ 구멍기준 6급 헐거운 끼워맞춤
④ 구멍기준 6급 중간 끼워맞춤

해설

끼워맞춤
- H6 : 기준구멍 표시
- g6 : 헐거운 끼워맞춤 표시

48 ☑☐☐☐☐

평행도가 데이텀 B에 대하여 지정길이 100 mm마다 0.05 mm의 허용값을 가질 때 그 기하공차기호를 올바르게 나타낸 것은?

①	//	0.05/100	B
②	▱	0.05/100	B
③	═	0.05/100	B
④	↗	0.05/100	B

해설

기하공차 해석
① // 은 평행도 공차이다.
② ▱ 은 평면도 공차이다.
③ ═ 은 대칭도 공차이다.
④ ↗ 은 원주 흔들림 공차이다.

49

나사를 1회전시킬 때 나사산이 축방향으로 움직인 거리를 무엇이라고 하는가?

① 각도(Angle) ② 리드(Lead)
③ 피치(Pitch) ④ 플랭크(Flank)

해설

나사 관련 용어
- 리드 : 나사가 1회전 했을 때 축방향으로 이동한 거리
- 피치 : 인접한 두 나사산 사이의 축방향 거리

50

그림과 같은 도면에서 "가" 부분에 들어갈 가장 적절한 기하공차기호는?

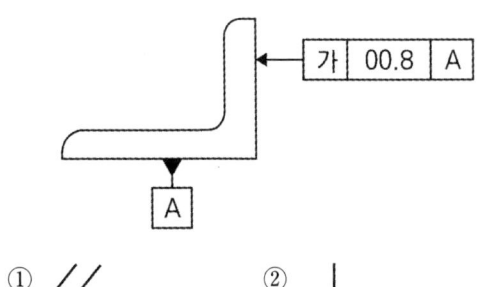

① // ② ⊥
③ ▱ ④ ⊕

해설

기하공차기호
기하공차 기입란의 "가" 부분은 한 면이 데이텀 'A'에 대해 0.08 mm 이내의 직각도로 유지되어야 함을 의미한다.

51

그림과 같은 표면의 상태를 기호로 표시하기 위한 표면거칠기 관련 지시기호에서 d는 무엇을 표시하는가?

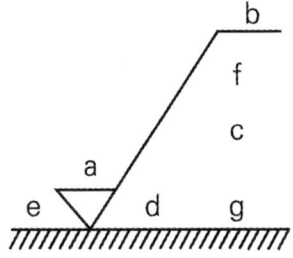

① a에 대한 기준길이 또는 컷 오프 값
② 기준길이, 평가길이
③ 줄무늬 방향의 기호
④ 가공방법기호

해설

표면거칠기 관련 지시기호
a : 중심선 평균거칠기의 값
b : 가공방법
c : 컷오프값
d : 줄무늬 방향의 기호
e : 다듬질(거칠기)값
f : 중심선 평균거칠기 이외의 표면거칠기의 값
g : 표면파상도

52

공작물을 센터에 지지하지 않고 연삭하며, 가늘고 긴 가공물의 연삭에 적합한 특징을 가진 연삭기는?

① 나사 연삭기 ② 내경 연삭기
③ 외경 연삭기 ④ 센터리스 연삭기

정답 49 ② 50 ② 51 ③ 52 ④

해설

센터리스 연삭기
- 공작물을 센터에 지지하지 않고 두 개의 바퀴 사이에서 연삭을 진행하는 방식이다.
- 가늘고 긴 가공물(축, 봉 등)을 연속적으로 자동이송하면서 연삭할 수 있어 대량생산에 적합하다.

53 ☑☐☐☐☐

어떤 도면에서 편심량을 4 mm로 주어졌을 때, 실제 다이얼게이지의 눈금의 변위량은 얼마로 나타나야 하는가?

① 2 mm   ② 4 mm
③ 8 mm   ④ 0.5 mm

해설

편심량

$$편심량 = \frac{다이얼게이지의 변위}{2}$$

$$4 = \frac{다이얼게이지의 변위}{2}$$

다이얼게이지의 변위 = 8 mm

54 ☑☐☐☐☐

평벨트와 비교하여 V벨트의 특징으로 틀린 것은?

① 전동효율이 좋다.
② 고속운전이 가능하다.
③ 정숙한 운전이 가능하다.
④ 축간거리를 더 멀리 할 수 있다.

해설

평벨트와 비교한 V벨트의 특징
- V벨트는 평벨트보다 마찰력이 크기 때문에 동력전달 효율이 좋다.
- 미끄럼이 적어 고속 운전이 가능하다.
- 정숙한 운전이 가능합니다.
- V벨트는 홈에 맞물려 동력을 전달하기 때문에 축간거리가 짧은 곳에 적합하다.

55 ☑☐☐☐☐

미끄럼을 방지하기 위하여 접촉면에 치형을 붙여 맞물림에 의하여 전동하도록 조합한 벨트는 무엇인가?

① 평벨트   ② V벨트
③ 가는너비V벨트   ④ 타이밍벨트

해설

타이밍벨트
- 벨트 표면에 치형이 있어 풀리와 맞물림방식으로 동력을 전달해서 미끄럼이 거의 없다.
- 정확한 속도전달과 위치제어가 필요할 때 사용된다.
- 자동차 엔진, 자동화 장비 등 정밀 동력이 요구되는 곳에 적용된다.

정답 53 ③ 54 ④ 55 ④

56

드릴작업 후 구멍의 내면을 다듬질하는 목적으로 사용하는 공구는?

① 탭
② 리머
③ 센터드릴
④ 카운터 보어

해설

리머
리머는 드릴로 뚫은 구멍의 내면을 매끈하게 다듬고, 구멍의 직경을 정확하게 가공하기 위한 공구이다.

57

정밀 입자 가공 중 래핑(Lapping)에 대한 설명으로 틀린 것은?

① 가공면의 내마모성이 좋다.
② 정밀도가 높은 제품을 가공할 수 있다.
③ 작업 중 분진이 발생하지 않아 깨끗한 작업 환경을 유지할 수 있다.
④ 가공면에 랩제가 잔류하기 쉽고, 제품을 사용할 때 잔류한 랩제가 마모를 촉진시킨다.

해설

래핑(Lapping)
래핑은 미세입자(랩제, 연마제)를 사용하므로 공정 중 분진, 랩제의 비산, 오염 등이 발생하며 작업장의 청결유지는 어렵다.

58

미끄럼 베어링재료에 요구되는 성질로 거리가 먼 것은 무엇인가?

① 하중 및 피로에 대한 충분한 강도를 가질 것
② 내부식성이 강할 것
③ 유막의 형성이 용이할 것
④ 열전도율이 작을 것

해설

미끄럼 베어링재료에 요구되는 성질
미끄럼 베어링재료는 마찰로 인해 발생한 열을 효과적으로 방산하기 위해 열전도율이 높은 재료가 필요하다.

59

구름 베어링의 안지름 번호에 대하여 베어링의 안지름 치수를 잘못 나타낸 것은?

① 안지름 번호 : 01 - 안지름 : 12 mm
② 안지름 번호 : 02 - 안지름 : 15 mm
③ 안지름 번호 : 03 - 안지름 : 18 mm
④ 안지름 번호 : 04 - 안지름 : 20 mm

해설

구름 베어링의 안지름 번호
00 ~ 03은 치수값이 정해져 있고 04부터는 번호 숫자에 5를 곱한 값이 안지름이다.
- 안지름 번호 00 : 10 mm
- 안지름 번호 01 : 12 mm
- 안지름 번호 02 : 15 mm
- 안지름 번호 03 : 17 mm
- 안지름 번호 04 : 04 × 5 = 20 mm

정답 56 ② 57 ③ 58 ④ 59 ③

60 ☑☐☐☐☐

주조 조직을 미세화하고 냉간가공, 단조 등에 의해 생긴 내부응력을 제거하며, 결정조직, 기계적 성질, 물리적 성질 등을 표준화시키는 데 목적이 있는 열처리법은?

① 담금질
② 침탄법
③ 뜨임
④ 불림

해설

불림
- 불림은 철강재료를 적당한 온도로 가열한 뒤, 공기 중에 냉각시켜 결정립을 미세화하고 조직을 균일하게 한다.
- 주조나 단조 후 조직의 거대화, 내부응력의 생성 등을 개선하여 표준조직과 안정된 물리·기계적 성질을 얻을 수 있다.

4과목 설비진단 및 관리

61 ☑☐☐☐☐

TPM에서의 설비종합효율을 계산하기 위해서 고려되어야 할 사항 중 가장 거리가 먼 것은?

① 양품률
② 로스율
③ 시간가동률
④ 성능가동률

해설

설비종합효율
- 설비가 최적의 효율을 내며 관리하고 있는가를 평가하는 척도이다.
- 양품률이란 총 생산량 중에서 양품(합격품)이 차지하는 비율이다.
- 종합 이용효율 = 시간가동률 × 성능가동률 × 양품률

62 ☑☐☐☐☐

컴퓨터나 로봇에 전문적 기술을 부여하여 자동화 공장의 문제점을 인식하고 이를 해결하기 위한 방법을 스스로 찾아낼 수 있는 것은?

① 자동이송라인
② 수치제어기계
③ 지능기술시스템
④ 유연기술시스템

해설

지능기술시스템
- 지능기술시스템은 인공지능이나 기계학습 등 첨단기술을 활용해 문제를 스스로 인식하고 분석·해결 방안을 도출한다.
- 기존의 자동화 장비는 미리 정의된 작업만 할 수 있으나, 지능기술시스템은 변화에 맞춰 스스로 학습하고 대처가 가능하다.

정답 60 ④ 61 ② 62 ③

63

라인별 배치라고도 하며 공정의 계열에 따라 각 공정에 필요한 기계가 배치되는 설비배치 형태는?

① 제품별 배치 ② 혼합형 배치
③ 공정별 배치 ④ 제품고정 배치

해설

제품별 배치(라인별 배치)
- 각 제품의 생산과정순서대로 설비와 작업자를 배치한다.
- 대량생산, 연속생산에 적합하다.
- 자동차 조립라인, 전자제품 생산라인이 해당된다.

64

가공 및 조립형 산업에서 설비 6대 로스와 가장 거리가 먼 것은?

① 고장로스 ② 시가동로스
③ 순간정지로스 ④ 속도저하로스

해설

설비의 6대 로스
- 고장로스
- 준비·조정(작업교체)로스
- 일시정지로스
- 속도저하로스
- 불량·수정로스
- 초품생산로스

65

공사의 완급도를 결정하기 위하여 고려해야 할 판정기준이 아닌 것은?

① 공사가 지연됨으로써 발생하는 만성로스의 비용
② 공사가 지연됨으로써 발생하는 생산변경의 비용
③ 공사를 급히 진행함으로써 발생하는 공수나 재료의 손실
④ 공사를 급히 진행함으로써 발생하는 타 공사의 지연에 따른 손실

해설

공사의 완급도 결정 시 고려사항
만성로스는 장기적인 손실 또는 잠재적 비용을 의미하므로 공사일정과 연관된 공사의 완급도를 결정하기 위한 판정기준과는 거리가 멀다.

66

TPM관리와 전통적 관리를 비교했을 때 전통적 관리의 특징으로 옳은 것은?

① 무결점 목표 ② Input 지향
③ 원인추구시스템 ④ Top Down 지시

해설

전통적 관리의 특징
- Top Down 지시
- Output 지향
- 문제에 사후적으로 대응
- 상벌 위주의 동기부여

정답 63 ① 64 ② 65 ① 66 ④

67 ☑☐☐☐☐

설비보전 표준의 분류 중 정비 또는 일상보전 조건방법의 표준을 정한 것으로 정비작업 종류에 따라 급유표준, 청소표준, 조정표준 등이 작성되는 것은?

① 정비표준
② 수리표준
③ 설비검사표준
④ 설비성능표준

해설

① 정비표준 : 정비 또는 일상보전 조건방법의 표준을 정한 것으로 정비작업 종류에 따라 급유표준, 청소표준, 조정표준 등이 작성된다.
② 수리표준 : 고장 발생 시 수리의 순서, 조치방법 등을 정한 표준이다.
③ 설비검사표준 : 설비검사 시 설비별 검사항목, 검사기법 등을 정한 표준이다.
④ 설비성능표준 : 설비별 설계상의 표준성능 및 현재 상태의 기대성능 등을 정한 표준이다.

68 ☑☐☐☐☐

설비의 경제성 평가방법이 아닌 것은?

① 연환지수법
② 자본회수법
③ MAPI방식
④ 비용비교법

해설

연환지수법
연환지수법은 주로 경제 변동(전기요금, 실질 GDP 산출)의 통계적 판단을 위해 사용하는 것으로 설비의 경제적 평가방법이 아니다.

69 ☑☐☐☐☐

다음 그림에서 '제품의 종류 P > 생산량 Q'일 때 해당하는 구역과 설비배치는?

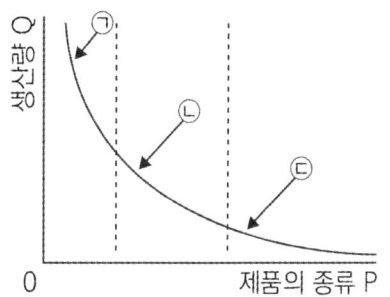

① ㉠구역 : GT 설비배치
② ㉡구역 : 공정별 배치
③ ㉢구역 : 제품별 배치
④ ㉢구역 : 기능별 배치

해설

기능별 배치
㉢구역은 제품의 종류는 많고, 생산량은 적은 구간이다.
다품종 소량생산을 할 경우 기능별 배치가 가장 적합하다.

관련개념 공정별 배치(기능별 배치)
- 기계와 설비를 기능별로 배치하는 것이다.
- 다품종 소량생산에 적합하다.

70

보전업무에서 실제로 가장 중요한 요소의 하나로 현 설비분만 아니라 잠재적인 설비설계의 향상 또는 미래의 설비구매에 대한 의사결정을 위한 중요한 기반이 되는 설비관리기능은?

① 실시기능　　② 지원기능
③ 기술기능　　④ 일반관리기능

해설

기술기능

기술기능은 현 설비분만 아니라 잠재적인 설비설계의 향상 또는 미래의 설비 구매에 대한 의사결정을 위한 중요한 기반이 되는 설비관리기능이다.

관련개념 설비관리기능의 구분

구분	내용
기술기능	설비의 설계부터 조립, 설치, 운용, 유지관리 등에 대한 기술적 기능이다.
관리기능	설비의 관리를 위한 조직관리, 운영, 계획, 평가 등의 기능이다.
실시기능	생산현장에서 보전요원 또는 엔지니어 등의 보전업무로서 점검, 검사, 주유, 수리업무 등의 기능이다.
지원기능	설비관리에 필요한 규격, 정보, 자재, 치공구, 인력 등을 지원하는 기능이다.

71

설비배치의 형태에서 제품별 배치의 일반적인 특징으로 틀린 것은?

① 기계 대수가 적어지고 공구의 가동률이 향상된다.
② 작업자의 간접작업이 적어지므로 실질적 가동률이 향상된다.
③ 공정이나 설비가 집중되고 운반이나 소요면적이 적어진다.
④ 분업이 용이하고 작업을 단순화할 수 있으므로 전용 기계공구의 사용이 쉽다.

해설

제품별 배치
- 제품별로 공정이 일렬로 배치된 방식이다.
- 자동차 조립, 가전제품 생산라인처럼 흐름 생산(Line Production)에 사용된다.
- 같은 설비가 여러 라인에 중복배치될 수 있어 기계 대수는 많아질 수 있다.
- 공정이 표준화되어 작업속도가 빠르고 품질관리가 용이하다.
- 제품 변경 시 설비 재배치가 어려워 작업의 융통성이 낮다.
- 초기 투자비용이 많이 든다.

72

다음 상비품의 발주방식 중 주문점에 해당하는 양만큼을 복수로 포장해두고, 차츰 소비되어 다음 포장을 풀 때에 발주하는 방식은?

① 포장법　　② 정수법
③ 정량유지방식　　④ 정기발주방식

정답 70 ③　71 ①　72 ①

해설

상비품의 발주방식
① 포장법 : 발주 단위 별로 복수로 포장해두고, 포장 단위별로 관리하는 방식이다.
② 정수법 : 재고를 2개 이상의 용기로 나누어 한 단위를 모두 소진할 때 다음 단위를 사용하여 발주하는 방식이다.
③ 정량유지방식 : 발주량을 정해놓고 재고량이 발주점에 이르면 발주하는 방식이다.
④ 정기발주방식 : 일정한 기간을 정해두고 기간에 따라 발주하는 방식이다.

73

윤활유에서 발생되는 트러블현상에 대한 원인이 잘못 연결된 것은?

① 수분 증가 - 고체입자 혼입
② 인화점 감소 - 저점도유 혼입
③ 동점도 증가 - 고점도유의 혼입
④ 외관 혼탁 - 수분이나 고체의 혼입

해설

윤활유에서 발생되는 트러블현상
① 수분 증가 : 수분 증가는 윤활유 성능저하의 대표적인 원인이지만 고체입자 혼입과는 관련이 없다.
② 인화점 감소 - 저점도유가 혼입되면 인화점이 낮아진다.
③ 동점도 증가 - 고점도유가 혼입되면 동점도가 증가한다.
④ 외관 혼탁 - 수분이나 고체가 혼입되면 외관이 혼탁해진다.

74

윤활유의 첨가제가 가져야 할 성질 중 틀린 것은?

① 증발이 많아야 한다.
② 기유에 용해도가 좋아야 한다.
③ 저장 중에 안정성이 좋아야 한다.
④ 다른 첨가제와 잘 조화되어야 한다.

해설

윤활유의 첨가제가 가져야 할 성질
윤활유의 첨가제는 윤활유의 기능을 안정적으로 유지해야 하기 때문에 증발이 적고 오래 유지될 수 있는 안정성이 좋아야 한다.

75

윤활유가 유화되는 원인으로 가장 거리가 먼 것은?

① 수분과의 접촉이 없을 경우
② 기름의 산화가 상당히 일어났을 경우
③ 운전조건이 가혹해서 탄화수소분의 변질을 가져왔을 경우
④ 윤활유가 열화하여 이물질분이 증가되어 고점도유에 되었을 경우

해설

윤활유가 유화되는 원인
• 윤활유가 유화된다는 것은 윤활유에 물이 섞여 유상과 수상이 서로 혼합된 상태가 되는 것이다.
• 수분과의 접촉이 없을 경우 윤활유가 유화되지 않는다.

정답 73 ① 74 ① 75 ①

76 ☑☐☐☐☐

다음은 그리스윤활과 오일윤활의 특성을 비교한 내용이다. 옳지 않은 것은?

① 윤활제 누설은 오일윤활에 비해 그리스윤활이 많다.
② 냉각효과는 오일윤활에 비해 그리스윤활이 좋지 않다.
③ 오염방지는 오일윤활에 비해 그리스윤활이 용이하다.
④ 윤활제 교환은 그리스윤활에 비해 오일윤활이 용이하다.

해설
그리스윤활과 오일윤활의 특성 비교
- 그리스는 점도가 높아 누설이 적게 발생하여 그리스윤활이 오일윤활보다 누설이 적다.
- 오일순환방식은 그리스윤활에 비해 열을 효과적으로 냉각시킨다.
- 그리스는 점성이 높아 외부의 먼지나 이물질의 유입을 막는 데 효과적이다.
- 오일윤활은 급유 및 배유가 비교적 쉬어 윤활제 교환이 용이하다.

77 ☑☐☐☐☐

압축기의 내부 윤활유의 요구성능과 거리가 가장 먼 것은?

① 적정 점도
② 연질의 생성 탄소
③ 드레인트랩의 작동 상태
④ 금속 표면에 대한 부착성

해설
드레인트랩
- 드레인트랩은 응축수와 이물질을 배출하여 압축기와 공압기기 내 오염 및 고장을 방지하는 장치이다.
- 드레인트랩은 윤활유의 요구성능이 아니라 별개의 시스템의 부품이다.

78 ☑☐☐☐☐

원료에 따른 윤활유를 분류할 때 석유계 윤활유에 속하는 것은?

① 합성 윤활유
② 동물계 윤활유
③ 식물계 윤활유
④ 나프텐계 윤활유

해설
원료에 따른 윤활유의 구분
- 석유계 윤활유 : 파라핀계, 나프텐계, 혼합계 등이 속한다.
- 비석유계 윤활유 : 합성 윤활유, 동물계 윤활유, 식물계 윤활유 등이 속한다.

정답 76 ① 77 ③ 78 ④

79 ☑☐☐☐☐

미끄럼 베어링에서 윤활에 필요한 점성유막을 만들기 위한 조건으로 틀린 것은?

① 윤활제가 적당한 점도를 가져야 한다.
② 이면 간의 유막이 쐐기형으로 되어 있어야 한다.
③ 고정면과 운동면 사이에 상대적인 미끄럼이 존재하여야 한다.
④ 전동체와 리테이너 사이의 미끄러지는 부분에 윤활이 되어야 한다.

해설

미끄럼 베어링과 구름 베어링의 윤활
- 미끄럼 베어링은 직접적으로 면접촉과 유막윤활이 이루어지는 구조이므로, 전동체(볼, 롤러)와 리테이너(케이지) 사이에 윤활이 필요하지 않다.
- ④번 내용은 구름 베어링에 적용되는 설명이다.

80 ☑☐☐☐☐

일반적인 기어윤활에 관한 설명으로 틀린 것은?

① 고속기어에는 저점도의 윤활유가 적합하다.
② 하이포이드기어는 일반적으로 중하중을 받으므로 불활성 극압 윤활유가 적당하다.
③ 웜기어는 미끄럼 속도가 빠르고 운전온도도 높게 되므로 산화안정성이 우수한 순광유가 일반적으로 사용된다.
④ 기어는 높은 하중을 받아 미끄러질 때 마찰면 마모를 방지하기 위하여 내하중성이 있는 극압유가 요구된다.

해설

하이포이드기어의 윤활
- 하이포이드기어는 고하중·고속의 미끄럼 운동이 크며, 일반적으로 활성 극압 윤활유(EP 오일)를 사용한다.
- 하이포이드 기어에는 불활성 극압유(비스코스 계열)는 적용하지 않는다.

정답 79 ④ 80 ②

2024 제1회 CBT 복원

1과목 설비진단 및 계측

01 ☑☐☐☐☐
다음 중 탄성식 압력계에 속하지 않는 것은?
① 압전기식   ② 벨로스식
③ 부르동관식 ④ 다이어프램식

해설
탄성식 압력계
- 외력에 의한 탄성변형(모양의 변화)을 이용하여 물리적인 값을 측정하는 기구이다.
- 벨로스식, 부르동관식, 다이어프램식이 대표적인 탄성식 압력계이다.

02 ☑☐☐☐☐
음원으로부터 단위시간 당 방출되는 총 음에너지를 무엇이라 하는가?
① 음원   ② 음량출력
③ 음압 실횻값 ④ 음의 전파속도

해설
음향출력
음원으로부터 단위시간 당 방출되는 총 음에너지로, 단위는 W이다.
$W = I \times S$
I : 특정 표면에서의 음의 세기(W/m²)
S : 표면적(m²)

03 ☑☐☐☐☐
다음 중 오실로스코프로 측정이 불가능한 것은?
① 파형   ② 전압
③ 주파수 ④ 임피던스

해설
오실로스코프
- 전기신호를 시간의 흐름에 따라 그래프로 표시해주는 장치이다.
- 파형, 전압, 주파수, 진폭, 위상 등을 측정할 수 있고, 임피던스는 측정할 수 없다.

04 ☑☐☐☐☐
외란이 가해진 후에 계가 스스로 진동하고 있을 때 이 진동을 무엇이라 하는가?
① 공진   ② 강제진동
③ 고유진동 ④ 자유진동

해설
자유진동
외부에서 힘(외란)을 준 후 더 이상 외부의 힘 없이 계가 자신의 복원력에 의해 스스로 진동하는 현상이다.

정답 01 ① 02 ② 03 ④ 04 ④

05

크고 작은 두 소리를 동시에 들을 때 큰 소리만 듣고 작은 소리는 듣지 못하는 현상을 마스킹 효과라 한다. 다음 중 마스킹에 대한 설명으로 틀린 것은?

① 고음이 저음을 잘 마스킹한다.
② 마스킹은 음파의 간섭에 의해 일어난다.
③ 두 음의 주파수가 비슷할 때 마스킹효과가 커진다.
④ 두 음의 주파수가 거의 같을 때는 맥동이 생겨 마스킹효과가 감소한다.

해설

마스킹효과
- 크고 작은 두 소리를 동시에 들을 때 큰 소리만 듣는 현상이다.
- 두 음의 주파수가 비슷할 때 마스킹효과가 매우 커진다.
- 저음이 고음을 잘 마스킹한다.

06

다음 가속도센서 부착방법 중 먼지, 습기, 온도의 영향이 적어 장기적 안전성이 좋고, 진동측정 주파수 범위가 넓은 부착방법은?

① 손 고정 ② 나사 고정
③ 밀랍 고정 ④ 마그네틱 고정

해설

나사 고정
- 센서를 견고하게 고정할 수 있다.
- 먼지, 습기, 온도에 강하며 사용할 수 있는 주파수 영역이 넓어 장기적 안정성이 좋다.
- 이동 및 고정시간이 길고, 고장 시 드릴 등의 추가작업이 필요하다.

07

철길 주변의 주택가 소음을 평가하고자 할 때, 다음 중 기차의 소음은 어느 음원에 가장 가까운가?

① 면음원 ② 선음원
③ 점음원 ④ 입체음원

해설

음원의 분류

구분	내용
면음원	평면상에 많은 점음원이 분포하는 경우이다. 예 진동하는 커다란 기계의 표면, 운동장의 군중 소음
선음원	동일한 음원이 직선상에 연속적으로 분포하는 경우이다. 예 움직이는 열차, 고속도로의 차량 등
점음원	작은 점에서 구면파를 이루며 방사하는 경우이다. 예 사람의 말소리, 작은 스피커 등

정답 05 ① 06 ② 07 ②

08

덕트(Duct)소음이나 배기소음을 방지하기 위해 사용되는 장치는?

① 모터　　　② 방진구
③ 소음기　　④ 유도형 센서

해설

소음기
- 주로 배관이나 엔진 등에서 기체가 유동할 때 발생하는 공기(유체)의 음파인 공기음을 줄이기 위해 사용된다.
- 덕트의 소음이나 배기소음을 방지하기 위해 사용한다.

09

진동의 발생과 소멸에 필요한 3대 요소는?

① 질량, 감쇠, 속도
② 질량, 강성, 감쇠
③ 질량, 강성, 위상
④ 질량, 위상, 감쇠

해설

진동의 발생과 소멸
- 진동의 발생과 소멸에 필요한 3대 요소는 질량, 강성, 감쇠이다.
- 질량은 관성, 강성은 복원력, 감쇠는 에너지의 소멸과 관련이 있다.

10

다음 설명과 관련된 것은?

> 모든 물체는 절대온도의 네제곱에 비례하는 방사에너지를 방출하며 이를 이용하여 비접촉으로 물체의 온도를 알 수 있다.

① 제백효과
② 조셉슨효과
③ 패러데이효과
④ 슈테판 – 볼츠만의 효과

해설

슈테판 – 볼츠만의 효과
- 모든 물체는 절대온도의 네 제곱에 비례하는 방사에너지를 방출한다.
- 슈테판 – 볼츠판의 효과를 이용하여 접촉하지 않고도 물체의 온도를 알 수 있다.

11

다음 중 진동을 측정할 때 진동센서를 부착하는 가장 적절한 위치는?

① 댐퍼
② 커플링
③ 모터 축
④ 베어링 하우징(케이스)

해설

진동센서 부착위치
베이링 하우징(케이스)는 기계설비에서 진동이 가장 많이 발생하는 곳이므로 진동센서를 부착하기 적절한 위치이다.

정답 08 ③　09 ②　10 ④　11 ④

12 ☑□□□□

다른 진동체상의 고정된 기준점에 대하여 어느 진동체의 상대적인 이동을 의미하며, 순간적인 위치 및 시간지연을 무엇이라 하는가?

① 위상　　　　② 진폭
③ 주파수　　　④ 포락선

해설

① 위상 : 진동에서 기준점에 대한 특정 시점의 위치나 시간의 상대적인 차이이다.
② 진폭 : 진동의 크기이다.
③ 주파수 : 단위시간당 반복횟수이다.
④ 포락선 : 진동하는 신호의 최대 진폭을 연결한 곡선으로 자주 사용하는 용어는 아니다.

13 ☑□□□□

회전기계의 질량 불평형 상태의 스펙트럼에서 가장 크게 나타나는 주파수 성분은?

① $1f$　　　　② $2f$
③ $3f$　　　　④ $1.5f \sim 1.7f$

해설

질량 불평형 상태의 특징
- 회전체의 무게 중심이 특정부로 치우쳐 있어 균형이 맞지 않는 상태이다.
- 회전주파수 $1f$ 성분의 주파수가 크게 나타난다.
- 회전수가 증가할수록 진동레벨이 높게 나타난다.

14 ☑□□□□

고유진동수와 질량 및 강성에 관한 설명 중 옳은 것은?

① 고유진동주파수는 질량과 강성에 모두 비례한다.
② 고유진동주파수는 질량과 강성에 모두 반비례한다.
③ 고유진동주파수는 질량에는 비례하고 강성에는 반비례한다.
④ 고유진동주파수는 질량에는 반비례하고 강성에는 비례한다.

해설

고유진동수
- 고유진동수는 물체가 자연적으로 진동하는 고유한 진동수이다.
- 고유진동수는 질량에 반비례하고, 강성에는 비례한다.

15 ☑□□□□

소리의 성분은 크게 3가지로 분류할 수 있으며 이를 음의 3요소라고 한다. 이러한 음의 3요소에 해당되지 않는 것은?

① 음색　　　　② 공명
③ 음의 높이　　④ 음의 세기

해설

음의 3요소
- 음색 : 소리에 대한 감각적 특성이다.
- 음의 높이 : 소리의 높낮이이다.
- 음의 세기 : 소리의 크기이다.

정답　12 ①　13 ①　14 ④　15 ②

16 ☑□□□□

시퀀스제어의 동작을 기술하는 방식 중 조건과 그에 대응하는 조작을 매트릭스형으로 표시하는 방식은?

① 논리회로(Logic Circuit)
② 플로우 차트(Flow Chart)
③ 동작선도(Motion Diagram)
④ 디시전 테이블(Decision Table)

해설

시퀀스제어의 동작을 기술하는 방식
① 논리회로 : 입력값에 대한 논리연산을 수행하여 출력값을 얻는 전자회로이다.
② 플로우 차트 : 프로세스순서를 간단한 기호와 도형으로 도식화한 것이다.
③ 동작선도 : 동작순서를 선의 고저로 표현한 것이다.
④ 디시전 테이블 : 조건과 그에 대응하는 조작을 매트릭스형으로 표시하는 표이다.

17 ☑□□□□

압전체에 힘이 가해질 때 그 힘에 비례하는 전하가 발생하는 피에조(Piezo) 효과를 이용한 센서는?

① 서보 가속도센서
② 와전류 가속도센서
③ 압전형 가속도센서
④ 스트레인게이지 가속도센서

해설

압전형 가속도센서
• 압전체(주로 석영)에 외력이 가해질 때 그 힘에 비례하는 전하가 발생하는 피에조효과를 이용한다.
• 힘을 감지하면 전기적 신호로 변환하기 때문에 진동이나 가속도 측정에 활용한다.

18 ☑□□□□

측정하고자 하는 물체와 비접촉방식으로 온도를 측정하는 온도계는?

① 압력식 온도계
② 열전온도계
③ 저항온도계
④ 방사온도계

해설

방사온도계
물체에서 방출되는 복사에너지(적외선)를 감지해 온도를 측정하는 대표적인 비접촉식 온도계이다.

19 ☑□□□□

기계진동의 크기 또는 양을 평가하는 데 사용되는 측정변수가 아닌 것은?

① 무게
② 변위
③ 속도
④ 가속도

해설

진동의 측정단위
• 진동의 측정단위는 변위(m), 속도(m/s), 가속도(m/s^2)이다.
• 무게는 기계의 동적 특성에는 영향을 미치지만 진동의 측정변수는 아니다.

정답 16 ④ 17 ③ 18 ④ 19 ①

20 ☑□□□□

질량과 스프링으로 이루어진 1자유도계진동시스템에서 스프링의 정적 처짐이 3 mm인 경우, 이 시스템의 고유진동주파수[Hz]는? (단, $g = 9.81 \text{m/sec}^2$이다)

① 2.78　　② 3.27
③ 9.10　　④ 57.18

해설

고유진동주파수 계산

$$f = \frac{1}{2\pi}\sqrt{\frac{g}{\delta}}$$

f : 고유진동주파수(Hz)
g : 중력가속도(m/sec²)
δ : 정적 처짐량(m)

$$f = \frac{1}{2\pi}\sqrt{\frac{g}{\delta}} = \frac{1}{2\pi}\sqrt{\frac{9.81}{0.003}} = 9.101\text{Hz}$$

2과목 설비관리

21 ☑□□□□

TPM과 전통적 관리와의 차이점 중 TPM과 가장 관계가 깊은 것은?

① 사후활동
② Output 지향
③ 원인추구시스템
④ 상벌 위주의 동기부여

해설

TPM과 전통적 관리와의 차이점
- TPM관리는 개선을 위한 자기동기 부여, 원인추구시스템, 전 직원의 자발적인 참여와 지속적 개선, 협업을 중시한다.
- 전통적 관리는 위계적, 지시적, 터널식 의사소통, 결과(Output) 지향적 성격이 강하다.

22 ☑□□□□

공사를 완급도에 따라 구분할 때 구두 연락으로 즉시 착공하고, 착공 후 전표를 제출하는 공사는?

① 예비공사　　② 긴급공사
③ 준급공사　　④ 계획공사

해설

긴급공사
긴급공사는 긴급하게 구두 연락으로 인해 즉시 착공하고, 착공 후 전표를 제출하는 공사이다.

23 ☑☐☐☐☐

설비나 시스템의 효율을 극대화하기 위한 개별 개선 활동에서 가장 첫 번째로 수행하는 것은?

① 개선안 수립
② 중점설비 선정
③ 로스의 영향분석
④ 로스의 정량적 측정

해설

개별개선 활동
- 설비나 시스템의 효율을 극대화하기 위한 개별 개선 활동에서 가장 첫 번째로 수행하는 것은 '중점설비 선정'이다.
- 손실이 많거나 중요도가 높은 설비를 정하고, 이후에 로스 파악, 정량적 측정, 영향분석 및 개선안 수립을 차례대로 수행한다.

24 ☑☐☐☐☐

다음 중 고장의 분석 후 대책을 세우는 방법으로 틀린 것은?

① 안전율을 높인다.
② 응력을 분산시킨다.
③ 강도, 내력을 낮춘다.
④ 온도, 습도 등의 작업환경을 개선한다.

해설

고장의 대책
강도와 내력을 낮추면 오히려 고장이 더 쉽게 발생할 수 있다.

25 ☑☐☐☐☐

연소관리 중 연소의 합리화를 위해서는 연소율을 적당히 유지하는 것이 필요하다. 부하가 과대한 경우의 대책으로 틀린 것은?

① 연소방식을 개량한다.
② 이용할 노상면적을 작게 한다.
③ 연도를 개조하여 통풍이 잘되게 한다.
④ 연료의 품질 및 성질이 양호한 것을 사용한다.

해설

연소의 합리화
부하가 과대한 경우 노상(화로의 바닥)면적을 크게 하여 연소할 수 있는 충분한 공간을 제공해야 한다.

26 ☑☐☐☐☐

다음 중 치공구에 속하지 않는 것은?

① 지그
② 라인
③ 검사구
④ 고정구

해설

치공구
- 치공구는 생산현장에서 공작물의 위치결정과 고정에 사용하는 공구이다.
- 라인은 생산라인, 조립라인과 같이 작업의 흐름 또는 공정설비를 뜻하는 용어로 치공구의 범위에 속하지 않는다.

정답: 23 ② 24 ③ 25 ② 26 ②

27 ☑☐☐☐☐

가공 및 조립형 설비 6대 로스 중 돌발적 또는 만성적으로 발생하는 고장에 의하여 발생하는 시간로스는?

① 고장로스
② 속도저하로스
③ 수율저하로스
④ 순간정지로스

해설

설비의 6대 로스

구분	내용
고장로스	설비의 돌발적, 만성적 고장으로 인해 발생하는 손실이다.
준비·조정 (작업교체) 로스	공구 변경, 작업조건 세팅, 시운전 준비 등에 소요되는 시간으로 인한 손실이다.
일시정지 로스	일시적 문제로 설비가 짧게 멈추거나 공회전해서 발생하는 손실이다.
속도저하 로스	이론 사이클시간과 실제 가동속도의 차이로 인해 발생하는 손실이다.
불량·수정 로스	불량품 발생으로 인한 수정작업으로 발생하는 손실이다.
초품생산 로스	설비 시동 후 양품 생산까지 초기 불량, 시운전 중 발생하는 손실이다.

28 ☑☐☐☐☐

다음 중 예방보전의 효과가 아닌 것은?

① 대수리의 감소
② 예비품 재고량의 증가
③ 설비의 정확한 상태 파악
④ 긴급용 예비기기의 필요성 감소와 자본 투자의 감소

해설

예방보전의 효과
- 대수리 횟수 및 수리비 절감
- 설비의 고장 예방
- 설비의 상태를 양호하게 유지
- 설비의 정확한 상태 파악
- 긴급 예비품의 필요성 감소 및 자본 투자의 효율화

29 ☑☐☐☐☐

다음 중 설비보전에 강한 작업자의 요구능력이 아닌 것은?

① 외주발주 능력
② 수리할 수 있는 능력
③ 설비의 이상발견과 개선능력
④ 설비와 품질 관계를 이해하고 품질 이상의 예지와 원인 발견 능력

해설

설비보전에 강한 작업자의 요구능력
외주발주는 관리부서에서 수행하는 것으로 설비보전에 강한 작업자의 요구능력과는 거리가 멀다.

30 ☑☐☐☐☐

하나의 설비 또는 시스템이 설계·생산되어 가동·보수·유지 및 폐기할 때까지의 전 과정에 필요한 비용을 무슨 비용이라고 하는가?

① 보전비용
② 생애비용
③ 초기비용
④ 공통비용

정답 27 ① 28 ② 29 ① 30 ②

해설

비용에 관한 용어
① 보전비용 : 설비를 유지·보수하는 데 소요되는 비용
② 생애비용 : 설비가 생산되어 폐기될 때까지의 전 단계에 걸친 총 비용
③ 초기비용 : 설비를 설치하거나 구축하는 초기 단계에만 드는 비용
④ 공통비용 : 여러 제품·공정에 공통적으로 발생하는 비용

해설

시스템의 라이프 사이클 4단계

단계	내용
1단계	구분단계로 시스템의 구성 및 규격을 결정한다.
2단계	개발단계로 시스템을 설계하고 개발한다.
3단계	운용단계로 시스템을 설치하고 운용한다.
4단계	폐기단계로 시스템을 폐기한다.

31 ☑☐☐☐☐

이론 사이클시간과의 차이로 발생하는 로스는?

① 시가동로스
② 공구교환로스
③ 공정불량로스
④ 속도저하로스

해설

속도저하로스
설비의 표준(이론) 사이클시간보다 실제생산과정에서 더 오래 걸리는 이유로 발생하는 로스는 속도저하로스이다.

33 ☑☐☐☐☐

다음 중 상비품의 요건으로 틀린 것은?

① 단가가 낮을 것
② 사용량이 적으며 단기간만 사용될 것
③ 여러 공정의 부품에 공통적으로 사용될 것
④ 보관상(중량, 체적, 변질 등) 지장이 없을 것

해설

상비품의 요건
상비품은 설비가 정상적으로 가동하기 위해 항상 보유하고 있어야 하는 기계부품으로 단기간만 사용되는 것은 상비품이 아니다.

32 ☑☐☐☐☐

시스템의 탄생에서부터 사멸에 이르기까지의 라이프 사이클은 4단계로 나누어볼 수 있다. 다음 중 1단계에 해당하는 것은?

① 제작, 설치
② 운용, 유지
③ 시스템의 설계, 개발
④ 시스템의 개념 구성과 규격 결정

34 ☑☐☐☐☐

무단변속기에 사용되는 윤활유가 가져야 할 윤활조건 중 가장 거리가 먼 것은?

① 기포가 적을 것
② 내하중성이 클 것
③ 점도지수가 낮을 것
④ 산화안정성이 좋을 것

정답 ● 31 ④ 32 ④ 33 ② 34 ③

해설

윤활유가 가져야 할 윤활조건
- 윤활유는 기포가 적고, 내하중성이 크며, 산화 안정성이 좋아야 한다.
- 점도지수가 낮은 윤활유는 온도 변화에 따라 점도가 크게 변하는 특성이 있기 때문에 윤활유로 사용하기 적절하지 않다.

35 ☑□□□□

다음 오일분석법 중 SOAP법에 속하지 않는 것은?

① ICP법 ② 원자흡광법
③ 회전전극법 ④ 페로그래피법

해설

SOAP법
- 윤활유 내에 포함된 금속 성분을 정밀분석하여 부품의 마모 상태를 진단한다.
- ICP법, 원자흡광법, 회전전극법이 SOAP법에 해당된다.
- 페로그래피법은 자력을 이용해 마모입자의 형상, 분포 등을 관찰하는 방식으로 SOAP법에 해당되지 않는다.

36 ☑□□□□

다음 중 윤활유 첨가제의 성질로 틀린 것은?

① 증발이 많아야 한다.
② 저장 중에 안정성이 좋아야 한다.
③ 냄새 및 활동이 제어되어야 한다.
④ 수용성 물질에 녹지 않아야 한다.

해설

윤활유 첨가제의 성질
윤활유 첨가제는 증발이 적어야 기능을 오래 유지하고 윤활유의 소비 및 성능 저하를 방지할 수 있다.

37 ☑□□□□

윤활관리의 4원칙이 아닌 것은?

① 적유 ② 적량
③ 적법 ④ 적소

해설

윤활관리의 4원칙

구분	내용
적유	올바른 윤활유를 선택한다.
적량	정해진 양만큼 윤활유를 공급한다.
적법	올바른 방법으로 윤활을 실시한다.
적기	적절한 시기에 윤활을 실시한다.

38 ☑□□□□

윤활관리의 효과로 가장 거리가 먼 것은?

① 윤활 사고의 방지
② 제품의 정도 향상
③ 기계 정도와 기능의 유지
④ 완전운전에 의한 유지비의 증가

해설

윤활관리의 효과
윤활관리의 목적은 고장을 줄이고 경제적인 유지관리를 통해 유지비를 줄이는 것이다.

정답 35 ④ 36 ① 37 ④ 38 ④

39 ☑☐☐☐☐

윤활유분석을 위한 시료채취 시 주의사항으로 틀린 것은?

① 탱크 바닥에서 채취한다.
② 시료는 가동 중인 설비에서 채취한다.
③ 채취개소는 일정한 장소나 지점에서 채취한다.
④ 샘플링 Line이나 밸브, 채취 기구는 샘플링 전에 충분히 Flushing을 한다.

해설

윤활유분석을 위한 시료채취
- 윤활유 시료는 대표성을 가지는 곳에서 채취해야 한다.
- 탱크 바닥은 고형물, 오염물 등 침전물이 많으므로 샘플 채취에 적합하지 않다.
- 윤활유 시료는 설비가 정상가동 중일 때, 일정한 장소에서, 샘플링 개소 및 기구를 충분히 Flushing(세정) 후 채취해야 한다.

40 ☑☐☐☐☐

플러싱유 선택 시 고려해야 할 사항으로 틀린 것은?

① 방청성이 우수할 것
② 고온의 청정 분산성을 가질 것
③ 고점도유로서 인화점이 낮을 것
④ 사용유와 동질의 오일을 사용할 것

해설

플러싱유 선택 시 고려해야 할 사항
- 플러싱유는 오염물을 청소(세정)하기 위해 사용하는 윤활유이다.
- 플러싱유는 점도가 낮아야 세정력이 강하고, 인화점이 높아야 안전하다.

3과목 | 기계일반 및 기계보전

41 ☑☐☐☐☐

원심펌프의 임펠러에 의해 유체에 가해진 속도에너지를 압력에너지로 변환되도록 하고 유체의 통로를 형성해 주는 역할을 하는 일종의 압력용기를 무엇이라 하는가?

① 웨어링
② 케이싱
③ 안내 깃
④ 스터핑 박스

해설

케이싱(Casing)
- 일종의 압력용기이다.
- 원심펌프의 임펠러에 의해 유체에 가해진 속도에너지를 압력에너지로 변환되도록 하고 유체의 통로를 형성해준다.

42 ☑☐☐☐☐

다음 중 3상 유도전동기 내의 코일과 철심 사이에 완전한 절연을 하기 위해 사용되는 것은?

① 유리
② 바니시
③ 에나멜
④ 절연종이

해설

절연종이
- 전기적 절연특성을 갖는 종이이다.
- 전기기기에서 전기가 새어나가는 것을 방지하고 부품 간의 전기적 접촉을 차단하기 위해 사용되는 재료이다.
- 3상 유도전동기 내의 코일과 철심 사이에 완전한 절연을 하기 위해 사용된다.

정답 39 ① 40 ③ 41 ② 42 ④

43 ☑☐☐☐☐

줄작업 시 용도에 따라 작업방법을 선택한다. 이에 해당되지 않는 줄작업방법은?

① 직진법   ② 피닝법
③ 사진법   ④ 병진법

해설

피닝법
피닝법은 금속 표면을 두드려서 표면에 압축응력을 주는 금속 가공법(표면 강화법)이다.

관련개념 줄작업방법

구분	작업방법
직진법	줄을 직선 방향으로 곧게 왕복시킨다.
사진법	줄을 비스듬히(약 45°)로 이동시키면서 넓은 면을 작업한다.
병진법	줄을 공작물의 폭 방향(길이와 직각 방향)으로 오가며 작업하는 방법이다.

44 ☑☐☐☐☐

일반적인 핀의 호칭법에 대한 설명으로 틀린 것은?

① 분할 핀의 호칭 길이는 긴 쪽 길이로 표시한다.
② 테이퍼 핀의 호칭 지름은 작은 쪽의 지름으로 표시한다.
③ 평행 핀의 길이는 양 끝의 라운드 부분을 제외한 길이를 말한다.
④ 분할 핀의 호칭 지름은 핀이 끼워지는 구멍의 지름으로 표시한다.

해설

일반적인 핀의 호칭법
분할 핀의 호칭길이는 긴 쪽이 아닌 짧은 쪽의 길이로 표시한다.

45 ☑☐☐☐☐

공작기계의 절삭운동과 이송운동에 대한 설명으로 옳은 것은?

① 선반가공은 공구를 회전시키고, 공작물이 직선운동을 하며 가공하는 작업이다.
② 밀링가공은 공구를 회전시키고, 공작물이 이송운동을 하며 가공하는 작업이다.
③ 원통 연삭가공은 공작물을 회전시키고, 공구는 직선운동을 하며 가공하는 작업이다.
④ 플레이너 가공은 공구를 회전시키고, 공작물이 직선운동을 하며 나사가공하는 작업이다.

해설

공작기계의 가공방법

구분	내용
선반가공	공작물을 회전시키고, 공구가 직선운동을 하며 가공한다.
밀링가공	공구를 회전시키고, 공작물이 이송운동을 하며 가공한다.
원통 연삭가공	공작물을 회전시키고, 공구가 회전운동을 하며 가공한다.
플레이너 가공	공작물을 고정한 테이블이 왕복운동을 하며 가공한다.

정답 43 ② 44 ① 45 ②

46 ☑☐☐☐☐

두께가 같고 폭이 구배 또는 테이퍼로 되어 있는 일종의 쐐기로 인장 또는 압축력이 축방향으로 작용하는 축과 축, 피스톤과 피스톤 등을 연결하는 데 사용하는 체결용 기계요소는?

① 키
② 핀
③ 볼트
④ 코터

해설

코터(Cotter)
- 두께가 같고 폭이 구배 또는 테이퍼로 되어 있는 일종의 쐐기이다.
- 인장 또는 압축력이 축방향으로 작용하는 축과 축, 피스톤과 피스톤 등을 연결하는 데 사용하는 체결용 기계요소이다.

47 ☑☐☐☐☐

스패너에 의한 적정한 죔방법 중 M12 ~ 14까지의 볼트를 죌 때 스패너 손잡이 부분의 끝을 꽉 잡고 힘을 충분히 주어야 하는 데 이때 가해지는 적당한 힘은 얼마인가?

① 약 5 kgf
② 약 20 kgf
③ 약 50 kgf
④ 100 kgf 이상

해설

스패너에 의한 적정한 죔방법

볼트 크기	적정한 힘
M6 이하	약 5 kgf
M7 ~ M10	약 20 kgf
M12 ~ M14	약 50 kgf
M20 이상	100 kgf 이상

48 ☑☐☐☐☐

다음 중 배관용 공기구 중 파이프를 구부리는 공구로 가장 적합한 것은?

① 오스터
② 파이프 커터
③ 파이프 바이스
④ 파이프 벤더

해설

배관용 공기구
① 오스터 : 나사산 가공, 절단 등을 하는 기구이다.
② 파이프 커터 : 파이프를 절단하는 데 사용하는 기구이다.
③ 파이프 바이스 : 파이프를 고정하는 데 사용하는 기구이다.
④ 파이프 벤더 : 파이프를 원하는 곡률로 구부릴 때 사용하는 기구이다.

49 ☑☐☐☐☐

송풍기의 기동 후 점검사항으로 잘못된 것은?

① 윤활유의 적정 여부 점검
② 임펠러의 이상 유무 점검
③ 베어링 온도의 급상승 여부 점검
④ 미끄럼 베어링의 오일링 회전의 정상 유무 점검

해설

송풍기의 점검사항
임펠러의 이상 유무 점검은 송풍기의 기동 전 점검사항에 해당된다.

정답 46 ④ 47 ③ 48 ④ 49 ②

50 ☑☐☐☐☐

관이음의 종류에서 플랜지이음을 사용하는 경우가 아닌 것은?

① 신축성을 줄 경우
② 내압이 높을 경우
③ 관경이 비교적 큰 경우
④ 분해작업이 필요한 경우

해설

플랜지이음
플랜지이음은 큰 배관, 고압 배관에 많이 사용되며 볼트, 너트를 풀거나 조여서 쉽게 분해, 조립할 수 있다.

51 ☑☐☐☐☐

철강재 스프링재료가 갖추어야 할 조건으로 틀린 것은?

① 부식에 강해야 한다.
② 피로강도와 파괴 인성치가 낮아야 한다.
③ 가공하기 쉽고, 열처리가 쉬운 재료이어야 한다.
④ 높은 응력에 견딜 수 있고, 영구변형이 없어야 한다.

해설

스프링재료가 갖추어야 할 조건
스프링재료는 하중 및 충격을 흡수하는 재료로 피로강도와 파괴 인성치가 높아야 한다.

52 ☑☐☐☐☐

담금질하여 경화된 강을 변태가 일어나지 않는 A1점(온도) 이하에서 가열한 후 서냉 또는 공랭하는 열처리방법으로 재료에 인성을 부여하는 작업으로 가장 적합한 것은?

① 뜨임   ② 불림
③ 풀림   ④ 질화

해설

뜨임(Tempering)
- 담금질로 경화된 금속에 인성을 부여하기 위해 시행하는 열처리과정이다.
- 담금질 후 약 550~650℃로 재가열하여 일정 시간유지한 뒤 냉각시킨다.
- 지나치게 높아진 경도를 낮추고 인성(충격상 저항성)을 회복시켜 재료가 너무 깨지기 쉬운 상태를 방지한다.
- 경도는 약간 감소하지만 내구성·연성(인성)이 향상된다.

53 ☑☐☐☐☐

보전용 재료로 사용되는 오링(O-Ring)의 구비조건으로 틀린 것은?

① 내노화성이 좋은 것
② 내마모성이 좋은 것
③ 사용 온도범위가 좁을 것
④ 상대 금속을 부식시키지 않을 것

해설

오링(O-ring)의 구비조건
오링의 사용 온도범위는 가능한 넓어야 다양한 산업현장에 적용할 수 있다.

정답 50 ① 51 ② 52 ① 53 ③

54 ☑☐☐☐☐

다음 중 역류방지밸브가 아닌 것은?

① 코크밸브(Coke Valve)
② 플랩밸브(Flap Valve)
③ 체크밸브(Check Valve)
④ 반전밸브(Reflex Valve)

해설

코크밸브(Coke Valve)
코크밸브는 개폐용으로 사용되며 역류방지기능이 없다.

55 ☑☐☐☐☐

압축공기 배관의 누설점검방법 및 조치방법으로 적당하지 않은 것은?

① 배관이음부는 비눗물을 칠하여 거품의 여부를 본다.
② 공장 휴업 시 조용한 실내에서 공기누설 소리를 체크한다.
③ 밸브 나사 부위에 누설이 생겼을 경우 그 부위만 더 조인다.
④ 나사관의 경우 효과적인 보전을 위해 유니온이음쇠를 적당히 배치한다.

해설

배관의 누설점검 및 조치방법
• 밸브 나사 부위에 누설이 생겼을 경우 설비를 점검하여 원인을 파악하는 것이 중요하다.
• 누설된 부위만 더 조일 경우 손상부가 더 심하게 파손될 수 있다.

56 ☑☐☐☐☐

보전비를 투입하여 설비를 원활한 상태로 유지하여 막을 수 있었던 생산상의 손실은?

① 기회손실   ② 보전손실
③ 생산손실   ④ 설비손실

해설

기회손실
• 보전비를 투입하여 설비를 원활한 상태로 유지하여 막을 수 있었던 생산상의 손실이다.
• 경제에서 사용하는 기회비용과 유사한 개념이다.

57 ☑☐☐☐☐

펌프 흡입관에 대한 설명으로 틀린 것은?

① 흡입관 끝에 스트레이너를 설치한다.
② 관의 길이는 짧고 곡관의 수는 적게한다.
③ 배관은 펌프를 향해 $\frac{1}{150}$ 올림구배를 한다.
④ 흡입관에서 편류나 와류가 발생하지 못하게 한다.

해설

펌프 흡입관
$\frac{1}{150}$ 올림구배는 경사가 너무 완만하여 배관 내의 공기가 포집될 위험이 높아 $\frac{1}{50}$ 올림구배를 한다.

정답 54 ① 55 ③ 56 ① 57 ③

58

다음 기호의 명칭으로 옳은 것은?

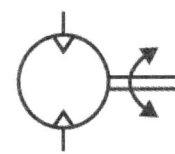

① 유압펌프
② 공기압모터
③ 유압 전동장치
④ 요동형 액추에이터

해설

기호의 명칭 구분
문제에 제시된 기호는 공기압모터이다.

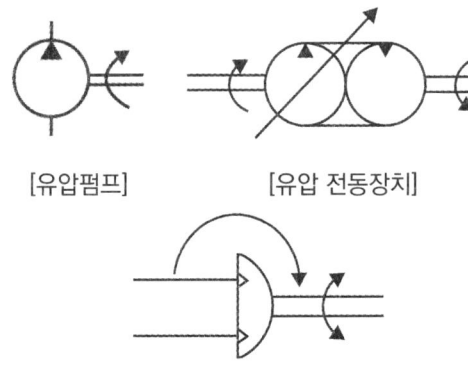

[유압펌프]   [유압 전동장치]

[요동형 액추에이더]

59

철강의 열처리 중 풀림 처리의 목적이 아닌 것은?

① 내부응력을 제거한다.
② 강의 표면을 경화시킨다.
③ 냉간 가공성을 향상시킨다.
④ 강도를 줄이고 조직을 연화시킨다.

해설

풀림 처리의 목적
- 풀림은 표면을 경화시키는 열처리가 아니라, 경도와 강도를 낮추고 연성과 가공성을 높이기 위한 처리이다.
- 표면을 경화시키는 방법은 침탄법, 질화법 등이 해당된다.

60

고장, 불량이 발생하지 않도록 하기 위해 평소에 점검, 정밀도 측정, 정기적인 정밀검사, 급유 등의 활동을 통하여 열화 상태를 측정하고 그 상태를 판단하여 사전에 부품 교환, 수리를 실시하는 정비는?

① 예방정비   ② 사후정비
③ 생산정비   ④ 개량정비

해설

예방정비
예방정비는 설비나 기계의 고장을 방지하고 안정적인 성능유지, 생산성 향상, 안전성 확보를 위해 정기적으로 상태를 점검하고 유지보수하는 활동이다.

4과목 공유압 및 자동화

61 ☑☐☐☐☐

피스톤펌프 중 구동축과 실린더 블록의 축을 동일 축 선상에 놓고 그 축선상에 대해 기울어져 고정 경사판이 부착되어 있는 방식은?

① 사축식
② 사판식
③ 회전 캠형
④ 회전 피스톤형

해설

사판식(스워시 플레이트형)
- 피스톤펌프 중에서 구동축과 실린더 블록의 축이 동일 축선상에 놓여 있고, 그 축선상에 대해 경사판이 고정되어 부착되는 방식은 사판식(스워시 플레이트형)이다.
- 사판식은 경사진 판(스워시 플레이트)을 이용하여 피스톤의 왕복운동을 만든다.

62 ☑☐☐☐☐

고장과 고장 사이의 평균시간을 나타내는 것은?

① MTBF
② MTBM
③ MTTF
④ MTTR

해설

MTBF(Mean Time Between Failures)
- 평균 고장 간격시간이라고도 한다.
- 설비나 시스템이 고장이 발생한 후 다시 고장이 발생할 때까지의 평균시간이다.
- 설비의 신뢰성에 대한 지표이다.

63 ☑☐☐☐☐

자동제어에서 보드선도는 주파수와 진폭비 및 위상지연을 나타낸다. 보통의 시스템에서 나타나는 진폭비와 위상지연은?

① -3 dB, 90도
② -6 dB, 120도
③ -1.5 dB, 45도
④ -9 dB, 60도

해설

보드선도의 기본값
- 1차 지연시스템의 진폭비는 -3 dB, 위상지연은 90도가 나타난다.
- 3 dB는 입력 대비 출력의 진폭이 약 0.707배 줄어드는 것이다.
- 90도의 위상지연은 입력에 대한 출력의 위상이 1/4주기 늦어지는 것이다.

64 ☑☐☐☐☐

제어하고자 하는 하나의 변수가 계속 측정되어 다른 변수, 즉 지령치와 비교되며 그 결과가 첫 번째의 변수를 지령치에 맞도록 수정하는 제어 방법이 아닌 것은?

① Servo제어
② Feedback제어
③ Open-Loop제어
④ Closed-Loop제어

해설

Open-Loop제어
Open-Loop제어는 출력이나 변수의 변화를 측정하지 않고, 오로지 입력만으로 제어를 수행하며 피드백을 적용하지 않는다.

정답 61 ② 62 ① 63 ① 64 ③

65 ☑☐☐☐☐

컨베이어를 설계하는 원칙으로 적절하지 않은 것은?

① 속도의 원칙
② 혼재의 원칙
③ 균일성의 원칙
④ 이송능력의 한계

해설

컨베이어 설계원칙

구분	내용
속도의 원칙	생산 및 물류 흐름에 맞는 적정속도를 설정해야 한다.
균일성의 원칙	컨베이어의 속도 및 이송능력은 항상 일정하게 유지되어야 한다.
이송능력의 한계	설계상 허용할 수 있는 최대 적재 중량, 폭, 속도(이송 용량)의 한계를 정해야 한다.

66 ☑☐☐☐☐

다음 중 압력제어밸브의 역할은?

① 일의 방향을 조절
② 일의 속도를 조절
③ 일의 시간을 조절
④ 일의 크기를 조절

해설

비례제어밸브의 기능에 따른 분류
- 방향제어밸브 : 일의 방향을 제어한다.
- 압력제어밸브 : 일의 크기(압력)를 제어한다.
- 유량제어밸브 : 일의 속도(유량)를 제어한다.

67 ☑☐☐☐☐

순차적인 작업에서 전 단계의 작업완료 여부를 리밋스위치나 센서 등을 이용하여 확인한 후 다음 단계의 작업을 수행하는 제어는?

① 논리종속 시퀀스제어
② 동기종속 시퀀스제어
③ 시간종속 시퀀스제어
④ 위치종속 시퀀스제어

해설

시퀀스제어의 종류
- 논리종속 시퀀스제어 : 논리충족에 따라 다음 단계를 수행한다.
- 동기종속 시퀀스제어 : 순서회로를 전이시켜 최종 상태를 임의적으로 정한다.
- 시간종속 시퀀스제어 : 설정된 시간이 지나면 다음 단계의 작업을 수행한다.
- 위치종속 시퀀스제어 : 리밋스위치나 센서 등의 위치를 기반으로 전 단계의 완료 여부를 확인한 뒤 다음 단계를 수행한다.

68 ☑☐☐☐☐

유체의 성질에 관련된 용어의 정의로 옳은 것은?

① 유체의 밀도는 단위 중량당 체적이다.
② 유체의 비중량은 단위 체적당 질량이다.
③ 유체의 비체적은 단위 체적당 중량이다.
④ 비중은 물체의 밀도를 순수한 물의 밀도로 나눈 것이다.

정답 65 ② 66 ④ 67 ④ 68 ④

> 해설

유체 관련 용어 정의
① 유체의 밀도는 단위 체적당 질량이다.
② 유체의 비중량은 단위 체적당 중량이다.
③ 유체의 비체적은 단위 질량당 체적이다.
④ 비중은 물체의 밀도를 순수한 물(보통 4 ℃)의 밀도로 나눈 것이다.

69 ☑□□□□

위치 데이터를 서보오프 상태에서 수동조작하여 위치를 확인한 후 데이터를 입력하는 제어방법은?

① 서보레디(Servo Ready)
② 직선보간(Linear Interpolation)
③ 포인트 투 포인트(Point to Point)
④ 티칭 플레이 백(Teaching Play Back)

> 해설

티칭 플레이 백
티칭 플레이 백(Teaching Play Back)은 서보모터가 OFF 또는 수동 상태에서 직접 장비를 원하는 위치로 이동시킨 후, 해당 위치 데이터를 장비에 입력하거나 저장하여 자동동작 시 재현하는 방식이다.

70 ☑□□□□

방향제어밸브의 구조 중 스플방식의 밸브에 대한 설명으로 틀린 것은?

① 다양한 조작방식을 쉽게 적용할 수 있다.
② 전환밸브에서 가장 널리 사용되는 형식이다.
③ 다양한 유압흐름의 형식을 쉽게 설계할 수 있다.
④ 밸브 습동 부분에서의 내부 누설이 없고 조작이 확실하다.

> 해설

스플밸브
• 하나의 축상에 여러 개의 밸브면을 두어 직선운동으로 흐름 방향을 제어한다.
• 내부 누설을 완전히 차단하기 어렵고, 조작 중 약간의 누설이 발생한다.

71 ☑□□□□

서로 이웃한 컴퓨터와 터미널을 연결시킨 네트워크 구성형태이며, 통신회선 장애가 있거나 하나의 제어기라도 고장이 있을 때에는 모든 시스템이 정지될 수 있는 네트워크는?

① 성형(Star)   ② 환형(Ring)
③ 망형(Mesh)   ④ 트리형(Tree)

정답 69 ④ 70 ④ 71 ②

해설

네트워크의 종류
① 성형(Star) : 중앙 컴퓨터를 중심으로 여러 컴퓨터가 연결된 구조로 중앙 컴퓨터가 고장이 있으면 전체시스템이 정지된다.
② 환형(Ring) : 서로 이웃한 컴퓨터와 터미널을 연결시킨 네트워크 구성형태로 통신회선 장애가 있으면 시스템이 정지된다.
③ 망형(Mesh) : 모든 기기들이 1 : 1로 연결되어 있다.
④ 트리형(Tree) : 나뭇가지 형상으로 연결되어 분산작업에 주로 쓰인다.

72 ☑☐☐☐

유압 동조회로에 대한 방법으로 틀린 것은?

① 유압모터에 의한 방법
② 방향제어밸브에 의한 방법
③ 유량제어밸브에 의한 방법
④ 유압실린더를 직렬로 접속하는 방법

해설

방향제어밸브
방향제어밸브는 동조(설비가 같은 속도로 움직이는 것) 목적이 아닌 단순 ON/OFF 또는 운전 방향전환에 사용되므로, 유압 동조회로의 원리적인 방법에는 포함되지 않는다.

73 ☑☐☐☐

다음 중 200 bar 이상의 고압에 주로 이용되는 펌프는?

① 기어펌프   ② 나사펌프
③ 베인펌프   ④ 피스톤펌프

해설

고압에 이용되는 펌프
기어펌프, 나사펌프, 베인펌프 등은 일반적으로 200 bar 이하 혹은 근처까지 운전이 가능하고, 200 bar를 초과하는 고압에서는 피스톤펌프가 주로 사용된다.

74 ☑☐☐☐

공기압 솔레노이드밸브에서 전압이 걸려 있는데 아마추어가 작동하지 않는 원인으로 적절하지 않은 것은?

① 전압이 너무 높다.
② 코일이 소손되었다.
③ 아마추어가 고착되었다.
④ 압축공기 공급압력이 낮다.

해설

아마추어
아마추어는 자력에 의해 움직이기 때문에 압축공기의 공급압력과는 큰 관련이 없다.

정답 72 ② 73 ④ 74 ④

75

설비개선의 사고법 중 자동화 등의 방법으로 인간이 하는 일을 기계로 대체하여 정밀도 향상 등에 의한 작업의 단순화가 용이하게 하기 위한 사고법은?

① 기능의 사고법
② 미결함의 사고법
③ 조정의 조절화 사고법
④ 바람직한 모습의 사고법

해설

① 기능의 사고법 : 설비가 수행하는 본래의 목적이나 기능에 집중하는 사고법이다.
② 미결함의 사고법 : 잠재결함을 사전에 발견하고 대응하기 위한 사고법이다.
③ 조정의 조절화 사고법 : 인간의 일을 기계로 대체하여 정밀도 향상 등에 의한 작업의 단순화가 용이하게 하기 위한 사고법이다.
④ 바람직한 모습의 사고법 : 이상적인 상태에 가까워지기 위해 현재 무엇을 개선할지 추론하는 사고법이다.

76

외란의 영향에 대하여 이를 제거하기 위한 적절한 조작을 가하는 제어는?

① 동기제어
② 비동기제어
③ 시퀀스제어
④ 폐회로제어

해설

폐회로제어
- 시스템의 출력(실제 값)을 기준 값(설정값)과 비교하여 오차를 계산하고, 그 오차를 줄이기 위해 제어동작을 수행한다.
- 폐회로제어에서는 외란의 영향에 대하여 이를 제거하기 위한 적절한 조작을 한다.

77

다음 설명에 해당되는 특성은?

> 압력제어밸브의 조정핸들을 조작하여 압력을 설정한 후 압력을 변화시켰다가 다시 핸들을 조작하여 원래의 설정 값에 복귀시켰을 때 최초의 압력값과는 오차가 발생한다.

① 유량특성
② 릴리프특성
③ 압력조절특성
④ 히스테리시스특성

해설

압력제어에서 발생하는 현상
히스테리시스특성에 대한 설명이다.

정답 75 ③ 76 ④ 77 ④

78 ☑☐☐☐☐

예방보전을 위한 현장작업자와 보전담당자의 역할분담으로 가장 적합한 것은?

① 현장작업자는 일상점검, 정기점검 및 수리, 개선 보전활동을 하고, 보전담당자는 이상발견 및 보고, 청소급유를 충실히 하여야 한다.
② 현장작업자는 정기점검 및 수리, 개선보전활동을 하고, 보전담당자는 일상점검, 이상발견 및 보고, 청소급유를 충실히 하여야 한다.
③ 현장작업자는 개선보전활동, 정기점검 및 수리, 청소급유를 충실히 하고, 보전담당자는 이상발견 및 보고, 일상점검을 하여야 한다.
④ 현장작업자는 일상점검, 이상발견 및 보고, 청소급유를 충실히 하고, 보전담당자는 정기점검 및 수리, 개선 보전활동을 하여야 한다.

해설

현장작업자의 역할
예방보전은 설비의 이상현상을 사전에 파악하여 예방하기 위한 활동이다.
예방보전을 하기 위해서는 현장작업자는 일상점검, 이상발견 및 보고, 청소급유를 충실히 하고, 보전담당자는 정기점검 및 수리, 개선 보전활동을 하여야 한다.

79 ☑☐☐☐☐

SI 단위계에서 압력을 표시하는 기호는?

① 바(bar)   ② 뉴턴(N)
③ 와트(W)   ④ 파스칼(Pa)

해설

파스칼(Pa)
- SI 단위계의 압력단위이다.
- $1\,m^2$당 $1\,N$의 힘이 작용할 때의 압력이다.

80 ☑☐☐☐☐

감압밸브와 릴리프밸브에 대한 설명으로 틀린 것은?

① 감압밸브는 평상 시 열려 있고, 릴리프밸브는 평상시 닫혀 있다.
② 감압밸브는 출구 측 압력에 의해 제어되고, 릴리프밸브는 입구 측 압력에 의해 제어된다.
③ 릴리프밸브는 출구 측에서 입구 측으로의 역방향 흐름이 가능하고, 감압밸브는 불가능하다.
④ 릴리프밸브는 압력계가 입구 측에 설치되어 있고, 감압밸브는 압력계가 출구 측에 설치되어 있다.

해설

릴리프밸브
- 릴리프밸브는 입구 측 압력이 위험한 수준으로 올라가는 것을 방지하기 위해 평상시에는 닫혀 있으나, 설정압력 이상이 되면 열려서 유체를 방출한다.
- 릴리프밸브는 역방향 흐름을 허용하는 구조가 아니다.

2024 제2회 CBT 복원

1과목 설비진단 및 계측

01 ☑☐☐☐☐

다음 중 옴의 법칙으로 맞는 것은?

① 전류(I) = 전압(V) + 저항(R)
② 전압(V) = 전류(I) × 저항(R)
③ 저항(R) = 전압(V) × 전류(I)
④ 전압(V) = 전류(I) ÷ 저항(R)

해설

옴의 법칙
전압(V), 전류(I), 저항(R) 사이에 비례관계가 있음을 나타내는 법칙이다.
전압(V) = 전류(I) × 저항(R)

02 ☑☐☐☐☐

다음 중 진동의 전달경로 차단방법과 가장 거리가 먼 것은?

① 진동차단기 설치
② 기초(Base)의 진동을 제어하는 방법
③ 질량이 큰 경우 거더(Girder)의 이용
④ 언밸런스(Unbalance)의 양을 크게 하는 방법

해설

진동의 전달경로 차단방법
언밸런스(Unbalance)의 양을 크게 하면 오히려 진동이 더 커질 수 있다.

03 ☑☐☐☐☐

프로세스제어(Process Control)의 종류 중 제어 대상에 따른 분류에 속하지 않는 것은?

① 압력제어장치
② 온도제어장치
③ 유량제어장치
④ 발전기의 조속기제어장치

해설

프로세스제어(Process Control)
- 온도, 압력, 유량, 농도 등 연속적으로 변화하는 물리량을 조절하기 위해 시스템을 자동적으로 관리하는 기술이다.
- 발전기의 조속기제어장치는 목푯값이 시간에 따라 변하기 때문에 추종제어 또는 서보기구제어에 속한다.

04 ☑☐☐☐☐

음압의 단위로 옳은 것은?

① N   ② kgf
③ m/s^2 ④ N/m^2

해설

음압
- 음파가 매질(공기)을 통해 전달될 때 매질의 각 지점에의 압력의 변화량이다.
- 단위는 압력과 동일한 $Pa = N/m^2$을 사용한다.

정답 01 ② 02 ④ 03 ④ 04 ④

05

마스킹효과에 관한 설명으로 틀린 것은?

① 저음이 고음을 잘 마스킹한다.
② 두 음의 주파수가 비슷할 때에는 마스킹효과가 대단히 작아진다.
③ 마스킹효과는 음파의 간섭에 의해 일어나는 현상이다.
④ 두 음의 주파수가 거의 같을 때에는 맥동이 생겨 마스킹효과가 감소한다.

해설

마스킹효과
- 크고 작은 두 소리를 동시에 들을 때 큰 소리만 듣는 현상이다.
- 두 음의 주파수가 비슷할 때 마스킹효과가 매우 커진다.

06

외란이 가해진 후 계가 스스로 진동하고 있을 때 이 진동을 나타내는 용어는?

① 공진   ② 강제진동
③ 고유진동   ④ 자유진동

해설

자유진동
외부에서 힘(외란)을 준 후 더 이상은 외부의 힘 없이 계가 자신의 복원력에 의해 스스로 진동하는 현상이다.

07

공장의 환기 덕트 출구가 민가 쪽을 향하고 있어 소음이 문제가 되고 있을 때 대책으로 적절하지 않은 것은?

① 덕트 출구의 방향을 바꾼다.
② 덕트 출구의 면적을 작게 한다.
③ 덕트 출구에 소음기를 설치한다.
④ 덕트 출구 앞에 흡음 덕트를 붙인다.

해설

소음 대책
덕트 출구의 면적을 작게 하면 같은 양의 공기를 더 좁은 면적으로 내보내야 하므로 유속이 증가하고 소음이 커진다.

08

제어량과 목푯값을 비교하고 그들이 일치하도록 정정동작을 하는 제어는?

① 순차제어   ② 조건제어
③ 시퀀스제어   ④ 피드백제어

해설

피드백제어
- 제어량과 목푯값을 비교하여 그 차이를 줄이기 위해 정정동작을 하는 제어방식이다.
- 온도조절기, 자동조명장치 등이 피드백제어를 사용한다.

정답 05 ② 06 ④ 07 ② 08 ④

09 ☑☐☐☐☐

신호 전송의 노이즈 대책으로 접지 시 주의사항으로 적절하지 않은 것은?

① 가능한 여러 지점으로 접지할 것
② 직렬 배선을 피하고 병렬로 할 것
③ 가능한 굵은 도선(도체)을 사용할 것
④ 실드 피복, 패널류는 필히 접지할 것

해설

신호 전송의 노이즈 대책
여러 지점으로 접지하면 노이즈가 증가하므로 특별한 경우를 제외하고는 한 점에서만 접지를 하는 것이 좋다.

10 ☑☐☐☐☐

비접촉형 변위 검출형 센서 종류에 해당되지 않는 것은?

① 서보형   ② 와전류형
③ 전자광학형   ④ 정전용량형

해설

서보형 센서
- 내부의 가동부의 움직임을 이용하여 변위를 측정한다.
- 저주파진동, 정밀위치제어에 사용되며 접촉식 센서이다.

11 ☑☐☐☐☐

온도를 측정할 수 없는 것은?

① 적외선센서   ② 방사형 온도계
③ 서모커플센서   ④ 자이로스코프센서

해설

자이로스코프센서
자이로스코프센서는 회전하는 물체의 회전 방향이나 각속도를 측정하는 센서이다.

12 ☑☐☐☐☐

주파수 변환신호 처리 시 발생하는 에러현상으로 어떤 최고 입력 주파수를 설정했을 때 이보다 높은 주파수 성분을 가진 신호를 입력한 경우에 생기는 문제는?

① 확대(Zooming)
② 에일리어싱(Aliasing)
③ 필터링(Filtering)
④ 시간 와인더(Time Winder)

해설

에일리어싱(Aliasing)
에일리어싱은 신호를 디지털화하거나 주파수 변환할 때, 신호의 최고 주파수보다 높은 주파수 성분이 입력되면 실제와 다른 주파수로 신호가 왜곡되어 나타나는 현상이다.

정답 09 ① 10 ① 11 ④ 12 ②

13 ☑☐☐☐☐
설비진단기술에 관한 설명으로 틀린 것은?

① 설비의 열화를 검출하는 기술이다.
② 설비의 생산량 증가방법을 찾는 기술이다.
③ 설비의 성능을 평가하고, 수명을 예측하는 기술이다.
④ 현재 설비 상태를 파악하고, 고장원인을 찾는 기술이다.

해설

설비진단
- 설비의 성능을 평가하고 수명을 예측하여 현재 상태를 파악하고 고장원인을 파악하는 것이다.
- 설비의 생산량 증가방법을 찾는 것과 설비진단은 거리가 멀다.

14 ☑☐☐☐☐
진동차단에 이용되는 재료가 아닌 것은?

① 고무　　　　② 패드
③ 스프링　　　④ 콘크리트

해설

진동차단
콘크리트는 단단하고, 충격을 가하면 깨지는 성질이 있기 때문에 진동차단에 이용되지 않는다.

15 ☑☐☐☐☐
파장, 주파수에 대한 설명으로 틀린 것은?

① 파장은 음파의 1주기 거리로 정의된다.
② 주파수는 음파가 매질을 1초 동안 통과하는 진동횟수를 말한다.
③ 주파수는 소리의 속도에 반비례하고, 파장에 비례한다.
④ 파장은 소리의 속도에 비례하고, 주파수에 반비례한다.

해설

주파수

$$f = \frac{v}{\lambda}$$

f : 주파수(Hz)
v : 소리의 속도(m/s), λ : 파장(m)
주파수(f)는 소리의 속도(v)에 비례하고, 파장(λ)에 반비례한다.

16 ☑☐☐☐☐
열전대 종류 중 내열성이 좋고 산화성 분위기 중에서도 강하며, 대개 1000 ℃ 이상에서 사용되는 것은?

① J type　　　② R type
③ K type　　　④ T type

해설

R type 열전대
- 백금과 로듐 합금으로 되어 있다.
- 1000 ℃ 이상의 고온에서 안정적이다.
- 용광로나 고온 산업현장에서 주로 사용된다.

정답 13 ② 14 ④ 15 ③ 16 ②

17

진동의 측정단위로 적절하지 않은 것은?

① m
② m/s
③ m/s²
④ m²/s²

해설

진동의 측정단위

구분	내용
변위	측정대상의 위치 변화(m)
속도	측정대상의 단위시간당 위치 변화(m/s)
가속도	측정대상의 단위시간당 속도 변화(m/s²)

18

진동파형에서 양진폭(피크 – 피크)을 V_{P-P}라 할 때 실횻값(V_{RMS})은?

① $2V_{P-P}$
② πV_{P-P}
③ $2\sqrt{2}\, V_{P-P}$
④ $\dfrac{1}{2\sqrt{2}} V_{P-P}$

해설

실횻값

정현파에서 피크값 V_P와 실표값 V_{RMS}의 관계는 다음과 같다.

$V_{RMS} = \dfrac{V_P}{\sqrt{2}}$

$V_{P-P} = 2V_P$이므로 위 식에 대입한다.

$V_{RMS} = \dfrac{1}{2\sqrt{2}} V_{P-P}$

19

가동되는 펌프에서 유체가 임펠러를 통과할 때 기포가 발생하여 불규칙한 고주파진동 및 소음이 발생하는 현상은?

① 서징(Surging)
② 오일 휠(Oil Whirl)
③ 캐비테이션(Cavitation)
④ 수격현상(Water Hammering)

해설

캐비테이션(Cavitation)
- 공동현상이라고도 한다.
- 펌프와 같은 회전기계에서 액체의 압력이 포화증기압 아래로 떨어지면 기포가 형성되고, 이 기포가 붕괴하면서 고주파진동 및 충격음이 발생한다.
- 회전기계진동에서 고주파 성분은 베어링 결함이나 공동현상처럼 미세하고 빠른 현상에서 주로 발생된다.

20 ☑☐☐☐☐

헬름홀츠(Helmholtz) 공명기에 관한 내용으로 가장 거리가 먼 것은?

① 사이드 브랜치(Side Branch) 공명기라고도 부른다.
② 헬름홀츠 공명장치는 공진주파수 부근의 소음흡수에는 효과가 적다.
③ 헬름홀츠 공명기를 이용한 소음장치는 덕트나 엔진실과 같은 시끄러운 작업장 내부 소음감소에도 이용된다.
④ 공진주파수에서 공명기는 입사소음과 180° 위상차를 갖는 소음을 발생시켜 덕트를 되돌려 보냄으로써 입사소음을 상쇄시킨다.

[해설]

헬름홀츠(Helmholtz) 공명기
- 19세기 독일의 헬름홀츠가 고안한 것으로 물체의 용적 혹은 흡음구조 설계 시에 사용한다.
- 공진주파수 부근에서 소음흡수가 뛰어나고, 다른 주파수 대역에서는 효과가 감소한다.

2과목 | 설비관리

21 ☑☐☐☐☐

계측작업 및 방법의 관리와 합리화를 위한 방법과 가장 거리가 먼 것은?

① 안전관리의 향상
② 계측작업의 표준화
③ 계측 정밀도의 유지향상
④ 계측기의 사용, 취급법의 적정화

[해설]

계측작업 및 방법의 관리와 합리화
- 계측작업 및 방법의 관리와 합리화를 위한 방법은 계측작업의 효율성을 높이기 위한 방법이다.
- 안전관리의 향상은 계측작업의 효율성을 높이는 것과는 거리가 멀다.

22 ☑☐☐☐☐

공장 에너지관리 중 열관리방법에 해당되지 않는 것은?

① 소음관리
② 연소관리
③ 연료관리
④ 열계측관리

[해설]

열관리방법
소음관리는 열관리방법에 해당되지 않는다.

23 ☑☐☐☐☐

원자재의 양, 질, 비용, 납기 등의 확보가 곤란할 경우 원자재를 자사생산으로 바꾸어 기업방위를 도모하는 투자는?

① 후생투자   ② 방위적 투자
③ 합리적 투자 ④ 공격적 투자

해설

방위적 투자
- 경기 불황, 공급 불황, 원자재 가격 상승 등의 외부 환경의 위험으로부터 기업을 보호하기 위해 이루어지는 투자이다.
- 원자재 자체생산, 공급선 다변화, 자체설비 구축 등이 해당된다.

24 ☑☐☐☐☐

수리공사를 하기 위해서는 절차, 재료, 공수 등 공사견적을 실시하게 되는데 수리공사 견적법으로 사용되지 않는 것은?

① 경험법   ② 실적자료법
③ 표준 개량법 ④ 표준자료법

해설

수리공사 견적법

구분	내용
경험법	과거의 경험이나 유사사례를 바탕으로 견적을 산정한다.
실적 자료법	유사 공사의 실적자료를 참고해 견적을 산정한다.
표준 자료법	공인 표준품셈, 표준시방서 등에 근거해 견적을 산정한다.

25 ☑☐☐☐☐

다음 중 수리공사에 대한 설명으로 틀린 것은?

① 정기수리공사는 정기 수리계획에 의해서 하는 수리이다.
② 개수공사는 조업 상의 요구에 의해서 하는 개량공사이다.
③ 사후수리공사는 설비검사를 하지 않는 생산설비의 수리이다.
④ 보전개량공사는 제조의 부속설비의 공정, 사무, 연구, 시험, 복리, 후생 등의 수리이다.

해설

보전개량공사
보전개량공사는 제조의 부속설비에만 해당되지 않고 주설비에도 해당된다.

26 ☑☐☐☐☐

신뢰도와 보전도를 종합한 평가척도로 '어느 특정 순간에 기능을 유지하고 있는 확률'이라고 정의되는 것은?

① 유용성   ② 경제성
③ 특성요인성   ④ 평균가동성

해설

유용성
- 어느 특정 순간에 기능을 유지하고 있을 확률이다.
- 유용성 = $\dfrac{MTBF}{MTBF + MTTR}$
- MTBF : 평균가동시간
- MTTR : 평균수리시간

정답 23 ② 24 ③ 25 ④ 26 ①

27

다음 보기의 내용과 가장 관계가 깊은 것은?

> 증기발생장치, 발전설비, 수처리시설, 공업용 원수·취수설비, 냉각탑설비

① 판매설비 ② 사무용 설비
③ 유틸리티설비 ④ 연구개발설비

해설

설비의 목적에 따른 분류

구분	내용
생산설비	기계, 가공장비, 조립라인 등
운송설비	항만설비, 하역장비, 도로, 철도, 컨베이어 등
서비스설비 (판매설비)	서비스 스테이션, 서비스 숍 등
유틸리티설비	발전설비, 보일러, 냉각탑, 수처리시설 등
관리설비	본사의 건물, 지점, 영업소의 건물 등
연구·개발설비	제품이나 기술개발을 위한 연구소, 실험설비, 시험장비 등

28

계측기관리를 수행하기 위하여 준수해야 하는 사항과 거리가 가장 먼 것은?

① 관리규정 ② 연구개발
③ 선정·구입 ④ 검사·검정

해설

계측기관리

연구개발은 계측기의 설계, 개발단계에 해당되므로 계측기관리를 수행하기 위한 사항과는 거리가 멀다.

29

자주보전의 전개단계 중 발생원인·곤란개소 대책은 어느 단계인가?

① 제1단계 ② 제2단계
③ 제3단계 ④ 제4단계

해설

자주보전 7단계

구분	내용
1단계 초기청소	청소, 정리정돈 등을 통한 설비의 이상유무 확인
2단계 곤란개소 대책	오염 발생원, 청소 곤란개소 식별 및 개선, 오염 차단 대책 수립(덮개 등)
3단계 기준서 작성	활동별 기준서 작성, 점검항목, 주기, 방법, 기준 등을 명확하게 정의
4단계 총점검	담당자의 설비 전체 정밀점검, 기능습득 및 실습교육 진행
5단계 자주점검	작업자가 이상 유무를 직접 점검, 이상 발견 시 기록, 보고
6단계 표준화	자주보전 활동과정의 표준화 및 확립, 자료의 체계적 관리
7단계 철저한 자주관리	담당자가 자주보전 활동을 완전히 몸에 익혀 설비관리와 효율을 극대화함

정답 27 ③ 28 ② 29 ②

30

보전용 자재관리에 대한 설명 중 옳은 것은?

① 불용자재의 발생 가능성이 적다.
② 자재구입의 품목, 수량, 시기의 계획을 수립하기가 용이하다.
③ 보전용 자재는 연간 사용빈도가 높으며, 소비속도도 빠른 것이 많다.
④ 소모, 열화되어 폐기되는 것과 예비기 및 예비부품과 같이 순환 사용되는 것이 있다.

해설

보전용 자재관리
- 설비의 안정적인 운영과 신뢰성을 확보하기 위해 필요한 예비부품, 소모품, 공구 등과 같이 보전의 목적의 자재를 구입, 보관, 공급, 재고관리 하는 것이다.
- 보전용 자재는 부품의 성격에 따라 소모, 열화되어 폐기되는 것과 수리·재생 후 다시 사용하는 예비기, 예비부품도 포함된다.

31

다음 중 초기고장기에 발생하는 고장의 원인이 아닌 것은?

① 설계상의 오류
② 부적정한 설치
③ 제조과정의 실수
④ 열화에 의한 고장

해설

열화에 의한 고장
- 열화에 의한 고장은 노화, 마모, 사용 중 장기간의 열화로 인한 고장이다.
- 열화에 의한 고장은 초기고장기와 관련이 없고 사용기간이 늘어남에 따라 점차적으로 발생하는 고장이다.

32

설비의 경제성 평가방법 중 비용비교법에서 연간비용을 산출하는 방법은?

① 상각비 + 평균이자 + 가동비
② 상각비 - 평균이자 + 가동비
③ 상각비 + 평균이자 - 가동비
④ 상각비 - 평균이자 - 가동비

해설

비용비교법
- 여러 설비의 대안이나 투자안을 비교할 때 각각의 총 비용을 비교하여 경제성을 평가하는 방법이다.
- 연간비용 = 상각비 + 평균이자 + 가동비

33

그리스를 장시간 사용하지 않고 방치해놓거나 사용과정에서 오일이 그리스로부터 이탈되는 현상은?

① 주도
② 이유도
③ 동점도
④ 수세내수도

해설

이유도
그리스를 장시간 방치하거나, 사용 중 오일이 그리스로부터 이탈(분리)되는 현상이다.

정답 30 ④ 31 ④ 32 ① 33 ②

34

베어링 윤활의 목적이 아닌 것은?

① 마찰열의 방출
② 피로수명의 감소
③ 마찰 및 마모의 감소
④ 베어링 내부에 이물질의 침입방지

해설

베어링 윤활
- 피로수명은 베어링이 반복적인 하중을 받으면서 내부재료의 피로로 인해 표면에 결함이 발생할 때까지의 총 회전수이다.
- 베어링 윤활을 하면 피로수명이 연장된다.

35

윤활유가 열화할 때 나타나는 현상으로 가장 거리가 먼 것은?

① 점도가 변화한다
② 산가가 증가한다.
③ 색상이 변화한다.
④ 슬러지가 감소한다.

해설

윤활유가 열화할 때 나타나는 현상
열화과정에서 불순물, 산화 생성물, 침전물 등이 유입되어 슬러지가 누적되어 증가한다.

36

다음 중 그리스윤활의 특징으로 틀린 것은?

① 유동성이 나쁘기 때문에 누설이 적다.
② 냉각효과가 커서 온도 상승제어가 쉽다.
③ 흡착력이 강하므로 고하중에 잘 견딘다.
④ 기계의 설계가 간편하고 비용이 적게 든다.

해설

그리스윤활
- 그리스윤활은 반고체이기 때문에 유동성이 좋지 않고, 냉각효과가 작아서 온도 상승제어가 어렵다.
- 그리스윤활은 흡착력이 강해 고하중 환경에 잘 견디고 구조가 간편하다.

37

윤활유를 분류할 때 석유계 윤활유에 속하지 않는 것은?

① 혼합계 ② 파라핀계
③ 나프텐계 ④ 동식물계

해설

윤활유의 구분
- 석유계 윤활유 : 파라핀계 윤활유, 나프탄계 윤활유, 혼합계 윤활유
- 동식물계 윤활유 : 동물성 또는 식물성 기름에서 추출하여 만든 윤활유

정답 34 ② 35 ④ 36 ② 37 ④

38 ☑□□□□

윤활유 중에 연료유나 다량의 수분이 혼입되었을 때 일어나는 현상으로 윤활성능을 저하 시키는 것은?

① 산화 ② 탄화
③ 동화 ④ 희석

해설

윤활성능의 저하
① 산화 : 윤활유의 노화나 고온으로 인한 화학적 변화
② 탄화 : 윤활유가 고온에서 탄소가 쌓이는 현상
③ 동화 : 윤활유와 기계 부품이 서로 작용하여 변화를 일으키는 현상
④ 희석 : 윤활유에 수분이 섞여 성능이 저하되는 현상

39 ☑□□□□

윤활유 SOAP분석방법 중 플라즈마를 이용하여 분석하는 방식은?

① ICP법 ② 회전전극법
③ 원자흡광법 ④ 페로그래피법

해설

ICP(Inductively Coupled Plasma)법
윤활유 속에 포함된 금속 성분(마모입자)을 고온 플라즈마 내부에서 원자화 및 이온화한 후, 방출되는 빛의 스펙트럼을 측정하여 각 원소의 농도를 정밀하게 분석한다.

40 ☑□□□□

유압 작동유(KS M 2129)에 따라 인화점이 가장 낮은 것은?

① ISO VG 15 ② ISO VG 32
③ ISO VG 46 ④ ISO VG 68

해설

기계유의 분류
- VG는 Viscosity Grade의 약자로 점도등급을 나타낸다.
- VG 뒤에 있는 숫자가 클수록 점도가 높아지는 것이고, 점도가 높아질수록 인화점도 높아진다.
- 인화점이 가장 낮은 것은 ISO VG 15이다.

정답 ● 38 ④ 39 ① 40 ①

3과목 기계일반 및 기계보전

41 ☑□□□□

줄(File)의 작업방법이 아닌 것은?

① 진원법
② 직진법
③ 사진법
④ 병진법

해설

줄작업방법

구분	작업방법
직진법	줄을 직선 방향으로 곧게 왕복시킨다.
사진법	줄을 비스듬히(약 45°)로 이동시키면서 넓은 면을 작업한다.
병진법	줄을 공작물의 폭 방향(길이와 직각 방향)으로 오가며 작업하는 방법이다.

42 ☑□□□□

연삭숫돌의 입자가 무디거나 눈 메음(Loading)이 나타나면 연삭성이 저하하므로 숫돌의 표면을 깎아서 예리한 날을 가진 입자가 표면에 나타나게 하여 연삭성을 회복시키는 작업을 무엇이라 하는가?

① 래핑(Lapping)
② 트루잉(Truing)
③ 폴리싱(Polishing)
④ 드레싱(Dressing)

해설

연삭숫돌의 연삭성 회복작업
- 드레싱 : 표면에 묻은 이물질이나 무뎌진 입자를 제거해 날카로운 연마 입자가 표면에 드러나도록 하는 것이다.
- 트루잉 : 숫돌의 연삭면을 원래대로 평행하게 성형시켜 연삭성을 회복하는 것이다.

43 ☑□□□□

전동기가 회전 중 진동현상을 보이고 있다. 그 원인으로 가장 거리가 먼 것은?

① 베어링의 손상
② 통풍창의 먼지 제거
③ 커플링, 풀리의 이완
④ 로터와 스테이터의 접촉

해설

전동기의 진동현상
통풍창의 먼지 제거는 전동기관리와 유지보수에 필요한 부분이지만 전동기의 진동과는 큰 관련이 없다.

44 ☑□□□□

감속기의 양호한 조립 상태를 유지하기 위한 조치로 적절하지 못한 것은?

① 이상의 조기발견
② 정확한 윤활의 유지
③ 빈번한 분해수리 실시
④ 이 면의 마모 상태 파악

정답 41 ① 42 ④ 43 ② 44 ③

해설

감속기의 조립 상태유지
빈번한 분해수리를 실시하는 것은 감속기를 적절하게 관리는 조치가 아니다.

해설

용접의 특성
용접은 일반적으로 고온 상태에서 진행되므로 고온으로 인한 변형이나 응력이 발생한다.

45 ☑☐☐☐☐

스프링의 도시방법으로 틀린 것은?

① 그림에 기입하기 힘든 사항은 표에 일괄하여 표시한다.
② 코일 스프링, 벌류트 스프링은 일반적으로 무하중 상태에서 그린다.
③ 겹판 스프링은 일반적으로 스프링 판이 수평인 상태에서 그린다.
④ 그림에서 단서가 없는 코일 스프링이나 벌류트 스프링은 모두 왼쪽으로 감은 것으로 나타낸다.

해설

스프링의 도시방법
코일 스프링과 벌류트 스프링은 도면에서 특별한 단서가 없는 한 모두 오른쪽으로 감긴 것으로 도시하며, 왼쪽으로 감긴 경우 "감긴 방향 왼쪽"이라고 표기해야 한다.

46 ☑☐☐☐☐

일반적인 용접의 특성으로 틀린 것은?

① 두께의 제한이 없다.
② 기밀성, 수밀성이 우수하다.
③ 이종재료의 접합이 가능하다.
④ 변형이나 응력이 발생하지 않는다.

47 ☑☐☐☐☐

내스케일성 및 고온산화방지를 위하여 실시하는 표면경화 열처리방법으로 강재를 가열하여 그 표면에 알루미늄을 확산·침투시키는 것은?

① 크로마이징   ② 칼로라이징
③ 세라다이징   ④ 실리콘나이징

해설

칼로라이징(Calorizing)
• 철강의 표면에 알루미늄(Al)을 침투 확산시켜 표면에 Fe - Al(철 - 알루미늄) 합금층을 만드는 표면처리법이다.
• 이 방법으로 내열성과 내식성이 우수한 합금층을 얻을 수 있다.

48 ☑☐☐☐☐

드릴가공, 주조가공 등에 의하여 이미 뚫려 있는 구멍을 확대하거나 표면거칠기를 낮게 가공하는 공작기계는?

① 셰이퍼   ② 플레이너
③ 보링머신   ④ 브로칭머신

정답 45 ④ 46 ④ 47 ② 48 ③

해설

공작기계
① 셰이퍼 : 평면 가공용 기계이다.
② 플레이너 : 평면 가공용 기계이다.
③ 보링머신 : 이미 뚫린 구멍을 더 넓히고, 구멍의 내면을 정밀하게 다듬는다.
④ 브로칭머신 : 복잡한 형상의 정밀가공에 사용한다.

49 ☑☐☐☐☐

고무 스프링의 특징으로 옳은 것은?

① 감쇠작용이 커서 진동의 절연이나 충격 흡수에 좋다.
② 노화와 변질방지를 위하여 기름을 발라 두어야 한다.
③ 인장력에 강하지만 압축력에 약하므로 압축하중을 피하는 것이 좋다.
④ 크기 및 모양을 자유로이 선택할 수는 없고 여러 가지 용도로 사용이 불가능하다.

해설

고무 스프링
• 감쇠작용이 커서 진동의 절연이나 충격흡수가 커서 산업현장에 많이 사용된다.
• 기름을 바르면 고무가 변질될 수 있다.
• 압축력에는 강하지만 인장력에 약하다.
• 크기 및 모양을 다양하게 설계할 수 있어 산업현장에서 다양한 용도로 사용한다.

50 ☑☐☐☐☐

다음 중 응력집중에 의한 축의 파단원인으로 가장 거리가 먼 것은?

① 키 홈의 마모
② 축의 가공 불량
③ 설계 형상의 오류
④ 커플링 중심내기 불량

해설

축의 파단원인
키 홈의 마모처럼 마모 자체가 직접적인 응력집중에 의한 축의 파단원인으로 보기는 어렵다.

51 ☑☐☐☐☐

축 고장의 원인과 대책으로 틀린 것은?

① 형상 구조 불량 시 노치 형상을 개선한다.
② 풀리, 기어, 베어링 등 끼워맞춤 불량 시 재질을 변경한다.
③ 급유 불량 시 적당한 유종을 선택하고 유량 및 급유방법을 개선한다.
④ 자연열화 시 축을 분해하여 외관검사를 하고 테스트 헤머로 가볍게 두드려 타격음으로 균열의 유무를 판단한다.

해설

축 고장의 원인과 대책
끼워맞춤 불량 시 재질변경이 아니라, 끼워맞춤 상태(공차, 조립방법 등) 개선이 필요하다.

정답 49 ① 50 ① 51 ②

52 ☑□□□□

보스와 축의 둘레에 많은 키를 깎아 붙인 것과 같은 것으로 일반적인 키보다 훨씬 큰 동력을 전달시킬 수 있고 내구력이 커서 자동차, 공작기계 발전용 증기 터빈 등에 이용되는 체결용 기계요소는?

① 스플라인
② 테이퍼 핀
③ 미끄럼 키
④ 플랜지 너트

해설

스플라인
- 보스와 축의 둘레에 많은 키를 깎아 붙인 것과 같은 것이다.
- 일반적인 키보다 훨씬 큰 동력을 전달시킬 수 있고 내구력이 커서 자동차, 공작기계 발전용 증기 터빈 등에 이용된다.

53 ☑□□□□

보전용재료 중 방청윤활유의 종류와 기호가 잘못 연결된 것은?

① 1종(1호) : KP-7
② 1종(2호) : KP-8
③ 1종(3호) : KP-9
④ 1종(4호) : KP-10

해설

방청윤활유의 종류 및 기호(KS M 2211)
방청윤활유는 막의 성질 및 점도에 따라 다음과 같이 분류하며 1종에서 4호는 없다.

종류		기호	막의 성질
1종	1호	KP-7	중점도 유막
	2호	KP-8	저점도 유막
	3호	KP-9	저점도 유막
2종	1호	KP-10-1	저점도 유막
	2호	KP-10-2	중점도 유막
	3호	KP-10-3	고점도 유막

54 ☑□□□□

웜기어(Worm Gear)의 특징으로 틀린 것은?

① 역전을 방지할 수 없고, 소음이 크다.
② 웜과 웜 휠에 스트레스 하중이 생긴다.
③ 작은 용량으로 큰 감속비를 얻을 수 있다.
④ 웜 휠의 정밀측정이 곤란하며, 가격이 비싸다.

해설

웜기어(Worm Gear)
- 웜기어는 자체잠금(Self-Locking)기능이 있어 역전을 방지할 수 있다.
- 부드럽게 맞물려서 작동 소음은 비교적 작다.

55 ☑□□□□

토출관이 짧은 저 양정(전 양정 약 10m 이하) 펌프의 토출관에 설치하는 역류방지밸브로 가장 적당한 것은?

① 앵글밸브
② 푸트밸브
③ 반전밸브
④ 플랩밸브

정답 52 ① 53 ④ 54 ① 55 ④

해설

플랩밸브
- 유체가 흐를 때 열리고, 역류가 발생하려고 하면 자동으로 닫히는 구조이다.
- 구조가 단순하며 저압·저양정펌프나 관로가 짧은 경우에 적합하다.
- 빠르게 닫혀 역류를 효율적으로 방지할 수 있으므로 긴 관로·고압이 아닌, 저양정에 바로 설치하는 방식에 적합하다.

56 ☑□□□□

접착제의 구비조건으로 틀린 것은?

① 액체성을 가질 것
② 윤활성을 가질 것
③ 모세관작용을 할 것
④ 고체화하여 일정한 강도를 가질 것

해설

접착제의 구비조건
회전하는 설비인 베어링 및 기어는 윤활성이 필요하지만 접착제는 윤활성이 있으면 접착성이 방해된다.

57 ☑□□□□

일반적인 원심식 압축기의 특징으로 틀린 것은?

① 윤활이 쉽다.
② 맥동압력이 없다.
③ 고압의 발생이 원활하다.
④ 설치면적이 비교적 작다.

해설

압축기의 비교

구분	내용
원심식 압축기	• 임펠러의 회전운동으로 공기를 압축한다. • 압력맥동이 없다. • 윤활이 용이하다. • 중·저압에 적합하다. • 설치면적이 비교적 작다.
왕복식 압축기	• 피스톤의 왕복운동에 의해 공기를 압축한다. • 고압을 발생시킨다. • 유량보다 높은 압력을 필요로 할 때 사용한다.

58 ☑□□□□

다음 중 전동기 본체의 점검항목이 아닌 것은?

① 베어링의 이음
② 본체의 진동
③ 지침의 영점
④ 베어링부의 발열

해설

전동기 본체의 점검항목
지침의 영점은 계측기의 점검항목에 해당되고, 일반적으로 전동기 본체에는 지침이 없다.

정답 56 ② 57 ③ 58 ③

59 ☑☐☐☐☐

다음 측정기 중 강재의 얇은 편으로 된 것으로 작은 홈의 간극 등을 점검하는 데 사용되고 필러게이지라고도 부르는 것은?

① 틈새게이지　② 나사게이지
③ 높이게이지　④ 다이얼게이지

[해설]

틈새게이지
틈새게이지는 강재의 얇은 편으로 되어 있으며, 작은 홈의 간극 등을 점검하는 데 사용되고 필러게이지라고도 부른다.

60 ☑☐☐☐☐

체인을 거는 방법으로 틀린 것은?

① 두 축의 스프로킷 휠은 동일 평면에 있어야 한다.
② 수직으로 체인을 걸 때 큰 스프로킷 휠이 아래에 오도록 한다.
③ 수평으로 체인을 걸 때 이완 측이 위로 오면 접촉각이 커지므로 벗겨지지 않는다.
④ 이완 측에는 긴장 풀리를 쓰는 경우도 있다.

[해설]

체인을 거는 방법
수평으로 체인을 걸 때 이완 측이 아래로 오도록 설치해야 체인이 이탈되지 않는다.

4과목 | 공유압 및 자동화

61 ☑☐☐☐☐

유압시스템에서 축압기(Accumulator)의 사용 목적으로 적합하지 않은 것은?

① 충격압력을 흡수하는 경우
② 맥동 흡수용으로 사용하는 경우
③ 압력 증대용으로 사용하는 경우
④ 에너지 보조원으로 사용하는 경우

[해설]

축압기
축압기는 압력을 저장하는 역할을 하고, 압력을 증대하지는 않는다.
압력을 증대하려면 유압펌프가 필요하다.

62 ☑☐☐☐☐

공압밸브 중 포핏밸브의 제어위치가 전환되지 않는 이유로 적당하지 않은 것은?

① 실링시트의 손상
② 공급 공기압력이 너무 높음
③ 실링 플레이트에 구멍이 발생
④ 과도한 마찰로 인한 기계적인 스위칭 동작에 이상이 발생

[해설]

포핏밸브
- 유체의 흐름을 개폐하여 방향을 제어하고, 시스템의 정확한 타이밍과 밀봉성을 유지한다.
- 공급 공기압력이 높을 경우 포핏밸브가 더 확실하게 밀봉되고, 전환동작에 장애가 되지 않는다.

정답 59 ① 60 ③ 61 ③ 62 ②

63 ☑☐☐☐☐

유압의 압력 릴리프밸브로 사용할 수 없는 기능은?

① 감압기능
② 시퀀스기능
③ 카운터밸런스기능
④ 유압시스템의 최대압력 설정기능

해설

릴리프밸브
- 릴리프밸브는 유압시스템 내에서 압력이 규정된 설정압력을 초과할 때 밸브를 열어 시스템을 보호하는 역할을 한다.
- 릴리프밸브는 감압기능은 없고 감압기능을 하기 위해서는 감압밸브가 필요하다.

64 ☑☐☐☐☐

다음 중 힘의 단위로 옳은 것은?

① J
② N
③ K
④ mol

해설

기본단위
① J : 에너지(일)의 단위이다.
② N : 힘의 단위이다.
③ K : 온도의 단위이다.
④ mol : 몰의 단위이다.

65 ☑☐☐☐☐

기어펌프에서 회전수가 증가함에 따라 발생하는 공동현상(Cavitation)의 원인으로 틀린 것은?

① 저점도 오일에 의한 영향
② 흡입 관로의 저항에 의한 압력 손실
③ 기어 이의 물림이 끝나는 부분의 진공의 영향
④ 기어의 편심으로 이끝원 위의 불규칙한 압력 분포

해설

공동현상(Cavitation)의 원인
- 공동현상의 원인은 흡입부의 압력 저하, 과도한 관로 저항, 회전수 증가 등으로 인한 포화증기압 이하의 국소 진공 형성이다.
- 점도가 낮은 경우 공동현상이 잘 발생하지 않고, 점도가 높을 때 유체의 흡입이 원활하지 못해 공동현상이 발생할 수 있다.

66 ☑☐☐☐☐

스트레이너가 설치되는 장소는?

① 펌프의 흡입부
② 유압장치의 복귀관
③ 유량제어밸브의 출구 측
④ 유압실린더와 방향제어밸브 사이

해설

스트레이너
스트레이너는 유체 내의 이물질로부터 펌프나 중요 설비를 보호하기 위해 설치하는 것으로 필터와 비슷한 역할이므로 펌프의 흡입부에 설치해야 한다.

정답 63 ① 64 ② 65 ① 66 ①

67

요구되는 입력조건이 충족되면 그에 상응하는 출력신호가 나타나는 제어는?

① 논리제어
② 동기제어
③ 시퀀스제어
④ 시간종속 시퀀스제어

해설

논리제어
- 논리제어는 입력조건이 만족하면 즉각적으로 대응되는 출력신호가 발생한다.
- 센서가 감지되면 경보가 울리는 제어가 대표적인 논리제어이다.

68

유압실린더의 속도조절방식 중 외부에 유량조절밸브를 사용하지 않고 유압실린더 속도를 빠르게 하여 작업시간을 단축하는 회로는?

① 차동회로
② 미터인회로
③ 미터아웃회로
④ 블리드오프회로

해설

차동회로
- 차동회로는 유압실린더의 피스톤이 전진할 때 펌프의 송출유와 로드 측의 오일이 동시에 유입되어 실린더 전진속도가 빨라진다.
- 유량제어밸브를 사용하지 않고 실린더 구조와 유압 배관 흐름만으로 속도를 크게 올릴 수 있으므로 작업시간이 단축된다.

69

일반적인 유압발생장치에서 기름탱크의 용량을 결정하는 기준은?

① 펌프 토출량의 3배 이상
② 펌프의 토출량의 같은 크기
③ 스트레이너 유량의 3배 이상
④ 공기청정기 통기용량의 2배 이상

해설

기름탱크의 용량 결정
- 보통 유압펌프의 토출량의 3배 이상을 기름탱크의 용량으로 정한다.
- 용량이 너무 작으면 유온 상승, 기름의 산화 및 오염 등 문제가 발생하고, 너무 크면 설치비와 공간이 낭비된다.

70

유압모터의 토크를 구하는 식으로 옳은 것은? (단, T : 유압모터의 출력토크[kgf·cm], q : 유압모터의 1회전당 배출량[cm³/rev], P : 작동유의 압력[kgf/cm²]이다)

① $T = \dfrac{qP}{2\pi}$
② $T = \dfrac{2\pi}{qP}$
③ $T = \dfrac{qP}{2\pi N}$
④ $T = \dfrac{2\pi N}{qP}$

해설

유압모터의 토크 계산식

$T = \dfrac{qP}{2\pi}$

T : 유압모터의 출력 토크(kgf·cm)
q : 유압모터의 1회전당 배출량(cm³/rev)
P : 작동유의 압력(kgf/cm²)

정답 67 ① 68 ① 69 ① 70 ①

71
유압시스템에서 사용하는 비례제어밸브를 기능에 따라 나눌 때 해당되지 않는 것은?

① 방향제어밸브 ② 시간제어밸브
③ 압력제어밸브 ④ 유량제어밸브

해설

비례제어밸브의 기능별 분류
- 방향제어밸브 : 유체의 흐름 방향을 세밀하게 조절한다.
- 압력제어밸브 : 입력신호에 따라 압력을 조절한다.
- 유량제어밸브 : 유체의 유량을 연속적으로 조절한다.

72
다음 중 공유압회로도를 보고 알 수 없는 것은?

① 관로의 실제 길이
② 유체 흐름의 방향
③ 유체 흐름의 순서
④ 공유압기기 종류

해설

공유압회로도
- 공유압회로도에서는 유체의 흐름 방향과 순서, 각종 공유압 기기의 종류를 알 수 있다.
- 배관이나 관로의 실제 길이는 공유압회로도에 표기하지 않는다.

73
단위 질량당 유체의 체적 또는 단위 중량당 유체의 체적은?

① 밀도   ② 비중
③ 비중량 ④ 비체적

해설

비체적
- 비체적은 단위 질량당 유체의 체적이다.
- $v = \dfrac{V}{m}$ (v : 비체적, V : 부피, m : 질량)

74
다음 회로의 명칭으로 옳은 것은?

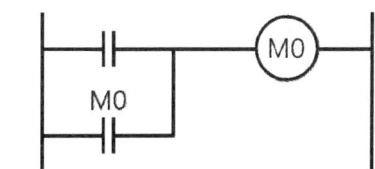

① 인터록회로 ② 카운터회로
③ 타이머회로 ④ 자기유지회로

해설

자기유지회로
스위치(M0)가 한번 눌리면 자체적으로 회로가 유지되어 M0 접점이 계속해서 유지되는 구조이므로 자기유지회로이다.

정답 71 ② 72 ① 73 ④ 74 ④

75 ☑☐☐☐☐

행정거리가 200 mm와 300 mm인 두 개의 복동 실린더로 다위치제어 실린더를 구성하여 부품을 핸들링하려고 한다. 다위치제어 실린더로 구현할 수 없는 위치는?

① 200 mm
② 300 mm
③ 500 mm
④ 600 mm

해설

복동 실린더의 다위치제어
- 행정길이가 다른 복동 실린더를 같은 축선상에 연결하면 "각 실린더 단독 행정", "두 실린더 동시 행정", "모두 복귀(0 mm)" 네 가지 위치를 구현할 수 있다.
- 0 mm(모두 복귀), 200 mm(첫 번째 실린더), 300 mm(두 번째 실린더), 500 mm(두 실린더 동시 행정)이 가능하다.

76 ☑☐☐☐☐

유압에너지를 저장하는 데 사용되는 유압장치는?

① 냉각기
② 여과기
③ 증압기
④ 축압기

해설

축압기
축압기는 유압에너지를 가압된 오일 형태로 저장했다가 필요할 때 방출하여 시스템의 압력을 유지하거나 급격한 압력 변화 및 충격을 완화하는 역할을 한다.

77 ☑☐☐☐☐

속도, 전압 등과 같은 제어량에 대해 일정한 희망치를 계속적으로 유지시키는 제어는?

① 논리제어
② 개회로제어
③ 피드백제어
④ 릴레이시퀀스제어

해설

피드백제어
- 시스템의 현재 출력값을 센서로 측정하여, 목푯값과의 오차를 계산하고 이를 기반으로 시스템을 조정하는 방식이다.
- 피드백제어는 실시간으로 오차를 바로잡는 특징이 있어 자동제어, 위치제어, 온도제어, 공장자동화 등에 활용된다.

78 ☑☐☐☐☐

공기압의 특징으로 틀린 것은?

① 제어가 간단하다.
② 에너지의 축적이 용이하다.
③ 액추에이터의 동작속도가 빠르다.
④ 비압축성 에너지로 위치제어성이 좋다.

해설

공기압의 특징
- 공기압은 압축성 에너지이기 때문에 위치제어가 어렵다.
- 정밀한 위치제어를 하기 위해서는 공기압보다 유압이 더 적합하다.

정답: 75 ④ 76 ④ 77 ③ 78 ④

79 ☑□□□□

베인펌프의 일반적인 특징으로 틀린 것은?

① 소음이 작다.
② 토출 측의 맥동현상이 적다.
③ 압력이 떨어질 염려가 없다.
④ 출력에 비해 형상치수가 크다.

해설

베인펌프의 특징
- 소음이 적어 정숙한 운전이 가능하다.
- 유량의 맥동이 거의 없어 안정적인 토출이 가능하다.
- 구조적으로 압력 저하가 적다.
- 출력에 비해 소형, 경량화가 가능하다.

80 ☑□□□□

다음 중 PLC 장비의 설치환경 조건으로 적합한 것은?

① 제어기 주변의 온도가 -30 ~ 0 ℃가 유지되어야 한다.
② 소자의 성능 저하방지를 위해 주위는 고습도를 유지한다.
③ 급격한 온도의 변화로 이슬 맺힘이 없어야 한다.
④ 분진과 진동이 발생하는 장비가 가까이 있어야 한다.

해설

PLC 장비의 설치환경 조건
PLC는 산업현장에서 자동화에 사용되는 디지털 제어장치로 이슬이 맺히지 않는 장소에 설치해야 한다.

정답 ● 79 ④ 80 ③

2024 제3회 CBT 복원

1과목 설비진단 및 계측

01 ☑☐☐☐☐

고유진동수와 강제진동수가 일치할 경우 진폭이 크게 발생하는 현상은?

① 공진 ② 풀림
③ 상호간섭 ④ 캐비테이션

해설

공진현상
고유진동수와 강제진동수가 일치할 경우 진폭이 크게 증가하는 현상이다.

02 ☑☐☐☐☐

공장 내의 소음 중 특히 저주파 소음을 방지할 수 있는 방법은?

① 재료의 강성을 높인다.
② 재료의 무게를 늘인다.
③ 재료의 무게를 줄인다.
④ 재료의 내부 댐핑을 줄인다.

해설

저주파 소음을 방지방법
저주파 소음은 파장이 길기 때문에 두께를 늘리거나 흡음제를 붙이는 것으로는 잘 차단되지 않고 재료의 강성을 높이는 것이 소음방지에 효과가 좋다.

03 ☑☐☐☐☐

아래 그림은 설치대로부터 강체로 진동이 전달되는 1자유도진동시스템이다. 이때 변위 전달율을 바르게 나타낸 것은?

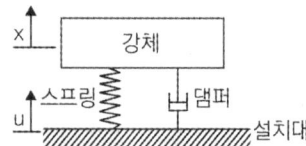

① 변위전달률 = $\dfrac{\text{강체의 변위진폭}}{\text{설치대의 변위진폭}}$

② 변위전달률 = $\dfrac{\text{설치대의 변위진폭}}{\text{강체의 변위진폭}}$

③ 변위전달률 = $\dfrac{\text{스프링의 변위진폭}}{\text{댐퍼의 변위진폭}}$

④ 변위전달률 = $\dfrac{\text{댐퍼의 변위진폭}}{\text{스프링의 변위진폭}}$

해설

변위 전달율
설치대의 진동이 강체로 얼마나 전달되었는지를 나타낸다.

변위전달률 = $\dfrac{\text{강체의 변위진폭}}{\text{설치대의 변위진폭}}$

정답 01 ① 02 ① 03 ①

04 ☑☐☐☐☐
신호변환기의 기능이 아닌 것은?

① 필터링 ② 비선형화
③ 신호레벨 변환 ④ 신호형태 변환

해설

신호변환기
- 선형화란 복잡한 현상을 예측 가능한 경향이나 성질로 바꾸는 것이다.
- 신호변환기는 비선형화된 현상을 선형화하는 기능이 있다.

05 ☑☐☐☐☐
음의 물리적 강약은 음압에 따라 변하지만 사람이 귀로 듣는 음의 감각적 강약은 음압과 주파수에 따라 변한다. 같은 크기로 느끼는 순음을 주파수별로 구하여 나타낸 것을 무엇이라고 하는가?

① 음압도 ② 소음 레벨
③ 등청감곡선 ④ 음향파워 레벨

해설

등청감곡선
- 음의 물리적 강약은 음압에 따라 변하지만 사람이 귀로 듣는 음의 감각적 강약은 음압과 주파수에 따라 변한다.
- 같은 크기로 느끼는 순음을 주파수별로 구하여 나타낸 것이다.

06 ☑☐☐☐☐
진동차단기의 종류가 아닌 것은?

① 강철 스프링 ② 공기 스프링
③ 심 플레이트 ④ 합성고무 절연재

해설

심 플레이트
심 플레이트는 얇은 철판으로 이루어진 것으로 간격 조정이나 높이 맞춤에 사용된다.

07 ☑☐☐☐☐
일반적인 터빈식 유량계의 특징으로 틀린 것은?

① 내구력이 있고 수리가 용이하다.
② 용적식 유량계보다 압력 손실이 작다.
③ 용적식 유량계에 비해서 대형이며, 구조가 복잡하고 비용이 많이 소요된다.
④ 고온·저온·고압의 액체나 식품·약품 등의 특수유체에 사용된다.

해설

터빈식 유량계의 특징
- 관을 통과하는 유체에 의해 터빈이 회전하고, 회전속도를 측정해 유량을 계산한다.
- 용적식 유량계에 비해 소형이며, 제작비용이 싸다.
- 식품, 음료, 약품, 석유화학 등 다양한 분야에 사용된다.

정답 04 ② 05 ③ 06 ③ 07 ③

08

음의 전파는 매질의 진동에너지가 전달되는 것이므로 음의 진행방향에 수직하는 단위면적을 단위시간에 통과하는 음에너지를 무엇이라 하는가?

① 음압
② 음의 세기
③ 음량 출력
④ 음의 지향성

해설

음의 세기
음의 진행방향에 수직하는 단위면적을 단위시간에 통과하는 음에너지로 소리의 크기를 나타낸다.

09

설비의 정밀해석기술로서 전문기술 부서에서 수행하는 기술은?

① 간이진단기술
② 정밀진단기술
③ 고장수리기술
④ 동작해석기술

해설

간이진단과 정밀진단의 구분
- 간이진단기술은 현장작업자가 1차적으로 검사하는 것이다.
- 정밀진단기술은 이상이 발견된 설비에 대해 전문기술 부서가 상세히 검사하여 설비의 고장 원인을 분석하고 수리방법 및 시기 등을 정하는 것이다.

10

다음 매질 중 음속이 가장 느린 것은?

① 납
② 강철
③ 나무
④ 알루미늄

해설

음속
납은 밀도가 매우 크고 탄성률(강성)이 낮기 때문에 매질로서 음속이 느리다.
① 납 : 약 1260 ~ 2200 m/s
② 강철 : 약 5900 ~ 6000 m/s
③ 나무 : 약 3300 ~ 5000 m/s
④ 알루미늄 : 약 5100 ~ 6400 m/s

11

다음 중 과도응답특성을 파악하기 위하여 기본적으로 사용하는 입력신호가 아닌 것은?

① 계단신호
② 임펄스신호
③ 정현파신호
④ 삼각파신호

해설

과도응답
- 과도응답이란 시스템에 입력신호가 가해졌을 때 출력이 정상 상태에 도달하기 전까지 나타나는 비정상적인 응답이다.
- 과도응답특성을 파악하기 위해서는 계단신호, 임펄스신호, 정현파신호를 사용한다.

정답 08 ② 09 ② 10 ① 11 ④

12

소음의 크기를 나타내는 단위로 맞는 것은?

① dB ② Hz
③ ppm ④ poise

해설

계측 관련 기본단위
① dB : 소음의 크기를 나타내는 단위
② Hz : 주파수를 나타내는 단위
③ ppm : 백만분의 일을 나타내는 단위
④ poise : 유체의 점성도를 나타내는 단위

13

프로세스제어계에서 제어량을 검출부에서 검지하여 조절부에 가하는 신호를 무엇이라고 하는가?

① SV(Setting Value)
② PV(Process Variable)
③ DV(Differential Variable)
④ MV(Manipulate Variable)

해설

PV(Process Variable)
프로세스제어계에서 제어량을 검출부에서 검지하여 조절부에 가하는 신호이다.

14

설비의 제1차 건강진단기술로서 현장작업원이 주로 사용하는 진단기술은?

① 간이진단기술
② 성능 정량화기술
③ 고장 검출 해석기술
④ 스트레스 정량화기술

해설

간이진단기술
설비보전의 기본적 단계(제1차 진단)로 현장의 작업자가 설비에 대한 육안검사를 하거나 간단한 계측장비를 이용하여 설비의 상태를 효율적이고 신속하게 확인하는 것이다.

15

압력을 측정하기 위한 센서가 아닌 것은?

① 압전형 센서
② 초음파형 센서
③ 정전용량형 센서
④ 스트레인게이지형 센서

해설

초음파형 센서
초음파형 센서는 일반적으로 유량, 위치를 감지하는 데 사용되며 압력측정으로는 사용되지 않는다.

정답 12 ① 13 ② 14 ① 15 ②

관련개념 압력측정센서

구분	내용
압전형 센서	압전효과를 이용하여 압력을 측정한다.
정전용량형 센서	정전용량이 달라지는 성질을 이용한다.
스트레인게이지형 센서	구조물의 저항 변화를 측정한다.

16 ☑☐☐☐☐

진동현상을 설명하기 위해 사용하는 진동계의 기본요소가 아닌 것은?

① 감쇠 ② 질량
③ 고유진동수 ④ 스프링(강성)

해설

진동계의 기본요소
진동의 발생과 소멸에 필요한 3대 요소는 질량, 강성, 감쇠이다.
질량은 관성, 강성은 복원력, 감쇠는 에너지의 소멸과 관련이 있다.

17 ☑☐☐☐☐

다음 안정도 판별법에 관한 설명에서 ( ) 안에 들어갈 알맞은 값은?

> 안정도 판별법에 있어서의 이득여유(Gain Margin)는 위상이 ( )가 되는 주파수에서의 이득이 1에 대하여 어느 정도 여유가 있는지를 표시하는 값이다.

① 180° ② 360°
③ -180° ④ -360°

해설

이득여유(Gain Margin)
• 제어계의 안정도 판별법에서 시스템이 불안정해지기 직전까지 이득을 얼마나 더 증가시킬 수 있는지를 나타내는 지표이다.
• 주파수 전달함수의 위상이 -180°에 도달했을 때의 이득(크기)이 1(0 dB)이 되기까지의 여유이다.

18 ☑☐☐☐☐

진동하는 동안 마찰이나 다른 저항으로 에너지가 손실되지 않는 진동은?

① 비감쇠진동 ② 실횻값진동
③ 양진폭진동 ④ 편진폭진동

해설

진동의 종류
비감쇠진동이란 마찰, 저항 등 에너지 손실 요인이 없는 이상적인 진동으로 시간에 따라 진폭이 줄어들지 않는다.

정답 16 ③ 17 ③ 18 ①

19

높은 주파수특성을 지닌 트러블을 진단할 경우에 사용하는 척도는?

① 변위 ② 속도
③ 온도 ④ 가속도

해설

가속도센서

가속도센서는 고주파 영역에서 더 높은 감도를 가지므로 높은 주파수의 이상신호를 효과적으로 검출할 수 있다.

20

다음 중 음원에서 모든 방향으로 동일한 에너지를 방출할 때 발생하는 음파는?

① 구면파 ② 평면파
③ 발산파 ④ 진행파

해설

음파의 종류

구분	내용
구면파	구(원)과 같이 모든 방향으로 동일한 에너지를 방출한다.
평면파	음파의 파면들이 서로 평행하게 방출한다.
발산파	음원으로부터 거리가 멀어질수록 더욱 넓은 면적으로 방출한다.
진행파	음파의 진행방향으로 에너지를 방출한다.

2과목 설비관리

21

지그와 고정구(Jig and Fixture), 금형, 절삭공구, 검사구(Fauge) 등 각종의 공구를 통칭하는 용어는?

① 치공구 ② 계측공구
③ 공작기계 ④ 제작공구

해설

치공구
- 산업현장에서 제품을 생산하기 위해 사용되는 공구류를 통칭하는 용어이다.
- 지그, 검사구, 고정구, 금형, 절삭공구 등 각종 공구가 해당된다.
- 치공구를 사용하여 제품의 정밀도를 향상시키고, 좋은 품질을 제품을 대량생산할 수 있다.

22

생산성을 향상시키기 위하여 현상을 파악하고 개선하기 위한 6대 요소에 해당되지 않는 것은?

① 의욕 ② 안전
③ 납기 ④ 측정

해설

생산성 향상을 위한 6대 요소
- 의욕(Morale)
- 안전(Safety)
- 납기(Delivery)
- 품질(Quality)
- 원가(Cost)
- 생산량(Product)

정답 19 ④ 20 ① 21 ① 22 ④

23 ☑☐☐☐☐

설비의 종류, 설비의 수, 크기와 용량 그리고 설비위치 등에 연계된 보전개념과 보전작업의 결정 및 정보 연계로서 설비계획 및 관리에 대한 명확한 책임 및 권한이 있으며 동종 설비의 여러 지역 설치로 보전능력의 분산을 갖는 설비망은?

① 제품 중심 설비망
② 공정 중심 설비망
③ 시장 중심 설비망
④ 프로젝트 중심 설비망

해설

시장 중심 설비망
- 설비의 종류, 수, 크기, 용량, 설치위치 등에 연계된 보전개념과 보전작업의 결정 및 정보연계를 의미하는 설비망이다.
- 설비계획·관리에 대한 명확한 책임 및 권한이 있으며 여러 지역에 동종설비를 설치하여 보전능력의 분산을 갖는다.

24 ☑☐☐☐☐

설비 또는 시스템의 고장의 원인을 탐구하고 규명하기 위하여 생선뼈 모양의 그림으로 분석하는 방법은?

① FTA ② 파레토차트
③ 플로우차트 ④ 특성요인도 분법

해설

특성요인도
특성요인도는 문제에 영향을 미치는 원인을 체계적으로 도식화하여 분석하는 도구로 원인을 쉽게 식별할 수 있도록 생선뼈 형태로 그린다.

25 ☑☐☐☐☐

다음 중 설비배치의 목적으로 틀린 것은?

① 생산량 증가
② 생산원가 절감
③ 생산인력의 증가
④ 우량품 제조 및 설비비 절감

해설

설비배치의 목적
- 생산량 증가
- 생산원가 절감
- 설비비 절감
- 우량품 제조
- 관리·감독의 용이
- 수리·보수의 용이성 확보

26 ☑☐☐☐☐

치공구관리의 기능 중 계획단계인 것은?

① 공구의 검사
② 공구의 보관과 대출
③ 공구의 제작 및 수리
④ 공구의 설계 및 표준화

해설

치공구관리의 단계
①, ②, ③은 모두 보전단계에 해당된다.

관련개념 치공구관리기능단계
- 계획단계 : 설계 및 표준화, 사양 결정
- 조달단계 : 공구의 구입, 제작
- 보전단계 : 공구의 검사, 보관과 공급, 제작 및 수리, 유지관리(보관과 대출)

정답 23 ③ 24 ④ 25 ③ 26 ④

27
전력손실 중 직접손실에 해당되지 않는 것은?

① 누전
② 기계의 공회전
③ 공정관리 불량
④ 저능률 설비 사용

해설

전력손실의 구분

구분	내용
직접 손실	• 전력의 전달, 변환, 사용과정에서 발생하는 손실이다. • 누전, 기계의 공회전, 저능률 설비사용이 해당된다.
간접 손실	관리의 미흡이나 공장장의 문제 등 비효율적인 운영으로 인해 발생하는 손실이다.

28
설비관리의 목적으로 가장 거리가 먼 것은?

① 품질향상
② 원가절감
③ 생산계획 달성
④ 설비투자비 증대

해설

설비관리의 목적
보유 중인 설비가 최적의 성능을 유지하도록 관리해 품질향상, 원가절감을 달성하고 효율적으로 생산계획을 달성하기 위함이다.

29
지수분포를 따르는 경우에 보전도 함수에서 수리율이 μ일 때 평균수리시간(MTTR)을 계산하기 위한 식은?

① $MTTR = \mu$
② $MTTR = \mu^2$
③ $MTTR = \dfrac{1}{\mu}$
④ $MTTR = \dfrac{1}{\mu^2}$

해설

평균수리시간(MTTR)
고장이 발생한 후 정상적으로 동작하기까지의 시간으로 보전성을 의미한다.

$MTTR = \dfrac{1}{\mu}$ (μ : 수리율)

$\mu = \dfrac{1}{MTTR}$

30
다음 중 뜻이 있는 기호법의 대표적인 것으로서 항목의 첫 글자나 그 밖의 문자를 기호로 하는 방법은?

① 순번식 기호법
② 기억식 기호법
③ 세구분식 기호법
④ 삼진분류 기호법

해설

기억식 기호법
• 항목의 첫 글자나 그 밖의 문자를 기호로 하여 기억하는 방법이다.
• 밀링(Milling) 가공을 M, 선반(Lathe) 가공을 L로 표기하는 방법이다.

31

고장, 정지, 성능저하 등을 가져오는 상태를 발견하기 위한 설비의 주기적인 검사로 초기단계에서 이러한 상태를 제거 또는 복구하기 위한 보전은?

① 생산보전
② 개량보전
③ 예방보전
④ 사후보전

해설

예방보전
설비의 고장을 사전에 방지하고 신뢰성과 안전성을 높이기 위해 일정한 주기나 조건에 따라 정기적인 점검, 정비 등을 실시하는 보전방식이다.

32

고장, 품목변경에 의한 작업준비, 금형 교체, 예방보전 등의 시간을 뺀 실제 설비가 작동된 시간을 의미하는 것을 무엇이라 하는가?

① 조정시간
② 가동시간
③ 휴지시간
④ 캘린더시간

해설

가동시간
총 공정시간 중 고장, 품목 변경에 의한 작업준비, 금형 교체, 예방보전 등의 시간을 뺀 실제 설비가 작동된 시간이다.

33

설비의 경제성 평가방법과 거리가 가장 먼 것은?

① 복책법
② MAPI방식
③ 비용 비교법
④ 자본 회수법

해설

설비의 경제성 평가방법
- 설비의 경제성 평가방법은 비용 비교법, 평균 이자법, 연평균 비교법, 자본 회수법, 순현재 가치법. MAPI법 등이 있다.
- 복책법은 재고관리기법의 하나이다.

34

고압고속의 베어링에 윤활유를 오일펌프로 공급하여 윤활을 하고, 배출된 오일은 다시 기름 탱크로 모이고 여과 냉각 후 다시 순환하는 급유방법은?

① 중력순환급유법
② 강제순환급유법
③ 오일순환식 급유법
④ 가시부상유적급유법

해설

강제순환급유법
- 고압·고속의 베어링에 오일펌프로 윤활유를 공급하고, 사용 후의 오일을 다시 탱크로 회수하여 여과 및 냉각한 후 재순환하는 방식입니다.
- 장치의 발열량이 크고 연속적이고 확실한 윤활이 필요한 경우에 사용된다.

정답 31 ③ 32 ② 33 ① 34 ②

35 ☑☐☐☐☐
그리스 선정 시 고려해야 할 사항으로 가장 거리가 먼 것은?

① 그리스제조법 및 급지방법
② 증주제의 종류 및 베이스 오일의 점도
③ 윤활개소의 운전조건인 회전수 및 하중
④ 윤활개소의 운전 온도범위 및 물, 약품 등의 접촉 유무와 관련된 환경

해설
그리스 선정 시 고려해야 할 사항
그리스의 제조법이나 급지방법(윤활방식)은 선정 이후 적용단계에서 중요한 관리요소이다.

36 ☑☐☐☐☐
그리스를 가열했을 때 반고체 상태의 그리스가 액체 상태로 되어 떨어지는 최초의 온도를 무엇이라 하는가?

① 적하점　　② 유동점
③ 발화점　　④ 산화점

해설
적하점(Dropping Point)
- 적하점은 그리스를 가열했을 때 반고체 상태에서 액체 상태로 되어 처음으로 방울이 되어 떨어지는 온도이다.
- 그리스의 내열성을 평가하는 기준으로 사용된다.

37 ☑☐☐☐☐
스퍼기어, 헬리컬기어, 베벨기어 등 밀폐식 기어장치의 급유법으로 가장 적합한 것은?

① 손급유　　② 순환급유
③ 적하급유　　④ 도포급유

해설
순환급유
- 기어박스 내에 윤활유를 순환시켜 지속적으로 기어 표면에 윤활유를 공급한다.
- 밀폐식 기어장치처럼 발열이나 마모가 많은 장치에 효과적이다.

38 ☑☐☐☐☐
다음 중 가장 높은 온도조건(주위 환경온도)에서 사용하기에 가장 적합한 그리스는?

① 칼슘 그리스
② 리튬 그리스
③ 나트륨 그리스
④ 알루미늄 그리스

해설
그리스의 종류
① 칼슘 그리스 : 저온(약 60 ℃)에 적합하며 내수성이 뛰어나다.
② 리튬 그리스 : 최대 200 ℃ 정도까지 사용이 가능할 정도로 내열성이 뛰어나 다양하게 사용된다.
③ 나트륨 그리스 : 사용한계 온도가 약 80 ℃로 리튬 그리스보다 내열성이 낮다.
④ 알루미늄 그리스 : 사용한계 온도가 약 50 ℃로 저온, 특수용도에 사용한다.

정답 35 ① 36 ① 37 ② 38 ②

39 ☑☐☐☐☐

마찰열로 인한 베어링의 고착 등을 방지하기 위해 유막을 형성하여 주는 윤활유의 작용은?

① 감마작용 ② 청정작용
③ 방청작용 ④ 응력분산작용

해설

윤활유의 작용
① 감마작용 : 유막을 형성하여 금속 마찰을 줄이고 베어링의 고착을 막는다.
② 청정작용 : 불순물을 세척·분산시킨다.
③ 방청작용 : 유막이 금속을 외부 공기와 수분으로부터 보호해 부식을 막는다.
④ 응력분산작용 : 압력을 분산시켜 마모와 융착을 줄인다.

40 ☑☐☐☐☐

극압윤활을 위한 극압제로 사용하지 않는 것은?

① H ② Cl
③ S ④ P

해설

극압제
- 금속 표면에 반응해 화학적으로 보호막을 만들어, 고압 조건에서 윤활성능을 향상시킨다.
- 염소(Cl), 황(S), 인(P) 등은 극압제로 사용되지만 수소(H)는 사용되지 않는다.

3과목 | 기계일반 및 기계보전

41 ☑☐☐☐☐

스프링의 도시방법을 설명한 내용 중 틀린 것은?

① 겹판 스프링은 일반적으로 스프링 판이 수평인 상태에서 그린다.
② 조립도, 설명도 등에서 코일 스프링을 도시하는 경우에는 그 단면만을 나타내어도 좋다.
③ 코일 스프링, 벌류트 스프링, 스파이럴 스프링 및 접시 스프링은 일반적으로 무하중 상태에서 그린다.
④ 스프링의 종류 및 모양만을 간략도로 나타내는 경우에는 스프링재료의 중심선만을 일점쇄선으로 그린다.

해설

스프링의 도시방법
스프링의 종류 및 모양만을 간략도로 나타내는 경우에는 가는 실선으로 그린다.

42 ☑☐☐☐☐

불량·수정로스에서 불량을 해결하기 위한 대책으로 가장 거리가 먼 것은?

① 요인계통을 재검토할 것
② 현상의 관찰을 충분히 할 것
③ 원인을 한 가지로 정하고, 그 부분만 수정할 것
④ 요인 중에 숨은 결함의 체크방법을 재검토할 것

정답 39 ① 40 ① 41 ④ 42 ③

> **해설**
>
> **불량 해결방법**
> 불량·수정로스에서 불량을 해결하기 위해서는 원인을 다각도에서 파악한 뒤 파악된 원인을 수정해야 한다.

> **해설**
>
> **혐기성 접착제 사용 시 주의사항**
> 혐기성 접착제는 부품 조립 후 틈 내부에서 산소가 차단된 상황에서 경화가 시작되므로 접착제를 바른 후 바로 조립해야 한다.

43 ☑☐☐☐☐

기어 감속기의 분류에서 평행 축형 감속기로만 짝지어진 것은?

① 스퍼기어, 헬리컬기어
② 웜기어, 하이포이드기어
③ 웜기어, 더블 헬리컬기어
④ 스퍼기어, 스트레이트 베벨기어

> **해설**
>
> **기어 감속기의 분류**
>
> | 구분 | 적용 기어 |
> |---|---|
> | 평행 축형 감속기 | 스퍼기어, 헬리컬기어 |
> | 교쇄 축형 감속기 | 베벨기어 |
> | 잇물림 축형 감속기 | 웜기어, 하이포이드기어 |

45 ☑☐☐☐☐

배관용 재료에 대한 설명으로 틀린 것은?

① 스테인리스강 강관의 최고 사용온도는 650 ℃ ~ 800 ℃ 정도이다.
② 합금강 강관은 주로 고온용으로 150 ℃ ~ 650 ℃ 정도에서 사용한다.
③ 동관은 고온에서 강도가 약하다는 결점이 있어 200 ℃ 이하에서 사용한다.
④ 고압배관용 탄소강관은 고온에서도 강도가 유지되므로 800 ℃ 이상에서 사용한다.

> **해설**
>
> **배관용 재료**
> 고압배관용 탄소강관(KS D 3564 기준)은 350 ℃ 이하에서 사용하고, 800 ℃ 이상 고온에서는 강도가 급격히 저하될 수 있다.

44 ☑☐☐☐☐

일반적인 혐기성 접착제 사용 시 주의사항으로 틀린 것은?

① 환기에 유의할 것
② 접착부분을 깨끗이 할 것
③ 경화가 느리므로 굳은 후 접착할 것
④ 작업 중 신체와 접촉하지 않도록 할 것

46 ☑☐☐☐☐

설비의 라이프 사이클에 걸쳐서 설비 자체의 비용, 설비의 운전유지에 사용되는 제비용, 설비의 열화손실과의 합계를 인하하는 것에 의해서 생산성을 높일 수 있는 보전방식은?

① 예방보전   ② 사후보전
③ 보전예방   ④ 생산보전

정답 43 ① 44 ③ 45 ④ 46 ④

해설

생산보전
설비의 라이프 사이클(Life Cycle) 전체에 걸친 모든 비용을 최소화하여 설비의 효율과 생산성을 극대화하는 것을 목표로 한다.

47 ☑☐☐☐

다음 중 표면경화 열처리방법이 아닌 것은?

① 침탄법 ② 질화법
③ 오스템퍼링 ④ 고주파 경화법

해설

오스템퍼링
오스템퍼링은 인성과 강도를 부여하기 위한 항온 담금질로 표면경화법은 아니다.

관련개념 표면경화법(Case Hardening)
- 금속재료를 표면만을 경화시켜, 내마모성, 내식성 등을 향상시키고 내부는 인성(충격흡수성)을 그대로 유지하기 위한 열처리방법이다.
- 화학적 표면경화법에는 침탄법, 질화법, 금속침투법 등이 있다.
- 물리적 표면경화법에는 고주파 경화법, 화염경화법 등이 있다.

48 ☑☐☐☐

측정하려고 하는 양의 변화에 대응하는 측정기구의 지침의 움직임이 많고 적음을 가리키며 일반적으로 측정기의 최소눈금으로 표시하는 것은?

① 감도 ② 정밀도
③ 정확도 ④ 우연오차

해설

감도
- 계측기가 측정량의 변화를 감지하는 민감성의 정도이다.
- 측정하려고 하는 양의 변화에 대응하는 측정기구의 지침의 움직임의 정도를 가리킨다.
- 일반적으로 측정기의 최소눈금으로 표시한다.

49 ☑☐☐☐

다음 중 선반의 기본적인 가공(절삭)방법에 속하지 않는 것은?

① 외경절삭 ② 널링가공
③ 수나사 절삭 ④ 더브테일 가공

해설

더브테일 가공
더브테일 가공은 절삭 연삭·밀링 등에서 사용되는 특수 형상의 홈(도브테일 홈)이나 맞춤을 만드는 방법으로 밀링머신에서 행해진다.

정답 47 ③ 48 ① 49 ④

50

열처리작업에서 발생되는 폐수처리방식이 아닌 것은?

① 시안계 폐수처리
② 변성로 폐수처리
③ 크롬산계 폐수처리
④ 중금속 이온 함유 폐수처리

해설

변성로
변성로는 열처리로(爐)의 일종으로 분위기 가스 등을 만들어 열처리 공정에 쓰이는 장치이므로 폐수처리방식은 아니다.

51

축이음 핀의 빠짐방지나 볼트, 너트의 풀림방지로 쓰이는 것은?

① 코터
② 평행핀
③ 분할핀
④ 테이퍼핀

해설

분할핀(Split Pin)
한쪽 끝이 두 갈래로 갈라진 형상으로 볼트, 너트 등의 나사풀림방지용으로 사용된다.

52

다음 중 공작기계의 구비조건이 아닌 것은?

① 가공능력이 좋아야 한다.
② 강성(Rigidity)이 없어야 한다.
③ 기계효율이 좋고, 고장이 적어야 한다.
④ 가공된 제품의 정밀도가 높아야 한다.

해설

공작기계의 구비조건
- 강성은 힘이 가해졌을 때 물체나 구조물이 변형에 저항하는 능력이다.
- 정밀한 가공을 위해 사용하는 공작기계는 강성이 좋아야 한다.

53

다음 중 가는 실선의 용도가 아닌 것은?

① 가상선
② 치수선
③ 중심선
④ 지시선

해설

도면에서 선의 용도
가는 실선은 치수선, 중심선, 지시선 등을 그리고 가상선은 가는 2점 쇄선으로 그린다.

정답 50 ② 51 ③ 52 ② 53 ①

54

일반적인 고무 스프링의 특징으로 틀린 것은?

① 감쇠작용이 커서 진동 및 충격흡수가 좋다.
② 인장력에 약하므로 인장하중을 피하는 것이 좋다.
③ 한 개의 고무로 두 방향 또는 세 방향으로 동시에 작용할 수 있다.
④ 기름에 접촉하거나 직사광선에 노출되어도 우수한 성능을 발휘한다.

해설

고무 스프링의 특징
고무는 기름, 직사광선에 노출되면 경화, 변형이 발생하여 기능 저하가 발생된다.

55

펌프의 운전에서 캐비테이션(Caviation) 발생 없이 안전하게 운전되고 있는가를 나타내는 척도로 사용되는 것은?

① HP(Horse Power)
② NS(Nonspecific Speed)
③ NPSH(Net Positive Suction Head)
④ MAPI(Machinery and Alied Products)

해설

NPSH
펌프 흡입 측에 존재하는 유체의 압력(수두)이 해당 액체의 증기압에 비해 얼마나 여유가 있는지를 나타내며, 캐비테이션 발생 가능성을 직접적으로 판단하는 지표이다.

56

농형 3상 유도전동기가 과열되는 직접원인으로 거리가 먼 것은?

① 빈번한 기동을 하고 있다.
② 과부하 운전을 하고 있다.
③ 배선용차단기가 작동하고 있다.
④ 전원 3상 중 1상이 단락되어 있다.

해설

농형 3상 유도전동기의 과열원인
- 배선용 차단기는 허용 용량을 초과하거나 합선 시 자동으로 전로를 차단하여 회로를 보호하는 장치이다.
- 배선용 차단기가 작동하는 것과 유도전동기가 과열되는 것과는 관련이 없다.

57

다음 선반에서 사용하는 척 중 4개의 조(Jaw)가 각각 단독으로 이동하여 불규칙한 공작물의 고정에 적합한 것은?

① 단동척   ② 연동척
③ 콜릿척   ④ 벨척

해설

단동척
- 척(Chuck)은 주 측 끝에 장착되어 공작물을 고정하는 부품이다.
- 보통 3~4개의 조(Jaw)로 구성되어 있다.
- 단동척은 4개의 조가 각각 단독으로 움직이는 형태로 주로 공작물의 외경이 불규칙할 때 사용한다.

[척(Chuck)]

정답 54 ④ 55 ③ 56 ③ 57 ①

58 ☑□□□□

일반적인 구름 베어링의 기본 구성요소가 아닌 것은?

① 내륜　　② 외륜
③ 오일링　④ 리테이너

해설

구름 베어링의 기본 구성요소
- 구름 베어링의 기본요소는 전동체(볼), 리테이너, 내륜, 외륜 등이다.
- 오일링은 윤활을 위한 부속장치로 기본적인 구성요소로 보기는 어렵다.

59 ☑□□□□

축정렬작업을 하기 위하여 그림과 같이 다이얼 게이지를 설치하고 두 축을 동시에 회전시켜 상하(0°, 180°)를 측정하였더니 10 μm 눈금의 차이가 발생했다면 두 축의 상하 편심량은?

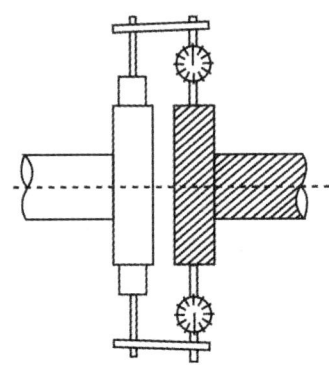

① 0 μm　　② 5 μm
③ 10 μm　④ 20 μm

해설

편심량

편심량은 측정값의 $\frac{1}{2}$이다.

편심량 = $10\mu m \times \frac{1}{2} = 5\mu m$

60 ☑□□□□

다음 브레이크 중 화물을 올릴 때는 제동작용을 하지 않고 화물을 내릴 때는 자중에 의한 제동작용을 하는 것은?

① 원판 브레이크(Disc Brake)
② 밴드 브레이크(Band Brake)
③ 블록 브레이크(Block Brake)
④ 나사 브레이크(Screw Brake)

해설

나사 브레이크(Screw Brake)
- 화물을 올릴 때는 브레이크작용을 하지 않고, 하중을 끌어올린다.
- 화물을 내릴 때는 나사산의 마찰력으로 속도를 조절하는 브레이크 역할을 한다.
- 무거운 화물을 올리거나 내릴 때 주로 사용한다.

4과목 | 공유압 및 자동화

61 ☑☐☐☐☐

시스템, 기기 및 부품의 고장간(故障間) 작동시간의 평균치를 의미하는 것은 어느것인가?

① MTTR(Mean Time To Repair)
② MTBF(Mean Time Between Failure)
③ 신뢰도
④ 고장률(Failure Rate)

해설

MTBF
- Mean Time Between Failures의 줄임말로 평균고장간격을 나타내는 용어이다.
- 시스템, 기기, 또는 부품이 고장 사이에 얼마 동안 평균적으로 작동하는지를 나타내는 대표적인 신뢰성 지표이다.

62 ☑☐☐☐☐

압력을 P, 면적을 A, 힘을 F로 나타낼 때, 각각의 표현공식으로 옳은 것은?

① $P = \dfrac{A}{F}$ ② $F = P^2 \times A$
③ $F = P \times A$ ④ $A = \dfrac{P}{F}$

해설

압력의 공식
압력 P는 단위면적 A에 작용하는 힘 F의 크기이다.
$P = \dfrac{F}{A} \rightarrow F = P \times A$

63 ☑☐☐☐☐

다음 전기타임 릴레이의 구성요소 중 공압의 체크밸브와 같은 기능을 가지고 있는 것은?

① 접점   ② 다이오드
③ 가변저항   ④ 커패시터

해설

다이오드
다이오드는 역전류를 차단하는 역할을 해서 전류를 한쪽 방향으로만 흐르게 하기 때문에 공압의 체크밸브와 기능이 유사하다.

64 ☑☐☐☐☐

되먹임제어에 대한 설명으로 틀린 것은?

① 닫힌 루프제어라고도 한다.
② 피드백신호를 통해 목푯값에 도달한다.
③ 외란에 의해서 발생되는 오차에 대한 대처능력이 없다.
④ 안정도, 대역폭, 감도, 이득 등의 제어특성에 영향을 미친다.

해설

되먹임제어
되먹임제어(피드백제어)는 외란에 의해 발생되는 오차를 피드백신호를 통해 보정하므로 외란에 대한 대처능력이 있다.

정답 61 ② 62 ③ 63 ② 64 ③

65
DC모터의 구성품 중 회전하는 정류자에 전류를 흘려주는 소모성 접촉물은?

① 코일 ② 브러시
③ 회전자 ④ 베어링

해설

브러시
브러시는 DC모터에서 정류자와 접촉하여 회전하는 정류자에 전류를 공급하는 소모성 접촉부품으로 마찰과 마모로 인해 소모된다.

66
공압밸브에 대한 설명 중 틀린 것은?

① 2압밸브는 안전제어, 검사기능 등에 사용된다.
② 2개의 입력 공기 중 압력이 높은 공압신호만 출력되는 밸브를 셔틀밸브라 한다.
③ 2개의 압축공기가 입력되어야만 출구로 압축 공기가 흐르는 밸브를 2압밸브라 한다.
④ 셔틀밸브에서 2개의 공압신호가 동시에 입력되면 압력이 낮은 쪽이 먼저 출력된다.

해설

셔틀밸브
- 셔틀밸브는 두 개 이상의 입구와 하나의 출구를 가진 밸브이다.
- 각각의 입구에 들어오는 유체(공압 또는 유압) 중 압력이 더 높은 쪽의 유체만 출구로 보내는 방향제어밸브이다.

67
다음 설명에 해당되는 것은?

> 비압축성 유체를 밀폐된 공간에 담아 유체의 한쪽에 힘을 가하여 압력을 증가시키면, 유체 내의 압력은 모든 방향에 같은 크기로 전달된다.

① 레이놀즈수
② 연속방정식
③ 파스칼의 원리
④ 베르누이의 정리

해설

파스칼의 원리
- 밀폐된 용기 속에 있는 비압축성 유체의 한 부분에 힘을 가하여 압력을 높이면, 그 증가는 유체의 모든 위치에 똑같이 전달된다.
- 파스칼의 원리에 따라 유체 내부의 압력은 모든 방향에 동일하게 전달된다.

68
다음 중 유압 작동유로서 필요한 요소가 아닌 것은?

① 비압축성일 것
② 윤활성이 좋을 것
③ 적절한 점도가 유지될 것
④ 화학적으로 반응이 좋을 것

해설

유압 작동유로서 필요한 요소
- 비압축성, 윤활성, 적절한 점도유지 등이 필요하다.
- 화학적으로 안정해야 한다.

정답 65 ② 66 ④ 67 ③ 68 ④

69

다음 블록선도에서 종합 전달함수 $\frac{C}{R}$ 는?

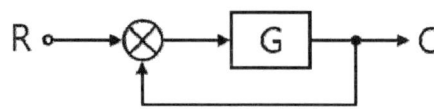

① $1+G$
② $1-G$
③ $\dfrac{G}{1+G}$
④ $\dfrac{G}{1-G}$

해설

종합 전달함수
입력 R에서 음의 피드백 경로를 거쳐 출력 C가 결정되는 기본적인 폐루프제어이다.
$\dfrac{C}{R} = \dfrac{G}{1+G}$

70

공기압의 특징으로 옳지 않은 것은?

① 비압축성이다.
② 에너지로서 저장성이 있다
③ 균일한 속도를 얻기 힘들다.
④ 폭발 및 화재의 위험이 적다.

해설

공기압의 특징
공기는 본질적으로 압축성이 있으므로 공기압은 압축성이 있다.

71

두 개의 입구와 한 개의 출구가 있는 밸브로 두 개의 입구에 압력이 모두 작용해야 출력이 발생하는 밸브는?

① 스톱(Stop)밸브
② 체크(Check)밸브
③ 2압(Two Pressure)밸브
④ 급소배기(Quick Exhaust)밸브

해설

2압(Two Pressure)밸브
• 두 개의 입구와 한 개의 출구가 있는 밸브 중에서 두 개의 입구에 모두 압력이 작용해야만 출력이 발생하는 밸브이다.
• AND동작을 하므로 "AND밸브"라고도 불린다.

72

일반적으로 유압실린더에서 좌굴하중을 고려한 안전계수는?

① 0.5 ~ 1
② 1.5 ~ 2
③ 2.5 ~ 3.5
④ 7 ~ 10

해설

좌굴하중을 고려한 안전계수
• 좌굴하중은 압력을 받는 구조물이 휘어져서 형태가 변하는 현상이 발생하는 하중이다.
• 좌굴하중을 고려한 안전계수는 2.5 ~ 3.5이다.

73

전효율 80 %, 토출압력이 60 bar, 토출유량이 100 L/min인 경우 펌프의 필요(소요)출력은 몇 kW인가?

① 10
② 12.5
③ 17.5
④ 20

해설

펌프의 필요(소요)출력

$W = \dfrac{P \times Q}{600 \times \eta}$

W : 펌프의 필요출력(kW)
P : 토출압력(bar)
Q : 유량(L/min), η : 효율

$W = \dfrac{60 \times 100}{600 \times 0.8} = 12.5 \text{kW}$

74

자동화의 종류 중 다품종 생산을 위한 유연성 생산시스템을 나타내는 용어는?

① FA
② CIM
③ FMS
④ IMS

해설

FMS(Flexible Manufacturing System)
- 다양한 제품을 빠르게 전환하면서 생산할 수 있도록 설계된 유연성이 뛰어난 자동화 생산시스템이다.
- 다품종 소량 생산에 적합하다.

75

공기압실린더의 설치형식이 아닌 것은?

① 풋형
② 플랜지형
③ 타이로드형
④ 트러니언형

해설

공기압실린더의 설치형식
타이로드형은 실린더의 본체 구조(봉타입 조립구조)이고, 설치형식이 아니다.

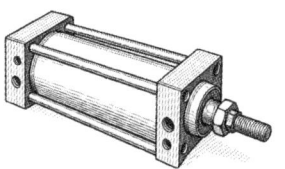

[타이로드형]

76

PID고전제어에 있어서 에러를 없애주는 제어장치는?

① 비례제어기
② 적분제어기
③ 미분제어기
④ 증폭기

해설

제어장치의 종류
① 비례제어기(P) : 에러에 비례하여 제어하지만, 에러는 제거하지는 못한다.
② 적분제어기(I) : 에러를 시간에 따라 적분하여 에러를 없애주는 역할을 한다.
③ 미분제어기(D) : 에러의 변화율에 따라 제어하여 응답의 안정성을 향상시킨다.
④ 증폭기 : 신호의 크기를 증폭시키는 장치로, 제어기와는 다르다.

정답 ● 73 ② 74 ③ 75 ③ 76 ②

77 ☑☐☐☐☐
공장자동화시스템의 일반적인 공정순서로 옳은 것은?

① 가공 - 설계 - 조립 - 보관 - 출하
② 설계 - 가공 - 조립 - 보관 - 출하
③ 출하 - 가공 - 조립 - 보관 - 설계
④ 설계 - 보관 - 조립 - 가공 - 출하

해설

공장자동화시스템의 공정순서
- 설계 : 제품에 대한 도면을 작성한다.
- 가공 : 도면을 바탕으로 부품을 생산한다.
- 조립 : 부품을 제품 형태로 조립한다.
- 출하 : 제품을 보관하였다가 출하한다.

78 ☑☐☐☐☐
논리제어에서 입력이 존재하지 않을 때에만 출력이 존재하는 논리는?

① OR   ② AND
③ NOT   ④ XOR

해설

논리제어
① OR : 두 입력 중 하나라도 1이면 출력이 1이다.
② AND : 두 입력이 모두 1일 때 출력이 1이다.
③ NOT : 입력이 1이면 출력은 0, 입력이 0이면 출력이 1이다.
④ XOR : 입력값이 같으면 0, 다르면 1을 출력한다.

79 ☑☐☐☐☐
직각 좌표상에서 두 축을 동시에 제어할 때 두 축이 한 점에서 다른 점까지 움직이는 궤적을 원이 되도록 제어하는 방법은?

① 직선보간(Linear Interpolation)
② 티칭 플레이 백(Teaching Play Back)
③ 원호보간(Circle Interpolation)
④ 머니퓰레이터(Manipulator)

해설

제어방법
① 직선보간 : 두 점을 직선으로 연결한다.
② 티칭 플레이 백 : 작업경로를 사람이 가르친 후 동일경로를 반복하는 로봇 운전방식이다.
③ 원호보간 : 두 축을 동시에 제어해 곡선 경로를 만든다.
④ 머니퓰레이터 : 로봇의 팔 등을 의미하는 용어로 궤적을 제어하는 방식은 아니다.

80 ☑☐☐☐☐
서보제어의 의미로 맞는 것은?

① 오픈(Open)루프제어
② 증폭제어
③ 느린 정밀제어
④ 빠른 폐회로제어

해설

서보제어
서보제어는 센서를 이용하여 목푯값과 실제 동작 상태를 실시간으로 비교하고, 오차가 발생하면 신속하게 수정하는 폐회로제어이다.

정답 ● 77 ② 78 ③ 79 ③ 80 ④

2023 제1회 CBT 복원

1과목 | 설비진단 및 계측

01 ☑☐☐☐☐

유량 측정에서 사용되는 이론으로 "압력에너지 + 운동에너지 + 위치에너지 = 일정"하다는 이론은?

① 레이놀즈 정리
② 베르누이 정리
③ 플레밍의 법칙
④ 나이키스트안정 판별법

해설

베르누이 정리
- 에너지보존의 법칙에 해당된다.
- 유체가 흐를 때 압력에너지, 운동에너지, 위치에너지의 총합은 일정하다는 이론이다.
- 유량 측정에 주로 사용된다.

02 ☑☐☐☐☐

주파수의 단위로 사용되는 것은?

① cycle/s
② m/s
③ rad/s
④ m/s^2

해설

주파수의 단위
- 주로 Hz로 나타낸다.
- 주파수는 단위시간당 진동의 횟수를 의미하므로 cycle/s로도 나타낼 수 있다.

03 ☑☐☐☐☐

조절계의 제어동작에서 입력에 비례하는 크기의 출력을 내는 제어방식은?

① 비례제어
② 적분제어
③ 미분제어
④ ON - OFF제어

해설

비례제어
- 조절계의 제어동작에서 입력에 비례하는 크기의 출력을 내는 제어방식이다.
- P제어라고 부르기도 한다.

04 ☑☐☐☐☐

산업분야에서 일반적으로 널리 사용하는 압력으로 대기압력을 기준으로 하는 것은?

① 차압
② 상대압력
③ 절대압력
④ 게이지압력

해설

압력의 구분
- 게이지압력은 대기압력을 기준(대기압을 0으로 봄)으로 나타낸 압력으로 산업분야에서 가장 많이 사용된다.
- 절대압력은 완전한 진공을 기준으로 나타낸 압력이다.

정답 ● 01 ② 02 ① 03 ① 04 ④

05 ☑☐☐☐☐

동적배율에 관한 설명으로 틀린 것은?

① 고무의 동적배율은 1 이상이다.
② 고무의 영률이 커질수록 동적배율은 작아진다.
③ 동적 스프링정수가 커질수록 동적배율은 커진다.
④ 정적 스프링정수가 커질수록 동적배율은 작아진다.

해설

동적배율
- 진동하는 시스템에서 외부 힘이 가해졌을 경우 나타나는 최대 동적변위를 동일한 힘이 정적으로 작용했을 때의 정적변위로 나눈 것이다.
- 일반적으로 고무의 영률이 커지면 동적배율이 커진다.

06 ☑☐☐☐☐

소음계의 측정감도를 보정하는 기기로서 발생음의 주파수와 음압도의 표시가 되어 있으며, 발생음의 오차가 ±1 dB 이내인 장치는?

① 방풍망
② 표준음발생기
③ 주파수분석기
④ 동특성조절기

해설

표준음발생기
- 소음계의 측정감도를 보정하는 기기이다.
- 발생음의 주파수와 음압도의 표시가 되어 있으며, 발생음의 오차가 ±1 dB 이내이다.

07 ☑☐☐☐☐

단순 진동수의 운동이 정현적으로 발생하고 있다. 진동속도가 $v(\mathrm{m/s})$(피크값)이고, 이때의 진동 주파수가 $f(\mathrm{Hz})$일 때 진동가속도($\mathrm{m/s^2}$)를 구하는 식으로 옳은 것은?

① $2\pi \times f \times v$
② $\dfrac{1}{2\pi} \times f \times v$
③ $2\pi \times \dfrac{f}{v}$
④ $\dfrac{1}{2\pi} \times \dfrac{f}{v}$

해설

진동가속도(a)
진동속도(v)가 주어지고, 진동주파수(f)가 주어졌을 때 진동가속도(a)는 다음 식으로 구할 수 있다.
$a = v \times 2\pi f = 2\pi \times f \times v$

08 ☑☐☐☐☐

다음 신호변환기 중 저항변환방식과 가장 거리가 먼 것은?

① 전위차계
② 가변 저항기
③ 저항온도계
④ 스트레인게이지

해설

전위차계
- 입력된 물리량을 전압이나 전류의 신호로 변화하는 신호변환기이다.
- 전위차계는 저항변환방식과는 거리가 멀다.

정답 ● 05 ② 06 ② 07 ① 08 ①

09 ☑☐☐☐☐

아래와 같이 스프링을 설치하였을 경우 합성스프링 상수 k의 계산식으로 옳은 것은? (단, k_1과 k_2는 각각의 스프링 상수이다)

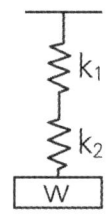

① $k = k_1 + k_2$
② $k = k_1 \times k_2$
③ $k = \dfrac{k_1}{1 + k_2}$
④ $k = \dfrac{1}{\dfrac{1}{k_1} + \dfrac{1}{k_2}}$

해설

직렬 연결된 스프링의 합성 스프링 상수 계산

$\dfrac{1}{k} = \dfrac{1}{k_1} + \dfrac{1}{k_2}$

$k = \dfrac{1}{\dfrac{1}{k_1} + \dfrac{1}{k_2}}$

10 ☑☐☐☐☐

다음 중 기류음에 대한 설명으로 옳은 것은?

① 기계 본체의 진동에 의한 소리이다.
② 물체의 진동에 의한 기계적 원인으로 발생한다.
③ 기계의 진동이 지반진동을 수반하여 발생하는 소리이다.
④ 직접적인 공기의 압력변화에 의한 유체역학적 원인에 의해 발생된다.

해설

기류음
기류음은 물체의 진동보다는 공기의 흐름, 압력 변화에 따른 유체역학적 작용에 의해 발생한다.

관련개념 음의 발생원인에 따른 분류

구분	내용
고체음	• 고체의 진동이나 충격 등으로 고체를 통해 전파된다. • 1차 고체음 : 기계 등에서 발생한 진동이 지반이나 건물을 통해 직접 전달되는 것이다. • 2차 고체음 : 1차 고체음으로 인해 벽체나 건물이 진동되고, 그 진동에 의해 전달되는 것이다.
기류음	• 공기의 흐름, 압력 변화 등 유체역학적 작용에 의해 발생한다. • 난류음 : 소리의 주파수와 크기가 불규칙한 것이다. • 맥동음 : 소리의 크기가 주기적으로 커졌다가 작아졌다 하는 것이다.

11 ☑☐☐☐☐

진동체 2개의 고유진동수가 같을 때, 한쪽을 울리면 다른 쪽도 울리는 현상을 무엇이라 하는가?

① 공명
② 서징
③ 음압도
④ 캐비테이션

해설

공진(공명)현상
고유진동수와 강제진동수가 일치할 경우 진폭이 크게 증가하는 현상이다.

12 ☑□□□□

다음 센서의 고정방식 중 먼지, 습기, 온도의 영향이 적고, 사용할 수 있는 주파수 영역이 넓으며 장기적인 안정성이 좋은 고정방식은?

① 손 고정
② 나사 고정
③ 밀랍 고정
④ 마그네틱 고정

해설

나사 고정
- 센서를 견고하게 고정할 수 있다.
- 먼지, 습기, 온도에 강하며 사용할 수 있는 주파수 영역이 넓어 장기적 안정성이 좋다.
- 이동 및 고정시간이 길고, 고장 시 드릴 등의 추가작업이 필요하다.

13 ☑□□□□

다음 중 미스얼라인먼트(Misalignment)의 원인이 아닌 것은?

① 회전하는 축이 휘어진 경우
② 베어링의 설치가 잘못된 경우
③ 축중심이 기계의 중심선에서 어긋났을 경우
④ 회전축의 질량중심선이 축의 기하학적 중심선과 일치하지 않는 경우

해설

축과 관련된 현상
④번은 언밸런스(Unbalance)의 원인이다.

관련개념 미스얼라인먼트(Misalignment, 정렬불량)
- 2개 이상의 회전축의 기하학적인 중심선(회전중심선)이 일치하지 않는 상태이다.
- 회전하는 축이 휘어진 경우, 베어링의 설치가 잘못된 경우, 축중심이 기계의 중심선에서 어긋난 경우에 발생한다.

14 ☑□□□□

소음기의 내면에 파이버 글라스(Fiber Glass)와 암면 등과 같은 섬유성 재료를 부착하여 소음을 감소시키는 장치는?

① 팽창형 소음기
② 간섭형 소음기
③ 공명형 소음기
④ 흡음형 소음기

해설

흡음형 소음기
소음기의 내면에 파이버 글라스(Fiber Glass)와 암면 등과 같은 섬유성 재료를 부착하여 소음을 감소시키는 장치이다.

15 ☑□□□□

진동폭의 ISO 단위에서 틀린 것은?

① 변위(m), 속도(m/s)
② 변위(m/s^2), 속도(m/s)
③ 변위(mm), 속도(mm/s)
④ 속도(m/s), 가속도(m/s^2)

정답 12 ② 13 ④ 14 ④ 15 ②

해설

진동의 측정단위

구분	내용
변위	측정대상의 위치 변화(m)
속도	측정대상의 단위시간당 위치 변화(m/s)
가속도	측정대상의 단위시간당 속도 변화(m/s^2)

16 ☑☐☐☐☐

노이즈 발생을 방지하기 위한 노이즈 대책 중 정전 유도로 인한 노이즈 발생을 방지하는 대책은?

① 연선 사용   ② 관로 사용
③ 필터 사용   ④ 실드선 사용

해설

노이즈 대책

실드선(차폐 케이블)은 신호선 주위에 전도성 재질로 차폐층을 설치하여 정전 유도로 인한 노이즈 발생이 케이블 내부신호에 영향을 주지 못하게 한다.

17 ☑☐☐☐☐

기본적인 소음방지법으로 틀린 것은?

① 흡음   ② 차음
③ 진동 댐핑   ④ 방진구 설치

해설

소음방지법

- 기본적인 소음방지법은 흡음, 차음, 진동 댐핑이 있다.
- 방진구는 1차적으로 진동방지를 위해 설치하는 것으로 소음이 줄어들 수는 있지만 기본적인 소음방지법으로 보기는 어렵다.

18 ☑☐☐☐☐

다음 중 등청감곡선을 바르게 표현한 것은?

① 음파의 시간적 변화를 표시한 곡선
② 음의 물리적 강약을 음압에 따라 표시한 곡선
③ 사람의 귀와 같은 크기의 음압을 주파수별로 구하여 작성한 곡선
④ 정상 청력을 가진 사람이 1000 Hz에서 들을 수 있는 최소 음압을 작성한 곡선

해설

등청감곡선

- 음의 물리적 강약은 음압에 따라 변하지만 사람이 귀로 듣는 음의 감각적 강약은 음압과 주파수에 따라 변한다.
- 같은 크기로 느끼는 순음을 주파수별로 구하여 나타낸 것이다.

정답 16 ④ 17 ④ 18 ③

19 ☑☐☐☐☐

열전온도계(Thermo Electric Pyrometer)에 관한 설명 중 틀린 것은?

① 구리와 콘스탄탄의 이종재를 결합하여 200 ~ 300 ℃ 정도의 저온용으로 사용한다.
② 다른 금속을 접합하여 양단의 온도차에 의해 발생되는 기전력을 이용한다
③ 온도차에 의해 발생되는 열기전력현상을 톰슨효과(Thomson Effect)라 한다.
④ 백금로듐과 백금의 이종재를 결합하면 섭씨 1000 ℃ 이상에서도 사용할 수 있다.

해설

열전온도계
- 서로 다른 금속을 접합하여 양 접합부에 온도차를 주었을 때 발생하는 열기전력으로 온도를 측정한다.
- 온도차에 의해 이종 금속 접점에서 발생하는 기전력현상은 제벡효과이다.

20 ☑☐☐☐☐

주파수가 약간 다른 두 개의 음원으로부터 나오는 음은 보강간섭과 소멸간섭을 교대로 이루어 어느 순간에 큰 소리가 들리면 다음 순간에는 조용한 소리로 들리는 현상은 무엇인가?

① 공명 ② 맥놀이
③ 마스킹 ④ 투과손실

해설

맥놀이
- 주파수가 약간 다른 두 개의 음원으로부터 음이 나올 때 발생한다.
- 음이 보강간섭과 소멸간섭을 교대로 이루어 어느 순간에 큰 소리가 들리면 다음 순간에는 조용한 소리로 들리는 현상이다.

정답 19 ③ 20 ②

2과목 설비관리

21 ☑□□□□
설비배치의 분석기법에 해당되지 않은 것은?

① MTBF분석
② 자재흐름분석
③ 제품수량분석
④ 흐름활동 상호관계분석

해설

설비배치의 분석기법
- 자재흐름분석, 제품수량분석, 흐름활동 상호관계분석은 설비배치의 분석기법이다.
- MTBF는 평균고장간격시간으로 시스템과 설비가 고장 난 시간과 다음 고장까지의 기간이다.

22 ☑□□□□
TPM에서의 설비 종합효율을 계산하기 위해서 고려되어야 할 사항 중 가장 거리가 먼 것은?

① 양품율
② 로스율
③ 시간가동률
④ 성능가동률

해설

설비의 종합 이용효율
- 설비가 최적의 효율을 내며 관리하고 있는가를 평가하는 척도이다.
- 양품률이란 총 생산량 중에서 양품(합격품)이 차지하는 비율이다.
- 종합 이용효율 = 시간가동률 × 성능가동률 × 양품률

23 ☑□□□□
예방보전검사제도의 흐름을 나타낸 것으로 가장 적합한 것은?

① PM검사 표준설정 → PM검사계획 → PM검사 실시 → 수리요구 → 수리검수 → 설비보전 기록
② PM검사계획 → PM검사 표준설정 → PM검사 실시 → 수리요구 → 수리검수 → 설비보전 기록
③ 수리요구 → PM검사계획 → PM검사표준설정 → PM검사 실시 → 수리검수 → 설비보전 기록
④ 수리요구 → 수리검수 → PM검사계획 → PM검사 표준설정 → PM검사 실시 → 설비보전 기록

해설

예방보전
- 설비의 고장을 사전에 방지하고 신뢰성과 안전성을 높이기 위해 일정한 주기나 조건에 따라 정기적인 점검, 정비 등을 실시하는 보전방식이다.
- 검사제도의 흐름 : PM검사 표준설정 → PM검사계획 → PM검사 실시 → 수리요구 → 수리검수 → 설비보전 기록

24 ☑□□□□
제조능력의 요인은 크게 외적 요인과 내적 요인으로 나눌 수 있다. 다음 중 외적 요인(제약요인)에 해당되지 않는 것은?

① 자재
② 노동
③ 설비
④ 자금

정답 21 ① 22 ② 23 ① 24 ③

> **해설**
>
> 제조능력의 요인의 분류
> - 외적 요인(제약요인) : 기업에서 통제가 불가능한 요인이다. 예 자재, 노동, 자금 등
> - 내적 요인 : 기업에서 통제할 수 있는 요인이다. 예 설비

25 ☑☐☐☐☐

각종 기호법 중 뜻이 있는 기호법의 대표적인 것으로 기억이 편리하도록 항목의 첫 글자나, 그 밖의 문자를 기호로 표기하는 기호법은?

① 순번식 기호법 ② 기억식 기호법
③ 세구분식 기호법 ④ 십진분류 기호법

> **해설**
>
> 기억식 기호법
> - 항목의 첫 글자나 그 밖의 문자를 기호로 하여 기억하는 방법이다.
> - 밀링(Milling) 가공을 M, 선반(Lathe) 가공을 L로 표기하는 방법이다.

26 ☑☐☐☐☐

종합적 생산보전(TPM : Total Productive Maintenance)에 대한 설명 중 틀린 것은?

① TPM의 목표는 현장의 체질개선에 있다.
② TPM의 목표는 설비, 사람, 현장이 변하지 않는 것이다.
③ TPM의 특징은 고장 제로(Zero), 불량 제로 달성 목표에 있다.
④ TPM의 목표는 맨(Man), 머신(Machine), 시스템(System)을 극한 상태까지 높이는 데 있다.

> **해설**
>
> 종합적 생산보전(TPM)
> - TPM관리는 개선을 위한 자기동기 부여, 전 직원의 자발적인 참여와 지속적 개선, 협업을 중시한다.
> - TPM은 기본적으로 설비, 사람, 현장이 변할 수 있다는 전제하에 진행한다.

27 ☑☐☐☐☐

설비를 목적에 따라 생산설비, 유틸리티설비, 수송설비, 관리설비 등으로 분류하는 이유로 가장 거리가 먼 것은?

① 설비 원가파악이 용이하다.
② 설비투자를 합리적으로 할 수 있다.
③ 생산공정 능력을 파악하는 데 편리하다.
④ 예산 통제 및 고정자산관리가 편리하다.

> **해설**
>
> 설비의 목적별 분류
> 생산공정 능력을 파악하는 것은 설비를 목적별로 분류하는 것보다는 설비의 성능, 가동률 등을 분석해서 이루어진다.

28 ☑☐☐☐☐

열관리 영역에서 열에너지 흐름에 따른 분류에 해당하지 않는 것은?

① 배기관리 ② 연료의 관리
③ 연소의 관리 ④ 열사용의 관리

해설

열관리 영역에서 열에너지 흐름

구분	내용
연소의 관리	열 발생단계로 연료를 태워 열을 발생시키는 과정의 관리이다.
열사용의 관리	발생한 열을 설비에 효율적으로 사용하는 과정의 관리이다.
연료의 관리	연료의 품질, 공급, 저장 등 열 발생의 전제조건을 관리한다.

29 ☑☐☐☐☐

현상파악에 사용되는 방법 중 공정에서 취한 계량치 데이터가 여러 개 있을 때 데이터가 어떤 값을 중심으로 어떤 모습으로 산포하고 있는가를 조사하는 데 사용하는 것은?

① 관리도
② 체크시트
③ 파레토도
④ 히스토그램

해설

히스토그램

- 분류 항목의 분포 상태를 한 눈에 알 수 있도록 막대그래프와 유사한 형태로 표시하는 것이다.
- 공정에서 취한 계량치 데이터가 여러 개 있을 때 데이터가 어떤 값을 중심으로 어떤 모습으로 산포하고 있는가를 조사할 때 사용한다.

30 ☑☐☐☐☐

다음 설비보전 활동 중 필요한 수리, 정비, 개수 등을 위한 제 기능을 수행하며 설비에 투입되는 비용을 최소화하는 데 목적을 두고 있는 것은?

① 공사관리
② 부하관리
③ 외주관리
④ 일정관리

해설

설비보전 활동

구분	내용
공사 관리	필요한 수리, 정비, 개수 등을 위한 제 기능을 수행하며 설비에 투입되는 비용을 최소화한다.
부하 관리	기계 설비에 부하가 걸리지 않고 적절하게 가동이 되도록 한다.
외주 관리	외주업체 관리를 통해 기계 설비 및 공정의 효율성을 향상시킨다.
일정 관리	설비보전, 생산, 납기 등의 일정을 잘 관리하여 설비가 최적의 효율을 낼 수 있도록 한다.

31 ☑☐☐☐☐

설비배치의 형태에서 일명 라인(Line)별 배치라고도 하며 공정의 계열에 따라 각 공정에 필요한 기계가 배치되는 형식은?

① 기능별 배치
② 제품별 배치
③ 혼합형 배치
④ 제품 고정형 배치

해설
제품별 배치
- 제품별로 공정이 일렬로 배치된 방식이다.
- 자동차 조립, 가전제품 생산라인처럼 흐름 생산(Line Production)에 사용된다.
- 작업순서가 명확하여 생산관리 및 계획이 용이하다.
- 공정이 표준화되어 작업속도가 빠르고 품질관리가 용이하다.
- 제품 변경 시 설비 재배치가 어려워 작업의 융통성이 낮다.
- 초기 투자비용이 많이 든다.

32 ☑☐☐☐☐
조업시간 중 정지시간에 해당하지 않는 것은?

① 대기시간 ② 준비시간
③ 정미 가동시간 ④ 설비 수리시간

해설
정미 가동시간
정미 가동시간은 정지시간이 아니라 설비가 실제로 생산작업을 하는 가동시간이다.

33 ☑☐☐☐☐
공사시간을 단축하기 위한 방법이 아닌 것은?

① LP법 ② DCF법
③ MCX법 ④ SAM법

해설
DCF법
DCF법은 현금흐름할인법으로 사업의 경제성이나 회사의 가치를 평가하는 방법이다.

관련개념 공사기간 단축기법

구분	내용
LP	공사비와 공사시간을 1차 방정식으로 만들어 최적의 자원배분을 통해 일정을 단축하는 기법이다.
MCX	작업별 단축비용을 비교하여 전체 공사기간을 단축하는 기법이다.
SAM	각 경로별로 비용대비 단축 가능한 작업을 선정하여 공사기간을 단축하는 기법이다.

34 ☑☐☐☐☐
중·저속의 밀폐기어, 감속기 내의 베어링 하우징 등 윤활개소의 일부가 오일배스(Oil Bath)에 잠긴 상태로 윤활하는 방식의 급유법은?

① 나사급유 ② 비산급유
③ 유욕식 급유 ④ 사이펀급유

해설
유욕식 급유
- 베어링이나 기어의 하단부가 오일에 잠기는 형태로 설치되어, 회전 시 오일이 부품 표면에 묻어 윤활이 이루어진다.
- 주로 중·저속의 밀폐기어 및 감속기, 베어링 하우징에 적합한 방식이다.

정답 32 ③ 33 ② 34 ③

35
윤활유의 열화를 방지하기 위한 방법으로 틀린 것은?

① 고온을 가능한 피한다.
② 협잡물 혼입 시는 신속히 제거한다.
③ 신기계 도입 시 충분한 세척을 한 후 사용한다.
④ 윤활유 교환 시 열화유와 새로운 오일을 섞어서 교환한다.

해설

윤활유의 열화방지
윤활유 교환 시 열화유와 새로운 오일을 섞어서 교환하면 열화된 성분이 새로운 오일로 전파되어 전체 윤활성능을 저하시킨다.

36
윤활유의 열화에 영향을 미치는 인자로서 거리가 가장 먼 것은?

① 산화(Oxidation)
② 동화(Assimilation)
③ 탄화(Carbonization)
④ 유화(Emulsification)

해설

윤활유의 열화에 영향을 미치는 인자
- 산화 : 윤활유가 산소와 반응하여 성능 저하 및 열화를 일으킨다.
- 탄화 : 윤활유가 고온에서 열분해되어 탄소가 생성되는 현상으로 윤활유의 열화와 관련이 있다.
- 유화 : 윤활유에 수분이나 이물질이 혼입되는 현상으로 윤활유의 열화와 관련이 있다.

37
윤활관리의 기본적인 4원칙에 포함되지 않는 것은?

① 적유   ② 적법
③ 적기   ④ 적압

해설

윤활관리의 4원칙

구분	내용
적유	올바른 윤활유를 선택한다.
적량	정해진 양만큼 윤활유를 공급한다.
적법	올바른 방법으로 윤활을 실시한다.
적기	적절한 시기에 윤활을 실시한다.

38
미끄럼 베어링의 급유법으로 가장 적합하지 않은 방식은?

① 순환식   ② 분무식
③ 유욕식   ④ 전손식

해설

미끄럼 베어링의 급유법
- 순환식 : 오일을 회수하여 재사용하는 방식으로, 윤활유의 냉각과 청정효과가 뛰어나며 미끄럼 베어링에 사용한다.
- 유욕식 : 베어링이 오일 속에 잠겨 직접 윤활되는 방식으로, 베어링에 많이 사용된다.
- 전손식 : 급유된 오일을 한 번 사용한 뒤 폐기하는 방법으로 베어링에 적용된다.
- 분무식 : 작은 오일방울을 뿌리는 방식으로 고속 구름 베어링 등 일부에만 사용되며, 미끄럼 베어링에는 적합하지 않다.

정답 35 ④ 36 ② 37 ④ 38 ②

39 ☑☐☐☐☐

그리스의 시험방법에 관한 내용이다. (　) 안에 알맞은 내용은?

> (　)은(는) 반고체 상태에서 그리스가 액체 상태로 전환되는 최초의 온도로서 그리스의 내열성과 사용된 증주제의 종류를 확인하기 위하여 시험한다.

① 점도 ② 적점
③ 주도 ④ 이유도

해설

적점시험
- 적점은 그리스가 액체로 변화하는 최초 온도로, 내열성을 평가하는 기준이다.
- 증주제와 기유의 종류에 따라 적점이 다르며, 고온에서의 안전성과 품질 확인에 사용된다.

40 ☑☐☐☐☐

윤활유의 물리적, 화학적 성질에 대한 설명으로 틀린 것은?

① 유동점이란 오일이 흐를 수 있는 가장 높은 온도를 말한다.
② 점도란 액체가 유동할 때 나타나는 내부저항을 말한다.
③ 전산가는 오일 중에 포함되어 있는 산성 성분의 양을 말한다.
④ 점도지수란 온도의 변화에 따른 윤활유의 점도변화를 나타내는 수치이다.

해설

유동점
윤활유가 흐를 수 있는 가장 낮은 온도로 오일이 더 이상 흐르지 않고 굳기 직전의 최저 온도이다.

3과목 | 기계일반 및 기계보전

41 ☑☐☐☐☐
기어 손상의 분류에서 이 부분이 파손되는 주요원인이 아닌 것은?

① 마모
② 균열
③ 소손
④ 피로파손

해설

기어 손상의 분류

기어에서 이 부분이란 일반적으로 기어의 이(톱니)를 의미한다.

마모는 표면이 닳는 현상으로 기어의 파손(깨짐)의 주 원인으로 보기는 어렵다.

42 ☑☐☐☐☐
다음 압축기의 종류 중 용적형 압축기에 속하지 않는 것은?

① 축류식 압축기
② 왕복식 압축기
③ 나사식 압축기
④ 회전식 압축기

해설

용적형 압축기
- 기체를 흡입하여 일정한 부피의 공간에서 압축하는 방식으로 작동한다.
- 왕복식 압축기, 나사식 압축기, 회전식 압축기 등이 용적형 압축기이다.
- 축류식 압축기는 로터의 회전에 의해 압축하는 터보식 압축기에 해당된다.

43 ☑☐☐☐☐
다음 단면도 중 주로 대칭인 물체의 중심선을 기준으로 내부 모양과 외부 모양을 동시에 표시하는 것은?

① 온 단면도
② 계단 단면도
③ 부분 단면도
④ 한쪽 단면도

해설

한쪽 단면도

상하 또는 좌우로 대칭인 물체에서 중심선을 기준으로 1/4 부분만 절단하고, 절단된 1/2 공간에는 내부 단면모양을, 나머지 1/2 공간에는 외형을 도시한다.

44 ☑☐☐☐☐
다음 압축기의 종류 중 용적형 압축기에 속하는 것은?

① 축류식 압축기
② 왕복식 압축기
③ 터보 압축기
④ 원심식 압축기

해설

용적형 압축기
- 기체를 흡입하여 일정한 부피의 공간에서 압축하는 방식으로 작동한다.
- 왕복식 압축기, 나사식 압축기, 회전식 압축기 등이 용적형 압축기이다.

정답 41 ① 42 ① 43 ④ 44 ②

45

기어 손상의 분류에서 표면피로의 주요 원인이 아닌 것은?

① 박리
② 스코어링
③ 초기 피칭
④ 파괴적 피칭

해설

스코어링
스코어링은 윤활막의 파괴, 마찰열 상승 등으로 인한 표면긁힘, 용착현상이며 주로 윤활 부족이나 급유 문제에서 발생하며 표면피로와 직접적 관련이 없다.

46

부하시간에 대한 가동시간의 비율을 나타낸 것은?

① 속도 가동률
② 실질 가동률
③ 성능 가동률
④ 시간 가동률

해설

시간 가동률
시간 가동률은 설비에 부하가 주어진 시간(부하시간) 중 실제로 작동한 시간(가동시간)의 비율이다.

47

압축기의 배관에 대한 설명으로 옳은 것은?

① 배관길이는 가능한 길게 한다.
② 압축기와 탱크 사이의 배관은 클수록 좋다.
③ 배관 도중의 하부에는 드레인밸브를 부착한다.
④ 압축기의 분해, 조립과 관계없이 배관의 지름을 크게 한다.

해설

압축기의 배관
① 배관길이는 가능한 짧게 한다.
② 압축기와 탱크 사이의 배관은 적정하게 설계해야 하고 클수록 좋다고 볼 수 없다.
③ 드레인밸브는 압축공정에서 발생하는 응축수를 제거하는 것으로 배관 도중의 하부에 부착한다.
④ 배관의 지름은 시스템의 용량과 흐름에 맞게 결정되어야 하고, 배관의 분해·조립과 배관의 지름은 큰 관계가 없다.

48

전동기 내 베어링의 발열에 대한 원인이 아닌 것은?

① 윤활제의 부적합
② 베어링 조립 불량
③ 냉각 팬 축에 억지 끼워맞춤
④ 체인, 벨트 등의 지나친 팽팽함

정답 45 ② 46 ④ 47 ③ 48 ③

해설

억지 끼워맞춤
- 부품을 강제로 밀어 넣어서 결합하는 방식이다.
- 부품이 쉽게 빠지지 않는 점은 있지만 베어링 축에 과도한 하중을 줄 수 있다.
- 냉각 팬 축에 억지 끼워맞춤을 한 것은 베어링 자체의 발열과는 거리가 멀다.

49 ☑☐☐☐

키가 전달할 수 있는 토크 중 크기가 큰 순서대로 바르게 나열한 것은?

① 평기 > 안장키 > 묻힘키
② 묻힘키 > 평키 > 안장키
③ 묻힘키 > 안장키 > 평키
④ 안장키 > 묻힘키 > 평키

해설

키 종류별 토크 전달 능력
- 묻힘키는 축과 허브에 모두 키 홈을 파서 끼우기 때문에 가장 큰 토크를 전달할 수 있다.
- 평키는 축을 평평하게 가공하여 허브와 접촉성이 좋아 안장키보다 큰 토크를 전달할 수 있으나, 묻힘키보다는 약간 낮은 토크를 전달한다.
- 안장키는 축에 키 홈 없이 허브 측만 가공하고, 마찰력(압력)만으로 회전력을 전달하므로 큰 토크 전달이 어렵다.

50 ☑☐☐☐

기어 전동장치에서 두 축이 평행한 기어는?

① 웜(Worm)기어
② 스큐(Skew)기어
③ 스퍼(Spur)기어
④ 베벨(Bevel)기어

해설

스퍼(Spur)기어
- 축이 평행한 상태에서 동력을 전달하는 원통형 기어이다.
- 가장 널리 사용되는 평행 축 기어이다.

51 ☑☐☐☐

밸브의 종류와 용도를 짝지어 놓은 것 중 잘못된 것은?

① 글로브밸브 - 주로 교축용으로 사용한다.
② 슬루스밸브 - 전개, 전폐용으로 사용한다.
③ 나비형 밸브 - 차단용으로 많이 사용한다.
④ 플랩밸브 - 스톱밸브 또는 역지밸브로 사용한다.

해설

나비형 밸브(버터플라이밸브)
- 원형 밸브 판의 지름을 축으로 하여 밸프 판을 회전시켜 유량을 조절하는 밸브이다.
- 완전 차단이 필요한 곳에는 나비형 밸브보다는 게이트밸브를 사용한다.

[나비형 밸브]

정답 49 ② 50 ③ 51 ③

52 ☑□□□□

다음 원통 커플링 중 주철제 원통 속에 두 축을 맞대어 끼어 키로 고정한 축이음으로, 주로 축지름과 하중이 작은 경우에 쓰이며 인장력이 작용하는 축이음에 부적합한 것은?

① 머프 커플링
② 클램프 커플링
③ 반겹치기 커플링
④ 마찰 원통 커플링

해설

머프 커플링(슬리브 커플링)
- 주철 원통 속에 두 축을 맞대어 끼우고 키로 고정하여 토크를 전달하는 방식이다.
- 구조가 간단하고 축지름과 하중이 작은 경우에 주로 사용된다.
- 축방향(인장방향) 하중에는 약해 인장력이 작용하는 곳에는 적합하지 않다.

53 ☑□□□□

단상 유도 전동기에서 과열되는 원인으로 옳지 않은 것은?

① 냉각 불충분
② 빈번한 기동
③ 서머릴레이 작동
④ 과부하(Overload) 운전

해설

서머릴레이
전동기에 과전류가 흐르거나 과열되는 것을 막아주는 부품으로 전동기가 과열되는 원인이 아니다.

54 ☑□□□□

액상 개스킷의 사용방법으로 틀린 것은?

① 얇고 균일하게 칠한다.
② 바른 직후 접합해서는 안 된다.
③ 접합면에 수분 등 오물을 제거한다.
④ 사용 온도범위는 대체적으로 40 ~ 400 ℃ 정도이다.

해설

액상 개스킷
- 나사 체결부, 플랜지 등에 도포하여 유체의 누설을 방지하기 위한 액상의 실링제이다.
- 대부분의 액상 개스킷(특히 혐기성 타입)은 바른 직후 접합해야 제 기능을 발휘한다.

55 ☑□□□□

일반적인 사후보전의 단점이 아닌 것은?

① 대형 설비사고의 위험 가능성이 존재한다.
② 돌발일 경우 수리시간이 예측이 어렵다.
③ 보전요원의 기능 및 기술향상이 어렵다.
④ 제품불량률이 낮고, 동일고장의 반복적 발생빈도가 낮다.

해설

사후보전의 단점
④번은 내용 자체가 단점에 해당되지 않고, 사후보전 적용 시 제품불량률이 높고, 동일고장의 반복적 발생빈도가 높아진다.

관련개념 사후보전(BM)
- 고장이 발생한 사후에 수리하는 것이다.
- 셧다운 손실이 적고 복구가 간단한 경우 시행한다.

정답 52 ① 53 ③ 54 ② 55 ④

56 ☑□□□□

오링(O-Ring)의 구비조건이 아닌 것은?

① 내 노화성이 좋을 것
② 상대 금속을 부식시킬 것
③ 사용온도의 범위가 넓을 것
④ 내마모성을 포함한 기계적 성질이 좋을 것

해설

오링(O-ring)
- 오링은 유체나 가스가 새지 않도록 밀봉하는 역할을 한다.
- 오링은 상대 금속을 부식시키지 않는 재질로 만들어야 한다.

57 ☑□□□□

펌프가 운전되고 있으나 물이 처음에는 나오다가 곧 나오지 않을 때 원인으로 적절하지 않은 것은?

① 웨어링이 마모되었다.
② 마중물이 충분하지 못하다.
③ 흡입양정이 지나치게 높다.
④ 배관 불량으로 흡입관 내에 에어 포켓이 생겼다.

해설

펌프에서 물이 나오지 않는 원인
- 웨어링은 펌프 내 부품 보호 및 마모방지를 위해 사용하는 부품이다.
- 웨어링이 마모되면 토출압력이 감소하여 물이 적게 나올 수는 있지만 물이 처음에는 나오다가 곧 나오지 않는 것과는 관련이 없다.

58 ☑□□□□

일반적인 줄작업의 주의사항으로 틀린 것은?

① 보통 줄의 사용순서는 중목 → 황목 → 세목 → 유목의 순으로 작업한다.
② 오른손 팔꿈치를 옆구리 밀착시키고 팔꿈치가 줄과 수평이 되게 한다.
③ 눈은 항상 가공물을 보며 작업하고 줄을 당길 때는 가공물에 압력을 주지 않는다.
④ 왼손은 줄의 균형을 유지하기 위해 손목을 수평으로 하고 손바닥으로 줄 끝을 가볍게 누르거나 손가락으로 감싸준다.

해설

일반적인 줄작업의 주의사항
- 황목 줄은 날이 거칠고 절삭력이 높아 재료를 빠르게 제거할 수 있으므로 처음에 거친 황목으로 작업하는 것이 좋다.
- 보통 줄의 사용순서는 황목 → 중목 → 세목 → 유목의 순으로 작업한다.

59 ☑□□□□

일반적으로 베어링을 열박음으로 장착할 때 몇 ℃ 이상으로 가열하면 베어링의 경도가 저하되는가?

① 20   ② 80
③ 100   ④ 130

해설

베어링 열박음
- 베어링을 가열하고 팽창시켜 축에 끼우는 작업이다.
- 베어링의 가열온도는 100 ℃ 정도로 해야 하고 130 ℃ 이상이 되면 베어링의 경도가 저하된다.

정답 ● 56 ② 57 ① 58 ① 59 ④

60 ☑☐☐☐☐

다음 메카니컬 실의 종류 중 스터핑 박스의 내측에 회전링을 설치하는 밀봉으로 유체의 누설 압력이 실의 외부에서 내부로 작용하며, 내류형이라고도 하는 것은?

① 더블형
② 탠덤형
③ 인사이드형
④ 아웃사이드형

해설

매커니컬 실(Mechanical Seal)
- 회전기기에 설치하여 유체의 누설을 방지하는 부품이다.
- 누설방지효과가 매우 크며 축의 마모가 발생하지 않는다.
- 인사이드형 : 스터핑 박스의 내측에 회전링을 설치하는 밀봉으로 유체의 누설압력이 실의 외부에서 내부로 작용한다.
- 아웃사이드형 : 스터핑 박스의 외측에 회전링을 설치하는 밀봉으로 유체의 누설압력이 실의 내부에서 외부로 작용한다.

4과목 공유압 및 자동화

61 ☑☐☐☐☐

220 bar 이상의 고압에 주로 이용되는 펌프는?

① 베인펌프
② 피스톤펌프
③ 기어펌프
④ 나사펌프

해설

피스톤펌프
피스톤펌프는 200 bar를 넘는 고압에서 사용이 가능하며, 베인펌프, 기어펌프, 나사펌프 등은 중저압(5~200 bar) 영역에서 사용한다.

62 ☑☐☐☐☐

노즐 플래퍼형 서보 유압밸브에서 전기신호를 기계적 변위로 바꾸어 주는 역할을 하는 것은?

① 토크모터
② 노즐
③ 플래퍼
④ 프래퍼 스프링

해설

토크모터
전기신호(주로 전류)를 받아서 회전토크를 발생시키고, 플래퍼를 움직여 기계적 변위를 만든다.

정답 60 ③ 61 ② 62 ①

63 ☑☐☐☐☐
유압 액추에이터의 속도를 제어하기 위한 방법이 아닌 것은?

① 미터인   ② 미터아웃
③ 급속배기   ④ 블리드오프

해설

유압 액추에이터 관련 기기
① 미터인 : 실린더로 유입되는 유량을 조절하여 속도를 제어한다.
② 미터아웃 : 실린더에서 나오는 유량을 조절하여 속도를 조절한다.
③ 급속배기 : 실린더나 모터의 내부의 압력을 빠르게 대기로 배출하는 것으로 속도는 제어할 수 없다.
④ 블리드오프 : 일부 유압유를 탱크로 우회하게 하여 속도를 조절한다.

64 ☑☐☐☐☐
압축기에서 생산된 압축공기를 공기압 기기에 공급하기 위한 배관을 소홀히 할 경우 발생하는 문제가 아닌 것은?

① 압력강하 발생   ② 유량의 부족
③ 탱크의 압력 상승   ④ 수분에 의한 부식

해설

탱크의 압력 상승
탱크 내에서 압력이 상승하는 현상은 압축기의 출력이 높은 것과 연관이 있고, 배관의 관리가 소홀한 것과는 큰 관련이 없다.

65 ☑☐☐☐☐
다음 중 자동화의 장점이 아닌 것은?

① 시설투자비를 줄일 수 있다.
② 원가를 절감하여 이익을 극대화할 수 있다.
③ 생산성을 향상시킨다.
④ 제품의 품질을 균일하게 한다.

해설

자동화
자동화를 도입하면 생산성을 향상시킬 수 있지만 초기에 설비투자비용이 많이 필요한 단점이 있다.

66 ☑☐☐☐☐
다음 중 국제단위계(SI 단위)의 기본단위(Baseunit)에 속하지 않는 것은?

① ℃   ② m
③ mol   ④ cd

해설

국제단위계의 기본단위
- 미터(m), 킬로그램(kg), 초(s), 암페어(A), 켈빈(K), 몰(mol), 칸델라(cd)가 기본단위이다.
- 온도의 단위는 ℃(섭씨온도)가 아니라 K(절대온도)가 기본단위이다.

정답 63 ③   64 ③   65 ①   66 ①

67 ☑☐☐☐☐

공압밸브에 대한 설명 중 옳지 않은 것은?

① 2개의 입력 공기 중 압력이 높은 공압신호만 출력되는 밸브를 셔틀밸브라고 한다.
② 셔틀밸브에서 2개의 공압신호가 동시에 입력되면 압력이 낮은 쪽이 먼저 출력된다.
③ 2개의 압축공기가 입력되어야만 출구로 압축공기가 흐르는 밸브를 2압밸브라고 한다.
④ 2압밸브는 안전제어, 검사기능 등에 사용된다.

해설

셔틀밸브
- 셔틀밸브는 두 개 이상의 입구와 하나의 출구를 가진 밸브이다.
- 각각의 입구에 들어오는 유체(공압 또는 유압) 중 압력이 더 높은 쪽의 유체만 출구로 보내는 방향제어밸브이다.

68 ☑☐☐☐☐

단상 유도 전동기가 저속으로 회전될 때의 원인으로 옳은 것은?

① 퓨즈 단락   ② 베어링 불량
③ 서머 릴레이 작동   ④ 코일의 소손

해설

단상 유도 전동기
- 퓨즈 단락, 서머 릴레이 작동, 코일의 소손은 전동기의 동작 자체를 멈추는 원인이 된다.
- 베어링이 불량하면 축이 원활하게 회전하지 못하여 전동기가 저속으로 회전하게 된다.

69 ☑☐☐☐☐

릴리프밸브와 감압밸브의 특징 비교 중 옳지 않은 것은?

① 릴리프밸브는 유압회로 전체압력을 설정하고 감압밸브는 부분압력을 설정한다.
② 릴리프밸브는 안전밸브기능을 하고 감압밸브는 압력유지기능을 한다.
③ 릴리프밸브는 설정압력을 초과하면 개방되고 감압밸브는 설정압보다 높아지면 유로가 닫힌다.
④ 릴리프밸브는 유압회로의 출구 측 압력을 조정하고 감압밸브는 입구 측 압력을 조정한다.

해설

릴리프밸브와 감압밸브의 특징 비교
릴리프밸브는 주로 시스템의 유입(입구) 압력을 기준으로 제한하며, 감압밸브는 출구(2차) 측의 낮은 압력을 일정하게 유지해준다.

70 ☑☐☐☐☐

유압시스템에서 작동유의 과열원인이 아닌 것은?

① 높은 작동압력   ② 유량이 적음
③ 오일쿨러의 고장   ④ 펌프 내의 마찰감소

해설

유압시스템에서 작동유의 과열원인
펌프 내에 마찰이 감소하면 발생되는 열이 줄어들기 때문에 작동유가 과열되지 않는다.

정답 67 ② 68 ② 69 ④ 70 ④

71

핸들링(Handling)에서 생산작업과 관련된 자재나 작업물의 모든 이동기능을 이송이라 한다. 이 이송에 해당되지 않는 것은?

① 분류(Distributing)
② 취합(Merging)
③ 계량(Metering)
④ 위치결정(Position Control)

해설

위치결정(Position Control)
자재를 이동한 이후에 정확한 위치로 조정하는 기능으로, 이동 자체가 아니라 위치의 세밀한 제어에 해당된다.

72

1표준기압(atm)과 관계없는 것은?

① 760 mmHg
② 10332 kgf/m^2
③ 1.0132 bar
④ 1013 kPa

해설

1표준기압(atm)
① 760 mmHg = 1 atm
② 10332 kgf/m^2 = 1 atm
③ 1.0132 bar = 1 atm
④ 1013 kPa = 10 atm

73

유압모터 중 구조면에서 가장 간단하며 출력토크가 일정하고 정·역회전이 가능하고 토크효율이 약 75~85%, 최저 회전수는 150 rpm 정도이며, 정밀 서보기구에는 부적합한 모터는 어느 것인가?

① 베인모터(Vane Motor)
② 기어모터(Gear Motor)
③ 액시얼피스톤모터(Axial Piston Motor)
④ 레디얼피스톤모터(Radial Piston Motor)

해설

기어모터(Gear Motor)의 특징
- 구조가 매우 간단하며, 내부에 기어만으로 동력을 전달해 내구성이 뛰어나다.
- 출력토크가 일정하며 일반적으로 정·역회전이 쉽다.
- 토크효율은 약 75~85%이다.
- 최저 회전수는 약 150 rpm 정도이다.
- 정밀 서보기구용으로는 부적합하다.

74

센서의 종류 중 용도에 따른 분류에 속하지 않은 센서는?

① 제어용 센서
② 감시용 센서
③ 검사용 센서
④ 광학적 센서

해설

센서의 분류
- 센서를 용도에 따라 분류하면 제어용 센서, 감시용 센서, 검사용 센서가 있다.
- 광학적 센서는 검출원리에 따른 분류이다.

정답 71 ④ 72 ④ 73 ② 74 ④

75 ☑☐☐☐☐

무인 반송차(AGV)의 특징으로 틀린 것은?

① 보관능력이 향상된다.
② 레이아웃의 자유도가 크다.
③ 정지 정밀도를 확보할 수 있다.
④ 자기진단과 컴퓨터 교신기능이 있다.

해설

무인 반송차(AGV)
- 무인 반송차는 부품 및 자재를 작업자가 직접 이동시키지 않고 스스로 목적지까지 이동시킬 수 있는 자동화된 차량이다.
- 무인 반송차는 물품을 이동하는 역할을 하기 때문에 보관능력 향상과는 거리가 멀다.

76 ☑☐☐☐☐

공유압장치의 주요 점검요소가 아닌 것은?

① 누유   ② 계기류
③ 노이즈   ④ 부하 상태

해설

공유압장치의 주요 점검요소
노이즈(잡음)은 공유압장치에서 발생할 수 있는 이상현상이지만 주요 점검요소와는 거리가 멀다.

77 ☑☐☐☐☐

자동화시스템의 5대 요소에 속한 것이 아닌 것은?

① 센서   ② 프로세서
③ 액추에이터   ④ 하드웨어

해설

자동화시스템의 5대 요소
- 센서(Sensor)
- 프로세서(Processor)
- 액추에이터(Actuator)
- 네트워크(Network)
- 소프트웨어(Software) 또는 프로그램(Program)

78 ☑☐☐☐☐

곧고 긴 유압배관의 유동에 의한 압력손실 수두를 계산하는 식은 다음 중 무엇인가?

① 연속방정식
② 블라시우스(Blasius)식
③ 프란틀(Prandtl)식
④ 달시 - 바이스바하(Darcy - Weisbach)식

해설

달시 - 바이스바하식
곧고 긴 유압관의 유동에 의한 압력손실($\triangle P$)을 구하는 식이다.

$$\triangle P = f \times \frac{L}{D} \times \frac{V^2}{2g}$$

정답 75 ① 76 ③ 77 ④ 78 ④

79 ☑□□□□

다음 중 공기압 조정유닛의 구성요소로 맞는 것은?

① 필터, 압력조절기, 냉각기
② 윤활기, 압력조절기, 건조기
③ 필터, 윤활기, 축압기
④ 필터, 윤활기, 압력조절기

해설

공기압 조정유닛의 구성요소
- 필터 : 압축공기 속의 먼지, 수분 등 불순물을 제거한다.
- 압력조절기 : 압력의 안정적인 공급을 위해 압력을 조정한다.
- 윤활기 : 압축공기에 윤활유를 공급하여 부품의 내구성 및 신뢰성을 향상시킨다.

80 ☑□□□□

전기회로에서 수동소자가 아닌 것은?

① 저항   ② 인덕터
③ 커패시터   ④ OP - AMP

해설

수동소자와 능동소자의 구분

구분	내용
수동소자	공급된 전기에너지를 소비, 축적, 통과시킨다. 예 저항, 인덕터, 커패시터
능동소자	입력신호에 따라 증폭, 신호 변환 등을 통해 전기에너지를 변환시킨다. 예 OP - AMP

정답 79 ④ 80 ④

2023 제2회 CBT 복원

1과목 설비진단 및 계측

01 ☑☐☐☐☐
사람이 들을 수 있는 최저 가청음압은?

① $2 \times 10^5 \text{N/m}^2$
② $2 \times 10^{-5} \text{N/m}^2$
③ $20 \times 10^5 \text{N/m}^2$
④ $20 \times 10^{-5} \text{N/m}^2$

해설
가청음압
- 인간의 귀가 감지할 수 있는 음압 범위이다.
- 최저 가청음압은 2×10^{-5} N/m²(0 dB)이고, 최대 가청음압은 60 Pa(130 dB)이다.

02 ☑☐☐☐☐
차압식 유량계에 이용하는 차압기구에 속하지 않는 것은?

① 노즐 ② 오리피스
③ 벤투리관 ④ 로터미터

해설
차압기구
유체의 유량을 압력 차로 변환하여 측정하는 차압 검출기는 노즐, 오리피스, 벤투리관이다. 로터미터는 면적식 유량계로 플로트의 위치 변화로 유량을 측정하는 기구이다.

03 ☑☐☐☐☐
회전체에 반사테이프를 부착하고 초점 조정이 용이한 적색 가시광의 LED를 광원으로 이용하여 그 반사광을 검출한 후 신호를 변환시켜 회전주기의 역수로 회전수를 구하는 회전계는?

① 광전식 회전계 ② 자기식 회전계
③ 전자식 회전계 ④ 접촉식 회전계

해설
광전식 검출법
회전체에 반사테이프를 부착하고 LED를 광원으로 이용하여 반사광을 검출한 후 신호로 변환시켜 회전수를 측정한다.

04 ☑☐☐☐☐
측정대상에 제한 없이 기체·액체를 측정할 수 있으며, 유체의 조성, 밀도, 온도, 압력 등의 영향을 받지 않고 유량에 비례한 주파수로 체적 유량을 측정할 수 있는 유량계는?

① 터빈식 유량계 ② 용적식 유량계
③ 와류식 유량계 ④ 면적식 유량계

해설
와류식 유량계
- 유체가 흐르는 관로에 와류(소용돌이)를 발생시킨 후 와류의 발생 주파수를 검출하여 유량을 측정한다.
- 기체·액체의 체적유량을 측정할 수 있다.

정답 01 ② 02 ④ 03 ① 04 ③

05

센서에서 입력된 신호를 전기적 신호로 변환하는 방법 중 입력신호의 크기나 형태를 변조하여 전기적 신호로 변환하는 것은?

① 변조식 변환
② 전류식 변환
③ 직동식 변환
④ 펄스신호식 변환

해설

신호를 전기적 신호로 변환하는 방법

구분	내용
변조식 변환	입력신호의 크기나 형태를 변조하여 전기적 신호로 변환한다.
직동식 변환	입력신호의 크기에 따라 전류나 전압의 크기를 직접 변환한다.
펄스신호식 변환	입력신호의 변화에 따라 펄스의 크기 및 주파수를 변환한다.

06

정현파신호에서 진동의 크기를 표현한 것 중 옳은 것은?

① 피크 - 피크값(양진폭)은 실횻값의 2배이다.
② 피크값(편진폭)은 진동량의 절댓값 중 최솟값이다.
③ 실횻값은 진동에너지를 표현하는 데 적합하며 피크값의 약 0.7배이다.
④ 평균값은 진동량을 평균한 값으로서 피크값의 $\frac{1}{\sqrt{2}}$배이다.

해설

정현파신호에서 진동의 크기

① 피크 - 피크값(양진폭)은 실횻값의 $2\sqrt{2}$ 배이다.
② 피크값(편진폭)은 진동량의 절댓값 중 최댓값이다.
④ 평균값은 진동량을 평균한 값으로서 피크값의 $\frac{2}{\pi}$배이다.

07

진동방지의 일반적인 방법 중 고주파진동을 방지하는 데 가장 효과적인 것은?

① 기초진동을 제어
② 진동차단기의 사용
③ 2단계 차단기의 사용
④ 질량이 큰 거더를 사용

해설

1단계 진동제어와 2단계 진동제어의 차이
- 1단계 진동제어 : 방진패드, 댐퍼 등으로 진동원에서 직접진동을 차단하는 방법이다.
- 2단계 진동제어 : 1차 진동제어를 통과한 잔여 진동을 반대 방향으로 힘을 가해 추가적으로 억제하는 것으로 고주파진동을 방지하는 데 사용되며 저주파에서는 역효과를 줄 수 있다.

정답 05 ① 06 ③ 07 ③

08

고유진동수와 강제진동수가 일치할 경우 진폭이 크게 발생하는 현상을 무엇이라고 하는가?

① 공진 ② 풀림
③ 상호간섭 ④ 캐비테이션

해설

공진현상
고유진동수와 강제진동수가 일치할 경우 진폭이 크게 증가하는 현상이다.

09

음원이 이동할 경우 음원이 이동하는 방향쪽에서는 원래 음보다 고주파 음으로 들리고, 음이 이동하는 반대쪽에서는 저주파 음으로 들리는 현상을 무엇이라 하는가?

① 보강간섭 ② 마스킹효과
③ 맥놀이효과 ④ 도플러효과

해설

도플러효과
- 발음원이 이동할 때 그 진행방향 쪽에서는 원래의 음보다는 고음으로, 진행 반대쪽에서는 저음으로 되는 현상이다.
- 구급차가 지나갈 때 가까이 올 때는 더 높은 소리로 들리고, 멀어질 때는 더 낮은 소리로 들리는 것이 도플러효과이다.

10

회전기계에서 발생하는 이상현상 중 발생 주파수가 중간주파수인 것은?

① 공동 ② 언밸런스
③ 압력맥동 ④ 미스얼라인먼트

해설

압력맥동
- 주로 펌프나 압축기 등에서 압력이 주기적으로 바뀌는 현상이다.
- 압력맥동은 주파수 영역상에서 중간주파수에 해당하는 이상진동으로 진단된다.

11

진동센서의 설치위치로 적합하지 않은 것은?

① 회전축의 중심부에 설치한다.
② 레이디얼 베어링 장착부의 수직 방향에 설치한다.
③ 레이디얼 베어링 장착부의 수평 방향에 설치한다.
④ 스러스트 베어링 장착부의 축방향에 설치한다.

해설

진동센서의 설치위치
- 회전축의 중심부에는 진동이 거의 발생하지 않으므로 진동센서를 부착하지 않는다.
- 진동센서는 진동의 크기와 주파수를 측정하기 위한 것으로 측정대상의 특징에 따라 진동이 발생되는 위치에 설치해야 한다.

12

상한과 하한의 거리 혹은 중립점에서 상한 또는 하한까지의 거리를 나타내는 진폭의 표시방법은?

① 속도 ② 변위
③ 주파수 ④ 가속도

해설

변위
변위는 물체의 위치변화량을 나타내는 물리량으로 상한과 하한의 거리(진폭의 최댓값과 최솟값의 차이)를 나타낼 수 있다.

관련개념 진동의 측정단위

구분	내용
변위	측정대상의 위치 변화(m)
속도	측정대상의 단위시간당 위치 변화(m/s)
가속도	측정대상의 단위시간당 속도 변화(m/s^2)

13

다음 진동측정용센서 중 비접촉형 센서로 맞는 것은?

① 압전형 ② 서보형
③ 동전형 ④ 정전용량형

해설

정전용량형 센서
- 비접촉형 센서이다.
- 내부에 전도성 전극이 있어 감지대상이 전극 근처에 접근하면 정전용량이 변한다.
- 정전용량의 변화를 전기신호로 변환해 진동을 측정한다.

14

계측기가 측정량의 변화를 감지하는 민감성의 정도를 무엇이라 하는가?

① 오차 ② 감도
③ 정밀도 ④ 정확도

해설

계측 관련 용어
① 오차 : 측정값과 참값의 차이이다.
② 감도 : 계측기가 측정량의 변화를 얼마나 잘 감지하는 가를 나타내는 민감성의 정도이다.
③ 정밀도 : 같은 조건에서 반복측정했을 때 값이 서로 가까운 정도이다.
④ 정확도 : 측정값이 실제 값과 얼마나 가까운지 정도를 나타낸다.

15

다음 레벨계 중 측정 범위가 1~30 m이고, 석유탱크 및 고로 등의 레벨을 측정하는 것은?

① 저압식 ② 부자식
③ 멜로디식 ④ 마이크로 웨이브식

해설

마이크로 웨이브식은 측정범위가 1~30 m이고, 석유탱크 및 고로 등 정확도와 신뢰성이 요구되는 레벨 측정에 사용된다.

관련개념 레벨계의 측정단위

구분	측정범위
마이크로 웨이브식	1~30 m
저압식	10 m 이하
부자식	10 m 이하
멜로디식	2 m 이하

정답 12 ② 13 ④ 14 ② 15 ④

16 ☑☐☐☐☐

가속도센서의 부착방법 중 영구적으로 가속도계를 기계에 설치하고자 할 때 드릴이나 탭작업을 할 수 없을 경우 사용하는 방법은?

① 나사 고정
② 밀랍 고정
③ 마그네틱 고정
④ 에폭시 시멘트 고정

해설

에폭시 시멘트 고정
- 에폭시 시멘트를 이용하여 센서를 측정물에 고정시키는 방법이다.
- 가속도계를 기계에 영구적으로 설치하고자 할 때 사용한다.

17 ☑☐☐☐☐

다음 중 공기압신호와 전기신호의 특징을 나열한 것 중 틀린 것은?

① 전기신호는 컴퓨터와의 결합성이 좋다.
② 공기압신호는 전송 시 전달지연이 있다.
③ 전기신호는 전송 시 전달지연이 거의 없다.
④ 공기압신호는 전기신호에 비해 복잡한 연산을 빨리 처리할 수 있다.

해설

공기압신호와 전기신호의 특징

구분	내용
공기압 신호	• 압축공기의 변화를 이용한 신호이다. • 단거리제어에 적합하다. • 안정성이 높다. • 전송 시 전달지연이 발생한다.
전기 신호	• 전류·전압을 이용한 신호이다. • 컴퓨터와 결합성이 우수하다. • 복잡한 연산처리가 가능하다. • 전송 시 전달지연이 거의 없다.

18 ☑☐☐☐☐

와전류형 변위센서는 진동의 크기를 전기적으로 변환하는 것이다. 이러한 전기적 크기는 무엇이라 지시되는가?

① 전압   ② 저항
③ 전력   ④ 자속

해설

와전류형 변위센서
와전류형 변위센서는 감지된 변위, 진동 등의 물리적 신호를 아날로그전압신호로 변환하여 출력하는 방식이다.

19 ☑☐☐☐☐

다음 중 면적식 유량계의 특징으로 틀린 것은?

① 압력손실이 적다.
② 기체는 측정을 할 수 없다.
③ 부식성 유체의 측정이 가능하다.
④ 액체 중에 기포가 들어가면 오차가 생기므로 기포빼기가 필요하다.

정답 16 ④   17 ④   18 ①   19 ②

해설

면적식 유량계
- 위로 갈수록 넓어지는 형태로 된 관에 플로트(부자)가 들어 있고, 유체의 흐름에 따른 부자의 위치로 유량을 측정한다.
- 기체, 액체 모두 유량을 측정할 수 있다.

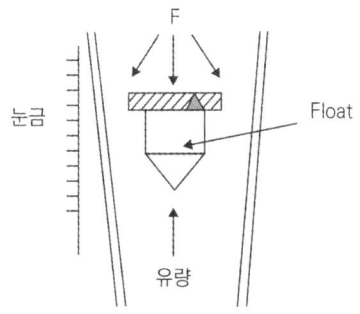

20 ☑☐☐☐☐

순수한 정현파의 실횻값 계산식으로 옳은 것은?

① $X_{rms} = \int_0^T X(t)dt$

② $X_{rms} = \frac{1}{T}\int_0^T X(t)dt$

③ $X_{rms} = \sqrt{\frac{1}{T}\int_0^T X(t)dt}$

④ $X_{rms} = \sqrt{\frac{1}{T}\int_0^T X^2(t)dt}$

해설

순수한 정현파의 실횻값 계산식

$X_{rms} = \sqrt{\frac{1}{T}\int_0^T X^2(t)dt}$

X : 진폭, T : 주기, t : 시간

2과목 설비관리

21 ☑☐☐☐☐

설비를 관리할 때 설비운전 시 발휘하는 성능에 대한 표준으로 용도, 주요크기, 용량, 정도, 구조, 재질, 작동전력량 등을 나타내는 표준은?

① 설비성능표준 ② 설비설계규격
③ 설비자재구매표준 ④ 설비자재검사표준

해설

설비성능표준
설비를 관리할 때 설비운전 시 발휘하는 성능에 대한 표준으로 용도, 주요크기, 용량, 정도, 구조, 재질, 작동전력량 등을 나타내는 표준이다.

22 ☑☐☐☐☐

설비의 효율성을 결정짓는 하나의 속성으로서 "시스템이 어떤 특정 환경과 운전조건하에서 어느 주어진 시간 동안 명시된 특정기능을 성공적으로 수행할 수 있는 확률"을 무엇이라고 하는가?

① 고장도 ② 신뢰도
③ 보전도 ④ 시스템도

해설

신뢰도(Reliability)
- 설비의 효율성을 결정짓는 속성이다.
- 특정 환경과 운전조건 하에서 주어진 시간 동안 명시된 특정기능을 성공적으로 수행할 수 있는 확률이다.

23 ☑☐☐☐☐

공정에서 취한 계량치 데이터가 여러 개 있을 때, 데이터가 어떤 값을 중심으로 어떤 모습으로 산포하고 있는가를 조사하는 데 사용하는 것은?

① 관리도
② 파레토도
③ 체크시트
④ 히스토그램

해설

히스토그램
- 분류 항목의 분포 상태를 한 눈에 알 수 있도록 막대그래프와 유사한 형태로 표시하는 것이다.
- 공정에서 취한 계량치 데이터가 여러 개 있을 때 데이터가 어떤 값을 중심으로 어떤 모습으로 산포하고 있는가를 조사할 때 사용한다.

24 ☑☐☐☐☐

다음 중 설비계획의 필요성과 가장 거리가 먼 것은?

① 신규 사업의 개발
② 제품의 품종 변경
③ 생산 규모의 변경
④ 기술력을 통한 부품 증가

해설

설비계획의 필요성
- 설비계획은 기업이 적정한 생산설비를 미리 계획적으로 구비·배치하여 생산활동을 원활하게 하는 것이다.
- 기술력을 통한 부품 증가는 설비계획과 거리가 멀다.

25 ☑☐☐☐☐

보전수준을 장소에 따라 분류할 때 공장이나 생산현장에서 주요 보전업무를 수행하는 보전은?

① 중간차원 수준보전
② 제조업자 차원보전
③ 하청업체 차원보전
④ 회사 수준 차원의 보전

해설

보전수준의 분류
공장이나 생산현장에서 주요 보전업무를 수행하는 것은 회사 수준 차원의 보전이다.

26 ☑☐☐☐☐

신뢰성의 평가 척도 중 고장률(Failure)을 나타낸 것은?

① 고장률 = 고장횟수/총 가동시간
② 고장률 = 고장 정지시간/총 가동시간
③ 고장률 = 고장횟수/부하시간
④ 고장률 = 고장 정지시간/부하시간

해설

고장률(Failure)
설비의 총 가동시간 중 발생하는 고장횟수를 나태나는 것으로 설비의 신뢰성을 의미한다.

$$\text{고장률} = \frac{\text{고장횟수}}{\text{총 가동시간}}$$

정답 23 ④ 24 ④ 25 ④ 26 ①

27

부품의 최적 대체법 중 일정기간이 되어도 파손되지 않는 부품만을 신품과 대체하는 방식은?

① 각개대체　　② 일제대체
③ 개별사전대체　④ 최적수리주기 대체

해설

부품의 최적 대체법
① 각개대체 : 파손된 부품을 신품으로 대체하는 방식이다.
② 일제대체 : 특정 교체시기가 도달하면 모든 부품을 신품으로 대체하는 방식이다.
③ 개별사전대체 : 일정기간이 되어도 파손되지 않는 부품만을 신품과 대체하는 방식이다.
④ 최적수리주기 대체 : 수리주기분석을 통해 얻은 최적수리주기에 따라 신품으로 대체하는 방식이다.

28

TPM관리와 전통적 관리를 비교했을 때, 다음 중 TPM관리의 내용과 가장 거리가 먼 것은?

① Output 지향
② 원인추구시스템
③ 사전활동(예방활동)
④ 개선을 위한 자기 동기부여

해설

TPM관리와 전통적 관리 비교
- TPM관리는 개선을 위한 자기동기 부여, 원인추구시스템, 전 직원의 자발적인 참여와 지속적 개선, 협업을 중시한다.
- 전통적 관리는 위계적, 지시적, 터널식 의사소통, 결과(Output) 지향적 성격이 강하다.

29

소재를 가공해서 희망하는 형상으로 만드는 공작작업에 사용하는 도구로서 주조, 단조, 절삭 등에 사용하는 것은?

① 공구　　　　② 측정기
③ 검사구　　　④ 안전보호구

해설

공구
- 소재의 가공 및 조립, 설치 등에 사용되는 도구이다.
- 드라이브, 망치, 스패너 등의 수공구부터 바이트, 앤드밀 등의 절삭공구까지 많은 종류가 있다.

30

계측기 선정방법을 설명한 것 중 가장 거리가 먼 것은?

① 계측목적에 대응해서 적합한 것을 선정
② 계측기의 설계자 및 디자이너를 보고 선정
③ 여러 종류의 변수를 측정하기에 적합한 것을 선정
④ 계측대상의 사용조건, 환경조건 등에 대해서 적당한 계측기를 선정

해설

계측기 선정방법
계측기를 선정할 때 계측기의 설계자 및 디자이너는 중요하게 고려해야 할 사항이 아니다.

정답　27 ③　28 ①　29 ①　30 ②

31

설비관리기능 중 생산현장에서 보전요원 또는 엔지니어의 보전업무로서 점검, 검사, 주유, 작업변화에 대응 및 수리업무 등을 행하는 기능으로 가장 적합한 것은?

① 기술기능　　② 관리기능
③ 실시기능　　④ 지원기능

해설

설비관리기능의 구분

구분	내용
기술기능	설비의 설계부터 조립, 설치, 운용, 유지관리 등에 대한 기술적 기능이다.
관리기능	설비의 관리를 위한 조직관리, 운영, 계획, 평가 등의 기능이다.
실시기능	생산현장에서 보전요원 또는 엔지니어 등의 보전업무로서 점검, 검사, 주유, 수리업무 등의 기능이다.
지원기능	설비관리에 필요한 규격, 정보, 자재, 치공구, 인력 등을 지원하는 기능이다.

32

설비의 설계에 의한 이론 사이클시간과 실제 사이클시간과의 차이를 무엇이라 하는가?

① 고장로스　　② 속도저하로스
③ 순간정지로스　　④ 수율저하로스

해설

속도저하로스
설비의 표준(이론) 사이클시간보다 실제 생산과정에서 더 오래 걸리는 이유로 발생하는 로스는 속도저하로스이다.

33

시스템의 잠재적 결함을 조직적으로 규명하고 조사하는 설계기법의 하나로서 설비 사용자에게도 설비의 끊임없는 평가와 개선을 실시할 수 있는 고장유형, 영향분석기법은?

① PM분석　　② QM분석
③ FTA분석　　④ FMECA분석

해설

FMECA분석
- 시스템의 결함을 조직적으로 규명하고 조사하는 설계기법의 하나로서 설비 사용자에게도 설비의 끊임없는 평가와 개선을 실시할 수 있는 고장유형, 영향분석기법이다.
- 고장의 유형을 찾고, 고장이 어떤 영향을 미치는 가를 평가하며, 고장 발생의 심각성을 고려하여 위험성을 등급으로 평가한다.

34

윤활유제 급유법 대비 그리스계 급유법의 장점이 아닌 것은?

① 누설이 적다.
② 급유간격이 길다.
③ 냉각작용이 우수하다.
④ 밀봉성이 좋고 먼지 등의 침입이 적다.

해설

윤활유제 급유법과 그리스계 급유법 비교
- 그리스계 급유는 냉각효과가 적어 온도 상승제어가 어렵다.
- 윤활유제 급유법은 순환하면서 발생하는 열을 냉각할 수 있어 냉각작용이 우수하다.

정답　31 ③　32 ②　33 ④　34 ③

35

실험실에서 오염의 정도를 측정하고자 한다. 시료유 100 mL 중의 오염물질의 크기 개수를 측정하는 방법을 무엇이라고 하는가?

① 중량법　　　② 계수법
③ 오염 지수법　④ 수분 측정법

해설

오염물질 측정법
① 중량법 : 무게를 측정한다.
② 계수법 : 크기 개수를 측정한다.
③ 오염 지수법 : 여러 오염요소를 종합하여 지수화한다.
④ 수분 측정법 : 수분의 함량을 측정한다.

36

그리스시험 중 중화주도의 표준시험온도와 표준혼화회수로 가장 적합한 것은?

① 20 ± 0.5 ℃, 80회
② 25 ± 0.5 ℃, 40회
③ 25 ± 0.5 ℃, 60회
④ 20 ± 0.5 ℃, 100회

해설

중화주도시험
중화주도시험은 그리스를 25 ± 0.5 ℃에서 60회 혼화(믹싱)한 뒤, 콘(원추)을 5초간 낙하시켜 그 침입깊이를 ·mm의 10배수로 주도 값으로 산출하는 시험이다.

37

절삭유에 요구되는 주요성능으로 틀린 것은?

① 세정성　　　② 가열성
③ 방청성　　　④ 반용착성

해설

절삭유
절삭유는 열을 식혀서 설비의 과열을 막기 위한 목적이 있으므로 가열성이 아니라 냉각성이 필요하다.

38

유압 작동유가 갖추어야 할 성질로서 틀린 것은?

① 난연성일 것
② 체적탄성계수가 작을 것
③ 전단안정성, 유화안정성이 클 것
④ 캐비테이션이 잘 일어나지 않을 것

해설

유압 작동유가 갖추어야 할 성질
- 체적탄성계수는 유압유의 압축되기 어려운 정도(비압축성)를 나타내는 값이다.
- 체적탄성계수 값이 클수록 액체가 잘 압축되지 않아 동력전달에 유리하므로 유압 작동유는 체적탄성계수가 커야 한다.

정답　35 ②　36 ③　37 ②　38 ②

39 ☑☐☐☐☐

EP유라고도 하며 큰 하중을 받는 베어링의 경우 유막이 파괴되기 쉬우므로 이를 방지하기 위해 사용되는 윤활유의 첨가제는?

① 극압제
② 청정분산제
③ 산화방지제
④ 점도지수향상제

해설

극압제
- EP유(Extreme Pressure Oil)라고도 한다.
- 금속 간에 큰 하중이 걸려 유막이 파괴될 위험이 높은 베어링이나 기어 등에서 금속 간 접촉 및 마모를 방지하는 첨가제이다.
- 황, 염소, 인이 첨가제로 많이 사용된다.

40 ☑☐☐☐☐

다음 중 윤활제의 중화가를 측정하는 방법으로 옳은 것은?

① 콘라드손법
② 램스보텀법
③ 형광분석법
④ 전위차 측정법

해설

윤활제의 중화가 측정방법
- 중화가란 윤활제 1 g을 중화시키는 데 소모되는 KOH(수산화칼륨)의 mg 수로 윤활제의 오염 상태를 파악하는 지표이다.
- 윤활제의 중화가를 측정하는 방법으로는 전위차 측정법이 가장 많이 사용된다.

3과목 | 기계일반 및 기계보전

41 ☑☐☐☐☐

신뢰도와 보전도를 종합한 평가척도로 어느 특정 순간에 기능을 유지하고 있는 확률을 무엇이라고 하는가?

① 용이성
② 유용성
③ 보전성
④ 신뢰성

해설

유용성
- 신뢰도와 보전도를 종합한 평가척도로 '어느 특정 순간에 기능을 유지하고 있을 확률'을 의미한다.
- 유용성 = $\dfrac{MTBF}{MTBF + MTTR}$
- MTBF : 평균가동시간
- MTTR : 평균수리시간

42 ☑☐☐☐☐

일반적인 고주파 담금질의 특징으로 틀린 것은?

① 직접 가열하므로 열효율이 높다.
② 열처리 불량이 적고 변형보정을 필요로 하지 않는다.
③ 가열시간이 길어서 경화면의 탈탄이나 산화가 많이 발생한다.
④ 직접 부분 담금질이 가능하므로 필요한 깊이만큼 균일하게 경화된다.

정답 ● 39 ① 40 ④ 41 ② 42 ③

해설

고주파 담금질의 특징
일반적인 고주파 담금질은 고주파 유도전류를 짧은 시간에 가열하는 방식으로 가열시간이 길지 않다.

43 ☑☐☐☐☐
아베의 원리를 만족하는 측정기는?

① 블록게이지 ② 하이트게이지
③ 버니어캘리퍼스 ④ 외측 마이크로미터

해설

아베의 원리
- 측정의 정확도를 높이기 위해 기준 눈금과 측정물이 측정방향의 동일 축선(일직선)상에 두는 것이다.
- 외측 마이크로미터는 눈금과 측정위치가 동일 선상에 있어 아베의 원리를 따른다.

44 ☑☐☐☐☐
기계가공 또는 줄작업 이후에 정밀 다듬질이 필요할 때 하는 작업은?

① 다이스(Dies)작업
② 드레싱(Dressing)작업
③ 스크레이퍼(Scraper)작업
④ 숏 피닝(Shot - Peening)작업

해설

스크레이퍼(Scraper) 작업
- 기계 가공 또는 줄작업 이후에 정밀 다듬질이 필요할 때 하는 작업이다.
- 주철, 황동 등의 재료에 사용한다.

45 ☑☐☐☐☐
베어링 체커의 사용에 대한 설명으로 맞는 것은?

① 회전을 정지시키고 사용한다.
② 동력전달 상태를 알 수 있다.
③ 그라운드 잭은 지면에 연결한다.
④ 입력 잭을 베어링에서 제일 가까운 곳에 접촉시킨다.

해설

베어링 체커
- 베어링의 결함이나 상태를 진단한다.
- 입력 잭을 베어링에 최대한 가까운 위치에 접촉시켜야 정확한 진단이 가능하다.
- 회전 중인 장비에 사용하는 기기이다.

46 ☑☐☐☐☐
내열성과 내화학성이 좋고 자체 윤활성을 보유하였으며, 다양한 운전조건에서 뛰어난 성능을 갖는 패킹재료는?

① 테프론 ② 유리섬유
③ 그라파이트 ④ 천연섬유소

해설

테프론
- 내열성과 내화학성이 좋고 자체 윤활성을 보유한다.
- 다양한 운전조건에서 뛰어난 성능을 갖는 패킹 재료이다.

정답 ● 43 ④ 44 ③ 45 ④ 46 ①

47 ☑☐☐☐☐

원심식 압축기의 장점에 대한 설명으로 틀린 것은?

① 압력맥동이 없다.
② 윤활이 용이하다.
③ 고압 발생에 적합하다.
④ 설치면적이 비교적 적다.

해설

압축기의 비교

구분	내용
원심식 압축기	• 임펠러의 회전운동으로 공기를 압축한다. • 압력맥동이 없다. • 윤활이 용이하다. • 중·저압에 적합하다. • 설치면적이 비교적 작다.
왕복식 압축기	• 피스톤의 왕복운동에 의해 공기를 압축한다. • 고압을 발생시킨다. • 유량보다 높은 압력을 필요로 할 때 사용한다.

48 ☑☐☐☐☐

파이프 끝의 관용 나사를 절삭하고 적당한 이음쇠를 사용하여 결합하는 것으로, 누설을 방지하고자 할 때 접착 콤파운드나 접착테이프를 감아 결합하는 이음은?

① 패킹이음   ② 나사이음
③ 용접이음   ④ 고무이음

해설

나사이음
파이프 끝의 관용 나사를 절삭하고 적당한 이음쇠를 사용하여 결합하는 것으로, 누설을 방지하고자 할 때 접착 콤파운드나 접착테이프를 감아 결합하는 방식이다.

49 ☑☐☐☐☐

다음 중 기업의 생산성 향상을 위하여 시행해야 할 사항으로 가장 거리가 먼 것은?

① 설비의 고장, 정지, 성능저하를 방지한다.
② 종업원의 근로의욕을 높일 수 있도록 한다.
③ 작업 부주의 및 원료의 불량에 따른 품질저하를 방지한다.
④ 제품품질을 높이기 위해서 제품원가를 높인다.

해설

기업의 생산성 향상
기업의 생산성을 향상하는 것과 제품원가를 높이는 것은 큰 관련이 없다.

50

다음 중 무단변속기에 관한 설명으로 틀린 것은?

① 체인식 무단변속기의 일반적인 점검주기는 1000 ~ 1500시간이다.
② 체인식 무단변속기의 변속조작은 회전 중에 아니면 할 수 없다.
③ 벨트식 무단변속기는 유욕식이 아니므로 윤활불량을 일으키기 쉽다.
④ 마찰 바퀴식 무단변속기의 변속조작은 반드시 정지 중에 해야 한다.

해설

무단변속기
- 차량의 속도와 엔진 회전수에 따라 기어 단수의 구분없이 기어비를 연속적으로 바꿀 수 있는 자동 변속기이다.
- 마찰 바퀴식 무단 변속기는 주행 중 변속을 전제로 설계되어 있어 운전 중에도 변속조작이 가능하다.

51

일반적인 보전용 자재의 관리상 특징을 설명한 것으로 틀린 것은?

① 불용자재의 발생 가능성이 작다.
② 자재구입의 품목, 수량, 시기의 계획을 수립하기 곤란하다.
③ 보전용 자재는 연간 사용빈도가 낮으며, 소비속도가 늦다.
④ 보전의 기술수준 및 관리수준이 보전자재의 재고량을 좌우하게 된다.

해설

보전용 자재
- 설비의 정상적인 운전과 고장 시 신속한 복구를 위해 준비·보관되어 있는 자재이다.
- 불용자재가 발생할 가능성이 크다.
- 연간 사용빈도가 낮고 소비속도가 늦기 때문에 자재가 장기간 창고에 보관되어 불용화될 우려가 높다.

52

다음 설비관계의 표준 중 설비의 열화측정, 열화의 진행방지 및 열화회복과 가장 관계가 깊은 표준은?

① 설비성능 표준   ② 설비보전 표준
③ 보전작업 표준   ④ 설비검사 표준

해설

설비보전 표준
- 설비를 최적의 상태로 유지하고 향상시키기 위한 표준이다.
- 설비의 열화측정, 열화의 진행방지 및 열화회복 등이 포함된다.

53

산성 등의 화학약품을 차단하는 경우에 사용하고 내열 고무제의 격막 판을 밸브시트에 밀어붙이는 밸브이며, 유체 흐름 저항이 적고 기밀유지에 패킹이 필요 없으며 부식의 염려가 없는 밸브는?

① 플립밸브   ② 게이트밸브
③ 리프트밸브   ④ 다이어프램밸브

정답 ● 50 ④ 51 ① 52 ② 53 ④

해설

다이어프램밸브
- 격막(다이어프램)이 밸브시트에 밀착하여 유체의 흐름을 차단하므로 기밀성이 매우 뛰어나고, 밸브 내에 금속이 유체와 직접 접촉하지 않아 부식의 염려가 없다.
- 산성, 알칼리성 등 다양한 화학약품에 적합하며, 내약품성과 내열성 고무제를 사용할 수 있다.
- 구조상 유체의 흐름 저항도 적고, 별도의 패킹이 필요하지 않다.

54 ☑□□□□

스퍼기어의 제도에서 요목표에 없어도 되는 항목은?

① 기어의 치형 ② 기어의 모듈
③ 기어의 재질 ④ 기어의 압력각

해설

요목표에 필수적으로 기입해야 하는 사항
- 기어의 치형
- 기어의 모듈
- 기어의 압력각

55 ☑□□□□

축(Shaft)고장의 직접원인 중 설계불량과 가장 거리가 먼 것은?

① 재질불량 ② 급유불량
③ 형상구조 불량 ④ 치수강도 부족

해설

급유불량
- 축에 윤활유가 충분히 공급되지 않았을 때 발생하는 고장원인이다.
- 급유불량은 운영 및 유지보수상의 문제로 설계 자체와는 직접적인 관련이 없다.

56 ☑□□□□

구름 베어링에 예압을 주는 목적으로 가장 거리가 먼 것은?

① 베어링의 강성을 증가시킨다.
② 전동체 선회 미끄럼을 억제한다.
③ 외부진동에 의해 프레팅이 발생된다.
④ 축의 흔들림에 의한 진동 및 이상음이 방지된다.

해설

구름 베어링에 예압을 주는 목적
- 예압의 주된 목적은 베어링의 강성 향상, 축의 흔들림 및 진동과 이상음 방지, 그리고 전동체의 선회 및 미끄럼 억제 등이다.
- 외부진동에 의해 프레팅이 발생되는 것은 예압이 부족할 때 발생할 수 있는 현상으로 예압의 목적과는 거리가 멀다.

정답 54 ③ 55 ② 56 ③

57

교류 및 직류 아크용접기의 특성을 비교한 내용으로 틀린 것은?

① 교류 아크용접기가 직류 아크용접기보다 감전위험성이 높다.
② 교류 아크용접기는 자기쏠림을 방지할 수 있다.
③ 무부하전압은 직류 아크용접기에 비하여 교류 아크용접기가 높다.
④ 아크의 안정성은 교류 용접기가 직류 용접기보다 우수하다.

해설
교류 및 직류 아크용접기의 안정성
아크의 안정성은 직류 아크용접기가 우수하며, 교류는 극성의 변환으로 아크가 자주 끊어져 안정성이 떨어진다.

58

공기 중에는 액체 상태를 유지하고 공기가 차단되면 중합이 촉진되어 경화, 접착되는 것으로 진동이 있는 차량, 항공기, 동력기 등의 체결 요소 풀림과 누설방지를 위해 사용되는 접착제는?

① 액상 개스킷
② 혐기성 접착제
③ 열 용융형 접착제
④ 금속구조용 접착제

해설
혐기성 접착제
• 공기(산소)가 있을 때는 액체 상태를 유지하지만, 공기가 차단되면 경화된다.
• 진동이 많은 항공기, 동력기 등의 체결요소 풀림과 누설방지에 사용된다.
• 볼트·너트의 이완방지와 기계 부품의 누설방지 등에 널리 적용된다.

59

블록 브레이크의 제동력 기능저하 방지대책으로 틀린 것은?

① 작동용 유압시스템의 누설부를 점검한다.
② 브레이크 블록의 손상 및 탈락을 점검한다.
③ 블레이크 블록과 드럼부에 이물질 유입이 없도록 덮개를 씌운다.
④ 장기간 휴지 시 브레이크 드럼부에 녹방지를 위해 방청유를 도포한다.

해설
브레이크의 제동력 기능저하 방지대책
브레이크 드럼부에 기름 등의 유성분이 남아 있으면 제동력이 저하되어 안전에 심각한 영향을 미친다.

정답: 57 ④ 58 ② 59 ④

60 ☑☐☐☐☐

기계의 축, 기어, 캠 등 부품에 강도 및 인성, 접촉부의 내마멸성을 증대시키기 위한 표면경화 열처리법이 아닌 것은?

① 침탄법
② 질화법
③ 화염 경화법
④ 항온 열처리법

해설

항온 열처리법
항온 열처리법은 기계부품의 내부조직의 잔류응력 제거, 강도와 인성 향상 등을 위한 것으로 표면경화 및 내마멸성을 위한 열처리법에는 포함되지 않는다.

관련개념 표면경화 열처리법
- 침탄법 : 저탄소강 표면에 탄소를 침투시켜 경도를 높인다.
- 질화법 : 표면에 질소를 침투시켜 경도, 내마멸성, 내식성을 향상시킨다.
- 화염 경화법 : 표면을 화염으로 국부 가열 후 급냉해 표면 경도를 증가시킨다.

4과목 공유압 및 자동화

61 ☑☐☐☐☐

유압모터의 종류가 아닌 것은?

① 기어모터
② 베인모터
③ 스크루모터
④ 회전피스톤모터

해설

유압모터의 종류
- 기어모터 : 기어가 내부적으로 맞물려 기계적 회전운동을 만들어내는 방식이다.
- 베인모터 : 베인(날개) 구조를 이용해 유체의 압력으로 회전운동을 발생시킨다.
- 피스톤모터 : 피스톤 구조의 압력변화로 회전운동을 생성한다.

62 ☑☐☐☐☐

압력에 관한 설명으로 틀린 것은?

① 진공도는 항상 절대압력으로 나타낸다.
② 절대압력 = 계기압력 + 표준 대기압이다.
③ 절대진공도 = 표준대기압 + 진공계압력이다.
④ 대기압보다 높으면 정압, 낮으면 부압이라 한다.

해설

절대진공도
- 완전 진공 상태에 얼마나 가까운지를 나타내는 용어이다.
- 절대진공도 = 표준대기압 - 절대압력

63
유압 텔레스코프형 다단실린더에 대한 설명으로 틀린 것은?

① 긴 행정거리가 요구되는 경우에 사용한다.
② 정확한 위치제어를 행하는 경우에 사용한다.
③ 유압유가 유입되면 순차적으로 실린더가 동작한다.
④ 유압실린더 내부에 다시 별개의 실린더를 내장한 구조이다.

해설
텔레스코프형 다단실린더
- 다단 튜브형 로드를 가지고 있어 긴 행정거리를 얻을 수 있다.
- 각 단의 움직임이 연속적이지 않고 순차적으로 작동하기 때문에 정밀한 위치제어는 어렵다.

64
공압모터의 특징으로 틀린 것은?

① 시동 정지 시 충격 발생이 없다.
② 장시간 운전 시 폭발의 위험이 있다.
③ 회전속도를 자유롭게 조절할 수 있다.
④ 에너지를 축적할 수 있어 정전 시 비상용으로 유효하다.

해설
공압모터와 유압모터의 특징
- 공압모터는 폭발성, 가연성 가스가 있는 환경에서도 안전하게 운전할 수 있다.
- 유압모터가 폭발성, 가연성 가스가 있는 환경에서 폭발 위험이 있어 주의가 필요하다.

65
직동형 압력 릴리프밸브의 특징으로 옳은 것은?

① 구조가 복잡하다.
② 압력조정 범위가 넓다.
③ 채터링을 일으키기 쉽다.
④ 주로 고압용으로 사용한다.

해설
직동형 압력 릴리프밸브
- 구조가 비교적 단순하다.
- 압력조정 범위가 좁다.
- 고압보다는 저·중압에 사용된다.
- 채터링(밸브가 빠르게 진동하면서 진동과 소음이 발생하는 현상)이 발생하기 쉽다.

66
로봇의 감지장치에 대한 설명으로 틀린 것은?

① 물체의 위치는 외계조건이다.
② 가속도와 회전력은 내계조건이다.
③ 퍼텐쇼미터의 출력은 디지털신호이다.
④ 촉각센서는 물체의 형상과 접촉 여부를 감지한다.

해설
퍼텐쇼미터
퍼텐쇼미터는 위치나 변위 측정에 자주 사용하는 아날로그센서로, 그 출력은 일반적으로 연속적인 전압(아날로그신호)이다.

정답 63 ② 64 ② 65 ③ 66 ③

67

수랭식 공기 냉각기와 비교하여 공랭식 공기 냉각기의 장점이 아닌 것은?

① 보수가 용이하다.
② 냉각효율이 좋다.
③ 유지비가 적게 든다.
④ 단수나 동결의 염려가 없다.

해설

수랭식과 공랭식 공기 냉각기의 차이
- 공기는 물보다 열용량이 작아 같은 조건에서는 냉각효율이 떨어진다.
- 수랭식 공기 냉각기가 공랭식 공기 냉각기보다 냉각효율이 좋다.

68

다음 설명에 해당되는 법칙은?

> 밀폐된 용기 내에 있는 유체의 압력은 모두 같다.

① 연속의 법칙
② 베르누이의 법칙
③ 파스칼의 법칙
④ 벤투리관의 법칙

해설

파스칼의 법칙
- 압력 전달과 관련된 법칙이다.
- 밀폐된 용기 내부의 비압축성 유체에 가해진 압력은 유체 내 모든 지점에 같은 크기로 전달된다는 법칙이다.

69

다음 유체 조정기기기호의 명칭은?

① 루브리케이터
② 드레인 배출기
③ 에어 드라이어
④ 기름 분무 분리기

해설

유체 조정기기기호

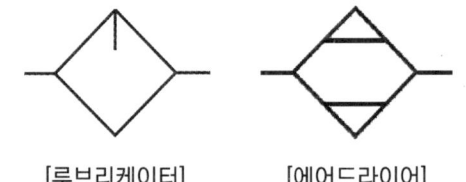

[루브리케이터]　　　[에어드라이어]

70

다음 중 설비의 가동률 저하에 가장 큰 영향을 미치는 것은?

① 설비의 자동화방식에 따른 효율
② 설비의 고장정지에 의한 가동중지
③ 설비의 작업조건에 따른 운전특성
④ 설비의 제어방식에 따른 연산처리

해설

설비의 가동률 저하
설비가 고장이 나서 정지된 경우 설비의 가동률 저하에 가장 큰 영향을 미친다.

정답 ● 67 ② 68 ③ 69 ③ 70 ②

71 ☑☐☐☐☐

자동화시스템의 고장추적을 위해 각 구동요소의 스텝에 따른 작동순서를 파악할 수 있는 선도는?

① 블록선도 ② 제어선도
③ 변위-단계선도 ④ 변위-시간선도

해설

변위-단계선도
스텝에 따른 작동순서를 한눈에 파악할 수 있는 선도이다.

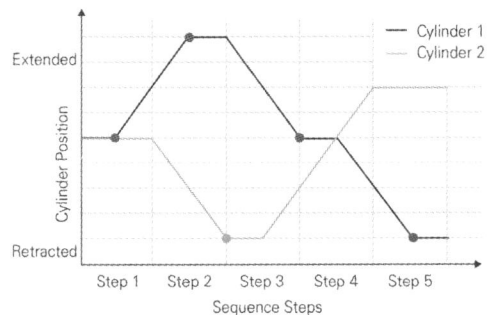

72 ☑☐☐☐☐

실제의 시간과 관계된 신호에 의하여 제어가 이루어지는 것은?

① 논리제어계 ② 동기제어계
③ 메모리제어계 ④ 파일럿제어계

해설

동기제어계와 비동기제어계의 구분

구분	내용
동기 제어계	시간과 관계된 신호에 의해 제어가 이루어지는 시스템이다.
비동기 제어계	시간과 무관하게 입력신호의 변화에 따라 제어가 이루어지는 시스템이다.

73 ☑☐☐☐☐

윤활기에 대한 설명으로 옳은 것은?

① 윤활기는 파스칼의 원리를 적용한 것이다.
② 과도하게 윤활의 양이 많아도 부품들의 동작에 영향이 없다.
③ 공압기기에 충분한 윤활제를 공급하는 것이다.
④ 윤활된 공기는 실린더의 운동에 소모되어 환경오염에 영향이 없다.

해설

윤활기(Lubricator)
공압기기에 충분한 윤활제를 공급해서 마찰로 인한 마모를 줄이고 내구성을 향상시키며, 기기의 효율과 수명을 높이는 역할을 한다.

74 ☑☐☐☐☐

압축공기가 2개의 입구에 모두 작용할 때만 출구에 압축공기가 나오는 동작을 하는 밸브는?

① 2압밸브 ② OR밸브
③ 감압밸브 ④ 분류밸브

해설

2압(Two Pressure)밸브
- 두 개의 입구와 한 개의 출구가 있는 밸브 중에서 두 개의 입구에 모두 압력이 작용해야만 출력이 발생하는 밸브이다.
- AND동작을 하므로 "AND밸브"라고도 불린다.

정답 71 ③ 72 ② 73 ③ 74 ①

75 ☑☐☐☐☐

공유압 기기에 관한 설명이 틀린 것은?

① 감압밸브 : 2차 측의 압력을 일정하게 한다.
② 셔틀밸브 : 안전장치, 검사기능, 연동제어에 사용된다.
③ 압력 스위치 : 공기압력신호를 전기신호로 변환한다.
④ 시퀀스밸브 : 액추에이터의 동작을 정해진 순서에 따라 작동시킨다.

해설

2압밸브(AND밸브)
안전장치, 검사기능, 연동제어에 주로 사용되는 것은 2압밸브(AND밸브)이다.

관련개념 셔틀밸브
- 두 개 이상의 유압회로를 하나의 출구로 연결하여 한 쪽에서 압력이 공급되면 그 압력을 출력 포트로 전달하고, 반대쪽 회로는 자동으로 차단한다.
- OR밸브라고도 하며 복수의 신호입력 중 단일 출력을 얻고자 할 때 주로 사용한다.

76 ☑☐☐☐☐

변압기유의 요구사항으로 옳은 것은?

① 산화가 잘 될 것
② 절연내력이 작을 것
③ 점도가 낮고 비열이 클 것
④ 인화점과 응고점이 낮을 것

해설

변압기유의 요구사항
- 점도가 낮고 비열이 커야 냉각효과가 크다.
- 절연내력이 커야 한다.
- 인화점은 높고, 응고점은 낮아야 한다.
- 절연재료 및 금속과 화학반응을 일으키지 않아야 한다.

77 ☑☐☐☐☐

공유압장치의 전기 시퀀스제어회로를 설계할 때 고려사항으로 틀린 것은?

① 대상시스템의 동작순서는 고려하지 않는다.
② 비용, 설비관리자의 수준이 고려되어야 한다.
③ 설계 전 충분히 대상시스템을 파악해야 한다.
④ 설계절차에 따라 순차적으로 진행되어야 한다.

해설

시퀀스회로
- 미리 정해진 순서에 따라 설비를 자동으로 동작시키는 시스템이다.
- 대상시스템의 동작순서는 전기 시퀀스제어회로 설계의 중요한 고려사항이다.

정답 75 ② 76 ③ 77 ①

78 ☑☐☐☐☐
핸들링의 정의로 옳은 것은?

① 소재에 소정의 치수, 형상, 정도, 성능 등을 부여하는 공정이나 작업
② 두 개 이상의 부품에서 1개의 반제품 또는 제품을 만드는 공정이나 작업
③ 완성된 제품이나 프로세스가 정해진 목적에 합치하는가를 확인하는 공정이나 작업
④ 물체를 외관적으로 변화시키지 않고 필요한 때에 필요한 장소에 이동, 운반, 저장, 보관시키는 데 관련된 공정이나 작업

해설

핸들링
- 운반, 조정, 배치, 위치 이동 등의 작업이다.
- 가공은 물질의 형태 또는 구조를 바꾸는 것이므로 핸들링은 가공작업이 아니다.
- 핸들링은 물체의 위치나 배열을 바꾸는 이송작업에 해당된다.

79 ☑☐☐☐☐
오리피스(Orifice)에 대한 설명 중 맞는 것은?

① 길이가 단면치수에 비해 비교적 긴 교축이다.
② 유체의 압력강하는 교축부를 통과하는 유체 점도의 영향을 거의 받지 않는다.
③ 유체의 압력강하는 교축부를 통과하는 유체 온도에 따라 크게 영향을 받는다.
④ 유체의 압력강하는 교축부를 통과하는 유체점도에 따라 크게 영향을 받는다.

해설

오리피스(Orifice)
① 두께가 얇고 구멍의 길이가 단면에 비해 매우 짧은 형태로 짧은 교축이다.
② 유체의 압력강하는 점도에는 거의 영향을 받지 않고, 유속에 영향을 받는다.
③ 오리피스 흐름에서 온도에 따른 압력변화는 거의 없다.
④ 유체의 압력강하는 점도에는 거의 영향을 받지 않는다.

80 ☑☐☐☐☐
압축 공기 중에 포함되어 있는 수분을 제거하기 위한 건조기의 종류가 아닌 것은?

① 수냉식 건조기 ② 흡수식 건조기
③ 흡착식 건조기 ④ 냉동식 건조기

해설

건조기의 종류
- 냉동식 건조기 : 공기를 냉각해 수분을 응축시킨 뒤 배출한다.
- 흡착식 건조기 : 활성알루미나겔 등의 흡착제를 사용해 공기 중의 수분을 제거한다.
- 흡수식 건조기 : 특수한 재료(화학적 흡수체)를 사용해 수분을 화학적으로 제거한다.

2023 제3회 CBT 복원

1과목 설비진단 및 계측

01 ☑︎☐☐☐☐
다음 중 면적식 유량계의 특징으로 틀린 것은?

① 압력손실이 크고 전후의 직관부가 필요하다.
② 기체, 액체를 측정할 수 있고 부식성 유체도 측정할 수 있다.
③ 액체 중에 기포가 들어가면 오차가 생기므로 기포빼기가 필요하다.
④ 유리관식은 기계적 강도, 내충격성이 약하므로 배관의 무게를 직접 받지 않고 유체가 역류하지 않도록 주의해야 한다.

해설

면적식 유량계
- 위로 갈수록 넓어지는 형태로 된 관에 플로트(부자)가 들어 있고, 유체의 흐름에 따른 부자의 위치로 유량을 측정한다.
- 기체, 액체 모두 유량을 측정할 수 있다.
- 압력손실이 작고, 일반적으로 전후의 직관부가 필요하지 않다.

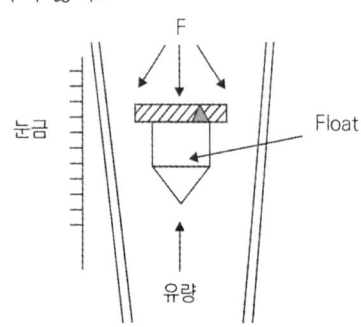

02 ☑︎☐☐☐☐
진동의 종류별 설명으로 틀린 것은?

① 선형진동 : 진동의 진폭이 증가함에 따라 모든 진동계가 운동하는 방식이다.
② 자유진동 : 외란이 가해진 후 계가 스스로 진동을 하고 있는 경우이다.
③ 비감쇠진동 : 대부분의 물리계에서 감쇠의 양이 매우 적어 공학적으로 감쇠를 무시한다.
④ 규칙진동 : 기계 회전부에 생기는 불평형, 커플링부의 중심 어긋남 등의 원인으로 발생하는 진동이다.

해설

선형진동
- 진동계의 모든 기본요소가 선형적으로 동작할 때 성립한다.
- 진동, 진폭에 상관없이 원래의 선형 관계를 유지하는 것을 의미한다.
- 진폭이 커지면 선형성을 잃고 비선형 진동이 되기도 한다.

03 ☑︎☐☐☐☐
정현파의 최댓값을 기준으로 진동의 크기가 1일 때 실횻값의 크기는?

① 2
② $\frac{1}{2}$
③ $\frac{1}{\sqrt{2}}$
④ $\frac{1}{\pi}$

정답 ● 01 ① 02 ① 03 ③

해설
실횻값
실횻값은 진동에너지를 표현하는 데 사용하며 최댓값(피크값)의 0.7배 = $\frac{1}{\sqrt{2}}$배이다.

04 ☑☐☐☐☐
소음기의 내면에 파이버 글라스(Fiber Glass)와 암면 등과 같은 섬유성 재료를 부착하여 소음을 감소시키는 장치는?

① 팽창형 소음기 ② 간섭형 소음기
③ 공명형 소음기 ④ 흡음형 소음기

해설
흡음형 소음기
소음기의 내면에 파이버 글라스(Fiber Glass)와 암면 등과 같은 섬유성 재료를 부착하여 소음을 감소시키는 장치이다.

05 ☑☐☐☐☐
열전온도계(Thermo Electric Pyrometer)에 관한 설명 중 틀린 것은?

① 구리와 콘스탄탄의 이종재를 결합하여 200 ~ 300 ℃ 정도의 저온용으로 사용한다.
② 다른 금속을 접합하여 양단의 온도 차에 의해 발생되는 기전력을 이용한다.
③ 온도차에 의해 발생되는 열기전력현상을 톰슨효과(Thomson Effect)라 한다.
④ 백금로듐과 백금의 이종재를 결합하면 1000 ℃ 이상에서도 사용할 수 있다.

해설
열전온도계
- 서로 다른 금속을 접합하여 양 접합부에 온도차를 주면 회로 내에서 열기전력이 발생하므로, 이 전압을 측정하면 온도를 알 수 있다.
- 온도차에 의해 이종 금속 접점에서 발생하는 기전력현상은 제벡효과이다.

06 ☑☐☐☐☐
소음방지법 중 흡음에 관련된 내용으로 틀린 것은?

① 직접 소음은 거리가 2배 증가함에 따라 6 dB 감소한다.
② 소음원에 가까운 거리에서는 반사음보다 직접음에 대한 소음이 압도적이다.
③ 흡음판은 벽이나 천장에 직접 부착시킬 수 없어 백스페이스를 두고 연 1회 설치한다.
④ 흡음재의 내구성 부족 시 유공판으로 보호해야 하며 이때 개공률과 구멍의 크기 및 배치가 중요하다.

해설
흡음판
- 벽이나 천장에 바로 부착할 수 있다.
- 흡음판을 설치할 때 필수적으로 백스페이스를 두어야 하는 것이 아니다.

07 ☑□□□□

음의 발생에 대한 설명으로 틀린 것은?

① 기계 본체의 진동에 의한 소리는 이차 고체음이다.
② 음의 발생은 크게 고체음과 기체음 두 가지로 분류할 수 있다.
③ 선풍기 또는 송풍기 등에서 발생하는 음은 난류음이다.
④ 기류음은 물체의 진동에 의한 기계적 원인으로 발생한다.

해설

음의 발생
기류음은 물체의 진동보다는 공기의 흐름에 따른 압력 변화로 발생한다.
①은 기계의 작동으로 인한 기계 본체(구조물)의 진동에 의한 소리이므로 2차 고체음이다.

관련개념 발생원인에 따른 분류

구분	내용
고체음	• 1차 고체음 : 기계 등에서 발생한 진동이 지반이나 건물을 통해 직접 전달되는 것이다. • 2차 고체음 : 1차 고체음으로 인해 벽체나 건물이 진동되고, 그 진동에 의해 전달되는 것이다.
기류음	• 공기의 흐름, 압력 변화 등 유체역학적 작용에 의해 발생한다. • 난류음 : 소리의 주파수와 크기가 불규칙한 것이다. • 맥동음 : 소리의 크기가 주기적으로 커졌다가 작아졌다 하는 것이다.

08 ☑□□□□

유체의 흐름에 따라 회전하는 회전자로 케이스 사이의 공극에 유체를 연속적으로 취입해서 송출이라는 동작을 반복하여 회전자의 운동 횟수로 유량을 측정하는 유량계는?

① 면적식 유량계 ② 용적식 유량계
③ 전자식 유량계 ④ 차압식 유량계

해설

용적식 유량계
회전자의 움직임이나 왕복운동을 통해 유체를 일정한 용적으로 분리하여 내보내고, 회전자의 회전(운동)횟수를 측정하여 유량을 측정한다.

09 ☑□□□□

회전수 계측법 중 전자식 검출법에 대한 설명으로 틀린 것은?

① 전원이 필요 없다.
② 내구성이 우수하다.
③ 자속밀도의 변화를 이용한다.
④ 정지에 가까운 저속검출에 적합하다.

해설

전자식 검출법
• 자속밀도의 변화를 이용하여 회전수를 측정한다.
• 내구성이 우수하고 별도의 전원이 필요하지 않다.
• 정지에 가까운 저속회전에서는 출력전압이 감소하여 검출하기 어렵다.

10 ☑□□□□

프로세스제어에서 온도제어와 유량제어에 대한 설명 중 옳은 것은?

① 유량제어는 검출부의 응답지연이 있다.
② 온도제어는 전송부의 응답지연이 없다.
③ 유량제어는 전송부의 응답지연이 있다.
④ 온도제어는 검출부의 응답지연이 있다.

> **해설**
>
> 프로세스제어
> 산업현장에서 압력, 온도, 유량 등의 상태를 조정하는 것으로 온도제어의 경우 검출부의 응답지연이 있다.

11 ☑□□□□

기류음은 난류음과 맥동음으로 나눌 수 있다. 다음 중 맥동음을 일으키는 것이 아닌 것은?

① 압축기   ② 선풍기
③ 진공펌프   ④ 엔진의 배기관

> **해설**
>
> 선풍기에서 나는 기류음
> • 선풍기 날개가 회전하면서 공기를 밀어내는 과정에서 공기 흐름이 불규칙한 난류 상태가 된다.
> • 선풍기, 송풍기에서는 난류음이 발생한다.

12 ☑□□□□

코일 간의 전자유도현상을 이용한 것으로서 발신기와 수신기로 구성되어 있으며, 회전각도 변위를 전기신호로 변환하여 회전체를 검출하는 수신기는?

① 싱크로(Synchro)
② 리졸버(Resolver)
③ 퍼텐쇼미터(Potentiometer)
④ 앱솔루트 인코더(Absolute Encoder)

> **해설**
>
> 싱크로(Synchro)
> • 코일 간 전자유도원리를 이용하여 각도 변위를 전기신호로 변환한다.
> • 발신기와 수신기로 구성되어 있다.
> • 회전각도 변위를 전기신호로 변환하여 회전체를 검출한다.

13 ☑□□□□

진동이 완전한 1사이클을 하는 동안에 걸린 총 시간을 무엇이라 하는가?

① 진동수   ② 진동주기
③ 각진동수   ④ 진동위상

> **해설**
>
> 진동 관련 용어
> ① 진동수 : 단위시간당 진동횟수(Hz)
> ② 진동주기 : 진동이 완전한 1사이클을 하는 동안에 걸린 총 시간(s)
> ③ 각진동수 : 단위시간당 회전한 각도(rad/s)
> ④ 진동위상 : 진동의 시작 위치(rad)

정답 10 ④ 11 ② 12 ① 13 ②

14 ☑☐☐☐☐
다음 중 진동측정 단위로 적당하지 않은 것은?

① m
② m/s
③ m/s^2
④ m^2/s^2

해설

진동의 측정단위

구분	내용
변위	측정대상의 위치 변화(m)
속도	측정대상의 단위시간당 위치 변화(m/s)
가속도	측정대상의 단위시간당 속도 변화(m/s^2)

15 ☑☐☐☐☐
다음은 소음방지에 관한 내용이다. 틀린 것은?

① 차음벽의 차음효과는 투과율에 의해서 결정된다.
② 투과손실은 재료의 굽힘강성과 내부 댐핑에 의한 영향을 받지 않는다.
③ 일반적으로 부드럽고 다공성 표면을 갖는 재료는 높은 흡음율을 갖는다.
④ 소음기는 덕트(Duct) 소음이나 배기 소음을 방지하기 위해서 사용되는 장치이다.

해설

소음방지
투과손실은 소음이 차음벽을 투과할 때 감소되는 소음의 양으로 재료의 굽힘강성과 내부 댐핑 등에 영향을 받는다.

16 ☑☐☐☐☐
다음 중 서미스터 온도센서의 종류에 포함되지 않는 것은?

① GTR
② PTC
③ NTC
④ CTR

해설

서미스터 온도센서
- PTC(Positive Temperature Coefficient) : 온도가 상승하면 저항치가 상승한다.
- NTC(Negative Temperature Coefficient) : 온도가 상승하면 저항치가 하강한다.
- CTR(Critical Temperature Resistor) : 특정 온도에서 저항치가 급격히 변한다.

17 ☑☐☐☐☐
압전형 가속도센서에 대한 내용으로 틀린 것은?

① 소형으로 가볍다.
② 사용 온도범위가 넓다.
③ 주파수 범위는 광대역이다.
④ 매우 저감도이므로 손으로 고정해야 한다.

해설

압전형 가속도센서
- 센서에 힘을 가하면 그 힘에 비례하는 전하가 생기고, 이 전하를 측정하여 가속도신호로 변환하는 것이다.
- 압전형 가속도센서는 고감도이기 때문에 손으로 고정하지 않고, 견고하게 부착해서 사용해야 한다.

정답 14 ④ 15 ② 16 ① 17 ④

18 ☑☐☐☐☐

진동하는 동안 마찰이나 다른 저항으로 에너지가 손실되지 않는다면 그 진동을 무엇이라고 하는가?

① 감쇠진동(Damped Vibration)
② 비선형 진동(Nonlinear Vibration)
③ 비감쇠진동(Undamped Vibration)
④ 규칙진동(Deterministic Vibration)

해설

감쇠진동과 비감쇠진동의 구분

구분	내용
감쇠진동	진동할 때 마찰력, 저항 등에 의해 에너지가 점점 손실되는 진동이다.
비감쇠진동	마찰력, 저항 등이 작용하지 않는 이상적인 진동으로 에너지 손실이 없다.

19 ☑☐☐☐☐

미지저항을 측정하기 위한 휘스톤브리지회로에 사용되는 측정방법은?

① 편위법
② 영위법
③ 치환법
④ 보상법

해설

휘스톤브리지
- 기준저항과 가변저항을 이용해 미지의 저항을 측정하며, 검류계의 지시가 0이 되는 조건을 맞춘다.
- 영위법은 측정할 양과 같은 종류의 기준량을 조정해 계측기의 지시가 0이 되는 상황에서 기준량의 값으로 미지의 저항값을 결정한다.

20 ☑☐☐☐☐

각진동수를 $\omega(\text{rad/s})$ 주기를 $T(\text{s/cycle})$, 진동수를 $f(\text{Hz})$이라고 할 때 각진동수, 주기, 진동수와의 관계식은?

① $T = 2\pi f$
② $T = 2\pi \omega$
③ $\omega = 2\pi f$
④ $T = \dfrac{\omega}{2\pi}$

해설

각진동수, 주기, 진동수와의 관계식
각진동수는 진동수에 2π를 곱하면 되고, 주기는 진동수의 역수이다.

$$\omega = 2\pi f \rightarrow f = \dfrac{\omega}{2\pi}$$

$$T = \dfrac{1}{f} = \dfrac{1}{\dfrac{\omega}{2\pi}} = \dfrac{2\pi}{\omega}$$

정답 ● 18 ③ 19 ② 20 ③

2과목 　설비관리

21 ☑☐☐☐☐

가공 및 조립형 설비 손실에 포함되지 않는 것은?

① 고장 손실
② 시가동 손실
③ 공정불량 손실
④ 속도저하 손실

> 해설
>
> 설비 손실
> - 시가동 손실은 새로운 설비를 가동하는 과정에서 안정화될 때까지 발생하는 손실이다.
> - 시가동 손실은 프로세스형 설비손실에 해당되고 가공 및 조립형 설비손실에는 포함되지 않는다.

22 ☑☐☐☐☐

다음 중 일시 정체로스에 대한 대책으로 가장 거리가 먼 것은?

① 현상을 잘 파악할 것
② 최적조건을 파악할 것
③ 미세한 결함도 시정할 것
④ 간단한 결함은 무시할 것

> 해설
>
> 일시 정체로스
> - 생산라인에서 작업이 순간적으로 멈추거나 흐름이 느려서 발생하는 손실이다.
> - 간단한 결함 때문에 일시 정체로스가 생기는 경우도 있으므로 간단한 결함도 무시하지 않아야 한다.

23 ☑☐☐☐☐

설비보전 요소에 해당되지 않는 것은?

① 열화방지
② 열화지연
③ 열화회복
④ 열화측정

> 해설
>
> 설비열화의 대책
> - 열화방지 : 일상보전
> - 열화회복 : 수리
> - 열화측정 : 검사

24 ☑☐☐☐☐

품질 개선활동을 위하여 현상파악에 사용되는 수법 중 불량품, 결점, 사고건수 등의 현상이나 원인별로 데이터를 내고 수량이 많은 순서로 나열하여 크기를 막대그래프로 나타내는 것은?

① 관리도
② 산정도
③ 파레토도
④ 히스토그램

> 해설
>
> 파레토도
> - 불량품, 결점, 사고 등의 여러 원인별 데이터를 수집해, 발생빈도가 많은 순서대로 막대그래프를 그린다.
> - 필요에 따라 누적선도 함께 표시하여 가장 중요한 원인을 한눈에 파악할 수 있는 품질관리기법이다.

정답　21 ②　22 ④　23 ②　24 ③

25 ☑☐☐☐☐

공장설비의 치공구관리기능 중 계획단계에 해당되는 것은?

① 공구의 검사
② 공구의 제작 및 수리
③ 공구의 설계 및 표준화
④ 공구의 보관과 대출

해설

치공구관리기능
①, ②, ④는 보전단계에 해당된다.

관련개념 치공구관리기능단계
- 계획단계 : 설계 및 표준화, 사양 결정
- 조달단계 : 공구의 구입, 제작
- 보전단계 : 공구의 검사, 보관과 공급, 제작 및 수리, 유지관리(보관과 대출)

26 ☑☐☐☐☐

설비보전 조직형태 중 집중보전의 장점이 아닌 것은?

① 보전요원의 관리감독이 용이하다.
② 특수기능자를 효과적으로 이용할 수 있다.
③ 보전작업에 필요한 인원의 동원이 용이하다.
④ 긴급작업이나 새로운 작업 시 신속히 처리할 수 있다.

해설

집중보전
- 공장 내 모든 보전요원을 한 명의 책임자 아래에 두고 보전활동을 수행한다.
- 모든 보전업무가 한 부서 또는 한 책임자의 지휘 아래 통합적으로 이루어진다.
- 특수기능자의 집중배치, 긴급상황 시 신속한 대처가 가능하다.
- 보전요원이 공장 전체를 대상 작업하므로 현장별로 직접적인 관리감독은 어렵다.

27 ☑☐☐☐☐

다음 중 만성로스의 특징으로 옳은 것은?

① 원인이 하나이며, 그 원인을 명확히 파악하기 쉽다.
② 원인도 하나, 원인이 될 수 있는 것도 하나이다.
③ 복합원인으로 발생하며, 그 요인의 조합이 불변이다.
④ 원인은 하나이지만 원인이 될 수 있는 것이 수없이 많으며, 그때마다 바뀐다.

해설

만성로스
- 계속해서 발생되는 손실의 경향이다.
- 해결할 수 있음에도 불구하고 방치해서 지속적으로 발생하는 시간적 손실이다.
- 생산현장에서는 항상 어느 정도 범위 내에서 반복적으로 발생한다.
- 만성로스는 복합적인 원인에 의해 발생하며 한 가지 원인만으로는 설명하기 어렵고, 주로 여러 가지 요인이 조합되어 나타난다.

정답 25 ③ 26 ① 27 ④

28 ☑☐☐☐☐

TPM의 5가지 활동 중 보전이 필요 없는 설비를 설계하여 가능한 빨리 설비의 안전가동을 위한 활동은 무엇인가?

① 계획보전체제의 확립
② 작업자의 자주보전체제의 확립
③ 설비의 효율화를 위한 개선 활동
④ MP 설계와 초기 유동관리체제의 확립

해설

TPM의 5가지 주요활동

구분	내용
자주보전	• 작업자가 직접 설비의 점검하여 설비를 스스로 관리한다. • 전 구성원이 참여한다.
계획보전	보전 전문가가 조직적인 계획에 따라 보전체계를 구축한다.
교육훈련	설비와 공정에 강한 작업자를 육성한다.
초기관리 또는 MP 설계	설비 도입 및 설계단계에서부터 보전이 필요 없는 설비, 설계를 도입한다.
개선활동	6대 로스 근절을 위한 설비 및 업무 개선 활동

29 ☑☐☐☐☐

치공구를 설계하기 위한 방법으로 틀린 것은?

① 지그와 고정구 구성 부품의 표준화를 적극적으로 고려할 것
② 복잡한 구조로 불균형한 형상을 가질 수 있도록 고려할 것
③ 피공작물의 부착과 해체가 용이하고 공작작업이 쉬운 구조일 것
④ 작업 시에 안전성, 신뢰성을 줄 수 있는 구조와 형상일 것

해설

치공구를 설계하기 위한 방법
• 치공구는 산업현장에서 제품을 생산하기 위해 사용되는 공구류를 통칭하는 용어이다.
• 치공구는 되도록 간단한 구조와 균형 있는 형상을 가져야 한다.

30 ☑☐☐☐☐

공정별 배치에서 동일 기종이 모여 있는 시스템은?

① 갱시스템(Gang System)
② 라인시스템(Line System)
③ 혼합형 시스템(Combination System)
④ 제품 고정형 시스템(Fixed Position System)

정답 28 ④ 29 ② 30 ①

해설

공정별 배치형태
① 갱시스템 : 공정별 배치에서 동일 기종이 모여 있는 시스템이다.
② 라인시스템 : 제품의 가공순서에 따라 설비가 배치된 형태이다.
③ 혼합형 시스템 : 공정별, 제품별의 특성이 혼합된 배치이다.
④ 제품 고정형 시스템 : 제품은 움직이지 않고 작업자와 자재가 이동하는 형태이다.

31 ☑□□□□
보전용 자재관리에 대한 설명 중 옳은 것은?

① 불용자재의 발생 가능성이 적다.
② 자재 구입의 품목, 수량, 시기의 계획을 수립하기가 용이하다.
③ 소모, 열화되어 폐기되는 것과 예비기 및 예비부품과 같이 순환사용되는 것이 있다.
④ 보전용 자재는 연간 사용빈도가 높으며, 소비속도도 빠른 것이 많다.

해설

보전용 자재관리
- 설비의 안정적인 운영과 신뢰성을 확보하기 위해 필요한 예비부품, 소모품, 공구 등과 같이 보전의 목적의 자재를 구입, 보관, 공급, 재고관리 하는 것이다.
- 보전용 자재는 부품의 성격에 따라 소모, 열화되어 폐기되는 것과 수리·재생 후 다시 사용하는 예비기, 예비부품도 포함된다.

32 ☑□□□□
일반적인 설비관리 조직의 개념 중 가장 거리가 먼 것은?

① 설비관리의 목적을 달성하기 위한 수단이다.
② 설비관리의 목적을 달성하는 데 지장이 없는 한 되도록 전문화해야 한다.
③ 인간을 목적 달성의 수단이라는 요소로서만 인식해야 한다.
④ 환경의 변화에 끊임없이 순응할 수 있는 산 유기체이어야 한다.

해설

설비관리 조직
일반적인 설비관리 조직에서 설비관리의 목적을 달성하는 데 지장이 없는 한 조직은 되도록 단순화해야 한다.

33 ☑□□□□
다음 중 Oil Flushing을 해야 할 시기로 가장 적절한 것은?

① 정상 운전 중
② 기계의 수리작업 이후
③ 매일 한 번씩 강제 실시
④ Oil Sampling검사를 실시하기 전

해설

Oil Flushing
- 윤활유 내에 이물질이나 오염물을 제거하는 작업이다.
- 기계를 수리한 이후에는 오염물, 잔여금속 등이 윤활유 내에 남아 있을 수 있으므로 Oil Flushing을 해야 한다.

정답 ● 31 ③ 32 ② 33 ②

34 ☑☐☐☐☐

설비동작의 신뢰성은 고유의 신뢰성과 사용의 신뢰성으로 구분할 수 있다. 다음 중 사용의 신뢰성에 해당되는 것은?

① 설계기술
② 보전기술
③ 제조기술
④ 부품재표의 성질 상태

해설

사용의 신뢰성
보전기술은 설비의 사용단계에서 설비의 신뢰성을 유지·향상시키는 대표적인 활동이므로 사용의 신뢰성에 해당된다.

관련개념 신뢰성의 구분

구분	내용
고유의 신뢰성	• 설비가 설계·제작될 때부터 있는 설비 고유의 신뢰성이다. • 설계기술, 제조기술, 부품과 재료의 성질이 주요인이다.
사용의 신뢰성	• 설비가 사용, 운영 중에 유지되는 신뢰성이다. • 운전기술, 정비기술, 제조기술 등이 주요요인이다.

35 ☑☐☐☐☐

다음 중 윤활유의 열화방지법으로 틀린 것은?

① 고온은 가급적 피한다.
② 협잡물 혼입 시 신속히 제거한다.
③ 여러 종류의 기름을 혼합하여 사용한다.
④ 새로운 기계 도입 시 충분히 세척한 후 사용한다.

해설

윤활유의 열화방지법
윤활유는 종류에 따라 첨가제 및 특성이 다르기 때문에 혼합하여 사용 시 성질 변화, 첨가제의 상실 등으로 열화가 가속될 수 있다.

36 ☑☐☐☐☐

운전 중 압축기 윤활유의 관리를 위한 점검사항으로 가장 거리가 먼 것은?

① 베어링검사
② 윤활유의 양
③ 윤활유의 온도
④ 윤활유의 색상

해설

윤활유의 관리
• 윤활유의 관리는 윤활유 자체의 상태와 양, 온도, 성상(색상, 점도 등)을 점검하는 것이 목적이다.
• 베어링의 검사는 기계적 유지보수와 관련이 있다.

정답 34 ② 35 ③ 36 ①

37 ☑☐☐☐☐
다음 중 윤활유의 탄화와 관계가 없는 것은?

① 고온 표면과의 접촉
② 윤활유의 가열 분해
③ 공기 중의 산소 흡수
④ 열전도 속도보다 산소와의 반응속도가 늦음

해설

윤활유의 탄화
- 윤활유의 탄화는 윤활유가 고온에서 표면과 접촉하거나 열에 의해 분해될 때 발생한다.
- 열전도 속도보다 산소와의 반응속도가 늦을 경우에도 탄화가 일어날 수 있다.
- 윤활유가 공기 중의 산소를 흡수하는 것은 산화와 관련된 현상이다.

38 ☑☐☐☐☐
윤활유를 규정조건으로 가열하여 발생한 증기에 불꽃을 접근시켰을 때 순간적으로 불이 붙은 온도를 무엇이라고 하는가?

① 주도점   ② 적하점
③ 인화점   ④ 유동점

해설

인화점
규정조건에서 가열된 상태의 증기에 순간적으로 불이 붙는 최저의 온도이다.

39 ☑☐☐☐☐
구름 베어링의 윤활방법은 그리스윤활과 기름 윤활이 있다. 기름 윤활의 장점이 아닌 것은?

① 윤활제의 교환이 비교적 간단하다.
② 냉각작용 및 냉각효과가 우수하다.
③ 높은 회전속도에서 사용할 수 있다.
④ 급유가 어렵고 밀봉작업이 필요하다.

해설

기름 윤활의 특성
급유가 어렵고 밀봉작업이 필요한 것은 기름 윤활의 단점에 해당된다.

관련개념 그리스윤활과 기름 윤활의 비교

구분	내용
그리스 윤활	• 밀봉설계가 간단하다. • 오염이나 누출위험이 적다. • 고속회전에는 적합하지 않다. • 냉각효과가 부족하다.
기름 윤활	• 냉각효과가 우수하다. • 고속회전에 적합하다. • 윤활제의 교환이 간단하다. • 복잡한 급유장치나 밀봉설계가 필요하다. • 윤활유의 누출 위험이 있다.

정답 37 ③ 38 ③ 39 ④

40 ☑☐☐☐☐

윤활기유에서 나프텐계와 비교하여 파라핀계의 특성으로 틀린 것은?

① 밀도가 높다.
② 휘발성이 낮다.
③ 인화점이 높다.
④ 잔류 탄소가 많다.

해설

파라핀계 윤활유의 특성
파라핀계 윤활유는 나프텐계 윤활유에 비해 밀도가 낮다.

관련개념 나프텐계 윤활유와 파라핀계 윤활유 비교

구분	내용
나프텐계 윤활유	• 밀도가 높다. • 휘발성이 높다. • 인화점이 낮다. • 잔류 탄소가 적다. • 특정 산업에 사용된다.
파라핀계 윤활유	• 밀도가 낮다. • 휘발성이 낮다. • 인화점이 높다. • 잔류 탄소가 많다. • 산업분야에 널리 사용한다.

3과목 | 기계일반 및 기계보전

41 ☑☐☐☐☐

일반 열처리 중 풀림의 목적과 가장 거리가 먼 것은?

① 강을 연하게 한다.
② 내부응력을 제거한다.
③ 강의 인성을 증대시킨다.
④ 냉간 가공성을 향상시킨다.

해설

열처리방법
③은 풀림보다는 뜨임의 목적과 가깝다.

관련개념 풀림(Annealing)
• 금속을 연화(부드럽게)하기 위한 열처리과정이다.
• 특정 온도까지 천천히 가열 후, 노(爐) 속에서 매우 느리게 냉각시킨다.
• 가공성을 향상하고 잔류응력을 제거하여 조직을 안정화시킨다.

42 ☑☐☐☐☐

원심형 통풍기 중 베인 방향이 후향이고, 효율이 가장 높은 것은?

① 터보 팬   ② 왕복 팬
③ 실로코 팬   ④ 플레이트 팬

정답 ● 40 ① 41 ③ 42 ①

해설

원심형 통풍기
- 임펠러(베인)가 회전하면서 공기에 원심력을 가해, 들어오는 공기를 바깥쪽으로 밀어내는 방식의 송풍기이다.
- 터보 팬 : 후향 베인이고, 효율이 가장 좋다.
- 실로코 팬 : 전향 베인이고, 풍량의 변화에 따른 풍압 변화가 적다.
- 플레이트 팬 : 경량 베인이고, 베인의 형상이 간단하다.

43 ☑☐☐☐☐
공기압축기 부속품 중 공압밸브의 올바른 조립방법이 아닌 것은?

① 밸브시트 패킹은 반드시 조립하여 넣는다.
② 밸브의 조립순서의 불량은 밸브 고장의 원인이 된다.
③ 밸브의 고정볼트는 기밀유지를 위해 각 볼트마다 서로 다른 토크값으로 잠근다.
④ 밸브의 홀더 볼트의 영구고착을 방지하기 위해 나사부에 몰리브덴방지제를 도포한다.

해설

공압밸브의 올바른 조립방법
공압밸브의 고정볼트는 기밀유지와 변형방지를 위해 균등한 토크값으로 일정하게 잠가야 한다.

44 ☑☐☐☐☐
다음 중 브레이크의 용량 결정과 관련된 사항으로 가장 거리가 먼 것은?

① 마찰계수
② 마찰면적
③ 브레이크의 중량
④ 브레이크 패드의 압력

해설

브레이크의 용량 결정
브레이크의 중량 자체는 제동력과 큰 관련이 없으므로 용량 결정과 관련된 사항으로 거리가 멀다.

45 ☑☐☐☐☐
일반적인 용접의 특징으로 틀린 것은?

① 용접사의 기량에 따라 용접부의 품질이 좌우된다.
② 재료 두께의 제한이 있고 이종재료의 용접이 어렵다.
③ 용접 준비 및 작업이 비교적 간단하고 용접의 자동화가 용이하다.
④ 소음이 적어 실내에서 작업이 가능하며 복잡한 구조물 제작이 쉽다.

해설

일반적인 용접의 특징
- 용접은 용접법에 따라 박판(얇은 모재)에서 후판(두꺼운 모재)까지 적용이 가능하다.
- TIG용접법처럼 이종재료의 용접이 가능한 방법도 있다.

정답 ● 43 ③ 44 ③ 45 ②

46 ☑☐☐☐☐

스퍼기어의 제도 시 요목표 기입사항이 아닌 것은?

① 잇수　　　　② 치형
③ 압력각　　　④ 비틀림각

해설

요목표 기입사항
- 요목표는 제도 대상의 상세한 규격을 표로 정리한 것이다.
- 스퍼기어(평기어)에는 잇수, 치형, 압력각 등을 기입해야 하고, 비틀림각은 요목표 기입사항이 아니다.
- 비틀림각은 헬리컬기어 등 사선 기어에 필요한 항목이다.

47 ☑☐☐☐☐

드릴 가공을 하였거나 주조품으로 이미 구멍이 뚫려 있는 경우, 구멍 내부를 확대하여 정확한 치수로 가공하는 작업은?

① 탭작업
② 보링작업
③ 셰이퍼작업
④ 플레이너 가공작업

해설

보링(Boring)작업
드릴로 가공작업을 했거나 이미 구멍이 뚫려 있는 경우 구멍 내부를 확대하여 정확한 치수로 가공하는 작업이다.

48 ☑☐☐☐☐

매커니컬 실(Mechanical Seal)을 선정할 때 주의사항으로 가장 거리가 먼 것은?

① 밀봉면에 작용하는 밀봉력을 유지할 것
② 누유방지를 위해 탈착이 불가능할 것
③ 밀봉 단면의 평형, 평면 상태를 유지할 것
④ 밀봉면 사이에 윤활유체의 기화를 방지할 것

해설

매커니컬 실(Mechanical Seal)
- 회전기기에 설치하여 유체의 누설을 방지하는 부품이다.
- 누설방지효과가 매우 크며 축의 마모가 발생하지 않는다.
- 이상 발생 시 교체를 하여야 하는 소모품이므로 탈착이 가능해야 한다.

49 ☑☐☐☐☐

다음 베어링 중 외륜 궤도면의 한쪽 궤도 홈턱을 제거하여 베어링 요소의 분리·조립을 쉽게 하도록 한 베어링으로, 접촉각이 작아 깊은 홈 베어링보다 부하하중을 적게 받는 베어링은?

① 앵귤러 볼 베어링
② 마그네토 볼 베어링
③ 스러스트 볼 베어링
④ 자동 조심 볼 베어링

해설

마그네토 볼 베어링
외륜 궤도면의 한쪽 궤도 홈턱을 제거하여 베어링 요소의 분리·조립을 쉽게 하도록 한 베어링으로, 접촉각이 작아 깊은 홈 베어링보다 부하하중을 적게 받는 베어링이다.

정답 46 ④　47 ②　48 ②　49 ②

50 ☑☐☐☐☐

왕복식 압축기와 비교한 원심식 압축기의 단점으로 옳은 것은?

① 윤활이 어렵다.
② 설치면적이 넓다.
③ 맥동압력이 있다.
④ 고압 발생이 어렵다.

해설

압축기의 비교

구분	내용
원심식 압축기	• 임펠러의 회전운동으로 공기를 압축한다. • 압력맥동이 없다. • 윤활이 용이하다. • 중·저압에 적합하다. • 설치면적이 비교적 작다.
왕복식 압축기	• 피스톤의 왕복운동에 의해 공기를 압축한다. • 고압을 발생시킨다. • 유량보다 높은 압력을 필요로 할 때 사용한다.

51 ☑☐☐☐☐

일반적인 밸브에 관한 사항으로 옳은 것은?

① 밸브를 열고 닫을 때에는 최대한 빠르게 실시한다.
② 이종금속으로 제작된 밸브는 열팽창에 주의하여 사용한다.
③ 밸브를 전개할 때는 핸들이 정지할 때까지 완전히 회전시킨다.
④ 일반적인 수동밸브는 '좌회전 닫기', '우회전 열기'로 만들어져 있다.

해설

밸브에 관한 사항

① 밸브를 열고 닫을 때에는 천천히 조작해야 배관 및 부품의 손상을 줄일 수 있다.
② 이종금속으로 제작된 밸브는 열에 의한 팽창률이 다르므로 온도 변화에 따른 변형이나 구조적 손상이 발생될 수 있으므로 주의해야 한다.
③ 밸브를 전개할 때 필요 이상으로 힘을 주면 손상을 일으킬 수 있다.
④ 일반적인 수동밸브는 '우회전 닫기', '좌회전 열기'가 표준이다.

52 ☑☐☐☐☐

기어 감속기를 분류할 때 평행 축형 감속기에 속하는 것은?

① 웜 기어
② 스퍼 기어
③ 하이포이드 기어
④ 스파이럴 베벨 기어

해설

스퍼(Spur)기어
• 축이 평행한 상태에서 동력을 전달하는 원통형 기어이다.
• 가장 널리 사용되는 평행 축 기어이다.

53 ☑☐☐☐☐

녹에 의한 볼트너트의 고착을 방지하는 방법으로 틀린 것은?

① 유성페인트를 나사 부분에 칠한 후 죈다.
② 볼트너트를 죈 후 아주 높은 온도로 가열한 후 식힌다.
③ 나사 틈새에 부식성 물질이 침입하지 않도록 한다.
④ 산화 연분을 기계유로 반죽한 적색페인트를 나사부분에 칠한 후 죈다.

해설

볼트너트의 고착방지방법
- 볼트너트를 제작할 때에는 일반적으로 녹방지를 위해 코팅 처리를 한다.
- 볼트너트를 죈 후 아주 높은 온도로 가열하면 코팅이 제거되어 녹 발생이 오히려 가속화될 수 있다.

54 ☑☐☐☐☐

안지름이 750 mm인 원형관에 양정이 50 m, 유량 50 m³/min의 물을 수송하려고 한다. 여기에 필요한 펌프의 수동력은 약 몇 PS인가? (단, 물의 비중량은 1000 kg/m³이다)

① 325 ② 555
③ 750 ④ 800

해설

수동력 계산

$$P = \frac{\gamma QH}{102}$$

P : 수동력(kW)
γ : 유체의 비중량(kg/m³)
Q : 유량(m³/sec)

$$Q = \frac{50\text{m}^3}{\text{min}} \times \frac{\text{min}}{60\text{sec}} = 0.8333 \text{m}^3/\text{sec}$$

H : 양정(m)

$$P = \frac{\gamma QH}{102} = \frac{1000 \times 0.8333 \times 50}{102} = 408.48 \text{kW}$$

1 PS = 0.735 kW이다.

$$P = 408.48 \text{kW} \times \frac{1\text{PS}}{0.735\text{kW}} = 555.755 \text{PS}$$

55 ☑☐☐☐☐

다음 중 탭(Tap)의 파손원인으로 틀린 것은?

① 탭이 경사지게 들어간 경우
② 3번 탭으로 최종 다듬질 할 경우
③ 구멍이 너무 작거나 구부러진 경우
④ 막힌 구멍의 밑바닥에 탭의 선단이 닿았을 경우

해설

탭(Tap)의 파손원인
3번 탭은 다듬질용(완성용)으로 정상적으로 사용할 경우 파손원인이 되지 않는다.

관련개념 수동 탭(Hand Tap작업)
- 1번 탭은 탭을 수직으로 가공하기 위해 자리를 잡기 위한 탭이다.
- 2번 탭을 이용한 작업 시 가공율은 80 % 이상이다.
- 3번 탭은 최종 다듬질을 위한 탭이다.

정답 53 ② 54 ② 55 ②

56 ☑☐☐☐☐
압축기의 토출배관에 관한 설명으로 틀린 것은?

① 드라이필터는 압축기와 탱크 사이에 설치한다.
② 토출배관에는 흐름이 용이하도록 경사를 고려한다.
③ 배관 길이는 맥동을 방지하기 위해 공진길이를 피하여 배관해야 한다.
④ 2대 이상의 압축기를 1개의 토출 관으로 배관 시 체크밸브와 스톱밸브를 설치한다.

해설
압축기의 토출배관
드라이 필터(건조기 또는 필터드라이어)는 일반적으로 응축기와 팽창밸브 사이에 설치하여 냉매 내의 수분이나 불순물을 제거하는 역할을 한다.

57 ☑☐☐☐☐
산업안전보건법령상 안전보건표시 중 지시표지의 색채로 맞는 것은?

① 바탕은 녹색, 관련 그림은 흰색
② 바탕은 흰색, 관련 그림은 녹색
③ 바탕은 흰색, 관련 그림은 빨간색
④ 바탕은 파란색, 관련 그림은 흰색

해설
안전보건표시의 색체
〈산업안전보건법 시행규칙 별표7〉
- 금지표지 : 바탕은 흰색, 기본모형은 빨간색, 관련 부호 및 그림은 검은색
- 경고표지 : 바탕은 노란색, 기본모형, 관련 부호 및 그림은 검은색
- 지시표지 : 바탕은 파란색, 관련 그림은 흰색

58 ☑☐☐☐☐
게이트밸브라고도 하며 유체의 흐름에 대하여 수직으로 개폐하여 보통 전개, 전폐로 사용하는 밸브는?

① 앵글밸브 ② 체크밸브
③ 글로브밸브 ④ 슬루스밸브

해설
슬루스밸브(게이트밸브)
- 디스크가 유체의 통로를 수직으로 막아 개폐하는 밸브이다.
- 제작이 용이하다.
- 일부만 개폐할 경우 저항이 커져서 완전 개폐용으로 사용한다.

정답 ● 56 ① 57 ④ 58 ④

59

관이음의 종류 중 신축이음에 사용하는 이음쇠의 형태가 아닌 것은?

① 루프형
② 파형관형
③ 미끄럼형
④ 유니온형

해설

신축이음
- 온도 변화에 의한 열팽창으로 신축을 완화기 위한 장치를 설치하는 것이다.
- 루프형, 파형관형, 미끄럼형, 슬리브형, 벨로즈형, 스위블형 등이 있다.
- 유니온은 관이음 부속의 한 종류로 신축이음의 용도로는 사용하지 않는다.

60

왕복운동기관 등에서 회전운동과 직선운동을 상호 변환시키는 축은?

① 직선축(Straight Shaft)
② 유연축(Flexible Shaft)
③ 크랭크축(Crank Shaft)
④ 각축(Hexagonal Shaft)

해설

크랭크축(Crank Shaft)
엔진 등에서 피스톤의 직선운동(왕복운동)을 회전운동으로, 또는 그 반대로 변환하는 역할을 한다.

4과목 공유압 및 자동화

61

고장이 발생하지 않도록 설비를 설계, 제작, 설치하여 운용하는 보전방법은?

① 개량정비
② 사후정비
③ 예방정비
④ 보전예방

해설

보전예방
- 보전예방은 설비를 처음 설계, 설치할 때부터 고장이 일어나지 않도록 신뢰성과 보전성을 고려하는 방법이다.
- 예방정비, 사후정비, 개량정비와 달리, 보전예방은 설비의 전 생애 주기에서 고장 발생의 원인을 원천적으로 차단하기 위한 설계 및 제작상의 활동이다.

62

유압펌프 토출유량의 직접적인 감소원인으로 적절하지 않은 것은?

① 공기의 흡입이 있다.
② 작동유의 점성이 너무 높다.
③ 작동유의 점성이 너무 낮다.
④ 유압실린더 속도가 빨라졌다.

해설

유압펌프 토출유량의 감소원인
일반적으로 유압실린더 속도가 빨라질 경우 토출유량이 증가한다.

정답 59 ④ 60 ③ 61 ④ 62 ④

63 ☑☐☐☐☐
공압 발생장치에 포함되지 않는 것은?

① 냉각기 ② 압축기
③ 증압기 ④ 에어탱크

해설

공압 발생장치의 구성요소
- 압축기(컴프레서) : 대기압력을 기계적으로 압축하여 공압을 생성하는 중심장치이다.
- 냉각기 : 압축과정에서 발생하는 열을 제거하여 공기의 온도를 낮춘다.
- 에어탱크 : 압축공기를 일시적으로 저장하여 안정적으로 공급할 수 있도록 한다.

64 ☑☐☐☐☐
다음 중 출력이 가장 큰 제어방식은?

① 기계방식 ② 유압방식
③ 전기방식 ④ 공기압방식

해설

유압방식
- 크기가 작은 장치로도 강력한 출력을 얻을 수 있다.
- 강력한 출력을 낼 수 있어 중장비나 고하중이 필요한 산업에서 주로 사용된다.

65 ☑☐☐☐☐
용적형 유압펌프가 아닌 것은?

① 기어펌프 ② 베인펌프
③ 터빈펌프 ④ 왕복동펌프

해설

유압펌프의 구분

구분	내용
용적형 유압펌프	• 펌프 내부의 챔버 내에 유체를 일정량씩 가두어 둔 후 출구로 밀어낸다. • 피스톤(왕복동)펌프, 기어펌프, 베인펌프, 나사펌프, 등이 해당된다.
비용적형 유압펌프	• 임펠러(날개) 등의 회전에 의해 유체에 운동에너지를 주어 압력에너지로 변환한다. • 원심펌프, 축류펌프, 터빈펌프, 사류펌프, 벌류트펌프 등이 해당된다.

66 ☑☐☐☐☐
자동화의 기본요소가 아닌 것은?

① 감지장치 ② 작동장치
③ 저장장치 ④ 제어장치

해설

자동화의 기본요소
- 감지장치 : 시스템 상태를 파악한다.
- 제어장치 : 센서로부터 입력되는 제어신호를 분석·처리하여 명령을 내린다.
- 작동장치 : 제어장치에서 내린 명령에 따라 직접적인 동작을 수행한다.

정답 63 ③ 64 ② 65 ③ 66 ③

67 ☑☐☐☐☐

유압의 압력제어밸브에 속하지 않는 것은?

① 리듀싱밸브
② 시퀀스밸브
③ 언로딩밸브
④ 디셀러레이션밸브

해설

디셀러레이션밸브
디셀러레이션밸브는 유압기구의 속도를 조절하는 유량제어밸브(감속밸브)이다.

68 ☑☐☐☐☐

공동현상을 방지할 목적으로 펌프 흡입구 또는 유압회로의 부(-)압 발생 부분에 사용하여 일정압력 이하로 내려가면 포핏이 열려 압유를 보충하도록 하는 밸브는?

① 감속밸브
② 압력제어밸브
③ 흡입형 체크밸브
④ 카운터밸런스밸브

해설

흡입형 체크밸브
공동현상을 방지할 목적으로 펌프 흡입구 또는 유압회로의 부(-)압 발생 부분에 사용하여 일정압력 이하로 내려가면 포핏이 열려 압유를 보충하도록 하는 밸브이다.

69 ☑☐☐☐☐

급속배기밸브의 사용 목적은?

① 실린더 피스톤을 보호한다.
② 실린더의 이동속도를 느리게 하는 데 사용한다.
③ 실린더의 이동속도를 빠르게 하는 데 사용한다.
④ 실린더의 피스톤이 원하는 위치에 정지시키고자 사용한다.

해설

급속배기밸브
급속배기밸브는 공기압실린더에서 배기 시 공기가 빠르게 빠져나가도록 하여, 실린더의 복귀 등 이동속도를 향상시키는 역할을 한다.

70 ☑☐☐☐☐

다단 튜브형 로드를 갖고 있어서 긴 행정거리를 얻을 수 있는 실린더는?

① 격판 실린더
② 탠덤 실린더
③ 양로드형 실린더
④ 텔레스코프형 실린더

해설

텔레스코프형 다단실린더
- 다단 튜브형 로드를 가지고 있어 긴 행정거리를 얻을 수 있다.
- 각 단의 움직임이 연속적이지 않고 순차적으로 작동하기 때문에 정밀한 위치제어는 어렵다.

정답 67 ④ 68 ③ 69 ③ 70 ④

71

전기의 기본이 되는 전하량의 단위는?

① 줄[J] ② 볼트[V]
③ 쿨롱[C] ④ 암페어[A]

해설

전기 관련 단위
① 줄[J] : 에너지 또는 일의 단위이다.
② 볼트[V] : 전압의 단위이다.
③ 쿨롱[C] : 전하량의 단위이다.
④ 암페어[A] : 전류의 단위이다.

72

변압기에 관한 설명으로 틀린 것은?

① 변압기는 전압과 전류를 바꾸고 있지만 유도저항에 비례한다.
② 정격 2차전압에 권수비를 곱한 것을 정격 1차전압이라 한다.
③ 변압기는 전압과 전류를 바꾸고 있지만 전력으로서는 바뀌지 않는다.
④ 입력에 대한 출력량의 비를 변압기 효율이라 하며, 출력이 클수록 효율이 좋다.

해설

변압기
변압기는 전압은 원칙적으로 권수비(1차 측 권선 수와 2차 측 권선 수의 비)에 비례한다.

73

시간과 관계없이 입력신호의 변화에 의해서만 제어가 행해지는 제어계는?

① 논리제어계 ② 동기제어계
③ 비동기제어계 ④ 시퀀스제어계

해설

동기제어계와 비동기제어계의 구분

구분	내용
동기 제어계	시간과 관계된 신호에 의해 제어가 이루어지는 시스템이다.
비동기 제어계	시간과 무관하게 입력신호의 변화에 따라 제어가 이루어지는 시스템이다.

74

압력을 축적하는 용기로 구조가 간단하고 용도도 광범위하여 유압장치에 많이 활용되는 것은?

① 냉각기 ② 여과기
③ 오일탱크 ④ 어큐뮬레이터

해설

어큐뮬레이터
- 압력을 축적하는 용기로 구조가 간단하고 용도도 광범위하여 유압장치에 많이 활용된다.
- 유압에너지를 축적하고, 압력변동을 흡수하거나 충격 완화, 맥동 저감 등에 사용된다.

정답 71 ③ 72 ① 73 ③ 74 ④

75 ☑☐☐☐☐
용적형 유압펌프가 아닌 것은?

① 나사펌프 ② 베인펌프
③ 벌류트펌프 ④ 왕복동펌프

해설

유압펌프의 구분

구분	내용
용적형 유압펌프	• 펌프 내부의 챔버 내에 유체를 일정량씩 가두어 둔 후 출구로 밀어낸다. • 피스톤(왕복동)펌프, 기어펌프, 베인펌프, 나사펌프 등이 해당된다.
비용적형 유압펌프	• 임펠러(날개) 등의 회전에 의해 유체에 운동에너지를 주어 압력에너지로 변환한다. • 원심펌프, 축류펌프, 터빈펌프, 사류펌프, 벌류트펌프 등이 해당된다.

76 ☑☐☐☐☐
유압시스템에서 사용되는 비례제어밸브를 기능에 따라 나눌 때 해당되지 않는 것은?

① 방향제어밸브 ② 시간제어밸브
③ 압력제어밸브 ④ 유량제어밸브

해설

비례제어밸브의 기능에 따른 분류
- 방향제어밸브 : 일의 방향을 제어한다.
- 압력제어밸브 : 일의 크기(압력)를 제어한다.
- 유량제어밸브 : 일의 속도(유량)를 제어한다.

77 ☑☐☐☐☐
설비의 신뢰성을 나타내는 척도가 아닌 것은?

① 고장률
② 생산량
③ 평균 고장 간격시간
④ 평균 고장 수리시간

해설

설비의 신뢰성 관련 용어
① 고장률 : 설비의 총 가동시간 중 발생하는 고장 횟수로 신뢰성을 나타낸다.
② 생산량 : 정량적인 생산수량으로 신뢰성과는 거리가 멀다.
③ 평균 고장 간격시간 : 설비가 고장 난 시간과 다음 고장까지의 시간으로 신뢰성을 나타낸다.
④ 평균 고장 수리시간 : 고장이 발생한 후 정상동작하기까지의 시간으로 신뢰성을 나타낸다.

78 ☑☐☐☐☐
유도기전력을 설명한 것으로 틀린 것은?

① 자속밀도에 비례한다.
② 도선의 길이에 비례한다.
③ 도선이 움직이는 속도에 비례한다.
④ 도체를 자속과 평행으로 움직이면 기전력이 발생한다.

해설

유도기전력
- 전자기 유도에 의해 발생하는 기전력이다.
- 도체를 자속과 평행으로 움직이면 자기장이 변하지 않기 때문에 기전력이 발생하지 않는다.

정답 75 ③ 76 ② 77 ② 78 ④

79

캐스케이드회로에 대한 설명으로 틀린 것은?

① 제어에 특수한 장치나 밸브를 사용하지 않고 일반적으로 이용되는 밸브를 사용한다.
② 작동 시퀀스가 복잡하게 되면 제어그룹의 개수가 많아지게 되어 배선이 복잡하고, 제어회로의 작성도 어렵게 된다.
③ 작동에 방향성이 없는 리밋스위치를 이용하고, 리밋스위치가 순서에 따라 작동되어야만 제어신호가 출력되기 때문에 높은 신뢰성을 보장할 수 있다.
④ 캐스케이드밸브가 많아지게 되면 제어에너지의 압력 상승이 발생되어 제어에 걸리는 스위칭 시간이 짧아지는 특징이 있다.

해설

캐스케이드회로
캐스케이드밸브가 많아지게 되면 제어에너지의 압력 상승이 발생되어 제어에 걸리는 스위칭 시간이 길어진다.

80

개회로제어(Open Loop Control)에 해당하는 것은?

① 수직다관절 로봇의 모션제어
② CNC 공작기계 이송테이블제어
③ 서보모터를 이용한 단축 위치제어
④ PLC에 의한 공압 솔레노이드밸브제어

해설

개회로제어(Open Loop Control)
- 입력신호에 따라 제어명령을 내리되, 실제 결과(피드백)를 감지하지 않고 동작하는 방식이다.
- PLC가 솔레노이드밸브를 단순히 On/Off로 작동시키는 경우, 밸브가 제대로 동작했는지에 대한 피드백 없이 명령만 내리는 경우는 대표적인 개회로제어 예시이다.

정답 79 ④ 80 ④

2022 제1회

1과목 설비진단 및 계측

01 ☑☐☐☐☐
진동이 완전한 1사이클을 하는 동안에 걸린 총 시간을 나타내는 용어는?

① 진동수 ② 진동주기
③ 각진동수 ④ 진동위상

해설

진동 관련 용어
① 진동수 : 단위시간당 진동횟수(Hz)
② 진동주기 : 진동이 완전한 1사이클을 하는 동안에 걸린 총 시간(s)
③ 각진동수 : 단위시간당 회전한 각도(rad/s)
④ 진동위상 : 진동의 시작 위치(rad)

02 ☑☐☐☐☐
다음 중 진동측정기기의 측정값으로 널리 사용되는 것은?

① 실횻값 ② 편진폭
③ 양진폭 ④ 산술 평균값

해설

진동측정기기의 측정값
실횻값은 시간에 따라 변화하는 진동신호의 에너지와 직접적으로 관련 있는 값으로 전체신호의 에너지 총량을 나타낸다.

관련개념 진동 관련 용어 정리

용어	설명
실횻값	진동의 에너지를 표현하는 값
평균값	진동량의 평균값
편진폭 (피크값)	기준선(중심선 또는 0점)으로부터 진동의 최댓값까지의 거리
양진폭 (전진폭)	양(+) 방향의 최댓값과 음(-) 방향의 최댓값 사이의 거리
피크 - 피크값	진동 파형의 최고점과 최저점 사이의 최대 변화량

03 ☑☐☐☐☐
석영과 같은 일부 크리스탈은 압력을 받으면 전위를 발생시키는데 이러한 효과를 나타내는 용어는?

① 열전효과(Thermoelectric Effect)
② 광전효과(Photoelectric Effect)
③ 광기전력효과(Photovoltaic Effect)
④ 압전효과(Piezoelectric Effect)

해설

압전효과(Piezoelectric effect)
• 특정한 고체에 압력을 가하면 그 표면에 전하가 발생하는 현상이다.
• 석영, 세라믹 등에서 주로 발생하며 자동차의 에어백시스템, 스마트기기의 터치스크린 등에 활용한다.

정답 01 ② 02 ① 03 ④

04 ☑☐☐☐☐

외란이 가해진 후 계가 스스로 진동하고 있을 때 이 진동을 나타내는 용어는?

① 공진 ② 강제진동
③ 고유진동 ④ 자유진동

해설

자유진동
외부에서 힘(외란)을 준 후 더 이상은 외부의 힘 없이 계가 자신의 복원력에 의해 스스로 진동하는 현상이다.

05 ☑☐☐☐☐

계측계에서 입력신호인 측정량이 시간적으로 변동할 때 출력신호인 계측기 지시특성을 나타내는 것은?

① 부특성 ② 정특성
③ 동특성 ④ 변환특성

해설

정특성과 동특성의 구분
- 정특성 : 입력신호가 시간적으로 변하지 않을 때 계측기의 특성이다.
- 동특성 : 계측계에서 입력신호인 측정량이 시간적으로 변할 때 출력신호인 계측기 지시특성을 나타내는 것이다.

06 ☑☐☐☐☐

진동센서의 설치위치에 대한 설명으로 적절하지 않은 것은?

① 회전축의 중심부에 설치한다.
② 레이디얼 베어링 장착부의 수직 방향에 설치한다.
③ 레이디얼 베어링 장착부의 수평 방향에 설치한다.
④ 스러스트 베어링 장착부의 축방향에 설치한다.

해설

진동센서의 설치위치
회전축의 중심부에는 진동이 거의 발생하지 않으므로 진동센서를 부착하지 않는다.

07 ☑☐☐☐☐

진동차단기의 기본 요구조건으로 틀린 것은?

① 걸어준 하중을 충분히 견딜 수 있어야 한다.
② 온도, 습도, 화학적 변화 등에 의해 견딜 수 있어야 한다.
③ 진동보호 대상체보다 강성이 충분히 커서 차단능력이 있어야 한다.
④ 차단하려는 진동의 최저 주파수보다 작은 고유진동수를 가져야 한다.

정답 04 ④ 05 ③ 06 ① 07 ③

해설

진동차단기의 기본 요구조건
- 진동차단기는 강성이 작아야 진동의 차단효과가 커진다.
- 강성이 낮을수록(작을수록) 진동차단기의 고유진동수가 낮아지며, 이로 인해 주 대상 진동(주로 원하지 않는 진동)의 주파수와 공진현상이 일어나는 범위가 아래로 내려가 진동이 효과적으로 차단된다.

08 ☑☐☐☐☐

가속도센서의 고정방법 중 사용할 수 있는 주파수 영역이 넓고 정확도 및 장기적 안정성이 좋으며 먼지, 습기, 온도의 영향이 적은 것은?

① 나사 고정
② 밀랍 고정
③ 마그네틱 고정
④ 에폭시 시멘트 고정

해설

나사 고정
- 센서를 견고하게 고정할 수 있다.
- 먼지, 습기, 온도에 강하며 사용할 수 있는 주파수 영역이 넓어 장기적 안정성이 좋다.
- 이동 및 고정시간이 길고, 고장 시 드릴 등의 추가작업이 필요하다.

09 ☑☐☐☐☐

초음파식 레벨계의 특성으로 틀린 것은?

① 비접촉식 측정이 가능하다.
② 소형 경량이고 설치 및 운전이 간단하다.
③ 가동부가 없고, 점검 및 보수가 가능하다.
④ 온도에 민감하지 않아 온도보정을 필요로 하지 않는다.

해설

초음파식 레벨계
- 초음파식 레벨계는 주로 탱크, 수처리 시설 등에서 액체나 고체의 높이를 측정하는 데 사용된다.
- 온도가 달라지면 초음파의 전파속도가 변해 측정결과에 영향을 미치므로 정확한 측정을 위해서는 온도보정이 필요하다.

10 ☑☐☐☐☐

산업분야에서 일반적으로 널리 사용하는 압력으로 대기압력을 기준으로 하는 것은?

① 차압
② 상대압력
③ 절대압력
④ 게이지압력

해설

압력 관련 용어
- 게이지압력은 대기압력을 기준(대기압을 0으로 봄)으로 나타낸 압력으로 산업분야에서 가장 많이 사용된다.
- 절대압력은 완전한 진공을 기준으로 나타낸 압력이다.

11 ☑☐☐☐☐

음파가 한 매질에서 다른 매질로 통과할 때 구부러지는 현상은?

① 음의 굴절
② 음의 회절
③ 맥놀이(Beat)
④ 도플러(Doppler)효과

해설
음의 굴절
음파가 한 매질에서 다른 매질로 통과할 때 구부러지는 현상을 음의 굴절이라고 한다.

12 ☑☐☐☐

다음 필터 중 저역을 통과시키며 특정 주파수 이상은 감쇠(차단)시켜주는 필터로 가장 적합한 것은?

① 로우패스 필터
② 밴드패스 필터
③ 하이패스 필터
④ 주파수패스 필터

해설
로우패스 필터(Low Pass Filter)
설정 주파수 이하의 성분만 통과시키고, 설정 주파수 이상은 차단시키는 필터이다.

13 ☑☐☐☐

일반적인 터빈식 유량계의 특징으로 틀린 것은?

① 내구력이 있고 수리가 용이하다.
② 용적식 유량계보다 압력 손실이 작다.
③ 용적식 유량계에 비해서 대형이며, 구조가 복잡하고 비용이 많이 소요된다.
④ 고온·저온·고압의 액체나 식품·약품 등의 특수 유체에 사용된다.

해설
터빈식 유량계의 특징
- 관을 통과하는 유체의 속도에 의해 터빈(날개)가 회전하고, 회전속도를 측정해 유량을 계산한다.
- 용적식 유량계에 비해 소형이며, 제작비용이 싸다.
- 식품, 음료, 약품, 석유화학 등 다양한 분야에 사용된다.

14 ☑☐☐☐

소음의 물리적 성질에 대한 설명으로 틀린 것은?

① 파동은 매질의 변형운동으로 이루어지는 에너지 전달이다.
② 파면은 파동의 위상이 같은 점들을 연결한 면이다.
③ 음선은 음의 진행 방향을 나타내는 선으로 파면에 수평이다.
④ 음파는 공기 등의 매질을 전파하는 소밀파(압력파)이다.

해설
소음의 물리적 성질
음선은 음의 진행방향을 나타내는 선으로 파면에 수직이다.

정답 ● 12 ① 13 ③ 14 ③

15 ☑☐☐☐☐

검사 대상체의 내부와 외부의 압력 차를 이용하여 결함을 탐상하는 비파괴검사법은?

① 누설검사
② 와류탐상검사
③ 침투탐상검사
④ 초음파탐상검사

해설

누설검사(Leak Test)
- 검사 대상체의 내부와 외부의 압력 차를 이용하여 결함을 탐상하는 비파괴검사법이다.
- 누설검사는 압력차를 이용해 시험체의 미세 결함이나 균열 부위를 따라 기체나 액체가 새어 나오는 현상을 탐지하는 방법이다.
- 주로 용기, 배관, 밸브 등에서 누설 여부 확인에 사용된다.

16 ☑☐☐☐☐

다음 비파괴검사법 중 맞대기용접부의 내부 기공을 검출하는 데 가장 적합한 것은?

① 침투탐상검사
② 와류탐상검사
③ 자분탐상검사
④ 방사선투과검사

해설

방사선투과검사(RT)
- X선이나 감마선을 시험체에 투과시켜 내부에 존재하는 결함을 탐지하는 비파괴검사법이다.
- 내부 결함이 필름이나 디지털 이미지로 나타나므로 용접부 내부의 기공을 검출할 때 사용한다.

17 ☑☐☐☐☐

진동차단기 선택 시 유의사항으로 옳지 않은 것은?

① 강철스프링을 이용하는 경우에는 측면안정성을 고려하여 직경이 큰 것이 안전하다.
② 하중이 크거나 정적변위가 5 mm 이상인 경우 강철스프링의 사용이 바람직하다.
③ 고무 제품은 측면으로 미끄러지는 하중에 적합하나 온도에 따라 강성이 변하므로 주의를 요한다.
④ 파이버 글라스 패드의 강성은 주로 파이버의 질량과 모세관에 의하여 결정된다.

해설

진동차단기 선택 시 유의사항
- 파이퍼 글라스 패드의 강성은 파이버의 밀도와 직경에 의해 주로 결정된다.
- 모세관은 강성보다는 습기를 흡수하는 성질과 연관된다.

18 ☑☐☐☐☐

센서에서 입력된 신호를 전기적 신호로 변환하는 방법에 해당하지 않는 것은?

① 변조식 변환
② 전류식 변환
③ 직동식 변환
④ 펄스신호식 변환

정답 15 ① 16 ④ 17 ④ 18 ②

해설

신호를 전기적 신호로 변환하는 방법

구분	내용
변조식 변환	입력신호의 크기나 형태를 변조하여 전기적 신호로 변환한다.
직동식 변환	입력신호의 크기에 따라 전류나 전압의 크기를 직접 변환한다.
펄스 신호식 변환	입력신호의 변화에 따라 펄스의 크기 및 주파수를 변환한다.

19

발음원이 이동할 때 그 진행방향 쪽에서는 원래의 음보다는 고음으로, 진행 반대쪽에서는 저음으로 되는 현상은?

① 마스킹효과
② 도플러효과
③ 음의 회절효과
④ 음의 반사효과

해설

도플러효과
- 발음원이 이동할 때 그 진행방향 쪽에서는 원래의 음보다는 고음으로, 진행 반대쪽에서는 저음으로 되는 현상이다.
- 구급차가 지나갈 때 가까이 올 때는 더 높은 소리로 들리고, 멀어질 때는 더 낮은 소리로 들리는 것이 도플러효과이다.

20

코일 간의 전자유도현상을 이용한 것으로서 발신기와 수신기로 구성되어 있으며, 회전각도 변위를 전기신호로 변환하여 회전체를 검출하는 수신기는?

① 싱크로(Synchro)
② 리졸버(Resolver)
③ 퍼텐쇼미터(Potentiometer)
④ 앱솔루트 인코더(Absolute Encoder)

해설

싱크로(Synchro)
- 코일 간 전자유도원리를 이용하여 각도 변위를 전기신호로 변환한다.
- 발신기와 수신기로 구성되어 있다.
- 회전각도 변위를 전기신호로 변환하여 회전체를 검출한다.

정답 19 ② 20 ①

2과목 설비관리

21 ☑☐☐☐☐

설비가 가동하여야 할 시간에 고장, 생산조정, 준비(Set-up) 및 교체 또는 초기 수율 저하에 의해 얼마의 시간이 소실되느냐를 나타내는 지수는?

① 양품률
② 시간가동률
③ 성능가동률
④ 설비종합효율

해설

시간가동률
- 설비를 가동시켜야 하는 시간에 대한 실제 가동한 시간의 비율이다.
- 부하시간에 대한 가동시간의 비율이다.

$$시간가동률 = \frac{가동시간}{부하시간} \times 100$$

22 ☑☐☐☐☐

그리스중주제에 해당하는 것은?

① Na
② Pbo
③ 흑연
④ 피마자유

해설

그리스중주제
- 그리스를 반고체 상태로 만들어 오일을 잡아주는 물질로 미세한 고체 성분이다.
- Na(나트륨), Ca(칼슘), Ba(바륨), Al(알루미늄)이 해당된다.

23 ☑☐☐☐☐

윤활유 오염도 측정법의 종류가 아닌 것은?

① 중량법
② 계수법
③ SOAP법
④ 오염지수법

해설

윤활유 오염도 측정법

구분	내용
중량법	1 mL의 윤활유에 함유된 입자의 무게를 측정한다.
계수법	1 mL의 윤활유에 함유된 입자의 수를 측정한다.
오염지수법	윤활유에 함유된 입자의 종류, 크기, 모양을 고려하여 측정한다.

관련개념 SOAP법
- 윤활유 내 금속 성분, 첨가제의 농도를 분광분석으로 측정해 장비의 마모 상태를 진단하는 방법이다.
- 윤활유의 오염을 측정하는 것보다는 마모 진단을 위한 금속성분분석법이다.

24 ☑☐☐☐☐

다음 중 윤활제를 형태에 따라 분류할 때 대분류가 가장 적절하게 구분된 것은?

① 광유, 합성유, 지방유
② 합성유, 그리스, 고체윤활제
③ 윤활유, 그리스, 고체윤활제
④ 내연기관용 윤활유, 공업용 윤활유, 기타 윤활제

정답 21 ② 22 ① 23 ③ 24 ③

> **해설**

윤활제의 형태에 따라 분류
- 액체 상태 : 윤활유
- 반고체 상태 : 그리스
- 고체 상태 : 고체윤활제

25 ☑☐☐☐☐

점도지수를 구하는 식으로 옳은 것은?

- U : 시료유 40℃일 때 점도
- L : 100℃일 때 시료유와 같은 점도를 가진 VI = 0 표준유의 40℃일 때의 점도
- H : 100℃일 때 시료유와 같은 점도를 가진 VI = 100 표준유의 40℃일 때 점도

① 점도지수 = $\dfrac{L-U}{L-H} \times 100$

② 점도지수 = $\dfrac{L+U}{L+H} \times 100$

③ 점도지수 = $(L-U) \times (L-H) \times 100$

④ 점도지수 = $(L+U) \times (L+H) \times 100$

> **해설**

점도지수(VI : Viscosity Index)
온도변화에 따른 점도의 변화를 수치로 나타낸 것이다.

점도지수 = $\dfrac{L-U}{L-H} \times 100$

26 ☑☐☐☐☐

설비관리 조직의 분업방식 중 모든 기능을 전문 부분에 책임지게 하고 그 부문을 다시 하부 기능에 의해서 분업화하는 방식은?

① 기능분업
② 지역분업
③ 공정별분업
④ 전문기술분업

> **해설**

기능분업
기능분업은 모든 기능을 전문 부분에 책임지게 하고 그 부문을 다시 하부기능에 의해서 분업화하는 방식이다.

27 ☑☐☐☐☐

플러싱(Flushing) 시기로 적절하지 않은 것은?

① 윤활유 보충 시
② 기계장치의 신설 시
③ 윤활계통의 검사 시
④ 윤활장치의 분해보수 시

> **해설**

플러싱(Flushing)
새로운 기계장치를 설치 또는 신설하거나 윤활장치를 분해, 보수 또는 검사할 때 내부에 남아 있는 이물질을 제거하기 위한 활동이다.

정답 ● 25 ① 26 ① 27 ①

28 ☑□□□□

그리스의 성질 중 주도에 대한 설명으로 틀린 것은?

① 윤활유의 점도에 해당하는 것으로서 무르고 단단한 정도를 나타낸 값이다.
② 미국 윤활그리스협회(NLGI)는 주도번호 000호부터 6호까지 9종류로 분류하고 있으며 000호는 액상, 6호는 고상이다.
③ 주도는 기유점도와는 독립된 성질이며, 오히려 증주제의 종류와 양에 관계가 있다.
④ 주도와 기유점도는 온도와는 무관하며, 증주제가 같으면 내열성을 나타내는 적점은 주도가 바뀌어도 별로 변하지 않는다.

해설

그리스의 성질
- 주도는 그리스의 무르고 단단한 정도이다.
- 기유점도는 윤활유의 기본이 되는 기유(베이스 오일)이 갖는 점도이다.
- 주도와 기유점도는 온도의 영향을 받고, 특히 주도는 온도변화에 따라 달라진다.

29 ☑□□□□

부하가 많을 경우에 각 부하의 최대 수요전력의 합을 각 부하를 종합했을 때의 최대 수요전력으로 나눈 것은?

① 부하율   ② 부등률
③ 수요율   ④ 설비이용률

해설

부등률
부하가 많은 경우에 각 부하의 최대 수요전력의 합을 각 부하를 종합했을 때의 최대 수요전력으로 나눈 것이다.

$$부등률 = \frac{최대수요전력의 합}{합성 최대 수요전력}$$

30 ☑□□□□

기어용 윤활유의 필요특성에 해당하지 않는 것은?

① 발포성
② 내하중성, 내마모성
③ 열안정성, 산화안정성
④ 적정한 점도유지 및 저온유동성

해설

기어용 윤활유의 필요특성
발포성은 기포를 발생시킬 수 있는 성질로 윤활유는 발포성이 낮아야 한다.

31 ☑□□□□

생산공정에서 취급되는 재료, 반제품 또는 완제품을 공정에 받아들이거나 공정 도중 또는 최종작업단계에서 대상물의 작업기준 합치 여부를 조사하기 위해 사용되는 공구는?

① 주조   ② 단조
③ 검사구   ④ 치구부착구

해설

검사구

검사구는 공정 도중 또는 최종작업단계에서 대상물의 작업기준 합치 여부를 조사하기 위해 사용되는 공구이다.

32 ☑☐☐☐☐

보전도 공학의 영역에서 설계기준 개발, 보전개념 개발, 보전기능 개발, 보전도 할당 및 보전도 설계개선 등과 가장 관련성이 큰 것은?

① 보전도 계획 ② 보전도 분석
③ 보전도 설계 ④ 보전도 합리화

해설

보전도 공학의 영역

구분	내용
보전도 계획	목표와 기준을 세우고, 전체적인 보전전략을 수립하는 단계
보전도 분석	보전성이 요구사항에 맞는지, 문제점이 무엇인지 평가 분석하는 단계
보전도 설계	설계기준 개발, 보전개념 개발, 보전기능 개발, 보전도 할당 및 보전도 설계개선 활동
보전도 합리화	운영에서 나온 데이터와 피드백을 통해 보전활동을 효율화, 경제성 확보, 개선활동 수행

33 ☑☐☐☐☐

예방보전의 효과로 틀린 것은?

① 설비의 정확한 상태를 파악한다.
② 고장원인의 정확한 파악이 가능하다.
③ 보전작업의 질적 향상 및 신속성을 가져온다.
④ 설비 갱신기간의 연장에 의한 설비 투자액이 증가한다.

해설

예방보전의 효과
- 예방보전은 설비가 고장나기 전에 계획적으로 점검, 정비, 교환 등의 보전작업을 실시하는 것이다.
- 예방보전을 하면 설비의 갱신주기가 길어져서 설비 투자액이 감소한다.

34 ☑☐☐☐☐

목표를 설정할 때 이용되는 QC 수법으로 가장 거리가 먼 것은?

① 체크시트에 의한 방법
② 막대그래프에 의한 방법
③ 히스토그램에 의한 방법
④ 레이더 차트에 의한 방법

해설

체크시트에 의한 방법
QC(품질관리) 수법에서 체크시트에 의한 방법은 목표를 설정하기보다는 현상을 파악하기 위해 사용한다.

정답 32 ③ 33 ④ 34 ①

35 ☑□□□□
극압윤활을 위한 극압제로 사용하지 않는 것은?

① H
② Cl
③ S
④ P

해설
극압제(EP)
- 마찰부에 고압과 고하중이 가해질 때 유막이 끊기는 현상을 방지하고 피막을 형성하여 마모를 방지하는 기능을 한다.
- 황(S), 인(P), 염소(Cl)를 주로 사용한다.

36 ☑□□□□
보전성에 대한 설명 중 설계와 제작에 대한 특성을 나타낼 수 있는 확률로 옳지 않은 것은?

① 보전이 규정된 절차와 주어진 재료 등의 자원을 가지고 실행될 때 어떤 부품이나 시스템이 주어진 시간 내에서 지정된 상태를 유지 또는 회복할 수 있는 확률
② 설비가 적정기술을 가지고 있는 사람에 의해 규정된 절차에 따라 운전하고 있을 때 보전이 주어진 기간 내 주어진 횟수 이상으로 요구되지 않을 확률
③ 설비가 규정된 절차에 따라 주어진 조건에서 운전 및 보전될 때 부품이나 설비의 운전 상태가 주어진 안전사고 수준 이하로 되지 않을 확률
④ 보전이 규정된 절차와 주어진 재료 등의 자원을 가지고 실행될 때 어떤 부품이나 시스템으로부터 생산된 생산량이 어느 불량률 이상 되지 않을 확률

해설
보전성과 안정성의 구분
보전성이란 일정한 조건에서 규정된 절차와 자원을 사용하여 고장이 발생한 시스템을 주어진 시간 내에 원래 상태로 회복할 수 있는 정도를 나타내는 확률이다.
③은 보전성보다는 안정성에 해당된다.

37 ☑□□□□
유체 윤활에서 마찰저항을 결정하는 요소는?

① 마찰면의 재질
② 윤활제의 유성
③ 유체의 점성저항
④ 마찰면의 다듬질 정도

해설
마찰저항을 결정하는 요소
유체 윤활에서 마찰저항을 결정하는 요소는 유체의 점성저항(점성계수)와 유체의 상대속도이다.

38 ☑□□□□
복동형 왕복압축기의 운전부 윤활(외부윤활)에 대한 설명으로 틀린 것은?

① 산화안정성이 좋아야 한다.
② 녹 발생을 억제할 수 있어야 한다.
③ 터빈유를 사용하는 것이 바람직하다.
④ 지방유를 혼합한 윤활유를 사용하면 좋다.

정답: 35 ① 36 ③ 37 ③ 38 ④

해설

지방유를 혼합한 윤활유
- 지방유는 식물의 열매, 씨앗 등으로 만든 기름으로 산업용으로는 거의 사용하지 않고 요리용으로 사용한다.
- 복동형 왕복압축기의 내부는 고압, 고압환경이므로 윤활에 지방유를 사용하면 지방유가 쉽게 열화되어 윤활유의 품질이 나빠진다.

39 ☑☐☐☐☐

생산량이 많고 표준화되어 작업의 균형이 유지되며 재료의 흐름이 원활한 경우에 많이 이용되는 설비배치의 형태는?

① 갱시스템
② 제품별 배치
③ 기능별 배치
④ 제품 고정형 배치

해설

제품별 배치
- 제품별로 공정이 일렬로 배치된 방식이다.
- 자동차 조립, 가전제품 생산라인처럼 흐름 생산(Line Production)에 사용된다.
- 공정이 표준화되어 작업속도가 빠르고 품질관리가 용이하다.
- 제품 변경 시 설비 재배치가 어려워 작업의 융통성이 낮다.
- 초기 투자비용이 많이 든다.

40 ☑☐☐☐☐

수리공사에 대한 설명으로 틀린 것은?

① 일반보수공사는 조업상 요구에 의한 개량공사이다.
② 사후수리공사는 설비검사를 하지 않은 생산설비의 수리이다.
③ 돌발수리공사는 설비검사에 의해 계획하지 못했던 고장의 수리이다.
④ 예방수리공사는 설비검사에 의해서 계획적으로 하는 수리이다.

해설

수리공사
- 일반보수공사는 설비나 시설의 원상회복을 하는 보수이다.
- 개량공사는 성능향상이나 개조를 포함하는 개념으로 일반보수공사와는 별도의 개념이다.

정답 39 ② 40 ①

3과목 | 기계일반 및 기계보전

41 ☑☐☐☐☐

나사체결에 관한 설명으로 옳지 않은 것은?

① 나사체결 전 볼트의 강도등급을 확인한다.
② 볼트 체결방법은 토크법, 너트회전각법, 가열법, 장력법이 있다.
③ 토크법은 나사면의 마찰계수 불균형을 무시할 수 있다.
④ 가장 큰 장력으로 조일 수 있는 적절한 체결방법은 텐셔너(장력법)를 이용하는 방법이다.

해설

나사체결
토크법은 마찰계수의 영향이 매우 크며, 마찰계수의 변화(불균형)에 따라 실제 체결력에 큰 차이가 발생한다.

42 ☑☐☐☐☐

두 축의 중심선이 어느 각도로 교차되고 그 사이의 각도가 운전 중 다소 변하여도 자유로이 운동을 전달할 수 있는 축이음은?

① 머프 커플링(Muff Coupling)
② 올덤 커플링(Oldham Coupling)
③ 클램프 커플링(Clamp Coupling)
④ 유니버설 커플링(Universal Coupling)

해설

유니버설 커플링(Universal Coupling)
• 두 축이 서로 교차하거나 각을 이루는 경우에도 회전운동과 동력을 안정적으로 전달할 수 있도록 만든 커플링이다.
• 각도가 변하더라도 자유롭게 동력전달이 가능하다.

43 ☑☐☐☐☐

기계제도 중 기어의 도시방법에 대한 설명으로 옳지 않은 것은?

① 잇봉우리원은 굵은 실선으로 표시한다.
② 피치원은 가는 1점 쇄선으로 표시한다.
③ 이골원은 가는 2점 쇄선으로 표시한다.
④ 잇줄 방향은 통상 3개의 가는 실선으로 표시한다.

해설

기어의 도시방법
일반적인 기어의 도시에서 이골원(이뿌리원)은 가는 실선으로 표시한다.

44 ☑☐☐☐☐

비교측정에 사용되는 측정기는?

① 측장기
② 마이크로미터
③ 다이얼게이지
④ 버니어캘리퍼스

정답 ● 41 ③ 42 ④ 43 ③ 44 ③

해설
비교측정
- 기준이 되는 표준물체와 측정대상을 비교해서 상대적인 차이를 측정하는 방법이다.
- 다이얼게이지, 옵티미터, 게이지블록 등이 해당된다.

45 ☑□□□□
안전점검표(Check list)에 포함되어야 할 사항이 아닌 것은?

① 점검대상   ② 판정기준
③ 점검방법   ④ 점검자 경력

해설
안전점검표에 포함되어야 할 사항
안전점검표는 불안전한 상태를 사전에 확인하여 조치하기 위한 것으로 점검자의 경력은 꼭 포함되어야 할 사항이 아니다.

46 ☑□□□□
목재가공용 둥근톱기계의 방호장치 중 반발예방장치의 구성요소에 해당하지 않는 것은?

① 스토퍼   ② 분할 날
③ 보조안내판   ④ 반발방지 롤(Roll)

해설
반발예방장치의 구성요소
- 반발예방장치의 구성요소에는 분할 날, 보조안내판, 반발방지 롤이 포함된다.
- 스토퍼는 가공작업을 할 때 공작물 또는 움직이는 장치의 위치를 한정하기 위해 설치하는 부품이다.

47 ☑□□□□
신뢰도와 보전도를 종합한 평가척도로 어느 특정 순간에 기능을 유지하고 있을 확률을 나타내는 것은?

① 용이성   ② 유용성
③ 보전성   ④ 신뢰성

해설
유용성
- 신뢰도와 보전도를 종합한 평가척도로 '어느 특정 순간에 기능을 유지하고 있을 확률'을 의미한다.
- 유용성 = $\dfrac{\text{MTBF}}{\text{MTBF} + \text{MTTR}}$
- MTBF : 평균가동시간
- MTTR : 평균수리시간

48 ☑□□□□
축계 기계요소의 도시방법으로 옳지 않은 것은?

① 축은 길이 방향으로 단면도시를 하지 않는다.
② 긴 축은 중간을 파단하여 짧게 그리지 않는다.
③ 축 끝에는 모따기 및 라운딩을 도시할 수 있다.
④ 축에 있는 널링의 도시는 빗줄로 표시할 수 있다.

해설
축계 기계요소의 도시방법
축계 기계요소의 도시방법 중 긴 축은 중간을 파단하여 짧게 그릴 수 있다.

정답 45 ④ 46 ① 47 ② 48 ②

49 ☑□□□□

산업안전보건법령상 안전보건관리책임자를 두어야 하는 사업장에 해당하지 않는 것은?

① 공사금액 30억 원의 건설업
② 상시근로자 200명의 농업
③ 상시근로자 100명의 식료품 제조업
④ 상시근로자 50명의 전기장비 제조업

해설

안전보건관리책임자를 두어야 하는 사업장
〈산업안전보건법 시행령 별표2〉

사업의 종류	근로자 수
전기장비 제조업, 식료품 제조업 등	50명 이상
농업, 어업 등	300명 이상

건설업의 경우 공사금액이 20억 원 이상인 경우 안전보건관리책임자를 두어야 한다.

50 ☑□□□□

강을 담금질하면 경도는 증가하나 취성이 커지므로 사용목적에 알맞도록 A1 변태점 이하의 적당한 온도로 재가열하여 인성을 증가시키고 경도를 감소시키는 열처리방법은?

① 뜨임
② 불림
③ 침탄
④ 풀림

해설

뜨임(Tempering)
• 담금질로 경화된 금속에 인성을 부여하기 위해 시행하는 열처리과정이다.
• 담금질 후 약 550~650℃로 재가열하여 일정 시간동안 유지한 뒤 냉각시킨다.
• 지나치게 높아진 경도를 낮추고 인성(충격상 저항성)을 회복시켜 재료가 너무 깨지기 쉬운 상태를 방지한다.
• 경도는 약간 감소하지만 내구성·연성(인성)이 향상된다.

51 ☑□□□□

용접으로 인해 발생한 잔류응력을 제거하는 열처리방법으로 가장 적합한 것은?

① 뜨임
② 풀림
③ 불림
④ 담금질

해설

풀림(Annealing)
• 금속을 연화(부드럽게)하기 위한 열처리과정이다.
• 특정 온도까지 천천히 가열 후, 노(爐) 속에서 매우 느리게 냉각시킨다.
• 가공성을 향상하고 잔류응력을 제거하여 조직을 안정화시킨다.

정답 49 ② 50 ① 51 ②

52

3상 유도전동기에서 1상이 단선될 경우 나타나는 고장현상이 아닌 것은?

① 슬립 증가
② 부하전류 증가
③ 토크가 현저히 감소
④ 언밸런스에 의한 진동 증가

해설

3상 유도전동기의 고장현상
3상 유도전동기에서 1상이 단선될 경우 슬립과 부하전류가 증가하고 토크가 현저히 감소한다.

53

고압증기압력제어밸브의 동작 시 방출되는 유체가 스프링에 직접 접촉될 때 스프링의 온도 상승으로 인한 탄성계수의 변화로 설정압력이 점진적으로 변하는 현상은?

① Crawl
② Hunting
③ Blowdown
④ Back Pressure

해설

크롤(Crawl)현상
스프링의 온도 상승으로 인해 탄성계수가 변하고, 이로 인해 설정압력이 점진적으로 변하는 현상이다.

54

관로에서 유속의 급격한 변화에 의해 관 내 압력이 상승 또는 하강하는 현상으로 옳은 것은?

① 수격현상
② 축류현상
③ 벤투리현상
④ 캐비테이션현상

해설

수격현상(Water Hammer)
- 관로 내의 유체가 급격하게 정지하거나 변화될 때 발생하는 압력파동현상이다.
- 관 내 유속이 빨라지면 수격현상이 더 심하게 발생한다.

55

선반가공을 할 때 절삭속도가 120 m/min이고 공작물의 지름이 60 mm일 경우 회전수는 약 몇 rpm으로 하여야 하는가?

① 64
② 164
③ 637
④ 1637

해설

선반가공을 할 때 속도 공식
$$V = \frac{\pi d N}{1000}$$
V : 절삭속도(m/min)
d : 지름(mm)
N : 회전수(rpm)
$$N = \frac{V \times 1000}{\pi d} = \frac{120 \times 1000}{\pi \times 60} = 636.619 \text{rpm}$$

정답 ● 52 ④ 53 ① 54 ① 55 ③

56 ☑☐☐☐☐

유압실린더가 불규칙하게 움직일 때의 원인과 대책으로 옳지 않은 것은?

① 회로 중에 공기가 있다. → 회로 중 높은 곳에 공기벤트를 설치하여 공기를 뺀다.
② 실린더의 피스톤 패킹, 로트 패킹 등이 딱딱하다. → 패킹의 체결을 줄인다.
③ 드레인 포트에 배압이 걸려있다. → 드레인 포트의 압력을 빼어 준다.
④ 실린더의 피스톤과 로드 패킹의 중심이 맞지 않다. → 실린더를 움직여 마찰저항을 측정하고, 중심을 맞춘다.

해설

유압실린더가 불규칙하게 움직이는 원인
- 드레인 포트는 유압실린더에서 내부에 생기는 누유나 오일 등을 외부로 배출하는 역할을 하는 별도의 출구(포트)이다.
- 드레인포트에 배압이 걸린 것과 유압실린더가 불규칙하게 움직이는 것은 큰 관련이 없다.

57 ☑☐☐☐☐

관이음의 종류에서 플랜지이음을 사용하는 경우가 아닌 것은?

① 신축성을 줄 경우
② 내압이 높을 경우
③ 관경이 비교적 큰 경우
④ 분해작업이 필요한 경우

해설

플랜지이음
플랜지이음은 큰 배관, 고압 배관에 많이 사용되며 볼트, 너트를 풀거나 조여서 쉽게 분해, 조립할 수 있다.

58 ☑☐☐☐☐

체인을 거는 방법으로 틀린 것은?

① 두 축의 스프로킷 휠은 동일 평면에 있어야 한다.
② 수직으로 체인을 걸 때 큰 스프로킷 휠이 아래에 오도록 한다.
③ 수평으로 체인을 걸 때 이완 측이 위로 오면 접촉각이 커지므로 벗겨지지 않는다.
④ 이완 측에는 긴장 풀리를 쓰는 경우도 있다.

해설

체인을 거는 방법
수평으로 체인을 걸 때 이완 측이 아래로 오도록 설치해야 체인이 이탈되지 않는다.

59 ☑☐☐☐☐

줄작업방법이 아닌 것은?

① 직진법
② 피닝법
③ 사진법
④ 병진법

> **해설**

피닝법
피닝법은 금속 표면을 두드려서 표면에 압축응력을 주는 금속 가공법(표면 강화법)이다.

관련개념 줄작업방법

구분	작업방법
직진법	줄을 직선 방향으로 곧게 왕복시킨다.
사진법	줄을 비스듬히(약 45°)로 이동시키면서 넓은 면을 작업한다.
병진법	줄을 공작물의 폭 방향(길이와 직각 방향)으로 오가며 작업하는 방법이다.

60 ☑☐☐☐☐

피스톤 압축기의 앤드간극에 대한 설명으로 옳은 것은?

① 간극치수는 1.5 ~ 3.0 mm의 범위로 상부간극보다 하부간극을 크게 한다.
② 간극치수는 1.5 ~ 3.0 mm의 범위로 하부간극보다 상부간극을 크게 한다.
③ 간극치수는 3.0 ~ 4.5 mm의 범위로 하부간극보다 상부간극을 크게 한다.
④ 간극치수는 3.0 ~ 4.5 mm의 범위로 상부간극보다 하부간극을 크게 한다.

> **해설**

피스톤 압축기의 앤드간극
간극치수는 1.5 ~ 3.0 mm의 범위로 하부간극보다 상부간극을 크게 한다.

4과목 공유압 및 자동화

61 ☑☐☐☐☐

유압실린더의 속도를 조절하는 방식 중 유량조절밸브를 사용하지 않고 피스톤이 전진할 때 펌퍼의 송출 유량과 실린더 로드 측의 배출 유량이 합류하여 유입되므로 실린더의 전진 속도가 빨라지는 회로는?

① 재생회로
② 미터인회로
③ 미터아웃회로
④ 블리드오프회로

> **해설**

재생회로
- 유압실린더의 속도를 조절하는 방식이다.
- 유량조절밸브를 사용하지 않고 피스톤이 전진할 때 펌프의 송출 유량과 실린더 로드 측의 배출유량이 합류하여 유입되므로 실린더의 전진 속도가 빨라지는 회로이다.

62 ☑☐☐☐☐

저투자성 자동화(Low Cost Automation)의 특징으로 옳지 않은 것은?

① 단계별로 자동화를 한다.
② 생산의 탄력성이 좋아진다.
③ 자신이 직접 자동화를 한다.
④ 최소한의 시간을 투입하여 자동화를 한다.

정답 60 ② 61 ① 62 ②

> [해설]

저투자성 자동화
- 최소한의 비용과 시간을 투입하여 기존의 설비나 장비를 최대한 활용하면서 자동화방식이다.
- 대규모 투자보다는 꼭 필요한 기능만 간단하게 자동화하여 비용을 절감하고, 빠르게 효과를 볼 수 있도록 한다.
- 생산의 탄력성이 좋아지는 것은 저투자성 자동화를 비롯한 자동화의 특징에 해당되지 않는다.

63 ☑□□□□

공기압모터의 특징으로 옳은 것은?

① 공기압모터는 과부하에 대하여 비교적 안전하다.
② 요동형 공기압모터는 회전각의 제한이 없다.
③ 공기압모터를 사용하면 고속을 얻기가 어렵다.
④ 공기압모터의 회전속도는 무단으로 조절할 수 없다.

> [해설]

공기압모터
- 압축공기의 에너지를 기계적 회전에너지로 변환하는 장치이다.
- 구조가 비교적 단순하다.
- 전기모터에 비해 폭발 위험이 있거나 습한 환경에서도 사용할 수 있다.
- 과부하가 걸리는 경우 모터가 정지하므로 과부하에 대하여 안정하다.

64 ☑□□□□

공기압의 특징으로 옳지 않은 것은?

① 비압축성이다.
② 에너지로서 저장성이 있다
③ 균일한 속도를 얻기 힘들다.
④ 폭발 및 화재의 위험이 적다.

> [해설]

공기압의 특징
공기는 본질적으로 압축성이 있으므로 공기압은 압축성이 있다.

65 ☑□□□□

유압시스템의 토출유량이 감소했을 때 점검사항이 아닌 것은?

① 펌프의 회전방향
② 탱크 내 유면 높이
③ 릴리프밸브의 조정 상태
④ 전동기와 펌프의 축 오정렬

> [해설]

유압시스템의 점검사항
전동기와 펌프의 축이 오정렬되었을 경우 부품이 마모될 수 있으나 토출유량 감소와는 큰 관련이 없다.

정답 63 ① 64 ① 65 ④

66
축압기의 사용목적이 아닌 것은?

① 누유방지 ② 맥동흡수
③ 압력보상 ④ 유압에너지 축적

해설
축압기
- 유압시스템에서 압력에너지를 저장했다가 필요할 때 방출하는 장치이다.
- 맥동흡수, 충격완화, 압력보상 등의 목적으로 사용한다.

67
베인펌프의 일반적인 특징에 대한 설명으로 옳지 않은 것은?

① 기어펌프에 비해 소음이 작다.
② 베인의 마모로 인한 압력저하가 적다.
③ 피스톤펌프에 비해 토출압력의 맥동현상이 적다.
④ 가공정밀도가 낮아도 된다는 장점이 있고, 유압유의 점도와 이물질에 예민하지 않다.

해설
베인펌프
- 회전자(로터)의 홈에 삽입된 여러 개의 베인이 회전하면서 유체를 흡입하고 압송하는 펌프이다.
- 일정한 유량과 낮은 맥동특성을 가진다.
- 가공정밀도가 높아야 하고, 유압유에 이물질이 있으면 성능이 저하된다.

68
감각기능 및 인식기능에 의해 행동결정을 할 수 있는 로봇은?

① 지능 로봇   ② 시퀀스 로봇
③ 감각제어 로봇 ④ 플레이백 로봇

해설
지능 로봇
스스로 외부 환경을 인식하고 상황을 판단하여 행동을 결정하는 로봇이다.

69
스테핑모터의 특징으로 옳지 않은 것은?

① 정지 시 홀딩토크가 없다.
② 회전속도는 입력 주파수에 비례한다.
③ 회전각도는 입력 펄스의 수에 비례한다.
④ 피드백 루프 없이 속도와 위치제어 응용이 가능하다.

해설
스테핑모터
- 입력신호(펄스)에 따라 일정한 각도만큼 단계적으로 회전하는 제어용 모터이다.
- 정지 시 홀딩토크가 존재한다.
- 홀딩토크란 모터가 멈춰있을 때 축을 돌리려는 외력에 저항하는 힘으로 정지 중에도 모터가 위치를 정확하게 유지할 수 있도록 하는 것이다.

정답 66 ① 67 ④ 68 ① 69 ①

70 ☑☐☐☐☐

전기 타임 릴레이의 구성요소 중 공기압의 체크밸브와 같은 기능을 가지고 있는 것은?

① 접점 ② 가변저항
③ 다이오드 ④ 커패시터

해설

다이오드(Diode)
- 회로를 한 방향으로만 흐르게 한다.
- 유체를 한 방향으로만 흐르게 하는 역류방지용 밸브인 체크밸브와 비슷한 기능을 한다.

71 ☑☐☐☐☐

다음 밸브의 명칭과 역할은?

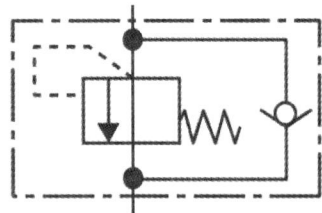

① 감압밸브 : 실린더 전진 시 압력제어
② 릴리프밸브 : 회로의 압력을 일정하게 유지
③ 일방향 유량제어밸브 : 실린더 후진속도제어
④ 카운터밸런스밸브 : 실린더 자중에 의한 낙하방지

해설

카운터밸런스밸브
- 유압시스템에서 실린더가 하중을 들고 있을 때 유압이 빠지거나 밸브가 중립 위치로 옮겨져도 하중이 갑자기 낙하하지 않도록 하는 밸브이다.
- 오리피스가 달린 체크밸브가 있다.
- 그림에서 화살표와 구슬 모양의 원이 있는 부분이 체크밸브 표시이다.

72 ☑☐☐☐☐

실제의 시간과 관계된 신호에 의하여 제어가 행해지는 제어계는?

① 논리제어계 ② 동기제어계
③ 비동기제어계 ④ 시퀀스제어계

해설

제어계의 구분

구분	내용
ON-OFF 제어	가장 기본적인 제어로 ON/OFF만 동작시킨다.
논리제어	요구되는 입력조건이 만족되면 신호를 출력한다.
동기제어	실제의 시간과 관계된 신호에 의한 제어이다.
비동기 제어	시간과 관계없이 입력신호의 변화에 의해서만 행해진다.
시퀀스 제어	미리 정해진 순서에 따라 설비를 자동으로 동작시킨다.
폐회로 제어	출력값을 기준값과 비교하고 차이가 발생하면 오차를 줄이기 위한 제어를 한다.

정답 70 ③ 71 ④ 72 ②

73 ☑☐☐☐☐
유체 비중량의 정의로 옳은 것은?

① 단위체적당 유체가 갖는 무게
② 단위체적이 갖는 유체의 질량
③ 단위중량이 갖는 체적, 단위질량당의 체적
④ 물체의 밀도를 순수한 물의 밀도로 나눈 값

해설

유체 비중량
유체의 비중량은 단위체적(부피)당 유체가 갖는 무게이다.

74 ☑☐☐☐☐
방향전환밸브의 구조에 관한 설명이 옳지 않은 것은?

① 로크회로에는 스풀 형식보다는 포핏 형식을 사용하는 것이 장시간 확실한 로크를 할 수 있다.
② 스풀형식은 각종 유압흐름의 형식을 쉽게 설계할 수 있고, 각종 조작방식을 용이하게 적용할 수 있다.
③ 포핏형식은 밸브의 추력을 평형시키는 방법이 곤란하고 조작의 자동화가 어려우므로 고압용 유압 방향전환밸브로서는 널리 사용되지 않는다.
④ 로터리 형식은 일반적으로 회전축에 평형이 되는 방향으로 측압이 걸리고 또한, 로터리에 작은 압유통로를 뚫어야 하기 때문에 밸브 본체가 비교적 소형이 된다.

해설

방향전환밸브의 구조
로터리 형식은 밸브 본체가 소형이 되기 어렵고, 회전축에 불균형이 발생하여 마모 및 누유의 원인이 될 수 있다.

75 ☑☐☐☐☐
그림과 같은 밸브의 B포트를 막았을 때와 같은 기능을 하는 밸브는?

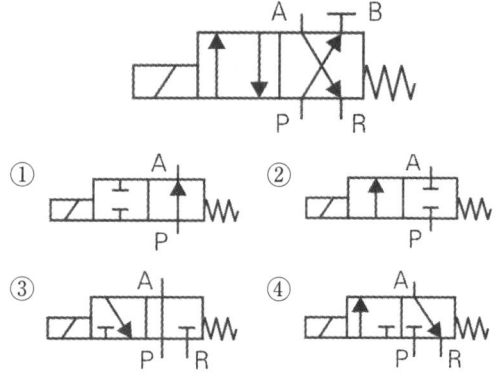

해설

밸브의 작동
④번 밸브 도식도를 보면, P와 A가 연결되고, B와 R이 연결되는 구조이다.
B 포트를 막으면, 유체는 B로 이동할 수 없으므로 P와 A만 연결되고, B → R방향 유로가 차단되어 결과적으로 제시한 조건(B포트가 막힘)과 동일한 회로동작을 할 수 있다.

정답 ● 73 ① 74 ④ 75 ④

76 ☑☐☐☐☐

다음 중 밸브 선정 시 직접적인 고려사항으로 가장 적절하지 않은 것은?

① 실린더의 속도
② 요구되는 스위칭 횟수
③ 허용할 수 있는 압력 강하
④ 실린더와 밸브 사이의 최소거리

해설

밸브 선정 시 고려사항
실린더와 밸브 사이의 최소거리는 배관 설계 등의 부수적인 요소로 밸브 선정 시 직접적인 고려사항과는 거리가 멀다.

77 ☑☐☐☐☐

압축공기 저장탱크의 구성요소가 아닌 것은?

① 배수기   ② 압력계
③ 유량계   ④ 압력안전밸브

해설

압축공기 저장탱크의 구성요소
- 압축공기 저장탱크의 주요 구성요소는 배수기, 압력계, 압력안전밸브이다.
- 유량계는 압축공기 저장탱크보다는 주로 배관 시스템에 설치된다.

78 ☑☐☐☐☐

돌발적, 만성적으로 발생하여 설비의 효율에 악영향을 미치는 6대 로스(Loss)가 아닌 것은?

① 속도로스   ② 불량로스
③ 양품로스   ④ 정지로스

해설

설비의 6대 로스

구분	내용
고장로스	설비의 돌발적, 만성적 고장으로 인해 발생하는 손실이다.
준비·조정 (작업교체) 로스	공구 변경, 작업조건 세팅, 시운전 준비 등에 소요되는 시간으로 인한 손실이다.
일시정지 로스	일시적 문제로 설비가 짧게 멈추거나 공회전해서 발생하는 손실이다.
속도저하 로스	이론 사이클시간과 실제 가동속도의 차이로 인해 발생하는 손실이다.
불량·수정 로스	불량품 발생으로 인한 수정작업으로 발생하는 손실이다.
초품생산 로스	설비 시동 후 양품 생산까지 초기 불량, 시운전 중 발생하는 손실이다.

정답 76 ④ 77 ③ 78 ③

79 ☑☐☐☐☐

일상생활이나 산업현장에서의 피드백제어에 해당되는 작업은?

① 아파트 현관램프가 일정시간 켜졌다가 저절로 꺼진다.
② 4/2-way밸브를 조작하여 공기압실린더로 목재를 클램핑한다.
③ 유량조정밸브만을 사용하여 유압모터의 축을 일정한 속도로 회전시킨다.
④ 아크용접 로봇이 AC 서보모터를 이용하여 속도, 위치 데이터를 측정하며 지정된 용접선을 따라 용접한다.

해설

피드백제어
- 제어량과 목푯값을 비교하고, 그 값이 일치하도록 정정동작을 한다.
- 서보모터가 속도, 위치 등을 센서로 측정하여 목푯값과 비교 후 오차가 발생하면 피드백 하여 지정된 용접선을 따라 용접하는 것은 피드백제어에 해당된다.

80 ☑☐☐☐☐

베르누이 정리에 관한 관계식으로 옳은 것은? (단, V : 유속(m/s), g : 중력가속도(m/s^2) γ : 유체의 비중량(N/m^3), P : 압력(Pa), Z : 높이(m)이다)

① $\dfrac{P}{\gamma} + \dfrac{V^2}{g} + Z$ = 일정

② $\dfrac{P}{\gamma} + \dfrac{V^2}{2g} + Z$ = 일정

③ $\dfrac{Z}{\gamma} + \dfrac{V^2}{2g} + P$ = 일정

④ $\dfrac{\gamma}{P} + \dfrac{2g}{V^2} + Z$ = 일정

해설

베르누이 정리
- 점성이 없는 비압축성 유체의 흐름에서 에너지의 보존을 설명하는 법칙이다.
- 유체의 압력, 속도, 위치에너지의 합은 항상 일정하다는 법칙이다.
- $\dfrac{P}{\gamma} + \dfrac{V^2}{2g} + Z$ = 일정

정답 ● 79 ④ 80 ②

2022 제2회

1과목 설비진단 및 계측

01 ☑☐☐☐☐

질량 불평형(언밸런스, Unblance)의 진동특성으로 틀린 것은?

① 수평·수직 방향에 최대의 진폭이 발생한다.
② 회전주파수 $1f$ 성분의 탁월 주파수가 나타난다.
③ 길게 돌출된 로터의 경우에는 축방향 진폭은 발생하지 않는다.
④ 언밸런스 양과 회전수가 증가할수록 진동레벨이 높게 나타난다.

해설

질량 불평형(언밸런스, Unblance)
• 일반적인 로터의 경우 반경 반향으로 주요 진동이 발생한다.
• 길게 돌출된 로터의 경우 일반 로터에 비해 축방향진동이 더 쉽게 발생한다.

02 ☑☐☐☐☐

소음기(Silencer, Muffler)를 사용할 때, 저감되는 소음의 종류는?

① 고체음
② 기계적 발생소음
③ 전자적 발생소음
④ 공기음(Air - Borne Sound)

해설

소음기
• 주로 배관이나 엔진 등에서 기체가 유동할 때 발생하는 공기(유체)의 음파인 공기음을 줄이기 위해 사용된다.
• 고체음, 기계적·전자적 소음은 주로 재료나 구조물의 진동에서 발생하는 것으로 소음기를 통한 소음 저감효과가 없다.

03 ☑☐☐☐☐

시정수 τ의 정의로 옳은 것은?

① 출력이 최종값의 50 %가 되기까지의 시간
② 출력이 최종값의 63 %가 되기까지의 시간
③ 출력이 최종값의 90 %가 되기까지의 시간
④ 출력이 최종값의 10 %에서 90 %까지의 경과시간

해설

시정수
시정수 τ는 출력이 최종값의 63 %가 되기까지의 시간이다.

정답 01 ③ 02 ④ 03 ②

04 ☑☐☐☐☐

측정 대상에 제한 없이 기체·액체를 측정할 수 있으며, 유체의 조성, 밀도, 온도, 압력 등의 영향을 받지 않고 유량에 비례한 주파수로 체적 유량을 측정할 수 있는 유량계는?

① 면적식 유량계   ② 와류식 유량계
③ 용적식 유량계   ④ 터빈식 유량계

해설

와류식 유량계
- 유체가 흐르는 관로에 와류(소용돌이)를 발생시킨 후 와류의 발생 주파수를 검출하여 유량을 측정한다.
- 기체·액체의 체적유량을 측정할 수 있다.

05 ☑☐☐☐☐

소음과 관련된 용어에 대한 설명으로 틀린 것은?

① 음파 : 공기 등의 매질을 전파하는 소밀파
② 파면 : 파동의 위상이 같은 점들을 연결한 면
③ 파동 : 매질의 변형운동으로 이루어지는 에너지 전달
④ 음의 회절 : 음파가 한 매질에서 타 매질로 통과할 때 구부러지는 현상

해설

소음과 관련된 용어
- 음파가 한 매질에서 타 매질로 통과할 때 구부러지는 현상은 음의 굴절이다.
- 음의 회절이란, 음파가 진행하다가 장애물을 만났을 때 그 뒤편이나 모서리로 휘어서 퍼져나가는 현상이다.

06 ☑☐☐☐☐

주파수가 50 Hz, 100 Hz인 다음 두 개의 파동이 중첩되면 나타나는 파동은? (단, 두 파형의 진폭은 같다)

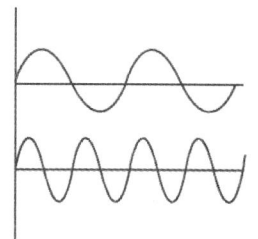

해설

두 개의 파동이 중첩되면 나타나는 파동
- 50 Hz는 느린 파동, 100 Hz는 두 배 빠른 파동이다.
- 두 파동이 중첩되면 느린 파동 위에 빠른 파동이 덮어 씌워지는 ②번과 같은 파형이 나타난다.

07 ☑☐☐☐☐

오일분석법의 종류가 아닌 것은?

① 회전전극법   ② 원자흡광법
③ 저주파흡광법   ④ 페로그래피법

해설

오일분석법
- 사용 중인 오일시료를 채취하여 오일의 상태와 설비의 건강 상태를 진단하는 것이다.
- 오일분석법을 기계의 혈액검사라고 하기도 한다.
- 회전전극법, 원자흡광법, 페로그래피법이 오일분석법이다.

해설

패러데이의 전자유도법칙
- 자석 사이에서 코일이 움직일 때 코일의 속도에 따라 기전력이 발생한다.
- 가동 코일형 속도센서는 코일에 생기는 전압의 크기가 코일의 속도에 비례한다는 원리를 이용한 것이다.

08

차압기구인 오리피스에서 차압을 뽑아내는 방식이 아닌 것은?

① 코너 탭 ② 축류 탭
③ 벤투리 탭 ④ 플랜지 탭

해설

오리피스에서 차압을 뽑아내는 방식
- 오리피스에서 차압을 뽑아내는 방식은 코너 탭, 축류 탭, 플랜지 탭이 있다.
- 벤투리관은 관 내의 유속이나 유량을 측정하는 기구인데, 벤투리 탭이라는 용어는 거의 사용하지 않는다.

09

가동 코일형 속도센서의 측정원리는?

① 연속의 법칙
② 피켓펜스법칙
③ 질량보존의 법칙
④ 패러데이의 전자유도법칙

10

소음방지법의 3가지 기본방법이 아닌 것은?

① 차음 ② 흡음
③ 소음기 ④ 진동 전이

해설

소음방지방법
진동 전이는 진동이 다른 매체로 전이되는 현상으로 소음방지방법에 해당되지 않는다.

11

동적배율에 관한 설명으로 틀린 것은?

① 고무의 동적배율은 1 이상이다.
② 고무의 영률이 커질수록 동적배율은 작아진다.
③ 동적 스프링정수가 커질수록 동적배율은 커진다.
④ 정적 스프링정수가 커질수록 동적배율은 작아진다.

정답 ● 08 ③ 09 ④ 10 ④ 11 ②

해설

동적배율
- 진동하는 시스템에서 외부 힘이 가해졌을 경우 나타나는 최대 동적변위를 동일한 힘이 정적으로 작용했을 때의 정적변위로 나눈 것이다.
- 일반적으로 고무의 영률이 커지면 동적배율이 커진다.

12 ☑□□□□

압전형 가속도센서의 특징으로 틀린 것은?

① 소형으로 가볍다.
② 사용 온도범위가 넓다.
③ 주파수 범위는 광대역이다.
④ 저감도이므로 센서를 손으로 고정하여 사용한다.

해설

압전형 가속도센서
- 센서에 힘을 가하면 그 힘에 비례하는 전하가 생기고, 이 전하를 측정하여 가속도신호로 변환하는 것이다.
- 압전형 가속도센서는 고감도이기 때문에 손으로 고정하지 않고, 견고하게 부착해서 사용해야 한다.

13 ☑□□□□

다음 정현파에서 a, b, c, d 중 의미가 틀린 것은?

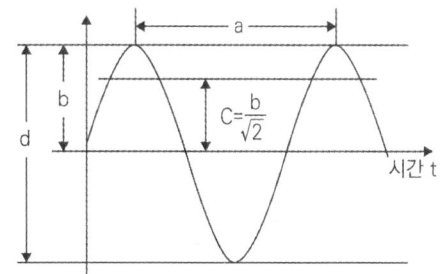

① a : 주기
② b : 편진폭
③ c : 진폭의 평균값
④ d : 양진폭

해설

정현파에서 용어 정의
① a는 진동하는 물체가 한 번 왕복하는 데 걸리는 시간에 해당되므로 주기이다.
② b는 기준선에서 진동의 최댓값까지의 거리로 편진폭이다.
③ c는 피크값의 약 $\dfrac{1}{\sqrt{2}} = 0.7$배로 실횻값이다.
④ d는 (+) 파형과 (-) 파형 방향의 최댓값 사이의 거리로 양진폭이다.

14 ☑□□□□

그림과 같은 스프링을 설치하였을 경우 합성 스프링 상수 k를 구하는 식으로 옳은 것은? (단, k_1과 k_2는 각각의 스프링 상수이다)

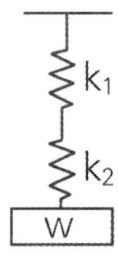

① $k = k_1 + k_2$
② $k = k_1 \times k_2$
③ $k = \dfrac{k_1}{1+k_2}$
④ $k = \dfrac{1}{\dfrac{1}{k_1}+\dfrac{1}{k_2}}$

해설

직렬 연결된 스프링의 합성 스프링 상수 계산

$$\dfrac{1}{k} = \dfrac{1}{k_1} + \dfrac{1}{k_2}$$

$$k = \dfrac{1}{\dfrac{1}{k_1}+\dfrac{1}{k_2}}$$

15 ☑□□□□

발음원이 이동할 때 원래 발음원의 음보다 그 진행방향 쪽에서는 고음으로, 진행방향 반대쪽에서는 저음으로 되는 현상은?

① 도플러(Doppler)효과
② 마스킹(Masking)효과
③ 호이겐스(Huydens)원리
④ 음의 간섭(Interference)효과

해설

도플러효과
- 발음원이 이동할 때 그 진행방향 쪽에서는 원래의 음보다는 고음으로, 진행 반대쪽에서는 저음으로 되는 현상이다.
- 구급차가 지나갈 때 가까이 올 때는 더 높은 소리로 들리고, 멀어질 때는 더 낮은 소리로 들리는 것이 도플러효과이다.

16 ☑□□□□

기계진동의 크기 또는 양을 평가하는 데 사용되는 측정변수가 아닌 것은?

① 무게
② 변위
③ 속도
④ 가속도

해설

진동의 측정단위
- 진동의 측정단위는 변위(m), 속도(m/s), 가속도(m/s^2)이다.
- 무게는 기계의 동적 특성에는 영향을 미치지만 진동의 크기 또는 양을 평가하는 데 사용되는 측정변수는 아니다.

17 ☑□□□□

표면에 열린 결함만을 검출할 수 있는 비파괴 검사는?

① 자분탐상검사
② 침투탐상검사
③ 방사선투과검사
④ 초음파탐상검사

정답 ● 14 ④　15 ①　16 ①　17 ②

해설

침투탐상검사(PT)

- 검사체의 표면에 침투액을 도포한 후 스며든 결합 부위의 침투액을 확인한다.
- 표면에 열린 결함만을 검출할 수 있다.
- 휴대성이 좋으며 검사과정이 간단한다.
- 표면을 청소한 뒤에 검사해야 하며 거친 표면 및 다공성 재료는 검사하기 어렵다.

18 ☑☐☐☐☐

광전센서의 특징으로 틀린 것은?

① 검출거리가 짧다.
② 응답속도가 빠르다.
③ 비접촉으로 검출할 수 있다.
④ 분해능이 높은 검출이 가능하다.

해설

광전센서

- 빛을 이용한 센서이다.
- 검출거리는 구조에 따라 다르지만 투과형의 경우 10 m 이상의 거리도 검출할 수 있으므로 검출거리가 긴 편이다.
- 분해능이 높아 미세한 위치 변화나 작은 표면결함도 검출할 수 있다.

19 ☑☐☐☐☐

구면(형)파(Spherical Wave)에 대한 설명으로 옳은 것은?

① 음파의 진행 반대 방향으로 에너지를 전송하는 파이다.
② 음파의 파면들이 서로 평행한 파에 의해 발생하는 파이다.
③ 음원에서 모든 방향으로 동일한 에너지를 방출할 때 발생하는 파이다.
④ 둘 또는 그 이상 음파의 구조적 간섭에 의해 시간적으로 일정하게 음압의 최고와 최저가 반복되는 패턴의 파이다.

해설

음파의 종류

구분	내용
구면파	구(원)과 같이 모든 방향으로 동일한 에너지를 방출한다.
평면파	음파의 파면들이 서로 평행하게 방출한다.
발산파	음원으로부터 거리가 멀어질수록 더욱 넓은 면적으로 방출한다.
진행파	음파의 진행방향으로 에너지를 방출한다.

정답 18 ① 19 ③

20 ☑☐☐☐☐

와류탐상검사의 장점에 해당하지 않는 것은?

① 검사를 자동화할 수 있다.
② 비접촉법으로 할 수 있다.
③ 검사체의 도금두께 측정이 가능하다.
④ 형상이 복잡한 것도 쉽게 검사할 수 있다.

해설

와류탐상검사(ET)
- 교류전류가 흐르고 있는 코일을 검사체에 접근시키면 결함이 있을 때 전류, 전압이 변하는 현상을 이용한다.
- 검사를 자동화할 수 있다.
- 도금의 두께 측정에 널리 사용된다.
- 복잡한 형상은 코일과 시험체 간의 간격이 달라져서 측정하기가 어렵다.

2과목 | 설비관리

21 ☑☐☐☐☐

TPM의 우선순위 활동인 자주보전의 효과 측정을 위한 방법에 해당하지 않는 것은?

① 기준서 작성현황 확인
② MTBF(평균가동시간)의 연장
③ OPL(One Point Lesson) 작성현황 확인
④ FMCEA(고장유형, 영향 및 심각도 분석)

해설

자주보전의 효과 측정방법
- FMCEA은 고장유형, 영향 및 심각도를 분석하는 것으로 자주보전의 효과를 측정하는 것이 아니다.
- OPL은 제조현장 등에서 설비의 기초지식, 개선사례 등을 간단하게 정리하여 단기간(10분 이내) 동안 교육하는 것이다.

22 ☑☐☐☐☐

설비의 보전성에서 수리율을 나타내는 것은?

① MTTR
② MTBF
③ $\dfrac{1}{MTTR}$
④ $\dfrac{1}{MTBF}$

해설

평균수리시간(MTTR)
고장이 발생한 후 정상적으로 동작하기까지의 시간으로 보전성을 의미한다.

$MTTR = \dfrac{1}{\mu}$ (μ : 수리율), $\mu = \dfrac{1}{MTTR}$

정답: 20 ④ 21 ④ 22 ③

23 ☑☐☐☐☐

다음 윤활방식 중 비순환급유방법이 아닌 것은?

① 손급유법
② 유욕급유법
③ 적하급유법
④ 사이펀급유법

해설

유욕급유법
윤활 부위를 오일에 담가 마찰면을 윤활하며 윤활유를 반복적으로 사용하는 순환식급유법이다.

관련개념 비순환급유방법(전손식급유법)
- 사용한 윤활유를 다시 회수하여 사용하지 않고 1회 사용 후에 바로 폐기하는 것이다.
- 손급유법, 적하급유법, 사이펀급유법이 해당된다.

24 ☑☐☐☐☐

설비의 경제성을 평가하기 위한 방법이 아닌 것은?

① 자본회수법
② MAPI방식
③ MTTR방식
④ 연평균 비교법

해설

설비의 경제성을 평가방법
① 자본회수법 : 투자한 자본이 몇 년 만에 회수되는지를 판단하는 것으로 설비의 경제성을 평가하기 위한 방법이다.
② MAPI방식 : 투자안의 종합 비용, 연평균 비용 등을 비교해 설비의 대체시기를 정하는 경제성 평가방법이다.
③ MTTR : 평균수리기간으로 설비의 신뢰성과 관련 있는 용어이다.
④ 연평균 비교법 : 설비의 내구 사용기간 동안 자본 및 운영비용의 현재가치를 연평균하여 여러 대안을 비교하는 경제성 평가방법이다.

25 ☑☐☐☐☐

공기압축기의 윤활관리에 대한 설명으로 틀린 것은?

① 터보형 공기압축기에서는 내부 윤활이 필요하다.
② 회전식 압축기에서는 로터나 베인에서 윤활작용을 한다.
③ 왕복식 압축기에서는 ISO VG 68 터빈유를 사용한다.
④ 왕복식 압축기에서는 실린더 라이너와 피스톤 링에서 감마작용을 한다.

해설

공기압축기의 윤활관리
터보형 공기압축기는 내부 윤활이 원칙적으로 필요하지 않고, 내부에 오일이 유입되지 않도록 설계한다.

정답 ▶ 23 ② 24 ③ 25 ①

26

윤활유급유법 중 기계의 운동부가 기름탱크 내의 유면에 미소하게 접촉하면 기름의 미립자 또는 분무 상태로 기름단지에서 떨어져 마찰면에 튀겨 급유하는 것은?

① 패드급유법 ② 비말급유법
③ 그리스급유법 ④ 사이펀급유법

해설

비말급유법
- 기계의 운동부가 유면에 접촉하여 윤활유를 분무 상태로 마찰면에 튀겨 급유하는 방식이다.
- 여러 개의 마찰면을 동시에 자동적으로 급유한다.

27

다음 중 품질보전의 전개순서를 가장 바르게 나열한 것은?

ㄱ. 표준화 ㄴ. 목표설정
ㄷ. 요인해석 ㄹ. 현상분석
ㅁ. 검토 및 실시

① ㄴ → ㄹ → ㄷ → ㄱ → ㅁ
② ㄴ → ㄹ → ㄷ → ㅁ → ㄱ
③ ㄹ → ㄴ → ㄷ → ㅁ → ㄱ
④ ㄹ → ㄷ → ㄴ → ㄱ → ㅁ

해설

품질보전의 전개순서
현상분석 → 목표설정 → 요인해석 → 검토 및 실시 → 표준화

28

유압 작동유에 필요한 성질이 아닌 것은?

① 산화안정성이 좋아야 한다.
② 마모방지성이 좋아야 한다.
③ 부식방지성 및 방청성을 가져야 한다.
④ 온도 변화에 따른 점도의 변화가 커야 한다.

해설

유압 작동유에 필요한 성질
- 유압 작동유는 온도 변화에 따라 점도의 변화가 작아야 장비가 안정적으로 동작한다.
- 점도 변화가 클 경우 온도가 높아지면 윤활성이 저하되고, 온도가 낮아지면 너무 끈적거려 기계 작동이 원활하지 않게 된다.

29

다음 중 신뢰성의 평가척도로 가장 적절하지 않은 것은?

① 고장률
② LT(Lead Time)
③ MTTF(Mean Time To Failure)
④ MTBF(Mean Time Between Failures)

해설

LT(Lead Time)
LT는 제품생산 및 납품까지 소요되는 시간으로 신뢰성의 평가척도와는 거리가 멀다.

정답 26 ② 27 ③ 28 ④ 29 ②

30 ☑☐☐☐☐

설비배치에 대한 설명으로 틀린 것은?

① 제품별 설비배치는 작업의 흐름 판별이 용이하다.
② 기능별 설비배치는 소품종 대량생산의 경우에 알맞은 배치형식이다.
③ 총체적 설비배치계획은 공장입지 선정, 건물배치계획, 부서배치계획 및 설비배치계획 단계로 실시된다.
④ GT셀(Group Techniligy Cell)은 여러 종류의 기계 그룹에서 속하는 대부분의 부품을 가공할 수 있는 경우의 설비배치이다.

해설

기능별 설비배치
- 유사한 기능을 가진 기계나 설비, 작업공정을 한 곳에 집단적으로 배치하는 것이다.
- 선반, 드릴, 밀링 등을 같은 종류끼리 한 작업장에 모아두는 것이다.
- 다양한 제품을 소량씩 생산하는 다품종 소량생산의 경우에 알맞은 배치형식이다.

31 ☑☐☐☐☐

그리스의 시험방법 중 그리스의 장기간 보존 시 기유와 증주제의 분리 정도를 알기 위한 것은?

① 적점 측정
② 누설도 측정
③ 이유도 측정
④ 산화안정도 측정

해설

이유도
- 그리스를 장시간 보관하면 오일(기유)이 그리스의 표면에 뜨는 현상이다.
- 이러한 현상은 그리스를 장기 보관하거나 진동, 원심력, 압력 등 외부 힘이 작용할 때 두드러지게 나타난다.

32 ☑☐☐☐☐

다음과 같이 공업용 윤활유에 표시된 "VG"의 의미는?

| ISO VG 46 |

① 비중등급 ② 주도등급
③ 점도한계 ④ 점도등급

해설

공업용 윤활유에 표시기호
- ISO는 International Standards Organization의 약자로 국제표준규격이다.
- VG는 Viscosity Grade의 약자로 윤활유의 점도등급이다.

33 ☑☐☐☐☐

벤투리원리를 이용한 윤활방식은?

① 분무급유법 ② 원심급유법
③ 칼라급유법 ④ 비말급유법

해설

벤투리원리
- 벤투리원리는 유체가 좁아진 관(벤투리관)을 빠르게 통과할 때 속도가 증가하고 압력이 낮아지는 현상이다.
- 분무급유기에서 윤활유를 미세입자로 만들어 공기와 혼합할 때 벤투리원리를 이용한다.

34 ☑☐☐☐☐

윤활유의 열화판정법 중 간이측정에 의한 방법이 아닌 것은?

① 냄새를 맡아보고 판단한다.
② 손으로 기름을 찍어 보고 점도의 대소를 판단한다.
③ 사용유의 대표적 시료를 채취하여 성상을 조사한다.
④ 기름을 소량의 증류수로 씻어낸 수분을 취하여 리트머스시험지를 적셔 산성 여부를 판단한다.

해설

윤활유의 열화판정법
③은 간이측정이 아니라 정밀측정이다.

35 ☑☐☐☐☐

윤활기술자가 라인적 조직관계가 있는 경우, 윤활기술자의 직무로 거리가 가장 먼 것은?

① 구매경비의 절약
② 윤활관계의 개선시험
③ 급유장치의 보수와 설치
④ 사용 윤활유의 선정 및 품질관리

해설

윤활기술자의 직무
- 윤활기술자가 라인적 조직관계(현장 실무조직)가 있는 경우 ②, ③, ④번과 같은 설비의 관리 및 현장유지보수와 관련된 직무를 한다.
- 구매경비의 절약은 구매 부서나 자재관리 부서의 간접적 업무에 가깝고 현장 실무조직과는 거리가 멀다.

36 ☑☐☐☐☐

종합적 생산보전(TPM)에서 개별설비의 종합적인 이용효율을 나타내는 지수인 설비의 종합이용효율을 계산하는 데 필요한 항목이 아닌 것은?

① 양품률
② 노동효율
③ 시간가동률
④ 성능가동률

해설

설비의 종합 이용효율
- 설비가 최적의 효율을 내며 관리하고 있는가를 평가하는 척도이다.
- 양품률이란 총 생산량 중에서 양품(합격품)이 차지하는 비율이다.
- 종합이용효율 = 시간가동률 × 성능가동률 × 양품률

정답 34 ③ 35 ① 36 ②

37 ☑☐☐☐☐
윤활제의 첨가제 중 산화에 의하여 금속 표면에 붙어 있는 슬러지나 탄소 성분을 녹여 기름 중의 미세한 입자 상태로 분산시켜 내부를 깨끗이 유지하는 역할을 하는 것은?

① 소포제
② 청정 분산제
③ 유성 향상제
④ 유동점 강하제

해설

윤활제의 첨가제
① 소포제 : 거품을 억제하는 역할을 한다.
② 청정 분산제 : 금속 표면에 부착되어 있는 슬러지나 탄소 성분을 녹이는 역할을 한다.
③ 유성 향상제 : 윤활성을 높이는 역할을 한다.
④ 유동점 강하제 : 오일의 저온에서의 유동성을 높여주는 역할을 한다.

38 ☑☐☐☐☐
설비의 라이프 사이클에 걸쳐 설비 자체의 비용, 보전비, 유지비 및 설비 열화손실과의 합계를 낮춰 기업의 생산성을 높일 수 있도록 하는 보전은?

① 개량보전
② 사후보전
③ 생산보전
④ 예방보전

해설

생산보전(TPM)
- 설비와 관련된 모든 손실을 최소화하여 설비의 총 효율을 극대화하고, 궁극적으로 기업의 생산성을 높이는 것을 목표로 하는 전사적 보전활동이다.
- 예방이나 사후조치가 아니라, 설비 운영의 전 과정에서 비용 효율과 생산성 극대화를 동시에 추구한다.

39 ☑☐☐☐☐
공사를 완급도에 따라 구분할 때 구두 연락으로 즉시 착공하고, 착공 후 전표를 제출하는 공사는?

① 예비공사
② 긴급공사
③ 준급공사
④ 계획공사

해설

긴급공사
긴급공사는 긴급하게 구두 연락으로 인해 즉시 착공하고, 착공 후 전표를 제출하는 공사이다.

40 ☑☐☐☐☐
연소관리 중 연소의 합리화를 위해서는 연소율을 적당히 유지하는 것이 필요하다. 부하가 과대한 경우의 대책으로 틀린 것은?

① 연소방식을 개량한다.
② 이용할 노상면적을 작게 한다.
③ 연도를 개조하여 통풍이 잘 되게 한다.
④ 연료의 품질 및 성질이 양호한 것을 사용한다.

해설

연소의 합리화
부하가 과대한 경우 노상(화로의 바닥)면적을 크게 하여 연소할 수 있는 충분한 공간을 제공해야 한다.

정답 37 ② 38 ③ 39 ② 40 ②

3과목 기계일반 및 기계보전

41 ☑□□□□

다음 메커니컬 실의 종류 중 스터핑 박스의 내측에 회전링을 설치하는 밀봉으로 유체의 누설압력이 실의 외부에서 내부로 작용하며, 내류형이라고도 하는 것은?

① 더블형
② 탠덤형
③ 인사이드형
④ 아웃사이드형

해설

매커니컬 실(Mechanical Seal)
- 회전기기에 설치하여 유체의 누설을 방지하는 부품이다.
- 누설방지효과가 매우 크며 축의 마모가 발생하지 않는다.
- 인사이드형 : 스터핑 박스의 내측에 회전링을 설치하는 밀봉으로 유체의 누설압력이 실의 외부에서 내부로 작용한다.
- 아웃사이드형 : 스터핑 박스의 외측에 회전링을 설치하는 밀봉으로 유체의 누설압력이 실의 내부에서 외부로 작용한다.

42 ☑□□□□

테르밋용접법의 특징으로 옳은 것은?

① 전기가 필요하다.
② 용접작업 후 변형이 작다.
③ 용접작업의 과정이 복잡하다.
④ 용접형 기구가 복잡하여 이동이 어렵다.

해설

테르밋용접법
- 산화철과 알루미늄 분말의 화학 반응(테르밋 반응)에서 발생하는 고온의 발열(약 2800 ℃)을 이용해 금속을 녹여 접합하는 용접법이다.
- 외부의 전기나 가스를 사용하지 않는다.
- 용접작업이 단순하다.
- 용접작업 후에 변형이 작다.
- 용접형 기구가 간단하고 이동이 용이하다.

43 ☑□□□□

다음 중 축 고장 시 설계불량의 직접 원인으로 거리가 가장 먼 것은?

① 재질불량
② 치수강도 부족
③ 끼워맞춤 불량
④ 형상구조 불량

해설

설계불량의 직접 원인
축의 끼워맞춤 불량은 축 고장 시 원인이 될 수는 있으나 설계불량으로 보기는 어렵다.

44 ☑□□□□

볼·너트의 풀림을 방지하는 방법 중 와셔를 굽히거나, 구멍을 만들어 그곳에 끼운 후 고정하는 방법은?

① 폴와셔에 의한 방법
② 스프링와셔에 의한 방법
③ 이붙이와셔에 의한 방법
④ 혀붙이와셔에 의한 방법

해설

와셔의 종류
① 폴와셔 : 너트의 이완방지를 위해 와셔를 굽히거나 구멍을 만들어 고정한다.
② 스프링와셔 : 탄성을 통해 나사의 풀림을 방지한다.
③ 이붙이와셔 : 회전을 방지하기 위한 이(Tooth) 모양의 와셔이다.
④ 혀붙이와셔 : 둥근 와셔의 일부가 돌출된 형상으로 돌출 형상부를 굽혀 회전을 방지한다.

45

관이음의 종류 중 신축이음에 사용하는 이음쇠의 형태가 아닌 것은?

① 루프형
② 파형관형
③ 미끄럼형
④ 유니온형

해설

신축이음
- 온도 변화에 의한 열팽창으로 신축을 완화하기 위한 장치를 설치하는 것이다.
- 루프형, 파형관형, 미끄럼형, 슬리브형, 벨로즈형, 스위블형 등이 있다.
- 유니온은 관이음 부속의 한 종류로 신축이음의 용도로는 사용하지 않는다.

46

고장의 유무에 관계없이 급유, 점검, 청소 등 점검표(Check list)에 의해 설비를 유지관리하는 보전활동은?

① 정기보전
② 일상보전
③ 재생보전
④ 순회보전

해설

일상보전
고장의 유무에 관계없이 급유, 점검, 청소 등 점검표(Check List)에 의해 설비를 유지관리하는 보전활동이다.

47

선반가공에서 발생하는 구성인선을 방지하기 위한 방법으로 틀린 것은?

① 절삭깊이를 적게 한다.
② 절삭속도를 느리게 한다.
③ 공구의 경사각을 크게 한다.
④ 윤활성이 좋은 절삭유제를 사용한다.

해설

구성인선(Built-Up Edge)
- 절삭가공에서 공구의 절삭날 끝에 가공물의 재료 일부가 달라붙어 실제 절삭날처럼 작용하는 현상이다.
- 절삭속도를 느리게 하면 구성인선이 더 쉽게 발생할 수 있다.

정답 45 ④ 46 ② 47 ②

48 ☑☐☐☐☐

공기 중에는 액체 상태를 유지하고 공기가 차단되면 중합이 촉진되어 경화, 접착되는 것으로 진동이 있는 차량, 항공기, 동력기 등의 체결용 요소 풀림과 누설방지를 위해 사용되는 접착제는?

① 액상 개스킷 　　② 혐기성 접착제
③ 열 용융형 접착제 ④ 금속구조용 접착제

해설

혐기성 접착제
- 공기 중에서는 액체 상태를 유지하고, 공기가 차단되면 중합이 촉진되어 경화가 일어난다.
- 공기와 접촉이 있으면 액체 상태를 유지하다가 공기가 차단되면 빠르게 경화되어 접착력과 밀봉효과를 발휘한다.

49 ☑☐☐☐☐

게이트밸브라고도 하며 유체의 흐름에 대하여 수직으로 개폐하여 보통 전개, 전폐로 사용하는 밸브는?

① 앵글밸브 　　② 체크밸브
③ 글로브밸브 　④ 슬루스밸브

해설

슬루스밸브(게이트밸브)
- 디스크가 유체의 통로를 수직으로 막아 개폐하는 밸브이다.
- 제작이 용이하다.
- 일부만 개폐할 경우 저항이 커져 유량조절에는 적합하지 않고, 완전 개폐용으로 사용한다.

50 ☑☐☐☐☐

기어제도의 도시방법 중 선의 사용방법이 틀린 것은?

① 피치원은 가는 실선으로 표시한다.
② 이골원은 가는 실선으로 표시한다.
③ 잇봉우리원은 굵은 실선으로 표시한다.
④ 잇줄 방향은 통상 3개의 가는 실선으로 표시한다.

해설

기어제도의 도시방법
피치원은 가는 1점 쇄선으로 표시한다.

51 ☑☐☐☐☐

큰 구멍의 다듬질에 사용되며 날과 자루가 별도로 되어 있어 조립하여 사용하는 리머는?

① 셀(Shell) 리머
② 브리지(Bridge) 리머
③ 팽창(Expansion) 리머
④ 조정(Adjustable) 리머

해설

셀(Shell) 리머
- 얇은 껍질(Shell) 형태의 리머 날과 별도의 자루(스테이플)에 결합해 사용한다.
- 주로 큰 구멍을 정밀하게 다듬는 데 사용되며, 교체와 유지관리가 편리하다.

정답 48 ② 49 ④ 50 ① 51 ①

52 ☑□□□□
다음 통풍기 및 송풍기의 분류 중 용적형은 어느 것인가?

① 터보팬 ② 다익팬
③ 루츠 블로어 ④ 축류 블로어

해설

통풍기 및 송풍기의 분류
- 용적형은 주어진 시간 동안 일정한 부피의 공기를 이동시키는 방식이다. 예 루츠 블로어
- 동압형은 회전날개의 원심력이나 축방향 회전에 의해 연속적으로 공기를 이동시키는 방식이다. 예 터보팬, 다익팬, 축류 블로어

53 ☑□□□□
다음 중 안전관리의 정의로 가장 적절한 것은?

① 사고로부터 피해를 최소화하기 위한 계획적이고 체계적인 활동
② 생산성 향상을 최우선 목표로 하는 계획적이고 조직적인 활동
③ 인간존중의 정신에 입각한 과학적이며 주기적인 활동
④ 재해로부터 인간의 생명과 재산을 보호하기 위한 계획적이고 체계적인 제반활동

해설

안전관리
재해로부터 인간의 생명과 재산을 보호하기 위한 계획적이고 체계적인 제반활동이다.

54 ☑□□□□
무단변속기에 대한 설명으로 틀린 것은?

① 체인식 무단변속기의 변속조작은 회전 중이 아니면 할 수 없다.
② 벨트식 무단변속기는 유욕식이 아니므로 윤활불량을 일으키기 쉽다.
③ 마찰 바퀴식 무단변속기의 변속조작은 반드시 정지 중에 해야 한다.
④ 체인식 무단변속기는 보통의 사용 상태에서 일반적으로 1000 ~ 1500시간마다 오픈하여 체인의 느슨함을 체크하여야 한다.

해설

무단변속기
- 차량의 속도와 엔진 회전수에 따라 기어 단수의 구분없이 기어비를 연속적으로 바꿀 수 있는 자동 변속기이다.
- 마찰 바퀴식 무단변속기는 주행 중 변속을 전제로 설계되어 있어 운전 중에도 변속조작이 가능하다.

정답 52 ③ 53 ④ 54 ③

55

산업안전보건법령상 보일러에 압력방출장치를 2개 설치하는 경우 한 개는 최고사용압력 이하에서 작동하고 다른 하나는 최고사용압력의 최대 몇 배 이하에서 작동되어야 하는가?

① 1배
② 1.02배
③ 1.05배
④ 1.2배

해설

압력방출장치
〈안전보건규칙 제116조〉
압력방출장치가 2개 이상 설치된 경우에는 최고사용압력 이하에서 1개가 작동되고, 다른 압력방출장치는 최고사용압력 1.05배 이하에서 작동되도록 부착하여야 한다.

56

CNC 공작기계 서보기구의 제어방식이 아닌 것은?

① Hybrid control system
② Open-loop control system
③ Closed-loop control system
④ Semi open-loop control system

해설

CNC 공작기계 서보기구의 제어방식
- Open-loop control system(개방회로방식)
- Closed-loop control system(폐쇄회로방식)
- Semi closed-loop(반폐쇄회로방식)
- Hybrid control system(복합회로제어방식)

57

일반적인 V벨트 전동장치의 특징으로 틀린 것은?

① 이음매가 없어 운전이 정숙하다.
② 지름이 작은 폴리에도 사용할 수 있다.
③ 홈의 양면에 밀착되므로 마찰력이 평벨트보다 크다.
④ 설치면적이 넓으므로 축간거리가 짧은 경우에는 적합하지 않다.

해설

V벨트
- 이음매가 없는 둥근 모양의 벨트로 단면은 V형태(사다리꼴)이다.
- 설치면적이 좁아 비교적 좁은 공간과 축간거리가 짧아도 사용할 수 있다.

[V벨트의 단면]

정답 55 ③ 56 ④ 57 ④

58

원심펌프의 임펠러에 의해 유체에 가해진 속도에너지를 압력에너지로 변환되도록 하고 유체의 통로를 형성해주는 역할을 하는 일종의 압력용기는?

① 웨어링
② 케이싱
③ 안내 깃
④ 스터핑 박스

해설
케이싱(Casing)
- 일종의 압력용기이다.
- 원심펌프의 임펠러에 의해 유체에 가해진 속도에너지를 압력에너지로 변환되도록 하고 유체의 통로를 형성해준다.

59

산업안전보건법령상 안전보건표시 중 지시표지의 색채로 맞는 것은?

① 바탕은 녹색, 관련 그림은 흰색
② 바탕은 흰색, 관련 그림은 녹색
③ 바탕은 흰색, 관련 그림은 빨간색
④ 바탕은 파란색, 관련 그림은 흰색

해설
안전보건표시의 색채
〈산업안전보건법 시행규칙 별표7〉
- 금지표지 : 바탕은 흰색, 기본모형은 빨간색, 관련 부호 및 그림은 검은색
- 경고표지 : 바탕은 노란색, 기본모형, 관련 부호 및 그림은 검은색
- 지시표지 : 바탕은 파란색, 관련 그림은 흰색

60

담금질하여 경화된 강을 변태가 일어나지 않는 A1점(온도) 이하에서 가열한 후 서냉 또는 공랭하는 열처리방법으로 재료에 인성을 부여하는 작업으로 가장 적합한 것은?

① 뜨임
② 불림
③ 풀림
④ 질화

해설
뜨임(Tempering)
- 담금질로 경화된 금속에 인성을 부여하기 위해 시행하는 열처리과정이다.
- 담금질 후 약 550~650℃로 재가열하여 일정 시간 동안 유지한 뒤 냉각시킨다.
- 지나치게 높아진 경도를 낮추고 인성(충격상 저항성)을 회복시켜 재료가 너무 깨지기 쉬운 상태를 방지한다.
- 경도는 약간 감소하지만 내구성·연성(인성)이 향상된다.

정답 58 ② 59 ④ 60 ①

4과목 공유압 및 자동화

61 ☑☐☐☐☐

관성으로 인한 충격으로 실린더가 손상되는 것을 방지하기 위해 쿠션장치가 내장된 공기압실린더에 부착하여 함께 사용하면 쿠션효과가 감소되는 것은?

① 급속배기밸브
② 압력조절밸브
③ 교축릴리프밸브
④ 파일럿체크밸브

해설

급속배기밸브
- 공기압실린더 등의 액추에이터 내 압축공기를 대기 중으로 빠르게 배출시켜 주는 밸브이다.
- 관성으로 인한 충격으로 실린더가 손상되는 것을 방지하기 위해 쿠션장치가 내장된 공기압실린더에 부착하여 함께 사용한다.

62 ☑☐☐☐☐

SI 단위계에서 압력을 나타내는 단위는?

① 줄(J) ② 뉴턴(N)
③ 와트(W) ④ 파스칼(Pa)

해설

파스칼(Pa)
- SI 단위계의 압력단위이다.
- 1 m²당 1 N의 힘이 작용할 때의 압력이다.

63 ☑☐☐☐☐

두 개의 입구와 한 개의 출구가 있는 밸브로 두 개의 입구에 압력이 모두 작용해야 출력이 발생하는 밸브는?

① 스톱(Stop)밸브
② 체크(Check)밸브
③ 2압(Two Pressure)밸브
④ 급소배기(Quick Exhaust)밸브

해설

2압(Two Pressure)밸브
- 두 개의 입구와 한 개의 출구가 있는 밸브 중에서 두 개의 입구에 모두 압력이 작용해야만 출력이 발생하는 밸브이다.
- AND동작을 하므로 "AND밸브"라고도 불린다.

64 ☑☐☐☐☐

유체의 성질에 관한 설명으로 옳지 않은 것은?

① 밀도는 단위체적당 유체의 질량이다.
② 비중량은 단위체적당 유체의 질량이다.
③ 비체적은 단위체적당 유체의 질량이다.
④ 비중은 4℃의 물과 같은 체적을 갖는 다른 물질과의 비중량 또는 밀도와의 비이다.

해설

비체적
- 단위질량당 유체의 체적(부피)이다.
- 밀도의 역수이다.

65 ☑☐☐☐☐

프리 플로 롤러 체인(Free Flow Roller Chains) 컨베이어형 자동 조립라인에서 팔레트가 작업 위치에 인입되어도 스토퍼 실린더가 상승하지 않아서 팔레트의 흐름을 정지시키지 못하고 있을 때의 트러블 원인은?

① 컨베이어의 이송속도를 제어하는 인버터의 고장으로 이송속도가 제어되지 않는다.
② 롤러체인의 틈새로 스크루 볼트가 박혀서 체인 구동모터가 과부하로 트립되고 있다.
③ 스토퍼 실린더를 구동하는 솔레노이드밸브의 코일이 소손되어 밸브가 절환되지 않는다.
④ 제어반 내 PLC CPU의 운전 Key S/W를 RUN 모드가 아닌 STOP 모드에 두어, PLC가 정지되었다.

해설

프리 플로 롤러 체인
- 외부의 스토퍼(Stopper)에 의해 물건을 특정 위치에서 정지시켜 작업한 후 스토퍼를 다시 구동시킬 수 있다.
- 컨베이어에 많이 사용한다.
- 솔레노이드밸브의 코일이 소손되어 밸브가 절환되지 않으면 스토퍼 실린더가 상승하지 않는 원인이 될 수 있다.

66 ☑☐☐☐☐

전기제어회로에서 릴레이 접점을 통해 자신의 릴레이 코일에 전기신호를 계속 흐르게 하여 릴레이 코일의 여자 상태가 지속되게 하는 회로는?

① 동조회로
② 비동기회로
③ 인터록회로
④ 자기유지회로

해설

자기유지회로
- 시퀀스제어에서 기계나 장치의 동작을 유지하는 역할을 하는 회로이다.
- 입력장치로 모터나 램프를 켜면, 버튼에서 손을 떼더라도 장치가 계속 동작하도록 자기유지기능이 작동한다.
- 릴레이(계전기)가 활성화되면, 릴레이 접점을 통해 전류가 계속 흐르도록 회로가 구성되어 있기 때문이다.

67 ☑☐☐☐☐

유압시스템의 특징으로 옳은 것은?

① 무단변속이 가능하다.
② 원격조작이 불가능하다.
③ 온도의 변화에 둔감하다.
④ 고압에서도 누유의 위험이 없다.

해설

유압시스템
- 액체의 압력을 이용해 힘이나 움직임을 효율적으로 전달하고 증폭하는 기술이다.
- 유량과 압력의 조절을 통한 변속이 자유로워 무단변속이 가능하다.
- 원격조작이 가능하다.
- 온도가 변하면 오일의 점도가 변할 수 있어 온도의 변화에 민감하다.

정답 ● 65 ③ 66 ④ 67 ①

68 ☑☐☐☐☐

다음 회로에 관한 설명으로 옳은 것은?

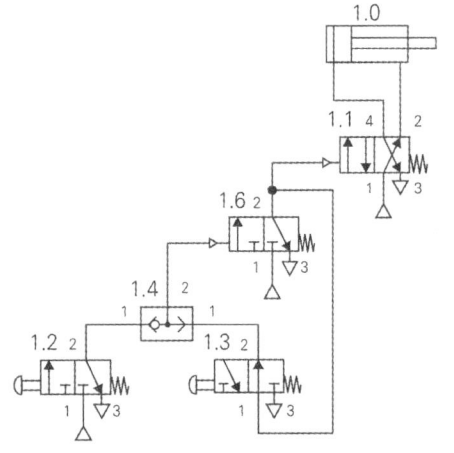

① 1.3 밸브를 누르면 1.0 실린더가 전진하고, 1.2 밸브를 누르면 1.0 실린더가 후진한다.
② 1.2 밸브와 1.3 밸브를 동시에 동작시켜야 실린더가 전진하고 두 밸브를 동시에 놓아야 즉시 후진한다.
③ 1.2 밸브와 1.3 밸브를 동시에 동작시켜야 실린더가 전진하고 두 밸브 중 하나를 놓으면 즉시 후진한다.
④ 1.2 밸브를 누르면 1.0 실린더가 전진하고, 1.2 밸브를 놓아도 계속 전진하며 1.3 밸브를 누르면 1.0 실린더가 후진하고, 1.3 밸브를 놓아도 계속 후진한다.

해설

회로도 해석
- 1.2 밸브를 누르면 1.0 실린더의 앞쪽에 압력이 가해지므로 1.0 실린더가 전진한다. 1.2 밸브를 놓아도 1.0 실린더의 압력이 유지되므로 1.3 실린더가 열릴 때까지 전진한다.
- 1.3 밸브를 누르면 1.0 실린더의 뒤쪽에 압력이 가해져 후진한다.

69 ☑☐☐☐☐

유압펌프에 관한 설명으로 옳은 것은?

① 기어펌프는 외접식과 내접식이 있으며 가변용량형 펌프이다.
② 유압펌프는 유압에너지를 기계적 에너지로 변환시켜주는 장치이다.
③ 유압펌프에서 내부 누유가 많이 발생할수록 용적효율은 감소한다.
④ 베인펌프는 기어펌프나 피스톤펌프에 비해 토출압력의 맥동이 크며 고정 용량형만 있다.

해설

유압펌프
① 기어펌프는 고정 용량형 펌프이다.
② 유압펌프는 기계적 에너지를 유압에너지로 변환시켜주는 장치이다.
③ 유압펌프에서 내부 누유가 많이 발생하면 유량이 손실되어 용적효율은 감소한다.
④ 베인펌프는 기어펌프나 피스톤펌프에 비해 토출압력의 맥동이 작고, 고정 용량형과 가변 용량형이 있다.

70 ☑☐☐☐☐

전효율 80 %, 토출압력이 60 bar, 토출유량이 100 L/min인 경우 펌프의 필요(소요)출력은 몇 kW인가?

① 10 ② 12.5
③ 17.5 ④ 20

정답 68 ④ 69 ③ 70 ②

해설

펌프의 필요(소요)출력

$W = \dfrac{P \times Q}{600 \times \eta}$

W : 펌프의 필요출력(kW)
P : 토출압력(bar)
Q : 유량(L/min)
η : 효율

$W = \dfrac{60 \times 100}{600 \times 0.8} = 12.5 \text{kW}$

71 ☑☐☐☐☐

유압실린더를 설치하는 방법으로 피스톤 로드의 중심선에 대하여 직각 방향으로 실린더 양측에 피벗(Pivot)을 두어 지지하는 방식은?

① 다리형(Foot Type)
② 플랜지형(Flange Type)
③ 클레비스형(Clevis Type)
④ 트러니언형(Trunnion Type)

해설

트러니언형(Trunnion type)
- 피스톤 로드의 동작방향에 직각되게 설치된 피벗(Pivot)으로 실린더를 고정하는 방식이다.
- 실린더가 피벗 중심선을 따라 회전할 수 있도록 하는 방식이다.

72 ☑☐☐☐☐

2개의 회전자를 서로 90° 위상으로 설치하여 회전자 간의 미소한 틈을 유지하고 역방향으로 회전시키는 공기압축기는?

① 베인형   ② 스크롤형
③ 스크루형   ④ 루트 블로어형

해설

루트 블로어형 공기압축기
- 두 개의 회전자가 반대 방향으로 회전하면서, 흡입된 공기를 체적의 변화 없이 토출구로 이동시키는 방식이다.
- 회전자는 90° 위상차를 두고 회전한다.

73 ☑☐☐☐☐

실린더를 임의의 위치에서 고정시킬 수 있도록 밸브의 중립위치에서 모든 포트를 막은 형식의 4/3 way밸브는?

① 오픈센터형
② 탠덤센터형
③ 세미오픈센터형
④ 클로즈드센터형

해설

클로즈드센터형 밸브
- 밸브의 중립 위치에서 모든 포트가 폐쇄되어 유로가 완전히 차단된 형태이다.
- 유압 유체의 흐름을 완전히 막아 실린더나 액추에이터를 임의의 위치에서 고정할 수 있다.

정답 71 ④ 72 ④ 73 ④

74

서로 이웃한 컴퓨터와 터미널을 연결시킨 네트워크 구성형태이며, 통신회선 장애가 있거나 하나의 제어기라도 고장이 있을 경우 모든 시스템이 정지될 수 있는 네트워크는?

① 성형(Star)   ② 환형(Ring)
③ 망형(Mesh)   ④ 트리형(Tree)

해설

네트워크의 종류
① 성형(Star) : 중앙 컴퓨터를 중심으로 여러 컴퓨터가 연결된 구조로 중앙 컴퓨터가 고장이 있으면 전체시스템이 정지된다.
② 환형(Ring) : 서로 이웃한 컴퓨터와 터미널을 연결시킨 네트워크 구성형태로 통신회선 장애가 있으면 시스템이 정지된다.
③ 망형(Mesh) : 모든 기기들이 1 : 1로 연결되어 있다.
④ 트리형(Tree) : 나뭇가지 형상으로 연결되어 분산작업에 주로 쓰인다.

75

서보모터(Servo motor)의 전동기 및 제어장치 구비조건으로 적절하지 않은 것은?

① 유지보수가 용이할 것
② 고속운전에 내구성을 가질 것
③ 저속 영역에서 안전한 특성을 가질 것
④ 회전수 변동이 크고 토크리플(Torque Ripple)이 클 것

해설

서보모터(Servo motor)
• 전자석신호를 받아 정확한 위치, 각도, 토크를 제어할 수 있는 모터이다.
• 토크리플이란 모터가 회전할 때 출력되는 토크가 주기적으로 변동하는 현상으로 서보모터는 토크리플이 작아야 한다.

76

제어시스템에서 처리되는 정보표시 형태에 따른 제어계가 아닌 것은?

① 2진제어계   ② 디지털제어계
③ 시퀀스제어계   ④ 아날로그제어계

해설

제어계의 분류
① 2진제어계 : 신호가 유/무, ON/OFF 같은 2가지 상태만 가지는 제어계이다.
② 디지털제어계 : 신호처리나 제어가 불연속적인 디지털신호(0, 1)로 이루어지는 제어계이다.
③ 시퀀스제어계 : 작업순서에 따라 미리 정해진 순서대로 제어가 진행되는 것으로 제어동작 흐름에 따른 분류이다.
④ 아날로그제어계 : 온도, 속도 등 연속적인 아날로그신호로 이루어지는 제어계이다.

정답 74 ② 75 ④ 76 ③

77 ☑☐☐☐☐

위치데이터를 서보오프 상태에서 수동조작하여 위치를 확인한 후 데이터를 입력하는 제어 방법은?

① 서보 레디(Servo Ready)
② 직선 보간(Linear Interpolation)
③ 포인트 투 포인트(Point to Point)
④ 티칭 플레이 백(Teaching Play Back)

해설

티칭 플레이 백(Teaching Play Back)
- 서보오프 상태에서 조작기는 사용자에 의해 직접 위치를 옮긴다.
- 위치 정보를 메모리에 저장(티칭)한 뒤, 플레이 백할 때 로봇이 이 위치대로 재현하여 동작한다.

78 ☑☐☐☐☐

축압기의 취급상 주의사항으로 적절하지 않은 것은?

① 봉입가스로 반드시 산소를 사용한다.
② 운반, 결합, 분리 등을 할 경우 반드시 봉입된 가스를 빼고 한다.
③ 축압기에 부속품 등을 용접하거나 가공, 구멍 뚫기 등을 해서는 안 된다.
④ 가스 봉입형은 작동유를 내용적의 10 % 정도 미리 넣은 다음 가스의 소정압력으로 봉입한다.

해설

축압기
- 유압시스템에서 압력을 저장하고 필요할 때 압력을 방출한다.
- 축압기의 봉입가스로 산소는 폭발의 위험이 있으므로 사용하지 않고, 주로 질소를 사용한다.

79 ☑☐☐☐☐

자동화의 종류 중 다품종 생산을 위한 유연성 생산시스템을 나타내는 용어는?

① FA
② CIM
③ FMS
④ IMS

해설

FMS(Flexible Manufacturing System)
- 다양한 제품을 빠르게 전환하면서 생산할 수 있도록 설계된 유연성이 뛰어난 자동화 생산시스템이다.
- 다품종 소량 생산에 적합하다.

정답 77 ④ 78 ① 79 ③

80 ☑☐☐☐☐

PLC(Programmable Logic Controller)의 출력 인터페이스로 적합하지 않은 것은?

① 램프(Lamp)
② 부저(Buzzer)
③ 리밋스위치(Limit Switch)
④ 솔레노이드밸브(Solenoid Valve)

해설

PLC(Programmable Logic Controller)
- 기계나 장비의 동작을 제어하고 모니터링 역할을 하는 산업용 컴퓨터이다.
- 램프, 부저, 솔레노이드밸브는 출력신호를 받아 동작하는 출력장치이다.
- 리밋스위치는 입력신호로 사용되는 장치로 PLC에 신호를 보내는 역할을 한다.

정답 80 ③

2022 제3회 CBT 복원

1과목 설비진단 및 계측

01 ☑☐☐☐☐

구름 베어링은 기하학적 구조로 인하여 베어링 특성 주파수를 계산할 수 있다. 다음 중 특성 주파수에 해당하지 않는 것은?

① 내륜 결함 주파수
② 외륜 결함 주파수
③ 케이지 결함 주파수
④ 케이스 결함 주파수

해설

베어링특성 주파수
- 구름 베어링의 특성 주파수에는 내륜 결함 주파수, 외륜 결함 주파수, 케이지 결함 주파수 등이 포함된다.
- 케이스 결함 주파수는 기하학적 구조에서 계산되는 베어링특성 주파수에 해당하지 않는다.

02 ☑☐☐☐☐

압전체에 힘이 가해질 때 그 힘에 비례하는 전하가 발생하는 피에조(Piezo)효과를 이용한 센서는?

① 서보 가속도센서
② 와전류 가속도센서
③ 압전형 가속도센서
④ 스트레인게이지 가속도센서

해설

피에조(압전)효과(Piezoelectric Effect)
- 석영과 같은 특정한 고체에 압력을 가하면 그 표면에 전하가 발생하는 현상이다.
- 피에조효과를 이용한 센서는 압전형 가속도센서이다.

03 ☑☐☐☐☐

고유진동수와 질량 및 강성에 관한 설명 중 옳은 것은?

① 고유진동주파수는 질량과 강성 모두에 비례한다.
② 고유진동주파수는 질량과 강성에 모두에 반비례한다.
③ 고유진동주파수는 질량에는 비례하고 강성에는 반비례한다.
④ 고유진동주파수는 질량에는 반비례하고 강성에는 비례한다.

해설

고유진동수
고유진동주파수는 질량에는 반비례하고 강성에는 비례한다.

정답 ● 01 ④ 02 ③ 03 ④

04 ☑☐☐☐☐

진동측정 파라미터를 선정할 때 일반적으로 속도를 많이 활용하는 이유로 틀린 것은?

① 인체의 감도는 일반적으로 속도에 비례한다.
② 진동에 의한 설비의 피로는 진동속도에 반비례한다.
③ 진동에 의해 발생하는 에너지는 진동속도의 제곱에 비례한다.
④ 과거의 경험적 기준값은 대부분 속도가 일정할 때의 기준이다.

해설

진동에 의한 설비의 피로
- 진동속도가 클수록 설비의 구조물에 가하는 응력(스트레스)가 커져 피로 손상 위험성이 증가한다.
- 진동에 의한 설비의 피로는 진동속도에 반비례한다고 볼 수 없다.

05 ☑☐☐☐☐

가속도센서의 부착방법 중 사용할 수 있는 주파수 영역이 넓고 정확도가 우수하나 가속도계 이동 및 고정시간이 길고 고정 시 구조물에 탭 작업을 하여 고정하는 방법은?

① 손 고정　　② 나사 고정
③ 왁스 고정　　④ 영구자석 고정

해설

나사 고정
- 센서를 견고하게 고정할 수 있다.
- 먼지, 습기, 온도에 강하며 사용할 수 있는 주파수 영역이 넓어 장기적 안정성이 좋다.
- 이동 및 고정시간이 길고, 고장 시 드릴 등의 추가작업이 필요하다.

06 ☑☐☐☐☐

진동의 크기를 바르게 표현한 것은?

① 편진폭(피크값) : 정측의 최댓값에서 부측의 최댓값까지의 합이다.
② 전진폭 : 정측이나 부측에서 진동량 절댓값의 최댓값이다.
③ 실횻값 : 진동에너지를 표현하는 것에 적합한 RMS 값이다.
④ 평균값 : 진동량을 평균한 값으로 정현파의 경우 피크값의 $\frac{1}{\sqrt{2}}$이다.

해설

실횻값(RMS)
실횻값은 진동에너지를 표현하는 데 사용하며 최댓값(피크값)의 0.7배 = $\frac{1}{\sqrt{2}}$배이다.

정답 04 ②　05 ②　06 ③

07

회전기계 이상 진단방법 중 간이 진단법에서 판정기준이 아닌 것은?

① 상대판정 ② 상태판정
③ 상호판정 ④ 절대판정

해설

회전기계 이상 진단방법 중 간이 진단법
- 상대판정 : 기준이 되는 정상값과 비교하여 진단하는 방법
- 상호판정 : 여러 대의 설비나 여러 측정위치의 값끼리 비교하는 방법
- 절대판정 : 미리 정해진 절대기준값과 비교하여 이상 유무를 판정하는 방법

08

음향출력 W의 무지향성 음원으로부터 r(m)만큼 떨어진 점에서의 음의 세기를 I라 하면, 음원이 자유공간에서 점음원(Point source)인 경우의 음향출력 W와 음의 세기 I의 관계로 옳은 것은?

① $W = I \times \pi r$
② $W = I \times 2\pi r$
③ $W = I \times 2\pi r^2$
④ $W = I \times 4\pi r^2$

해설

음향출력(Sound Power)
음원으로부터 단위시간당 방출되는 음에너지의 총량으로 음원의 크기를 나타낸다.
$W = I \times S = I \times 4\pi r^2$
S : 구의 표면적 = $4\pi r^2$

09

액면의 높이가 $h(\mathrm{m})$, 배관의 면적이 $A(\mathrm{m}^2)$, 액체의 비중량이 $\gamma(\mathrm{N/m}^3)$일 때 배관을 빠져나오는 유량 $Q(\mathrm{m}^3/\mathrm{s})$는? (단, g는 중력가속도 $(\mathrm{m/s}^2)$이다)

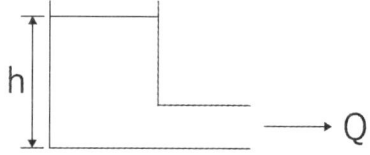

① $Q = Ah$
② $Q = A\sqrt{2gh}$
③ $Q = A\gamma\sqrt{2gh}$
④ $Q = A\sqrt{\dfrac{2gh}{\gamma}}$

해설

토리첼리법칙
저장 용기의 측면이나 바닥에 작은 구멍이 있을 때 그 구멍을 통해 유체가 빠져나오는 속도를 계산하는 공식이다.
$v = \sqrt{2gh}$
유량 $Q = AV = A\sqrt{2gh}$

10

회전기계에서 고주파진동에 해당되는 것은?

① 공동현상 ② 압력맥동
③ 언밸런스 ④ 미스얼라인먼트

해설

공동현상(Cavitation)
- 펌프와 같은 회전기계에서 액체의 압력이 포화증기압 아래로 떨어지면 기포가 형성되고, 이 기포가 붕괴하면서 고주파진동 및 충격음이 발생한다.
- 회전기계진동에서 고주파 성분은 베어링 결함이나 공동현상처럼 미세하고 빠른 현상에서 주로 발생된다.

11

다음 중 회전속도계를 의미하는 것은?

① 로드 셀(Load Cell)
② 서미스터(Thermistor)
③ 타코미터(Tachometer)
④ 퍼펜쇼미터(Potentiometer)

해설

계측기기의 종류
- 로드 셀 : 무게 측정기기
- 서미스터 : 온도 측정기기
- 타코미터 : 속도 측정기기
- 퍼펜쇼미터 : 위치, 각도 측정기기

12

다음 중 도체의 저항값에 비례하는 것은?

① 도체의 길이 ② 도체의 단면적
③ 도체의 색상 ④ 도체의 절연체

해설

도체의 저항

$$R = \rho \frac{L}{S}$$

R : 저항, ρ : 비례상수
L : 도체의 길이, S : 도체의 단면적
도체의 저항(R)은 도체의 길이(L)에 비례하고, 도체의 단면적(S)에 반비례한다.

13

소음의 중첩원리가 적용되지 않는 것은?

① 굴절 ② 맥놀이
③ 보강간섭 ④ 소멸간섭

해설

중첩의 원리
- 둘 또는 그 이상의 같은 성질의 파동이 동시에 한 점을 통과할 때 그 점에서의 진폭은 개개의 파동의 진폭을 합한 것과 같다.
- 맥놀이는 진동수가 비슷한 두 소리가 동시에 들릴 때 소리가 커졌다 작아졌다 하는 것으로 중첩의 원리와 관련이 있다.
- 보강간섭은 두 파동이 같은 위상이 만나 중첩될 때 진폭이 커지는 현상이다.
- 소멸간섭은 두 파동이 중첩될 때 합성파의 진폭이 작아지는 것이다.

정답 10 ① 11 ③ 12 ① 13 ①

14 ☑☐☐☐☐

저항, 용량 또는 인덕턴스 등에 임피던스소자를 이용하여 입력신호를 전압, 전류로 변조 변환하는 방법이 아닌 것은?

① 전류 변환
② 저항 변환
③ 인덕턴스 변환
④ 정전용량 변환

해설

입력신호의 변조 변환하는 방법
- 저항 변환, 인덕턴스 변환, 정전용량 변환은 임피던스소자의 특성을 이용해 입력신호(전압, 전류)에 따라 응답이 달라진다.
- 전류 변환은 임피던스소자를 이용하여 입력신호를 전압, 전류로 변조하는 방식이 아니다.

15 ☑☐☐☐☐

와전류형 비접촉 변위센서가 주로 사용되는 곳은?

① 구름 베어링의 이상 유무를 확인할 때 사용한다.
② 고속기어의 맞물림 상태를 확인할 때 사용한다.
③ 터빈축의 회전 상태를 확인할 때 사용한다.
④ 구조물의 고유진동수를 측정하고자 할 때 사용한다.

해설

와전류형 변위센서
축의 팽창량, 축의 중심 변화, 회전수를 측정하므로 터빈축의 회전 상태를 확인할 때 사용한다.

16 ☑☐☐☐☐

다음 중 진동측정 시 주의해야 할 사항으로 가장 거리가 먼 것은?

① 항상 같은 회전수일 때 측정한다.
② 항상 같은 시간에 진동을 측정한다.
③ 항상 같은 부하조건일 때 측정해야 한다.
④ 항상 동일한 지점에서 진동을 측정해야 한다.

해설

진동측정 시 주의해야 할 사항
진동이 크게 발생하는 시간이 다를 수 있으므로 진동측정 시 항상 같은 시간에 진동을 측정할 필요는 없다.

17 ☑☐☐☐☐

음(소음)의 발생과 특성에 관한 분류 중 옳은 것은?

① 난류음 : 타악기, 스피커음
② 맥동음 : 압축기, 진공펌프, 엔진 배기음
③ 일차 고체음 : 기계 본체의 진동에 의한 소리
④ 이차 고체음 : 기계의 진동에 지반진동을 수반하여 발생하는 소리

해설

음(소음)의 발생과 특성
- 맥동음은 압력이나 유량이 주기적으로 변화하여 생기는 것으로 압축기, 진공펌프, 엔진 배기음이 대표적이다.
- 난류음은 소리의 주파수와 크기가 불규칙한 것으로 스피커음은 난류음에 해당된다고 볼 수 있으나 타악기의 음은 난류음에 해당되지 않는다.

정답 14 ① 15 ③ 16 ② 17 ②

18

두 개의 다른 금속선으로 폐회로를 만들어 열기전력을 발생시키고 폐회로에 전류가 흐르게 하는 원리를 이용한 온도계는?

① 열전쌍 ② 서미스터
③ 볼로미터 ④ 광파이버

해설

열전쌍(열전대, Thermocouple)
- 두 개의 서로 다른 금속선을 접합하여 폐회로를 만들고, 각 접점에 온도차를 주면 열기전력이 발생하여 전류가 흐른다.
- 이러한 현상은 제백효과로, 온도차이에 따라 폐회로에 전위차(전류)가 생기는 원리를 이용해 온도를 측정한다.

19

아날로그 값을 디지털 값으로 변환하는 것을 무엇이라고 하는가?

① D/A 변환기 ② A/D 변환기
③ A/A 변환기 ④ D/D 변환기

해설

변환기
- A/D 변환기 : 아날로그 값을 디지털 값으로 변환한다.
- D/A 변환기 : 디지털 값을 아날로그 값으로 변환한다.

20

프로세스의 특성 중 입력신호에 대한 출력신호의 특성으로서 시간영역에서는 인벌류션 적분이고, 주파수 영역에서는 전달함수와 관련된 특성은?

① 외란 ② 정특성
③ 동특성 ④ 주파수 응답

해설

정특성과 동특성의 구분

구분	내용
정특성	• 입력이 시간에 따라 변하지 않는 상태에서 입력과 출력의 관계이다. • 선형성, 감도, 정확도, 분해능 등이 포함된다.
동특성	• 입력이 시간에 따라 변화할 때 시스템의 출력 응답특성이다. • 시간영역에서는 인벌류션 적분이고, 주파수 영역에서는 전달함수와 관련된 특성이다.

정답 18 ① 19 ② 20 ③

2과목 | 설비관리

21 ☑□□□□

보전작업 표준화의 목적은 보전작업의 낭비를 제거하여 효율성을 증대시키기 위한 것이다. 다음 중 보전표준의 종류가 아닌 것은?

① 작업표준
② 수리표준
③ 자재표준
④ 일상점검표준

해설

보전표준의 종류
① 작업표준 : 작업에 대한 작업조건, 관리방법 등 작업수행에 필요한 표준이다.
② 수리표준 : 고장 발생 시 수리의 순서, 조치방법 등을 정한 표준이다.
③ 자재표준 : 품목별 설비 및 자재에 대한 표준화된 사양을 정하기 위한 것으로 보전표준에는 해당되지 않는다.
④ 일상점검표준 : 현장의 담당자가 정기적으로 설비, 작업환경 등이 정상적으로 유지되고 있는지를 점검하는 표준이다.

22 ☑□□□□

설비보전에 강한 작업자의 요구능력 중 수리할 수 있는 능력이 아닌 것은?

① 설비의 고장진단을 할 수 있다.
② 부품의 수명을 알고 교환할 수 있다.
③ 오버홀(Overhaul) 시 보조할 수 있다.
④ 고장원인을 추정하고 긴급처리를 할 수 있다.

해설

설비보전에 강한 작업자
설비의 고장진단은 수리능력과는 거리가 멀다.
오버홀은 설비를 완전히 분해하여 부품을 점검·세척하고 필요한 부품을 수리하거나 교환하는 것이다.

23 ☑□□□□

가공 및 조립형 설비로스의 종류와 정의에 종류에 따른 정의가 잘못 설명된 것은?

① 고장로스 – 돌발적 또는 만성적으로 발생하는 고장에 의하여 발생되는 시간로스
② 속도저하로스 – 설비의 설계에 의한 이론 사이클시간과 실제 사이클시간과의 차이
③ 준비·교체·조정로스 – 준비작업 및 품종교체, 공구교환에 의한 시간적 로스
④ 수율저하로스 – 공정 중에 발생하는 불량품에 의한 불량로스

해설

수율저하로스
수율저하로스는 불량 발생 및 불량으로 인한 수정작업으로 인해 발생하는 로스로 불량로스보다 더 포괄적인 의미이다.

24 ☑☐☐☐☐

상비품 품목결정방식 중 비상비품의 재고방식을 계획구매방식이라고 한다. 다음 계획구매방식의 특성으로 틀린 것은?

① 관리수속이 복잡하다.
② 재고금액이 많아진다.
③ 시설변경에 대한 손실이 적다.
④ 재질변경에 대한 손실이 적다.

해설

계획구매방식
- 장기적인 수요예측과 계획을 바탕으로 자재나 서비스를 미리 구매하는 방법이다.
- 필요할 때마다 계획적으로 구매해야 하므로 관리수속이 복잡해진다.
- 계획적으로 구매하여 재고금액이 적어진다.
- 재고를 많이 보유하지 않으므로 시설변경과 재질변경에 대한 손실이 적다.

25 ☑☐☐☐☐

설비열화의 대책에 관한 내용과 가장 거리가 먼 것은?

① 열화측정을 위하여 검사를 실시한다.
② 열화회복을 위하여 수리를 실시한다.
③ 열화속도 지연을 위하여 경향검사를 실시한다.
④ 열화방지를 위하여 급유, 교환, 조정, 청소 등 일상 보전활동을 한다.

해설

경향검사
경향검사는 설비의 상태변화 추이를 모니터링하여 고장을 예측하거나 조기발견을 하기 위한 것을 설비열화의 대책과는 거리가 멀다.

관련개념 설비열화의 대책
- 열화방지 : 급유, 교환, 청소 등 일상보전
- 열화측정 : 상태점검, 검사
- 열화회복 : 수리, 복원

26 ☑☐☐☐☐

다음 중 설비의 경제성 평가방법이 아닌 것은?

① 변환법   ② 비용비교법
③ 자본회수법   ④ MAPI방식

해설

변환법
변환법은 데이터를 다른 값으로 변환하는 것으로 설비의 경제성 평가에 사용하는 방법이 아니다.

관련개념 설비의 경제성 평가방법

구분	내용
비용비교법	여러 설비의 투자 대안들의 총 비용을 비교하여 투자를 결정한다.
자본회수법	설비투자에 들어간 자본이 순이익으로 얼마만에 회수되는지를 계산하여 투자를 결정한다.
MAPI법	미국 생산성 및 품질센터(MAPI)에서 고안한 방법이다. 주로 신구 설비의 교체를 결정할 때 사용한다.
현재가치법	미래의 비용과 수익을 현재가치로 환산한 후 투자를 결정한다.

정답 24 ② 25 ③ 26 ①

27

열관리의 영역에서 열에너지 흐름에 따른 분류에 해당하지 않는 것은?

① 연료의 관리
② 연소의 관리
③ 인화점의 관리
④ 열사용의 관리

해설

열관리 영역에서 열에너지 흐름에 따른 분류

구분	내용
연소의 관리	열 발생단계로 연료를 태워 열을 발생시키는 과정의 관리이다.
열사용의 관리	발생한 열을 설비에 효율적으로 사용하는 과정의 관리이다.
연료의 관리	연료의 품질, 공급, 저장 등 열 발생의 전제조건을 관리한다.

28

현상파악에 사용되는 방법 중 공정이 정상 상태인지, 이상 상태인지를 판독하기 위한 방법은?

① 관리도
② 체크시트
③ 파레토도
④ 히스토그램

해설

관리도
- 공정의 품질을 관리하고, 정상 상태인지, 이상 상태인지를 신속하게 파악하기 위해 사용하는 품질관리 도구이다.
- 관리한계선(상한, 하한)을 설정하여 이를 벗어나면 이상신호로 간주한다.

29

설비배치의 형태에 관한 설명 중 틀린 것은?

① 제품별 설비배치는 작업의 흐름 판별이 용이하다.
② 기능별 설비배치는 소품종 대량생산의 경우에 알맞은 배치형식이다.
③ 총체적 설비배치 계획은 공장입지 선정, 건물 배치계획, 부서 배치계획 및 설비 배치계획단계로 실시된다.
④ GT셀(Group Technology Cell)은 여러 종류의 기계에 속하는 대부분의 부품가공을 할 수 있는 경우의 설비배치이다.

해설

기능별 설비배치
- 유사한 기능을 가진 기계나 설비, 작업공정을 한 곳에 집단적으로 배치하는 것이다.
- 선반, 드릴, 밀링 등을 같은 종류끼리 한 작업장에 모아두는 것이다.
- 다양한 제품을 소량씩 생산하는 다품종 소량생산의 경우에 알맞은 배치형식이다.

30

사람, 물건, 설비의 관계를 가장 경제적으로 얻기 위해 제품을 구성하는 각 부품이나 재료의 입하부터 최종 출하까지의 생산설비를 계획하는 것은?

① 설비배치
② 구조설계
③ 안전설계
④ 운반시스템 설계

정답 27 ③ 28 ① 29 ② 30 ①

> 해설

설비배치(Facility Layout)
- 효율적인 생산공정을 위해 공간적 배열을 계획하는 것이다.
- 사람, 물건, 설비의 관계를 가장 경제적으로 얻기 위해 제품을 구성하는 각 부품이나 재료의 입하부터 최종 출하까지의 생산설비를 계획하는 일련의 공정이다.

31 ☑☐☐☐☐
다음은 설비관리 조직 중 어떤 형태의 조직인가?

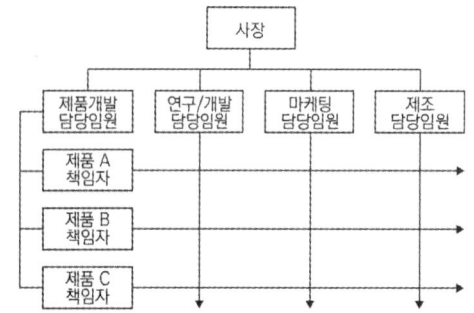

① 설계보증 조직
② 제품중심 조직
③ 기능중심 매트릭스 조직
④ 제품중심 매트릭스 조직

> 해설

설비관리 조직
- 사장 밑에 각 기능별 담당인원이 있으며 제품별 책임자가 교차로 연결되어 있는 형태이므로 매트릭스 조직임을 알 수 있다.
- 조직도에서 중심 권한이 기능관리자에게 있으면 기능중심 매트릭스 조직이고, 중심권한이 제품관리자에게 있다면 제품중심 매트릭스 조직이다.
- 주어진 조직은 제품개발 담당임원이 있으므로 제품중심 매트릭스 조직이다.

32 ☑☐☐☐☐
상비품의 발주방식 중 최고 재고량을 정해 놓고, 사용할 때마다 사용량만큼을 발주해서 언제든지 일정량을 유지하는 방식은?

① 정량발주방식
② 정기발주방식
③ 사용고발주방식
④ 불출 후 발주방식

> 해설

상비품 발주방식
① 정량발주방식 : 재고가 정해진 발주점에 도달하면 같은 양을 발주한다.
② 정기발주방식 : 일정한 주기에 재고량과 관계없이 발주한다.
③ 사용고발주방식 : 사용할 때마다 사용량 만큼 보충 발주하여 일정량을 유지한다.
④ 불출 후 발주방식 : 물품을 불출(출고)한 직후 발주한다.

33 ☑☐☐☐☐
설비의 종합효율을 산출하기 위한 공식으로 맞는 것은?

① 종합효율 = 시간가동률 × 성능가동률 × 양품률
② 종합효율 = 속도가동률 × 실질가동률 × 양품률
③ 종합효율 = $\dfrac{속도가동률 \times 성능가동률}{양품률}$
④ 종합효율 = $\dfrac{시간가동률 \times 실질가동률}{양품률}$

정답 ● 31 ④ 32 ③ 33 ①

해설

설비의 종합 이용효율
- 설비가 최적의 효율을 내며 관리하고 있는가를 평가하는 척도이다.
- 양품률이란 총 생산량 중에서 양품(합격품)이 차지하는 비율이다.
- 종합이용효율 = 시간가동률 × 성능가동률 × 양품률

해설

유압 작동유탱크(Oil Tank)의 최고온도
유압 작동유의 점도는 온도에 따라 변하므로, 점도유지와 장비 보호를 위해 55℃ 이내로 관리해야 한다.

34

윤활유 첨가제의 일반적 성질로 틀린 것은?

① 색상이 깨끗해야 한다.
② 기유에 용해도가 좋아야 한다.
③ 수용성 물질에 잘 녹아야 한다.
④ 다른 첨가제와 잘 조화되어야 한다.

해설

윤활유 첨가제의 일반적 성질
- 윤활유 첨가제는 수용성 물질보다는 기유에 잘 녹아야 한다.
- 윤활유 첨가제가 물과 반응하면 윤활유 내에서 분리 또는 변질이 일어날 수 있다.

36

기어용 윤활유의 요구조건에 관한 내용으로 틀린 것은?

① 방식, 방청성이 우수해야 한다.
② 고속기어에는 저점도의 윤활유가 적합하다.
③ 기어의 회전에 따라 기포가 발생하면 윤활 성능이 증대되므로 소포성이 낮은 윤활유가 요구된다.
④ 윤활유에 수분이 침투하여 유화가 발생되면 녹이 발생하므로 항유화성의 윤활유가 요구된다.

해설

윤활유의 요구조건
- 소포성이란 윤활유 내에서 발생한 기포가 신속하게 없어지는 성질이다.
- 윤활유 내에 기포가 남아 있으면 윤활성능이 떨어지고 설비의 마모의 원인이 되므로 윤활유는 소포성이 높아야 한다.

35

윤활유의 점도는 온도에 의해서 변하므로 일정 온도를 유지하는 것이 중요하다. 유압 작동유 탱크(Oil Tank)의 최고온도는 몇 ℃ 이내로 관리하여야 하는가?

① 30℃   ② 55℃
③ 75℃   ④ 90℃

정답 34 ③ 35 ② 36 ③

37 ☑☐☐☐☐

다음 윤활제의 작용 중 내연기관의 피스톤과 실린더 벽 사이에 윤활유막이 존재함으로써 연소가스가 새는 것을 방지해주는 것은?

① 방진작용 ② 마찰작용
③ 밀봉작용 ④ 마모작용

해설

밀봉작용
- 윤활제는 밀봉작용을 통해 윤활유막이 피스톤과 실린더 벽 사이의 틈을 메워 연소가스가 새지 않도록 기밀을 유지한다.
- 밀봉작용을 통해 엔진의 성능저하를 방지하고 연료의 소모가 감소된다.

38 ☑☐☐☐☐

공압장치의 액추에이터 습동 부분에 윤활제를 공급하는 장치로 옳은 것은?

① 미니메스 ② 오일스톤
③ 에어브리더 ④ 루브리케이터

해설

루브리케이터
공압장치의 액추에이터의 습동(마찰이 있는 운동) 부분에 자동으로 윤활유를 공급하여 마모 및 고착을 방지하는 장치이다.

39 ☑☐☐☐☐

기어 윤활에서 기어의 손상에 대한 설명으로 옳은 것은?

① 리징(Ridging) : 외관이 미세한 홈과 퇴적상이 마찰 방향과 평행으로 거의 등간격으로 된 것이 특징이다.
② 리플링(Rippling) : 국부적으로 금속 접촉이 일어나 용융 되어 뜯겨가는 현상으로 극압성 윤활제가 좋다.
③ 스폴링(Spalling) : 높은 응력이 반복작용 된 결과로 박리현상이 없으며 윤활유의 성상과는 무관하다.
④ 피팅(Potting) : 고속 고하중 기어에는 이면의 유막이 파단되어 국부적으로 금속 접촉이 일어나는 것이다.

해설

기어의 손상
② 리플링(Rippling) : 미끄럼 운동방향과 거의 직각으로 물결무늬가 생기는 현상이다.
③ 스폴링(Spalling) : 반복적인 응력에 의해 표면에서 박리현상이 발생하는 것이다.
④ 피팅(Potting) : 표면에 미세한 구멍이 생기는 것으로 금속 접촉과는 구분된다.

정답 37 ③ 38 ④ 39 ①

40 ☑☐☐☐☐

옥외에 사용되는 유압시스템에서 온도 변화가 심할 경우에 넓은 온도범위에 걸쳐 사용될 수 있도록 유압 작동유에 첨가되는 첨가제는 무엇인가?

① 방청제
② 내마모제
③ 산화방지제
④ 점도지수 향상제

해설

점도지수 향상제
- 점도지수 향상제는 온도 변화가 클 때 유압 작동유의 점도 변화를 최소화해서, 저온과 고온에서 균일한 점도를 유지하도록 한다.
- 유압시스템이 각기 옥내와 옥외, 겨울과 여름과 같이 다른 환경에서 안정적으로 작동할 수 있도록 한다.

3과목 기계일반 및 기계보전

41 ☑☐☐☐☐

결정조직을 조절하고 연화시키기 위한 열처리로 맞는 것은?

① 퀜칭(Quenching)
② 어닐링(Annealing)
③ 템퍼링(Tempering)
④ 노멀라이징(Normalizing)

해설

어닐링(Annealing)
- 어닐링은 금속을 가열한 후 서서히 냉각하여 내부응력을 완화하고, 구조를 재정렬하는 열처리이다.
- 어닐링은 주로 결정조직을 균일하게 만들고, 재료를 연화하여 작업성과 인성을 높기 위해 실시한다.

42 ☑☐☐☐☐

일반적인 용접의 특징으로 틀린 것은?

① 작업 공정수가 적어 경제적이다.
② 재료가 절약되고 중량이 가벼워진다.
③ 품질검사가 쉽고 변형이 발생하지 않는다.
④ 소음이 적어 실내에서의 작업이 가능하며 복잡한 구조물 제작이 쉽다.

해설

일반적인 용접의 특징
용접은 품질검사하기 어렵고 고온을 사용하므로 변형이 발생할 수 있다.

정답 40 ④ 41 ② 42 ③

43 ☑☐☐☐☐

축이음 핀의 빠짐방지나 볼트, 너트의 풀림방지로 쓰이는 것은?

① 코터
② 분할핀
③ 평행핀
④ 테이퍼핀

해설

분할핀
분할핀은 한쪽 끝이 두 갈래로 나뉘어져 있으며, 핀을 장착 후 끝을 벌려 빠짐을 방지하거나 풀림을 방지하는 데 사용한다.

44 ☑☐☐☐☐

탭 및 다이스 가공에 대한 설명 중 틀린 것은?

① 탭작업은 구멍에 암나사를 가공하는 공작법이다.
② 보통 탭과 다이스에 의한 작업은 지름 25 cm 정도까지 할 수 있다.
③ 환봉의 바깥쪽에 수나사를 가공할 때 사용하는 공구는 다이스이다.
④ 탭은 1~3번의 3개가 1조로 구성되어 있고, 작업은 번호순서대로 탭을 사용하여 가공한다.

해설

탭 및 다이스 가공
일반적인 탭과 다이스는 지름 25 mm 정도까지가 표준이며, 25 cm(250 mm)는 기계 가공이나 특수공구가 필요한 크기로, 거의 사용하지 않는다.

45 ☑☐☐☐☐

축에서 가장 많이 발생하는 고장의 진행 형태를 순서대로 열거한 것은?

① 끼워맞춤 불량 → 풀림 발생 → 미동 마모 → 기어 마모 → 치명적인 고장
② 끼워맞춤 불량 → 풀림 발생 → 기어 마모 → 미동 마모 → 치명적인 고장
③ 풀림 발생 → 끼워맞춤 불량 → 미동 마모 → 기어 마모 → 치명적인 고장
④ 끼워맞춤 불량 → 미동 마모 → 풀림 발생 → 기어 마모 → 치명적인 고장

해설

축 고장의 진행과정
- 끼워맞춤 불량이 발생하면 결합력이 약해져 축이 흔들린다.
- 흔들림이 반복되어 풀림이 발생한다.
- 미동 마모가 지속되어 결합표면에 미세한 손상이 누적된다.
- 기어 등 회전부품의 마모가 심해진다.
- 누적된 손상과 응력집중으로 인해 축 또는 기어에 치명적인 고장이 발생하여 전체시스템기능을 상실한다.

46 ☑☐☐☐☐

송풍기를 설치한 곳의 기초 지반이 연약할 때 가장 큰 영향을 미치는 고장 발생의 현상은?

① 진동발생이 크다.
② 댐퍼조절이 나빠진다.
③ 풍량과 풍압이 작아진다.
④ 시동 시 과부하가 발생한다.

정답 43 ② 44 ② 45 ① 46 ①

해설
송풍기 고장
연약한 지반에 송풍기 등 회전기계를 설치하면 장비가 안정적으로 지지받지 못해 진동이 심하게 발생한다.

해설
드릴작업 시 올바른 작업 안전수칙
척 렌치는 드릴 척(Chuck)을 조이고 풀 때 사용하는 전용 공구로 드릴작업을 하기 전에는 제거해야 한다.

47

연삭기에서 숫돌의 바깥지름이 180 mm라면, 평형 플랜지의 바깥지름은 몇 mm 이상이어야 하는가?

① 30
② 36
③ 45
④ 60

해설
평형 플랜지의 바깥지름
- 평형 플랜지의 바깥지름은 설치하는 숫돌 바깥지름의 1/3 이상이어야 한다.
- 숫돌의 바깥지름이 180 mm 라면 평형 플랜지의 바깥지름은 60 mm 이상이어야 한다.

48

드릴작업 시 올바른 작업 안전수칙이 아닌 것은?

① 구멍을 뚫을 때 관통된 것을 확인하기 위해 손으로 만져서는 안 된다.
② 드릴을 끼운 후에 척 렌지(Chuck Wrench)를 부착한 상태에서 드릴작업을 한다.
③ 작업모를 착용하고 옷소매가 긴 작업복은 입지 않는다.
④ 보호안경을 쓰거나 안전덮개를 설치한다.

49

산업안전보건법령상 관리대상 유해물질의 운반 및 저장방법으로 적절하지 않은 것은?

① 저장장소에는 관계 근로자가 아닌 사람의 출입을 금지하는 표시를 한다.
② 저장장소에서 관리대상 유해물질의 증기가 실외로 배출되지 않도록 적절한 조치를 한다.
③ 관리대상 유해물질을 저장할 때 일정한 장소를 지정하여 저장하여야 한다.
④ 물질이 새거나 발산될 우려가 없는 뚜껑 또는 마개가 있는 튼튼한 용기를 사용한다.

해설
관리대상 유해물질의 운반 및 저장방법
관리대상 유해물질의 증기는 국소배기장치 등을 이용해 실외로 배출시켜야 한다.

정답 47 ④ 48 ② 49 ②

50 ☑☐☐☐☐

정반 위에 놓고 이동시키면서 공작물에 평행선을 긋거나 평행면의 검사용을 사용되는 금긋기 공구는?

① 펀치 ② 매직잉크
③ 디바이더 ④ 서피스게이지

해설

서피스게이지
- 밑받침이 달린 기둥에 금긋기 바늘이 달려 있는 모양이다.
- 공작물에 평행선을 긋거나 평행면의 검사용을 사용되는 금긋기 공구이다.

51 ☑☐☐☐☐

원심펌프의 임펠러에 의해 유체에 가해진 속도에너지를 압력에너지로 변환되도록 하고 유체의 통로를 형성해 주는 역할을 하는 일종의 압력용기는?

① 웨어링 ② 케이싱
③ 안내 깃 ④ 스터핑 박스

해설

케이싱(Casing)
- 일종의 압력용기이다.
- 원심펌프의 임펠러에 의해 유체에 가해진 속도에너지를 압력에너지로 변환되도록 하고 유체의 통로를 형성해 준다.

52 ☑☐☐☐☐

관로에서 유속의 급격한 변화에 의해 관 내 압력이 상승 또는 하강하는 현상으로 옳은 것은?

① 수격현상
② 축류현상
③ 벤투리현상
④ 캐비테이션현상

해설

수격현상(Water Hammer)
- 관로 내의 유체가 급격하게 정지하거나 변화될 때 발생하는 압력파동현상이다.
- 관 내 유속이 빨라지면 수격현상이 더 심하게 발생한다.

53 ☑☐☐☐☐

축의 동력전달 방향을 바꾸는 기어가 아닌 것은?

① 웜 기어
② 헬리컬기어
③ 하이포이드 기어
④ 스파이럴 베벨기어

해설

헬리컬기어
헬리컬기어는 주로 평행한 축 사이에서 동력을 전달하며, 동력전달 방향(축방향 자체)을 바꾸는 용도로는 사용하지 않는다.

정답 50 ④ 51 ② 52 ① 53 ②

54 ☑□□□□

볼트와 너트의 고착원인으로 틀린 것은?

① 수분의 침입
② 부식성 가스의 침입
③ 부식성 액체의 침입
④ 유성페인트의 도포

해설

볼트와 너트의 고착원인
- 볼트와 너트의 고착이란 부품이 서로 달라붙어 움직이지 않는 것이다.
- 유성페인트를 도포하면 방청(녹방지)효과가 있어 볼트와 너트의 고착이 방지된다.

55 ☑□□□□

일반적인 줄작업의 주의사항으로 틀린 것은?

① 보통 줄의 사용순서는 중목 → 황목 → 세목 → 유목의 순으로 작업한다.
② 오른손 팔꿈치를 옆구리에 밀착시키고 팔꿈치가 줄과 수평이 되게 한다.
③ 눈은 항상 가공물을 보며 작업하고 줄을 당길 때는 가공물에 압력을 주지 않는다.
④ 왼손은 줄의 균형을 유지하기 위해 손목을 수평으로 하고 손바닥으로 줄 끝을 가볍게 누르거나 손가락으로 감싸준다.

해설

일반적인 줄작업의 주의사항
- 황목은 날이 거칠고 절삭력이 높아 재료를 빠르게 제거할 수 있으므로 처음에 작업한다.
- 보통 줄의 사용순서는 황목 → 중목 → 세목 → 유목의 순으로 작업한다.

56 ☑□□□□

용접법의 분류 중 용접에 해당하지 않는 것은?

① TIG용접
② 저항용접
③ 피복아크용접
④ 서브머지드아크용접

해설

용접법의 분류
- TIG용접, 피복아크용접, 서브머지드아크용접 모두 모재의 일부를 용융시켜 접합하는 아크용접방식이다.
- 저항용접은 금속재료를 압착한 상태에서 전류를 흘려 접합 부분에 발생하는 저항열로 모재를 융접(용해)시키는 압접에 해당한다.

57 ☑□□□□

축의 센터링 불량 시 나타나는 현상이 아닌 것은?

① 진동이 크다.
② 기계 성능이 저하된다.
③ 구동의 전달이 원활하다.
④ 베어링부의 마모가 심하다.

해설

축의 센터링 불량 시 나타나는 현상
축의 센터링 불량 시 구동의 전달이 원활하지 않아 소음, 진동이 발생하고, 베어링부의 마모가 발생한다.

정답 54 ④ 55 ① 56 ② 57 ③

58 ☑☐☐☐☐

고장이 없고 보전이 필요하지 않은 설비를 제작하는 보전방식은?

① 예방보전   ② 보전예방
③ 생산보전   ④ 사후보전

해설

보전예방(MP)
- 설비의 투자계획이나 신설 시 설비의 경제성, 신뢰성, 안정성, 보전성 등을 고려하여 보전성을 좋게 하고 열화손실을 적게 하는 보전활동이다.
- 기본목표는 보전이 필요없는 설비를 설계하는 것이다.

59 ☑☐☐☐☐

원통에 감긴 실을 잡아당기면서 풀 때 실이 그리는 곡선으로서, 대부분 기어에 사용되고 있는 곡선은?

① 사이클로이드 치형곡선
② 인벌류트 치형곡선
③ 노비코프 치형곡선
④ 에피사이클로이드 치형곡선

해설

인벌류트 치형곡선
- 원통에 실을 감고 한쪽 끝을 잡아당기면서 풀면 실의 끝이 그리는 궤적을 인벌류트 곡선이라고 한다.
- 인벌류트곡선은 산업용 기어에서 치형 설계에 사용된다.

60 ☑☐☐☐☐

드릴링 머신의 기본작업이 아닌 것은?

① 스폿 페이싱(Spot Facing)
② 카운터 보링(Counter Boring)
③ 리밍(Reaming)
④ 슬로팅(Slotting)

해설

슬로팅(Slotting)
슬로팅 일반적으로 밀링머신을 이용해 길고 얇은 홈을 내는 작업이다.

관련개념 드릴링 머신의 작업
- 스폿 페이싱 : 볼트나 너트 머리가 닿는 면을 평탄하게 만드는 작업이다.
- 카운터 보링 : 볼트 머리가 가공물 속에 묻히게 깊은 자리를 파는 작업이다.
- 리밍 : 드릴로 뚫은 구멍의 내면을 정밀하게 다듬는 작업이다.

정답 58 ② 59 ② 60 ④

4과목 공유압 및 자동화

61 ☑☐☐☐☐

센서로부터 입력되는 제어 정보를 분석·처리하여 필요한 제어 명령을 내려주는 장치인 제어신호 처리장치의 명칭은?

① 네트워크
② 프로세서
③ 하드웨어
④ 액추에이터

해설

프로세서(Processor)
- 제어신호를 분석·처리하여 명령을 내리는 기능은 프로세서이다.
- 프로세서의 제어장치가 명령어를 해석하여 제어신호를 만들어 각 장치로 보낸다.
- 네트워크는 통신망이고, 하드웨어는 물리적 장치이며 액추에이터는 실제 동작을 하는 기계장치이다.

62 ☑☐☐☐☐

3상 유도전동기의 슬립을 구하는 식으로 옳은 것은?

① 슬립 = $\dfrac{\text{동기속도} + \text{전부하속도}}{\text{동기속도}} \times 100\%$

② 슬립 = $\dfrac{\text{동기속도} - \text{전부하속도}}{\text{동기속도}} \times 100\%$

③ 슬립 = $\dfrac{(\text{전부하속도} + \text{동기속도})^2}{\text{전부하속도}} \times 100\%$

④ 슬립 = $\dfrac{(\text{전부하속도} - \text{동기속도})^2}{\text{전부하속도}} \times 100\%$

해설

3상 유도전동기의 슬립공식
슬립(s)는 동기속도(N_s)와 전부하속도(N) 차이의 비율로 정의된다.

$$s = \dfrac{N_s - N}{N_s}$$

63 ☑☐☐☐☐

PLC에서 출력신호는 존재하는데 공압 실린더가 움직이지 않을 때, 그 원인으로 적절하지 않은 것은?

① 전선이 단선되어 있다.
② 밸브의 솔레노이드가 소손되었다.
③ 공기 중에 수분 함유량이 보통보다 적다.
④ 공급압력이 게이지압력으로 0 bar를 지시하고 있다.

해설

공압 실린더가 움직이지 않는 원인
- 공기 중에 수분 함유량이 많으면 부식이 발생할 수 있지만, 수분이 적다고 해서 실린더의 동작에 문제가 발생하지는 않는다.
- 공압 실린더가 작동하는 데에는 건조한 공기가 더 바람직하다.

64 ☑☐☐☐☐

다음 중 공압장치의 장점으로 틀린 것은?

① 압축공기의 에너지를 쉽게 얻을 수 있다.
② 인화의 위험성이 없다.
③ 제어방법 및 취급이 간단하다.
④ 균일한 속도를 얻을 수 있다.

정답 61 ② 62 ② 63 ③ 64 ④

해설

공압장치
- 공기는 압축성이 있기 때문에 실린더 속도가 부하 변화에 따라 영향을 받으며, 부하가 변하면 속도가 변동된다.
- 공압장치는 균일한 속도를 얻기 어렵다.

65 ☑☐☐☐☐

다음 중 유체의 흐름을 층류와 난류로 구분할 때 사용하는 것은?

① 연속의 법칙 ② 베르누이 정리
③ 레이놀즈수 ④ 파스칼의 원리

해설

레이놀즈수
- 유체의 흐름을 층류(규칙적 흐름)와 난류(불규칙한 흐름)로 구분할 때 사용하는 기준은 레이놀즈수이다.
- 일반적으로 레이놀즈수가 2000 이하이면 층류, 4000 이상이면 난류로 분류한다.

66 ☑☐☐☐☐

다음 설명에 해당하는 이론은?

> 에너지의 손실이 없다고 가정할 경우, 유체의 위치에너지, 속도에너지, 압력에너지의 합은 일정하다.

① 연속의 법칙
② 베르누이 정리
③ 파스칼의 원리
④ 보일 - 샤를의 법칙

해설

베르누이 정리
베르누이 정리는 에너지보존법칙의 일종으로 유체가 정상 상태로 흐를 때 임의의 점에서 위치에너지, 속도에너지, 압력에너지의 합이 항상 일정하다는 정리이다.

67 ☑☐☐☐☐

회전식 공기압축기가 아닌 것은?

① 베인형 ② 스크롤형
③ 루트 블로워 ④ 다이어프램형

해설

다이어프램형
내부에 다이어프램(막판)이 피스톤 운동으로 왕복하며 압축작용을 하므로 왕복동에 속한다.

68 ☑☐☐☐☐

3상 전동기의 과열원인이 아닌 것은?

① 공진현상 발생
② 과부하 운전
③ 코일의 단락 및 군의 단락
④ 단상 운전

해설

공진현상
- 공진현상은 특정한 진동수를 가진 물체에 동일한 진동수의 외력이 가해지면 진폭이 크게 증가하는 현상이다.
- 공진현상은 진동과 관련된 현상으로 전동기 자체의 과열과는 직접적인 관련이 없다.

정답 65 ③ 66 ② 67 ④ 68 ①

69

다음 중 연속적인 물리량인 온도를 측정하는 열전대의 출력신호의 형태는?

① 2진신호 ② 디지털신호
③ 아날로그신호 ④ 전류신호

해설

열전대의 출력신호
열전대는 연속적인 물리량(온도)을 측정하면, 해당 온도의 변화에 따라 연속적으로 변화하는 전압(아날로그신호)을 출력한다.

70

핸들링(Handling)의 용어를 설명한 것으로 옳지 않은 것은?

① 반전(Turnover) : 180°의 회전이나 선회에 의해 위치를 변경하는 것으로 부품을 거꾸로 위치시키거나 전후를 역전시키는 것
② 전환(Diversion) : 기계로 공급되고 있는 부품을 교체하는 것
③ 회전(Rotation) : 부품 자체의 중앙부를 기준으로 위치를 변경시키는 것
④ 선회(Swivelling) : 부품으로부터 떨어진 지점을 중심으로 위치를 변경시키는 것

해설

핸들링(Handling)의 용어 중 전환
공급되고 있는 부품의 경로를 변경해서 다른 방향으로 흐르게 하는 것으로 부품을 교체하는 것은 아니다.

71

다음 중 동기전동기의 장점이 아닌 것은?

① 기동 시 조작이 용이하다.
② 부하의 변화로 속도가 변하지 않는다.
③ 높은 역률로 운전할 수 있다.
④ 전원주파수가 일정하면 회전속도도 일정하다.

해설

동기전동기의 특징
동기 전동기는 기동토크가 낮아, 혼자서 기동하기 어렵고 외부의 기동장치가 필요하기 때문에 기동 조작이 쉽지 않다.

72

공유압실린더의 속도를 제어하는 방법으로 맞는 것은?

① 유압실린더의 속도제어는 릴리프밸브를 조정하여 압력을 변화시켜 제어한다.
② 공압실린더의 속도제어는 감압밸브를 조정하여 압력을 변화시켜 제어한다.
③ 공압실린더의 속도제어는 방향제어밸브를 조정하여 유량을 변화시켜 제어한다.
④ 유압실린더의 속도제어는 유량제어밸브를 조정하여 유량을 변화시켜 제어한다.

정답 69 ③ 70 ② 71 ① 72 ④

해설

공유압실린더의 속도제어방법
① 릴리프밸브는 시스템의 압력 한계를 설정하는 보호밸브로, 속도제어로 사용되지 않는다.
② 감압밸브는 압력을 낮추는 역할을 하며, 실린더 속도는 유량에 따라 결정된다.
③ 방향제어밸브는 작동유의 흐름의 방향을 바꿀 뿐 속도자체를 제어하지는 않는다.
④ 유압실린더의 속도는 주로 유량제어밸브를 통해 유입되는 오일의 유량을 조정함으로써 변화된다.

73 ☑☐☐☐☐
유압 액추에이터의 속도를 제어하기 위한 방법이 아닌 것은?

① 미터인 ② 미터아웃
③ 급속배기 ④ 블리드오프

해설

속도제어와 급속배기의 차이
• 속도제어란 이동속도를 임의로 조정하는 것으로, 미터인, 미터아웃, 블리드오프 등의 방식을 이용한다.
• 급속배기밸브는 실린더 내 공기를 즉시 배출하여 실린더가 최대속도로 복귀하도록 하는 장치로, 속도를 조정하지는 않고, 속도를 극대화하는 보조장치이다.

74 ☑☐☐☐☐
다음 중 신호를 기억할 수 있는 회로는?

① AND회로 ② OFF회로
③ OR회로 ④ 플립플롭회로

해설

플립플롭회로
플립플롭회로는 1비트의 정보를 기억할 수 있는 순서 논리회로이며, 신호의 변동이 있을 때까지 상태를 계속 유지한다.

75 ☑☐☐☐☐
시퀀스제어방식으로 구성된 공압시스템의 고장 발생시의 대처방법으로 적당하지 않은 것은?

① 운동 - 단계선도를 이용하여 정지된 동작순서를 확인한다.
② 정지된 동작순서의 전후제어신호 상태를 확인한다.
③ 고장원인이 전기계통, 밸브 혹은 실린더인지를 파악한다.
④ 전원과 압축공기의 공급을 먼저 차단하여 안전을 확보한다.

해설

공압시스템의 고장 발생 시의 대처방법
• 정확한 고장진단 전에 압축공기의 공급을 차단하면 실린더 등이 갑자기 움직여 안전사고가 일어날 수 있다.
• 고장의 원인을 분석한 뒤 정비를 수행할 때 압축공기의 공급을 차단해야 한다.

정답 73 ③ 74 ④ 75 ④

76 ☑☐☐☐☐
다음 중 힘의 단위는?

① kg
② kgf
③ kgf·s
④ kgf·m

해설

힘의 단위

kgf는 힘의 단위로 1 kg의 질량에 중력가속도 (9.8 m/s^2)을 곱한 값이다.

77 ☑☐☐☐☐
다음 중 고저압에 관계없이 대관경의 관로용에 사용되며 분해보수가 용이한 관이음은?

① 나사이음
② 플랜지이음
③ 용접형 이음
④ 플레어형 이음

해설

플랜지이음
- 큰 배관, 고압 배관에 많이 사용된다.
- 볼트, 너트를 풀거나 조여서 쉽게 분해, 조립할 수 있다.

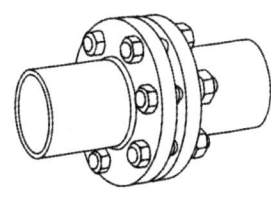

[플랜지이음]

78 ☑☐☐☐☐
피스톤에 O링을 사용한 실린더에 압력이 존재하면 실린더배럴과 피스톤의 간극 사이로 O링이 밀려나오는데 이를 방지하는 데 사용하는 패킹은?

① 라비린스 실
② 개스킷
③ V 패킹
④ 백업 - 링

해설

백업 - 링

피스톤에 O링을 사용한 실린더에서 압력이 작용하면, O링이 밀려나올 위험이 있는데 이를 방지하기 위해 사용하는 것이 백업 - 링이다.

79 ☑☐☐☐☐
공기압작업요소 중에서 전진과 후진시의 추력이 같은 장점을 갖는 실린더는?

① 탠덤형
② 양 로드형
③ 다위치형
④ 텔레스코프형

해설

양 로드형 실린더

양 로드형 실린더는 피스톤 로드가 양쪽에 있어, 전진과 후진 시 피스톤 단면적이 같으므로 추력(힘)이 동일하게 발생한다.

정답 76 ② 77 ② 78 ④ 79 ②

80 ☑□□□□

공기압축기의 운전방법 중 압력 릴리프밸브를 사용하는 방법은?

① ON/OFF조절
② 그립 - 암조절
③ 흡입조절
④ 배기조절

해설

릴리프밸브의 운전방법
릴리프밸브는 설정압력을 초과한 공기를 외부로 배출(배기)하여 탱크 내 압력을 일정하게 유지하는 방식으로, 연속적으로 공기를 사용하는 작업에 사용된다.

정답 80 ④

2021 제1회

1과목 설비진단 및 계측

01 ☑☐☐☐☐

유량 측정에서 사용되는 이론으로 "압력에너지 + 운동에너지 + 위치에너지 = 일정"하다는 이론은?

① 레이놀즈 정리
② 베르누이 정리
③ 플레밍의 법칙
④ 나이키스트안정 판별법

해설

베르누이 정리
- 에너지보존의 법칙에 해당된다.
- 유체가 흐를 때 압력에너지, 운동에너지, 위치에너지의 총합은 일정하다는 이론이다.
- 유량 측정에 주로 사용된다.

02 ☑☐☐☐☐

압전형 가속도센서에서 전하량을 증폭하는 장치는?

① 전류증폭기
② 전력증폭기
③ 전압증폭기
④ 전하증폭기

해설

전하량을 증폭하는 장치
- 압전형 센서는 압력이나 가속도에 비례하는 미세한 전기신호를 발생시키는데 이 신호를 바로 측정장비로 전달하면 신호품질이 크게 저하된다.
- 전기신호를 효과적으로 증폭하는 전하증폭기를 센서와 측정장비 사이에 연결하여 신호를 전달한다.

03 ☑☐☐☐☐

소음방지대책에 관한 설명으로 옳은 것은?

① 흡음재를 사용하며, 재료의 흡음률은 흡수된 에너지와 입사에너지와의 비로 나타낸다.
② 기계 주위에 차음벽을 설치하며, 투과율은 흡수에너지와 투과된 에너지의 비로 나타낸다.
③ 차음효과를 증가시키기 위하여 차음벽의 무게와 주파수를 2배 증가시키면 투과손실은 오히려 감소한다.
④ 차음벽의 무게나 내부감쇠에 의한 차음효과는 주파수가 증가함에 따라 감소한다.

정답 01 ② 02 ④ 03 ①

> 해설

소음방지대책
② 투과율은 투과에너지와 흡수에너지의 비로 나타낸다.
③ 차음벽의 무게와 주파수를 증가하면 투과손실은 증가한다.
④ 차음벽의 무게나 내부감쇠에 의한 차음효과는 주파수가 증가함에 따라 증가한다.

04 ☑☐☐☐☐

진동의 에너지를 표현하는 방식으로 적합한 것은?

① 실횻값 ② 양진폭
③ 평균값 ④ 편진폭

> 해설

실횻값
실횻값은 시간에 따라 변화하는 진동신호의 에너지와 직접적으로 관련 있는 값으로 전체 신호의 에너지 총량을 나타낸다.

관련개념 진동 관련 용어 정리

용어	설명
실횻값	진동의 에너지를 표현하는 값
평균값	진동량의 평균값
편진폭 (피크값)	기준선(중심선 또는 0점)으로부터 진동의 최댓값까지의 거리
양진폭 (전진폭)	양(+) 방향의 최댓값과 음(-) 방향의 최댓값 사이의 거리
피크-피크값	진동 파형의 최고점과 최저점 사이의 최대 변화량

05 ☑☐☐☐☐

음원으로부터 단위시간 당 방출되는 총 음에너지를 무엇이라 하는가?

① 음원 ② 음향출력
③ 음압 실횻값 ④ 음의 전파속도

> 해설

음향출력
음원으로부터 단위시간 당 방출되는 총 음에너지로, 단위는 W이다.
$W = I \times S$
I : 특정 표면에서의 음의 세기(W/m^2)
S : 표면적(m^2)

06 ☑☐☐☐☐

교류신호에서 반복파형의 한 주기 사이에서 어느 순간지점의 위치를 나타내는 것은?

① 위상 ② 주기
③ 진폭 ④ 주파수

> 해설

교류신호 관련 용어
① 위상 : 교류신호에서 한 주기 내에서의 위치를 각도로 나타낸다.
② 주기 : 파형이 한 번 반복되는 데 걸리는 시간이다.
③ 진폭 : 파형의 최대 크기로 진동이 얼마나 크게 발생되는지를 나타낸다.
④ 주파수 : 단위시간당 진동횟수로 1초 동안 진동이 몇 번 반복되는지를 나타낸다.

07

회전수가 100 rpm 이상의 기어에 진동을 이용하여 진단을 할 경우 진단대상이 아닌 것은?

① 웜기어 ② 스퍼기어
③ 헬리컬기어 ④ 직선베벨기어

해설
웜기어
웜기어는 감속기에서 사용하는 기구로 축이 직각으로 어긋난 구조로 되어 있어 진동을 이용하여 진단하기 어렵다.

08

정전용량식 센서에서 마주보는 두 전극 사이의 정전용량(C)을 구하는 식으로 옳은 것은? (단, A는 전극면적, d는 전극 사이의 거리, ε은 유전율이다)

① $C = \dfrac{\varepsilon d}{A}$ ② $C = \dfrac{\varepsilon A}{d}$

③ $C = \dfrac{d}{\varepsilon A}$ ④ $C = \dfrac{A}{\varepsilon d}$

해설
정전용량식 센서에서 마주보는 두 전극 사이의 정전용량(C)을 구하는 식

$C = \dfrac{\varepsilon A}{d}$

C : 정전용량(F)
ε : 진공의 유전율, A : 면적(m²)
d : 두 전극 사이의 거리(m)

09

온도 변환기의 요구기능으로 적절하지 않은 것은?

① 입출력 간은 직류적으로 절연되어 있어야 할 것
② 외부의 노이즈(Noise) 영향을 받지 않는 회로일 것
③ 입력 임피던스가 낮고, 장거리 전송이 가능할 것
④ 주위 온도 변화, 전원 변동 등이 출력에 영향을 주지 말 것

해설
온도 변환기의 요구기능
- 입력 임피던스는 높아야 신호가 왜곡되거나 손실 없이 정확하게 측정할 수 있다.
- 장거리 전송에서는 특히 입력 임피던스를 높게 하여 신호의 감쇠와 왜곡을 최소화해야 한다.

관련개념 임피던스
교류회로 내 저항을 말하는 것으로 기기에 따라 임피던스를 적절하게 설정해야 한다.

10

사운드레벨미터의 전기음향 성능을 규정하는 기준 상대습도는?

① 40 % ② 50 %
③ 60 % ④ 70 %

정답 07 ① 08 ② 09 ③ 10 ②

해설

사운드레벨미터
사운드레벨미터(소음계)의 전기음향 성능을 규정하는 기준 상대습도는 50 %이다.

11 ☑☐☐☐☐

회전기계에서 주파수 영역에 따라 발생하는 이상현상이 틀린 것은?

① 저주파 - 기초 볼트 풀림이나 베어링 마모로 인해서 발생되는 풀림
② 저주파 - 회전자(Rotor)의 축심 회전의 질량분포가 부적정하여 발생하는 진동
③ 고주파 - 강제급유되는 미끄럼 베어링을 갖는 회전자(Rotor)에서 발생되는 오일 휩
④ 고주파 - 유체기계에서 국부적 압력저하에 의하여 기포가 발생하는 공동현상으로 인한 진동

해설

오일 휩(Oil whip) 현상
- 베어링 내의 윤활유의 동요로 인한 비정상진동이다.
- 오일 휩은 저주파 영역에서 주로 발생한다.

12 ☑☐☐☐☐

단면적이 3 cm²이고 길이가 10 m인 동선의 전기저항은? (단, 구리의 고유저항은 $1.72 \times 10^{-8} \Omega \cdot m$이다.)

① $2.86 \times 10^{-3} \Omega$　② $2.86 \times 10^{-4} \Omega$
③ $5.73 \times 10^{-3} \Omega$　④ $5.73 \times 10^{-4} \Omega$

해설

전기저항(R) 공식

$$R = \frac{\rho L}{A}$$

R : 전기저항(ohm)
ρ : 고유저항($ohm \cdot m$)
L : 길이(m)
A : 단면적(m²)

$$R = \frac{1.72 \times 10^{-8} \times 10}{3 \times 10^{-4}} = 5.733 \times 10^{-4} ohm$$

관련개념 단면적(A)의 단위변환
문제에서 단면적이 cm²으로 주어졌으므로 m²으로 변환해서 공식에 대입해야 한다.

$$3cm^2 = 3cm^2 \times \frac{m^2}{(100cm)^2} = 3 \times 10^{-4} m^2$$

13 ☑☐☐☐☐

설비진단기술에 관한 설명으로 틀린 것은?

① 설비의 열화를 검출하는 기술이다.
② 설비의 생산량 증가방법을 찾는 기술이다.
③ 설비의 성능을 평가하고, 수명을 예측하는 기술이다.
④ 현재 설비 상태를 파악하고, 고장원인을 찾는 기술이다.

해설

설비진단
- 설비의 성능을 평가하고 수명을 예측하여 현재 상태를 파악하고 고장원인을 파악하는 것이다.
- 설비의 생산량 증가방법을 찾는 것과는 거리가 멀다.

정답 11 ③　12 ④　13 ②

14 ☑☐☐☐☐

측정하고자 하는 진동 데이터에 1000 Hz의 높은 주파수 성분이 있을 때 에일리어싱 영향을 제거하기 위하여 필요한 샘플링 시간은?

① 0.1 ms ② 0.5 ms
③ 1.0 ms ④ 2.0 ms

해설

에일리어싱(Aliasing, 계단현상)현상
- 신호 처리에서 연속적인 신호를 샘플링할 때 샘플링 속도가 불충분하여 원래 신호와 전혀 다른 주파수를 가진 신호로 왜곡되어 나타내는 현상이다.
- 에일리어싱현상을 방지하기 위해서는 샘플링 주파수를 신호의 최대 주파수의 두 배 이상으로 설정해야 한다.
- 1000 Hz의 두배는 2000 Hz이고, 샘플링 시간은 주파수의 역수이다.

$$\frac{1}{2000} = 5 \times 10^{-4} \text{s} = 0.5 \text{ms}$$

15 ☑☐☐☐☐

주위 온도나 압력 등의 영향, 계기의 고정자세 등에 의한 오차에 해당하는 것은?

① 개인오차 ② 과실오차
③ 이론오차 ④ 환경오차

해설

오차의 종류

구분	내용
개인오차	측정하는 사람의 기술, 판단 등에 의해 발생하는 오차
과실오차	측정하는 사람의 미숙, 부주위로 발생하는 오차
이론오차	이론의 전개과정에서 단순화로 인해 생기는 오차
환경오차	온도, 압력 등의 환경이나 계기의 고정 상태가 불량할 때 생기는 오차

16 ☑☐☐☐☐

크고 작은 두 소리를 동시에 들을 때 큰 소리만 듣고 작은 소리는 듣지 못하는 현상을 무엇이라 하는가?

① 도플러효과 ② 마스킹효과
③ 음의 반사효과 ④ 거리감쇠효과

해설

소리 관련 현상
① 도플러효과 : 구급차가 지나갈 때 가까이 올 때는 더 높은 소리로 들리고, 멀어질 때는 더 낮은 소리로 들리는 현상이다.
② 마스킹효과 : 크고 작은 두 소리를 동시에 들을 때 큰 소리만 듣는 현상이다.
③ 음의 반사효과 : 소리가 장애물이나 표면에 부딪혀 되돌아오는 현상이다.
④ 거리감쇠효과 : 소리나 진동이 그 근원에서 멀어질수록 크기가 감소하는 현상이다.

정답 14 ② 15 ④ 16 ②

17

음에 관한 설명으로 틀린 것은?

① 음은 파장이 작고, 장애물이 작을수록 회절이 잘 된다.
② 방음벽 뒤에서도 음을 들을 수 있는 것은 음의 회절현상 때문이다.
③ 음파가 한 매질에서 타 매질로 통과할 때 구부러지는 현상을 음의 굴절이라고 한다.
④ 음파가 장애물에 입사되면 일부는 반사되고, 일부는 장애물을 통과하면서 흡수되고, 나머지는 장애물을 투과하게 된다.

해설

회절현상
- 회절현상은 음과 같은 파동이 장애물을 돌아가거나 휘는 현상이다.
- 회절현상은 파장이 길수록 잘 일어난다.

18

진동 주파수분석 시 안티 – 에일리어싱(Anti – Aliasing)에 사용되는 적합한 필터는?

① 시간 윈도
② 사이드 로브
③ 하이패스 필터
④ 저역 통과필터

해설

안티 – 에일리어싱(Anti – Aliasing)
- 신호 처리의 샘플링과정 중 발생할 수 있는 에일리어싱현상을 방지하는 기술이다.
- 샘플링 전에 저역 통과필터를 사용하여 설정 주파수보다 낮은 주파수만 통과시킨다.

19

작동 시퀀스의 형태에 따른 분류에 해당하지 않는 것은?

① 기억제어(Memory Control)
② 이벤트제어(Event Control)
③ 프로그램제어(Program Control)
④ 타임스케줄제어(Time Schedule Control)

해설

작동 시퀀스의 형태
이벤트제어는 특정한 이벤트가 발생한 경우에 필요한 제어로 정해진 순서에 따라 제어되는 작동 시퀀스의 분류와는 거리가 멀다.

20

진동차단에 이용되는 재료가 아닌 것은?

① 고무
② 패드
③ 스프링
④ 콘크리트

해설

진동차단에 이용되는 재료
콘크리트는 단단하고, 충격을 가하면 깨지는 성질이 있기 때문에 진동차단에 이용되지 않는다.

정답 ● 17 ① 18 ④ 19 ② 20 ④

2과목 설비관리

21 ☑□□□□
치공구관리기능 중 보전단계에서 실시하는 내용이 아닌 것은?

① 공구의 검사
② 공구의 보관과 공급
③ 공구의 제작 및 수리
④ 공구의 설계 및 표준화

해설
치공구관리기능
④번은 계획단계에 해당된다.

관련개념 치공구관리기능단계
- 계획단계 : 설계 및 표준화, 사양 결정
- 조달단계 : 공구의 구입, 제작
- 보전단계 : 공구의 검사, 보관과 공급, 제작 및 수리, 유지관리

22 ☑□□□□
다음 설비관리기능 중 기술기능에 포함되지 않는 것은?

① 설비성능분석
② 보전업무를 위한 외주관리
③ 설비진단기술 이전 및 개발
④ 보전기술 개발 및 매뉴얼 갱신

해설
설비관리기능
②는 관리기능에 해당된다.

관련개념 설비관리기능의 구분

구분	내용
기술 기능	• 설비성능분석 • 설비진단기술 이전 및 개발 • 보전기술 개발 및 매뉴얼 갱신
관리 기능	• 보전작업 계획, 조정, 지시 • 유지보수 예산 편성 및 관리 • 보전업무를 위한 외주관리 • 조직, 인원 배치, 업무분장
실시 기능	• 직접적인 보전 및 유지관리 업무 수행 • 생산현장에서 작업자에 의한 자주보전 실시
지원 기능	• 교육 및 훈련, 작업자의 역량 강화 • 예비품의 구매, 이력관리 등 자재지원 • 각종 기술자료, 매뉴얼 및 작업지침 제공

23 ☑□□□□
자주보전의 전계단계 중 전달교육에 의해 설비의 이상적 모습과 설비의 기능구조를 알고 보전기능을 몸에 익히는 단계는?

① 제4단계 총점검
② 제5단계 자주점검
③ 제6단계 정리정돈
④ 제7단계 철저한 자주관리

정답 ● 21 ④ 22 ② 23 ①

해설

총점검

설비의 이상적 모습과 설비의 기능구조를 알고 보전기능을 몸에 익히는 단계는 제4단계 총점검에 해당된다.

관련개념 자주보전 7단계

구분	내용
1단계 초기청소	청소, 정리정돈 등을 통한 설비의 이상유무 확인
2단계 곤란개소 대책	오염 발생원, 청소 곤란개소 식별 및 개선, 오염 차단 대책 수립(덮개 등)
3단계 기준서 작성	활동별 기준서 작성, 점검항목, 주기, 방법, 기준 등을 명확하게 정의
4단계 총점검	담당자의 설비 전체 정밀점검, 기능습득 및 실습교육 진행
5단계 자주점검	작업자가 이상 유무를 직접 점검, 이상 발견 시 기록, 보고
6단계 표준화	자주보전 활동과정의 표준화 및 확립, 자료의 체계적 관리
7단계 철저한 자주관리	담당자가 자주보전 활동을 완전히 몸에 익혀 설비관리와 효율을 극대화함

24 ☑☐☐☐☐

간접비의 변화를 정확히 추적하기 위해 제품생산에 수행되는 활동들 또는 공정에 초점을 두고 원가를 추정하는 방법은?

① 총원가 ② 기회원가
③ 제조원가 ④ 활동기준원가

해설

원가를 추정하는 방법
① 총원가 : 인건비, 재료비, 판매비 등 생산에 투입되는 모든 비용을 합한 비용이다.
② 기회원가 : 선택을 한 결과 그로 인해 포기된 다른 이익이다.
③ 제조원가 : 직접재료비, 직접노무비 등 제품을 만드는 데 투입된 비용이다.
④ 활동기준원가 : 제품생산에 수행되는 활동들 또는 공정에 초점을 두고 원가는 추정하는 방법이다.

25 ☑☐☐☐☐

공사의 완급도에 대한 내용이다. 다음에서 설명하는 공사의 명칭은?

당 계절에 착수하는 공사로 전표를 제출할 여유가 있고 여력표에 남기지 않는다.

① 계획공사 ② 긴급공사
③ 준급공사 ④ 예비공사

해설

공사의 명칭
① 계획공사 : 수립된 공정계획에 의해 착공하는 공사이다.
② 긴급공사 : 긴급하게 구두 연락으로 인해 즉시 착공하고, 착공 후 전표를 제출하는 공사이다.
③ 준급공사 : 당 계절에 착수하는 공사로 전표를 제출할 여유가 있고 여력표에 남기지 않는다.
④ 예비공사 : 전표를 보관하고 있다가 공정에 여유가 있을 때 착공하는 공사이다.

정답 24 ④ 25 ③

26 ☑□□□□

현상 파악을 위해 공정에서 취한 계량치 데이터가 여러 개 있을 때 데이터가 어떤 값을 중심으로 어떤 모습으로 산포하고 있는가를 조사하는 데 사용하는 그림은?

① 관리도 ② 산점도
③ 파레토도 ④ 히스토그램

해설

히스토그램
- 분류 항목의 분포 상태를 한눈에 알 수 있도록 막대그래프와 유사한 형태로 표시하는 것이다.
- 공정에서 취한 계량치 데이터가 여러 개 있을 때 데이터가 어떤 값을 중심으로 어떤 모습으로 산포하고 있는가를 조사할 때 사용한다.

27 ☑□□□□

프레스의 고장은 지수분포를 따른다. 평균가동시간은 MTBF, 평균수리시간은 MTTR인 경우에 유용도(Availability)를 계산하는 공식은?

① $A = \dfrac{MTTR}{MTBF + MTTR}$

② $A = \dfrac{MTBF}{MTBF + MTTR}$

③ $A = \dfrac{MTBF + MTTR}{MTTR}$

④ $A = \dfrac{MTBF + MTTR}{MTBF}$

해설

유용도(A)
장비나 시스템이 필요할 때 의도된 기능을 수행할 수 있는 상태에 있을 확률이다.

$A = \dfrac{MTBF}{MTBF + MTTR}$

MTBF : 평균가동시간(고장과 고장 사이의 평균 운영시간)
MTTR : 평균수리시간(고장 발생 후 정상복구까지의 평균시간)

28 ☑□□□□

한계게이지의 특징으로 틀린 것은?

① 제품의 실제치수를 읽을 수 없다.
② 다량 제품측정에 적합하고 불량의 판정을 쉽게 할 수 있다.
③ 측정치수가 정해지고 한 개의 치수마다 한 개의 게이지가 필요하다.
④ 면의 각종 모양 측정이나 공작 기계의 정도 검사 등 사용 범위가 넓다.

해설

한계게이지
- 규정된 허용오차 내에서 합격과 불합격을 판정하는 데 사용되는 게이지이다.
- 정확한 치수 값은 알 수 없다.
- 작업이 간단해 대량생산 제품의 불합격(불량) 판정에 적합하다.
- 각 치수별로 한 개의 게이지가 필요하다.
- 다양한 형상에는 적용할 수 없어 사용 범위가 좁다.

정답 ▸ 26 ④ 27 ② 28 ④

29

다음 중 불량로스의 대책이 아닌 것은?

① 요인계통을 재검토할 것
② 강제열화를 지속시킬 것
③ 현상의 관찰을 충분히 할 것
④ 원인을 한 가지로 정하지 말고, 생각할 수 있는 요인에 대해 모든 대책을 세울 것

해설

불량로스의 대책
- 불량로스란 생산공정에서 초기 수율저하나 만성 불량 등으로 발생되는 손실이다.
- 강제열화를 지속시키면 불량이 더 많이 발생되어 손실이 커질 수 있다.

30

다음 도표는 설비보전 조직의 한 형태이다. 어떠한 보전 조직인가?

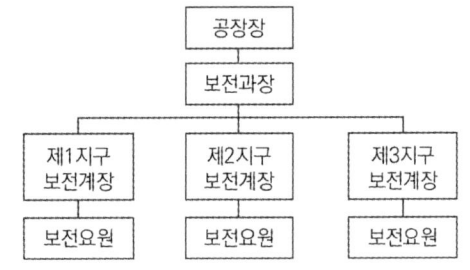

① 집중보전 ② 부분보전
③ 지역보전 ④ 절충보전

해설

설비보전 조직
문제에 주어진 조직은 지구별(지역별)로 보전조직을 운영하는 형태이므로 지역보전이다.

31

재고관리에서 재고가 일정 수준(발주점)에 이르면 일정 발주량을 발주하는 방식은?

① 정량발주방식
② 정기발주방식
③ 정수발주방식
④ 사용고발주방식

해설

정량발주방식
정량발주방식은 일정한 발주량을 정해 놓고, 재고량이 발주점에 이르면 일정 발주량을 발주하는 방식이다.

32

설비를 목적에 따라 분류할 때 관리설비에 해당되는 것은?

① 서비스 스테이션, 서비스 숍
② 도로, 항만설비, 육상하역설비
③ 본사의 건물, 지점, 영업소의 건물
④ 발전설비, 수처리시설, 냉각탑설비

해설

관리설비
관리설비는 직접적으로 생산을 하는 설비가 아니라 생산을 지원하고 관리하는 설비로 본사의 건물, 지점, 영업소의 건물이 해당된다.

정답 29 ② 30 ③ 31 ① 32 ③

관련개념 **설비의 목적에 따른 분류**

구분	내용
생산설비	기계, 가공장비, 조립라인 등
운송설비	항만설비, 하역장비, 도로, 철도, 컨베이어 등
서비스설비 (판매설비)	서비스 스테이션, 서비스 숍 등
유틸리티 설비	발전설비, 보일러, 냉각탑, 수처리 시설 등
관리설비	본사의 건물, 지점, 영업소의 건물 등
연구·개발 설비	제품이나 기술개발을 위한 연구소, 실험설비, 시험장비 등

33

휴지 공사 계획 시 필요 없는 대기를 없애고 공사의 진행관리를 쉽도록 하기 위해 가장 경제적인 일정계획을 세울 때 사용하는 순수작업기법은?

① TPM
② PERT
③ MTBT
④ MTTR

해설

PERT기법
- Program Evaluation and Review Technique의 약자이다.
- 각 작업의 소요시간을 분석해 불필요한 대기시간을 없애고, 전체 공정의 최적 일정 계획을 수립하는 기법이다.
- 작업 간의 순서와 의존관계를 명확히 하여 공사의 흐름을 시각화한다.
- 가장 경제적이고 효율적인 일정관리를 할 수 있게 한다.

34

다음 중 설비열화의 대책으로 틀린 것은?

① 열화방지
② 열화지연
③ 열화회복
④ 열화측정

해설

설비열화의 대책
- 열화방지 : 일상보전
- 열화회복 : 수리
- 열화측정 : 검사

35

TPM(Total Productive Maintenance)의 5가지 활동에 포함되지 않는 것은?

① 자주적 대집단 활동으로 실시할 것
② 작업자의 기능수준 향상을 도모할 것
③ 설비의 효율화를 저해하는 6대 로스를 추방할 것
④ 설비에 강한 작업자를 육성하여 보전체계를 확립할 것

해설

TPM 활동
①은 TPM의 5가지 주요활동에 포함되지 않는다.

정답 33 ② 34 ② 35 ①

관련개념 TPM의 5가지 주요활동

구분	내용
자주보전	• 작업자가 직접 설비의 점검하여 설비를 스스로 관리한다. • 전 구성원이 참여한다.
계획보전	보전 전문가가 조직적인 계획에 따라 보전체계를 구축한다.
교육훈련	설비와 공정에 강한 작업자를 육성한다.
초기관리 또는 MP 설계	설비 도입 및 설계단계에서부터 보전이 쉬운 설비, 설계를 도입한다.
개선활동	6대 로스 근절을 위한 설비 및 업무 개선 활동

36 ☑☐☐☐☐

컴퓨터나 로봇에 여러 전문직 기술을 부여하여 이들이 자동화 공장의 문제점을 인식하고, 이를 해결하기 위한 방법을 스스로 찾아내는 것으로 설비의 특정 고장을 스스로 인지하고 더 나아가 고칠 수 있는 시스템은?

① 지능기술시스템
② 유연기술시스템
③ 컴퓨터제어시스템
④ 유연기술 셀시스템

해설

지능기술시스템
• 컴퓨터나 로봇에 여러 전문직 기술을 부여하여 이들이 자동화 공장의 문제점을 인식하고, 이를 해결하기 위한 방법을 스스로 찾아내는 것이다.
• 설비의 특정 고장을 스스로 인지하고 더 나아가 고칠 수 있는 시스템이다.

37 ☑☐☐☐☐

다음 중 고장해석을 위해 제시되는 방법의 결과가 목적달성에 최적인 대안 선정이 가능한 방법은?

① 상환분석법
② 의사결정법
③ 요인분석법
④ 행동개발법

해설

의사결정법
고장해석을 위해 많은 경우의 수를 순차적으로 비교하여 가장 최적의 대안을 선정하는 방식이다.

38 ☑☐☐☐☐

만성고장을 규명하고 개선하기 위한 PM분석의 특징으로 옳은 것은?

① 원인추구방법은 과거의 경험으로 분석
② 현상파악은 포괄적으로 파악하여 해석
③ 요인발견방법은 각개의 원인을 나열식으로 나열하여 발견
④ 원인에 대한 대책은 원리 및 원칙을 수립하여 대책 강구

해설

PM분석
• 설비나 시스템의 불합리현상을 원리 및 원칙을 수립하여 대책을 강구하는 것이다.
• 복합적이고 상호 연관된 요인을 4M(Man, Machine, Material, Method) 관점에서 체계적으로 파악한다.

정답 36 ① 37 ② 38 ④

39 ☑☐☐☐☐

제품별 배치의 특징으로 틀린 것은?

① 작업의 흐름 판별이 용이하다.
② 공정이 단순화되고 직접 확인관리를 할 수 있다.
③ 건물에 설비배치를 합리적으로 할 수 있고, 작업의 융통성이 많다.
④ 공정이 확정되므로 검사횟수가 적어도 되며 품질관리가 쉽다.

해설

제품별 배치
- 제품별로 공정이 일렬로 배치된 방식이다.
- 자동차 조립, 가전제품 생산라인처럼 흐름 생산(Line Production)에 사용된다.
- 작업순서가 명확하여 생산관리 및 계획이 용이하다.
- 공정이 표준화되어 작업속도가 빠르고 품질관리가 용이하다.
- 제품 변경 시 설비 재배치가 어려워 작업의 융통성이 낮다.
- 초기 투자비용이 많이 든다.

40 ☑☐☐☐☐

설비보전의 직접기능 중 고장발생 후에 실시되는 제작, 분해, 조립 등을 하는 것을 무엇이라 하는가?

① 사후수리   ② 예방수리
③ 일상보전   ④ 예방보전검사

해설

사후수리(사후보전)
- 성능의 저하 및 고장발생 후에 수리를 실시하는 것이다.
- 셧다운(Shutdown)의 손실이 적고 복구가 간단하며 예비라인이 있어 교체가 가능한 경우에 주로 적용한다.

3과목 기계일반 및 기계보전

41 ☑☐☐☐☐

압축기의 설치 및 배관에서 배관의 일반적인 설치, 점검, 정비 및 사용상의 유의사항으로 거리가 먼 것은?

① 관 내의 용접가스 및 녹 등의 이물을 완전히 소제하고 부착을 한다.
② 배관길이는 가능한 길게 되도록 부속기기의 위치를 결정한다.
③ 압축기와 탱크간의 배관경은 제작회사 지정의 구경을 사용한다.
④ 압축기의 분해, 조립에 지장이 없는 위치에서 배관을 한다.

해설

배관 사용상의 유의사항
배관의 길이는 변형, 열팽창 등을 고려하여 성능에 지장이 없는 범위 내에서 가능한 짧게 하는 것이 좋다.

42 ☑☐☐☐☐

다음 금속침투법 중 철-알루미늄 합금층이 형성될 수 있도록 철강 표면에 알루미늄을 확산 침투시키는 것은?

① 칼로라이징 ② 세라다이징
③ 크로마이징 ④ 실리코나이징

해설

칼로라이징(Calorizing)
• 철강의 표면에 알루미늄(Al)을 침투 확산시켜 표면에 Fe-Al(철-알루미늄) 합금층을 만드는 표면처리법이다.
• 이 방법으로 내열성과 내식성이 우수한 합금층을 얻을 수 있다.

43 ☑☐☐☐☐

밸브의 제작 및 사용상 주의해야 할 사항으로 틀린 것은?

① 산성 등 화학약품을 취급하는 곳에서는 다이어프램밸브를 사용한다.
② 글루브밸브를 관에 부착할 때에 밸브박스 외측에 정확한 흐름방향을 표시하도록 한다.
③ 체크밸브는 밸브체의 움직임에 따라 역류방지까지 약간의 시간적 늦음이 발생할 수 있다.
④ 리프트밸브의 시트와 밸브박스 재질은 팽창계수 차에 의해 밸브시트가 이완되는 것을 방지하기 위해 다른 재질을 사용한다.

해설

밸브의 제작 및 사용상 주의사항
밸브를 제작할 때 다른 재질을 사용하면 팽창계수의 차이로 인한 문제가 발생할 수 있으므로 가능한 같은 재질을 사용해야 한다.

정답 41 ② 42 ① 43 ④

44 ☑☐☐☐☐

고장이 없고 보전이 필요하지 않은 설비를 제작하는 보전방식은?

① 예방보전   ② 보전예방
③ 생산보전   ④ 사후보전

해설

보전예방(MP)
- 설비의 투자계획이나 신설 시 설비의 경제성, 신뢰성, 안정성, 보전성 등을 고려하여 보전성을 좋게 하고 열화손실을 적게 하는 보전활동이다.
- 기본목표는 보전이 필요없는 설비를 설계하는 것이다.

45 ☑☐☐☐☐

기어 감속기를 분류할 때 교쇄 축형 감속기에 속하는 것은?

① 스퍼기어
② 헬리컬기어
③ 하이포이드기어
④ 스트레이트 베벨기어

해설

스트레이트 베벨기어
- 축이 교차하는 구조, 즉 동력전달 방향이 90°로 교차하는 감속기에 사용된다.
- 이러한 기어 감속기를 교쇄 축형 감속기(교차축형 감속기)로 분류한다.

46 ☑☐☐☐☐

관 내 압력이 포화증기압 이하로 되어 소음과 진동이 생기고 양수불능의 원인이 되는 현상은?

① 서징   ② 크래킹
③ 수격작용   ④ 캐비테이션

해설

캐비테이션(Cavitation)
- 펌프와 같은 회전기계에서 액체의 압력이 포화증기압 아래로 떨어지면 기포가 형성되고, 이 기포가 붕괴하면서 고주파진동 및 충격음이 발생하는 현상이다.
- 공동현상이라고도 부른다.

47 ☑☐☐☐☐

다음 중 수격현상의 방지책으로 틀린 것은?

① 관로의 지름을 작게 하여 관 내 유속을 증가시킨다.
② 플라이휠장치를 설치하여 회전속도가 갑자기 감속되는 것을 방지한다.
③ 관로에서 펌프 급정지 후에 압력이 강하되는 장소에 서지탱크를 설치한다.
④ 관로 중에서 수평에 가까워지는 배관은 수주 분리가 일어나기 쉬우므로 펌프 부근에 관로 모양을 변경시킨다.

정답 44 ② 45 ④ 46 ④ 47 ①

> [해설]

수격현상(Water Hammer)
- 관로 내의 유체가 급격하게 정지하거나 변화될 때 발생하는 압력파동현상이다.
- 관 내 유속이 빨라지면 수격현상이 더 심하게 발생한다.
- 서지탱크는 압력파를 완화시키는 장치로 수격현상을 줄이기 위해 설치한다.
- 수평에 가까운 배관은 압력은 순간적으로 낮아져 수격현상이 잘 일어날 수 있다.

48 ☑☐☐☐☐

일반적인 기어의 도시에서 선의 사용방법으로 틀린 것은?

① 잇봉우리원은 굵은 실선으로 표시한다.
② 이골원은 가는 1점 쇄선으로 표시한다.
③ 피치원은 가는 1점 쇄선으로 표시한다.
④ 잇줄 방향은 통상 3개의 가는 실선으로 표시한다.

> [해설]

기어의 도시에서 선의 사용방법
일반적인 기어의 도시에서 이골원(이뿌리원)은 가는 실선으로 표시한다.

49 ☑☐☐☐☐

KS 규격에서 게이지 블록의 교정등급과 거리가 가장 먼 것은?

① K급　　　② 3급
③ 2급　　　④ 1급

> [해설]

게이지 블록(Gauge Block)
- 길이를 측정할 때 사용하는 대표적인 비교측정 계측기이다.
- KS 규격에서 게이지 블록의 교정등급은 K급, 0급, 1급, 2급으로 분류된다.

50 ☑☐☐☐☐

운동체와 정지체의 기계적 접촉에 의해 운동체를 감속 또는 정지시키고, 정지 상태를 유지하는 기능을 가진 요소는?

① 클러치　　　② 감속기
③ 래칫 휠　　　④ 브레이크

> [해설]

브레이크
브레이크는 운동체와 정지체의 기계적 접촉에 의해 운동체를 감속 또는 정지시키고, 정지 상태를 유지하는 기능을 가진 요소이다.

51 ☑☐☐☐☐

와셔를 굽히거나 구멍을 만들어 그곳에 끼운 후 볼트, 너트의 풀림을 방지하는 와셔는?

① 폴(Pawl)와셔
② 고무(Rubber)와셔
③ 스프링(Spring)와셔
④ 중지판(Lock Plate)와셔

정답　48 ②　49 ②　50 ④　51 ①

해설

와셔의 종류
① 폴와셔 : 너트의 이완방지를 위해 와셔를 굽히거나 구멍을 만들어 고정한다.
② 고무와셔 : 고무의 탄성을 이용해 풀림을 방지한다.
③ 스프링와셔 : 탄성을 통해 나사의 풀림을 방지한다.
④ 중지판와셔 : 와셔나 너트에 중지판을 넣어 체결해 풀림을 방지한다.

52 ☑☐☐☐☐

일반적인 아크용접 시 변형과 잔류응력을 경감시키는 방법이 아닌 것은?

① 용접시공에 의한 경감법으로는 대칭법, 후진법을 쓴다.
② 용접 전 변형방지책으로 억제법, 역변형법을 쓴다.
③ 용접 금속부의 변형과 잔류응력을 경감하는 방법으로는 소성법을 쓴다.
④ 모재의 열전도를 억제하여 변형을 방지하는 방법으로는 도열법을 쓴다.

해설

소성법(소성변형법)
소성법은 금속에 힘을 가해 변형시키는 방법으로 변형을 경감시키는 방법보다는 발생한 변형을 교정하거나 수정할 때 사용하는 방법이다.

53 ☑☐☐☐☐

송풍기의 운전 중 점검사항으로 가장 거리가 먼 것은?

① 베어링의 온도
② 베어링의 진동
③ 임펠러의 부식 여부
④ 윤활유의 적정 여부

해설

송풍기의 운전 중 점검사항
• 송풍기가 운전하고 있는 중에는 임펠러는 고속 회전 중이다.
• 임펠러의 부식 여부는 송풍기를 정지한 상태에서 점검해야 한다.

54 ☑☐☐☐☐

일반적인 세정제의 구비조건으로 옳은 것은?

① 잔유물이 생기지 않을 것
② 독성이 많고 방청성이 없을 것
③ 휘발성으로 화재의 위험성이 있을 것
④ 환경 공해 및 인체에 악영향을 미칠 것

해설

세정제의 구비조건
• 세정제는 설비를 깨끗하게 청소하기 위해 사용하는 것으로 잔유물이 생기지 않아야 한다.
• 방청성이란 금속 등의 재료가 부식되는 것을 방지하는 성질로 세정제는 방청성이 있는 것이 좋다.

정답 52 ③ 53 ③ 54 ①

55

축의 센터링 불량 시 나타나는 현상이 아닌 것은?

① 진동이 크다.
② 기계 성능이 저하된다.
③ 구동의 전달이 원활하다.
④ 베어링부의 마모가 심하다.

해설

축의 센터링 불량 시 나타나는 현상
축의 센터링 불량 시 구동의 전달이 원활하지 않아 소음, 진동이 발생하고, 베어링부의 마모가 발생한다.

56

기어 손상에서 이 부분이 파손되는 주원인이 아닌 것은?

① 균열
② 마모
③ 피로파손
④ 과부하 절손

해설

기어 손상
- 기어에서 이 부분이란 일반적으로 기어의 이(톱니)를 의미한다.
- 마모는 표면이 닿는 현상으로 기어의 파손(깨짐)의 주 원인으로 보기는 어렵다.

57

다음 중 금긋기작업 시 유의해야 할 사항으로 틀린 것은?

① 금긋기 선은 깊게 여러 번 그어야 한다.
② 기준면과 기준선을 설정하고 금긋기순서를 결정하여야 한다.
③ 같은 치수의 금긋기 선은 전·후, 좌·우를 구분하지 말고 한 번에 긋는다.
④ 금긋기가 끝나면 도면의 지시대로 되었는지 확인한 후 다음 작업 공정에 들어간다.

해설

금긋기작업 시 유의사항
- 금긋기 선은 가늘고 선명하게, 한 번에 긋는다.
- 기준면과 기준선을 정확하게 설정하고, 금긋기 순서를 미리 결정한다.
- 같은 치수의 금긋기 선은 전·후, 좌·우 구분 없이 한 번에 긋는다.
- 금긋기가 끝난 후 도면과 일치하는지 반드시 확인한 뒤, 다음 공정에 들어간다.
- 금긋기작업 중 공구(금긋기 바늘, 펀치, 캘리퍼스 등)는 정확하게 사용하되, 표면을 손상시키지 않도록 주의한다.

정답 55 ③ 56 ② 57 ①

58
다음 중 밀링머신으로 절삭(가공)하기 곤란한 것은?

① 총형절삭 ② 곡면절삭
③ 널링절삭 ④ 키홈절삭

해설

널링(Knurling)
- 선반에서 행해지는 작업이다.
- 표면에 패턴을 만들어 미끄럼방지나 장식, 그립 개선 등을 목적으로 한다.
- 성형작업에 해당되고 절삭작업은 아니다.

59
플랜지 커플링의 조립과 분해 시의 유의사항 중 옳은 것은?

① 조임여유를 많이 둔다.
② 축과 축의 흔들림은 0.03 mm 이내로 한다.
③ 분해할 때 플랜지에 과도한 힘을 준다.
④ 축과 플랜지 원주면에 대한 흔들림은 0.03 mm 이내로 한다.

해설

플랜지 커플링
- 두 축의 끝단에 각각 플랜지를 장착하고 이 플랜지를 볼트와 너트로 견고하게 결합하는 것이다.
- 축과 플랜지 원주면에 대한 흔들림은 0.03 mm 이내로 한다.
- 조임여유를 많이 두면 커플링이 제대로 작동하지 않거나 손상될 수 있다.

60
다음 관이음 중 분리가 가능한 이음과 거리가 가장 먼 것은?

① 나사이음 ② 패킹이음
③ 용접이음 ④ 고무이음

해설

분리가 어려운 이음
용접이음은 파이프 끝을 용접하여 결합하는 것으로 분리하기 어렵다.

관련개념 관이음방법

구분	내용
나사이음	나사를 돌려 체결하는 이음방식이다.
용접이음	파이프 끝을 용접하여 결합하는 방식이다.
패킹이음	배관의 이음부위의 틈을 막아 유체의 누설을 방지하는 이음이다.
고무이음	고무 등의 탄성체를 이용해 이음부위를 연결하는 방식이다.
플랜지 이음	배관의 끝에 플랜지를 부착하고 플랜지 사이를 볼트로 단단히 조여 연결한다.

정답 58 ③ 59 ④ 60 ③

4과목 윤활관리

61 ☑☐☐☐☐

고압고속의 베어링에 윤활유를 기름펌프에 의해 강제적으로 밀어 공급하는 방법으로 고압으로 몇 개의 베어링을 하나의 계통으로 하여 기름을 순환시키는 급유방법은?

① 체인급유법
② 버킷급유법
③ 중력순환급유법
④ 강제순환급유법

해설

강제순환급유법
- 펌프를 이용해 여러 베어링에 고압으로 윤활유를 공급한 뒤, 사용된 오일을 회수하여 재순환시키는 방법이다.
- 고속, 고하중, 열 발생이 많은 베어링에 적합하며, 내연기관, 전동기, 공작기계 등에 주로 사용된다.

62 ☑☐☐☐☐

그리스를 장기간 사용하지 않고 저장할 경우 또는 사용 중에 그리스를 구성하고 있는 기름이 분리되는 현상을 무엇이라고 하는가?

① 주도   ② 이유도
③ 적하점   ④ 황산회분

해설

이유도
그리스를 장기간 사용하지 않고 저장하거나 사용 중에 그리스를 구성하고 있는 기름(오일)이 분리되는 현상을 이유도라고 한다.

63 ☑☐☐☐☐

윤활유의 열화판정법 중 간이측정법에 해당되지 않는 것은?

① 사용유의 성상을 조사한다.
② 리트머스시험지로 산성 여부를 판단한다.
③ 냄새를 맡아보아 불순물의 함유 여부를 판단한다.
④ 시험관에 같은 양의 기름과 물을 넣고, 교반 후 분리시간으로 항유화성을 조사한다.

해설

윤활유의 열화판정법
사용유의 성상을 조사하는 것은 간이측정이 아니라 정밀하고 직접적인 조사법이다.

64 ☑☐☐☐☐

윤활유 공급방법 중 순환급유방법은?

① 손급유법   ② 비말급유법
③ 적하급유법   ④ 사이펀급유법

해설

비말급유법
비말급유법은 회전하는 부품에 의해 오일이 튀면서 여러 마찰면에 공급되고, 다시 오일통으로 회수되어 계속 사용하는 방식이다.

정답 61 ④ 62 ② 63 ① 64 ②

65
일반적인 윤활의 기능이 아닌 것은?

① 밀봉작용　　② 방청작용
③ 절삭작용　　④ 마모방지작용

해설

일반적인 윤활의 기능
- 마찰감소 : 표면에 유막을 형성하여 마찰을 줄인다.
- 마모방지 : 금속 표면의 마멸을 줄인다.
- 밀봉작용 : 연소가스 등의 누출을 방지한다.
- 방청작용 : 표면의 녹과 부식을 방지한다.

66
일반적인 그리스윤활의 특징으로 틀린 것은?

① 밀봉효과가 크다.
② 냉각효과가 낮다.
③ 이물질 혼합 시 제거가 곤란하다.
④ 내수성이 약하고 적하유출이 많다.

해설

그리스윤활의 특징
- 그리스윤활은 누설이 적고 내수성이 좋다.
- 적하유출은 윤활유가 방울(점적) 형태로 유출되는 것으로 그리스윤활보다는 오일 윤활에서 잘 발생한다.

67
다음 중 석유제품의 산성 또는 알칼리성을 나타내는 것은?

① 비중　　　② 중화가
③ 유동점　　④ 산화안정성

해설

중화가
중화가는 산성 또는 알칼리성을 나타내는 값으로 중화가이며, 시료의 산성이나 알칼리성을 중화하는 데 필요한 물질의 양을 기준으로 산정한다.

68
유체윤활에서 기본적으로 중요하게 쓰이는 것이 레이놀즈(Reynolds)방정식이다. 이 방정식에 대한 가정으로 가장 거리가 먼 것은?

① 유체 관성은 무시한다.
② 윤활유는 뉴턴 유체이다.
③ 유막 내의 유동은 층류이다.
④ 점성은 유막 내에서 일정하지 않다.

해설

레이놀즈방정식의 주요 가정
- 유체의 관성은 무시한다.
- 윤활유는 뉴턴 유체로 가정한다.
- 유막 내 유동은 층류로 가정한다.
- 점성(점도)은 유막 내에서 일정하다.

정답　65 ③　66 ④　67 ②　68 ④

69

윤활관리효과 중 생산성 제고의 효과라고 볼 수 없는 것은?

① 노동의 절감
② 윤활유 사용 소비량의 절약
③ 기계의 효율향상 및 정밀도의 유지
④ 수명연장으로 기계설비 손실액의 절감

해설

윤활관리효과 중 생산성 제고의 효과
윤활유 사용 소비량의 절약은 생산성 제고의 효과보다는 경제성 효과에 가깝다.

70

윤활유의 산화를 촉진하는 인자로 가장 거리가 먼 것은?

① 산소
② 온도
③ 금속촉매
④ 표면장력의 저하

해설

윤활유의 산화를 촉진하는 인자
- 산소 : 윤활유가 공기 중 산소와 반응하여 산화된다.
- 온도 : 높은 온도에서 산화속도가 빨라진다.
- 금속촉매 : 윤활유와 접촉하는 금속 표면이 산화를 촉진시킨다.

71

온도 변화에 따른 점도의 변화를 적게 하기 위하여 사용되는 첨가제는?

① 청정분산제
② 산화방지제
③ 유동점강화제
④ 점도지수향상제

해설

점도지수향상제
- 기유에 첨가되어 온도가 변해도 점도의 변화 폭을 최소화하는 역할을 한다.
- 점도지수향상제를 사용하면 윤활유가 겨울과 여름, 고온과 저온에서 모두 적절한 점도를 유지할 수 있다.

72

그리스의 내열성을 평가하는 기준이 되는 것으로 그리스를 가열했을 때 반고체 상태의 그리스가 액체 상태로 되어 떨어지는 최초의 온도를 무엇이라고 하는가?

① 적점
② 유동점
③ 잔류탄소
④ 동판부식

해설

적점(Dropping Point)
그리스를 가열했을 때 반고체 상태의 그리스가 액체 상태가 되어 최초로 떨어지는 온도이며, 그리스의 내열성을 평가하는 기준이 된다.

정답: 69 ② 70 ④ 71 ④ 72 ①

73

윤활유 열화에 영향을 미치는 인자 중 내부변화에 의한 인자는?

① 유화 ② 희석
③ 산화 ④ 이물질 혼입

해설

윤활유 열화에 영향을 미치는 인자
- 산화는 윤활유가 산소와 결합하여 윤활유의 성질이 변하거나 안정성을 잃는 현상으로 대표적인 내부변화 인자이다.
- 유화는 윤활유에 물과 같이 이물질이 들어가는 것으로 외부변화 인자이다.
- 희석은 연료 등 외부물질이 들어가 윤활유 농도가 떨어지는 것이다.

74

유압 작동유가 오염되는 침입경로와 가장 거리가 먼 것은?

① 고체입자
② 유압필터
③ 공기의 침입
④ 작동유와 다른 종류의 액체

해설

유압필터
유압필터는 오염물질을 제거하는 역할을 하기 때문에 유압 작동유가 오염되는 침입경로와 거리가 멀다.

75

윤활유분석을 위한 시료채취주기로 옳은 것은?

① 스팀터빈 : 매월
② 가스터빈 : 6개월
③ 유압시스템 : 격월
④ 공기압축기 구름 베어링 : 15일

해설

윤활유분석을 위한 시료채취주기
(KOSHA GUIDE M-114-2012)
- 내연기관, 가스터빈, 공기압축기, 냉동압축기 등을 일반적인 상태로 사용할 때와 구름 베어링 : 월별 또는 매 500시간마다
- 스팀터빈, 기어 및 유압시스템 : 격월간
- 예비로 설치되었거나 비상용 내연기관 또는 기타 기계와 그리스윤활 베어링 : 분기별
- 공조용 압축기 : 일년 중 사용하는 기간의 사용 전, 사용 중, 사용 후

76

미끄럼 베어링에 그리스윤활을 사용할 때 고려해야 할 사항으로 틀린 것은?

① 진동하중을 받을 때에는 굳은 그리스를 사용하지 않는다.
② 중하중의 경우에는 극압제를 첨가한 그리스를 사용한다.
③ 급유방법에는 급유하기 편리한 주도의 그리스를 선택한다.
④ 운전온도에 적정한 점도의 윤활유를 기유로 하여 안정되는 중주제를 사용한 그리스를 선택한다.

정답 73 ③ 74 ② 75 ③ 76 ①

해설

미끄럼 베어링의 윤활유 사용
- 진동하중 상황에서는 주도가 낮은(묽은) 그리스는 쉽게 흘러나가거나 분리되어 윤활유지가 어렵다.
- 진동하중 상황에서는 굳은 그리스(주도가 높은 그리스)가 부착성 및 내유출성이 좋아, 진동하중을 받는 미끄럼 베어링에 더 적합하다.

77 ☑☐☐☐☐

베어링 윤활의 목적으로 틀린 것은?

① 베어링의 수명 연장
② 먼지 또는 이물질의 침입방지
③ 동력 손실을 줄이고 발열을 억제
④ 유화에 따른 윤활면의 내압성 저하

해설

베어링 윤활의 목적
- 베어링 윤활의 목적은 마찰 및 마모 감소, 수명 연장, 먼지·이물질 침입방지, 동력손실 및 발열 억제 등이다.
- 윤활유의 유화는 오히려 내압성 저하 등의 문제를 야기하므로 베어링 윤활의 목적이 될 수 없다.

78 ☑☐☐☐☐

윤활관리의 원칙과 가장 거리가 먼 것은?

① 적정량을 결정한다.
② 적합한 급유방법을 결정한다.
③ 적정한 장소에 공급하여 준다.
④ 기계가 필요로 하는 적정 윤활제를 선정한다.

해설

윤활관리의 원칙
③번 내용은 윤활을 할 때 필요한 내용이기는 하지만 기본적인 원칙에는 해당되지 않는다.

관련개념 윤활관리의 기본적인 원칙
- 적유 : 적절한 윤활제 선정 및 사용한다.
- 적법 : 적절한 급유방법으로 사용한다.
- 적기 : 적절한 간격과 시기로 윤활한다.
- 적량 : 적정량을 윤활한다.

79 ☑☐☐☐☐

윤활제의 오염도를 분석하기 위한 오염 정도 측정법이 아닌 것은?

① 중량법
② 연소법
③ 계수법
④ 오염 지수법

해설

연소법
연소법은 윤활제 시료 내의 유기물 함량 등을 분석할 때 사용할 수는 있으나 일반적으로 윤활제의 오염도 측정법은 아니다.

관련개념 윤활제의 오염도 측정법
- 중량법 : 필터에 포집된 오염 물질의 중량을 측정하여 오염도를 평가한다.
- 계수법 : 오염입자의 수를 직접 계수하여 오염도를 판단한다.
- 오염 지수법 : 오염물의 농도나 정도를 지표로 수치화해 평가한다.

정답 77 ④ 78 ③ 79 ②

80 ☑☐☐☐☐
다음 중 기어의 치면에 높은 응력이 반복작용하여 국부적으로 피로현상을 일으켜 박리되어 작은 구멍을 발생하는 현상은?

① 피팅
② 리플링
③ 정상마모
④ 스코어링

해설
피팅
피팅은 반복하중에 의해 기어치면에 국부적으로 피로가 누적되어, 작은 금속파편이 박리되어 치면에 작은 구멍(Pit)이 생기는 것이다.

5과목 | 공유압 및 자동화

81 ☑☐☐☐☐
일반적으로 압력계에서 표시하는 압력은?

① 압력강하
② 절대압력
③ 차등압력
④ 게이지압력

해설
게이지압력
- 압력계에서 표시하는 압력이다.
- 대기압력을 기준으로 측정한다.

82 ☑☐☐☐☐
다음 중 동력전달 비용이 1 kW당 가장 높은 것은?

① 유압식
② 전기식
③ 공기압식
④ 기계·유압식

해설
동력전달 비용
공기압식은 에너지 변환효율이 낮고, 운전비용이 많이 들기 때문에 동력전달 비용이 1 kW당 유압식, 전기식, 기계·유압식에 비해 높다.

정답 80 ① 81 ④ 82 ③

83

보전이 필요 없는 시스템 설계가 기본개념인 보전방식은?

① 개량보전 ② 보전예방
③ 사후보전 ④ 예방보전

해설

보전예방
- 설계단계부터 고장을 예방하는 활동이다.
- 보전이 필요 없는 시스템 설계를 목표로 하는 것이다.

84

자동화된 기계장치를 제어하는 전기회로의 구성방법으로 적절하지 않은 것은?

① 단속, 연속운전이 가능하게 회로가 구성되어야 한다.
② 자동, 수동운전이 가능하게 회로가 구성되어야 한다.
③ 작업자보호, 장치보호 등의 회로가 구성되어야 한다.
④ 제어부, 구동부는 혼재되어 회로가 구성되어야 한다.

해설

전기회로의 구성방법
제어부와 구동부는 서로 종속적인 관계이므로 혼재되어 구성하면 오류가 발생할 수 있으므로 개별회로로 구성해야 한다.

85

폐회로제어에 대한 설명으로 옳은 것은?

① 피드백신호가 없다.
② 2진신호를 사용한다.
③ 외란변수의 변화가 작을 때 사용한다.
④ 실제 값과 기준 값의 비교기능이 있다.

해설

폐회로제어
- 시스템의 출력(실제 값)을 기준 값(설정값)과 비교하여 오차를 계산하고, 그 오차를 줄이기 위해 제어동작을 수행한다.
- 폐회로제어에서는 피드백신호가 필수적으로 사용된다.

86

공기압실린더의 설치형식이 아닌 것은?

① 풋형 ② 플랜지형
③ 타이로드형 ④ 트러니언형

해설

타이로드형은 실린더의 본체구조(봉타입 조립구조)이고, 설치형식이 아니다.

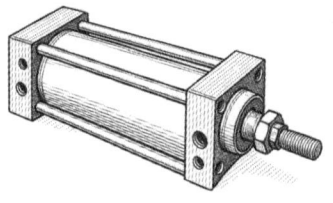

[타이로드형]

87

물체가 접근하면 진폭이 감소하는 고주파 LC 발진기에 의해 센서 표면에 전자계를 형성하고 금속만을 감지하는 센서는?

① 광전센서
② 리드 스위치
③ 용량형 센서
④ 유도형 센서

해설

유도형 센서
- 고주파 LC발진기에 의해 센서 표면에 전자계를 형성하고, 근처에 금속이 접근하면 발진기의 진폭이 감소하거나 멈추는 원리를 이용해 금속만을 감지한다.
- 비금속재료에는 반응하지 않고, 금속만을 선택적으로 감지할 수 있다.

88

펌프가 소음을 내는 이유로 적절하지 않은 것은?

① 유 중에 기포가 있는 경우
② 흡입관이 막혀 있는 경우
③ 펌프의 회전이 너무 빠른 경우
④ 작동유의 점도가 너무 낮은 경우

해설

펌프가 소음을 내는 이유
작동유의 점도가 낮은 경우 펌프의 효율이 저하될 수 있지만 다른 보기에 비해 소음 발생과는 거리가 멀다.

89

공기압 파이프 연결기가 아닌 것은?

① 나사 연결기
② 링형 연결기
③ 플랜지 연결기
④ 클램핑 링 연결기

해설

공기압 파이프 연결기
공기압 파이프 연결기로는 링형 연결기, 플랜지 연결기, 클램핑 링 연결기가 사용된다.
나사 연결기는 유압 파이프에 주로 사용한다.

90

신호의 유무, ON/OFF, YES/NO, 1/0 등과 같은 신호를 이용하는 제어계는?

① 2진제어계
② 10진제어계
③ 동기제어계
④ 아날로그제어계

해설

2진제어계
- 제어시스템에서 신호의 유/무, ON/OFF, 1/0, YES/NO 등과 같이 2진신호를 이용하여 제어하는 시스템이다.
- 실린더의 전진과 후진, 모터의 정회전과 역회전, 기기의 기동과 정지 등을 나타내는 데 사용된다.

정답 87 ④ 88 ④ 89 ① 90 ①

91

압력에 대한 설명으로 틀린 것은?

① 대기압력보다 낮은 압력을 진공압이라 한다.
② 게이지압력에서는 국소대기압보다 높은 압력을 정압(+)이라 한다.
③ 압력을 비중량으로 나누면 길이 단위가 되며 이를 양정 또는 수두(m)라 한다.
④ 사용압력을 완전히 진공으로 하고 그 상태를 0으로 하여 측정한 압력을 게이지압력이라 한다.

해설

압력에 대한 설명
- 완전한 진공 상태를 0으로 하여 측정한 압력은 절대압력이다.
- 게이지압력은 대기압을 0으로 하여 측정한 압력이다.

92

두 개의 입구 X와 Y를 갖고 있으며 출구는 A 하나이다. 입구 X, Y에 각기 다른 압력을 인가했을 때 고압이 A로 출력되는 특징을 갖는 공기압 논리밸브는?

① 급속배기밸브
② 교축릴리프밸브
③ 고압 우선형 셔틀밸브
④ 저압 우선형 셔틀밸브

해설

고압 우선형 셔틀밸브
고압 우선형 셔틀밸브는 두 개의 입력에 대해 고압을 우선적으로 출력한다.

93

공기압축기의 종류가 아닌 것은?

① 터보형 압축기
② 스크루형 압축기
③ 왕복피스톤형 압축기
④ 트로코이드형 압축기

해설

공기압축기의 종류
- 공기압축기의 종류는 터보형 압축기, 스크루형 압축기, 왕복 피스톤형 압축기이다.
- 트로코이드형 압축기는 공기압축기의 분류에는 포함되지 않는다.

94

공기압모터의 기호는?

① 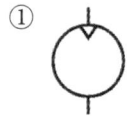 ②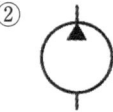

③ 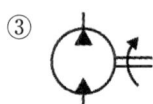 ④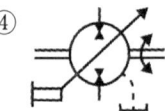

해설

① 공기압모터
② 유압펌프
③ 1방향 흐름 회전(정용량형)
④ 2방향 흐름 회전(가변용량형)

95 ☑☐☐☐☐
요동형 실린더가 아닌 것은?

① 베인형 실린더
② 피스톤형 실린더
③ 스크루형 실린더
④ 로킹암형 실린더

해설
요동형 실린더
- 출력축이 일정 각도 내에서 왕복 회전운동하는 실린더이다.
- 자동문 개폐, 볼밸브의 자동개폐 등에 활용된다.
- 베인형 실린더, 피스톤형 실린더, 스크루형 실린더 등이 있다.

96 ☑☐☐☐☐
PLC와 같은 장치가 속하는 부분은?

① 센서
② 네트워크
③ 프로세서
④ 동력제어부

해설
PLC(Programmable Logic Controller)
- 기계나 장비의 동작을 제어하고 모니터링 역할을 하는 산업용 컴퓨터이다.
- 기계설비를 효율적으로 사용하기 위한 프로세서 장비이다.

97 ☑☐☐☐☐
다음 유압회로도를 구성하는 기기의 명칭이 틀린 것은?

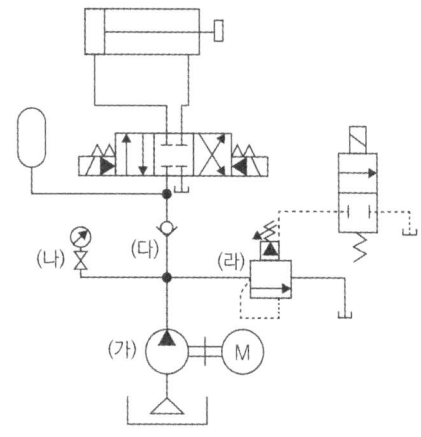

① (가) 정용량형 펌프
② (나) 스톱밸브
③ (다) 체크밸브
④ (라) 어큐뮬레이터

해설
유압회로도
(라)는 시퀀스밸브의 기호이다.

98 ☑☐☐☐☐

직류 전동기에서 전기자의 권선에 생기는 교류를 직류로 바꾸는 부분의 명칭은?

① 계자 ② 전기자
③ 정류자 ④ 타여자

해설

정류자
직류 전동기에서 전기자의 권선에 생기는 교류를 직류로 바꾸는 부분이다.

99 ☑☐☐☐☐

설비보전의 효과측정을 위한 척도로 사용되는 지표의 설명으로 옳은 것은?

① 설비 가동률은 경제성을 의미한다.
② 고장 강도율은 유용성을 의미한다.
③ 고장 도수율은 신뢰성을 의미한다.
④ 제품 단위당 보전비는 보전성을 의미한다.

해설

① 설비 가동률은 유용성을 의미한다.
② 고장 강도율은 보전성을 의미한다.
③ 고장 도수율은 부하시간당 고장발생비율로 설비의 신뢰성을 의미한다.
④ 제품 단위당 보전비는 경제성을 의미한다.

100 ☑☐☐☐☐

밸브 내부에서 연속적인 진동으로 밸브시트 등을 타격하여 진동과 소음을 발생시키는 현상은?

① 공동현상 ② 맥동현상
③ 채터링현상 ④ 크래킹현상

해설

채터링현상(Chattering)
- 전자회로나 기계시스템 등에서 스위치, 버튼, 계전기 등의 접점이 상태를 바꿀 때 발생한다.
- 미세하고 연속적인 진동과 소음이 발생한다.

정답 98 ③ 99 ③ 100 ③

2021 제2회

1과목 설비진단 및 계측

01 ☑□□□□

다음과 같이 진동진폭의 파라미터가 주어졌을 때 관계식으로 옳은 것은?

- 진동변위 : $D(\mu m)$
- 진동속도 : $V(mm/s)$
- 진동주파수 : $f(Hz)$

① $V = 2\pi f D$
② $V = 2\pi f D \times 10^{-3}$
③ $V = \dfrac{D}{2\pi f}$
④ $V = \dfrac{D}{2\pi f} \times 10^{-3}$

해설

진동속도(V)
진동속도를 구하는 공식은 일반적으로는 아래와 같이 정의되나 문제에 주어진 단위를 맞추어야 한다.
$V = 2\pi f D$
진동속도의 단위가 mm/s이고, 진동변위의 단위가 μm이므로 μm를 mm로 변환해야 한다.
$1\mu m = 10^{-6}m = 10^{-3}mm$
이 문제에서 진동속도 공식은 다음과 같다.
$V = 2\pi f D \times 10^{-3}$

02 ☑□□□□

주파수의 단위로 사용되는 것은?

① cycle/s ② m/s
③ rad/s   ④ m/s²

해설

주파수의 단위
주파수의 단위는 주로 Hz로 나타낸다.
주파수는 단위시간당 진동의 횟수를 의미하므로 cycle/s로도 나타낼 수 있다.

03 ☑□□□□

푸리에(Fourier) 변환의 특징으로 틀린 것은?

① FFT분석에서는 항상 양부호(Positive)의 주파수 성분이 나타난다.
② 충격신호와 같은 임펄스신호(Impulse Signal)는 푸리에 변환이 불가능하다.
③ 시간대역이나 주파수 대역에서 유한한 신호는 다른 대역(주파수나 시간)에서 무한한 폭을 갖는다.
④ 어떤 대역에서 주기성을 갖는 규칙적인 신호라 할지라도 다른 대역에서는 불규칙한 신호로 나타날 수 있다.

정답 01 ② 02 ① 03 ②

> 해설

푸리에(Fourier) 변환
- 푸리에 변환이란 시간 또는 공간에서 정의된 신호나 함수를 주파수를 가진 정현파의 합으로 분해하여 신호가 어떤 주파수 성분으로 구성되어 있는지 분석하는 방법이다.
- 충격신호와 같은 임펄스 함수는 푸리에 변환이 가장 간단하게 정의된다.

04 ☑□□□□

회전 기계에서 발생하는 이상현상 중 발생주파수가 중간주파수인 것은?

① 공동
② 언밸런스
③ 압력맥동
④ 미스얼라인먼트

> 해설

압력맥동
- 주로 펌프나 압축기 등에서 압력이 주기적으로 바뀌는 현상이다.
- 압력맥동은 주파수 영역상에서 중간주파수에 해당하는 이상진동으로 진단된다.

관련개념 **회전 기계에서 발생하는 이상현상**
- 공동현상 : 회전 기계 내부 유체의 압력이 포화증기압 이하로 낮아져 기포가 발생되는 현상이다.
- 언밸런스 : 회전체의 무게 중심이 특정부로 치우쳐 있어 균형이 맞지 않는 상태이다.
- 미스얼라인먼트 : 두 축의 축심이 어긋난 상태이다.

05 ☑□□□□

용적식 유량계가 아닌 것은?

① 터빈 유량계(Turbine Flow Meter)
② 회전 디스크 유량계(Nutation Disk Flow Meter)
③ 회전 날개 유량계(Rotating Vane Flow Meter)
④ 로브 임펠러 유량계(Lobed Impeller Flow Meter)

> 해설

터빈 유량계
- 유체의 흐름에 의해 터빈(회전 날개)을 회전시키고, 이 각속도를 측정해서 유량을 산출하는 방식이다.
- 유속에 비례하는 회전수를 기초로 측정하는 것으로 용적식 유량계가 아니고, 속도식 유량계에 해당한다.

06 ☑□□□□

설비진단의 개념과 가장 거리가 먼 것은?

① 단순한 점검의 계기화
② 수리 및 개량법의 결정
③ 신뢰성 및 수명의 예측
④ 이상이나 결함의 원인 파악

> 해설

설비진단
- 설비의 성능을 평가하고 수명을 예측하여 현재 상태를 파악하고 고장원인을 파악하는 것이다.
- 단순한 점검의 계기화와 설비진단과는 거리가 멀다.

정답 04 ③ 05 ① 06 ①

07

베어링 소음 발생원에 따른 특성 주파수의 관계식이 옳지 않은 것은? (단, r_1 = 내륜의 반경, r_2 = 외륜의 반경, r_B = 볼 또는 롤러의 반경, r_n = 볼 또는 롤러의 수, n_r = 내륜의 회전속도[rps]이다)

① 베어링의 편심 혹은 불균형에 의한 회전 소음 주파수 $f_r = n_r$
② 볼, 롤러 또는 케이스 표면의 불균일에 의한 소음 주파수 $f_c = n_r \cdot \dfrac{r_1}{r_1 + r_2}$
③ 볼 또는 롤러의 자체회전에 의한 소음 주파수 $f_B = \dfrac{r_2}{r_B} \cdot n_r \cdot \dfrac{r_1}{r_1 + r_2}$
④ 내륜 표면의 불균일에 의한 소음 주파수 $f_1 = n_r \cdot \dfrac{r_1}{r_1 + r_2} \cdot r_n$

해설

내륜 표면의 불균일에 의한 소음 주파수
$f_1 = \dfrac{r_n}{2} \cdot \left(1 + \dfrac{2r_B}{r_1 + r_2}\right) \cdot n_r$

08

파장, 주파수에 대한 설명으로 틀린 것은?

① 파장은 음파의 1주기 거리로 정의된다.
② 주파수는 음파가 매질을 1초 동안 통과하는 진동횟수를 말한다.
③ 주파수는 소리의 속도에 반비례하고, 파장에 비례한다.
④ 파장은 소리의 속도에 비례하고, 주파수에 반비례한다.

해설

주파수

$f = \dfrac{v}{\lambda}$

f : 주파수(Hz)
v : 소리의 속도(m/s), λ : 파장(m)
주파수(f)는 소리의 속도(v)에 비례하고, 파장(λ)에 반비례한다.

09

열전대 종류 중 내열성이 좋고 산화성 분위기 중에서도 강하며, 대개 1000 ℃ 이상에서 사용되는 것은?

① J type ② R type
③ K type ④ T type

해설

R type 열전대
• 백금과 로듐 합금으로 되어 있다.
• 1000 ℃ 이상의 고온에서 안정적이다.
• 용광로나 고온 산업현장에서 주로 사용된다.

정답 07 ④ 08 ③ 09 ②

10 ☑☐☐☐☐

진동에서 진폭표시의 파라미터가 아닌 것은?

① 댐퍼 ② 변위
③ 속도 ④ 가속도

해설

댐퍼
진동에서 댐퍼는 진동을 억제하는 기계적 부품 또는 장치로 진폭을 표시하는 파라미터가 아니다.

관련개념 진동의 측정단위

구분	내용
변위	측정대상의 위치 변화(m)
속도	측정대상의 단위시간당 위치 변화(m/s)
가속도	측정대상의 단위시간당 속도 변화(m/s^2)

11 ☑☐☐☐☐

고유진동수와 강제진동수가 일치할 경우 진폭이 크게 발생하는 현상은?

① 공진 ② 울림
③ 강제진동 ④ 반발진동

해설

공진현상
고유진동수와 강제진동수가 일치할 경우 진폭이 크게 증가하는 현상이다.

12 ☑☐☐☐☐

극히 작은 전류에 의해서 최대 눈금 편위를 일으킬 수 있으므로, 전압계로 사용하는 계기는?

① 유도형 ② 전류력계형
③ 가동 코일형 ④ 가동 철편형

해설

가동 코일형 전압계
- 영구자석의 자기장 내에 코일이 있는 구조로 극히 적은 전류만으로도 지침이 최대 눈금까지 표시될 수 있을 만큼 민감하다.
- 감도와 정확도가 뛰어나 전압계로 많이 사용된다.

13 ☑☐☐☐☐

회전체의 회전수를 측정하기 위하여, 반사 테이프와 광원을 이용하여 반사광을 검출하여 회전수를 구하는 방식은?

① 광전식 검출법 ② 주파수 계산법
③ 전자식 검출법 ④ 회전주기 측정법

해설

회전수 측정법
- 광전식 검출법 : 회전체에 반사테이프를 부착하고 LED를 광원으로 이용하여 반사광을 검출한 후 신호로 변환시켜 회전수를 측정한다.
- 전자식 검출법 : 회전체의 회전수에 비례한 주파수의 신호를 측정하는 방식으로 전원이 필요없고 내구성이 우수하나 극저속에서는 검출이 불가능하다.
- 회전주기 측정법 : 회전주기를 측정하고, 그 역수로 회전수를 측정한다.

정답 ● 10 ① 11 ① 12 ③ 13 ①

※ 광전식 검출법을 정답으로 의도하고 출제된 문제이나 회전주기 측정법도 해당된다고 볼 여지가 있어 ①, ④번이 중복정답 처리된 문제

14 ☑□□□□

회전수 계측 센서 중 광학식 엔코더의 특징이 아닌 것은?

① 처리회로가 간단하다.
② 진동 및 충격에 약하다.
③ 고분해능화가 용이하다.
④ 디지털신호이므로 노이즈 마진이 작다.

해설

광학식 엔코더
- 회전하는 축의 위치, 각도, 속도 등을 정밀하게 측정하기 위해 사용하는 센서이다.
- 회전방향, 각도, 위치, 속도 정보를 디지털신호로 출력한다.
- 노이즈 마진(외부의 잡음이 신호에 영향을 주더라도 신호가 올바르게 해석될 수 있는 허용한계)이 크다.

15 ☑□□□□

시퀀스제어의 동작을 기술하는 방식 중 조건과 그에 대응하는 조작을 매트릭스형으로 표시하는 방식은?

① 논리회로(Logic Circuit)
② 플로우 차트(Flow Chart)
③ 동작선도(Motion Diagram)
④ 디시전 테이블(Decision Table)

해설

시퀀스제어의 동작을 기술하는 방식
① 논리회로 : 입력값에 대한 논리연산을 수행하여 출력값을 얻는 전자회로이다.
② 플로우 차트 : 프로세스순서를 간단한 기호와 도형으로 도식화한 것이다.
③ 동작선도 : 동작순서를 선의 고저로 표현한 것이다.
④ 디시전 테이블 : 조건과 그에 대응하는 조작을 매트릭스형으로 표시하는 표이다.

16 ☑□□□□

소음방지방법이 아닌 것은?

① 차음
② 공명
③ 흡음
④ 소음기

해설

소음방지방법
① 차음 : 소리의 전달을 차단하는 것이다.
② 공명 : 특정 주파수에서 소리의 진폭이 커지는 현상으로 소음방지방법이 아니다.
③ 흡음 : 소리를 흡수하여 에너지를 줄이는 방법이다.
④ 소음기 : 소음기를 이용해 소음의 크기를 줄이는 것이다.

정답 ● 14 ④ 15 ④ 16 ②

17 ☑☐☐☐☐

강제진동주파수 f와 고유진동주파수 f_n의 주파수비 $R = \dfrac{f}{f_n}$라 할 때 다음 중 고유진동주파수에 대한 진동차단효과가 가장 높은 것은?

① $R = 1$
② $R = \sqrt{2}$
③ $R = 3$
④ $R = 10$

해설

진동차단효과
- $R = 1$인 경우는 강제진동주파수와 고유진동주파수가 같은 경우로 공진현상이 발생해 큰 진폭이 발생한다.
- R이 클수록 강제진동주파수가 고유진동주파수보다 큰 것을 의미하고, 진동차단효과가 가장 높다.

18 ☑☐☐☐☐

인간의 청감에 대한 보정을 실시하여 소리의 크기 레벨에 근사한 값으로 측정할 수 있도록 한 측정기는?

① 기록계
② 녹음기
③ 소음계
④ 주파수분석기

해설

소음계
소음계는 인간의 청감에 대한 보정을 실시하여 소리의 크기 레벨에 근사한 값으로 측정할 수 있도록 한 측정기이다.

19 ☑☐☐☐☐

계측계의 동작특성 중 정특성이 아닌 것은?

① 감도
② 직선성
③ 시간지연
④ 히스테리스오차

해설

계측계의 동작특성
① 감도 : 입력 변화에 따른 출력 변화(정특성)
② 직선성 : 입력과 출력이 비례관계에 있는 특성 (정특성)
③ 시간지연 : 입력이 변할 때 계측기가 출력으로 반영되기까지 걸리는 시간(동특성)
④ 히스테리스오차 : 입력의 변화에 따라 동일한 출력에 도달할 때 경로에 따라 나타나는 오차 (정특성)

관련개념 정특성과 동특성의 구분
- 정특성은 계측기의 입력이 시간적으로 변하지 않을 때의 특성이다.
- 동특성은 입력이 시간에 따라 변할 때 계측기가 그 변화에 얼마나 신속하게 대응하는지를 나타내는 특성이다.

정답 17 ④ 18 ③ 19 ③

20 ☑□□□□

제어장치에 해당하며 목푯값에 의한 신호와 검출부로부터 얻어진 신호에 의해 제어장치가 소정의 작동을 하는 데 필요한 신호를 만들어서 조작부에 보내주는 부분을 뜻하는 제어 용어는?

① 외란 ② 조절부
③ 작동부 ④ 제어량

해설

제어 용어
① 외란 : 제어계에 영향을 주는 시스템 외부의 변동요인이다.
② 조절부 : 제어장치가 소정의 작동을 하는 데 필요한 신호를 만들어 조작부에 보내주는 부분이다.
③ 작동부 : 제어신호를 받아 실제로 기계를 움직이는 부분이다.
④ 제어량 : 제어장치의 출력으로서 실제로 만들어지는 물리적 또는 전기적 값이다.

2과목 설비관리

21 ☑□□□□

설비대장을 작성할 때 구비해야 할 조건 중 거리가 가장 먼 것은?

① 설비 품목별 사양 작성자
② 설비의 입수시기 및 가격
③ 설비에 대한 개략적인 기능
④ 설비에 대한 개략적인 크기

해설

설비대장
- 설비대장은 설비의 관리와 유지보수를 위해 주요 정보를 기록하는 문서이다.
- 설비 품목별 사양 작성자는 일반적으로 설비대장에 작성해야 할 내용이 아니다.

22 ☑□□□□

한계게이지의 특징으로 틀린 것은?

① 제품의 실제 치수를 읽을 수 없다.
② 측정에 숙련을 요하지 않고 간단하게 사용할 수 있다.
③ 소량제품 측정에 적합하고 불량을 판정하는 데 일정시간이 소요된다.
④ 측정 치수가 정해지고 한 개의 치수마다 한 개의 게이지가 필요하다.

정답 20 ② 21 ① 22 ③

해설

한계게이지
- 규정된 허용오차 내에서 합격과 불합격을 판정하는 데 사용되는 게이지이다.
- 정확한 치수 값은 알 수 없다.
- 작업이 간단해 대량생산 제품의 불합격(불량) 판정에 적합하다.
- 각 치수별로 한 개의 게이지가 필요하다.
- 다양한 형상에는 적용할 수 없어 사용 범위가 좁다.

23 ☑☐☐☐☐

대량생산을 위한 공장 자동화와 같이 기계화도가 높은 생산 공정에서 제조간접비를 배부하는 방식은?

① 직접재료비법
② 직접제조비법
③ 직접노무시간법
④ 기계가동시간법

해설

간접비 배부방식
- 직접재료비법 : 제품별 직접재료비를 기준으로 간접비를 배부한다.
- 직접노무시간법 : 각 제품에 투입된 직접 노무시간을 기준으로 간접비를 배부한다.
- 직접노무비법 : 각 제품에 투입된 직접 인건비(노무비)를 기준으로 배부한다.
- 기계가동시간법 : 각 제품에 사용된 기계 가동시간을 기준으로 배부하는 방법으로 자동화와 기계화 수준이 높은 공정에서 사용된다.

24 ☑☐☐☐☐

공사의 완급도를 결정하기 위하여 고려해야 할 판정기준이 아닌 것은?

① 공사가 지연됨으로써 발생하는 만성로스의 비용
② 공사가 지연됨으로써 발생하는 생산변경의 비용
③ 공사를 급히 진행함으로써 발생하는 공수나 재료의 손실
④ 공사를 급히 진행함으로써 발생하는 타 공사의 지연에 따른 손실

해설

공사의 완급도
- 공사의 완급도란 공사를 어느 정도의 속도로 진행할지 결정하는 것이다.
- 만성로스 비용은 설비의 유지와 관련이 있지만 공사의 완급도와는 큰 관련이 없다.

25 ☑☐☐☐☐

설비 프로젝트의 종류 중 설비의 갱신이나 개조에 의한 경비절감을 목적으로 하는 투자는?

① 확장 투자
② 제품 투자
③ 전략적 투자
④ 합리적 투자

해설

투자의 종류
① 확장 투자 : 사업의 양적인 확대를 위해 생산설비를 증설하는 투자이다.
② 제품 투자 : 제품의 기능 및 품질을 향상시키기 위한 투자이다.
③ 전략적 투자 : 사업의 장기적인 경쟁력을 확보하기 위한 투자이다.
④ 합리적 투자 : 설비의 갱신이나 개조에 의한 경비절감을 목적으로 하는 투자로 투자 기간이 짧고, 투자대비효과가 좋다.

26

설비의 분류에서 판매설비로만 짝지어진 것은?

① 전기장치, 운반장치
② 발전설비, 수처리시설
③ 항만설비, 공장연구설비
④ 서비스 숍, 서비스 스테이션

해설

설비의 목적에 따른 분류

구분	내용
생산설비	기계, 가공장비, 조립라인 등
운송설비	항만설비, 하역장비, 도로, 철도, 컨베이어 등
서비스설비 (판매설비)	서비스 스테이션, 서비스 숍 등
유틸리티 설비	발전설비, 보일러, 냉각탑, 수처리시설 등
관리설비	본사의 건물, 지점, 영업소의 건물 등
연구·개발 설비	제품이나 기술개발을 위한 연구소, 실험설비, 시험장비 등

27

다음 설명에 해당하는 설비망은?

> 설비의 종류, 수, 크기, 용량, 설치위치 등에 연계된 보전개념과 보전작업의 결정 및 정보 연계를 의미하는 설비망으로 설비계획·관리에 대한 명확한 책임 및 권한이 있으며 여러 지역에 동종설비를 설치하여 보전능력의 분산을 갖는다.

① 제품 중심 설비망
② 공정 중심 설비망
③ 시장 중심 설비망
④ 프로젝트 중심 설비망

해설

설비망의 종류
시장 중심 설비망에 대한 설명이다.

28

일명 공정별 배치라고도 부르며 제품의 종류가 많고 수량이 적으며, 주문생산과 표준화가 곤란한 다품종 소량생산에 적합한 설비배치 형태는?

① 제품별 배치
② 기능별 배치
③ 혼합형 배치
④ 제품고정형 배치

해설

공정별 배치(기능별 배치)
• 기계와 설비를 기능별로 배치하는 것이다.
• 다품종 소량생산에 적합하다.

정답 26 ④ 27 ③ 28 ②

29

설비의 효율화 저해로스(Loss) 중 설비의 설계 속도와 실제로 움직이는 속도와의 차이에서 생기는 로스는?

① 초기로스 ② 속도로스
③ 고장로스 ④ 불량로스

해설

로스의 종류
① 초기로스 : 정기수리 후의 시동 등에서 발생하는 손실이다.
② 속도로스 : 설비의 설계속도와 실제 속도의 차이에서 발생하는 손실이다.
③ 고장로스 : 설비의 고장으로 정지된 시간의 손실이다.
④ 불량로스 : 제품의 불량이나 재가공에 따른 손실이다.

30

보전업무에 대한 기술기능에서 조건 변화에 따른 설비 개량, 설비성능 및 수명향상, 설비의 재설계를 통한 보전도 제고 등에 관련이 있는 것은?

① 고장분석 개발 ② 보전업무 분석
③ 부품대체 분석 ④ 보전도 향상 연구

해설

보전도 향상 연구
설비를 단순하게 수리하는 차원을 넘어 구조·부품·설계 등을 개선하여 유지보수가 쉽고 효율적으로 이루어질 수 있도록 하는 활동이다.

31

일반적인 예방보전의 특징으로 맞는 것은?

① 경제적 손실이 크다.
② 돌발 고장 발생이 생길 수 있다.
③ 보전요원의 기술 및 기능이 강화된다.
④ 대수리 기간 중에 발생되는 생산손실이 크다.

해설

예방보전
- 설비의 고장을 사전에 방지하고 신뢰성과 안전성을 높이기 위해 정기적인 점검, 정비 등을 실시하는 보전방식이다.
- 예방보전을 체계적으로 수행하려면 보전요원들의 전문적인 기술 및 기능이 필수적으로 요구된다.
- 예방보전을 실시하면 보전요원의 기술 및 기능이 자연스럽게 강화된다.

32

어떤 설비가 일정조건하에서 일정기간 동안 기능을 고장 없이 수행할 확률은?

① MTBF
② MTTF
③ 보전성
④ 신뢰성

정답 29 ② 30 ④ 31 ③ 32 ④

> 해설

설비보전 관련 용어 정의
① MTBF : 평균가동시간으로 고장과 고장 사이의 평균 운영시간이다.
② MTTF : 평균고장시간으로 시스템과 제품의 고장을 수리 완료하여 설비를 정상 운용한 때부터 다음 고장까지의 기간이다.
③ 보전성 : 고장 발생 시 빠른 시간 내에 제 성능을 발휘하여 운전할 수 있도록 복구하는 것이다.
④ 신뢰성 : 설비가 일정조건하에서 일정기간 동안 특정기능을 고장 없이 수행할 수 있는 확률이다.

33 ☑☐☐☐☐

PM분석에서 P의 의미에 대한 설명으로 가장 적절한 것은?

① 현상을 물리적으로 해석한다.
② 현상의 명확화와 메커니즘을 해석한다.
③ 설비의 메커니즘을 분석하고 이해한다.
④ 작업방법과 관련성을 추구하는 요인 해석의 사고방식이다.

> 해설

PM분석
- 설비나 시스템의 불합리현상을 원리 및 원칙에 따라 물리적 성질과 메커니즘을 밝히는 사고방식이다.
- P는 Phenomena(현상) 또는 Physical(물리적)에서 유래하며, 설비고장을 물리적으로 해석하는 것에 중점을 둔다.

34 ☑☐☐☐☐

TPM관리와 전통적 관리를 비교했을 때, TPM 관리의 특징으로 옳은 것은?

① Output 지향
② 결과중심시스템
③ 개선을 위한 자기 동기 부여
④ 제한적이고 터널식인 의사소통

> 해설

TPM관리
- TPM관리는 개선을 위한 자기동기 부여, 전 직원의 자발적인 참여와 지속적 개선, 협업을 중시한다.
- 전통적 관리는 위계적, 지시적, 터널식 의사소통, 결과(Output)지향적 성격이 강하다.

35 ☑☐☐☐☐

고장의 분석 후 대책을 세우는 방법으로 틀린 것은?

① 안전율을 높인다.
② 응력을 분산시킨다.
③ 강도, 내력을 낮춘다.
④ 온도, 습도 등의 작업환경을 개선한다.

> 해설

고장의 대책
강도와 내력을 낮추면 오히려 고장이 더 쉽게 발생할 수 있다.

정답 ● 33 ① 34 ③ 35 ③

36 ☑☐☐☐☐
설비관리의 영역에 포함되지 않는 것은?

① 보전도 향상
② 제품품질 개선
③ 생산보전 활동
④ 설비자산관리

해설

설비관리의 영역
- 설비관리는 설비의 생산성과 효율성, 신뢰성, 경제성을 극대화하는 것이다.
- 보전도 향상, 생산보전 활동, 설비자산관리는 설비관리에 포함된다.
- 제품품질 개선은 설비관리보다는 품질관리 또는 생산관리에 영역에 포함된다.

37 ☑☐☐☐☐
치공구관리기능 중 계획단계에 해당하지 않는 것은?

① 공구의 검사
② 공구의 연구시험
③ 공구의 설계 및 표준화
④ 공구 소요량의 계획, 보충

해설

치공구관리기능단계
- 계획단계 : 설계 및 표준화, 공구의 연구시험, 사양 결정
- 조달단계 : 공구의 구입, 제작
- 보전단계 : 공구의 검사, 보관과 공급, 제작 및 수리, 유지관리

38 ☑☐☐☐☐
설비의 경제성 평가방법이 아닌 것은?

① 자본회수법   ② 연환지수법
③ MAPI방식   ④ 비용비교법

해설

연환지수법
연환지수법은 주로 경제 변동의 통계적 판단을 위해 사용한다.

관련개념 설비의 경제성 평가방법

구분	내용
비용 비교법	여러 설비의 투자 대안들의 총 비용을 비교하여 투자를 결정한다.
자본 회수법	설비 투자에 들어간 자본이 순이익으로 얼마만에 회수되는지를 계산하여 투자를 결정한다.
MAPI법	미국 생산성 및 품질센터(MAPI)에서 고안한 방법이다. 주로 신구 설비의 교체를 결정할 때 사용한다.
현재 가치법	미래의 비용과 수익을 현재가치로 환산한 후 투자를 결정한다.

정답 36 ② 37 ① 38 ②

39

일반적인 자주보전 전개 스텝 7단계 중 5단계에 해당하는 것은?

① 초기청소
② 자주점검
③ 자주보전의 시스템화
④ 발생원 곤란개소 대책

해설

자주보전 7단계

구분	내용
1단계 초기청소	청소, 정리정돈 등을 통한 설비의 이상유무 확인
2단계 곤란개소 대책	오염 발생원, 청소 곤란개소 식별 및 개선, 오염 차단 대책 수립(덮개 등)
3단계 기준서 작성	활동별 기준서 작성, 점검항목, 주기, 방법, 기준 등을 명확하게 정의
4단계 총점검	담당자의 설비 전체 정밀점검, 기능습득 및 실습교육 진행
5단계 자주점검	작업자가 이상 유무를 직접 점검, 이상 발견 시 기록, 보고
6단계 표준화	자주보전 활동과정의 표준화 및 확립, 자료의 체계적 관리
7단계 철저한 자주관리	담당자가 자주보전 활동을 완전히 몸에 익혀 설비관리와 효율을 극대화함

40

품질관리 도구 중 중심선과 관리한계선을 설정한 그래프로써 품질의 산포를 판별하여 공정이 정상 상태인지, 이상 상태인지를 판독하기 위한 방법은?

① 관리도
② 체크시트
③ 파레토도
④ 히스토그램

해설

관리도
- 공정의 품질 산포(변동)를 관리하고, 이상 상태 여부를 신속하게 파악하기 위해 사용하는 품질관리 도구이다.
- 관리한계선(상한, 하한)을 설정하여 이를 벗어나면 이상신호로 간주한다.

정답 39 ② 40 ①

3과목 기계일반 및 기계보전

41 ☑☐☐☐☐
아베의 원리를 만족하는 측정기는?

① 블록게이지
② 하이트게이지
③ 외측 마이크로미터
④ 버니어캘리퍼스

해설

아베의 원리
- 측정의 정확도를 높이기 위해 기준 눈금과 측정물이 측정방향의 동일 축선(일직선)상에 두는 것이다.
- 외측 마이크로미터는 눈금과 측정위치가 동일 선상에 있어 아베의 원리를 따른다.

42 ☑☐☐☐☐
디스크 브레이크에서 기름누설의 원인으로 옳지 않은 것은?

① 에어 빼기 불충분
② 파이프 너트 풀림
③ 파이프선단 형상 불량
④ 실(Seal)의 열화 및 파손

해설

디스크 브레이크에서 기름누설의 원인
디스크 브레이크에서 에어 빼기가 불충분할 경우 성능 저하의 원인이 되지만 기름 누설과는 큰 관련이 없다.

43 ☑☐☐☐☐
전동기 베어링부의 발열 원인이 아닌 것은?

① 절연물의 열화에 의한 것
② 윤활제 부족에 의한 것
③ 베어링 조립 불량에 의한 것
④ 커플링의 중심내기 불량에 의한 것

해설

전동기 베어링부의 발열
절연물의 열화는 전동기 코일이나 권선 내부의 절연 상태가 나빠지는 것과 영향이 크다.
절연물의 열화는 베어링부의 발열보다는 전기적 절연성능 저하와 관련이 있다.

44 ☑☐☐☐☐
벨트 전동장치 중 미끄럼을 방지하기 위해 안쪽 표면에 이가 있으며, 정확한 속도가 요구되는 경우 사용하는 것은?

① 보통벨트   ② 링크벨트
③ 타이밍벨트   ④ 레이스벨트

해설

타이밍벨트
- 벨트의 안쪽 표면에 이(톱니)가 있어 풀리의 이와 정확하게 맞물려 회전한다.
- 미끄럼이 거의 발생하지 않으며, 요구하는 정확한 속도를 안정적으로 전달할 수 있다.

정답 41 ③ 42 ① 43 ① 44 ③

45 ☑☐☐☐☐

볼 베어링에서 베어링 하중을 $\frac{1}{2}$로 하면 수명은 몇 배로 되는가?

① 4배　　　② 6배
③ 8배　　　④ 10배

해설

베어링의 수명

$$L_h = \frac{\left(\frac{C}{P}\right)^3 \times 10^6}{60 \times N}$$

L_h : 수명(시간)
C : 동적 기본 부하용량
P : 베어링에 작용하는 실제 하중
N : 회전수

베어링의 하중이 $\frac{1}{2}$이므로 $P = \frac{1}{2}P$를 공식에 적용한다.

$$L_h = \frac{\left(\frac{C}{\frac{1P}{2}}\right)^3 \times 10^6}{60 \times N} = \frac{\left(\frac{2C}{P}\right)^3 \times 10^6}{60 \times N}$$

$$= 2^3 \times \frac{\left(\frac{C}{P}\right)^3 \times 10^6}{60 \times N}$$

베어링의 하중이 1/2이 되면 수명은 $2^3 = 8$배가 된다.

46 ☑☐☐☐☐

회전체의 센터링이 불량할 경우 발생되는 현상으로 틀린 것은?

① 진동이 크다.
② 축의 강도가 향상된다.
③ 베어링부의 마모가 심하다.
④ 구동력의 전달이 원활하지 못하다.

해설

회전체의 센터링 불량
회전체의 센터링이 불량할 경우 구동의 전달이 원활하지 않아 소음, 진동이 발생하고 베어링부에 마모가 심하게 발생하여 기계 성능이 저하된다.

47 ☑☐☐☐☐

배관이음 중 관경이 비교적 크고 내압이 높은 경우 사용하며, 분해조립이 가장 용이한 이음법은?

① 용접이음　　　② 신축이음
③ 납땜이음　　　④ 플랜지이음

해설

플랜지이음
플랜지이음은 큰 배관, 고압 배관에 많이 사용되며 볼트, 너트를 풀거나 조여서 쉽게 분해, 조립할 수 있다.

관련개념 관이음방법

구분	내용
나사이음	나사를 돌려 체결하는 이음방식이다.
용접이음	파이프 끝을 용접하여 결합하는 방식이다.
패킹이음	배관의 이음부위의 틈을 막아 유체의 누설을 방지하는 이음이다.
고무이음	고무 등의 탄성체를 이용해 이음부위를 연결하는 방식이다.
플랜지이음	배관의 끝에 플랜지를 부착하고 플랜지 사이를 볼트로 단단히 조여 연결한다.

48 ☑☐☐☐

산성 등의 화학약품을 차단하는 경우에 내약품, 내열 고무제의 격막 판을 밸브시트에 밀어 붙이는 밸브이며, 유체흐름 저항이 적고 기밀 유지에 패킹이 필요 없으며 부식의 염려가 없는 밸브는?

① 플립밸브 ② 게이트밸브
③ 리프트밸브 ④ 다이어프램밸브

해설

다이어프램밸브
- 격막(다이어프램)이 밸브시트에 밀착하여 유체의 흐름을 차단하므로 기밀성이 매우 뛰어나고, 밸브 내에 금속이 유체와 직접 접촉하지 않아 부식의 염려가 없다.
- 산성, 알칼리성 등 다양한 화학약품에 적합하며, 내약품성과 내열성 고무제를 사용할 수 있다.
- 구조상 유체의 흐름 저항도 적고, 별도의 패킹이 필요하지 않다.

49 ☑☐☐☐

용접법의 분류 중 용접에 해당하지 않는 것은?

① TIG용접
② 저항용접
③ 피복아크용접
④ 서브머지드아크용접

해설

용접법의 분류
- TIG용접, 피복아크용접, 서브머지드아크용접 모두 모재의 일부를 용융시켜 접합하는 아크용접방식이다.
- 저항용접은 금속재료를 압착한 상태에서 전류를 흘려 접합 부분에 발생하는 저항열로 모재를 용접(용해)시키는 압접에 해당한다.

50 ☑☐☐☐

다음 중 비접촉성 실은?

① 오일패킹 ② 메커니컬 실
③ 셀프실 패킹 ④ 래빌린스 패킹

해설

비접촉성 실(Seal)
- 접촉 없이 미세한 틈을 통해 교축작용, 압력의 작용 등으로 유체의 누설을 막는 구조이다.
- 래빌린스 패킹, 감마 실, 마그네틱 실 등이 해당된다.

정답 48 ④ 49 ② 50 ④

51

보유하고 있는 설비가 신품일 때와 비교하여 점차 열화되어 가는 것을 나타내는 용어는?

① 기술적 열화
② 경제적 열화
③ 절대적 열화
④ 상대적 열화

해설

절대적 열화
설비의 성능이 신품과 비교하여 시간이 지남에 따라 점차 악화되는 현상을 의미한다.

52

매커니컬 실(Mechanical Seal)을 선정할 때 주의사항으로 거리가 가장 먼 것은?

① 밀봉면에 작용하는 밀봉력을 유지할 것
② 누유방지를 위해 탈착이 불가능할 것
③ 밀봉단면의 평행한 평면 상태를 유지할 것
④ 밀봉면 사이에서 윤활유체의 기화를 방지할 것

해설

매커니컬 실(Mechanical Seal)
- 회전기기에 설치하여 유체의 누설을 방지하는 부품이다.
- 누설방지효과가 매우 크며 축의 마모가 발생하지 않는다.
- 이상 발생 시 교체를 하여야 하는 소모품이므로 탈착이 가능해야 한다.

53

나사풀림방지방법으로 옳지 않은 것은?

① 록 너트(Lock Nut)에 의한 방법
② 실(Seal) 용접에 의한 방법
③ 스프링와셔 또는 고무와셔에 의한 방법
④ 홈붙이 너트와 분할핀 고정에 의한 방법

해설

나사풀림방지방법
- 나사를 이용하는 것은 일반적으로 분해를 할 수 있다는 것을 전제로 한다.
- 용접을 하면 나사를 영구적으로 고정하는 것이므로 나사풀림방지방법으로 옳지 않다.

54

담금질한 강 중의 잔류 오스테나이트를 마르텐사이트화시키는 작업으로 0℃ 이하의 온도에서 냉각시키는 조작은?

① 침탄법
② 심랭처리
③ 항온열처리
④ 고주파경화

해설

심랭처리
- 담금질한 강재 내의 잔류 오스테나이트를 마르텐사이트화시키는 작업으로 0℃ 이하의 온도에서 냉각시키는 조작이다.
- 경도와 치수안정성, 내마모성 등을 개선하는 목적으로 사용한다.

정답 51 ③ 52 ② 53 ② 54 ②

55 ☑☐☐☐☐

유성기어 감속기에 대한 설명으로 옳지 않은 것은?

① 작동 시 구름마찰을 한다.
② 윤활 시 1 kW 이하의 소형에는 그리스윤활을 할 수 있고, 그 이상의 것은 유욕윤활방법이 쓰인다.
③ 고정된 내접기어에 유성기어가 맞물려 회전하면서 감속한다.
④ 무단변속기와 조합하여 큰 감속비를 얻을 수 있다.

> **해설**
>
> 유성기어 감속기
> 유성기어 감속기는 여러 개의 기어(행성기어, 태양기어)가 맞물려 돌아가고, 이때 발생하는 마찰은 주로 미끄럼 마찰(치면마찰)이다.

56 ☑☐☐☐☐

원심식과 비교한 왕복식 압축기의 장점은?

① 대용량이다.
② 윤활이 쉽다.
③ 압력맥동이 없다.
④ 고압 발생이 가능하다.

> **해설**
>
> 압축기의 비교
>
> | 구분 | 내용 |
> |---|---|
> | 원심식 압축기 | • 임펠러의 회전운동으로 공기를 압축한다.
• 압력맥동이 없다.
• 윤활이 용이하다.
• 중·저압에 적합하다.
• 설치면적이 비교적 작다. |
> | 왕복식 압축기 | • 피스톤의 왕복운동에 의해 공기를 압축한다.
• 고압을 발생시킨다.
• 유량보다 높은 압력을 필요로 할 때 사용한다. |

57 ☑☐☐☐☐

드릴의 각부 명칭과 그 역할에 대한 설명으로 틀린 것은?

① 섕크(Shank) - 드릴을 드릴머신에 고정하는 부분
② 사심(Dead Center) - 드릴 끝 부분으로 가공물을 절삭하는 부분
③ 홈 나선각(Helix Angle) - 드릴의 중심축과 홈의 비틀림이 이루는 각
④ 마진(Margin) - 드릴의 홈을 따라서 나타나는 좁은 날이며, 드릴을 안내하는 역할

> **해설**
>
> 드릴의 각부 명칭과 그 역할
> 사심은 드릴 끝 부분에서 두 절삭날이 만나는 점이고, 실제로 절삭하는 부분은 절삭날(Lip)이다.

정답 ● 55 ① 56 ④ 57 ①

58 ☑☐☐☐☐
코일 스프링의 작도법 중 틀린 것은?

① 일반적으로 무하중 상태에서 그린다.
② 스프링이 왼쪽 감김일 경우 감김 방향을 명기한다.
③ 스프링의 중간 부분 일부를 생략할 경우에는 생략하는 부분의 선지름의 중심선을 가는 1점 쇄선으로 나타낸다.
④ 스프링의 종류, 모양만을 도시할 경우 굵은 1점 쇄선을 사용한다.

해설
코일 스프링의 작도법
스프링의 종류, 모양만을 도시할 경우에는 가는 실선을 사용한다.

59 ☑☐☐☐☐
금긋기작업에서의 유의사항으로 옳지 않은 것은?

① 금긋기 선은 굵고 선명하도록 반복하여 긋는다.
② 기준면과 기준선을 설정하고 금긋기순서를 결정한다.
③ 같은 치수의 금긋기 선은 전후, 좌우 구분 없이 한번만 긋는다.
④ 금긋기 선의 굵기는 일반적으로 0.07 ~ 0.12 mm이다.

해설
금긋기작업 시 유의사항
• 금긋기 선은 가늘고 선명하게, 한 번에 긋는다.
• 기준면과 기준선을 정확하게 설정하고, 금긋기 순서를 미리 결정한다.
• 같은 치수의 금긋기 선은 전·후, 좌·우 구분 없이 한 번에 긋는다.
• 금긋기가 끝난 후 도면과 일치하는지 반드시 확인한 뒤, 다음 공정에 들어간다.
• 금긋기작업 중 공구(금긋기 바늘, 펀치, 캘리퍼스 등)는 정확하게 사용하되, 표면을 손상시키지 않도록 주의한다.

60 ☑☐☐☐☐
펌프 운전 중 물이 처음에는 나오다가 곧 나오지 않을 때의 원인으로 옳지 않은 것은?

① 웨어링이 마모되었기 때문에
② 마중물이 충분하지 못하기 때문에
③ 흡입양정이 지나치게 높기 때문에
④ 배관 불량으로 흡입관 내에 에어 포켓이 생겼기 때문에

해설
펌프운전 중 물이 나오지 않는 원인
웨어링은 펌프 내 부품 보호 및 마모방지를 위해 사용하는 부품이다.
웨어링이 마모되면 토출압력이 감소하여 물이 적게 나올 수는 있지만 물이 처음에는 나오다가 곧 나오지 않는 것과는 관련이 없다.

정답 ● 58 ④ 59 ① 60 ①

4과목 윤활관리

61 ☑☐☐☐☐
윤활유의 열화판정 중 직접판정법에 대한 설명으로 틀린 것은?

① 신유의 성상을 사전에 명확히 파악한다.
② 사용유의 대표적 시료를 채취하여 성상을 조사한다.
③ 투명한 2장의 유리판에 기름을 넣고 투시해서 이물질의 유무를 조사한다.
④ 신유와 사용유의 성상을 비교 검토 후 관리 기준을 정하고 교환하도록 한다.

해설
윤활유의 열화판정법
①, ②, ④는 직접판정법에 해당되고, ③은 간접판정법에 해당된다.

62 ☑☐☐☐☐
윤활유를 샘플링하여 검사할 때 검사항목과 가장 거리가 먼 것은?

① 색상 ② 수분
③ 부식도 ④ 전산가

해설
윤활유를 샘플링검사항목
- 색상 : 산화 및 오염정도를 직관적으로 파악하기 위한 항목이다.
- 수분 : 윤활유에 혼입된 수분 함량은 윤활 성능 저하에 중요한 항목이다.
- 전산가(산가) : 오일 내의 산화 생성물을 평가하는 것으로 교체시기 진단에 활용한다.

63 ☑☐☐☐☐
윤활관리조직의 체계를 윤활관리부서와 윤활실시부서로 구분할 때 윤활관리부서에서 실시하는 업무로 가장 적합한 것은?

① 오일의 교환 주기 결정
② 급유장치의 예비품관리
③ 윤활대장 및 각종 기록 작성
④ 윤활제 선정 및 열화기준의 판정

해설
윤활관리부서의 업무
- 윤활제의 선정기준 및 적합 윤활제 선정한다.
- 윤활유 등의 열화(품질 저하)를 진단하고 판정 기준을 설정한다.
- 윤활관리, 설비진단 지침 및 관리체계 수립한다.
- 전체 설비를 대상으로 기술적·관리적 측면의 윤활 업무를 총괄한다.

64 ☑☐☐☐☐
두 개 이상의 물체가 서로 상대운동을 할 때 물체 표면에서 발생하는 과학적 현상으로, 마찰과 마모 및 윤활을 다루는 학문을 지칭하는 것은?

① Friction ② Tribology
③ Lubrication ④ Maintenance

해설
Tribology
Tribology는 그리스어 'Tribos(문지르다)'에서 유래되었으며, 서로 맞닿아 움직이는 물체 표면에서 나타나는 마찰, 마모, 윤활의 원리와 현상, 응용기술을 연구하는 학문이다.

정답 61 ③ 62 ③ 63 ④ 64 ②

65 ☑☐☐☐☐

일반적으로 베어링의 윤활에서 그리스윤활이 윤활유 윤활보다 장점인 특성은?

① 밀봉성
② 냉각효과
③ 회전저항
④ 순환급유

해설

밀봉성
그리스윤활은 윤활유(오일)에 비해 베어링 내부에 머물고 누설이 적으며, 물·먼지 등 오염물 차단효과가 크고 별도의 복잡한 밀봉장치 없이도 밀봉성을 확보할 수 있다.

66 ☑☐☐☐☐

윤활설비의 고장과 원인에서 작업에 의한 고장 원인이 아닌 것은?

① 플러싱의 불충분
② 과잉급유 및 부주의
③ 급유가 빠르거나 너무 느림
④ 높은 전도열 및 마찰면의 불충분한 방열

해설

윤활설비의 고장과 원인
높은 전도열 및 마찰면의 불충분한 방열(열을 배출하는 것)은 작업에 의한 원인보다는 기계설계적 고장원인이다.

67 ☑☐☐☐☐

내수성이 나빠 수분과의 접촉이 없고, 일반 및 고온 개소에 적절한 그리스는?

① 칼슘계 그리스(Ca Base Grease)
② 리튬 복합 그리스(Li - Cx Grease)
③ 나트륨계 그리스(Na Base Grease)
④ 알루미늄계 그리스(Al Base Grease)

해설

나트륨(Na) 그리스
나트륨 그리스는 섬유 구조로 안정성이 높아 고온에서 사용할 수 있지만 내수성이 좋지 않아 수분과 접촉이 빈번한 곳에서는 사용하기 어렵다.

68 ☑☐☐☐☐

다음 기어의 손상 중 윤활유의 성능과 가장 관계 있는 것은?

① 피팅(Pitting)
② 파단(Breakage)
③ 스폴링(Spalling)
④ 스코어링(Scoring)

해설

스코어링(Scoring)
• 스코어링은 기어의 접촉 표면에 고온과 높은 압력이 발생할 때 윤활유막이 파괴되어 기어에 심각한 손상이 생기는 현상이다.
• 윤활유의 윤활성능이 부족하면 스코어링이 쉽게 발생한다.

정답 ● 65 ① 66 ④ 67 ③ 68 ④

69 ☑☐☐☐☐
베어링 윤활에서 윤활유와 비교한 그리스윤활의 특징으로 틀린 것은?

① 급유간격이 짧다.
② 회전저항이 크다.
③ 순환급유가 곤란하다.
④ 혼입물 제거가 곤란하다.

해설
윤활유와 비교한 그리스윤활의 특징
- 그리스윤활은 급유간격이 길어 장기간 무급유 상태로 사용할 수 있다.
- 회전저항이 커서 고속회전에는 적합하지 않다.
- 순환급유가 곤란하다.
- 윤활유는 필터로 이물질의 제거가 가능하지만 그리스윤활은 이물질 제거가 어렵다.

70 ☑☐☐☐☐
유압 작동유가 갖추어야 할 성질이 아닌 것은?

① 체적탄성계수가 클 것
② 캐비테이션이 잘 일어날 것
③ 산화안정성 및 유화안정성이 클 것
④ 온도 변화에 따른 점도 변화가 적을 것

해설
유압 작동유가 갖추어야 할 성질
- 압축이 잘 되지 않아 체적탄성계수가 커야 한다.
- 산화안정성, 유화안정성이 좋아야 한다.
- 온도 변화에 따른 점도 변화가 적어야 한다.

71 ☑☐☐☐☐
윤활유의 물리화학적 성질 중 가장 기본이 되는 것으로 액체가 유동할 때 나타나는 내부저항을 의미하는 것은?

① 점도   ② 인화점
③ 발화점   ④ 유동점

해설
점도
점도는 윤활유의 가장 기본적 특성 중 하나로, 액체가 흐를 때 입자 간 마찰로 인해 발생하는 저항을 나타내는 물리적 성질이다.

72 ☑☐☐☐☐
마찰열로 인한 베어링의 고착 등을 방지하기 위해 유막을 형성하여 주는 윤활유의 작용은?

① 감마작용   ② 청정작용
③ 방청작용   ④ 응력분산작용

해설
윤활유의 작용
① 감마작용 : 유막을 형성하여 금속 마찰을 줄이고 베어링의 고착을 막는다.
② 청정작용 : 불순물을 세척·분산시킨다.
③ 방청작용 : 유막이 금속을 외부 공기와 수분으로부터 보호해 부식을 막는다.
④ 응력분산작용 : 압력을 분산시켜 마모와 융착을 줄인다.

정답 ● 69 ① 70 ② 71 ① 72 ①

73 ☑□□□□

다음 중 경하중 또는 보통하중을 받고 있는 평기어, 헬리컬기어, 베벨기어의 윤활제로 가장 적합하고, 녹방지와 산화방지제가 첨가된 윤활유는?

① 극압 윤활유
② 전기 절연유
③ R&O 윤활유
④ 개방형 기어유

해설

윤활유의 종류
- R&O(Rust & Oxidation inhibited) 윤활유는 광유에 방청제와 산화방지제를 첨가한 윤활유로 표면의 녹 발생을 방지하고 오일 자체의 산화를 억제한다.
- 극압(EP) 윤활유는 높은 충격하중, 미끄럼이 크고 내압성이 요구되는 기어(하이포이드기어, 고하중 상황)에 사용한다.

74 ☑□□□□

그리스의 내열성을 평가하는 기준이 되고 그리스 사용온도가 결정되는 윤활제의 성질은?

① 주도
② 적점
③ 이유도
④ 혼화안정도

해설

적점(Dropping Point)
- 적점은 반고체상의 그리스가 온도 상승에 따라 액화되어 최초로 융해 적하하기 시작하는 최저온도이다.
- 적점시험을 통해 그리스에 사용된 증주제의 종류와 내열성, 그리고 사용 가능한 최고 온도를 평가할 수 있다.

75 ☑□□□□

압축공기를 이용하여 소량의 오일을 미스트화 시켜 베어링, 기어, 체인 드라이브 등에 윤활을 하고, 압축공기는 냉각제 역할을 하도록 고안된 윤활방식은?

① 적하급유법
② 패드급유법
③ 심지급유법
④ 분무식급유법

해설

분무식급유법
- 압축공기를 사용하여 소량의 오일을 미스트(안개) 상태로 만들어 베어링, 기어, 체인 드라이브 등에 분무(분사)하여 윤활을 실시하는 방법이다.
- 공기는 오일을 전달할 뿐 아니라 냉각제로도 작용하여 마찰열을 함께 줄여준다.

76 ☑□□□□

윤활제의 기능과 관계가 없는 것은?

① 냉각작용
② 산화작용
③ 마찰감소작용
④ 마모감소작용

해설

윤활제의 기능
산화작용은 윤활유의 기능이 아니라, 윤활유가 노화되거나 사용 중에 일어날 수 있는 부작용 또는 열화현상이다.

정답 ● 73 ③ 74 ② 75 ④ 76 ②

77 ☑☐☐☐☐

압축기의 내부 윤활유의 요구성능으로 가장 거리가 먼 것은?

① 부식방지성이 좋을 것
② 적정한 점도를 가질 것
③ 산화안정성이 양호할 것
④ 생성탄소가 경질일 것

해설

분무식급유법
- 압축기 윤활유는 탄소 생성 시 연질(Soft)탄소가 형성되고, 제거가 쉬워야 한다.
- 경질(단단한) 탄소가 생성되면 압축기 내 고착, 마모, 화재 등의 문제를 유발한다.

78 ☑☐☐☐☐

윤활제의 공급법 중 순환급유법이 아닌 것은?

① 바늘급유법 ② 비말급유법
③ 유욕급유법 ④ 원심급유법

해설

윤활제의 공급법
① 바늘급유법 : 사용한 윤활유를 버리는 전손식(비순환)방식이다.
② 비말급유법 : 기어 등의 회전운동에 의해 오일이 튀어 윤활되는 방식으로, 순환급유방식이다.
③ 유욕급유법 : 부품이 오일 속에 담기는 형식으로, 오일을 반복 사용하므로 순환급유법에 해당된다.
④ 원심급유법 : 원심력으로 오일을 공급하는 방법으로 반복적으로 오일을 공급·회수한다.

79 ☑☐☐☐☐

극압윤활에 대한 설명으로 틀린 것은?

① 충격하중이 있는 곳에 필요하다.
② 완전윤활 또는 후막윤활이라고도 한다.
③ 첨가제로 유황, 염소, 인 등이 사용된다.
④ 고하중으로 금속의 접촉이 일어나는 곳에 필요하다.

해설

극압윤활
- 극압윤활은 금속의 접촉이 빈번히 일어나는 고하중 환경에서 극압 첨가제의 화학적 반응으로 보호막을 형성하는 방식이다.
- 후막윤활(완전윤활)은 두터운 유막으로 금속 간 직접 접촉이 없이 동작하는 이상적인 윤활 상태이다.
- 극압윤활은 완전윤활 또는 후막윤활과 다른 개념이다.

정답 77 ④ 78 ① 79 ②

80 ☑☐☐☐☐
윤활유가 유화되는 원인이 아닌 것은?

① 수분과의 접촉이 없을 때
② 기름의 산화가 많이 일어났을 때
③ 윤활유가 열화하여 이물질분이 증가되어 고점도유에 이르렀을 때
④ 운전조건이 가혹해서 탄화수소분의 변질을 가져왔을 때

해설

윤활유가 유화되는 원인
- 윤활유가 유화된다는 것은 윤활유에 물이 섞여 유상과 수상이 서로 혼합된 상태가 되는 것이다.
- 수분과의 접촉이 없을 경우 윤활유가 유화되지 않는다.

5과목 공유압 및 자동화

81 ☑☐☐☐☐
미리 정해진 순서에 따라 동일한 유압원을 이용하여 여러 가지 기계 조작을 순차적으로 수행하는 회로는?

① 증압회로
② 시퀀스회로
③ 언로드회로
④ 카운터밸런스회로

해설

시퀀스회로
미리 정해진 순서에 따라 동일한 유압원을 이용하여 여러 가지 기계 조작을 순차적으로 수행하는 회로이다.

82 ☑☐☐☐☐
실린더를 선정할 때 주요 고려사항이 아닌 것은?

① 스트로크
② 유압펌프의 종류
③ 실린더의 작동속도
④ 부하의 크기와 그것을 움직이는 데 필요한 힘

해설

실린더를 선정 시 주요 고려사항
유압펌프의 종류는 실린더의 성능에 영향을 줄 수는 있지만 실린더를 선정할 때 주요 고려사항은 아니다.

정답 ● 80 ① 81 ② 82 ②

83 ☑□□□□

부하에 전기에너지를 공급하기 위해서는 도체를 통해 전원에서 부하까지 전류가 흘러야 한다. 이때 이 전류의 크기에 영향을 미치는 요소가 아닌 것은?

① 도체저항 ② 부하저항
③ 전원저항 ④ 절연저항

해설

절연저항
- 절연저항은 도체와 외부 사이의 전류가 새지 않도록 막아주는 역할을 한다.
- 절연저항은 정상적인 회로 동작에서는 전류가 거의 흐르지 않기 때문에 전류의 크기에 직접적인 영향을 미치지 않는다.

84 ☑□□□□

비중에 관한 설명으로 옳은 것은?

① 비중은 무차원 수이다.
② 단위는 N/m^3을 사용한다.
③ 물의 밀도를 측정하고자 하는 물질의 밀도로 나눈 값이다.
④ 표준대기압 0℃ 물의 비중량에 대한 비로 표시한다.

해설

비중
- 단위가 없는 무차원 수이다.
- 비중은 측정하고자 하는 물질의 밀도를 물의 밀도로 나눈 값이다.
- 비중을 계산할 때에는 4℃ 물의 밀도를 기준으로 한다.

85 ☑□□□□

기체의 온도를 일정하게 유지하면서 압력 및 체적이 변화할 때, 압력과 체적은 서로 반비례한다는 법칙은?

① 보일의 법칙
② 샤를의 법칙
③ 베르누이의 법칙
④ 보일 - 샤를의 법칙

해설

보일의 법칙
기체의 온도를 일정하게 유지하면서 압력 및 체적(부피)이 변할 때 압력과 체적은 서로 반비례한다는 법칙이다.

86 ☑□□□□

단상 유도 전동기가 저속으로 회전될 때의 원인으로 옳은 것은?

① 퓨즈 단락   ② 베어링 불량
③ 서머 릴레이 작동 ④ 코일의 소손

해설

단상 유도 전동기의 저속 회전
퓨즈 단락, 서머 릴레이 작동, 코일의 소손은 전동기의 동작 자체를 멈추는 원인이 된다.
베어링이 불량하면 축이 원활하게 회전하지 못하여 전동기가 저속으로 회전하게 된다.

정답 83 ④ 84 ① 85 ① 86 ②

87 ☑☐☐☐☐
공기압축기의 운전방법 중 압력 릴리프밸브를 사용하는 방법은?

① 배기조절 ② 흡입조절
③ 그립 - 암조절 ④ ON/OFF조절

해설

압력 릴리프밸브
- 압축기 내부 또는 시스템 내의 압력이 미리 정해진 안전 한계치(설정압력)를 초과할 경우 자동으로 열려 배기조절을 한다.
- 과도하게 축적된 압력을 외부로 방출하여 장비 및 배관 등이 파손되는 것을 방지한다.

88 ☑☐☐☐☐
간헐 반송기기에 해당하는 것은?

① 무인 반송차 ② 체인 컨베이어
③ 벨트 컨베이어 ④ 드라브인 래크

해설

간헐 반송기기
- 필요한 시점에 따라 정지와 이송을 반복하는 방식의 반송기기이다.
- 무인 반송차가 대표적인 간헐 반송기기이다.
- 체인 컨베이어, 벨트 컨베이어는 연속 반송기기이다.

89 ☑☐☐☐☐
공기압 유량제어밸브에 대한 설명으로 틀린 것은?

① 공기압회로의 유량을 조정하고자 할 때 사용하는 것은 교축밸브이다.
② 공기압실린더의 속도제어를 위해 방향제어밸브와 실린더의 중간에 설치하는 것은 속도제어밸브이다.
③ 공기압의 속도제어는 배기교축에 의한 속도제어회로를 주로 채택한다.
④ 공기압실린더의 배기유량을 감소시켜 실린더의 속도를 증가시키는 것은 급속배기밸브이다.

해설

급속배기밸브
- 공기압실린더의 배기유로를 직접 대기와 통하게 하여 배기흐름 저항을 줄임으로써 실린더의 동작 속도를 빠르게 하는 역할을 한다.
- 배기 유량을 감소시키지 않고 증가시켜서 속도를 높인다.

90 ☑☐☐☐☐
공기압 및 유압에 관한 설명으로 틀린 것은?

① 공기압은 인화나 폭발의 위험이 없다.
② 공기압은 공기탱크에 에너지를 저장할 수 있다.
③ 유압은 위치제어성이 우수하고, 이송속도도 매우 빠르다.
④ 유압은 가스나 스프링 등을 이용한 축압기에 소량의 에너지 저장이 가능하다.

해설

유압
- 유압은 큰 힘, 정밀한 위치제어에 적합하다.
- 유압은 공기압에 비해 이송속도(빠른 왕복운동 등)에서는 불리하고, 공기압장치가 속도 측면에서 더 유리하다.
- 유압은 시스템 구조상 속도가 제한될 수 있으며, 빠른 동작에 적합하지 않다.

91 ☑☐☐☐☐

유압회로 중 최고압력을 제한하여 회로 내의 과부하를 방지하는 유압기기는?

① 셔틀밸브 ② 체크밸브
③ 릴리프밸브 ④ 디셀러레이션밸브

해설

릴리프밸브
- 압축기 내부 또는 시스템 내의 압력이 미리 정해진 안전 한계치(설정압력)를 초과할 경우 자동으로 열려 배기조절을 한다.
- 과도하게 축적된 압력을 외부로 방출하여 장비 및 배관 등이 파손되는 것을 방지한다.

92 ☑☐☐☐☐

비용적형 유압펌프가 아닌 것은?

① 원심펌프 ② 축류펌프
③ 피스톤펌프 ④ 사류펌프

해설

유압펌프의 구분

구분	내용
용적형 유압펌프	• 펌프 내부의 챔버 내에 유체를 일정량씩 가두어 둔 후 출구로 밀어낸다. • 피스톤(왕복동)펌프, 기어펌프, 베인펌프, 나사펌프, 등이 해당된다.
비용적형 유압펌프	• 임펠러(날개) 등의 회전에 의해 유체에 운동에너지를 주어 압력에너지로 변환한다. • 원심펌프, 축류펌프, 터빈펌프, 사류펌프, 벌류트펌프 등이 해당된다.

93 ☑☐☐☐☐

순차적인 작업에서 전 단계의 작업완료 여부를 리밋스위치나 센서 등을 이용하여 확인한 후 다음 단계의 작업을 수행하는 제어는?

① 논리종속 시퀀스제어
② 동기종속 시퀀스제어
③ 시간종속 시퀀스제어
④ 위치종속 시퀀스제어

해설

위치종속 시퀀스제어
- 설비에서 동작의 다음 단계로 넘어가기 위한 조건으로서 특정 위치에 도달했는지를 센서(리밋스위치, 근접센서)로 검출하여 연속적인 자동제어를 수행한다.
- 순차적인 작업에서 전 단계의 작업완료 여부를 확인한 후 다음 단계의 작업을 수행한다.

정답 91 ③ 92 ③ 93 ④

94

무인 반송차(AGV)의 특징으로 틀린 것은?

① 보관능력이 향상된다.
② 레이아웃의 자유도가 크다.
③ 정지 정밀도를 확보할 수 있다.
④ 자기 진단과 컴퓨터 교신기능이 있다.

해설

무인 반송차(AGV)의 특징
- 무인 반송차는 부품 및 자재를 작업자가 직접 이동시키지 않고 스스로 목적지까지 이동시킬 수 있는 자동화된 차량이다.
- 무인 반송차는 물품을 이동하는 역할을 하기 때문에 보관능력 향상과는 거리가 멀다.

95

공기압작업요소의 설명이 틀린 것은?

① 격판 실린더는 격판에 부착된 피스톤 로드가 미끄럼 실링되어 있다.
② 회전 실린더는 피니언과 랙 등의 구조를 이용하여 회전운동을 할 수 있다.
③ 탠덤 실린더는 2개의 복동 실린더가 1개의 실린더 형태로 된 것이다.
④ 다위치제어 실린더는 2개 또는 그 이상의 복동 실린더로 구성된다.

해설

격판(다이어프램) 실린더
- 격판(다이어프램) 실린더는 피스톤 대신 격판(다이어프램)을 사용해 밀폐하고 압력에 의해 왕복 운동을 한다.
- 피스톤 실린더에서나 피스톤 로드와 실린더 내부가 미끄럼 실링되어 있다.

96

유도형 센서의 특징이 아닌 것은?

① 전력소모가 적다.
② 자석효과가 없다.
③ 감지 물체 안에 온도 상승이 없다.
④ 비금속재료 감지용으로 사용한다.

해설

유도형 센서
- 고주파 LC발진기에 의해 센서 표면에 전자계를 형성하고, 근처에 금속이 접근하면 발진기의 진폭이 감소하거나 멈추는 원리를 이용해 금속만을 감지한다.
- 비금속재료에는 반응하지 않고, 금속만을 선택적으로 감지할 수 있다.

97

방향제어밸브 조작방식 명칭과 기호의 연결이 틀린 것은?

① 전자방식 -
② 페달방식 -
③ 플런저방식 -
④ 누름버튼방식 -

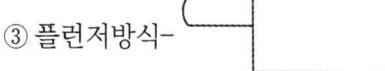

정답 94 ① 95 ① 96 ④ 97 ①

해설

방향제어밸브 조작방식기호
①은 압력을 가하여 제어하는 방식(공기압 파일럿)의 기호이다.

98 ☑☐☐☐☐

공유압 변환기의 사용 시 주의사항으로 적절한 것은?

① 수평방향으로 설치한다.
② 발열장치에 가까이 설치한다.
③ 반드시 액추에이터보다 낮게 설치한다.
④ 액추에이터 및 배관 내의 공기를 충분히 뺀다.

해설

공유압 변환기 사용 시 주의사항
① 수평방향보다는 세워서 설치한다.
② 발열장치에 가까이 설치하면 장치의 온도가 상승하여 수명이 줄어든다.
③ 액추에이터보다 높은 위치에 설치하는 것이 오일 순환에 유리하다.
④ 시스템 내에 잔류공기가 있으면 오작동, 소음이 발생할 수 있으므로 액추에이터 및 배관 내의 공기를 충분히 빼야 한다.

99 ☑☐☐☐☐

오일탱크에 관한 설명으로 틀린 것은?

① 오일탱크의 크기는 펌프 토출량과 동일하게 제작한다.
② 에어 블리저 용량은 펌프 토출량의 2배 이상으로 제작한다.
③ 스트레이너 유량은 펌프 토출량의 2배 이상의 것을 사용한다.
④ 오일탱크의 유면계를 운전할 때 잘 보이는 위치에 설치한다.

해설

오일탱크
• 오일탱크의 크기는 펌프 토출량의 약 3배 이상으로 제작한다.
• 오일탱크의 크기를 여유롭게 제작해야 오일의 열 방산, 불순물 분리, 운전 중 오일 반환 등을 위한 여유용량 확보가 가능하다.

100 ☑☐☐☐☐

제어량이 온도, 압력, 유량, 액면 등과 같은 일반 공업량일 때 발생하는 신호의 형태에 의한 제어는?

① 2진제어   ② 논리제어
③ 디지털제어   ④ 아날로그제어

해설

아날로그제어
온도, 압력, 유량, 액면 등과 같이 연속적으로 변하는 물리량(일반 공업량)을 입력신호로 하여 처리하는 방식이다.

정답 98 ④ 99 ① 100 ④

2021 제3회

1과목 설비진단 및 계측

01 ☑☐☐☐☐

진동전달 경로차단에서 사용되는 일반적인 방법에 대한 설명으로 옳은 것은?

① 2단계 진동제어는 저주파진동제어에 역효과를 줄 수 있다.
② 스프링형 진동차단기는 강성이 충분히 높아야 한다.
③ 진동체에 질량을 가하여 고유진동수를 높이면 효과적이다.
④ 스프링형 진동차단기에 사용하는 스프링은 고유진동수가 가능한 높아야 한다.

해설

진동전달 경로차단
② 스프링형 진동차단기는 강성이 줄여 고유진동수를 낮추어야 한다.
③ 진동체에 질량을 가하는 것은 고유진동수를 낮추는 것이다.
④ 스프링형 진동차단기에 사용하는 스프링은 고유진동수가 낮아야 한다.

관련개념 1단계 진동제어와 2단계 진동제어의 차이
- 1단계 진동제어 : 방진패드, 댐퍼 등으로 진동원에서 직접진동을 차단하는 방법이다.
- 2단계 진동제어 : 1차 진동제어를 통과한 잔여진동을 반대 방향으로 힘을 가해 추가적으로 억제하는 것으로 특히 저주파에서는 역효과를 줄 수 있다.

02 ☑☐☐☐☐

마스킹효과에 관한 설명으로 틀린 것은?

① 저음이 고음을 잘 마스킹한다.
② 두 음의 주파수가 비슷할 때는 마스킹효과가 대단히 작아진다.
③ 마스킹효과는 음파의 간섭에 의해 일어나는 현상이다.
④ 두 음의 주파수가 거의 같을 때는 맥동이 생겨 마스킹효과가 감소한다.

해설

마스킹효과
- 크고 작은 두 소리를 동시에 들을 때 큰 소리만 듣는 현상이다.
- 두 음의 주파수가 비슷할 때 마스킹효과가 매우 커진다.

03 ☑☐☐☐☐

간이진단기술이 아닌 것은?

① 점검원이 수행하는 점검기술
② 운전자에 의한 설비 감시기술
③ 설비의 결함 진전을 예측하는 예측기술
④ 사람 접근이 가능한 설비를 대상으로 하는 점검기술

정답 01 ① 02 ② 03 ③

해설

간이진단

③번은 앞으로 발생할 가능성이 높은 고장을 예측하는 것으로 설비보전의 기본적 단계인 간이진단 기술에 해당되지 않는다.

관련개념 간이진단기술

설비보전의 기본적 단계로 현장의 작업자가 설비에 대한 육안검사를 하거나 간단한 계측장비를 이용하여 설비의 상태를 효율적이고 신속하게 확인하는 것이다.

04 ☑☐☐☐☐

진동의 측정단위로 적절하지 않은 것은?

① m
② m/s
③ m/s²
④ m²/s²

해설

진동의 측정단위

구분	내용
변위	측정대상의 위치 변화(m)
속도	측정대상의 단위시간당 위치 변화(m/s)
가속도	측정대상의 단위시간당 속도 변화(m/s²)

05 ☑☐☐☐☐

진동파형에서 양진폭(피크-피크)을 V_{P-P}라 할 때 실횻값(V_{RMS})은?

① $2V_{P-P}$
② πV_{P-P}
③ $2\sqrt{2}\,V_{P-P}$
④ $\dfrac{1}{2\sqrt{2}}V_{P-P}$

해설

진동파형

정현파에서 피크값 V_P와 실표값 V_{RMS}의 관계는 다음과 같다.

$$V_{RMS} = \frac{V_P}{\sqrt{2}}$$

$V_{P-P} = 2V_P$이므로 위 식에 대입한다.

$$V_{RMS} = \frac{1}{2\sqrt{2}}V_{P-P}$$

06 ☑☐☐☐☐

다음 중 탄성변형을 이용하는 변환기가 아닌 것은?

① 벨로스
② 스프링
③ 벤투리관
④ 부르동관

해설

탄성변형을 이용하는 변환기

- 벤투리관은 유체가 흐르는 속도와 단면적의 변화에 따른 압력 변화를 이용하여 유량을 계측하는 기구이다.
- 벨로스, 스프링, 부르동관은 모두 외력에 의한 탄성변형(모양의 변화)을 이용하여 물리적인 값을 측정하는 기구이다.

정답 04 ④ 05 ④ 06 ③

07 ☑□□□□

방진에 사용되는 패드의 종류 중 많은 수의 모세관을 포함하고 있어 습기를 흡수하려는 경향이 있으며 PVC 등 플라스틱재료를 밀폐해서 사용하는 재료는?

① 강철
② 코르크
③ 스펀지 고무
④ 파이버 글라스

해설

파이버 글라스
- 용해된 유리를 섬유처럼 가늘게 뽑은 물질로 방진, 단열, 방음 용도로 다양하게 사용된다.
- 많은 수의 모세관을 포함하고 있어 습기를 흡수하려는 경향이 있으며 PVC 등 플라스틱재료를 밀폐해서 사용한다.

08 ☑□□□□

소음계로 소음 측정 시 주의사항으로 틀린 것은?

① 청감보정회로를 사용한다.
② 반사음 영향에 대한 대책을 세운다.
③ 암소음 영향에 대한 보정값을 고려한다.
④ 변동이 적은 소음은 Fast에 변동이 심한 소음은 Slow에 놓고 측정한다.

해설

소음계로 소음 측정 시 주의사항
소음계로 소음 측정 시 변동이 적은(일정한) 소음은 Slow에 놓고, 변동이 심한(변화가 빠른) 소음은 Fast에 놓고 측정한다.

09 ☑□□□□

유체의 동력학적 성질을 이용하여 유량 또는 유속을 압력으로 변환하는 차압 검출기구가 아닌 것은?

① 노즐
② 부르동관
③ 오리피스
④ 벤투리관

해설

차압 검출기구
- 유체의 유량 또는 유속을 압력 차로 변환하여 측정하는 차압 검출기는 노즐, 오리피스, 벤투리관이다.
- 부르동관은 구부러진 금속관에 압력이 가했을 때 관이 퍼지는 성질을 이용한 것으로 탄성력에 기초하여 압력을 측정한다.

10 ☑□□□□

와전류형 변위센서를 사용하여 측정할 수 없는 것은?

① 회전수
② 가속도진동
③ 축(Shaft)의 팽창량
④ 축(Shaft)의 중심 변화

해설

와전류형 변위센서
- 와전류형 변위센서는 용어에서도 알 수 있듯이 변위(물체의 이동)를 측정할 수 있다.
- 와전류형 변위센서로는 축의 팽창량, 축의 중심 변화, 회전수를 측정할 수 있지만 가속도진동은 측정하기 어렵다.

정답 07 ④ 08 ④ 09 ② 10 ②

11 ☑☐☐☐☐

다음 중 진동의 에너지를 표현하는 값으로 가장 적절한 것은?

① 실횻값　　② 편진폭
③ 양진폭　　④ 평균값

해설

진동의 에너지를 표현하는 값
실횻값은 시간에 따라 변화하는 진동신호의 에너지와 직접적으로 관련 있는 값으로 전체 신호의 에너지 총량을 나타낸다.

관련개념 진동 관련 용어 정리

용어	설명
실횻값	진동의 에너지를 표현하는 값
평균값	진동량의 평균값
편진폭 (피크값)	기준선(중심선 또는 0점)으로부터 진동의 최댓값까지의 거리
양진폭 (전진폭)	양(+) 방향의 최댓값과 음(-) 방향의 최댓값 사이의 거리
피크 - 피크값	진동 파형의 최고점과 최저점 사이의 최대 변화량

12 ☑☐☐☐☐

주파수 변환신호 처리 시 발생하는 에러현상으로 어떤 최고 입력 주파수를 설정했을 때 이보다 높은 주파수 성분을 가진 신호를 입력한 경우에 생기는 문제를 뜻하는 현상은?

① 확대(Zooming)
② 엘리어싱(Aliasing)
③ 필터링(Filtering)
④ 시간 와인더(Time winder)

해설

엘리어싱(Aliasing, 계단현상) 현상
- 신호 처리에서 연속적인 신호를 샘플링할 때 샘플링 속도가 불충분하여 원래 신호와 전혀 다른 주파수를 가진 신호로 왜곡되어 나타내는 현상이다.
- 어떤 최고 입력 주파수를 설정했을 때 이보다 높은 주파수 성분을 가진 신호를 입력한 경우에 문제가 생기는 것이다.

13 ☑☐☐☐☐

진동의 종류별 설명으로 틀린 것은?

① 선형진동 : 진동의 진폭이 증가함에 따라 모든 진동계가 운동하는 방식이다.
② 자유진동 : 외란이 가해진 후 계가 스스로 진동을 하고 있는 경우이다.
③ 비감쇠진동 : 대부분의 물리계에서 감쇠의 양이 매우 적어 공학적으로 감쇠를 무시한다.
④ 규칙진동 : 기계 회전부에 생기는 불평형, 커플링부의 중심 어긋남 등의 원인으로 발생하는 진동이다.

정답 11 ① 12 ② 13 ①

해설

선형진동
- 진동계의 모든 기본요소가 선형적으로 동작할 때 성립한다.
- 진동, 진폭에 상관없이 원래의 선형 관계를 유지하는 것을 의미한다.
- 진폭이 커지면 선형성을 잃고 비선형 진동이 되기도 한다.

14 ☑□□□□

조절계의 제어동작에서 입력에 비례하는 크기의 출력을 내는 제어방식은?

① 비례제어   ② 적분제어
③ 미분제어   ④ ON - OFF제어

해설

비례제어
- 조절계의 제어동작에서 입력에 비례하는 크기의 출력을 내는 제어방식이다.
- P제어라고 부르기도 한다.

15 ☑□□□□

고유진동수와 강제진동수가 일치할 경우 진폭이 크게 발생하는 현상은?

① 공진   ② 풀림
③ 상호간섭   ④ 캐비테이션

해설

공진현상
고유진동수와 강제진동수가 일치할 경우 진폭이 크게 증가하는 현상이다.

16 ☑□□□□

면적식 유량계의 특징으로 틀린 것은?

① 압력손실이 적다.
② 기체 유량을 측정할 수 없다.
③ 부식성 액체의 측정이 가능하다.
④ 액체 중에 기포가 들어가면 오차가 생기므로 기포빼기가 필요하다.

해설

면적식 유량계
- 위로 갈수록 넓어지는 형태로 된 관에 플로트(부자)가 들어 있고, 유체의 흐름에 따른 부자의 위치로 유량을 측정한다.
- 기체, 액체 모두 유량을 측정할 수 있다.

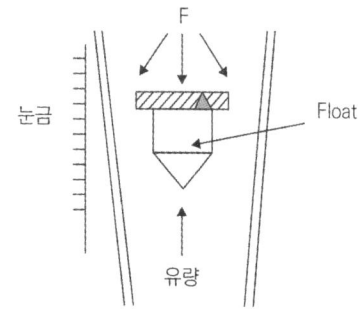

17 ☑□□□□

정현파의 최댓값을 기준으로 진동의 크기가 1일 때 실횻값의 크기는?

① 2   ② $\dfrac{1}{2}$
③ $\dfrac{1}{\sqrt{2}}$ ④ $\dfrac{1}{\pi}$

정답 ● 14 ① 15 ① 16 ② 17 ③

해설

실횻값의 크기
실횻값은 진동에너지를 표현하는 데 사용하며 최댓값(피크값)의 0.7배 = $\frac{1}{\sqrt{2}}$ 배이다.

18 ☑☐☐☐☐

열전온도계(Thermo Electric Pyrometer)에 관한 설명 중 틀린 것은?

① 구리와 콘스탄탄의 이종재를 결합하여 200 ~ 300 ℃ 정도의 저온용으로 사용한다.
② 다른 금속을 접합하여 양단의 온도 차에 의해 발생되는 기전력을 이용한다.
③ 온도차에 의해 발생되는 열기전력현상을 톰슨효과(Thomson Effect)라 한다.
④ 백금로듐과 백금의 이종재를 결합하면 1000 ℃ 이상에서도 사용할 수 있다.

해설

열전온도계(Thermo Electric Pyrometer)
- 서로 다른 금속을 접합하여 양 접합부에 온도차를 주면 열기전력이 발생하므로, 이 전압을 측정하면 온도를 알 수 있다.
- 온도차에 의해 이종금속 접점에서 발생하는 기전력현상은 제벡효과이다.

19 ☑☐☐☐☐

음의 발생에 대한 설명으로 틀린 것은?

① 기계 본체의 진동에 의한 소리는 이차 고체음이다.
② 음의 발생은 크게 고체음과 기체음 두 가지로 분류할 수 있다.
③ 선풍기 또는 송풍기 등에서 발생하는 음은 난류음이다.
④ 기류음은 물체의 진동에 의한 기계적 원인으로 발생한다.

해설

음의 발생
기류음은 물체의 진동보다는 공기의 흐름에 따른 압력 변화로 발생한다.
①의 경우 기계가 작동하고 기계 본체(구조물)이 진동하면서 소리가 발생하는 것이므로 2차 고체음이다.

관련개념 음의 발생원인에 따른 분류

구분	내용
고체음	• 1차 고체음 : 기계 등에서 발생한 진동이 지반이나 건물을 통해 직접 전달되는 것이다. • 2차 고체음 : 1차 고체음으로 인해 벽체나 건물이 진동되고, 그 진동에 의해 전달되는 것이다.
기류음	• 공기의 흐름, 압력 변화 등 유체역학적 작용에 의해 발생한다. • 난류음 : 소리의 주파수와 크기가 불규칙한 것이다. • 맥동음 : 소리의 크기가 주기적으로 커졌다가 작아졌다 하는 것이다.

정답 18 ③ 19 ④

20

소음기의 내면에 파이버 글라스(Fiber Glass)와 암면 등과 같은 섬유성 재료를 부착하여 소음을 감소시키는 장치는?

① 팽창형 소음기 ② 간섭형 소음기
③ 공명형 소음기 ④ 흡음형 소음기

해설

흡음형 소음기
소음기의 내면에 파이버 글라스(Fiber Glass)와 암면 등과 같은 섬유성 재료를 부착하여 소음을 감소시키는 장치이다.

2과목 설비관리

21

설비번호의 표시방법과 설비대장에 대한 설명으로 옳지 않은 것은?

① 설비번호는 1매만 만든다.
② 설비번호 부착은 눈에 잘 띄는 곳에 확실하고 견고하게 해야 한다.
③ 설비대장은 설비에 대한 개략적인 크기와 개략적인 기능 등을 기재한다.
④ 설비대장은 모든 설비 중 제조일자로부터 5년이 지난 장비로서 관리가 필요한 설비만 선택적으로 작성하여 효율적으로 관리한다.

해설

설비대장
설비대장은 설비의 관리와 유지보수를 위해 주요 정보를 기록하는 문서로 연도별로 작성하지 않고 모든 설비를 대상으로 작성한다.

22

설비의 잠재 열화현상을 파악하기 위해 측정설비를 이용하여 직접 설비를 감지하는 보전방법은?

① 예지보전(Predictive Maintenance)
② 예방보전(Preventive Maintenance)
③ 개량보전(Corrective Maintenance)
④ 보전예방(Maintenance Prevention)

해설

예지보전(Predictive Maintenance)
예지보전은 설비의 잠재 열화현상을 파악하기 위해 설비에 모니터링 장비를 설치하여 직접 설비를 감지하는 보전방법이다

관련개념 잠재 열화현상
잠재 열화현상은 설비 내부에 숨어 있는 결함이나 열화(성능 저하) 요인이 시간이 지나면서 드러나서 기능 저하로 이어지는 것이다.

23

뜻이 있는 기호법의 대표적인 것으로서 항목의 첫 글자나 그 밖의 문자를 기호로 하는 방법은?

① 순번식 기호법 ② 기억식 기호법
③ 세구분식 기호법 ④ 삼진분류 기호법

해설

기억식 기호법
- 항목의 첫 글자나 그 밖의 문자를 기호로 하여 기억하는 방법이다.
- 밀링(Milling) 가공을 M, 선반(Lathe) 가공을 L로 표기하는 방법이다.

24

생산의 3요소가 아닌 것은?

① 사람 ② 설비
③ 재료 ④ 생산성

해설

생산의 3요소
작업자(Man), 기계(Machine), 재료(Material)

25

설비배치의 목적으로 틀린 것은?

① 생산량 증가
② 생산원가 절감
③ 생산인력의 증가
④ 우량품 제조 및 설비비 절감

해설

설비배치의 목적
- 생산량 증가
- 생산원가 절감
- 설비비 절감
- 우량품 제조
- 관리·감독의 용이
- 수리·보수의 용이성 확보

26

지그와 고정구(Jig and Fixture), 금형, 절삭공구, 검사구(Gauge) 등 각종의 공구를 통칭하는 용어는?

① 치공구 ② 계측공구
③ 공작기계 ④ 제작공구

해설

치공구
- 산업현장에서 제품을 생산하기 위해 사용되는 공구류를 통칭하는 용어이다.
- 지그, 검사구, 고정구, 금형, 절삭공구 등 각종 공구가 해당된다.
- 치공구를 사용하면 제품의 정밀도를 향상시켜 좋은 품질을 제품을 제작할 수 있다.

정답 ● 23 ② 24 ④ 25 ③ 26 ①

27

자주보전 활동에 대한 설명으로 거리가 가장 먼 것은?

① 자주보전은 미리 작성한 보전카렌더에 의해 전개해 나가는 활동이다.
② 총점검단계는 설비의 기능과 구조를 알 수 있게 하는 활동이다.
③ 초기청소를 통해 오염의 발생원인을 찾는다.
④ 발생원인과 공간 개소대책은 자주보전의 중요 활동요소이다.

해설

자주보전 활동
- 설비를 운전자 스스로 관리함으로써 현장 개선의 일익을 담당하는 것이다.
- 작업자가 설비보전 업무도 수행할 수 있어야 한다는 개념이다.
- 운전자 스스로 전개하는 보전활동으로 미리 작성한 보전카렌데에 의해 전개해 나가는 활동과는 거리가 멀다.

28

프로젝트의 착수에서 완성에 이르는 일반적인 순서 중 프로젝트의 가치가 평가되는 단계는?

① 연구개발　　② 조달과 건설
③ 프로젝트 확립　④ 경제성의 결정

해설

프로젝트의 가치가 평가되는 단계
프로젝트의 가치가 평가되는 단계는 경제성의 결정단계이다.

관련개념 프로젝트의 착수에서 완성까지 단계

구분	내용
연구개발	프로젝트 아이디어나 기술적 가능성을 검토하고 개발한다.
경제성의 결정	프로젝트의 가치, 수익성, 비용대비효과 등을 평가해 추진 여부를 결정한다.
프로젝트 확립	구체적인 목표, 범위, 일정, 예산 등을 확정한다.
조달과 건설	필요한 자원, 인력, 장비를 조달하고 실제로 계획을 실행한다.

29

기체연료의 특징에 해당하지 않는 것은?

① 화염의 흑도가 낮고 방사열이 적다.
② 황을 제거하고 나서 사용해야 한다.
③ 예열에 의한 열효율 상승이 비교적 용이하다.
④ 조금 많은 공기의 공급으로 완전연소가 가능하다.

해설

기체연료의 특징
기체연료는 액체나 고체연료에 비해서는 황 함유율이 낮아 황 제거가 필수사항은 아니다.

30 ☑☐☐☐☐

TPM의 다섯 가지 활동에 해당하지 않는 것은?

① 대집단 활동을 통해 PM 추진
② 설비의 효율화를 위한 개선 활동
③ 최고 경영층부터 제일선까지 전원 참가
④ 설비에 관계하는 사람이 빠짐없이 활동

해설

TPM
①은 TPM의 5가지 주요활동에 포함되지 않는다.
TPM의 5가지 주요활동

구분	내용
자주보전	• 작업자가 직접 설비의 점검하여 설비를 스스로 관리한다. • 전 구성원이 참여한다.
계획보전	보전 전문가가 조직적인 계획에 따라 보전체계를 구축한다.
교육훈련	설비와 공정에 강한 작업자를 육성한다.
초기관리 또는 MP 설계	설비 도입 및 설계단계에서부터 보전이 쉬운 설비, 설계를 도입한다.
개선활동	6대 로스 근절을 위한 설비 및 업무 개선 활동을 한다.

31 ☑☐☐☐☐

설비를 목적에 따라 분류할 때 유틸리티설비에 해당되는 것은?

① 운반장치　　② 발전설비
③ 항만설비　　④ 서비스 숍

해설

설비의 목적에 따른 분류

구분	내용
생산설비	기계, 가공장비, 조립라인 등
운송설비	항만설비, 하역장비, 도로, 철도, 컨베이어 등
서비스설비 (판매설비)	서비스 스테이션, 서비스 숍 등
유틸리티 설비	발전설비, 보일러, 냉각탑, 수처리 시설 등
관리설비	본사의 건물, 지점, 영업소의 건물 등
연구·개발 설비	제품이나 기술개발을 위한 연구소, 실험설비, 시험장비 등

32 ☑☐☐☐☐

어떤 설비가 i개의 부품으로 직렬 연결되어 있을 때, 평균고장(수리)시간(MTTR)을 나타내는 식은?

① $\dfrac{\sum \lambda_i}{\sum \lambda_i \sum 수리시간_i}$　　② $\dfrac{\sum \lambda_i \sum 수리시간_i}{\sum \lambda_i}$

③ $\dfrac{\sum \lambda_i^2}{\sum \lambda_i \sum 수리시간_i}$　　④ $\dfrac{\sum 수리시간_i}{\sum \lambda_i \sum \lambda_i}$

해설

평균고장(수리)시간(MTTR)
• 고장복구 시간으로 고장이 발생한 후 정상동작 하기까지의 시간(수리시간)을 뜻한다.
• 총 수리시간을 수리횟수로 나누어 계산한다.

정답 30 ① 31 ② 32 ②

33 ☑☐☐☐☐

다음 설명에서 괄호 안에 해당하는 측정방식의 종류는?

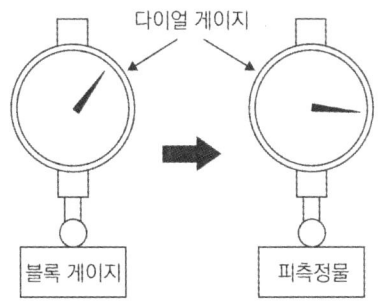

그림과 같이 다이얼게이지를 이용하여 길이를 측정할 때 블록게이지에 올려놓고 측정한 값과 피측정물로 바꾸어 측정한 값의 차를 측정하고, 사용한 블록게이지의 높이를 알면 피측정물의 높이를 구할 수 있다. 이처럼 이미 알고 있는 양으로부터 측정량을 구하는 방법을 ( )이라 한다.

① 편위법 ② 영위법
③ 치환법 ④ 보상법

해설
치환법
- 이미 알고 있는 양으로부터 측정량을 비교하여 구하는 방법이다.
- 측정기 자체의 부적확성으로 생기는 오차를 없애기 위해 같은 조건에서 측정량과 기준량을 측정하고 비교하여 평가하다.

34 ☑☐☐☐☐

품질불량은 설비, 가공조건 및 인적 요소에 의해 발생한다고 볼 수 있는데 이러한 불량을 "0"으로 달성하기 위한 접근방법이 아닌 것은?

① 교육·훈련 철저
② 설비 개량능력 개발
③ 설비등급에 따른 보전방식 결정
④ 설비의 유연성으로 설비능력 확보

해설
품질불량
- 설비등급에 따른 보전방식 결정은 설비보전이나 유지보수 전략 설계에 가까워 불량을 "0"으로 달성하기 위한 것과는 거리가 멀다.
- 설비등급에 따른 보전방식 결정은 효율성과 유지보수 최적화와 관련이 있다.

35 ☑☐☐☐☐

만성로스 개선방법 중 설비나 시스템의 불합리 현상을 원리 및 원칙에 따라 물리적 성질과 메커니즘을 밝히는 사고방식은?

① FTA ② FMEA
③ QM분석 ④ PM분석

해설

PM분석
- 설비나 시스템의 불합리현상을 원리 및 원칙에 따라 물리적 성질과 메커니즘을 밝히는 사고방식이다.
- 원인에 대한 대책을 원리 및 원칙을 수립하여 강구하는 분석법이다.
- 복합적이고 상호 연관된 요인을 4M(Man, Machine, Material, Method) 관점에서 체계적으로 파악한다.

36 ☑☐☐☐☐

평균이자법 산출 시 연간비용을 구하는 식으로 옳은 것은?

① 총자본비 + 회수금액 + 투자액
② 총자본비 + 회수금액 + 가동비
③ 상각비 + 평균이자 + 가동비
④ 상각비 + 평균이자 + 투자액

해설

평균이자법 산출 시 연간비용을 구하는 식
상각비 + 평균이자 + 가동비

37 ☑☐☐☐☐

초기 고장기에 발생하는 고장의 원인이 아닌 것은?

① 설계상의 오류
② 부적정한 설치
③ 제조과정의 실수
④ 열화에 의한 고장

해설

열화에 의한 고장
- 열화에 의한 고장은 노화, 마모, 사용 중 장기간의 열화로 인한 고장이다.
- 열화에 의한 고장은 초기 고장기와는 관련이 없고 사용기간이 늘어남에 따라 점차적으로 발생하는 고장이다.

38 ☑☐☐☐☐

그래프는 설비의 최적보전계획에 의한 비용 및 처리량을 나타낸다. (1), (2)에 들어갈 내용으로 옳은 것은?

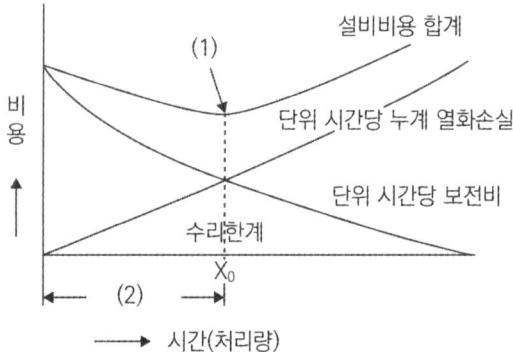

① (1) 최소 비용점, (2) 최적 수리주기
② (1) 최대 비용점, (2) 최대 수리주기
③ (1) 최소 비용점, (2) 최대 수리주기
④ (1) 최소 보전점, (2) 최소 수리주기

해설

설비의 최적보전계획
- (1)은 단위 시간당 누계 열화손실과 단위 시간당 보전비가 교차하는 지점으로 최소 비용점을 나타낸다.
- (2)는 최소 비용점의 수리주기로 최적 수리주기를 나타낸다.

정답 36 ③ 37 ④ 38 ①

39 ☑☐☐☐☐

특정 환경과 운전조건 하에서 주어진 시점 동안 규정된 기능을 성공적으로 수행할 확률을 나타내는 것은?

① 고장률(Failure)
② 신뢰도(Reliability)
③ 가동률(Operating Ratio)
④ 보전도(Maintainability)

해설

신뢰도(Reliability)
- 설비의 효율성을 결정짓는 속성이다.
- 특정 환경과 운전조건 하에서 주어진 시간 동안 명시된 특정기능을 성공적으로 수행할 수 있는 확률이다.

40 ☑☐☐☐☐

설비의 공사관리기법 중 PERT기법에 대한 설명으로 틀린 것은?

① 전형적 시간(Most Likely Time)은 공사를 완료하는 최빈치를 나타낸다.
② 낙관적 시간(Optimistic Time)은 공사를 완료할 수 있는 최단시간이다.
③ 비관적 시간(Pessimistic Time)은 공사를 완료할 수 있는 최장시간이다.
④ 위급경로(Critical Path)는 공사를 완료하는 데 가장 시간이 적게 걸리는 경로를 말한다.

해설

PERT기법
- 각 작업별로 낙관적(최단시간), 비관적(최장시간), 전형적(보통시간)을 추정하여 이들을 가중평균으로 작업기간을 산출한다.
- 프로젝트에서 가장 오래 걸리는 경로인 위급경로(Critical Path)를 발견하고 일정 내에 꼭 완료해야 하는 주요작업을 식별한다.

정답 39 ② 40 ④

3과목 | 기계일반 및 기계보전

41 ☑☐☐☐☐

감속기에 사용하는 평기어 언더컷을 방지하는 방법으로 옳지 않은 것은?

① 잇수비를 작게 한다.
② 이 높이가 높은 기어로 제작한다.
③ 압력각을 20° 이상으로 증가시킨다.
④ 기어의 잇수를 한계 잇수 이상으로 설정한다.

해설

평기어의 언더컷(Undercut)
- 기어의 이(치)를 생성하거나 절삭할 때 잇수가 너무 적거나 설계조건이 맞지 않을 때, 이뿌리 부분이 파먹혀 들어가는 현상이다.
- 일반적으로 언더컷을 줄이기 위해서는 이 높이를 줄이는 것이 좋다.

42 ☑☐☐☐☐

교류 및 직류 아크용접기의 특성을 비교한 내용으로 틀린 것은?

① 교류 아크용접기는 자기쏠림을 방지할 수 있다.
② 교류 아크용접기가 직류 아크용접기보다 감전위험성이 높다.
③ 아크의 안정성은 교류 용접기가 직류 용접기보다 우수하다.
④ 무부하전압은 직류 아크용접기에 비하여 교류 아크용접기가 높다.

해설

교류 및 직류 아크용접기의 특성
아크의 안정성은 직류 용접기가 교류 용접기보다 우수하다.

43 ☑☐☐☐☐

다음 기호의 명칭으로 옳은 것은?

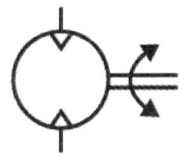

① 유압펌프
② 공기압모터
③ 유압전도장치
④ 요동형 액추에이터

해설

문제에 제시된 기호는 공기압모터이다.

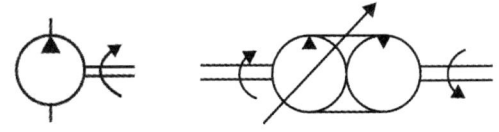

[유압펌프]   [유압전동장치]

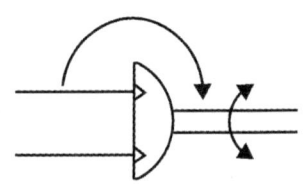

[요동형 액추에이더]

정답 41 ② 42 ③ 43 ②

44 ☑☐☐☐☐
담금질에 관한 설명으로 틀린 것은?

① 냉각속도는 판재가 구형보다 빠르다.
② 냉각액을 저어주면 냉각능력이 많이 향상된다.
③ 담금질 경도는 강중의 탄소량에 따라 변화한다.
④ 냉각액의 온도는 물은 차게(20℃ 정도) 기름은 뜨겁게(80℃ 정도) 해야 한다.

해설
담금질
- 금속이나 합금을 고온으로 가열한 뒤 급격히 냉각시켜 조직과 성질을 변화시키는 것이다.
- 일반적으로 구형이 중심까지 잘 냉각되어 냉각속도가 빠르다.
- 냉각액으로 물을 사용할 경우 약 20℃(상온), 기름은 60~80℃에서 냉각효과가 가장 좋다.

45 ☑☐☐☐☐
일반적인 줄작업의 주의사항으로 틀린 것은?

① 보통 줄의 사용순서는 중목 → 황목 → 세목 → 유목의 순으로 작업한다.
② 오른손 팔꿈치를 옆구리에 밀착시키고 팔꿈치가 줄과 수평이 되게 한다.
③ 눈은 항상 가공물을 보며 작업하고 줄을 당길 때는 가공물에 압력을 주지 않는다.
④ 왼손은 줄의 균형을 유지하기 위해 손목을 수평으로 하고 손바닥으로 줄 끝을 가볍게 누르거나 손가락으로 감싸준다.

해설
일반적인 줄작업의 주의사항
- 황목 줄은 날이 거칠고 절삭력이 높아 재료를 빠르게 제거할 수 있으므로 처음에 거친 황목으로 작업하는 것이 좋다.
- 보통 줄의 사용순서는 황목 → 중목 → 세목 → 유목의 순으로 작업한다.

46 ☑☐☐☐☐
송풍기의 양쪽 벨트 풀리의 축간거리가 멀거나, 고속회전을 할 때 벨트가 위아래로 파도치는 현상은?

① 점핑(Jumping)현상
② 채터링(Chattering)현상
③ 캐비테이션(Cavitation)현상
④ 플래핑(Flapping)현상

해설
플래핑(Flapping)현상
- 송풍기의 양쪽 벨트 풀리의 축간거리가 멀거나, 고속회전을 할 때 벨트가 위아래로 파도치는 현상이다.
- 벨트가 빠른 회전 또는 긴 축간거리에서 파닥파닥 소리를 내며 위아래로 출렁거리는 벨트의 파동현상이다.

정답 44 ① 45 ① 46 ④

47 ☑☐☐☐☐

펌프 베어링 과열 시 원인 및 조치사항으로 틀린 것은?

① 조립, 설치 불량 - 축정렬작업
② 윤활유 부족 - 기준 이상 유량 보충
③ 패킹부의 맞춤 불량 - 그랜드패킹 조임압력 조정
④ 윤활유의 부적합 - 사용조건에 따른 윤활유 선정

해설

펌프 베어링 과열 시 조치사항
윤활유는 기준 이상으로 보충하지 않고, 기준에 따라 적정 유량을 보충해야 한다.

48 ☑☐☐☐☐

배관의 부식을 방지하는 방법으로 적절하지 않은 것은?

① 온수의 온도를 50 ℃ 이상으로 한다.
② 가급적 동일계의 배관재를 선정한다.
③ 배관 내 유속을 1.5 m/s 이하로 제어한다.
④ 배관 내 약제를 투입하여 용존산소를 제어한다.

해설

배관의 부식방지방법
온수의 온도가 높을수록 부식이 더욱 촉진될 수 있으므로 온수는 가급적 낮은 온도로 유지하는 것이 좋다.

49 ☑☐☐☐☐

볼트와 너트의 고착원인으로 틀린 것은?

① 수분의 침입
② 부식성 가스의 침입
③ 부식성 액체의 침입
④ 유성페인트의 도포

해설

볼트와 너트의 고착원인
- 볼트와 너트의 고착이란 부품이 서로 달라붙어 움직이지 않는 것이다.
- 유성페인트를 도포하면 방청(녹방지)효과가 있어 볼트와 너트의 고착이 방지된다.

50 ☑☐☐☐☐

전동기 본체의 점검항목이 아닌 것은?

① 이음   ② 진동
③ 소손   ④ 발열

해설

전동기 본체의 점검항목
소손은 전동기가 불에 탄 것을 나타내는 용어로 점검항목보다는 결과적인 현상이다.

정답 47 ② 48 ① 49 ④ 50 ③

51

터보형 압축기에 해당하는 것은?

① 나사식 압축기
② 왕복식 압축기
③ 축류식 압축기
④ 회전식 압축기

해설

터보형 압축기
로터의 회전에 의해 압축하는 방식으로 축류식 압축기, 원심식 압축기 등이 해당된다.

52

마찰형 클러치, 브레이크 중 습식다판의 특징이 아닌 것은?

① 고속, 고빈도용으로 사용한다.
② 작은 동력전달에 주로 쓰인다.
③ 접촉면적을 크게 취할 수 있어 소형이다.
④ 오일 속에서 쓰이므로 작동이 매끄럽고 마찰면의 마모가 적다.

해설

습식다판의 특징
- 오일(윤활유) 속에서 작동하므로 접촉면의 마모가 적고, 작동이 부드럽다.
- 접촉면적을 크게 설계할 수 있어서 소형 경량화가 가능하다.
- 고속, 고빈도 운전에 적합하다.
- 비교적 큰 동력(토크) 전달이 가능하다.

53

배관의 도시법에 대한 설명으로 틀린 것은?

① 관 내 흐름의 방향은 관을 표시하는 선에 붙인 화살표의 방향으로 표시한다.
② 관은 원칙적으로 1줄의 실선으로 도시하고, 동일 도면 내에서는 같은 굵기의 선을 사용한다.
③ 관은 파단하여 표시하지 않도록 하며, 부득이하게 파단할 경우 2줄의 평행선으로 도시할 수 있다.
④ 표시 항목은 관의 호칭지름, 유체의 종류·상태, 배관계의 식별, 배관계의 시방, 관의 외면에 실시하는 설비·재료 순으로 필요한 것을 글자·글자기호를 사용하여 표시한다.

해설

배관의 도시법
실제로 관이 길거나, 도면에 모두 그리기 곤란한 경우 파단해서 그리며, 파단선(지그재그선, 물결선 등)을 사용해 생략 표시를 한다.

54

리프트밸브에 대한 설명으로 틀린 것은?

① 개폐가 느리다.
② 유체의 흐름을 차단한다.
③ 유체의 에너지 손실이 크다.
④ 밸브와 밸브시트의 맞댐이 용이하다.

정답 51 ③ 52 ② 53 ③ 54 ①

[해설]

리프트밸브
- 유체가 한 방향으로만 흐르도록 제어하는 체크밸브의 일종이다.
- 내부에 있는 디스크(밸브판)이 상하로 움직여 유체의 흐름을 차단하거나 허용한다.
- 외부의 조작 없이 유체의 압력 차이만으로 자동으로 작동한다.
- 고압 배관, 보일러 등에 사용되며 간단하고 신속하게 개폐가 이루어진다.

55 ☑☐☐☐

공기 중에서는 액체 상태를 유지하고 공기가 차단되면 중합이 촉진되어 경화가 일어나는 접착제는?

① 혐기성 접착제
② 열용용형 접착제
③ 유화액형 접착제
④ 금속구조용 접착제

[해설]

혐기성 접착제
- 공기 중에서는 액체 상태를 유지하고, 공기가 차단되면 중합이 촉진되어 경화가 일어난다.
- 공기와 접촉이 있으면 액체 상태를 유지하다가, 공기가 차단되면 빠르게 경화되어 접착력과 밀봉효과를 발휘한다.

56 ☑☐☐☐

보통선반에서 테이퍼를 절삭하는 방법이 아닌 것은?

① 심압대를 편위시키는 방법
② 테이퍼장치를 사용하는 방법
③ 복식 공구대를 경사시키는 방법
④ 척의 조(Jaw)를 편위시키는 방법

[해설]

절삭하는 방법
척의 조(Jaw)는 공작물을 단단하게 고정하는 부품으로 절삭과는 거리가 멀다.

57 ☑☐☐☐

왕복운동기관 등에서 회전운동과 직선운동을 상호 변환시키는 축은?

① 직선축(Straight Shaft)
② 유연축(Flexible Shaft)
③ 크랭크축(Crank Shaft)
④ 각축(Hexagonal Shaft)

[해설]

크랭크축(Crank Shaft)
엔진 등에서 피스톤의 직선운동(왕복운동)을 회전운동으로, 또는 그 반대로 변환하는 역할을 한다.

정답 55 ① 56 ④ 57 ③

58 ☑□□□□

고장 또는 유해한 성능저하를 가져온 후에 수리를 행하는 보전방식은?

① 예방보전 : PM(Preventive Maintenance)
② 사후보전 : BM(Breakdown Maintenance)
③ 개량보전 : CM(Corrective Maintenance)
④ 종합적 생산보전 : TPM(Total Productive Maintenance)

해설

보전방식의 종류
① 예방보전(PM) : 설비의 이상현상이 발생하기 전에 미리 검사와 조정작업을 수행하는 보전활동이다.
② 사후보전(BM) : 고장이 발생한 사후에 수리하는 것으로 셧다운 손실이 적고 복구가 간단한 경우에 시행한다.
③ 개량보전(CM) : 설비의 경제성, 안정성, 신뢰성 향상을 목표로 설비를 지속적으로 개량하는 보전활동이다.
④ 종합적 생산보전(TPM) : 전 구성원이 자주적 보전활동에 참여하여 생산보전을 추진하는 보전활동이다.

59 ☑□□□□

축의 동력전달 방향을 바꾸는 기어가 아닌 것은?

① 웜기어
② 헬리컬기어
③ 하이포이드기어
④ 스파이럴 베벨기어

해설

기어의 종류
헬리컬기어는 주로 평행한 축 사이에서 동력을 전달하며, 동력전달 방향(축방향 자체)을 바꾸는 용도로는 사용하지 않는다.

60 ☑□□□□

회전축의 흔들림검사를 위해 사용하는 측정기로 옳은 것은?

① 한계게이지 ② 틈새게이지
③ 하이트게이지 ④ 다이얼게이지

해설

다이얼게이지
다이얼게이지는 축의 미세한 움직임이나 진동, 편심, 흔들림 등을 정밀하게 측정할 수 있어 회전축검사에 많이 사용한다.

정답 ● 58 ② 59 ② 60 ④

[4과목] **윤활관리**

61 ☑☐☐☐☐
윤활유의 열화에서 내부변화인 윤활유 자체의 변질에 해당되는 것은?

① 산화   ② 유화
③ 희석   ④ 이물혼입

해설

윤활유 열화에 영향을 미치는 인자
- 산화는 윤활유가 산소와 결합하여 윤활유의 성질이 변하거나 안정성을 잃는 현상으로 대표적인 내부변화 인자이다.
- 유화는 윤활유에 물과 같이 이물질이 들어가는 것으로 외부변화 인자이다.
- 희석은 연료 등 외부물질이 들어가 윤활유 농도가 떨어지는 것이다.

62 ☑☐☐☐☐
윤활관리의 경제적 효과로 옳은 것은?

① 윤활제 소비량의 증가효과
② 고장으로 인한 생산성 및 기회손실의 증가효과
③ 설비의 수명감소로 인한 설비 투자비용의 절감효과
④ 기계·설비의 유지관리에 필요한 보수비용 절감효과

해설

윤활관리의 경제적 효과
윤활관리를 잘 하면 기계·설비의 유지관리에 필요한 보수비용을 절감할 수 있다.

63 ☑☐☐☐☐
그리스의 시험방법에 대한 설명이 틀린 것은?

① 주도 : 그리스의 굳은 정도, 유동성을 표시하는 시험이다.
② 수분 : 그리스에 함유되어 있는 수분의 함유량을 측정하는 시험이다.
③ 적점 : 그리스가 온도 상승에 따라 저하되는 최저의 온도, 내열성을 확인하는 시험이다.
④ 동판부식 : 그리스에 함유된 부식성 유황물질로 인한 금속의 부식여부 및 이물질의 양을 측정하는 시험이다.

해설

동판부식시험
- 구리판이 그리스와 반응했을 때의 변색 등으로 구리 표면의 부식 여부를 평가한다.
- 동판부식시험으로는 이물질의 양까지 측정할 수 없다.

64 ☑☐☐☐☐
그리스급유법이 아닌 것은?

① 그리스건
② 그리스컵
③ 그리스니플
④ 집중 그리스윤활장치

해설

그리스급유법
- 그리스급유법에는 그리스건, 그리스컵, 집중 그리스윤활장치 등이 있다.
- 그리스니플은 그리스건 등으로 급유할 때 사용하는 부품이다.

정답 61 ① 62 ④ 63 ④ 64 ③

65 ☑☐☐☐☐

유압 작동유의 점도가 너무 낮은 경우 발생되는 현상은?

① 동력소비 증대
② 계통 내의 압력상승
③ 계통 내의 압력손실 증대
④ 내·외부 틈으로의 누유 증대

해설
점도가 낮은 경우 발생현상
점도가 너무 낮아지면 윤활유의 끈적거림이 줄어들어 틈새를 통해 작동유가 쉽게 누설될 수 있다.

66 ☑☐☐☐☐

다음 윤활유의 급유법 중 윤활유를 미립자 또는 분무 상태로 급유하는 방법으로 여러 개의 다른 마찰면을 동시에 자동적으로 급유할 수 있는 것은?

① 바늘급유법   ② 버킷급유법
③ 비말급유법   ④ 원심급유법

해설
급유법의 종류
① 바늘급유법 : 일정량의 윤활유을 바늘밸브로 공급하는 것으로 국소적이고 작은 영역에 급유하는 방식이다.
② 버킷급유법 : 버킷을 이용한 수동급유방식으로 자동방식에는 적합하지 않다.
③ 비말급유법 : 윤활유를 분무 또는 미스트 상태로 만들어 공급해서 여러 마찰면에 자동적으로 급유가 가능하다.
④ 원심급유법 : 원심력을 이용해 윤활유를 마찰면에 보내는 방식으로 분무방식에는 적합하지 않다.

67 ☑☐☐☐☐

베어링 허용회전수의 50 % 이상으로 회전할 때, 하우징 내부의 축 및 베어링을 제외한 공간 용적에 대하여 충진하여야 할 가장 적절한 그리스 양은?

① 100 % 충진한다.
② 1/3 ~ 1/2 정도 충진한다.
③ 1/2 ~ 3/4 정도 충진한다.
④ 신유가 빠져 나올 때까지 충진한다.

해설
충진해야 할 그리스 양
- 베어링이 허용회전수의 50 % 이상으로 고속 회전하는 경우, 하우징 내부 공간에 너무 많은 그리스를 채우면 그리스가 내부에서 교반되어 발열이 커지고 윤활성능이 저하될 수 있다.
- 적정 충진량은 하우징 내 빈 공간의 1/3 ~ 1/2 수준으로 맞추는 것이 좋다.

정답 ● 65 ④ 66 ③ 67 ②

68
ISO 산업용 윤활유 점도 분류의 기준온도는?

① 15 ℃ ② 24 ℃
③ 40 ℃ ④ 44 ℃

해설

윤활유 점도 분류의 기준온도
ISO 점도 등급(ISO VG)은 산업용 윤활유의 동점도를 40 ℃에서 측정하여 등급을 나누는 방식이다.

69
순환급유 종류 중 마찰면이 기름 속에 잠겨서 윤활하는 급유방법은?

① 유욕급유 ② 패드급유
③ 나사급유 ④ 원심급유

해설

유욕급유법
- 베어링의 마찰면이 오일에 잠겨 윤활되는 방식으로, 특히 직립형(수직형) 수력 터빈의 추력 베어링 등에서 널리 사용된다.
- 저·중속 회전이며 구조적으로 오일 속에 베어링을 담글 수 있는 위치에 적합하다.

70
윤활유 첨가제의 성질이 아닌 것은?

① 증발이 적어야 한다.
② 기유에 용해도가 좋아야 한다.
③ 수용성 물질에 잘 녹아야 한다.
④ 냄새 및 활동이 제어되어야 한다.

해설

윤활제 첨가제의 성질
- 윤활유 첨가제는 기유에 용해도가 좋아야 하고, 증발이 적어야 하며, 냄새 및 활동이 제어되어야 한다.
- 윤활제 첨가제는 수용성 물질에 잘 녹지 않아야 한다.

71
왕복동 공기압축기의 외부 윤활유에 요구되는 성능으로 틀린 것은?

① 적정 점도를 가질 것
② 저점도 지수 오일일 것
③ 산화안정성이 좋을 것
④ 방청성, 소포성이 좋을 것

해설

외부 윤활유에 요구되는 성능
- 외부 윤활유에는 적정 점도가 요구된다.
- 설비의 정상 운전을 위해 작동 온도와 부하에 적합한 점도가 필요하며 일반적으로는 점도지수가 높아야 온도 변화에도 점도 변화가 적어 사용하기 적절하다.

정답 68 ③ 69 ① 70 ③ 71 ②

72 ☑☐☐☐☐
다음 설명이 해당하는 기어의 이면손상현상은?

> 고속·고하중 기어에서 이면의 유막이 파단되어 국부적으로 금속접촉이 일어나 마찰에 의해 그 부분이 용융되어 뜯겨나가는 현상이다.

① 리징(Ridging)
② 리플링(Rippling)
③ 스폴링(Spalling)
④ 스코어링(Scoring)

해설

기어의 이면손상현상
① 리징 : 기어 치면을 따라 능선(마루) 모양의 소성변형이 생기는 현상이다.
② 리플링 : 파상(물결) 모양의 변형이 생기는 현상이다.
③ 스폴링 : 피팅보다 더 큰 불규칙한 덩어리나 얇은 홈 형태로 치면이 국부적으로 박리되는 현상이다.
④ 스코어링 : 윤활막이 파괴되고 금속 표면끼리 직접 마찰하여 표면이 심하게 긁히거나 뜯겨나가는 현상이다.

73 ☑☐☐☐☐
다음 중 윤활관리의 4원칙이 아닌 것은?

① 적소
② 적유
③ 적법
④ 적량

해설

윤활관리의 4원칙

구분	내용
적유	올바른 윤활유를 선택한다.
적량	정해진 양만큼 윤활유를 공급한다.
적법	올바른 방법으로 윤활을 실시한다.
적기	적절한 시기에 윤활을 실시한다.

74 ☑☐☐☐☐
미끄럼 베어링급유법 중 유욕식에 해당하지 않는 것은?

① 링급유
② 원심급유
③ 체인급유
④ 비말급유

해설

유욕식 급유
- 유욕식 급유는 링급유, 체인급유, 비말급유 등이 포함되며, 베어링 일부가 오일욕에 잠겨 윤활되는 방식이다.
- 원심급유는 베어링이 회전할 때 원심력을 이용해 윤활유를 공급하기 때문에 전손식이나 적하식 등에 해당된다.

정답 72 ④ 73 ① 74 ②

75

윤활유 SOAP분석방법 중 플라즈마를 이용하여 분석하는 방식은?

① ICP법
② 회전전극법
③ 원자흡광법
④ 페로그래피(Ferrography)법

해설

ICP(Inductively Coupled Plasma)법
윤활유 속에 포함된 금속 성분(마모입자)을 고온 플라즈마 내부에서 원자화 및 이온화한 후, 방출되는 빛의 스펙트럼을 측정하여 각 원소의 농도를 정밀하게 분석한다.

76

윤활제에 사용되는 첨가제가 갖추어야 할 조건으로 틀린 것은?

① 물에 대해서 안정할 것
② 장기간 보관 시 안정할 것
③ 첨가 시 휘발성이 높을 것
④ 첨가제 상호 간에 반응하여 침전 등이 생성되지 않을 것

해설

윤활제 첨가제가 갖추어야 할 조건
윤활제 첨가제는 휘발성이 높으면 고온의 장치 운영 시 첨가제가 증발해 효과가 저하될 수 있으므로 바람직하지 않다.

77

120~232 ℃ 정도의 적점을 지니고 있으며, 섬유구조로 안정성이 높아 고온특성은 좋은 편이지만, 내수성이 나쁜 특성을 가진 그리스는?

① 칼슘 그리스
② 바륨 그리스
③ 나트륨 그리스
④ 알루미늄 그리스

해설

나트륨(Na) 그리스
나트륨 그리스는 섬유 구조로 안정성이 높아 고온에서 사용할 수 있지만 내수성이 좋지 않아 수분과 접촉이 빈번한 곳에서는 사용하기 어렵다.

78

페로그래피(Ferrography)에 대한 설명으로 옳은 것은?

① 점도시험방법이다.
② 마멸입자분석법이다.
③ 패취시험방법이다.
④ 수분함유량시험방법이다.

해설

페로그래피법
- 페로그래피는 윤활유 등 오일 내에 함유된 마모(마멸) 입자를 분석하여 기계의 마모 상태와 원인을 진단하는 분석기법이다.
- 자석을 이용해 입자를 분리한 뒤 그 형태, 크기, 분포 등을 현미경으로 분석한다.

정답 75 ① 76 ③ 77 ③ 78 ②

79
그리스를 가열했을 때 반고체 상태의 그리스가 액체 상태로 되어 떨어지는 최초의 온도는?

① 주도
② 적하점
③ 이유도
④ 산화안전도

해설

적하점(Dropping Point)
- 적하점은 그리스를 가열했을 때 반고체 상태에서 액체 상태로 되어 처음으로 방울이 되어 떨어지는 온도이다.
- 그리스의 내열성을 평가하는 기준으로 사용된다.

80
이면에 높은 응력이 반복 작용된 결과 이면상에서 국부적으로 피로된 부분이 박리되어 작은 구멍이 발생하는 현상은?

① 피팅
② 긁힘
③ 스코링
④ 리플링

해설

피팅
피팅은 반복하중에 의해 기어치면에 국부적으로 피로가 누적되어, 작은 금속파편이 박리되어 치면에 작은 구멍(Pit)이 생기는 것이다.

5과목 공유압 및 자동화

81
공기압에너지를 저장할 때에는 긍정적인 효과로 나타나지만 실린더의 저속 운전 시 속도의 불안정성을 야기하는 공기압의 특성은?

① 배기 시 소음
② 공기의 압축성
③ 과부하에 대한 안정성
④ 압력과 속도의 무단조절성

해설

공기의 압축성에 의한 장단점
- 공기의 압축성을 이용하여 많은 에너지를 저장할 수 있는 긍정적인 효과가 있다.
- 실린더의 저속 운전 시 압력의 변화에 반응하여 속도의 변동으로 인한 불안정성을 야기한다.

82
베르누이 정리의 식으로 옳은 것은? (단, V : 유체의 속도, g : 중력가속도, P : 유체의 압력, γ : 비중량, Z : 유체의 위치이다)

① $\left(\dfrac{V^2}{2g}\right)+\left(\dfrac{P}{\gamma}\right)+Z=$ 일정

② $\left(\dfrac{V^2}{2g}\right)+\left(\dfrac{P}{\gamma}\right)-Z=$ 일정

③ $\left(\dfrac{V^2}{2g}\right)-\left(\dfrac{P}{\gamma}\right)+Z=$ 일정

④ $\left(\dfrac{V^2}{2g}\right)-\left(\dfrac{P}{\gamma}\right)-Z=$ 일정

정답 79 ② 80 ① 81 ② 82 ①

해설

베르누이 정리
- 점성이 없는 비압축성 유체의 흐름에서 에너지의 보존을 설명하는 법칙이다.
- 유체의 압력, 속도, 위치에너지의 합은 항상 일정하다는 법칙이다.
- $\dfrac{P}{\gamma}+\dfrac{V^2}{2g}+Z=$ 일정

83 ☑☐☐☐

오리피스(Orifice)에 관한 설명으로 옳은 것은?

① 길이가 단면치수에 비해 비교적 긴 교축이다.
② 유체의 압력 강하는 교축부를 통과하는 유체온도에 따라 크게 영향을 받는다.
③ 유체의 압력강하는 교축부를 통과하는 유체점도의 영향을 거의 받지 않는다.
④ 유체의 압력강하는 교축부를 통과하는 유체점도에 따라 크게 영향을 받는다.

해설

오리피스(Orifice)
- 원형판에 구멍을 뚫어 유량을 측정하는 장치로, 흐름을 갑자기 좁혀 차압(압력강하)을 발생시킨다.
- 유체의 압력강하는 온도, 점도보다는 속도, 밀도에 영향을 많이 받는다.

84 ☑☐☐☐

유압실린더가 불규칙적으로 작동할 때 원인으로 적절한 것은?

① 모터 고장
② 솔레노이드 소손
③ 작동유의 점도 변화
④ 펌프 케이싱의 지나친 조임

해설

유압실린더의 불규칙적인 작동
작동유(유압오일)의 점도가 지나치게 높거나 낮아지면 실린더 내에서 유압흐름이 일정하지 않아 불규칙적으로 작동하게 된다.

85 ☑☐☐☐

다음 진리표를 만족하는 밸브는? (단, a와 b는 입력, y는 출력이다)

a	b	y
0	0	0
1	0	1
0	1	1
1	1	1

① 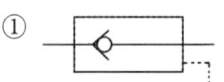　②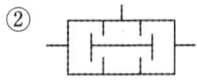

③ 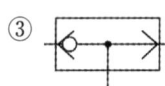　④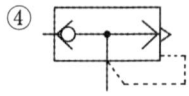

> **해설**

진리표를 만족하는 밸브
문제에 제시된 진리표는 OR 회로로 입력이 하나라도 1이면 출력이 1이고, 입력이 모두 0인 경우에만 출력이 0이 된다.
③번의 경우 화살표 방향이 각각 별도의 경로(선)으로 표시되어 있으므로 OR 회로를 만족하는 밸브이다.

86 ☑☐☐☐☐

나사형 회전자의 회전운동을 이용하여 고속회전이 가능하고, 소음이 적으며, 맥동현상이 발생되지 않고 큰 용량의 공기탱크가 필요 없는 것은?

① 베인 압축기
② 스크루 압축기
③ 피스톤 압축기
④ 2단 피스톤 압축기

> **해설**

스크루 압축기
- 나사 모양의 두 개의 회전자를 사용하여 공기를 압축한다.
- 연속적이고 부드러운 압축이 가능해 맥동현상이 없고, 비교적 조용하며 고속 운전이 가능하다.
- 맥동현상이 적어 대형 공기탱크가 없어도 안정적인 공기 공급이 가능하다.

87 ☑☐☐☐☐

공유압장치의 주요 점검요소가 아닌 것은?

① 누유
② 계기류
③ 노이즈
④ 부하 상태

> **해설**

공유압장치의 주요 점검요소
노이즈(잡음)은 공유압장치에서 발생할 수 있는 이상현상이지만 주요 점검요소와는 거리가 멀다.

88 ☑☐☐☐☐

유압펌프의 1회전당 토출량을 나타내는 단위는?

① cc/sec
② cc/rev
③ cc/min
④ L/rpm

> **해설**

유압펌프의 1회전당 토출량
유압펌프의 1회전당 토출량을 나타내는 단위는 cc/rev로 펌프가 1회전할 때의 유체의 토출량을 나타낸다.

89 ☑☐☐☐☐

외부의 물리적 변화에 의해 발생하는 스트레인 게이지의 신호형태는?

① 저항
② 전류
③ 전압
④ 충전량

정답 86 ② 87 ③ 88 ② 89 ①

해설

스트레인게이지(Strain Gauge)
- 물체의 변형(스트레인)을 전기저항의 변화로 감지하여 측정하는 센서이다.
- 기계 표면에 부착하여 응력이나 변형이 발생할 때 저항값의 변화를 측정하고, 이 값을 통해 재료의 변형 정도와 응력을 파악한다.

90 ☑☐☐☐☐

제어(Control)에 관한 정의로 옳지 않은 것은?

① 작은 에너지로 큰 에너지를 조절하기 위한 시스템을 말한다.
② 사람이 직접 개입하지 않고 어떤 작업을 수행시키는 것을 말한다.
③ 기계의 재료나 에너지의 유동을 중계하는 것으로 수동인 것이다.
④ 기계나 설비의 작동을 자동으로 변화시키는 구성 성분의 전체를 의미한다.

해설

제어(Control)
제어란 자동으로 기계나 설비의 작동을 변화시키거나 조절하는 시스템을 의미한다.

91 ☑☐☐☐☐

유압시스템에서 사용하는 압력제어밸브가 아닌 것은?

① 리듀싱밸브   ② 시퀀스밸브
③ 언로딩밸브   ④ 디셀러레이션

해설

압력제어밸브와 유량제어밸브의 구분
(1) 압력제어밸브
 - 시스템 내 유압의 압력을 조절하여 힘을 제어한다.
 - 설정된 압력 이상이 되면 동작하여 압력을 일정하게 유지한다.
 - 릴리프밸브, 시퀀스밸브, 리듀싱밸브, 언로딩밸브 등이 있다.
(2) 유량제어밸브
 - 단위시간당 흐르는 유압유의 유량(속도)을 조절하여 실린더나 모터의 속도를 제어한다.
 - 디셀러레이션, 오리피스밸브 등이 해당된다.

92 ☑☐☐☐☐

실린더 입구의 분기회로에 유량제어밸브를 설치하여 실린더 입구 측의 불필요한 압유를 배출시켜 작동효율을 증진시킨 속도제어회로는?

① 로크회로
② 미터인회로
③ 미터아웃회로
④ 블리드오프회로

해설

블리드오프회로
- 유압실린더에서 실린더 입구 측에 분기된 바이패스 라인(병렬관로)에 유량제어밸브를 설치한다.
- 실린더 입구 측의 불필요한 압유를 배출시켜 작동효율을 증진시킨 속도제어회로이다.

정답 90 ③ 91 ④ 92 ④

93

일반적인 유압 발생장치에서 기름탱크의 용량을 결정하는 기준으로 적절한 것은?

① 펌프 토출량의 3배 이상
② 펌프의 토출량과 같은 크기
③ 스트레이너 유량의 3배 이상
④ 공기청정기 통기용량의 3배 이상

해설
기름탱크의 용량
기름탱크의 용량은 펌프 토출량의 약 3배 이상이 되어야 오일의 냉각, 침전, 공기분리, 오염물 침전 등이 충분히 이루어진다.

94

미리 정해 놓은 순서 또는 일정한 논리에 의하여 정해진 순서에 따라 제어의 각 단계를 순차적으로 진행하는 제어는?

① 동기제어
② 시퀀스제어
③ 비동기제어
④ ON - OFF제어

해설
시퀀스제어계
작업순서에 따라 미리 정해진 순서대로 제어가 진행되는 것으로 제어동작 흐름에 따른 분류이다.

95

비접촉식 검출 요소(센서, 스위치)가 아닌 것은?

① 광전 스위치
② 리밋스위치
③ 유도형 센서
④ 용량형 센서

해설
리밋스위치
- 기계적 접촉을 통해 움직이는 부품이나 대상이 특정 위치에 도달했을 때 스위치의 접점이 열리거나 닫히게 된다.
- 리밋스위치는 접촉식 센서이다.

96

실린더의 속도를 급속히 증가시키는 목적으로 사용하는 밸브는?

①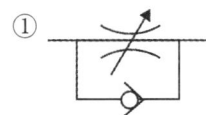
②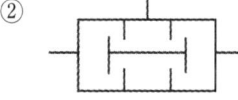
③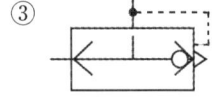
④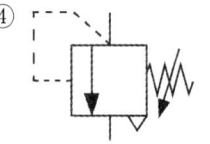

해설
급속배기밸브
공압 실린더의 배기압을 빨리 제거하여 실린더의 전진이나 복귀속도를 빠르게 하기 위한 목적으로 실린더와 최대한 가깝게 설치한다.
③번이 급속배기밸브의 기호이다.

정답 93 ① 94 ② 95 ② 96 ③

97 ☑☐☐☐☐

자동화의 장점으로 틀린 것은?

① 생산성을 향상시킨다.
② 제품의 품질을 균일하게 한다.
③ 시설 투자비용을 줄일 수 있다.
④ 원가를 절감하여 이익을 극대화할 수 있다.

해설

자동화의 특징
자동화를 하면 생산성이 향상되고, 이익을 극대화할 수 있지만 시설 투자비용은 증가할 수 있다.

98 ☑☐☐☐☐

일정한 간격으로 연속 이송되는 얇은 금속판에 구멍을 내기 위한 작업에 적합한 핸들링장치는?

① 리니어 인덱싱
② 밀링이송 인덱싱
③ 수직 로터리 인덱싱
④ 수평 로터리 인덱싱

해설

리니어 인덱싱(Linear Indexing)
- 직선으로 부품이 이송되는 작업을 수행하는 핸들링장치이다.
- 일정한 간격으로 연속 이송되는 얇은 금속판에 구멍을 내기 위한 작업에 적합하다.

99 ☑☐☐☐☐

유압 피스톤의 직경이 50 mm이고 사용압력이 60 kgf/cm²일 때 실린더가 낼 수 있는 추력은? (단, 실린더의 효율은 무시한다)

① 296 kgf
② 589 kgf
③ 1178 kgf
④ 1500 kgf

해설

실린더의 추력(F) 계산
$F = P \times A$
F : 실린더의 추력(kgf)
P : 압력(kgf/cm²)
A : 단면적(cm²)
피스톤이 원형 모양이므로 단면적은 원의 단면적 공식 $A = \dfrac{\pi}{4}D^2$ 을 적용한다.
단면적의 단위가 cm²이므로 직경 50 mm는 5 cm로 변환하여 대입한다.
$F = 60 \times \dfrac{\pi}{4} \times 5^2 = 1{,}178 \text{kgf}$

100 ☑☐☐☐☐

전진과 후진 시 추력이 같은 장점을 갖는 실린더는?

① 탠덤 실린더
② 양 로드 실린더
③ 다위치형 실린더
④ 텔레스코프형 실린더

해설

양 로드 실린더
피스톤 로드가 양쪽에 있어 전진할 때와 후진할 때 피스톤의 단면적이 같기 때문에 두 방향 모두 같은 추력을 낼 수 있다.

정답 97 ③   98 ①   99 ③   100 ②

모아 설비보전기사 필기(핵심이론+과년도 문제풀이)

발행일	2026년 1월 1일 초판 1쇄
지은이	김용재
발행인	황모아
발행처	(주)모아교육그룹
주 소	서울특별시 영등포구 영신로 32길 29 세화빌딩 2층
전 화	02-2068-2393(출판, 주문)
등 록	제2015-000006호 (2015.1.16.)
이메일	moagbooks@naver.com
ISBN	979-11-6804-522-4 (13530)

이 책의 가격은 뒤표지에 있습니다.

Copyright ⓒ (주)모아교육그룹 Co., Ltd. All Rights Reserved.

이 책은 저작권법에 의해 보호를 받는 저작물이므로 저자와 출판사의 서면 허락 없이
내용의 전부 또는 일부를 이용하는 것을 금합니다.

"합격을 넘어 실무까지, 모아가 만듭니다!"

모아소방전기학원
모아직업기술교육원

소방기술사 강의

과정평가형

국가기간전략산업직종훈련

전기기능장 / 기능사 작업형

소방분야	소방기술사 / 소방시설관리사 / 소방설비기사(전기 / 기계) / 소방설비산업기사(전기 / 기계)
전기분야	전기안전기술사 / 전기응용기술사 / 발송배전기술사 / 건축전기설비기술사 / 전기기능장 / 전기기능사 / 전기기사·산업기사
안전분야	화공안전기술사 / 건축기사·산업기사 / 건축설비기사·산업기사 / 건설안전기술사 / 건설안전기사·산업기사 / 산업안전기사·산업기사 / 산업안전지도사 / 승강기기능사 / 공조냉동기계기사
통신분야	정보통신기술사
실무분야	소방감리실무 / 현장에서 통하는 소방설비 찐 실무
과정평가형	소방설비산업기사(전기 / 기계) / 산업안전산업기사 / 산업안전기사 / 건설안전기사 / 전기공사산업기사
국가기간전략훈련	[국기] 전기기능사 취득과정
위탁기관 위탁교육	서울시노동자복지관 / 제대군인지원센터 / 기아 AutoLand 조합원 단체 교육

모아소방전기학원

자격증 취득 & 과정상담

모아소방전기학원
02.2068.2851

모아직업기술교육원
02.2068.2854

평일 09:00~19:00 / 토·일 08:00~17:00 (공휴일 휴무)

모아소방전기학원 × 모아직업기술교육원

모아북스

"수험생의 불필요한 시간을 아끼는 것"
모아북스가 가장 중요하게 생각하는 가치입니다.

모아북스는 매년 달라지는 법령과 변화하는 출제 경향, 새롭게 제정되는 규정까지 수험생보다 먼저 학습하고, 핵심만을 빠르게 정리합니다. 합격을 위한 가장 빠르고 정확한 수험서를 만들기 위해 한 페이지 한 페이지에 진심을 담아 제작합니다.

▌모아 출판 프로세스

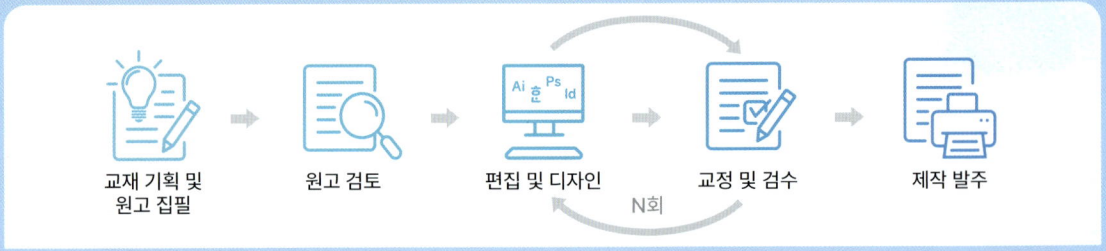

교재 기획 및 원고 집필 → 원고 검토 → 편집 및 디자인 → 교정 및 검수 (N회) → 제작 발주

▌모아북스 블로그 소개

수험서를 구매하기 전 책을 훑어보러 서점까지 가기 힘드신가요? 모아북스 블로그에서는 수험생의 소중한 시간을 아껴드리기 위해 책의 구체적인 구성과 강점, 효과적인 학습법까지 직접 보는 것처럼 상세하게 소개해드립니다. 궁금한 교재가 있다면 모아북스 블로그에 '책 제목'을 검색해보세요!

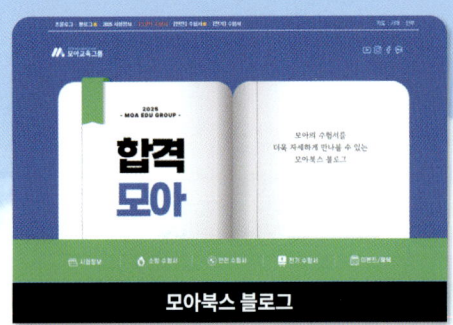
모아북스 블로그

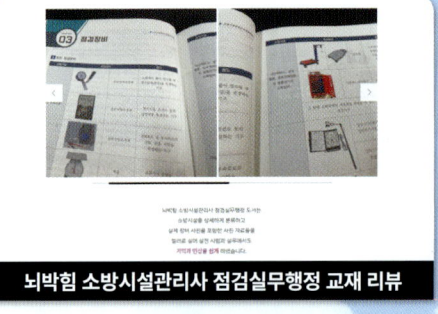
뇌박힘 소방시설관리사 점검실무행정 교재 리뷰

모아북스 블로그

▌고객의 소리

더 나은 교재 제작을 위해 여러분의 소중한 의견을 기다립니다. QR을 통해 남겨주신 피드백 중 우수 글에 선정되신 독자분께는 감사의 마음을 담아 소정의 선물을 드립니다.

고객의 소리

모아북스